KB179959

수학 리부트

수학 리부트: 프로그래머를 위한 기초 수학

초판 1쇄 발행 2020년 7월 6일 **2쇄 발행** 2021년 4월 16일 **지은이** 강중빈 **펴낸이** 한기성 **펴낸곳** 인사이트 **편집** 백주옥 **제작·관리** 신승준, 박미경 **용지** 월드페이퍼 **출력·인쇄** 에스제이피앤비 **후가공** 이레금박 **제본** 서정바인텍 **등록번호** 제2002-000049호 **등록일자** 2002년 2월 19일 **주소** 서울시 마포구 연남로5길 19-5 **전화** 02-322-5143 **팩스** 02-3143-5579 **블로그** http://blog.insightbook.co.kr **이메일** insight@insightbook.co.kr **ISBN** 978-89-6626-262-5 책값은 뒤표지에 있습니다. 잘못 만들어진 책은 바꾸어 드립니다. 이 책의 정오표는 http://blog.insightbook.co.kr에서 확인하실 수 있습니다.

수학 리부트

프로그래머를 위한 기초 수학

강중빈 지음

인사이트

차례

추천의 글

저자와 저는 함께 대학과 대학원을 다녔고, 대학원 시절에는 기숙사와 전산실에서 프로그램을 짜면서 많은 날과 밤을 같이 보낸 사이입니다. 서로 일상사에 바빠 근래에는 연락을 자주 못하고 지내다가 책의 추천사를 부탁한다는 연락을 받고 초고를 읽었는데, 수학책이 아니라 마치 베스트셀러 소설을 읽듯이 단숨에 읽어 내려갈 수 있었습니다.

《수학 리부트》라는 제목에서도 알 수 있는 것처럼, 이 책은 우리가 중·고등학교에서 배웠거나 배웠어야 할 내용을 알기 쉬운 말로 잘 설명하고 있어 잊어버린 기억을 되살리게 해주며, 그 시절 잘 이해하지 못했던 내용들을 "아하, 이런 거였구나!"라고 이해할 수 있게 해줍니다.

수학의 여러 개념을 기본부터 다루고 있지만, 많은 구체적인 예와 도형 및 그래프로 어렵지 않게 설명하고 있어 이론과 현실의 밸런스도 잘 잡혀 있습니다. 다루고 있는 내용도 방대해서, 프로그래머로서 우리가 기본적으로 알아야 할 것들을 빠짐없이 알려주고 있습니다. 이 많은 내용을 꼼꼼히 설명한 저자에게 박수를 보냅니다.

저자가 "지은이의 글"에서 언급한 것처럼, 일상적인 프로그래밍에 수학이 별로 도움이 되지 않는 것처럼 보여도, 수학적 지식이 있는지 없는지에 따라 작성된 프로그램의 품질과 성능이 확연하게 차이가 난다는 것을 오랜 현장 경험에서 느끼고 있습니다. 이런 점에서 수학적 기초 실력을 쌓는 데 이 책이 많은 도움이 되리라 생각합니다.

더불어 프로그래머뿐만 아니라 수학이 어렵게 느껴지는 학생들이나 수학에 관심 있는 일반인들에게도 좋은 참고서가 될 수 있을 것 같습니다. 프로그래머는 물론 모든 사람에게 널리 추천하고 싶습니다.

송재경_엑스엘게임즈 대표

지은이의 글

십여 년 전쯤에는 코드 한 줄 작성해 보라는 말도 없이 이력서와 대면 면접만으로 프로그래머를 뽑기도 했었지만, 요즘 들어서는 전화로 하는 사전 면접에 한 차례 이상의 실기 시험은 기본이 되어 가는 듯합니다. 저 역시 그렇게 실무 역량에 중심을 두고 여러 해 동안 채용을 진행해 오던 중, 한 가지 의문이 생겨나기 시작했습니다. 컴퓨터과학은 수학의 응용에서 시작된 분야인데, 왜 이토록 많은 프로그래머 지원자가 '중학교 수준의 수학'이 포함된 실기 시험 문제를 보면 당황해하며 자신감을 잃게 되는 것일까?

실마리를 찾기 위해 우선 주변의 젊은 동료들에게 설문을 돌려 본 후 결과를 취합했더니 고등학교 수준의 수학은 물론이고 중학교에서 배웠던 것마저도 자신 없어 하는 사람이 제법 나오더군요. 아무래도 프로그래밍이라는 것이 다른 엔지니어링 분야처럼 고급 수학을 필요로 하는 경우가 드물거나, 담당 업무의 성격상 수학을 잘 알지 못하더라도 결과를 내어놓는 데는 별다른 문제가 없어서였을까요?

하지만 수학은 국어나 영어처럼, 특히 컴퓨터과학 분야에서는 알아두면 손해 볼 것이 없는 기본 스킬에 해당한다고 말할 수 있습니다. 당장 눈앞의 코딩에 필요한 지식만 가진 사람과, 컴퓨터과학의 여러 주제를 이해하기 위한 수학적 배경지식을 함께 익혀 둔 사람의 역량 차이는 시간이 지날수록 커질 것이 분명합니다. 이 책은 이처럼 수학적 기초를 좀 더 다지고 싶지만 어디서부터 무엇을 공부해야 좋을지 잘 모르겠다는 사람에게 길잡이가 되어 주자는 생각에서 시작되었습니다.

최근 딥러닝을 비롯한 인공지능이 큰 화두가 되면서, 그와 연관된 여러 수학 분야를 다루는 책도 예전과 비교해 눈에 띌 정도로 많아졌습니다. 이는 분명 반가운 현상이지만, 기초에 자신이 없는 사람이 읽기에는 어려운 경우도 많고, 학교 다닐 때 익숙하게 보아 온 암기식 진행을 답습하여 앞뒤 맥락 없이 공식부터 일단 들이밀기도 합니다. 때로 재미난 삽화나 캐릭터가 동원되지만, 기대와 달리 어려운 내용이 갑자기 쉬워지는 마법은 일어나지 않는 것 같습니다.

프로그래밍과 수학은 둘 다 논리에 기반한다는 공통점이 있고, 프로그래머들은 논리라는 것과 나름 친숙한 사람들이라고 생각합니다. 20년 전쯤 미국 수학교육계에 큰 파장을 일으킨 폴 록하트(Paul Lockhart)의 《어느 수학자의 탄식(A Mathematician's Lament)》[1]을 비롯하여 집필 방향에 참고가 될 만한 자료들을 수집하면서, 중간을 건너뛰지 않고 논리적으로 왜 그렇게 되는지 납득시킬 수 있는 전개라면 프로그래머들이 최소한 괴로워하지 않으면서 수학을 공부할 수 있으리라는 생각이 들었습니다. 그러다 수학이라는 것이 재미있고 즐거울 수도 있구나 하는 느낌을 조금이라도 받게 된다면 더할 나위 없겠고요.

이 책은 진지하게 수학 공부를 다시 시작해 보고자 하는 사람들을 위해 쓰였습니다. 가능하면 평이하고 친절하게, 수학에 자신 없어 하는 후배 직원들을 앞에 두고 가르쳐 준다는 생각으로 집필에 임했습니다. 하나씩 차근차근 익혀 나간다면 나선형 계단을 올라가듯이 마지막 페이지에 큰 어려움 없이 도달할 수 있도록 노력을 기울였습니다만, 독자들도 연필을 쥐고 몇 안 되는 연습문제 정도는 풀어보겠다는 각오로 함께 하기를 바랍니다.

강중빈 드림

---

1 번역서는 《수포자는 어떻게 만들어지는가?》(철수와영희, 2017)이다.

1장

논리의 기초

논리적이지 않은 수학을 생각할 수 있을까? 날씨에 따라 혹은 사람의 기분에 따라 수식의 계산 결과가 달라진다면 어떨까? 수학에는 많은 응용 분야가 있지만, 그 모든 것을 밑바닥에서 받치고 있는 것은 명제와 집합으로 대표되는 논리 체계라 해도 전혀 지나치지 않다.

때로 인간을 훨씬 능가하여 놀라움을 안겨 주는 컴퓨터 프로그램도, 그 바탕을 따지면 0과 1을 계산하는 회로들이 복잡하게 얽혀 결과를 내어놓는 논리 기계의 일종이라 할 수 있다. 컴퓨터과학이 수학의 응용에서 시작되었음을 생각하면, 프로그램을 한 줄 작성할 때마다 우리는 이미 명제나 집합에 관련된 수학을 계산하고 있는 셈이다. 그러한 수학의 토대인 논리의 기초를 다지는 것으로 여정을 시작해 보자.

1.1 명제와 논리연산

명제란 참인지 거짓인지 판별할 수 있는 문장이나 수식을 말한다. '진리로 간주되는 토대 위에 참인 명제들을 쌓아 올린 것'이라 할 수 있는 수학의 이론 체계에서, 명제의 참·거짓을 논리적으로 판별하는 일은 매우 중요하고 기본적인 일이다.

다음은 참인지 거짓인지를 판별할 수 있으므로 명제다.

- 달은 지구의 위성이다. (참 명제)
- 고래는 어류다. (거짓 명제)

- $7 \times 8 = 56$ (참 명제)
- $x = 1$일 때 $x^2 < 1$ (거짓 명제)

반면, 다음은 참인지 거짓인지 판별할 수 없으므로 명제가 아니다.

- 수학은 어렵다. ('어렵다'는 것은 주관적인 개념이므로)
- 겨울이 되면 춥다. ('겨울'과 '춥다'는 개념이 명확하지 않고, 기후는 장소에 따라 다를 수도 있으므로)
- $x^2 - x - 1 = 0$ (x값이 정해지지 않았으므로)

명제는 대개 p, q, r 같은 영문자로 표시된다. 명제의 참·거짓을 그 명제의 **진리값** 이라 하며, 참은 true의 첫 글자를 따서 T로, 거짓은 false의 첫 글자를 따서 F로 나타낸다.

숫자에 대한 기본적인 사칙연산을 통해 새로운 숫자가 만들어지는 것처럼, 명제 에도 기본적인 연산이 몇 가지 존재한다. 명제는 진리값을 다루므로 그에 대한 연 산은 논리적인 성질을 가지며, 이러한 **논리연산**을 명제들에 적용하면 그 결과로 새 로운 명제가 만들어진다.

논리연산	기호	뜻
논리합(OR)	$\vee$	적어도 하나 이상의 명제가 참인가?
논리곱(AND)	$\wedge$	주어진 모든 명제가 참인가?
부정(NOT)	$\neg$	원래 명제의 참·거짓을 뒤바꿈
배타적 논리합(XOR)	$\oplus$	둘 중 하나만 참인가?

논리연산의 결과를 표 형태로 알아보기 쉽게 나타낸 것을 **진리표**라고 한다. 예를 들어 두 명제 p와 q에 대해 $p \vee q$, $p \wedge q$, $\neg p$ 연산을 수행한 결과를 진리표로 나타 내면 다음과 같다(XOR 연산에 대해서는 따로 살펴보겠다).

p	q	$p \vee q$
T	T	T
T	F	T
F	T	T
F	F	F

p	q	$p \wedge q$
T	T	T
T	F	F
F	T	F
F	F	F

p	$\neg q$
T	F
F	T

여기서 명제 p와 q의 진리값은 각각 참·거짓의 두 가지 가능성이 있으므로, 논리합이나 논리곱 연산의 결과는 $2 \times 2 = 4$가지 경우가 생긴다.

논리연산의 결과가 항상 참이거나 항상 거짓인 명제도 존재한다. 항상 참인 명제를 **항진명제**[1]라고 하며, 예를 들면 $p \vee \neg p$가 있다. 반대로 $p \wedge \neg p$처럼 항상 거짓이 되는 명제는 **모순명제**라고 한다.

p	$\neg p$	$p \vee \neg p$	$p \wedge \neg p$
T	F	T	F
F	T	T	F

한편, 부정(NOT) 연산한 결과를 다시 부정 연산하면 원래 명제의 진리값으로 다시 돌아가게 된다.

p	$\neg p$	$\neg \neg p$
T	F	T
F	T	F

명제를 연산한 결과에 부정 연산을 하면 어떻게 될까? 다음 연산을 생각해 보자.

$$\neg(p \vee q)$$

위의 식은 OR 연산의 결과를 부정한 것이다. OR 연산은 'p나 q 둘 중 하나라도 참이면' 결과가 참이니, OR를 부정했다면 그 반대로 'p와 q 둘 중 어떤 것도 참이 아니면' 연산의 결과가 참이 될 것이다. 이런 논리를 식으로 나타내면 다음과 같다.

$$\neg p \wedge \neg q$$

이것은 논리적인 생각을 통해 나온 결과이므로, 두 식의 진리값이 실제로 같은지를 진리표로 확인해 보자.

---

1 항상(恒) 참(眞)이라는 뜻이다.

p	q	$\neg(p \vee q)$
T	T	F
T	F	F
F	T	F
F	F	T

$\neg p$	$\neg q$	$\neg p \wedge \neg q$
F	F	F
F	T	F
T	F	F
T	T	T

표에서 보듯이 두 식의 진리값은 동일하다. 이처럼 같은 진리값을 가지는 두 명제를 **동치**[2]라 하고, 기호 '≡'로 나타낸다. 위의 표에 나온 두 논리식은 동치이므로 다음과 같이 쓸 수 있다.

$$\neg(p \vee q) \equiv \neg p \wedge \neg q$$

유사한 방식으로, 논리곱 연산을 부정 연산하면 다음의 동치관계를 얻는다.

$$\neg(p \wedge q) \equiv \neg p \vee \neg q$$

이 두 개의 동치관계는 특별히 **드 모르간의 법칙**(De Morgan's law)이라고 부르며, 복잡한 논리식을 계산할 때 유용하다.

숫자의 연산처럼 논리연산에도 몇 가지 기본적인 법칙이 성립한다. 이름에서 알 수 있듯이 논리합(∨)은 덧셈과, 논리곱(∧)은 곱셈과 유사한 면이 있고, 진리값 T와 F는 각각 1, 0과 비슷한 성질을 가진다. 그러나 진리값이 결국 숫자는 아니므로 두 부류의 연산은 엄연히 다르다는 점에 유의해야 한다.

숫자의 연산에서 덧셈과 곱셈에 각각 0과 1이라는 항등원[3]이 존재하는 것처럼, 논리합에는 F, 논리곱에는 T라는 항등원이 존재한다. 이것은 각각 어떤 숫자 a에 대해서 $a + 0 = a$이고 $a \times 1 = a$라는 것과 비슷하다.

$$p \vee \mathrm{F} \equiv p$$
$$p \wedge \mathrm{T} \equiv p$$

하지만 숫자와 다르게, 자기 자신에 대한 논리합과 논리곱 연산은 다시 자신으로 돌아온다(진리표를 직접 만들어 확인해 보자).

---

2 같은(同) 값(值)이라는 뜻이다.
3 항상(恒) 같게(等) 되는 원소(元)라는 뜻으로, 연산의 결과가 항상 원래와 같아지도록 하는 숫자라고 이해하면 된다.

$$p \vee p \equiv p$$
$$p \wedge p \equiv p$$

두 개 이상의 명제를 대상으로 하는 논리연산의 법칙 중에서는 가장 간단한 것으로 교환법칙을 들 수 있다.

$$p \vee q \equiv q \vee p$$
$$p \wedge q \equiv q \wedge p$$

이 법칙은 논리적으로 당연하게 생각되지만, 진리표로도 다시 살펴보자.

p	q	$p \vee q$
T	T	T
T	F	T
F	T	T
F	F	F

q	p	$q \vee p$
T	T	T
F	T	T
T	F	T
F	F	F

p	q	$p \wedge q$
T	T	T
T	F	F
F	T	F
F	F	F

q	p	$q \wedge p$
T	T	T
F	T	F
T	F	F
F	F	F

그다음은 결합법칙으로, 역시 논리합이나 논리곱 연산에 모두 적용된다.

$$(p \vee q) \vee r \equiv p \vee (q \vee r)$$
$$(p \wedge q) \wedge r \equiv p \wedge (q \wedge r)$$

분배법칙 역시 논리합과 논리곱 연산에 모두 적용되는데, 이 부분에서 다시 논리연산과 숫자의 연산에 차이가 생긴다.[4]

---

4 숫자의 연산에서는 분배법칙이 $a \times (b + c) = (a \times b) + (a \times c)$에만 성립하고, $a + (b \times c)$에는 성립하지 않는다.

$$p \vee (q \wedge r) \equiv (p \vee q) \wedge (p \vee r)$$
$$p \wedge (q \vee r) \equiv (p \wedge q) \vee (p \wedge r)$$

지금까지 살펴본 논리연산의 기본 법칙과 드 모르간의 법칙을 이용하면 복잡해 보이는 논리식도 간단하게 정리할 수 있다. 몇 가지 예제를 통해 이런 법칙들이 실제로 어떻게 사용되는지 알아보자.

예제 1-1 다음 논리식을 간단히 하여라.

$$(\neg p \vee q) \wedge \neg (p \wedge q)$$

풀이

드 모르간의 법칙과 분배법칙을 이용한다.

$$(\neg p \vee q) \wedge \neg (p \wedge q) \equiv (\neg p \vee q) \wedge (\neg p \vee \neg q)$$
$$\equiv \neg p \vee (q \wedge \neg q)$$
$$\equiv \neg p \vee \mathrm{F}$$
$$\equiv \neg p$$

논리연산 중 배타적(exclusive) 논리합, 즉 XOR($\oplus$) 연산은 그 이름에서도 알 수 있듯이 두 명제 중 어느 한쪽만 참일 때 결과가 참이다. 이런 성질은 명제의 순서와는 관계가 없으므로 XOR는 교환법칙이 성립한다.

p	q	$p \oplus q$
T	T	F
T	F	T
F	T	T
F	F	F

XOR 연산은 결합법칙도 성립하는데, 진리표를 통해 직접 확인해 보는 것도 좋겠다.

$$(p \oplus q) \oplus r = p \oplus (q \oplus r)$$

이처럼 '배타적'이라는 성질을 가진 XOR 연산은 다소 특이해 보이는 결과를 가져온다. 먼저 어떤 명제와 T의 연산 결과를 보자. $T \oplus T \equiv F$이고 $F \oplus T \equiv T$이므로 T와의 XOR 연산은 마치 부정 연산자($\neg$)처럼 동작한다.

$$p \oplus T \equiv \neg p$$

또한 F와의 연산은 다음과 같다. $T \oplus F \equiv T$이고 $F \oplus F \equiv F$이므로 F와의 XOR 연산은 원래 명제의 진리값을 그대로 보존하게 된다.

$$p \oplus F \equiv p$$

어떤 명제 자기 자신과 XOR 연산을 하면, 같은 진리값끼리 연산하는 셈이 되므로 결과는 항상 F다.

$$p \oplus p \equiv F$$

XOR 연산에 대해 가장 주목해야 할 점은 연산의 결과에서 원래 명제의 진리값으로 돌아갈 수 있다는 것이다. 명제 p에 q를 XOR 연산하고, 거기에 다시 q를 XOR연산하면 어떤 결과가 나올까?

p	q	$p \oplus q$	$(p \oplus q) \oplus q$
T	T	F	T
T	F	T	T
F	T	T	F
F	F	F	F

위에서 보듯이, 어떤 명제에 다른 명제를 두 번 연달아 XOR 연산하게 되면 원래의 결과로 돌아가게 된다. 즉, 다음이 성립한다.

$$(p \oplus q) \oplus q \equiv p$$

이것은 결합법칙으로 간단히 증명할 수 있다.

$$(p \oplus q) \oplus q \equiv p \oplus (q \oplus q) \equiv p \oplus F \equiv p$$

XOR 연산의 이러한 성질은 암호학을 비롯한 컴퓨터과학 분야에서 널리 활용된다.

예제 1-2 명제 p와 q가 모두 참일 때, 다음 논리식의 진리값을 구하여라.

$$(p \oplus q) \oplus (p \oplus \neg q)$$

풀이

$$(p \oplus q) \equiv (\text{T} \oplus \text{T}) \equiv \text{F}$$
$$(p \oplus \neg q) \equiv (\text{T} \oplus \text{F}) \equiv \text{T}$$

그러므로 주어진 식의 진리값은 다음과 같다.

$$(p \oplus q) \oplus (p \oplus \neg q) \equiv \text{F} \oplus \text{T} \equiv \text{T}$$

프로그래밍과 수학

프로그래밍과 논리연산

본문에 소개된 논리연산자를 영어 그대로 or, and, not처럼 쓰는 파이썬 같은 언어도 있지만, C++나 자바처럼 ||(OR), &&(AND), !(NOT)으로 쓰는 경우도 많다. 이러한 논리연산자는 주로 if나 while 문에서 수행 조건을 지정할 때 쓰이는데, 만약 조건문에 참여하는 변수가 많거나 경우의 수가 복잡하다면 연산법칙으로 간략화할 수도 있다. 예컨대 다음과 같은 수도 코드(pseudo code)가 있다고 하자.

```
if( (!cond1 || cond2) && !(cond1 && cond2) ) then
    ...
```

이 코드의 조건문은 한눈에 의미를 파악하기가 쉽지 않고 나중에 수정할 때도 문제가 될 가능성이 크다. 여기에 논리연산의 결과를 적용하면 복잡한 조건문을 한결 간단하게 만들 수 있다. 참고로 위 코드는 예제 1-1과 동일하다.

```
if( !cond1 ) then
```

...

한편, XOR는 논리연산보다는 비트단위(bitwise)의 데이터를 조작하는 데 주로 쓰인다. 이때 T와 F에 해당하는 것이 2진수 1과 0인데, 예를 들어 어떤 8비트 데이터를 담고 있는 변수 a의 모든 비트를 반대로 뒤집어 b라는 변수에 할당하는 C++/자바 코드를 보자.

```
a = 0xB5;        // 1011 0101, unsigned 8-bit data
b = a ^ 0xFF;    // 1111 1111
// 이제 b는 0x4A(0100 1010)가 된다.
```

0xFF는 모든 비트가 1인 8비트 데이터다. 이것과 a를 XOR(^) 연산해서 b에 담는데, 이는 본문에 나왔듯이 $p \oplus T \equiv \neg p$가 되어 부정연산처럼 동작하는 XOR의 성질을 이용한 것이다.

연습문제

1. 다음 중 명제인 것을 모두 골라라.

   ① 8을 5로 나누면 나머지가 3이다.

   ② 열심히 노력하면 성공한다.

   ③ 오스트레일리아의 행정수도는 시애틀이다.

   ④ $2y < 3x + 1$

2. 각 논리식의 진리표를 작성하라.

   (1) $(p \wedge q) \vee q$ (2) $\neg p \vee q$ (3) $\neg(p \wedge \neg q)$

3. 다음 중 항진명제인 것을 모두 골라라.

   ① $\neg(p \oplus q) \vee (p \oplus q)$

   ② $(\neg p \vee q) \wedge p$

   ③ $(p \vee \neg q) \wedge (\neg p \vee q)$

   ④ $\neg(p \wedge q) \vee (p \vee q)$

1.2 집합의 종류와 연산

개별적인 개체들의 모임을 **집합**이라 하며, 집합을 이루는 개체를 **원소**라고 한다. 집합과 원소는 매우 기본적이면서 추상적인 개념이다. 집합은 대개 영어 대문자로, 원소는 영어 소문자로 표시한다.

집합을 이루는 원소들은 중괄호({ }) 안에 나타내며 두 가지 방법, 즉 원소나열법과 조건제시법으로 표시한다. 먼저 **원소나열법**은 말 그대로 집합에 속한 원소들을 일일이 나열하는 방법이다. 이때 원소의 순서는 상관없지만 같은 원소를 중복해서 넣지는 않는다.

$$A = \{1, 5, 7, 3, 9\}$$

또한 앞뒤 맥락으로 보아 의미가 분명할 때는 일부 원소들을 생략하고 줄임표로 대신할 수 있다. 예를 들어 2에서 100까지 짝수가 모인 집합이라면 다음과 같이 써도 무방하다.

$$B = \{2, 4, 6, \cdots, 100\}$$

조건제시법은 집합의 원소들에 공통되는 조건을 기술하는 방법이다. 예컨대 1부터 100까지 자연수의 집합 C를 조건제시법으로는 다음과 같이 쓸 수 있다.[5] 여기서 세로줄 '|'의 왼쪽에는 원소의 대표 형태를, 오른쪽에는 원소가 가져야 할 조건을 적는다.

$$C = \{x \,|\, 1 \leq x \leq 100\}$$

어떤 원소가 집합에 속하는지 여부는 $\in$ 기호와 $\notin$ 기호로 표시한다. 예를 들어 원소 a가 집합 S에 속한다면 $a \in S$, 속하지 않는다면 $a \notin S$처럼 쓴다.

집합 A에 속한 원소의 개수를 집합의 **크기**라고 하며, 기호로는 $|A|$로 쓴다.

어떤 집합의 모든 원소가 다른 집합의 원소이기도 한 경우가 있다. 집합 A의 모든 원소가 집합 B에도 속할 경우 A는 B의 **부분집합**이고 기호로 $A \subset B$처럼 쓰며, 이때 A는 B에 **포함**된다고 한다. 부분집합이 아닐 때는 $\not\subset$ 기호로 표시한다.

집합은 원소의 개수에 따라서도 구분할 수 있다. '2보다 크고 10보다 작은 짝수

---

5 파이썬, 줄리아 같은 일부 프로그래밍 언어에서는 조건제시법과 유사한 형태의 문법(list comprehension)을 지원하기도 한다.

의 집합'처럼 원소의 개수가 유한할 경우에는 **유한집합**, '자연수 중 3의 배수의 집합'처럼 무한할 경우에는 **무한집합**이라 한다.

집합에 아무런 원소도 없을 때 그 집합은 **공집합**이고, 기호 Ø로 나타낸다.[6] 이때 공집합 기호 주위에 중괄호를 두르지 않도록 유의한다. {Ø}은 공집합을 원소로 갖는 집합이므로, 원소가 아예 없는 공집합과는 같지 않다.

$$\emptyset \neq \{\emptyset\}$$

공집합은 그 정의로부터 모든 집합의 부분집합이 된다.

예제 1-3 집합 $A = \{1, 2, 3\}$의 부분집합을 모두 나열하여라.

풀이

원소의 개수에 따라 부분집합을 구해 보면 아래와 같이 모두 8개 있다.

- 0개: Ø
- 1개: $\{1\}, \{2\}, \{3\}$
- 2개: $\{1, 2\}, \{2, 3\}, \{1, 3\}$
- 3개: $\{1, 2, 3\}$

만약 $A \subset B$와 $B \subset A$가 동시에 성립한다면, 두 집합의 원소는 완전히 동일해야 할 것이다. 이런 경우 A와 B는 **상동**(相同)이라 하며, 등호를 써서 $A = B$로 나타낸다. 상동의 부정은 $\neq$ 기호로 나타낸다. 한편 $A \subset B$이지만 $A \neq B$인 경우, 즉 B에는 A의 원소가 아닌 것도 포함되어 있을 경우 A를 B의 **진부분집합**이라고 한다.

집합 간의 관계가 복잡하지 않다면 그림으로 나타내는 편이 알아보기 쉬우며, **벤 다이어그램**이 널리 쓰인다. 다음 그림은 $A = \{1, 2, 3\}$이고 $B = \{2, 4, 6, 8\}$인 경우를 나타낸 벤 다이어그램이다.

---

6 그리스 알파벳 ϕ(phi)와는 다르다.

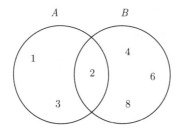

집합끼리의 연산을 통해 새로운 집합을 만들기도 한다. 집합 A와 B의 원소들을 합친 것처럼 한데 모은 집합을 **합집합**이라고 하며, $A \cup B$로 나타낸다. 합집합을 조건제시법으로 나타내면 다음과 같다.

$$A \cup B = \{x \mid (x \in A) \vee (x \in B)\}$$

조건 부분에 논리연산이 사용되었음을 주목하자. 합집합의 원소 x가 A에 속한다는 명제($x \in A$)와 B에 속한다는 명제($x \in B$)가 논리합(OR) 연산으로 연결되어 있다. 앞에서 벤 다이어그램으로 나타낸 예의 합집합은 $A \cup B = \{1, 2, 3, 4, 6, 8\}$이 된다.

집합 A와 B의 공통된 원소들만 골라낸 집합을 **교집합**이라고 하며, $A \cap B$로 나타낸다. 앞서의 예에서는 $A \cap B = \{2\}$이다. 교집합을 조건제시법으로 나타내면 다음과 같다.

$$A \cap B = \{x \mid (x \in A) \wedge (x \in B)\}$$

만약 교집합이 Ø인 경우, 즉 두 집합 간에 공통된 원소가 하나도 없는 경우에는 두 집합을 **서로소**라고 부른다. 예컨대 모든 짝수의 집합 E와 모든 홀수의 집합 O는 $E \cap O = $ Ø이므로 서로소다.

때로는 어떤 집합을 제외한 나머지 모든 것을 나타낼 필요가 있다. 예를 들면 '자연수 중 3의 배수가 아닌 수의 집합' 같은 것이 그 예다. 이런 경우에는 우선 '자연수의 집합' 같이 기본 전제가 되는 집합이 정의되어야 하는데, 이것을 **전체집합**이라고 하며 보통 U로 나타낸다.[7] '3의 배수의 집합'처럼 제외될 집합을 A라 하면, 전체집합 U에서 A를 제외한 것을 A의 **여집합**[8]이라고 하며 $A^{\complement}$로 나타낸다.[9]

---

7 Universal Set의 첫 글자를 땄다.
8 '남을 여(餘)'자를 쓴다.
9 어떤 집합과 그 여집합을 합치면 전체집합이 되므로, 서로 보완한다는 뜻의 complement에서 온 ℂ 기호를 쓴다.

$$A^{\complement} = \{\, x \mid (x \notin A) \wedge (x \in U)\,\}$$

여집합의 여집합은 부정의 부정과 마찬가지이므로 자기 자신이 된다. A 자리에 $A^{\complement}$ 를 넣어서 논리식으로 확인해 보자.

$$(A^{\complement})^{\complement} = \{\, x \mid (x \notin A^{\complement}) \wedge (x \in U)\,\} = A$$

전체집합 U 에 포함되는 집합 A 와 B 가 있다고 할 때, 합집합·교집합·여집합을 각각 벤 다이어그램으로 나타내면 다음과 같다.

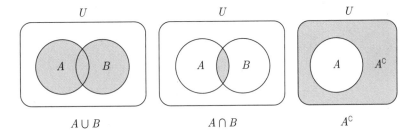

$$A \cup B \qquad\qquad A \cap B \qquad\qquad A^{\complement}$$

합집합 $A \cup B$ 의 크기를 구할 때는 주의해야 한다. 두 집합 A 와 B 의 원소 개수를 단순히 더하면 안 되는데, 교집합 $A \cap B$ 에 포함되는 원소들이 양쪽으로 중복하여 계산되기 때문이다. 따라서 다음과 같이 교집합의 크기를 빼 주어야 한다.

$$|A \cup B| = |A| + |B| - |A \cap B|$$

집합 A 로부터 B 와 공통인 부분을 제외한(즉, 뺀) 것을 A 와 B 의 **차집합**이라고 하며, $A - B$ 로 나타낸다. 이것은 'A 이되 B 는 아닌 것'으로 볼 수 있으므로, 논리적으로 보아 $A \cap B^{\complement}$ 와 동일하다. 이 역시 논리식으로 확인할 수 있다.

$$A - B = \{\, x \mid (x \in A) \wedge (x \notin B)\,\} = A \cap B^{\complement}$$

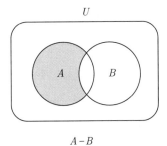

$$A - B$$

합집합이나 교집합 전체에 대해서 여집합을 취하면, 명제에서와 마찬가지로 다음과 같은 **집합의 드 모르간 법칙**이 성립한다. 이것은 합집합과 교집합을 논리연산으로 정의한 식에 각각 부정(NOT) 연산을 함으로써 자연스럽게 유도된다.

$$(A \cup B)^C = \{x \mid \neg(x \in A \vee x \in B)\} = \{x \mid (x \notin A) \wedge (x \notin B)\} = A^C \cap B^C$$
$$(A \cap B)^C = \{x \mid \neg(x \in A \wedge x \in B)\} = \{x \mid (x \notin A) \vee (x \notin B)\} = A^C \cup B^C$$

이 법칙을 벤 다이어그램으로 확인해 보자.

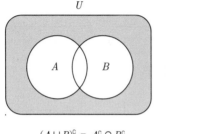
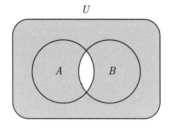

$$(A \cup B)^C = A^C \cap B^C \qquad (A \cap B)^C = A^C \cup B^C$$

집합의 연산에서도 명제에서처럼 교환법칙, 결합법칙, 분배법칙이 성립할까? 먼저 교환법칙을 살펴보자. 합집합과 교집합의 경우에는 그 정의에 각각 $\vee$와 $\wedge$만 사용되므로 앞뒤가 바뀌어도 무방하지만, 차집합은 그렇지 않음을 알 수 있다.

$$B \cup A = (x \mid (x \in B) \vee (x \in A)\} = A \cup B$$
$$B \cap A = \{x \mid (x \in B) \wedge (x \in A)\} = A \cap B$$
$$B - A = B \cap A^C \neq A \cap B^C = A - B$$

결합법칙 역시 합집합과 교집합의 경우에는 성립한다.

$$(A \cup B) \cup C = A \cup (B \cup C)$$
$$(A \cap B) \cap C = A \cap (B \cap C)$$

그렇지만 차집합의 경우에는 성립하지 않는다(벤 다이어그램을 그려 확인해 보자).

$$(A - B) - C = (A \cap B^C) - C = A \cap B^C \cap C^C$$
$$A - (B - C) = A - (B \cap C^C) = A \cap (B \cap C^C)^C = A \cap (B^C \cup C)$$

분배법칙 또한 합집합과 교집합에 대해서 성립한다. 각 연산의 정의를 조건제시법으로 나타내 보면, 명제의 분배법칙에 의해 집합의 분배법칙도 자연스럽게 성립함을 알 수 있다.

$$A \cup (B \cap C) = (A \cup B) \cap (A \cup C)$$
$$A \cap (B \cup C) = (A \cap B) \cup (A \cap C)$$

프로그래밍과 수학

집합 자료형의 활용

프로그래밍에서도 집합은 중복 없이 데이터를 처리해야 할 때 유용하다. 다수의 데이터를 한데 모아두기 위해 쓰는 배열(array)이나 리스트(list) 같은 자료구조는 그 안에 같은 원소가 있는지 여부에 별로 관심이 없지만, 집합(set) 자료구조는 원소가 중복되지 않음을 보장해 준다.

다음은 1, 2, 3을 원소로 갖는 A라는 집합에 다시 2라는 원소를 추가했을 때의 결과를 보여 주는 파이썬 예제다.

```
>>> A = {1, 2, 3}
>>> A.add(2)
>>> print(A)
{1, 2, 3}
```

집합 자료형을 지원하는 언어라면 대부분 합집합, 교집합, 차집합 같은 기본적인 집합 연산도 함께 지원하므로 해당 언어의 설명서를 참고하여 활용해 보자.

연습문제

1. 다음의 집합을 원소나열법은 조건제시법으로, 조건제시법은 원소나열법으로 각각 바꾸어라.

    (1) $\{5, 10, 15, 20, 25, \cdots\}$

    (2) $\{x \mid x$는 자연수이고 10보다 작은 3의 배수$\}$

    (3) A가 3의 배수의 집합, B가 9의 배수의 집합일 때, $\{x \mid (x \in A \wedge x \notin B)$ 이고, $0 < x < 20\}$

2. 전체집합 U에 포함되는 집합 A와 B가 있을 때, 다음을 벤 다이어그램으로 그려라.

(1) $A^c \cup B$

(2) $(A - B) \cup (B - A)$

(3) $(A^c \cap B^c)^c$

3. 전체집합 U가 1부터 20까지의 자연수이고 그 부분집합 $A = \{x \mid x$는 4의 배수$\}$와 $B = \{x \mid x$는 6의 배수$\}$가 있을 때, 다음을 계산하여라.

(1) $|A|$

(2) $|B|$

(3) $|A \cap B|$

(4) $|A| + |B| - |A \cap B|$

(5) $|A \cup B|$

2장

숫자의 기초

앞 장에서 보았던 명제나 집합도 있겠지만 수학에서 가장 흔하게 만나는 연산 대상은 역시 숫자다. 숫자에는 의외로 여러 종류가 있는데, 저마다 특성이 뚜렷하고 쓰임새도 다르다. 그런 이유로 프로그래밍에서는 상황에 맞는 숫자 유형을 적절히 선택하는 것이 성능이나 효율에 종종 큰 영향을 끼치며, 특히 복잡한 계산을 필요로 하는 딥러닝 같은 분야에서는 이런 점이 더욱 두드러진다. 이번 장에서는 기초적인 숫자의 종류와 그 특성에 대해 짚어 보고자 한다.

2.1 정수

사물을 셀 때 쓰는 1, 2, 3, …과 같은 자연수, 없음을 나타내는 0, 그리고 자연수와 반대 부호인 수를 모두 통틀어서 **정수**라고 한다. 정수의 연산에서는 곱셈에 의해 만들어지는 다른 정수와의 관계가 주요 관심사 중 하나다.

어떤 정수에 다른 정수를 곱하여 만들어진 수를 원래 정수의 **배수**라고 한다. 예를 들어 3에 5를 곱하면 15가 되므로, 15는 3의 배수인 동시에 5의 배수이기도 하다.

배수와 반대로, 어떤 정수를 나머지 없이 나눌 수 있는 수를 원래 정수의 **약수**[1]라고 한다. 예를 들어 15 ÷ 3이라는 나눗셈의 결과는 몫이 5이고 나머지가 0이므로, 3과 5 모두 15의 약수다. 그리고 모든 수는 1이나 자기 자신으로 나누어 떨어지므로 1과 자기 자신은 항상 그 수의 약수다.

---

[1] 줄어든다는 의미의 '약(約)'자를 쓴다.

자기 자신과 1 외에는 다른 약수가 없는 수를 **소수**[2]라고 한다. 예를 들어 7은 그 자신과 1 외에 다른 약수가 없으므로 소수다. 반면, 1과 자기 자신 외의 약수가 있어서 그 약수들의 곱으로 (합성하여) 나타낼 수 있는 수를 **합성수**라고 한다. 모든 합성수는 소수로 만들어 낼 수 있으므로, 소수의 성질을 연구하는 분야는 수학에서 특히 중요하게 여겨진다. 1은 정의상 소수가 아니며 합성수도 아니다.

소수인 약수(소인수)들의 곱셈 형태로 합성수를 나타내는 것을 **소인수분해**라고 한다. 예를 들어 72는 다음처럼 소인수분해된다. 이때 같은 수가 거듭 곱해지면 2^3 처럼 **거듭제곱**의 꼴로 나타낸다.

$$72 = 8 \times 9 = (2 \times 2 \times 2) \times (3 \times 3) = 2^3 \times 3^2$$

어떤 수가 소수인지 알아내는 것은 쉽지 않고, 소인수분해하는 것은 더욱 어렵다. 예를 들어 7081이 다음과 같은 두 소수의 곱이라는 것을 보통 사람이 알아내는 데는 상당한 시간이 걸린다.

$$7081 = 73 \times 97$$

큰 수의 소인수분해는 고성능 컴퓨터로도 시간이 많이 걸리며, 현대 암호학은 소수의 이런 성질에 의지하고 있다. 인터넷 뱅킹이나 인증서 등에 널리 쓰이는 RSA(Rivest Shamir Adleman)란 암호체계에서는 두 소수의 곱이면서 자릿수가 백이 넘는 숫자를 사용하기도 한다.

일정한 범위까지의 수 중에서 소수만 골라낼 때는 고대 그리스 수학자의 이름을 딴 **에라토스테네스의 체**(Eratosthenes' sieve)라는 방법이 흔히 쓰인다. 이름처럼 숫자들을 체로 치듯이 걸러서 소수만을 남기는 방법인데, 구체적인 과정은 다음과 같다.

1. 찾을 범위까지의 수를 나열한 다음, 소수가 아닌 1을 우선 지운다.
2. 1 다음으로 큰 수인 2를 남겨두고 2의 배수를 모두 찾아서 지운다.
3. 그다음으로 큰 수이면서 지워지지 않은 3을 남겨두고 3의 배수를 모두 지운다.
4. 이런 식으로 더 이상 지울 것이 없을 때까지 반복한다.

---

2 다른 수(합성수)들의 바탕이 된다는 뜻에서 '바탕 소(素)'자를 쓴다. 0.25 같은 소수(小數)와는 다르다.

예제 2-1 에라토스테네스의 체를 이용하여 1~50 사이의 소수를 찾아라.

풀이

먼저 50까지의 수를 나열하고 1을 지운 다음, 2를 제외한 2의 배수를 모두 지운다. (따라서 2가 아닌 모든 짝수는 합성수임을 알 수 있다.)

1	2	3	4	5	6	7	8	9	10
11	12	13	14	15	16	17	18	19	20
21	22	23	24	25	26	27	28	29	30
31	32	33	34	35	36	37	38	39	40
41	42	43	44	45	46	47	48	49	50

다음은 3을 제외한 3의 배수를 모두 지운다. (3의 배수 중 짝수는 이미 지워졌으므로 홀수만 찾아도 된다.)

1	2	3	4	5	6	7	8	9	10
11	12	13	14	15	16	17	18	19	20
21	22	23	24	25	26	27	28	29	30
31	32	33	34	35	36	37	38	39	40
41	42	43	44	45	46	47	48	49	50

4는 이미 지워졌으므로, 5를 제외한 5의 배수를 모두 지운다. (5의 배수는 0이나 5로 끝난다.)

1	2	3	4	5	6	7	8	9	10
11	12	13	14	15	16	17	18	19	20
21	22	23	24	25	26	27	28	29	30
31	32	33	34	35	36	37	38	39	40
41	42	43	44	45	46	47	48	49	50

다음으로 남아 있는 7을 제외하고 7의 배수를 모두 지운다.

1	2	3	4	5	6	7	8	9	10
11	12	13	14	15	16	17	18	19	20
21	22	23	24	25	26	27	28	29	30
31	32	33	34	35	36	37	38	39	40
41	42	43	44	45	46	47	48	49	50

> 그 이상은 찾아보아도 더 지울 것이 없으므로 최종적으로 남은 수들이 소수다.

소인수분해를 이용하면 어떤 수의 약수들을 쉽게 구할 수 있다. 예를 들어 $72 = 2^3 \times 3^2$을 살펴보면 다음과 같은 사실이 성립함을 알 수 있다.

- 2^3의 약수들 역시 72를 나누어 떨어지게 하므로 72의 약수고, 3^2의 약수들도 마찬가지로 72의 약수다.
- 나아가서 2^3의 약수 중 하나와 3^2의 약수 중 하나를 골라 서로 곱한다고 해도, 여전히 72의 약수일 것이다.

이런 사실을 이용하면, 다음 표처럼 72의 모든 약수를 얻을 수 있다.

×	1	$2^1 = 2$	$2^2 = 4$	$2^3 = 8$
1	1	2	4	8
$3^1 = 3$	3	6	12	24
$3^2 = 9$	9	18	36	72

← 2^3의 약수(4개)

↑
3^2의 약수(3개)

2^3의 약수(4개) 중 하나와 3^2의 약수(3개) 중 하나를 골라 곱하면 72의 약수가 만들어지므로 72의 약수는 모두 $4 \times 3 = 12$개가 된다. 즉, 어떤 수 N이 $a^m \times b^n$으로 소인수분해된다면, N의 약수는 모두 $(m+1) \times (n+1)$개라는 말이 된다.

동일한 논리로 일반화하면, 약수의 개수는 각 소인수들의 (거듭제곱 횟수 $+1$)을 모두 곱한 수와 같다. 예컨대 $120 = 2^3 \times 3 \times 5$이므로 120의 약수는 모두 $(3+1) \times (1+1) \times (1+1) = 16$개임을 알 수 있다.

두 수의 약수 중에서 서로 공통된 것을 **공약수**라고 하고, 공약수 중 가장 큰 수를 **최대공약수**(Greatest Common Divisor, GCD)라고 한다. 최대공약수는 두 수를 소인수분해한 다음, 공통되는 부분을 모두 곱하여 얻을 수 있다. 예를 들어 $120 = 2^3 \times 3 \times 5$와 $36 = 2^2 \times 3^2$의 최대공약수는 $2^2 \times 3 = 12$이다.

4와 9의 관계처럼 1 외에 공약수가 없는 두 수를 **서로소**라고 하며, 특히 소수들은 (당연하지만) 항상 서로소다.

약수와 유사하게, 두 수의 배수 중에서 서로 공통된 것을 공배수, 공배수 중 가장 작은 수를 **최소공배수**(Least Common Multiple, LCM)[3]라고 한다. 최대공약수와 최소공배수는 모두 약수의 곱셈과 관련이 있으므로 이 둘 사이에도 연관성이 있다.

두 수 A와 B의 최대공약수를 G라 하고, 최대공약수에 속하지 않는 약수들의 곱을 다음과 같이 각각 a, b라 하자. 그러면 최대공약수의 정의에 의해서 a와 b는 서로소여야 한다.

$$A = G \times a$$
$$B = G \times b$$

예컨대 8과 12의 경우라면 최대공약수 $G = 4$이므로 다음과 같다.

$$8 = 4 \times 2$$
$$12 = 4 \times 3$$

이제 A와 B의 배수들을 구한다면 다음과 같은 모양이 될 것이다.

$$A : (G \times a) \times (1, 2, 3, \cdots)$$
$$B : (G \times b) \times (1, 2, 3, \cdots)$$

여기서 이번에는 두 수의 최소공배수를 구해 보자. 두 수의 배수들에 G는 이미 공통되어 있지만, a와 b가 서로소이므로 가장 작은 공배수를 만들려면 다음과 같은 모양이 되어야 한다.

$$A : (G \times a) \times b$$
$$B : (G \times b) \times a$$

따라서 최소공배수 L은 다음과 같다. 예로 든 $A = 8$, $B = 12$, $G = 4$의 경우로 직접 확인해 보자.

$$L = G \times a \times b$$

특히 A와 B가 서로소라면 $G = 1$이므로, 최소공배수는 $L = A \times B$, 즉 두 수의 곱임을 알 수 있다.

---

3 배수는 무한정 많으므로 그중 가장 작은 값이 의미가 있다.

プ로그래밍과 수학

정수의 범위에 주의하자

수학에서 사용하는 정수는 크기 제한 같은 것이 당연히 없지만, 컴퓨터에서는 정수 변수가 나타낼 수 있는 숫자의 범위에 제한을 두는 경우가 많다. 이때의 최댓값은 대개 2,147,483,647로 대략 21억 정도인데, 이것은 32비트의 부호 있는 정수 자료형이 나타낼 수 있는 최대치로 $2^{31} - 1$에 해당한다.

그보다 더 큰 정수를 다루어야 하는 경우라면, 64비트 (흔히 `long long`) 자료형을 쓰거나 자릿수에 구애 받지 않게 해 주는 임의정밀도(arbitrary precision) 라이브러리를 이용한다. C/C++에서는 GNU MP(Multi-Precision)가 흔히 쓰이고, 자바는 `BigInteger` 같은 클래스가 임의정밀도를 지원한다. 파이썬 같은 일부 언어는 기본적으로 임의정밀도를 지원하므로 특별히 정수의 범위에 신경 쓸 필요가 없다.

연습문제

1. 집합 A와 B가 다음과 같을 때, B의 원소를 모두 나열하여라.

   $A = \{x \mid x$는 두 자리 자연수 중 1로 끝나는 수$\}$

   $B = \{x \mid x \in A$이고 x는 소수$\}$

2. 세 수 12, 48, 60의 모든 약수를 각각 구하여라.

3. 다음 두 수의 최대공약수와 최소공배수를 구하여라.

   (1) 32, 48

   (2) 48, 60

   (3) 21, 51

   (4) 10, 20

4. 한자문화권의 달력에서는 10간(干), 즉 갑·을·병·정·무·기·경·신·임·계와 12지(支), 즉 자·축·인·묘·진·사·오·미·신·유·술·해 중 하나씩을 써서 매 해마다 '갑자', '을축', '병인', …의 순서로 하나의 간지(干支)를 부여한다. 어떤 특정한 간지가 다시 돌아오는 것을 환갑(還甲)이라고 하는데,

환갑의 주기가 만 60년인 이유는 무엇인가?

2.2 기수법[4]

자연에 본래 존재하던 숫자 개념을 표시하기 위해 사람이 어떤 인위적인 체계를 발명했다면, 그 방법이 한 가지만은 아닐 것이다. 현재 우리가 흔히 쓰는 표기법에 따라 적당한 숫자 '3039'와 '3040'을 나타내어 보자.

천의 자리	백의 자리	십의 자리	일의 자리
3	0	3	9
3	0	4	0

이 체계를 살펴보면 다음과 같은 규칙이 숨어 있음을 알 수 있다.

- 같은 숫자라도 위치에 따라 나타내는 값이 달라진다(위에서 3처럼).
- 자리의 값은 10배씩 커진다.
- 한 자리의 숫자가 9를 넘어가면 다음 자릿수가 하나 올라간다.

이런 것들이 언뜻 당연해 보이더라도 사실 논리적으로 그래야 할 이유는 없으며, 단지 우리가 이 표기법에 익숙해져 있을 뿐이다. 이제 숫자 3039를 각 자리의 값에 따라 다시 써 보면 다음과 같다.

$$3039 = (3 \times 10^3) + (0 \times 10^2) + (3 \times 10^1) + 9$$

여기 나온 '10'처럼 그 거듭제곱으로 자리의 값을 취하는 숫자를 해당 체계의 **밑**[5]이라고 하며, 체계의 이름은 밑 다음에 '**진법**(進法)'[6]이라는 말을 붙여 부른다(예를 들어 2진법, 8진법, 10진법, 16진법 등). 특정 진법으로 나타낸 숫자는 밑 다음에 '진수'를 붙여 부른다(예를 들어 2진수, 8진수, 10진수, 16진수 등). 어떤 진법을 썼는지 나타내어야 할 때는 숫자의 오른쪽 아래에 밑을 작게 표시한다.

$$3039_{10} \qquad 3039_{(10)}$$

[4] 記數法, 숫자를 쓰는 방법이라는 뜻이다.
[5] 영어로는 base 또는 radix이다.
[6] 자릿수가 하나씩 전진한다는 의미다.

예전에는 약수가 많기 때문에 다양한 숫자로 나눌 수 있어 편리하다는 등의 이유로 12진법이나 60진법이 흔히 쓰였고, 이는 현재까지도 묶음 단위(한 '다스'[7]), 시간 단위(시·분·초) 등에 사용된다. 12와 60의 약수를 직접 한번 나열해 보면 그 이유를 체감할 수 있을 것이다.

1과 0이라는 두 숫자만으로 이루어진 **2진법**은 논리적으로 참(1)과 거짓(0)에 대응되며, 전기 신호로 1과 0을 표현하는 디지털 컴퓨터의 기본 체계를 이룬다. 2진법 숫자 하나는 그에 해당하는 영어 단어 'binary digit'를 줄여 흔히 **비트**(bit)라고 부른다. 2진법의 예를 하나 살펴보자.

2^3의 자리	2^2의 자리	2^1의 자리	1의 자리
1	1	0	1

각 자리는 10진수 때와 마찬가지로 밑인 2의 거듭제곱에 해당하는 값을 가지며, 모든 자리의 값을 더하면 다음과 같이 10진수로 바꿀 수 있다.

$$1101_{(2)} = (1 \times 2^3) + (1 \times 2^2) + (0 \times 2^1) + 1$$
$$= 8 + 4 + 0 + 1$$
$$= 13_{(10)}$$

2의 거듭제곱은 2진수에 바탕을 둔 프로그래밍 분야와 아주 밀접하므로, 대표적인 몇 가지 값에 익숙해질 필요가 있다. 예를 들면 16비트로 나타낼 수 있는 (부호 없는) 정수의 최댓값은 $2^{16} - 1 = 65535$이다. 또, 컴퓨터 분야의 단위에서 자주 쓰는 접두사로는 $2^{10} = 1024$배인 'kilo', kilo $\times$ kilo $= 2^{20}$배인 'mega', mega $\times$ kilo $= 2^{30}$배인 'giga' 등이 있다.

n	1	2	3	4	5	6	7	8	9
2^n	2	4	8	16	32	64	128	256	512
n	10	11	12	13	14	15	16	20	30
2^n	1024(1K)	2048	4096	8192	16384	32768	65536	(1M)	(1G)

---

7 정확한 용어는 dozen이다.

10진법의 연산에서 어떤 자리의 계산 결과가 10 이상이면 바로 위쪽의 자리에 1을 올리는 것처럼, 2진법의 덧셈에서도 어떤 자리의 계산 결과가 2 이상이면 바로 위쪽의 자리를 하나 올린다. 예를 들어 $11_{(2)} + 11_{(2)}$은 다음과 같이 하여 $110_{(2)}$이 된다.

$$
\begin{array}{r}
1 \quad 1 \\
1 \quad 1 \\
+) \quad 1 \quad 1 \\
\hline
1 \quad 1 \quad 0
\end{array}
$$

2진법과 더불어 컴퓨터과학 분야에서 많이 쓰는 것이 **16진법**이다. 10진법이 0~9라는 열 개의 '기호'를 가지고 자리 하나에 해당하는 숫자를 나타내었듯이, 16진법에도 0~15를 나타낼 16개의 기호가 필요하다. 하지만 현재의 수 체계는 10진법에 맞춰져 있어서 기존의 '숫자' 외에 따로 10~15를 표시할 만한 기호가 마땅하지 않다. 그런 이유로 16진법에서는 0~9에 추가로 영문 알파벳 A~F 여섯 글자[8]를 빌어서 16개의 숫자를 나타낸다.

기호	A	B	C	D	E	F
값	10	11	12	13	14	15

16진수 또한 2진수와 마찬가지로 각 자리가 뜻하는 수를 모두 더함으로써 10진수에 해당하는 값을 얻을 수 있는데, 각 자리의 값이 2가 아니라 16의 거듭제곱을 나타낸다는 점만 다르다. 예를 들어 $CAFE_{(16)}$를 10진수로 바꿔 보자.

$$
CAFE_{(16)} = (12 \times 16^3) + (10 \times 16^2) + (15 \times 16^1) + 14 = 51966_{(10)}
$$

16진수가 널리 쓰이는 이유는 2진수를 인간이 좀 더 보기 쉬운 형태로 바꾼 것이기 때문이다. $16 = 2^4$이므로 16진수 한 자리는 2진수 네 자리, 즉 4비트에 정확하게 대응한다.

---

8 대문자와 소문자 모두 사용할 수 있다.

2진수	0000	0001	0010	0011	0100	0101	0110	0111
16진수	0	1	2	3	4	5	6	7
2진수	1000	1001	1010	1011	1100	1101	1110	1111
16진수	8	9	A	B	C	D	E	F

0과 1의 나열인 2진수는 바로 알아보기가 쉽지 않지만, 그것을 네 자리씩 묶어서 16진수 하나로 쓰면 표기가 훨씬 간단해진다. 예를 들어 1011 1110 1110 1111$_{(2)}$ 은 BEEF$_{(16)}$로 압축하여 나타낼 수 있다.

8개의 비트, 즉 16진수 두 자리에 해당하는 단위를 컴퓨터 분야에서는 흔히 **바이트**(byte)라고 하며, 8개의 묶음이라는 뜻에서 옥텟(octet)이라 부르기도 한다. 앞에 나온 BEEF$_{(16)}$의 경우 BE$_{(16)}$와 EF$_{(16)}$ 두 개의 바이트로 나눌 수 있다.[9]

2진법 숫자 3개, 즉 3비트를 묶어 한 숫자로 나타내면 $2^3 = 8$이므로 8진수가 된다. 8진법은 16진법만큼은 아니지만 컴퓨터과학 분야에서 종종 사용된다.[10] 8진수는 예상하는 것처럼 여덟 개의 '기호', 즉 0부터 7로 표시한다.

2진수	000	001	010	011	100	101	110	111
8진수	0	1	2	3	4	5	6	7

앞서 나왔듯이 2진수나 16진수를 10진수로 바꿀 때는 (각 자리의 숫자)×(그 자릿값에 해당하는 밑의 거듭제곱)을 모두 더하면 되었는데, 이것은 8진수 등 임의의 진법을 사용하더라도 마찬가지다. 예를 들어 644$_{(8)}$를 10진수로 바꾸는 과정은 다음과 같다.

$$644_{(8)} = (6 \times 8^2) + (4 \times 8^1) + 4$$
$$= 384 + 32 + 4$$
$$= 420_{(10)}$$

반대로 10진수를 다른 진법의 숫자로 바꾸려면 어떻게 해야 할까? 특정한 진법 체계에서 각 자리의 숫자가 의미하는 바를 염두에 두고, 다음의 다소 이상해 보이는

---

9 이렇게 여러 바이트가 하나의 숫자를 이루는 경우, 컴퓨터에서는 어떤 쪽을 먼저 쓰느냐에 따라 BE EF 또는 EF BE 같은 두 종류의 표현법이 존재한다. 자세한 내용은 '엔디안(endianness)'이라는 키워드로 검색하여 찾아보자.

10 리눅스, 유닉스 등에서 파일시스템 개체에 대한 접근 권한을 644, 755 같은 8진수로 종종 나타낸다.

계산 과정을 살펴보자.

$$
\begin{array}{r}
10\ )\ \overline{357} \\
\end{array}
$$

$$10\ )\ \overline{35} \quad \cdots\ 7 \ \rightarrow\ 357 = (10 \times 35) + 7$$

$$3 \quad \cdots\ 5 \ \rightarrow\ 35 = (10 \times 3) + 5$$

첫 번째 계산은 10진법에서 가장 아래쪽인 일의 자리에 해당하는 숫자를 얻기 위한 것이다. 일의 자리 숫자를 얻으려면 10으로 나눈 나머지를 구하면 되므로, 357을 10으로 나눈 나머지인 7이 일의 자리 숫자다.

두 번째 계산은 다음으로 높은 자리인 십의 자리 숫자를 얻는 과정이다. 마찬가지로 100으로 나눈 나머지를 구하면 되므로, 앞의 계산 결과에서 몫이었던 35를 10으로 나눈다. 이때 자리가 하나 올라간 상태이니 실제로는 350을 100으로 나누는 셈이다. 그 결과 나머지인 5가 십의 자리 숫자가 된다.

그 다음은 백의 자리 숫자다. 몫인 3은 더 이상 10으로 나누어지지 않으므로(즉, 300은 1000으로 나누어지지 않으므로) 3이 백의 자리 숫자가 된다. 이렇게 해서 일의 자리, 십의 자리, 백의 자리 숫자를 차례로 구했는데, 이 계산 과정은 사실상 10진수를 10으로 나눠 가면서 다음과 같이 (다시) 10진수로 바꾼 것임을 알 수 있다.

$$357 \ = \ 7 + (10^1 \times 5) + (10^2 \times 3) \ = \ 7 + 50 + 300$$

이제 10이 아닌 다른 숫자로 똑같이 나눗셈을 해 가면, 해당 숫자를 밑으로 사용하는 다른 진법의 수로 나타낼 수 있다. 357을 16진수로 바꾸기 위해 16으로 나누어 보자.

$$
\begin{array}{r}
16\ )\ \overline{357} \\
\end{array}
$$

$$16\ )\ \overline{22} \quad \cdots\ 5 \ \rightarrow\ 357 = (16 \times 22) + 5$$

$$1 \quad \cdots\ 6 \ \rightarrow\ 22 = (16 \times 1) + 6$$

위의 계산은 10진수 때와 마찬가지 방법으로 해서 $357_{(10)} = 5 + (16^1 \times 6) + (16^2 \times 1) = 165_{(16)}$임을 보여주고 있다.

이번에는 2로 나누어서 10진수를 2진수로 바꿔 보자. $29_{(10)}$는 다음과 같은 과정을 거쳐서 2진수 11101이 된다. 계산 과정은 16이 2로 바뀐 것을 제외하면 앞의 예와 모두 동일하다. 이런 식으로 하여 10진수를 임의의 진수로 변환할 수 있다.

$$
\begin{array}{r}
2\,\overline{)\,29} \\
2\,\overline{)\,14} \quad \cdots\ 1 \\
2\,\overline{)\,7} \quad \cdots\ 0 \\
2\,\overline{)\,3} \quad \cdots\ 1 \\
1 \quad \cdots\ 1
\end{array}
$$

프로그래밍과 수학

비트 단위 연산

데이터를 0과 1의 비트 단위에서 다루어야 하는 경우에는, 사칙연산 같은 고수준의 연산이 아니라 개개의 비트를 켜고 끄고 반대로 뒤집는 등의 연산이 필요해진다. 이런 것을 **비트 연산**(bitwise operation)이라 부르는데, 기본 비트 연산 중에는 앞서 1장에서 보았던 낯익은 이름들이 등장한다.

두 개의 비트가 모두 1일 때만 결과가 1이 되는 연산은 bitwise AND라고 한다. 논리연산에서 $p \wedge q$의 양쪽이 모두 T일 때만 결과가 T인 것과 같은 맥락이다. 이런 AND 연산자는 흔히 & 기호로 나타낸다. 비슷한 식으로 bitwise OR는 두 개의 비트 중 하나라도 1이면 결과가 1이며, 연산자는 흔히 |를 쓴다. 논리연산에서 쓰는 '&&' 및 '||'와 혼동하지 않도록 유의하자.

부정연산에 해당하는 bitwise NOT은 비트의 on/off 상태를 반대로 뒤집는데, 연산자는 대개 ~이다. bitwise XOR는 1장에서 본 것처럼 흔히 ^ 연산자로 나타낸다.

예를 들어, 8비트 크기의 두 숫자 0x3C(0x는 흔히 16진수임을 표시할 때 쓰는 접두어다)와 0x0F, 즉 2진수로 0011 1100과 0000 1111에 대해 몇 가지 비트 연산을 시켜 보면 다음과 같다.

```
a = 0x3C;    // 0011 1100
b = 0x0F;    // 0000 1111
```

```
c = a & b;   // 0000 1100 ... a에서 하위 4비트만 남는다
d = a | b;   // 0011 1111
e = ~a;      // 1100 0011
```

여기서 bitwise AND 연산의 결과에 잠깐 주목해 보자. 어떤 숫자에 `0x0F`를 AND 연산했더니 상위 4비트는 0이 되었지만 하위 4비트는 원래 값을 유지한다. 이처럼 값이 유지되길 원하는 자리에 1을 위치시킨 숫자를 AND 연산하면, 1이 없는 자리의 숫자들은 전부 0으로 바뀌게 된다. 이런 것을 흔히 **비트 마스킹**(bit masking)이라고 부른다. 예컨대 하위 3비트만 남기고 모두 0으로 바꾸려면 `0x07`, 즉 2진수 `0000 0111`과 AND 연산을 하면 된다.

연습문제

1. 다음 2진수를 10진수와 16진수로 나타내어라. (네 자리씩 띄어 쓴 것은 읽기 쉽게 하기 위함이다.)

   (1) $1111_{(2)}$　　(2) $1\,0000_{(2)}$　　(3) $1000\,0000_{(2)}$

2. 다음 덧셈을 하여라.

   (1) $19_{(10)} + 1_{(10)}$

   (2) $1111_{(2)} + 1_{(2)}$

   (3) $FF_{(16)} + 1_{(16)}$

   (4) $1111_{(2)} + 111_{(2)}$

   (5) $FF_{(16)} + 77_{(16)}$

3. 다음 10진수를 주어진 진법의 수로 바꾸어라.

   (1) $40_{(10)} \rightarrow$ 16진법

   (2) $216_{(10)} \rightarrow$ 16진법

   (3) $23_{(10)} \rightarrow$ 2진법

   (4) $40_{(10)} \rightarrow$ 2진법

4. 하나의 픽셀을 표시하기 위해 모니터 A는 24비트를, 모니터 B는 30비트를 사용한다고 한다. 각 모니터가 표현할 수 있는 색의 가짓수는 얼마나 되는가?

2.3 유리수

정수는 두 수를 더하고 빼고 곱해도 그 결과가 정수이지만, 나눗셈한 결과는 정수가 아닐 수 있다. 어떤 수 체계의 숫자에 대해 연산을 시행한 결과가 여전히 그 체계 안의 숫자라면 이 체계는 해당 연산에 대해 **닫혀있다**고 말한다. 그러므로 정수는 덧셈·뺄셈·곱셈에 대해서 닫혀있고, 나눗셈에 대해서는 닫혀있지 않다.

두 정수의 나눗셈으로 생기는 결과는 어떤 수일까? 나눗셈 또는 분수, 즉 '비율로 나타낼 수 있는 수'를 모두 일컬어 **유리수**[11]라고 한다. 또한 모든 정수는 자기 자신과 1의 비율로 나타낼 수 있으므로 유리수다.

분수 꼴에서 분모와 분자가 1 외의 공통된 약수를 가진다면, 그 약수로 분모와 분자를 동시에 나누어도 분수의 값은 변하지 않는다. 분모와 분자를 공약수로 각각 나누는 것을 **약분**이라고 하며, 더 이상 약분할 수 없어서 분모와 분자가 서로소인 분수를 **기약분수**[12]라고 한다. 기약분수로 만들 때는 분모와 분자를 소인수분해한 다음 최대공약수를 찾아서 약분해 주면 된다. 다음은 유리수 $\frac{20}{72}$을 분자 20과 분모 72의 최대공약수인 4로 약분하는 예다.

$$\frac{20}{72} = \frac{2^2 \times 5}{2^3 \times 3^2} = \frac{5}{2 \times 3^2} = \frac{5}{18}$$

분수 꼴로 나타낸 두 유리수를 계산할 때 분모가 다르다면 같게 만들어야 한다. 이 과정을 **통분**(通分)이라고 하며, 통분된 새로운 분모를 **공통분모**라고 부른다. 공통분모는 두 분모들의 공배수 중 하나로 정하면 된다. 다음 예는 8과 12의 최소공배수인 24로 통분하여 계산하는 과정을 보여 준다.

$$\frac{5}{12} - \frac{3}{8} = \left(\frac{5 \times 2}{12 \times 2}\right) - \left(\frac{3 \times 3}{8 \times 3}\right) = \frac{10}{24} - \frac{9}{24} = \frac{1}{24}$$

유리수의 덧셈과 뺄셈은 이렇게 통분한 후에 분자끼리 계산한다. 유리수의 곱셈은 다음과 같이 분자와 분모를 각각 곱하며, 나눗셈은 역수를 취하여 곱한다. 모든 경우에 그 결과는 다시 비율의 형태인 유리수가 되므로, 유리수는 사칙연산에 대해

---

11 유리수의 영어 표현 rational number에서 'rational'은 비율(ratio)의 형용사형이지만 이성적(理性的)이라는 뜻도 있는데, 후자로 잘못 번역되면서 유리(有理)수라고 한 것이 굳어져 버렸다.
12 '이미 기(旣)'자를 써서 '이미 약분되었다'는 뜻을 가지고 있다.

닫혀있다.

$$\frac{a}{b} \times \frac{c}{d} = \left(a \times \frac{1}{b}\right) \times \left(c \times \frac{1}{d}\right) = \frac{a \times c}{b \times d}$$

$$\frac{a}{b} \div \frac{c}{d} = \frac{a}{b} \times \frac{d}{c} = \frac{a \times d}{b \times c}$$

유리수는 0이거나 양·음의 부호를 가지므로, 좌우 방향이 있는 직선 위의 점 하나에 숫자 하나를 대응시켜 나타내면 유리수의 연산을 이해하기 수월하다. 이렇게 숫자를 대응시킨 직선을 **수직선**(number line)[13]이라고 한다. 수직선에 위치한 수들은 0을 기준으로 하여 왼쪽 방향은 음수, 오른쪽 방향은 양수로 둔다.

어떤 수가 수직선상에서 기준점인 0으로부터 떨어진 거리를 생각해 볼 수 있는데, 예를 들어 −2와 +2는 부호가 반대지만 0에서 같은 거리에 있다. 이처럼 0으로부터 떨어진 거리를 그 수의 **절댓값**이라고 하며, a의 절댓값은 $|a|$로 나타낸다. '거리'라는 정의상 절댓값은 언제나 0보다 크거나 같다. 또한 −2와 +2처럼 부호만 반대인 두 수의 절댓값은 서로 같다.

두 수 a와 b의 곱셈이나 나눗셈은 수직선상에서 a의 크기를 b만큼 확대 또는 축소하는 것으로 볼 수 있다. 다음은 2×2와 $2 \div 2$(즉, $2 \times \frac{1}{2}$)를 나타낸 것이다.

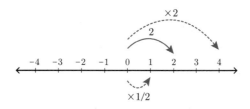

음수를 곱하거나 나누는 것은, 원래의 수가 확대 혹은 축소될 때 방향이 바뀌는 것으로 생각할 수 있다. 이렇게 하면 $(-2) \times (-2) = 4$ 같은 식이 성립하는 이유가 쉽게 설명된다.

---

13 수(數)를 나타낸 직선이라는 뜻이며, 수직(垂直)선과는 다르다.

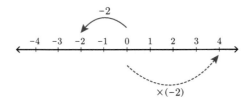

어떤 수 a를 다른 수 b와 비교했을 때 얼마나 큰가 하는 것을 두 수의 **비**(比)라고 하며 $a : b$로 나타낸다. 비의 값인 $a \div b$는 **비율**(比率)이라 하고 보통 $\frac{a}{b}$ 꼴의 분수로 쓴다.

두 비의 값이 같아서 등호로 연결한 식을 **비례식**이라 하는데, 다음 예의 b와 c처럼 등호 가까이 있는 두 항을 내항(內項), 그렇지 않은 a와 d를 외항(外項)이라 한다.

$$a : b = c : d$$

비례식은 비의 값을 분수 꼴로 써서 풀 수 있고, 이때 양변에 분모의 공배수를 곱한다. 그 결과로 내항의 곱과 외항의 곱이 같아진다.

$$\frac{a}{b} = \frac{c}{d}$$
$$\frac{a}{b} \times (b \times d) = \frac{c}{d} \times (b \times d)$$
$$a \times d = b \times c$$

예제 2-2 어떤 동영상은 가로와 세로 해상도의 비가 16 : 9이다. 가로가 1280 픽셀이라면 이 동영상의 세로 해상도는 얼마인가?

풀이

세로 해상도를 v라 하면, 문제의 뜻에 따라 $16 : 9 = 1280 : v$의 비례식이 성립한다.

외항과 내항끼리 곱하면 $16 \times v = 1280 \times 9 = 11520$이 되고, 양변을 다시 16으로 나누면 세로는 $v = 11520 \div 16 = 720$픽셀이다.

비율을 일상생활에서 사용하기 쉽도록 $\frac{1}{100}$ 단위로 나타낸 것을 **백분율**이라고 하며, 단위로는 퍼센트(%)를 쓴다. 예를 들어 $\frac{1}{4}$ 은 $\frac{25}{100}$ 이므로 '25%'로 표시한다. 또, 그리 흔하지는 않지만 염분의 농도 등을 나타낼 때 $\frac{1}{1000}$ 단위인 천분율을 쓰기도 하는데, 기호는 퍼밀(‰)이다.

유리수는 분수 꼴 외에 소수[14]로도 나타낼 수 있다. 이때 분모가 10의 거듭제곱일 경우에는 $\frac{721}{1000} = 0.721$ 처럼 소수점 이하의 숫자가 유한하게 끝나고, 이런 소수를 **유한소수**라고 한다. 이것은 사실 우리가 숫자를 10진법에 따라 표기하기 때문인데, 이와 같은 유한소수의 성질에 대해서 좀 더 알아보자.

10진수의 밑인 10의 소인수는 2와 5다. 기약분수인 어떤 유리수의 분모를 소인수분해하니 2와 5의 거듭제곱만으로 이루어졌다고 하자. 분자는 무어라도 상관없으므로 N으로 두면, 이 유리수는 다음과 같이 나타낼 수 있다.

$$\frac{N}{2^m \times 5^n}$$

그러면 이제 m과 n 중 작은 쪽에 해당하는 소인수를, 큰 쪽의 거듭제곱과 같을 때까지 분모와 분자에 더 곱한다. 예를 들어 분모가 $40(= 2^3 \times 5^1)$ 이면, 분모의 소인수 중 거듭제곱이 큰 쪽인 2^3 에 맞추어 5의 부분도 5^3 이 되도록 위와 아래에 5^2 을 곱하는 것이다.[15]

$$\frac{9}{40} = \frac{9}{2^3 \times 5} \times \left(\frac{5^2}{5^2}\right) = \frac{9 \times 5^2}{2^3 \times 5^3} = \frac{9 \times 5^2}{10^3} = \frac{225}{1000} = 0.225$$

결과의 분모가 10의 거듭제곱 꼴이므로, 이 유리수를 소수로 나타내면 유한소수가 된다. 또한 $16 = 2^4$ 이라든지 $25 = 5^2$ 처럼 분모가 2 또는 5의 거듭제곱만으로 이루어진 경우도, 위의 방법대로 하여 10의 거듭제곱을 만들 수 있으므로 마찬가지로 유한소수다.

만약 2나 5 외에 다른 소인수가 분모에 있으면 어떻게 될까? 이런 경우는 소수점 밑 어딘가부터 같은 숫자의 패턴이 계속 반복된다.[16]

14 여기서는 小數이다.
15 계산 과정 중 지수 법칙이 사용되는데, 지수 법칙에 대해서는 3장에서 다룬다.
16 왜 반복되는가 하는 증명은 이 책의 범위를 넘어서므로 생략한다.

$$\frac{11}{6} = 1.833333\cdots, \qquad \frac{1}{7} = 0.142857142857\cdots$$

이런 소수를 **순환소수**라고 한다. 여기서 소수점 아래에 반복되는 부분을 **순환마디** 라 하며, 다음과 같이 점을 찍어 나타낸다.

$$\frac{11}{6} = 1.8\dot{3}, \qquad \frac{1}{7} = 0.\dot{1}4285\dot{7}$$

이제 순환소수 꼴의 유리수를 분수로 바꾸는 방법을 생각해 보자. 순환마디가 무한히 반복되기는 하지만, 같은 것을 한 벌 더 만들어 서로 **빼준다**면 반복 부분을 없앨 수 있음에 착안한다.

다음 예는 $0.\dot{3}$을 분수로 바꾸는 과정이다. 우선 바꾸려는 순환소수를 x라고 두고, 소수점 아래에 동일한 숫자가 반복되도록 양변에 10의 거듭제곱을 곱해준다 (여기서는 $\times 10$). 그런 다음에 두 식을 **뺄셈**하여 정리한다.

$$
\begin{aligned}
x &= 0.333333\cdots \\
10x &= 3.333333\cdots
\end{aligned}
$$

아래쪽 식에서 위쪽 식을 **빼면**,[17]

$$
\begin{aligned}
9x &= 3 \\
\therefore x &= \frac{3}{9} = \frac{1}{3}
\end{aligned}
$$

$1.8\dot{3}$처럼 순환마디가 소수점 바로 뒤에 있지 않을 때는 그대로 **뺄셈**을 하기가 곤란하므로 10의 거듭제곱을 곱하여 $18.\dot{3}$처럼 일단 순환마디를 소수점 바로 뒤에 오도록 만든 다음에 동일하게 처리한다.

$$
\begin{aligned}
x &= 1.833333\cdots \\
10x &= 18.333333\cdots \\
100x &= 183.333333\cdots \\
90x &= (183 - 18) = 165 \\
\therefore x &= \frac{165}{90} = \frac{11}{6}
\end{aligned}
$$

---

17 기호 $\therefore$는 "그러므로(therefore)"라고 읽는다.

유리수 라이브러리의 활용

프로그래밍 언어에서 유리수는 두 정수의 나눗셈으로 나타낼 수 있지만, 그 결과는 분수 형태가 아니라 나눗셈의 최종 결과인 소수 형태의 숫자다. 예를 들어 $\frac{1}{3}$을 나타내려고 1/3처럼 써도 그 값은 0.333333…이라는 소수가 되는데, 이러면 분모와 분자가 무엇인지 알 수가 없어서 두 숫자의 비율이라는 유리수 본래의 뜻에 그다지 부합하지 않는다. 분수 형태로 유리수를 계산해야 한다면, 그런 용도를 위해 언어별로 준비된 별도의 자료형이나 외부 라이브러리를 활용해 보자. 이럴 경우 대개는 자동약분 같은 기능도 함께 제공되어서 편리하다.

파이썬 사용자는 Fraction 클래스를 써서 유리수를 표현할 수 있고, 자바에는 Apache Commons Math 같은 라이브러리가 있다. C++의 경우 C++11 표준부터 지원되는 ratio 클래스를 이용하거나 GNU MP 라이브러리를 쓰면 된다. 수학 분야에 특화된 기능이 많은 줄리아 언어는 // 기호로 유리수를 바로 나타낼 수 있어서 직관적인데, 예를 들어 $\frac{1}{3}$의 경우 1//3처럼 쓰는 식이다.

다음은 줄리아에서 사용하는 유리수 데이터의 사칙연산이다.

```
a = 5//10
b = 4//6
print( a )        # 결과 : 1//2
print( b )        # 결과 : 2//3
print( a + b )    # 결과 : 7//6
print( a - b )    # 결과 : -1//6
print( a * b )    # 결과 : 1//3
print( a / b )    # 결과 : 3//4
```

연습문제

1. 다음을 계산하고, 결과를 기약분수로 나타내어라.

(1) $\frac{5}{24} + \frac{9}{60}$ (2) $\frac{1}{10} - \frac{1}{12}$ (3) $\left|-\frac{2}{3}\right| \times \left|-\frac{3}{10}\right|$ (4) $\frac{1}{2} \div \left(-\frac{1}{2}\right)$

2. 어떤 게임은 800×600 해상도만 지원하는데, 1920×1080 같은 16 : 9 비율의

화면에서도 꽉 차도록 표시하려고 한다. 이때 가로는 세로에 비해 얼마나 더 늘려야 하는지, 소수점 아래 한 자리까지의 백분율로 답하여라.

3. 다음 중 유한소수는 어느 것인가?

① $\frac{91}{64}$　② $\frac{19}{80}$　③ $\frac{19}{90}$　④ $\frac{1920}{1080}$

4. 각 순환소수를 기약분수로 바꾸어라.

(1) $1.\dot{6}$　(2) $0.00\dot{3}$　(3) $9.\dot{9}$　(4) $0.1\dot{2}3\dot{4}$

2.4 무리수와 실수

이제 유리수처럼 분수로 나타내지 못하는 부류의 수에 대해서 알아보자. 한 변의 크기가 1인 정사각형을 그린 다음, 그 대각선을 한 변으로 하는 다른 정사각형을 그리면 다음과 같이 된다. 새로 만들어진 정사각형의 넓이는 원래 정사각형 넓이의 두 배임을 그림에서 알 수 있다.

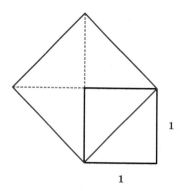

새 정사각형의 한 변을 x라 하면, 넓이가 2이므로 $x^2 = 2$(단, $x > 0$)임은 분명하다. 이때 x는 제곱해서 2가 되는 양수로, 근호[18] $\sqrt{}$를 써서 $\sqrt{2}$처럼 적고 "루트 2"라 읽는다. 제곱해서 2가 되는 수는 $\sqrt{2}$ 외에도 $-\sqrt{2}$가 있으며, 이 두 개의 수 $\pm\sqrt{2}$를 2의 **제곱근**이라고 한다.

---

18 영어 root의 r자를 형상화한 기호다.

예제 2-3 49의 제곱근을 구하여라.

풀이

$7 \times 7 = 49$이고 $(-7) \times (-7) = 49$이므로 49의 제곱근은 ± 7이다.

제곱해서 49가 되는 수는 7과 -7 두 개가 있지만, 루트 기호는 이중에서 양수인 것에 붙이기로 약속하였다. 즉, $\sqrt{49} = 7$이며, 따라서 49의 제곱근은 $\sqrt{49}$와 $-\sqrt{49}$ 두 개다.

II부에서 증명하겠지만 $\sqrt{2}$는 분수의 꼴로 나타낼 수가 없다. 이처럼 분수 꼴로 만들어지지 않는 수를 **무리수**[19]라고 한다. 무리수는 순환하지 않는 무한소수로 나타나는데, 예를 들어 $\sqrt{2}$의 값은 $1.414213562373\cdots$이다.

유리수와 무리수를 통틀어 **실수**(real number)라고 부르며, 지금까지 다루었던 실수 이하의 수 체계를 그림으로 나타내면 다음과 같다.

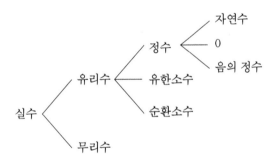

각각의 수 체계에 상응하는 집합은 흔히 고유한 기호로 나타내는데, 여기에는 다음과 같은 것들이 있다.

- 자연수의 집합: $\mathbb{N}$(natural number에서 따옴)
- 정수의 집합: $\mathbb{Z}$(독일어로 '숫자'를 뜻하는 Zahlen에서 따옴)
- 유리수의 집합: $\mathbb{Q}$(나눗셈의 '몫'을 뜻하는 quotient에서 따옴)
- 무리수의 집합: $\mathbb{I}$(irrational number)

---

19 유리수의 경우와 마찬가지로, irrational number(비율로 나타낼 수 없는 수)를 잘못 번역한 것이 굳어졌다.

• 실수의 집합: $\mathbb{R}$(real number)

0의 제곱근은 0 하나뿐이고, 또한 근호 안의 숫자는 0보다 크거나 같아야 한다. $\sqrt{-1}$처럼 제곱해서 음수가 되는 수는 실제로 존재하지 않으므로 실수 체계에 속하지 않는다.[20]

무리수도 수이므로 같은 제곱근끼리의 덧셈과 뺄셈은 일반적인 경우와 다르지 않다. 예를 들어 $\sqrt{2} + 2\sqrt{2}$는 $\sqrt{2}$로 묶어서 $(1+2)\sqrt{2} = 3\sqrt{2}$가 된다. 즉, 다음과 같다.

$$a\sqrt{n} \pm b\sqrt{n} = (a \pm b)\sqrt{n}$$

제곱근끼리의 곱셈은 다음과 같다. 이것은 양변을 제곱해 보면 바로 알 수 있다.

$$\sqrt{a}\sqrt{b} = \sqrt{ab}$$

물론 역으로 $\sqrt{ab} = \sqrt{a}\sqrt{b}$도 성립하며, 이때 근호 안에 있는 수가 제곱수[21]일 경우에는 근호를 벗길 수 있다. 제곱수인지 여부는 소인수분해를 해 보면 드러난다.

$$\sqrt{24} = \sqrt{2^3 \times 3} = \sqrt{2^2 \times (2 \times 3)} = \sqrt{4} \times \sqrt{2 \times 3} = 2\sqrt{6}$$

제곱근끼리의 나눗셈도 곱셈과 유사하다. 예를 들어 $\sqrt{8} \div \sqrt{2} = \sqrt{8 \div 2} = \sqrt{4} = 2$이다.

제곱근이 포함된 실수들을 비교할 때는 제곱수를 써서 대략의 값을 짐작할 수 있다. 예를 들어 $\sqrt{7}$을 보면 $\sqrt{4} = 2$보다 크고 $\sqrt{9} = 3$보다는 작으므로 2와 3 사이에 있을 것이다. 따라서 $\sqrt{7}$을 소수로 나타낼 때 소수점 앞의 정수부는 2가 된다.

예제 2-4 $\sqrt{5}$와 $2 + \sqrt{2}$ 중에서 어느 쪽이 더 큰지 답하여라.

풀이

$\sqrt{4} < \sqrt{5} < \sqrt{9}$이므로 $\sqrt{5}$의 정수부는 2이고, $(2 + \sqrt{1}) < (2 + \sqrt{2}) <$

---

20 이런 가상의 수를 허수라고 하는데, 허수는 11장에서 다룬다.
21 자연수를 제곱하여 된 수로, 1, 4, 9, 16, 25 등을 말한다.

$(2 + \sqrt{4})$이므로 $(2 + \sqrt{2})$의 정수부는 3이다.

따라서 $2 + \sqrt{2}$가 $\sqrt{5}$보다 더 크다.

정수부가 동일할 경우, 두 수가 양수라면 제곱하여 비교해 볼 수 있다. 이것은 '두 양수의 대소는 각각을 제곱하여도 변하지 않는' 성질을 이용한 것이다.

예제 2-5 $\sqrt{5}$와 $1 + \sqrt{2}$ 중에서 어느 쪽이 더 큰지 답하여라.

풀이

$\sqrt{5}$와 $1 + \sqrt{2}$는 둘 다 정수부가 2로 같지만, 양수이므로 양쪽을 제곱해 본다.

$$
\begin{aligned}
\left(\sqrt{5}\right)^2 &= 5 \\
\left(1 + \sqrt{2}\right)^2 &= (1 + \sqrt{2}) \times (1 + \sqrt{2}) \\
&= (1 + \sqrt{2}) + (1 + \sqrt{2}) \times \sqrt{2} \\
&= (1 + \sqrt{2}) + (\sqrt{2} + 2) \\
&= 3 + 2\sqrt{2}
\end{aligned}
$$

여기서 $5 < (3 + 2\sqrt{2})$이므로 $1 + \sqrt{2}$가 $\sqrt{5}$보다 더 크다.

나눗셈의 결과로 분수 꼴에 제곱근 기호가 포함되면 계산하기가 쉽지 않다. 특히 분모에 제곱근 기호가 있다면 통분 같은 계산의 편의를 위해 분모를 정수로 바꾸는 것이 좋다. 이러한 과정을 **분모 유리화**라고 한다.

유리화의 기본 유형은 분모에 단순히 근호만 있는 경우다. 이때는 다음과 같이 분모와 분자에 동일한 무리수를 곱하여 분모의 근호를 없앤다.

$$
\left(\frac{1}{\sqrt{2}}\right) = \frac{1 \times \sqrt{2}}{\sqrt{2} \times \sqrt{2}} = \left(\frac{\sqrt{2}}{2}\right)
$$

유리화의 또 다른 유형은 분모에 $1 + \sqrt{5}$처럼 근호와 정수가 덧셈 혹은 뺄셈으로 이어져 있는 것이다. 이때는 '합과 차의 곱'이 '제곱의 차'가 된다는 사실,[22] 즉 $(a + b) \times (a - b) = a^2 - b^2$를 이용하여 부호가 반대인 숫자를 곱해 줌으로써 분모를 정수로 만든다.

$$\left(\frac{1}{1 + \sqrt{5}} \right) = \frac{(1 - \sqrt{5})}{(1 + \sqrt{5}) \times (1 - \sqrt{5})} = \frac{1 - \sqrt{5}}{1 - 5} = \left(\frac{\sqrt{5} - 1}{4} \right)$$

연습문제

1. 두 수 중 어느 쪽이 더 큰지 부등호로 답하여라.

    (1) $\sqrt{40} + 2 \ \square \ \sqrt{60}$

    (2) $\sqrt{6} \ \square \ 1 + \sqrt{3}$

2. 다음 계산을 간단히 하여라. 단, 근호 안의 제곱수는 모두 밖으로 꺼낸다.

    (1) $\sqrt{18} \times \sqrt{10}$

    (2) $\sqrt{6} \times (\sqrt{2} + \sqrt{3})$

    (3) $\sqrt{3} \times \sqrt{8} + \sqrt{5} \times \sqrt{30}$

3. 다음 숫자의 분모를 유리화하여라.

    (1) $\dfrac{\sqrt{6}}{\sqrt{40}}$

    (2) $\dfrac{\sqrt{20}}{2 - \sqrt{2}}$

    (3) $\dfrac{1}{1 + \sqrt{3}} + \dfrac{1}{1 - \sqrt{3}}$

---

22 3장의 곱셈 공식에서 다룬다.

3장

수식의 기초

앞 장에서는 수학의 체계를 이루는 중요한 개체인 여러 가지 숫자에 대해 알아보았다. 하지만 정수든 유리수든 무리수든, 숫자만 가지고 수학적인 개념을 표현할 수는 없는 일이다. 수학적 개념을 인간이 쓰는 언어로 하나하나 풀어서 쓴다면 어떨까? 사칙연산 수준의 개념은 그런대로 표현이 되겠지만, 개념이 좀 더 복잡해지면 문장이 길어지고 표현에도 한계가 오면서 그것을 읽고 쓰는 일이 쉽지만은 않을 것이다. 게다가 자연 언어는 근본적으로 모호함[1]을 품고 있어서, 수학과 같이 명확함이 요구되는 개념을 기술하기에는 적합하지 않다.

그런 이유로 인해, 수학에서는 미리 합의된 기호와 표기법으로 이루어진 수식[2]을 통해 수학적 개념을 나타낸다. 이 장에서는 수식을 이루는 기본 요소를 살펴보고, 몇 가지 기초적인 유형의 수식을 다루는 방법에 대해 알아본다.

3.1 수식의 기본 형태

수학적 개념 안에서 높이, 거리, 반지름 같은 수량은, 맥락에 따라 구체적인 값은 바뀌더라도 그 의미는 대체로 정해져 있다. 수식에서 이처럼 구체적인 값보다 특정한 의미를 나타내려 할 때는 숫자 대신 문자로 표기하는데, 주로 영어(S, h, r), 그리스어(σ, e), 히브리어($\aleph$) 등에서 알파벳을 빌어다 쓴다. 어떤 값인지 정해지지

---

1 간단한 예로 '상쾌한 아침의 운동'이라는 구절을 생각해 보자. 아침과 운동 중 어느 쪽이 상쾌하다는 의미일까?

2 수식(mathematical expression)과 방정식(equation)은 비슷해 보이지만 엄연히 다른 개념이므로 혼동하지 않도록 유의한다.

않아서 모르는 수(미지수)도 문자로 나타내며, 대개 영어 알파벳 중 뒤쪽의 문자 x, y, z 등을 사용한다.

숫자와 문자를 함께 써서 수량을 나타낼 때는 다음과 같은 표기법을 따른다.

- 곱셈은 '×' 기호를 생략하며, 숫자를 문자보다 먼저 쓴다(예: $a \times b \times 3 \Rightarrow 3ab$).
- '$(-1) \times$ (문자)'는 '$-$문자'로 나타낸다(예: $-1 \times a \Rightarrow -a$).
- 나눗셈은 '÷' 기호보다는 분수 꼴로 나타낸다(예: $a \div 3 \Rightarrow \frac{a}{3}$).

문자가 포함된 식에서 문자의 자리에 특정한 숫자를 넣는 것을 **대입**이라고 하며, 이때 그 숫자의 값에 따라 해당 식을 계산한 결과를 **식의 값**이라고 한다. 예를 들어 $3a$라는 식에서 a에 2를 대입하면, 이 식의 값은 $3 \times 2 = 6$이 된다.

$3a$처럼 숫자나 문자의 곱으로만 이루어진 식을 **항**(項)이라고 하는데, 숫자만 있을 경우에는 특별히 **상수항**이라고 부른다. 또, $3a$의 3처럼 문자 앞에 곱해진 숫자를 그 문자의 **계수**(coefficient)라고 부른다. 항에서는 숫자뿐만 아니라 문자도 거듭제곱의 형태로 여러 번 곱해질 수 있는데, 이때 문자가 곱해진 횟수를 그 항의 **차수**(degree)라고 한다. a^2은 a가 두 번 곱해졌으므로 차수 2인 항이 된다.

여러 개의 항이 덧셈이나 뺄셈으로 이어져서 하나의 식을 이룬 것은 **다항식**(polynomial), 항이 하나만 있는 식은 **단항식**(monomial)이라 한다. 다항식은 여러 개의 항 중에서 가장 고차인 항의 차수를 다항식 전체의 차수로 한다. 예를 들어 $3t^2 - 6t + 9$를 이루고 있는 세 개의 항 중 최고차항은 $3t^2$이므로 이 다항식은 문자 t에 관한 이차식이다.

수식 안에 같은 차수의 문자를 가진 항이 있다면 그 항들은 **동류항**(同類項)이다. 동류항은 계수끼리 더하거나 빼서 간단하게 할 수 있다. 예를 들어 $a^2 - 3a + 2a^2 + 4a$라는 식은, 동류항인 a^2과 $2a^2$을 묶고 $-3a$와 $4a$를 묶어서 $3a^2 + a$가 된다.

단항식이나 다항식은 그 자체로서보다는 다른 수식과 어떤 관계를 가질 때 더 흥미롭다. 만약 두 식이 같지 않고 한쪽이 크거나 작을 경우에는 그 대소 관계를 부등호($<$, $>$)로 나타내며 이를 **부등식**이라 부른다. 예를 들어 $t^2 < k$ 같은 식은 부등식이다. 반면, 두 식의 값이 같다면 등호($=$)로 연결하여 나타내며, 이것을 **등식**이라 한다. 이때 등호의 왼쪽 식은 좌변, 오른쪽 식은 우변이라고 부른다.

등식 중에서 미지수를 포함하고 있고 그 값에 따라 전체적인 참·거짓이 정해지는 식을 **방정식**이라고 한다. 미지수 x를 포함한 등식 $2x - 3 = 1$은 x의 값이 2일 경우에만 참이고 그 외에는 모두 거짓이 되는 방정식이다. 이처럼 방정식을 참이 되게 하는 미지수의 값을 그 방정식의 **해**(解) 또는 **근**(根)이라고 한다.

미지수를 포함하고는 있지만 그 값에 상관없이 항상 참이 되는 등식은 **항등식**이라고 한다. 예를 들어 미지수 y에 대해 $y^2 - 1 = (y + 1)(y - 1)$은 항등식이다.

항등식도 등식이므로, 어떤 값이든 상관없는 미지수를 제외한 모든 부분에서 양쪽은 동일해야 한다. 예를 들어 다음 식이 미지수 x에 상관없이 성립한다면, 문자 m과 n의 값은 무엇이 되어야 할까?

$$mx + n = 3x + 2$$

x의 값은 무어라도 상관없으므로 우선 0을 대입하여 $n = 2$를 얻고, 다시 1을 대입하면 $m = 3$을 얻는다. 즉, 등식에서 양변의 계수와 상수항이 동일하다는 것을 확인할 수 있다. 항등식에서는 특히 다음과 같이 한쪽 변이 0일 경우 다른 변의 계수와 상수항은 모두 0이 되어야 한다.

$$ax + b = 0 \quad \longrightarrow \quad a = b = 0$$

등식의 양변은 같기 때문에, 양변에 어떤 수를 더하고 빼고 곱하고 0이 아닌 수로 나누어도 여전히 같다. 이런 성질을 이용해서 등식의 한쪽 변에 있는 항을 다른 쪽으로 옮기는 것을 **이항**[3]이라고 한다. 이항할 때는 항의 부호를 반대로 하여 넘기는데, 이것은 부호가 반대인 숫자를 양변에 더하는 것과 같다. 예를 들어 등식 $2x - 3 = 1$에서 좌변의 상수항 -3을 이항하면 $2x = 4$이고, 이는 양변에 $+3$을 더한 것과 결과가 같다.

어떤 방정식의 모든 항을 한쪽으로 모아서 정리했더니 차수가 1인 식, 즉 (일차식) $= 0$의 꼴이 되었다면, 이 식은 **일차방정식**이라고 한다. 위에서 예로 든 $2x - 3 = 1$에서 우변의 항을 좌변으로 이항하여 정리하면 $2x - 4 = 0$처럼 차수가 1인 일차방정식이 된다.

일차방정식은 해법이 단순하다. 등식의 성질을 이용하여 한쪽 변에 x만 남도록 하면 된다. 일차항의 계수가 a, 상수항이 b인 일차방정식의 해 x를 구하면 다음과 같다(단, $a \neq 0$).

---

3 항(項)을 옮긴다(移)는 뜻이다.

$$ax + b = 0$$
$$ax = -b$$
$$x = -\frac{b}{a}$$

수학 문제는 항상 수식 형태로 제시되지는 않는데, 일차방정식의 경우도 마찬가지다. 방정식에서 구하려는 수량이 무엇인지 먼저 파악하여 미지수로 두고 적절한 식을 세울 수 있다면, 답은 이미 절반쯤 얻은 셈이다.

예제 3-1 20% 에탄올 수용액과 5% 에탄올 수용액을 섞어서 최종적으로 8% 에탄올 수용액 200g을 만들고자 한다. 20% 용액과 5% 용액을 몇 대 몇의 비율로 섞어야 하는가?

풀이

우선 미지수를 무엇으로 둘 것인지부터 정한다. 후보로는 20% 용액의 양이나 5% 용액의 양 등이 있겠지만 어느 쪽이라도 풀이에는 크게 차이가 없다. 여기서는 혼합에 사용할 20% 용액의 양을 미지수 x라 두기로 한다. 그러면 5% 용액의 양은 문제의 뜻에 따라 $200 - x$가 된다.[4]

이제 혼합하려는 용액에 포함된 에탄올의 양을 각각 따져 보면 20% 용액은 $\frac{20}{100}x$이고, 5% 용액은 $\frac{5}{100} \times (200 - x)$이다. 이 둘을 섞어서 8% 용액 200g이 만들어지므로 에탄올의 총량에 대해서 다음과 같은 일차방정식이 성립한다.

$$\frac{20}{100}x + \frac{5}{100}(200 - x) = \frac{8}{100} \times 200$$

양변에 100을 곱하고 이항하여 정리하면, 20% 용액의 양을 나타내는 x의 값을 얻는다.

$$20x + 5 \times (200 - x) = 8 \times 200$$
$$20x + 1000 - 5x = 1600$$

---

4 20% 용액과 5% 용액의 양을 각각 미지수 x와 y로 두고, $x + y = 200$의 관계를 가지는 연립방정식으로 풀 수도 있다. 자세한 풀이 방법은 이어지는 연립방정식 관련 내용을 참고하기 바란다.

$$15x \;=\; 600$$
$$\therefore \; x \;=\; 40$$

즉, 20% 용액 40g과 5% 용액 160g을 섞으면 되는 것이므로 구하는 용액의 비율은 $40 : 160 = 1 : 4$이다.

등식과 마찬가지로 부등식의 양변에 같은 수를 더하고 빼도 대소관계는 변하지 않는다. 부등식을 이루는 양쪽 변의 상대적인 차이는 그대로 유지되기 때문이다. 또한 양변에 같은 양수를 곱하거나 나눌 때도 대소관계는 그대로다. 숫자 두 개를 수직선에 나타내 보면, 양수를 곱하거나 나눠도 숫자의 방향은 변함 없고 절댓값만 커지거나 작아지므로 대소관계 또한 변함이 없음을 확인할 수 있다.

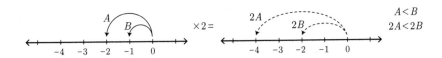

하지만 음수를 곱하거나 나누면 대소관계가 거꾸로 뒤집힌다. 이것은 (2장에서 본 것처럼) 음수를 곱할 때 수직선에서 방향이 반대로 되기 때문이다.

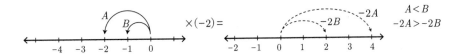

어떤 부등식의 모든 항을 한쪽으로 모아서 정리했더니 차수가 1인 식이 되었다면, 이 식은 **일차부등식**이라고 한다. 일차부등식의 풀이 방법은 일차방정식과 동일하며, 음수를 곱하거나 나눌 때 부등호가 반대로 된다는 점만 유의하면 된다. 예를 들어 $-2x + 4 < 0$의 해는 다음과 같다.

$$-2x + 4 \;<\; 0$$
$$-2x \;<\; -4$$
$$\therefore \; x \;>\; 2$$

예제 3-2 손님 10명이 음식점에서 주문을 하고 있다. 생선구이정식은 9,000원이고 순두부찌개는 6,000원인데, 한 사람당 하나의 메뉴를 시키려고 한다. 사용 가능한 예산이 8만 원이면, 생선구이정식은 최대 몇 개까지 시킬 수 있을까?

풀이

생선구이정식의 개수를 x라고 하면, 순두부찌개는 $(10 - x)$개가 된다. 두 메뉴의 가격을 합하여 부등식을 세우면 다음과 같다.

$$9000x + 6000 \times (10 - x) \leq 80000$$
$$9x + 6 \times (10 - x) \leq 80$$
$$9x - 6x \leq 80 - 60$$
$$3x \leq 20$$
$$x \leq \frac{20}{3} = 6.\dot{6}$$

메뉴의 개수는 자연수여야 하므로 생선구이정식 메뉴는 최대 6개까지 주문할 수 있다.

연습문제

1. 다음을 곱셈이나 나눗셈 기호 없이 나타내어라.

   (1) $2 \times b \times c$

   (2) $5 \times (-1) \times k$

   (3) $a \times b \times 3 \div (c \times 2)$

2. 다음 중에서 이차식인 것을 모두 골라라.

   ① $-2x - 2y + 1$

   ② $y^2 - \frac{y}{2}$

   ③ $a^2 - 2a^2 - a$

   ④ $a^2 - 2a - a^2$

3. 모든 x의 값에 대하여 다음 등식이 성립할 때, a와 b의 값을 구하여라.

(1) $ax + 3 = 5x - b$

(2) $a(x + 1) + 3 = 5(x + 1) - b$

(3) $a(x - 1) + 3 = 5(x + 1) - b$

(4) $(a - 5)x + b + 3 = 0$

4. 세미나에 참석한 사람들에게 기념품으로 연필을 나누어 주려고 한다. 한 사람 당 두 자루씩 나누어 주면 일곱 자루가 남고, 세 자루씩 나누어 주면 두 자루가 부족하다. 참석자는 모두 몇 명인지, 일차방정식을 세워서 풀어라.

5. 편의점에서는 맥주 4병을 10,000원에 팔고, 조금 떨어진 전문매장에서는 맥주 4병을 9,000원에 할인 판매 중이다. 전문매장까지 왕복 교통비가 2,600원이라 면, 맥주를 4병 단위로 몇 꾸러미 이상 살 때 전문매장에 가는 것이 더 이득이겠 는가? 일차부등식으로 풀어라.

3.2 연립방정식과 연립부등식

앞에서 보았던 일차방정식은 미지수가 하나였지만, 상황에 따라서는 미지수를 여 러 개로 두어야 할 때도 있다. 예를 들어 다음 식은 미지수가 2개인 일차방정식이 다. x, y가 실수일 때, 이 방정식을 만족시키는 해는 어떤 것이 있을까?

$$3x - 2y = 1$$

우선 $x = 1$, $y = 1$을 대입해 보면 $3 - 2 = 1$이므로 등식이 성립한다. 하지만 이것 이 유일한 해는 아니다. 우리는 이 방정식을 만족시키는 해를 $x = \frac{1}{3}$, $y = 0$이나 $x = 5$, $y = 7$처럼 원하는 대로 얼마든지 찾아낼 수 있다. 말하자면 두 미지수 모두 를 어떤 값으로 특정하기에는 정보가 너무 적다.

이제 여기에 두 미지수에 관한 추가적인 정보를 더 제공하면, x와 y를 특정한 값 으로 좁혀 갈 수도 있다.[5] 식 하나가 더 주어진 한 쌍의 일차방정식을 생각해 보자.

$$\begin{cases} 3x - 2y = 1 \\ x - y = -1 \end{cases}$$

---

[5] 추가된 정보가 기존 정보와 중복되거나 모순된다면 미지수를 어떤 값으로 정하지 못할 수도 있다. 이어서 설명하는 '부정'과 '불능'이 이에 해당한다.

두 방정식 각각을 만족하는 x와 y는 무수히 많겠지만, 두 식을 한꺼번에 고려한다면 그렇지 않을 수도 있다. 이런 형태의 방정식을 **연립방정식**이라고 하며, 미지수가 2개이고 두 방정식 모두 일차식인 경우에는 **이원**(二元) **일차 연립방정식**이라고 부른다. 이러한 연립방정식의 해는 어떻게 구할 수 있을까?

앞의 예에서 아래쪽 방정식은 마침 x의 계수가 1로 되어 있다. 여기서 x만 남기고 이항하면, x를 y에 대한 식으로 나타낼 수 있게 된다.

$$x = y - 1$$

이 등식이 의미하는 바는, 'x가 있는 곳이면 어디든지 x 대신에 $y-1$을 쓸 수 있다'는 것이다. 이것은 아래쪽 식을 변형하여 얻은 것이므로 위쪽 방정식에 x 대신 $y-1$을 대입하여 정리해 보자.

$$\begin{aligned}
3(y-1) - 2y &= 1 \\
3y - 3 - 2y &= 1 \\
3y - 2y &= 1 + 3 \\
y &= 4
\end{aligned}$$

미지수 y의 값은 4라는 것을 알아내었다. x의 값을 마저 알아내기 위해 이 y의 값을 다시 $x = y - 1$에 넣으면 $x = 3$이므로, 최종적으로 $x = 3$, $y = 4$라는 답을 얻는다. 이와 같은 방법은 한 미지수를 다른 미지수로 나타내어 방정식에 대입하는 것이므로 **대입법**이라고 부른다.

다음으로 '등식의 양변에 같은 수를 곱할 수 있다'는 성질을 이용한 또 다른 연립방정식의 해법을 알아보자. 위의 예에서 두 방정식의 계수에 주목하면, x의 계수는 3과 1, y의 계수는 -2와 -1로 일단은 제각각이다. 하지만 등식의 성질을 이용한다면 한쪽 식에 적당한 수를 곱하여 x나 y 중 하나의 계수는 일치시킬 수 있을 것이다. 예컨대 아래쪽 식의 양변에 2를 곱하면 다음과 같이 된다.

$$\begin{cases} 3x - 2y = 1 \\ 2x - 2y = -2 \end{cases}$$

두 식의 y의 계수가 같아졌으므로, 한쪽에서 다른 쪽을 빼면 y가 포함된 항은 0이 되어 사라질 것이다. 위쪽 식에서 아래쪽 식을 빼 보자.

$$(3x - 2x) + (-2y + 2y) = 1 + 2$$
$$x + 0 = 3$$
$$\therefore\ x = 3$$

x의 값을 구했으므로, 다른 적당한 식에 $x = 3$을 대입하면 y의 값도 구할 수 있다. 여기서는 위쪽 식에 대입해 보기로 한다.

$$9 - 2y = 1$$
$$-2y = -8$$
$$\therefore\ y = 4$$

이렇게 해서 역시 $x = 3$, $y = 4$라는 답을 얻게 되었다. 이 방법은 한 식에 다른 식을 더하거나 뺌으로써 해를 구하므로 **가감법**이라고 부른다.

예제 3-3 예제 3-1의 문제에서 20% 용액의 양을 x, 5% 용액의 양을 y로 두고 연립방정식으로 풀어라.

풀이

용액의 총량과 에탄올의 총량에 대해 각각 하나의 방정식을 세울 수 있으므로 다음과 같은 연립방정식이 성립한다.

$$\begin{cases} x + y = 200 \\ \frac{20}{100}x + \frac{5}{100}y = \frac{8}{100} \times 200 \end{cases}$$

아래쪽 식은 양변에 100을 곱해서 간단하게 할 수 있다.

$$20x + 5y = 1600$$

위쪽 식의 문자들이 계수가 모두 1이므로, x 또는 y를 다른 미지수로 나타낼 수 있다. 여기서는 $y = 200 - x$로 두고 아래쪽 식에 대입하여 정리한다.

$$20x + 5 \times (200 - x) = 1600$$
$$15x = 600$$
$$\therefore\ x = 40,\ y = 160$$

앞에서 보았듯이 예제 3-1의 풀이는 y 대신 $200 - x$를 이용한 것이며, 사실상 본 예제와 동일한 풀이 과정을 거친다.

지금까지 확인한 것을 보면 미지수가 2개일 때는 방정식도 2개여야 특정한 값을 찾아낼 수 있었다. 3개 이상의 미지수를 갖는 경우를 더 다루지는 않겠지만, 일반적으로 미지수가 n개인 연립방정식을 풀기 위해서는 n개의 방정식이 있어야 한다. 하지만 추가로 주어지는 방정식이 항상 도움을 주는 것은 아니다. 다음과 같은 예를 살펴보자.

$$\begin{cases} 3x - 2y = 1 \\ 6x - 4y = 2 \end{cases}$$

언뜻 보기에는 추가적인 정보가 더 주어진 것 같지만, 사실 아래쪽 식은 위쪽 식의 양변에 2를 곱한 것이다. 이것을 가감법으로 푼다고 해도 $0 = 0$이라는 항등식밖에 나오지 않는다. 이런 경우는 식이 하나만 있는 것과 마찬가지이므로 무수히 많은 해가 존재하여 미지수의 값을 정하지 못하는데, 이것을 **부정**(不定)이라고 부른다.

비슷한 경우로, 원래 식의 좌변과 우변에 서로 다른 숫자를 곱한 식이 추가로 주어지면 역시 연립방정식의 해를 구할 수 없다. 다음 예를 보자.

$$\begin{cases} 3x - 2y = 1 \\ 6x - 4y = 3 \end{cases}$$

아래쪽 식은 위쪽 식의 좌변에 2를, 우변에 3을 곱한 식이다. 이것을 가감법으로 풀면 어떤 결과가 나올까? 위쪽 식에 2를 곱한 다음,

$$\begin{cases} 6x - 4y = 2 \\ 6x - 4y = 3 \end{cases}$$

위에서 아래를 빼면, 다음과 같이 모순된 결과가 나온다.

$$0 = -1$$

그 밖에 어떤 다른 방법으로 풀어도 이 연립방정식은 모순된 결과만을 내어 놓기에 해를 구할 수 없다. 애초에 어울릴 수 없는 두 방정식이 한데 묶인 것인데,[6] 이런 경우를 **불능**(不能)이라고 한다.

지금까지 보았듯이 일차방정식은 미지수가 하나면 식도 하나, 미지수가 두 개면 식도 두 개가 필요했다. 이것은 한 방정식의 해가 특정한 값 하나에 해당하기 때문이다. 이런 이유로 미지수가 하나인 일차방정식을 예컨대 $2x + 1 = 0$과 $x - 2 = 1$처럼 여러 개 연립시키는 것은 별다른 의미를 가지지 못한다. 하지만 부등식의 경우는 그 해가 특정한 값이 아니라 어떤 범위를 가리키게 되므로, 미지수가 하나일지라도 일차부등식을 여러 개 연립시켜서 푸는 것은 의미가 있다. 다음의 연립부등식을 보자.

$$\begin{cases} -2x + 4 < 0 \\ 3x < 9 \end{cases}$$

두 식을 각각 풀면 다음과 같은 결과가 나온다.

$$\begin{cases} x > 2 \\ x < 3 \end{cases}$$

이것을 수직선상에 다음과 같이 나타낼 수 있다. 2나 3은 해의 범위에 포함되지 않으므로 속이 빈 동그라미로 나타낸다.

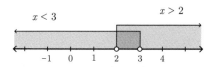

원래 문제가 '연립'부등식이기 때문에 두 부등식을 모두 만족하는 범위가 최종적인 해다. 따라서 위의 문제에 대한 답은 다음과 같다.

$$2 < x < 3$$

---

6 4장의 내용을 미리 빌려 설명하면, 일차방정식에 해당하는 함수의 그래프는 직선으로 나타나고, 연립방정식은 곧은 직선 두 개가 만나는 교점을 구하는 것과 같다. 불능일 경우에는 두 직선이 평행하기 때문에 만나지 않는다.

부등식에 ≥ 또는 ≤가 사용되었을 때는 등호에 해당하는 숫자를 수직선에서 속을 채운 동그라미로 나타낸다. 예를 들어 다음 연립부등식의 경우,

$$\begin{cases} -2x + 4 \leq 0 \\ \quad 3x < 9 \end{cases}$$

해의 범위는 $2 \leq x < 3$이며 수직선으로 그리면 다음과 같다.

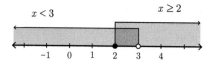

어떤 두 숫자 사이에 긴 범위는 **구간**(interval)이라 부르는데, 그 숫자가 포함되면 (즉, 범위에 등호가 있으면) 기호 '[' 또는 ']'로, 숫자가 포함되지 않으면 기호 '(' 또는 ')'로 나타낸다. 예를 들어 $2 < x < 3$과 같은 범위는 $(2, 3)$이라는 구간으로 표시할 수 있다.

$$\begin{aligned} a < x < b \quad &: \quad (a, b) \\ a \leq x < b \quad &: \quad [a, b) \\ a < x \leq b \quad &: \quad (a, b] \\ a \leq x \leq b \quad &: \quad [a, b] \end{aligned}$$

양 끝단의 숫자에 모두 등호가 포함된 $[a, b]$ 꼴은 흔히 닫힌 구간 또는 폐(閉)구간 (closed interval), 양쪽 모두 등호가 없는 (a, b) 꼴은 흔히 열린 구간 또는 개(開)구간(open interval)이라고 부른다.

문제에 따라서는 두 부등식의 해에 공통되는 범위가 없을 수도 있는데, 이런 연립부등식은 해를 가지지 않는다. 예컨대 다음 연립부등식이 있을 때,

$$\begin{cases} -2x + 4 < 0 \\ \quad 3x < 6 \end{cases}$$

각각의 식을 풀면 위쪽 식은 $x > 2$가 되고 아래쪽 식은 $x < 2$가 되어 두 조건을 동시에 만족하는 범위가 존재하지 않는다. 따라서 위의 연립부등식은 해가 없다.

그 외에 미지수가 두 개이며 식도 두 개인 이원 일차 연립부등식도 있지만, 일차

함수 그래프 두 개를 그려서 공통영역을 찾는 것으로 어렵지 않게 풀 수 있으며 실제로 접하는 일도 드물기 때문에 여기서는 다루지 않기로 한다.

연습문제

1. 다음 연립방정식을 풀어라.

   (1) $\begin{cases} 3(x-1) + 2(y+1) = 0 \\ x + y = 1 \end{cases}$

   (2) $\begin{cases} \frac{1}{3}x + \frac{1}{2}y = 0 \\ 0.3x + 0.2y = 1 \end{cases}$

   (3) $\begin{cases} 2(x+1) + 3y = 4 \\ \frac{2}{3}x + y = 1 \end{cases}$

2. 다음 연립부등식을 풀어라.

   (1) $3 < 2x-1 < 5$

   (2) $\begin{cases} 2(x+1) < 3 \\ 3(x-1) > 3 \end{cases}$

   (3) $\begin{cases} \frac{1}{2}x + \frac{1}{4} \leq \frac{1}{3}x \\ \frac{x+1}{2} > \frac{x-1}{3} \end{cases}$

3. 동호회 행사의 교통편으로 차량을 대여했다. 한 차에 4명씩 배정하니 차가 한 대 남고, 한 차에 3명씩 배정하니 2명이 차를 타지 못한다. 연립방정식을 세워서 차량과 회원의 수를 구하여라.

4. 수현이와 성규가 계단에서 가위바위보를 하여, 이긴 사람은 두 칸 올라가고 진 사람은 한 칸 내려가기로 했다. 한참 하다 보니 수현이는 처음보다 20칸, 성규는 처음보다 11칸을 더 올라가 있었다. 수현이와 성규는 각각 몇 번을 이겼는지 연립방정식을 세워 구하여라.

5. 워크숍 예산 36만 원 내에서 와인을 20병 사려고 한다. 레드와인은 병당 20,000원이고 화이트와인은 병당 15,000원인데, 화이트와인보다는 레드와인을 더 많이 사고 싶다. 레드와인은 최소 몇 병에서 최대 몇 병까지 살 수 있는지 연립부등식으로 구하여라.

3.3 다항식의 계산

앞의 3.1절에서는 동류항의 계수를 더하거나 빼서 수식을 간단히 할 수 있음을 보았다. 그러면 항과 항을 곱하거나 나눌 때는 어떨까? 2장에서 같은 문자가 여러 번 곱해지면 거듭제곱의 꼴로 나타낸다는 점을 언급했었는데, 항의 곱셈과 나눗셈은 이러한 거듭제곱의 성질을 이용하게 된다.

거듭제곱에서 여러 번 곱해지는 숫자나 문자를 **밑**이라고 하고, 곱해진 횟수를 **지수**라고 한다. 예를 들어 $2 \times 2 \times 2 = 2^3$의 거듭제곱에서 밑은 2이고 지수는 3이다. 지수는 곱해진 '횟수'이므로, 곱셈이 거듭됨에 따라 하나씩 하나씩 늘어난다. 2^3과 2^2의 곱셈을 살펴보자.

$$2^3 \times 2^2 = (2 \times 2 \times 2) \times (2 \times 2) = 2^{3+2} = 2^5$$

위에서 확인한 것처럼, 밑이 같은 거듭제곱끼리의 곱셈은 지수를 더한 것과 같다.

$$a^j \times a^k = \underbrace{(a \times a \times \cdots \times a)}_{j} \times \underbrace{(a \times a \times \cdots \times a)}_{k} = a^{j+k}$$

거듭제곱을 다시 거듭제곱하면 어떻게 될까? 2^3을 제곱해 보자. 곱해진 '횟수'가 2배가 되므로 지수도 2배가 됨을 알 수 있다.

$$(2^3)^2 = (2^3) \times (2^3) = 2^{3+3} = 2^{3 \times 2} = 2^6$$

거듭제곱의 거듭제곱은 다음과 같이 지수의 곱셈으로 나타난다.

$$(a^m)^n = \underbrace{(a^m \times a^m \times \cdots \times a^m)}_{n} = a^{mn}$$

또한, ab처럼 곱셈으로 이어진 항을 거듭제곱하면 다음과 같이 지수가 각각의 밑으로 분배된다.

$$(ab)^n = \underbrace{(ab \times \cdots \times ab)}_{n} = \underbrace{(a \times \cdots \times a)}_{n} \times \underbrace{(b \times \cdots \times b)}_{n} = a^n b^n$$

나눗셈으로 이루어진 항의 거듭제곱도 곱셈과 마찬가지로 지수가 위아래로 분배

된다.

$$\left(\frac{a}{b}\right)^n = \underbrace{\left(\frac{a}{b} \times \cdots \times \frac{a}{b}\right)}_{n} = \frac{\overbrace{a \times \cdots \times a}^{n}}{\underbrace{b \times \cdots \times b}_{n}} = \frac{a^n}{b^n}$$

수식에서 항끼리 연산하다 보면 밑이 같은 거듭제곱끼리 나눗셈도 필요하게 되는데, 이런 경우는 어떨지 예를 들어 살펴보자.

$$2^3 \div 2^2 = \frac{\not2 \times \not2 \times 2}{\not2 \times \not2} = 2^{3-2} = 2^1$$

분자에 3번 거듭제곱 되어 있던 것이, 분모 쪽의 거듭제곱으로 2개 상쇄되었다. 거듭제곱의 나눗셈은 $a^j \div a^k$ 꼴의 분자에 a가 j번만큼 곱해져 있던 것을 분모 쪽에서 k만큼 취소하는 것이므로, 지수의 입장에서는 **뺄셈**이 될 것이라 예상할 수 있다.

$$a^j \div a^k = \frac{\overbrace{a \times a \times \cdots \times a}^{j}}{\underbrace{a \times \cdots \times a}_{k}} = a^{j-k}$$

$j = k$인 경우에는 분모·분자의 지수가 같아서 $a^j \div a^j = a^{j-j} = a^0$ 꼴이므로, $a^0 = 1$이다(단, 분모는 0이 아니므로 $a \neq 0$).

밑이 같은 거듭제곱끼리 나눌 때, 분모 쪽의 지수가 더 크다고 하자. 그러면 다음 예와 같이 분자 쪽은 지수가 상쇄되어 1만 남고, 분모 쪽은 미처 상쇄되지 않은 거듭제곱이 남게 된다.

$$2^2 \div 2^5 = \frac{\not2 \times \not2}{\not2 \times \not2 \times 2 \times 2 \times 2} = \frac{1}{2 \times 2 \times 2} = \frac{1}{2^3}$$

이것을 앞서 나온 대로 지수의 **뺄셈**을 통해 $2^{2-5} = 2^{-3}$과 같이 쓰기로 한다면 지수 표기에 일관성을 얻을 수 있다. 즉, 음의 지수는 다음과 같이 정의된다.

$$a^{-m} = \frac{1}{a^m}$$

이 정의에 따르면 앞의 나눗셈의 결과는 음의 지수로도 쓸 수 있다.

$$2^2 \div 2^5 = 2^{2-5} = 2^{-3}$$

예제 3-4 다음 식에서 거듭제곱의 지수 부분을 간단히 하여라.

$$\frac{y \times (-x)^3 \times y^2 \times x^3}{(x^2)^3 \times (-y)^2}$$

풀이

우선 계수가 -1인 $-x$와 $-y$의 거듭제곱부터 계산해 보면 다음과 같다.[7]

$$(-x)^3 = (-1)^3 \cdot x^3 = (-1) \cdot x^3 = -x^3$$
$$(-y)^2 = (-1)^2 \cdot y^2 = y^2$$

같은 문자끼리 모아 분자의 지수를 간단히 하면,

$$(-x^3 \times x^3) \times (y \times y^2) = -x^6 y^3$$

동일하게 분모를 간단히 하면,

$$x^6 \times y^2 = x^6 y^2$$

이제 (분자 ÷ 분모)에서 지수끼리 빼면, 다음과 같이 된다.

$$(-x^6 y^3) \div (x^6 y^2) = (-1) \cdot x^{(6-6)} y^{(3-2)} = (-1) \cdot x^0 \cdot y = -y$$

지금까지 수식의 연산에 필요한 기초적인 내용을 공부하였다. 이제 다항식의 연산에 대해서 알아보자. 다항식의 덧셈과 뺄셈은 앞서 나왔던 대로 동류항끼리 모아서

---

7 일반화해서 $(-1)^n$의 값은 n이 짝수이면 1이고 홀수이면 -1이 된다.

계산하면 된다. 곱셈과 나눗셈은 지수의 덧셈이나 뺄셈으로 계산하는데, 곱셈의 경우 두 가지 꼴이 있다.

첫 번째 (단항식×다항식)의 꼴은 $A(B+C) = AB + AC$와 같이 분배법칙에 따라 각 항을 곱해 준다.

$$2x\,(x - 2y + 1) \;=\; 2x^2 - 4xy + 2x$$

두 번째인 (다항식×다항식)의 꼴은 다소 복잡해 보일 수 있지만, 역시 분배법칙에 따라 항을 하나씩 곱하여 덧셈의 꼴로 풀어가면 된다. 이 과정을 **전개**라고 한다. 예를 들어 $(A+B)(C+D)$ 꼴의 곱셈이라면, $(A+B)$를 T라는 하나의 문자로 간주하여 $T(C+D)$를 전개한 다음, 나중에 T를 다시 $(A+B)$로 돌려놓고 마저 계산하는 식이다.

$$
\begin{aligned}
(A+B)(C+D) \;&=\; T(C+D) \\
&=\; TC + TD \\
&=\; (A+B)C + (A+B)D \\
&=\; AC + BC + AD + BD
\end{aligned}
$$

흔히 쓰는 전개의 패턴은 **곱셈공식**이라는 이름으로 정리해 두기도 하는데, 가장 널리 쓰이는 것은 '합 또는 차의 완전제곱'이다.

$$
\begin{aligned}
(a+b)^2 \;&=\; (a+b)(a+b) \;=\; a^2 + ba + ab + b^2 \\
&=\; a^2 + 2ab + b^2 \\
(a-b)^2 \;&=\; (a-b)(a-b) \;=\; a^2 - ba - ab + b^2 \\
&=\; a^2 - 2ab + b^2
\end{aligned}
$$

위쪽 식을 조금 변형하면

$$(a+b)^2 - 2ab \;=\; a^2 + b^2$$

이므로 두 수의 합$(a+b)$과 곱(ab)으로부터 제곱의 합(a^2+b^2)을 구할 수 있다. $(a-b)$에 대해서도 마찬가지다.

$$
\begin{aligned}
a^2 + b^2 \;&=\; (a+b)^2 - 2ab \\
a^2 + b^2 \;&=\; (a-b)^2 + 2ab
\end{aligned}
$$

또한 $(a+b)^2$와 $(a-b)^2$의 전개식은 $2ab$ 부분의 부호만 다르므로 다음의 관계도 성립한다.

$$(a+b)^2 - (a-b)^2 = 4ab$$

이에 못지 않게 널리 쓰이는 식이 '합과 차의 곱'인데, 앞서 무리수의 분모 유리화 때 사용된 적이 있다.

$$
\begin{aligned}
(a+b)(a-b) &= a^2 + ba - ab - b^2 \\
&= a^2 - b^2
\end{aligned}
$$

$(x+a)$와 $(x+b)$ 꼴의 곱도 중요하게 여겨진다. 일차항의 계수와 상수항이 각각 $(a+b)$와 ab로 이루어짐에 주목하자.

$$
\begin{aligned}
(x+a)(x+b) &= x^2 + ax + bx + ab \\
&= x^2 + (a+b)x + ab
\end{aligned}
$$

마지막으로 소개할 패턴은 일반적인 형태의 두 일차식을 곱했을 경우다.

$$
\begin{aligned}
(ax+b)(cx+d) &= acx^2 + bcx + adx + bd \\
&= acx^2 + (ad+bc)x + bd
\end{aligned}
$$

이 전개식은 다소 복잡하게 보이지만, 계수 사이의 관계를 살펴보면 나름의 규칙이 있음을 알 수 있다.

$$acx^2 + (ad+bc)x + bd$$

$$
\begin{array}{ccc}
\vdots & & \vdots \\
ax & \diagdown & b \leftarrow (ax+b) \\
cx & \diagup & d \leftarrow (cx+d)
\end{array}
$$

예제 3-5 두 수 a, b가 있어 그 합이 4이고 곱이 1일 때, 두 수의 제곱의 합 $a^2 + b^2$과 두 수의 차 $a-b$를 구하여라(단, $a > b$).

풀이

두 수의 곱이 1이므로 $ab = 1$이며 따라서 두 수는 역수관계다. 우선 $(a+b)^2$ 를 전개하여 이것을 반영하자.

$$(a+b)^2 = a^2 + 2ab + b^2$$
$$4^2 = a^2 + 2 + b^2$$
$$\therefore \; a^2 + b^2 = 16 - 2 = 14$$

또한 $a+b$와 $a-b$ 사이에는 다음 관계가 성립한다.

$$(a-b)^2 = (a+b)^2 - 4ab$$
$$= 4^2 - 4 = 12$$

그에 따라 두 수의 차 $a-b$는 $\pm\sqrt{12}$이고, $a > b$라는 조건이 있으므로 답은 $\sqrt{12} = 2\sqrt{3}$이다.

위의 예제에 나온 두 수는 다소 기묘하다. 합이 4이고 서로 역수관계라니, 바로 떠올리기 쉽지 않은 수임에는 분명하다. 이런 숫자들을 알아내는 방법은 다음 절의 이차방정식에서 다루기로 한다.

지금까지 살펴본 곱셈공식은 수식 간의 곱을 다항식으로 전개한 것이었다. 그러면 그 역방향 연산은 어떻게 될까? 예를 들어 '합과 차의 곱' 전개식을 거꾸로 쓰면 다음과 같이 된다.

$$a^2 - b^2 = (a+b)(a-b)$$

이차 다항식이 일차식 두 개의 곱으로 쪼개졌는데, 숫자로 친다면 합성수를 소수들의 곱으로 나타내는 소인수분해와 유사하다. 이것을 다항식의 **인수분해**라고 하며, 어떤 다항식을 차수가 더 낮은 항들의 곱셈 형태로 바꾸는 과정을 뜻한다.

다음은 분배법칙을 역으로 적용해서 간단히 공통 인수를 찾아 인수분해하는 예다.

$$2x^2 + x = x(2x+1)$$
$$2x^2 - 4x = 2x(x-2)$$

인수분해는 곱셈공식과 달리 직관적이지 않은 경우가 많으므로, 보통은 곱셈공식의 역을 이용하는 편이 수월하다. '합 또는 차의 완전제곱'의 곱셈공식을 거꾸로 쓴 인수분해 과정은 다음과 같다. (여기서 등호 양쪽의 ± 부호는 위아래로 동일 순서다[8]).

$$a^2 \pm 2ab + b^2 = (a \pm b)^2$$

만약 항이 세 개인 식이 있는데, 그중 두 항이 무언가의 제곱 꼴(a^2, b^2)이고, 각 제곱근의 곱(ab)을 두 배 한 것이 나머지 항이라면 이런 완전제곱식 패턴을 적용할 수 있다. 다음은 두 항이 각각 $2x$와 3의 제곱이고, $2x \times 3 \times 2 = 12x$가 나머지 항이다.

$$\begin{aligned} 4x^2 - 12x + 9 &= (2x)^2 - 2 \cdot (2x) \cdot (3) + (3)^2 \\ &= (2x - 3)^2 \end{aligned}$$

다음에 볼 패턴은, 앞서 곱셈공식에서도 잠깐 언급했지만, 일차항의 계수와 상수항이 각각 어떤 두 수의 합과 곱인 경우다.

$$x^2 + (a + b)x + ab = (x + a)(x + b)$$

이 경우는 합 $(a + b)$와 곱 ab만으로 원래의 두 숫자 a, b를 찾아내는 것이 문제인데, 혹시 잘 되지 않더라도 다음 절에서 소개할 이차방정식 근의 공식을 이용하면 답을 찾을 수 있다. 다음은 '곱해서 8이고 더해서 −6인' 두 수를 찾는 예다.

$$x^2 - 6x + 8 = (x - 2)(x - 4)$$

마지막 패턴은 앞서 곱셈공식에서 그림으로 나타내었던 식의 역연산이다.

$$acx^2 + (ad + bc)x + bd = (ax + b)(cx + d)$$

이 경우는 모든 계수가 복잡한 조건을 만족해야 하므로 한눈에 파악하기가 쉽지 않다. 역시 이차방정식을 공부한 다음에는 조금 더 수월하게 답을 찾을 수 있다.

---

8 복부호(複符號) 동순(同順), 또는 복호 동순이라고 한다.

$$3x^2 + 10x + 8 = (1 \cdot 3)x^2 + (1 \cdot 4 + 2 \cdot 3)x + (2 \cdot 4)$$
$$= (x+2)(3x+4)$$

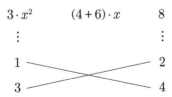

곱셈공식과 인수분해 패턴에 나오는 x, a, b 같은 문자들은 수학적 개체들을 표시한 것일 뿐이므로, 미지수를 포함한 수식뿐 아니라 숫자의 계산에도 쓸모가 있다.

예제 3-6 곱셈공식과 인수분해를 이용해서 다음을 계산하여라.

(1) 97^2 (2) 102×98 (3) 102×99 (4) $25^2 - 15^2$

풀이

(1) $97 = 100 - 3$이므로 $(a-b)^2$의 전개식을 이용한다.

$$(100-3)^2 = 100^2 - (2 \cdot 100 \cdot 3) + 3^2 = 10000 - 600 + 9 = 9409$$

(2) $102 = 100 + 2$이고 $98 = 100 - 2$이므로 $(a+b)(a-b)$를 이용한다.

$$(100+2)(100-2) = 100^2 - 2^2 = 9996$$

(3) $102 = 100 + 2$이고 $99 = 100 - 1$이므로 $(x+a)(x+b)$가 적당하다.

$$(100+2)(100-1) = 100^2 + 1 \cdot 100 - 2 = 10000 + 100 - 2 = 10098$$

(4) $a^2 - b^2$의 꼴이고, $a + b$와 $a - b$는 쉽게 구할 수 있다.

$$25^2 - 15^2 = (25+15)(25-15) = 40 \times 10 = 400$$

다항식도 숫자와 마찬가지로 나눗셈이 가능하다. 두 다항식의 나눗셈 $A \div B$의 계

산은, 나누어지는 쪽(A)의 최고차항 계수에 맞춰서 나누는 쪽(B)에 적당한 식을 곱하여 빼는 일을 반복하면 된다. 삼차식 $2x^3 + x^2 - x + 1$을 일차식 $x - 1$로 나누어 보자.

$$
\begin{array}{r}
2x^2 + 3x + 2 \\
x - 1 \overline{\smash{\big)}\ 2x^3 + x^2 - x + 1} \\
\underline{2x^3 - 2x^2} \qquad\qquad \cdots \text{①} \\
3x^2 - x \\
\underline{3x^2 - 3x} \qquad\qquad \cdots \text{②} \\
2x + 1 \\
\underline{2x - 2} \qquad \cdots \text{③} \\
3 \qquad \cdots \text{④}
\end{array}
$$

① 나누어지는 식의 최고차항 $2x^3$과 계수를 맞추기 위해 $(x-1)$에 $2x^2$을 곱하여 뺀다.

② 빼고 남은 최고차항인 $3x^2$에 맞춰서 $(x-1)$에 $3x$를 곱하여 뺀다.

③ 다시 남은 $2x$에 맞춰서 $(x-1)$에 2를 곱하여 뺀다.

④ 더 이상 진행할 수 없으므로 셈을 끝낸다. 몫은 $2x^2 + 3x + 2$이고, 남아 있는 상수항 3이 나머지다.

이 나눗셈의 결과를 식으로 쓰면 다음과 같다.

$$2x^3 + x^2 - x + 1 = (x-1)(2x^2 + 3x + 2) + 3$$

이것은 숫자로 치면 예컨대 100을 9로 나눌 때의 셈을 이렇게 쓰는 것과 마찬가지다.

$$100 = 9 \times 11 + 1$$

이와 같은 다항식의 나눗셈은 문자가 둘 이상인 경우에도 똑같이 계산할 수 있는데, 이때는 특정한 문자 하나를 기준으로 하여 최고차항을 계속 맞추면서 빼면 된다. $a^3 + b^3$을 $a + b$로 나누는 다음의 예에서는 문자 a를 기준으로 하였다.

$$
\begin{array}{r}
a^2 - ab + b^2 \\
a + b \,\overline{)\,a^3 + b^3} \\
\underline{a^3 + a^2b} \\
-a^2b + b^3 \\
\underline{-a^2b - ab^2} \\
ab^2 + b^3 \\
\underline{ab^2 + b^3} \\
0
\end{array}
$$

나머지가 0이므로 $a^3 + b^3$은 $a + b$로 나누어 떨어진다는 말이 된다. 즉, 위의 결과는 다음과 같은 삼차식의 인수분해 방법을 알려 주고 있다.

$$
a^3 + b^3 = (a+b)(a^2 - ab + b^2)
$$

아래의 결과는 직접 계산하여 확인해 보자.

$$
a^3 - b^3 = (a-b)(a^2 + ab + b^2)
$$

연습문제

1. 다음을 전개하여라.

(1) $(a - 2b)^2$

(2) $(x + y + z)(x - y + z)$

(3) $(3 + k)(4 + k)$

2. 어떤 수 x와 그 역수의 합이 5라고 할 때, 다음 값을 구하여라. (단, $x > \frac{1}{x}$)

(1) $x - \frac{1}{x}$ (2) $x^2 + \frac{1}{x^2}$ (3) $x^2 - \frac{1}{x^2}$

3. 다음 식을 인수분해하여라.

(1) $a^2 b^2 - a^2 c^2$

(2) $9p^2 + 12pq + 4q^2$

(3) $t^2 - 7t + 10$

(4) $x^3 - 1$

4. 곱셈공식과 인수분해를 이용하여 다음을 계산하여라.

    (1) 1004^2

    (2) 990×1010

    (3) 310×295

    (4) $28^2 - 12^2$

5. 다음 나눗셈을 계산하여라.

$$\frac{x^3 + 3x^2 + 3x + 1}{x + 1}$$

3.4 이차방정식

이제 일차방정식에 이어서 미지수의 최대 차수가 2인 이차방정식을 알아보자. 일차방정식은 사칙연산으로 한쪽 변에 미지수만 남겨서 풀 수 있었지만, 이차식의 경우 그렇게 간단히 풀리지는 않는다. 쉬운 유형부터 하나씩 해법을 알아보자.

    이차방정식 중에서 가장 간단한 유형은 아마도 이런 형태일 것이다.

$$x^2 = k$$

이 유형은 2장에 소개한 제곱근의 성질로부터 쉽게 해를 찾을 수 있지만, 실수 범위에서 해가 존재하려면 $k \geq 0$이어야 한다는 조건이 붙는다.

$$x = \pm\sqrt{k}$$

제곱근의 성질로 풀 수 있는 또 다른 유형으로는 x 대신 $(x + p)$가 제곱된 것이 있고, 이때는 다음과 같이 해를 구할 수 있다.

$$(x + p)^2 = k$$
$$x + p = \pm\sqrt{k}$$
$$\therefore \ x = \pm\sqrt{k} - p$$

사실 앞의 첫 번째 유형은 인수분해를 이용해서 풀 수도 있는데,[9] 이때 '$AB = 0$이면 $A = 0$ 또는 $B = 0$'이라는 사실을 이용한다. (두 번째 유형의 풀이도 유사하다.)

$$x^2 - k = 0$$
$$(x + \sqrt{k})(x - \sqrt{k}) = 0$$
$$\therefore \ x = \pm\sqrt{k}$$

위의 인수분해에 의한 풀이는 이차방정식의 해법에 대해 중요한 실마리를 제공한다. 만약 어떤 이차식이 일차식의 곱으로 인수분해될 수 있다면, '각 일차식을 0으로 만드는 미지수의 값'이 바로 이차방정식의 해가 된다는 것이다. 예를 들어 공통인수로 쉽게 묶을 수 있는 아래의 방정식은 곧바로 해를 찾을 수 있다.

$$x^2 - 2x = 0$$
$$x(x - 2) = 0$$
$$\therefore \ x = 0 \ \text{또는} \ x = 2$$

또 다른 인수분해 패턴을 사용하면 다음과 같은 해법이 나온다. 곱해서 상수항 ab, 더해서 일차항의 계수 $(a + b)$가 되는 두 수를 찾으면 된다.

$$x^2 - (a + b)x + ab = 0$$
$$(x - a)(x - b) = 0$$
$$\therefore x = a \ \text{또는} \ x = b$$

지금까지 보았던 유형들의 실제 해결 과정을 다음 예제에서 살펴보자.

예제 3-7 다음 이차방정식의 해를 구하여라.

(1) $x^2 = 4$

(2) $(x + 1)^2 = 4$

(3) $2x^2 - 4 = 0$

(4) $2x^2 - 4x = 0$

(5) $x^2 - 4x + 3 = 0$

---

9 여기서는 $a^2 - b^2$ 패턴을 이용했는데, $b^2 = k$가 되는 b를 두 제곱근 $+\sqrt{k}$과 $-\sqrt{k}$ 중에서 택해야 하지만 어느 쪽이라도 $(a + b)(a - b)$의 결과는 같으므로 굳이 구분하지 않아도 된다.

(6) $x^2 - 4x + 4 = 0$

풀이

(1) 제곱근의 성질에 의해 $x = \pm 2$이다.

(2) 유사하게 $(x + 1) = \pm 2$이므로 $x = \pm 2 - 1$, 즉 $x = 1$ 또는 $x = -3$이다.

(3) 4를 이항하고 양변을 2로 나누면 $x^2 = 2$이므로 $x = \pm\sqrt{2}$ 이다.

(4) $2x$로 묶으면 $2x(x - 2) = 0$이므로 $x = 0$ 또는 $x = 2$이다.

(5) 곱해서 3, 더해서 -4인 두 수를 찾아 인수분해하면 $(x - 1)(x - 3) = 0$
이므로 $x = 1$ 또는 $x = 3$이다.

(6) 곱해서 4, 더해서 -4인 두 수는 -2와 -2로 같으므로 $(x - 2)^2 = 0$에서
$x = 2$이다.

위 예제의 (6)번 문제는 $(x - a)(x - b)$ 유형에서 $a = b$인 특수한 경우로 볼 수 있
지만, 다른 한편으로는 완전제곱식으로도 볼 수 있다.

$$x^2 - 2ax + a^2 = 0$$
$$(x - a)^2 = 0$$
$$\therefore \ x = a$$

이런 경우는 어쨌거나 $(x - a)(x - a)$의 꼴이므로 근이 a 하나뿐인데, 이것을 **중근**
(重根)[10]이라고 부른다.

지금까지 본 것처럼 다른 모든 이차식도 쉽게 인수분해가 된다면 좋겠지만, 현실
적으로 그렇지는 못하다. 따라서 좀 더 일반적인 해법이 필요한데, 다행히 이차방
정식은 완전제곱 꼴로 변형하여 일반해를 구하는 쉬운 방법이 있다.

임의의 이차방정식은 다음과 같이 쓸 수 있다(물론 $a \neq 0$[11]). 일차방정식에서 그
랬던 것처럼 우리는 한쪽 변에 x만을 남겨둠으로써 일반해를 찾고자 한다.

$$ax^2 + bx + c = 0$$

---

10 중복(重複)된 근이라는 뜻이다.
11 수학에서 0으로 나누는 것은 정의되지 않은(undefined) 행위이며, 모든 수학적 과정에서는 그 가능성을
철저히 배제해야 한다.

그러기 위해서 $(x+p)^2$의 경우처럼 한 변을 완전제곱 형태로 만들고 제곱근의 성질을 이용하기로 한다. 우선은 x^2 앞에 붙은 계수 a를 제거하기 위해 양변을 a로 나누자.

$$x^2 + \frac{b}{a}x + \frac{c}{a} = 0$$

이제 완전제곱식 모양으로 만들 차례다. 아래와 같은 이차식이 완전제곱식이 되려면 일차항 계수($2p$) 절반의 제곱, 즉 $(\frac{1}{2} \cdot 2p)^2$이 상수항(p^2)과 같다는 관계가 성립해야 한다.

$$x^2 + 2px + p^2 = (x+p)^2$$

그러므로 일차항 계수 $\frac{b}{a}$의 '절반의 제곱'인 $\left(\frac{b}{2a}\right)^2$을 양변에 더하면 완전제곱식의 기반이 만들어진다.

$$x^2 + \frac{b}{a}x + \frac{c}{a} + \left(\frac{b}{2a}\right)^2 = \left(\frac{b}{2a}\right)^2$$

좌변에 본래 있던 $\frac{c}{a}$는 완전제곱식을 만드는 데 방해가 되므로 우변으로 이항한다.

$$x^2 + \frac{b}{a}x + \left(\frac{b}{2a}\right)^2 = \left(\frac{b}{2a}\right)^2 - \frac{c}{a}$$

좌변은 완전제곱 꼴이 되었다. 우변도 괄호를 풀고 분모를 통분해 준다.

$$\left(x + \frac{b}{2a}\right)^2 = \frac{b^2}{4a^2} - \frac{c}{a} = \frac{b^2 - 4ac}{4a^2}$$

$(x+p)^2 = k$ 유형이므로 좌변의 제곱근을 구한다. 이때 우변의 분모 $4a^2$은 이미 제곱의 꼴이므로 근호를 벗길 수 있다.

$$x + \frac{b}{2a} = \pm\sqrt{\frac{b^2 - 4ac}{4a^2}} = \pm\frac{\sqrt{b^2 - 4ac}}{2a}$$

x 외에 남아 있는 $\dfrac{b}{2a}$를 이항하고 정리하면, 다음과 같은 결과를 얻는다.

$$x = -\frac{b}{2a} \pm \frac{\sqrt{b^2 - 4ac}}{2a}$$

$$\therefore\ x = \frac{-b \pm \sqrt{b^2 - 4ac}}{2a}$$

이것을 일컬어 이차방정식의 **근의 공식**이라고 한다. 유도 과정이 어렵지는 않지만, 식을 미리 알고 있으면 계산을 빨리 하는 데 도움이 된다.

예제 3-8 근의 공식으로 다음 이차방정식의 해를 구하여라.

(1) $2x^2 - 3x + 1 = 0$

(2) $x^2 + 6x + 9 = 0$

(3) $x^2 - 4x + 1 = 0$

(4) $x^2 + x + 1 = 0$

풀이

(1) 이 식은 곱셈공식에서 마지막으로 소개된 패턴의 역연산을 통해 $(ax + b)(cx + d)$ 형태로 인수분해하여 풀 수도 있지만, 근의 공식을 사용하는 편이 좀 더 간단하다. 계수의 값을 근의 공식에 대입하면 다음과 같은 해를 얻는다.

$$x = \frac{+3 \pm \sqrt{3^2 - 4 \cdot 2 \cdot 1}}{2 \cdot 2} = \frac{3 \pm \sqrt{9 - 8}}{4} = \frac{3 \pm 1}{4}$$

$$\therefore\ x = 1,\ x = \frac{1}{2}$$

(2) 역시 완전제곱 꼴로 고쳐서 풀 수도 있지만, 근의 공식에 대입하면 다음과 같다. $\sqrt{}$ 안이 0이 되어서 결과적으로 중근을 가지게 되었다는 점에 주목하자.

$$x = \frac{-6 \pm \sqrt{6^2 - 4 \cdot 1 \cdot 9}}{2} = \frac{-6 \pm \sqrt{36 - 36}}{2} = \frac{-6 \pm 0}{2} = -3$$

(3) 이 경우는 적용할 만한 인수분해 패턴이 마땅하지 않으므로 근의 공식이 유일한 해법이다.

$$x = \frac{4 \pm \sqrt{4^2 - 4}}{2} = \frac{4 \pm \sqrt{12}}{2} = \frac{4 \pm 2\sqrt{3}}{2} = 2 \pm \sqrt{3}$$

(4) 이 경우도 근의 공식으로 푼다.

$$x = \frac{-1 \pm \sqrt{1^2 - 4}}{2} = \frac{-1 \pm \sqrt{-3}}{2}$$

그러나 근호 안이 음수이므로 이 방정식은 실수 범위 내에서 해를 구할 수 없다.

위 예제의 (2)와 (4)에서 본 것처럼, 근의 공식에 나오는 $\sqrt{b^2 - 4ac}$ 라는 부분은 이차방정식에서 상당히 중요한 의미를 가진다. 근호 안이 0이 되면 방정식은 중근을 가지고, 음수가 되면 실수 범위 내에서는 해가 없다. 물론 근호 안이 0보다 크면 두 개의 실수 해를 가지게 된다. 이처럼 근의 개수를 결정하는 식 $b^2 - 4ac$ 를 이차방정식의 **판별식**이라고 부르며, 흔히 대문자 D로 나타낸다.[12] 판별식과 근의 개수 사이의 관계를 다시 정리해 보자.

- $D > 0$: 두 개의 실수 해
- $D = 0$: 한 개의 실수 해(중근)
- $D < 0$: 실수 해 없음

근의 공식에서는 ± 부호로 두 개의 근을 한번에 나타내고 있다. 이것은 다시 말하자면 두 근을 각각 α, β라고 했을 때 그 값이 다음과 같다는 뜻이다.

$$\alpha = \frac{-b + \sqrt{b^2 - 4ac}}{2a}, \quad \beta = \frac{-b - \sqrt{b^2 - 4ac}}{2a}$$

---

12 판별식에 해당하는 영어 단어 discriminant의 머릿글자다.

두 근을 보면 근호가 포함된 부분의 부호만 다를 뿐이고 나머지는 완전히 같다. 대개 부호만 다른 부분이 있을 때는 서로 더하는 것이 쓸모가 있는데, 이 두 근을 더해 보면 어떻게 될까? 반대 부호를 가진 부분이 0으로 상쇄되니 다음과 같은 결과를 얻는다.

$$\alpha + \beta = \frac{-2b}{2a} = -\frac{b}{a}$$

흥미롭게도 두 근의 합이 계수 a와 b의 비율로 바뀌었다. 그러면 두 근을 곱하면 어떻게 될까? α, β에 근호가 있기는 하지만 두 개가 같은 형태이므로, 곱하게 되면 어느 정도는 단순해질 것이다. 판별식 부분을 D로 두고 두 근을 곱하면 다음과 같다.

$$\alpha\beta = \frac{(-b+\sqrt{D})(-b-\sqrt{D})}{4a^2} = \frac{b^2 - D}{4a^2} = \frac{b^2 - (b^2 - 4ac)}{4a^2} = \frac{4ac}{4a^2} = \frac{c}{a}$$

이번에도 두 근의 곱이 계수 a와 c의 비율로 표현되었다. 그러므로 만약 두 근의 합이나 곱만 필요한 경우라면, 굳이 방정식을 풀지 않고서도 계수만으로 답을 얻을 수 있다.

앞서 예제 3-5에서 합이 4이고 곱이 1인 두 수를 언급하면서 그런 수를 찾는 법을 이차방정식 단원에서 알아보기로 했었다. 합과 곱을 알고 있다면, 근과 계수의 관계를 이용할 수 있다. 찾으려는 두 수를 이차방정식 $ax^2 + bx + c$의 해 α, β로 두면, 근과 계수의 관계로부터 다음이 성립한다.

$$\alpha + \beta = 4, \quad \alpha\beta = 1$$
$$-\frac{b}{a} = 4, \quad \frac{c}{a} = 1$$

이차항의 계수 a는 1로 두어도 상관없으므로(양변을 어차피 a로 나눌 수 있으므로), 위의 관계에 의해 나머지 계수들을 정할 수 있다.

$$\therefore b = -4, \quad c = 1$$

이것은 곧 α와 β를 근으로 갖는 이차방정식이 다음과 같음을 의미한다.

$$x^2 - 4x + 1 = 0$$

이 방정식은 앞의 예제 3-8의 (3)번 문제와 동일하며, 그 해는 $2 \pm \sqrt{3}$ 이다. 두 근의 합과 곱이 각각 4와 1이 되는 것을 확인해 보자. 또 다른 방법으로, 연립방정식에서 본 것처럼 대입법을 이용해도 동일한 이차방정식을 얻는다. 이때 $\beta = 4 - \alpha$임을 이용한다.

$$\alpha\beta = 1$$
$$\alpha(4 - \alpha) = 1$$
$$\therefore \ \alpha^2 - 4\alpha + 1 = 0$$

두 근의 합과 곱을 알고 있으면, $(a + b)^2$나 $(a - b)^2$의 곱셈공식과 연관지어서 여러 가지 값을 더 알아낼 수 있다. 다음 예제를 보자.

예제 3-9 이차방정식 $x^2 - 4x + 1 = 0$의 두 근을 α, β라 할 때, 다음 값을 구하여라. (단, $\alpha > \beta$)

(1) $\alpha + \beta$　(2) $\alpha\beta$　(3) $\alpha - \beta$　(4) $\alpha^2 + \beta^2$　(5) $\dfrac{1}{\alpha} + \dfrac{1}{\beta}$　(6) $\dfrac{\alpha}{\beta} + \dfrac{\beta}{\alpha}$

풀이

(1) 근과 계수의 관계로부터 $\alpha + \beta = -\dfrac{(-4)}{1} = 4$이다.

(2) 근과 계수의 관계로부터 $\alpha\beta = \dfrac{1}{1} = 1$이다.

(3) $(\alpha - \beta)^2 = (\alpha + \beta)^2 - 4\alpha\beta$이고 $\alpha > \beta$이므로
$$\alpha - \beta = \sqrt{(\alpha + \beta)^2 - 4\alpha\beta} = \sqrt{4^2 - 4} = \sqrt{12} = 2\sqrt{3} \text{ 이다.}$$

(4) $\alpha^2 + \beta^2 = (\alpha + \beta)^2 - 2\alpha\beta$이므로 $\alpha^2 + \beta^2 = 4^2 - 2 = 14$이다.

(5) 다음과 같이 문제를 통분하여 계산한다.

$$\frac{1}{\alpha} + \frac{1}{\beta} = \frac{\beta + \alpha}{\alpha\beta} = \frac{4}{1} = 4$$

(6) 역시 통분하여 계산한다.

$$\frac{\alpha}{\beta} + \frac{\beta}{\alpha} = \frac{\alpha^2 + \beta^2}{\alpha\beta} = \frac{14}{1} = 14$$

컴퓨터와 수식 계산

프로그래밍 언어로 방정식이나 부등식을 풀 수 있을까? 일차 또는 이차방정식이라면 우리가 공부했던 풀이법을 써서 답을 찾는 코드를 작성할 수 있다. 예컨대 이차방정식이라면 3개의 계수 a, b, c를 입력받아서 근의 공식으로 해를 돌려 주면 될 것이다. 하지만 다항식의 전개나 인수분해라면 어떨까? 컴퓨터로 하여금 $a^2 - b^2$을 입력받아서 $(a + b)(a - b)$라는 답이 나오도록 할 수 있을까?

우리가 평소에 사용하고 있는 프로그래밍 언어들은 대부분 수식 그 자체보다는 수식에 의한 결괏값을 계산하는 데 초점이 맞춰져 있다. a, b, c라는 변수가 있을 때 판별식의 값 b*b - 4*a*c를 계산하는 것은 너무도 쉽지만, $a^2 - b^2$을 인수분해하려면 전혀 다른 접근법이 필요하게 된다. 이때는 a와 b를 일반적인 변수로 보고 그 값을 평가(evaluate)하기보다, 우리가 수학 문제를 풀 때처럼 각각을 일종의 기호(symbol)로 다루어야 한다. 이처럼 기호에 기반하여 컴퓨터로 문제를 푸는 기법을 기호 계산(symbolic computation)이라고 부른다.

예컨대 $a \times \frac{1}{a}$ 같은 수식을 일반적인 프로그래밍 언어로 계산한다고 해 보자. 일단 나눗셈으로 1/a을 계산하고, 거기에 a의 값을 곱할 것이다. 혹시라도 계산 과정에서 컴퓨터 숫자 표현(이 내용은 7장에서 간단히 다룬다)의 한계로 오차가 발생한다면, 1이 아니라 때로는 0.999999라는 답을 얻을 수도 있다. 하지만 우리가 수학적으로 볼 때 이 수식의 결과는 계산할 필요도 없이 항상 1이어야만 한다. 기호 계산에서는 이것을 숫자의 나눗셈이 아니라 미리 정해둔 규칙 — 예를 들면 '분모와 분자에 같은 기호가 있다'는 규칙에 의거해서 항상 1이라는 결과를 내어 놓는다.

이처럼 기호에 기반한 계산을 지원하는 시스템을 CAS(Computer Algebra System)라고 부르는데, Matlab, Mathematica, Maple, SageMath, GeoGebra 등이 대표적이다. GeoGebra나 Mathematica 엔진에 기반한 Wolfram Alpha 등은 웹을 통해 온라인으로도 이용할 수 있다. 예컨대 GeoGebra 사이트에서 입력창에 '인수분해($a^2 - b^2$)'라고 넣으면 $(a - b)(a + b)$라는 답을 돌려 준다.

연습문제

1. 제곱근의 성질 또는 인수분해를 이용하여 다음 이차방정식의 해를 구하여라.

   (1) $(2x + 1)^2 = 4$

   (2) $x^2 - 8x + 16 = 0$

   (3) $x^2 + x - 6 = 0$

2. 미지수 x에 대한 이차방정식 $x^2 - x + k = 0$이 있을 때, 다음을 구하여라. (단, k는 실수)

   (1) 방정식이 두 개의 근을 가지게 될 k의 범위

   (2) 방정식이 중근을 가지게 될 k의 값

   (3) 방정식이 실수 범위에서 근을 가지지 않을 k의 범위

3. 인쇄에 흔히 쓰이는 A4 용지는 A0에서 시작하는 'A계열 용지'의 일종이다. 이 계열은 그림과 같이 A0를 절반으로 자르면 A1, 다시 A1의 절반은 A2 ⋯처럼 크기가 정해지며, 용지 크기에 상관없이 두 변의 비율이 항상 동일하다. A계열 용지에서 짧은 쪽을 1로 두었을 때 긴 쪽의 비율은 얼마인지, 비례식에 따른 이차방정식을 세워서 구하여라.

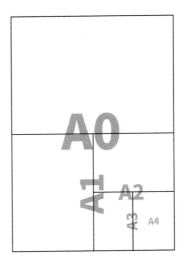

4. 정사각형 옆에 그림과 같이 직사각형을 덧대었을 때, 덧댄 직사각형의 (긴 변) : (짧은 변) 비율과 전체 사각형의 (긴 변) : (짧은 변) 비율이 같으면 이 비율을 황

금비(golden ratio)라고 한다. 이차방정식을 세워서 황금비의 값을 구하여라.

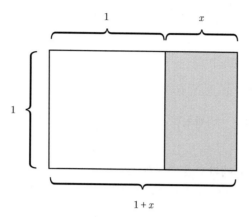

4장

함수의 기초

함수[1]란 무엇일까? 가장 쉽게 설명하는 방법은 아마도 초등학교 교과서에서 보았음 직한 상자 그림일 것이다. 상자에 숫자 하나를 넣으면, 숫자 하나가 나온다. 단순하긴 해도 상당히 효과적인 비유다.

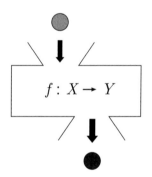

$$f : X \rightarrow Y$$

사실 함수는 프로그래밍을 공부한 사람에게는 익숙한 개념이다. 어셈블리어를 제외한 현대의 프로그래밍 언어에서 함수를 지원하지 않는 경우는 극히 드물기 때문이다. 프로그래밍에서 말하는 함수가 수학에서 개념을 차용한 것이기는 하지만, 두 개념 사이에는 차이점도 여럿 존재한다. 그러면 수학에서의 함수는 과연 어떤 성질을 가지고 있으며, 또 기본적인 함수의 종류에는 무엇이 있는지 하나씩 알아보자.

---

1 영어 단어 function이 동양권으로 넘어오면서 중국어 '函數'로 음을 빌려 나타낸 것이 어원인데, 이때 '函'자에는 '상자'라는 뜻이 있어 흥미롭다. 함수와 비슷한 예로는 geometry의 geo 부분을 중국어로 음차한 기하(幾何)가 있다.

4.1 함수와 함수의 그래프

수학에서 **함수**란 '입력값의 집합과 출력값의 집합 간에 맺어지는 일대일 관계'라 할 수 있다. 앞의 상자 그림으로 보면 입력값의 집합(X)에 속하는 무언가가 상자에 들어가서, 정해진 대응관계(f)를 거친 뒤, 출력값의 집합(Y)에 속하는 무언가로 바뀌어 바깥으로 나온다. 이때 'f는 X로부터 Y로 대응되는 함수'라고 하며, $f : X \rightarrow Y$처럼 나타낸다.

함수의 대응관계가 꼭 수식일 필요는 없지만, 하나의 입력에는 반드시 하나의 출력만 대응되어야 한다. 예를 들어 다음 관계는 모두 함수이며, '입력값에 출력값이 하나만 대응된다'는 규칙이 지켜지고 있다.

- $\{1, 2, 3\}$으로부터 $\{8, 9, 0\}$으로 모든 입력에 대해 9를 대응시키는 관계
- 자연수로부터 자연수로, 입력된 값의 제곱을 대응
- 양력 평년 해의 열두 달로부터 $\{28, 30, 31\}$로, 그 달의 날짜 수를 대응

하지만 다음 관계는 입력값에 대응하는 출력값이 하나가 아니어서 함수라고 할 수 없다.

- 자연수에서 실수로, 입력된 값의 제곱근을 대응
- 정수에서 실수로, 입력된 값의 제곱근을 대응
- 자연수에서 자연수로, 입력값에 현재 시각의 '분' 단위 값을 더하여 대응

그 이유는 각각 다음과 같다.

- 첫 번째 관계는 입력값 n에 대해 $\pm\sqrt{n}$이라는 두 개의 값이 대응되는 문제가 있다.
- 두 번째는 음의 정수에 대해 $\sqrt{-1}$처럼 대응되는 실수값이 없다는 문제가 추가로 생긴다.
- 세 번째는 하나의 입력에 대해 출력값이 고정적이지 않아서[2] 여러 개가 대응되는 결과를 가져오므로 함수가 되지 못한다.

---

2 프로그래밍 언어의 '함수'에서는 보통 이런 동작이 허용되지만 수학적으로는 함수라 볼 수 없다. 대표적인 예가 난수(random number)를 생성하는 함수다.

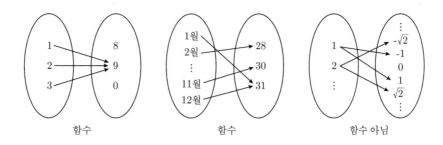

함수　　　　　　　　　　함수　　　　　　　　　함수 아님

함수의 대응관계에서는 대개 f, g, h 같은 문자를 쓰며, 입력값을 표시하는 문자 x에 대응관계 f가 적용되는 함수를 $f(x)$로 나타낸다. 이 함수에 특정한 값 a가 입력되었을 때 대응되는 출력은 $f(a)$로 쓰고, 이것을 입력 a에 대한 **함숫값**이라고 부른다.

예제 4-1 함수 $f(x) = x^2 + kx + k$에서 입력 2에 대한 함숫값이 1이라고 한다. k는 얼마인가?

풀이

입력 2에 대한 f의 함숫값은 $f(2)$이므로 이것과 1을 같게 놓고 방정식을 푼다.

$$f(2) = 2^2 + 2k + k = 1$$
$$3k = -3$$
$$\therefore \ k = -1$$

앞서 나온 입력 집합과 출력 집합은 따로 이름을 가지고 있다. 함수 $f : X \to Y$에서 입력값이 정의된 집합 X는 **정의역**(定義域, domain),[3] 출력값이 속하도록 되어 있는 집합 Y는 **공역**(共域, codomain)[4] 또는 공변역, 그리고 공역 안에서 정의역에 실제로 대응되는 값, 즉 함숫값이 이루는 집합은 **치역**(値域)[5]이라고 부른다.

3　함수가 정의된 영역이라는 뜻이다.
4　정의역과 함께 있는 영역이라는 뜻이다.
5　'값 치(値)'자를 써서, 함숫값의 영역이라는 의미로 보면 된다. 영어로는 함수에 의한 상(像)이라는 뜻의 image다.

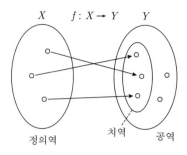

함수 중에서도 특별한 요건을 만족하는 경우에는 대응 패턴에 따라 이름을 붙여주기도 한다.

- **전사**(全射)**함수**: '공역 = 치역'인 경우, 즉 공역 내의 모든 원소가 전부 빠짐없이 대응되는 경우
- **단사**(單射)**함수**: 치역의 원소 하나에 둘 이상의 정의역 원소가 대응되는 일이 없는 경우
- **전단사함수**: 전사이면서 단사인 경우. '일대일 대응'이라고도 한다.

아래 왼쪽 그림은 전사이지만 A와 B에 대해 같은 함숫값 1이 대응되므로 단사가 아니고, 가운데 그림은 단사이지만 공역에서 4라는 원소가 대응되지 않고 있으므로 전사는 아니다. 오른쪽 그림은 전사와 단사의 요건을 모두 갖추고 있다.

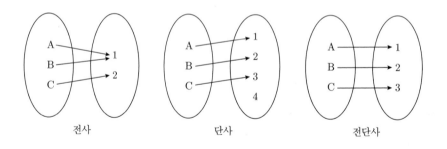

왼쪽 전사함수 그림에서는 이런 법칙을 이끌어 낼 수 있는데, 그 이유를 한번 생각해 보자.

"정의역보다 공역의 원소 개수가 작을 때, 그 함수는 단사일 수 없다."

어쩐지 자명해 보이기까지 하는 이 법칙은 비둘기집 원리(pigeonhole principle)라

고도 불리며, 내용을 설명하기 위해 다음과 같은 종류의 문장이 흔히 쓰인다.

"500명이 모인 자리에는 생일이 같은 사람이 반드시 두 명 이상 있다."

"부산시민 중에는 머리카락 개수가 똑같은 사람이 반드시 두 명 이상 있다."

한편, 함수의 입력값은 정의역 내에서 임의로 정할 수 있지만, 출력값은 그 입력값에 따라서 자동으로 결정된다. 즉, 대응관계 f에서 입력값을 나타내는 문자를 x라고 하면, $f(x)$는 임의로 변경할 수 있는 값이 아니라 x에 따라서 정해지는 값이다. 함숫값을 y 같은 문자로 나타낸다면 이것을 수식으로 $y = f(x)$처럼 쓸 수 있다.[6] 이때 입력 x는 독립적으로 변한다는 뜻에서 **독립변수**, 출력 y는 입력에 종속적이라는 뜻에서 **종속변수**라고 부른다.

종속변수 $y = f(x)$는 x의 값이 변함에 따라 이런저런 값을 가질 텐데, 수식만으로는 다소 추상적이어서 이 함수가 어떤 성질을 가지고 있는지를 한눈에 파악하기가 쉽지 않다. 함수는 입력과 출력에 대응되는 두 개의 변수로 나타낼 수 있으므로, 이 숫자 두 개를 그래픽적으로 표시할 방법을 찾아보자.

앞서 2장에서는 '수직선' 위에 숫자 하나를 그래픽적으로 나타내었다. 함수의 경우에는 나타낼 숫자가 두 개이므로 수직선도 두 개를 그려 각각 입력과 출력에 대응시킬 수 있을 것이다.

직선 두 개는 어떻게 배치해도 큰 상관이 없지만,[7] 편의상 입력값 0과 출력값 0의 위치를 일치시켜서 기준으로 삼아 **원점**(origin)이라는 이름을 주고, 두 직선을 직각으로 배치해서 각각 **축**(axis)으로 삼는다. 이때 관습적으로 가로축은 입력값인 독립변수(보통 문자 x)에, 세로축은 출력값인 종속변수(보통 y)에 할당하는 걸로 정한다.

---

6 물론 변수에 꼭 x나 y만 사용하라는 법은 없다. 예를 들어 높이 h가 시간 t에 따라 변하는 함수라면 $h = f(t)$처럼 쓸 수 있다.

7 사실 원점이 $(0, 0)$이 아니라거나 두 직선을 비스듬히 교차시켜도 숫자 한 쌍을 표시하는 데는 별 문제가 없다.

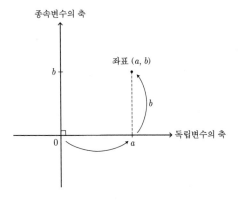

이제 그래픽적으로 나타낼 두 숫자를 (a, b)처럼 묶어서 쌍으로 쓰면, 앞쪽 숫자 a 를 가로축에, 뒤쪽 숫자 b를 세로축에 대응시킬 수 있다. 그러면 두 축이 이루는 평면 위의 어떤 점에 이 숫자쌍이 정확히 대응될 것이며, 이로써 숫자 두 개를 그래픽 적으로 나타낼 수 있게 된다. 이 숫자쌍 (a, b)를 **좌표**라고 하고, 축 두 개가 이루는 평면을 **좌표평면**이라고 부른다.

다음 그림에서 보듯이, 좌표평면은 교차하는 두 수직선에 의해 네 개의 영역으로 나누어진다. 각 영역은 '넷으로 나눈 면'이라는 뜻에서 **사분면**(四分面)이라고 부르 는데, 독립변수와 종속변수가 모두 양수인 영역을 1사분면으로 정한 다음, 시계 반 대 방향으로 돌아가며 각각 2, 3, 4사분면으로 한다.

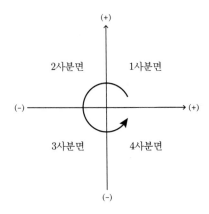

이와 같이 두 축이 직각을 이루는 좌표평면이라면, 각각의 축이 다음과 같은 성질 을 가지게 됨은 자명하다.

- 가로 축 위의 모든 점에서는 세로 축에 해당하는 변수의 값이 0이다.
- 세로 축 위의 모든 점에서는 가로 축에 해당하는 변수의 값이 0이다.

숫자 두 개를 표시할 좌표평면 체계가 준비되었으므로, 수식으로 나타나는 함수라면 그 특성을 그래픽적으로 표시할 수 있다. $y = f(x)$에서 정의역의 모든 값에 따라 변하는 x와 그 함숫값 y에 대응하는 좌표평면 위의 점 (x, y)를 생각할 수 있고, 이런 점들의 집합을 함수 f의 **그래프**라고 한다.

　함수의 그래프는 반드시 어떤 선의 형태로 나타나지는 않는다. 예를 들어 f가 {1, 2, 3}으로부터 입력값의 두 배인 숫자를 대응시킬 때, f의 그래프를 좌표평면에 그려 보자. f는 엄연히 함수지만, 그래프는 단지 세 개의 점으로 나타난다.

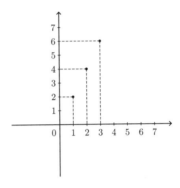

다음 절부터는 다양한 종류의 함수와 그 그래프의 특성을 알아보기로 한다.

プ로그래밍과 수학

'함수형' 프로그래밍

최근 들어 함수형(functional) 프로그래밍이라는 개념이 많은 이들의 관심을 끌고 있다. 함수라면 우리가 흔히 쓰는 프로그래밍 언어에서 기본적으로 지원해 주고 있는데, 함수형 프로그래밍은 대체 무엇이 새로운 것일까?

　이 장의 서두에서도 언급했지만, 수학에서의 함수와 프로그래밍에서의 함수는 이름이 같아도 그 뜻은 같지 않다. 프로그래밍에서의 함수는, 똑같이 반복되는 공통 코드를 관리하기 수월하도록 따로 떼낸 서브루틴(subroutine)이 그 시초라 할 수 있다. 이런 서브루틴들은 단지 실행상의 흐름만 메인에서 서브로 왔다갔다 하는 정도였는데, 프로그래밍 언어가 발전함에 따라 입력값을 받아 출력값을 돌려주는, 즉 수학의 함수와 유사한 동작을 하는 서브루틴들이 생겨났다.

현재는 거의 대부분의 프로그래밍 언어가 이런 '함수'를 지원하지만, 수학에서의 함수와는 여전히 몇 가지 면에서 차이가 있다.

- 하나의 입력에 대해 여러 출력값이 대응되거나(난수 생성기를 생각해 보자), 아예 출력값이 없기도 하다.
- 함수 안에서 함수 바깥에 있는 무언가를 변경하거나 하는 일이 가능하다. 이것을 흔히 부수효과(side effect)라고 한다.

예컨대 다음과 같은 코드의 some_func()는 여러 가지 이유로 수학적 의미의 함수는 아니다.

```
int status = 0;

void some_func( int n ) {  // 출력값이 없음
    status = 1;            // local scope 밖의 상태를 변경함
}
```

언어 중에는 수학적인 의미에 부합하는 방식으로만 함수를 쓸 수 있는 부류가 있는데, 이것을 순수 함수형(purely functional) 언어라고 부른다. 하스켈(Haskell) 같은 것이 대표적인 순수 함수형 프로그래밍 언어다. 이런 언어의 함수는 그 동작이 외부와 무관하고 입력값에만 온전히 의존하며, 같은 입력에 대해서는 언제나 같은 출력을 내도록 되어 있다.

순수 함수형은 아니지만 함수에 대해서 예전보다 더 발전된 사용법을 제공하는 언어도 많다. 예컨대 함수를 숫자나 문자열 같은 일급 객체(first-class object)로 취급할 수 있다면, 함수의 결과값으로 함수를 돌려주거나 하는 일이 가능해진다. 코드를 작성하면서 이런 면을 적극적으로 활용하는 스타일을 흔히 '함수형 프로그래밍'이라고 부르기도 한다. 비교적 최근에 등장한 언어는 물론 C++(C++11 이상), 자바(자바 8 이상) 등에서도 이와 관련된 기능들을 어렵지 않게 찾아볼 수 있다.

연습문제

1. 대응관계가 함수이면 ○, 함수가 아니면 ×로 구분하여라.

   (1) 서로 다른 10권의 책 제목에 대해 그 책의 페이지 수를 대응

   (2) 한 편의점의 상품 목록에 속한 각 상품명에 대해 판매 가격을 대응

   (3) 가격비교 사이트의 상품 목록에 속한 각 상품명에 대해 판매 가격을 대응

   (4) 2019년의 각 날짜에 대해 그날 개봉한 영화를 대응

2. 다음 그래프를 보고 해당 대응관계가 함수인지 아닌지, 함수일 경우 단사함수인지 여부를 답하여라. (단, 가로축은 독립변수, 세로축은 종속변수를 나타낸다.)

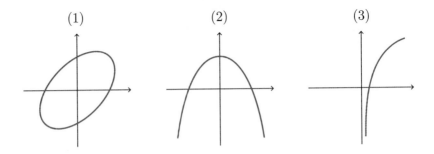

(1)　　　　　(2)　　　　　(3)

4.2 일차함수와 그래프

함수에서 종속변수 y가 독립변수 x에 대한 일차식 $y = ax + b\,(a \neq 0)$ 꼴로 나타날 때 이것을 **일차함수**라고 한다. 입력에 a를 곱하고 b를 더한 것이 출력되므로, y의 값은 x에 비례하여 커지거나 작아진다. 이때 비례하는 정도를 결정하는 a값에 따라 이 함수의 중요한 특징이 결정된다.

$y = ax$ 꼴의 일차함수는 어떤 그래프로 나타나는지 알아보자. 우선 이 함수는 $x = 0$일 때 $y = 0$이므로 좌표평면에서 원점 $(0, 0)$을 지날 것이다. 또한 $y = ax$는 $\frac{y}{x} = a$라는 비례식 형태로 바꿔 쓸 수 있으므로, y값과 x값의 비는 언제나 고정적인 값(a)을 갖게 된다.

한편, 우리가 좌표평면에서 **기울기**라고 부르는 양은 다음과 같이 정해지는데, 가로축의 값이 변할 때 세로축도 똑같은 비율로 변한다면 기울기는 일정한 값을 가지게 된다.

$$기울기 = \frac{세로축\ 변화량}{가로축\ 변화량}$$

$y = ax$ 함수는 이와 같은 기울기, 즉 y값 대 x값의 비가 항상 일정하므로 그 그래프는 기울기가 일정한 도형인 '직선'으로 나타날 것임을 예상할 수 있다.

함수 $y = 2x$를 예로 들어서, x값이 0, 1, 2, 3일 때 y의 값을 구하고 (x, y) 쌍을 좌표평면에 나타내어 보자. 그래프는 원점을 지나며 각각의 점은 모두 한 직선 위에 놓인다. 물론 이 직선의 기울기는 y 대 x의 비율, 즉 2가 될 것이다.

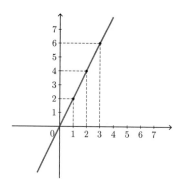

다음은 이 a값이 직선의 모양에 어떤 영향을 미치는지 알아볼 차례다. $y = ax$에서 a값이 클수록 종속변수는 더 급하게 변할 것인데, 예컨대 $2x$보다는 $3x$의 정도가 더 급하다. 이 종속변수 y는 세로축에 해당하므로, a가 커질수록 그래프의 기울기 역시 커지게 된다. 아래에서 $y = 3x$와 $y = \frac{1}{3}x$의 그래프로 비교해 보자.

만약 a가 0보다 작으면 어떻게 될까? x값과 반대 방향으로 y가 변하므로, 그래프는 음의 기울기를 가지며 왼쪽 위에서 아래쪽 아래로 향하는 직선이 될 것이다. 역시 $y = -3x$와 $y = -\frac{1}{3}x$의 그래프로 확인해 보자.

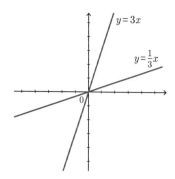
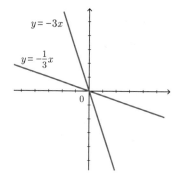

이제 $y = ax + b$ 꼴로 된 일반적인 일차함수를 다룰 차례다. 이 함수는 모든 면에서 $y = ax$와 같지만, 최종 출력에 b라는 값이 더해진다는 차이가 있다. 이것을 그래프의 관점에서 보면 출력값(즉, 세로축) 방향으로 직선 전체가 b만큼 이동하는 효과를 가져온다.

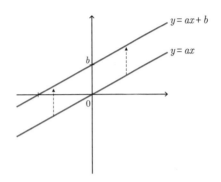

$y = ax$ 때와 달리 이 그래프는 원점이 아닌 곳에서 가로축 및 세로축과 만나게 된다. 이렇게 직선이 축과 만나는 점을 **절편**이라고 하는데, 각 축이 나타내는 변수의 이름을 따라 각각 x절편, y절편이라 부른다. 위의 그림에서 보면 원점 $(0, 0)$이 세로축 방향으로 b만큼 이동했으므로 y절편의 좌표는 $(0, b)$임을 바로 알 수 있다. 그러면 x축과 만나는 점, 즉 x절편의 좌표는 어떻게 구할까?

좌표평면에서 y축은 x값이 항상 0임을 기억하자. 다시 말하면, 어떤 그래프가 y축과 만나는 점에서는 $x = 0$일 수밖에 없다. 따라서 $y = ax + b$에서 x값에 0을 대입하면 y축과 만나는 점의 y좌표 $y = b$를 바로 얻을 수 있다. 같은 이유로 그래프가 x축과 만나면 $y = 0$이어야 하므로 다음과 같이 해서 x절편의 좌표 $(-\frac{b}{a}, 0)$을 구할 수 있다.

$$y = ax + b = 0$$
$$ax = -b$$
$$\therefore \ x = -\frac{b}{a}$$

절편에서는 다른 축의 값이 0이므로, 좌표를 생략하고 값으로만 간단히 나타내기도 한다. 예를 들어 'x절편이 1'이라는 것은 그래프가 $(1, 0)$에서 x축과 만난다는 뜻이다.

예제 4-2 다음 일차함수 그래프의 기울기, x절편, y절편을 구하여라.

(1) $y = 3x - 3$ (2) $y = -x + 1$

(3) $y = 2x - 2$ (4) $y = 2x + 1$

풀이

(1) 일차함수 $y = ax + b$에서 기울기는 a이고 y절편은 b이므로,

    기울기는 3, y절편은 $(0, -3)$, x절편은 $3x - 3 = 0$으로부터 $(1, 0)$이다.

(2) 기울기는 -1, y절편은 $(0, 1)$, x절편은 $-x + 1 = 0$으로부터 $(1, 0)$이다.

(3) 기울기는 2, y절편은 $(0, -2)$, x절편은 $2x - 2 = 0$으로부터 $(1, 0)$이다.

(4) 기울기는 2, y절편은 $(0, 1)$, x절편은 $2x + 1 = 0$으로부터 $(-\frac{1}{2}, 0)$이다.

위의 예제에서는 딱히 관계없어 보이는 (1), (2), (3)의 x절편이 같다는 점이 눈에 띈다. 이것은 무슨 까닭일까?

x절편이라는 것은 정의상 $y = 0$인 점이므로, 여기서 각 일차함수는 $f(x) = 0$이라는 일차방정식의 꼴이 된다. 위에서 (1), (2), (3)의 세 함수는 $f(x) = 0$을 풀었을 때 $x = 1$이라는 동일한 해를 가진다. 그러므로 세 그래프의 x절편은 같을 수밖에 없다.

이제 기울기는 같은데 절편이 다른 (3)과 (4)에 주목하자. 기울기가 같으면서 원점을 지나는 $y = 2x$와 함께 그래프를 그려 보면 아래와 같이 세 개의 평행한 직선이 만들어진다. (3)과 (4)는 앞서 본 대로 $y = 2x$의 그래프를 세로축 방향으로 각각 -2와 $+1$만큼 이동하여 생긴 그래프들이다.

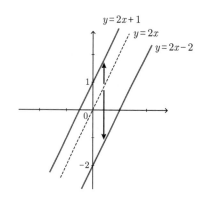

이와 같은 직선의 경우, 관점에 따라서는 세로가 아닌 가로축 방향의 이동으로 볼 수도 있다. 그렇다면 어떤 함수[8] $f(x)$의 그래프를 가로축 방향으로 k만큼 이동시켜 만든 새로운 함수 $g(x)$는 어떻게 구할 수 있을까? 다음 그림으로 알아보자.

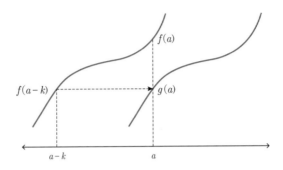

이해를 돕기 위해 가로축이 시간을 나타낸다고 가정하고, 왼쪽을 과거, 오른쪽을 미래로 둔다. 시간 $a - k$에 해당하는 시점에서 $f(x)$의 값은 $f(a - k)$였다. 이제 시간이 k만큼 흘러서 a가 되었을 때, $g(a)$의 값은 그제서야 이전의 $f(a - k)$ 값과 같아졌다. 즉, $g(a) = f(a - k)$이다.

$g(x)$가 더 오른쪽에 위치했지만 시간적으로는 오히려 뒤처진 것임에 유의하자. 결국 $g(x)$는 $f(x)$를 시간적으로 k만큼 뒤늦게 복제한 그래프이며, 미래로 가버린 $f(x)$로부터 현재의 $g(x)$ 값을 얻으려면 시간을 과거로 k만큼 돌려야 한다. 지금까지의 비유로부터 우리는 다음의 결론을 얻는다.

"$f(x)$의 그래프를 가로축 방향으로 k만큼 이동한 그래프 $g(x)$는 곧 $f(x - k)$와 같다."

예제에 나왔던 (3)과 (4)의 그래프는 다음 그림과 같이 $y = 2x$를 세로가 아닌 가로축 방향으로 각각 $-\frac{1}{2}$과 $+1$만큼 이동한 함수, 즉 $y = 2\left(x + \frac{1}{2}\right)$ 및 $y = 2(x - 1)$의 그래프로도 볼 수 있다. 각 함수식의 괄호를 풀고 간단히 하면 원래 식과 일치함을 확인해 보자.

8　일차함수뿐 아니라 일반적인 함수의 그래프에 모두 적용된다.

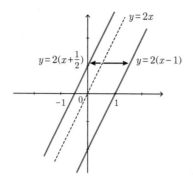

일차함수의 식은 x와 y를 각각 미지수로 보아 미지수가 2개인 일차방정식으로 생각할 수도 있다. 이러한 방정식의 구성 요소는 x와 y의 일차항 및 상수항이므로 일반화해서 쓰면 다음과 같이 된다.

$$ax + by + c = 0$$

여기서 일차항의 계수인 a와 b의 값에 따라 방정식이 의미하는 바는 달라진다.

- $a \neq 0$이고 $b \neq 0$이면, $by = -ax - c$로부터 $y = -\frac{a}{b}x - \frac{c}{b}$와 같은 일차함수로 바꿔 쓸 수 있다.

- $a = 0$이고 $b = 0$이면, 방정식은 $c = 0$이 되어버려 항등식 아니면 모순으로 무의미한 수식이 된다.

그러면 a나 b 중 하나만 0이라면 어떨까? 이 경우 방정식은 특수한 직선을 나타낸다.

- $a = 0$이면 $by + c = 0$으로부터 $y = -\frac{c}{b}$이므로 x값에 상관없이 y가 일정한 직선, 즉 가로축과 평행한 직선이 된다.

- $b = 0$이면 $ax + c = 0$으로부터 $x = -\frac{c}{a}$이므로 y값에 상관없이 x가 일정한 직선, 즉 세로축과 평행한 직선이 된다.

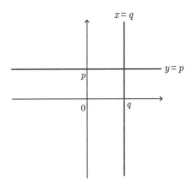

이전 단원에서 공부한 이원 일차 연립방정식 역시 미지수가 2개이며 일차식 두 개로 이루어졌음을 기억하자. 그렇다면 연립방정식과 직선은 어떤 관계가 있을까?

이원 일차 연립방정식을 이루는 식은 각각 $ax + by + c = 0$ 꼴이므로, 식 하나가 직선 하나에 대응된다. 또한 연립방정식을 푼다는 것은 두 식을 동시에 만족시키는 x와 y를 찾는 일이므로 이것을 직선의 관점으로 본다면 직선 두 개가 만나는 점의 좌표를 찾는 것과 같다.

그러므로 만약 연립방정식의 해가 한 쌍이라면, 각 방정식에 해당하는 두 직선은 좌표평면 위의 한 점에서 만날 것이다. 3.3절에 나왔던 아래의 연립방정식을 예로 들어 보자. 이 방정식은 일차항의 계수가 모두 0이 아니므로, 일차함수의 꼴로 바꿔서 그래프를 그릴 수 있다. 이때 두 직선이 만나는 점의 좌표가 곧 연립방정식의 해가 된다.

$$\begin{cases} 3x - 2y = 1 \\ x - y = -1 \end{cases} \implies \begin{cases} y = \dfrac{3}{2}x - \dfrac{1}{2} \\ y = x + 1 \end{cases}$$

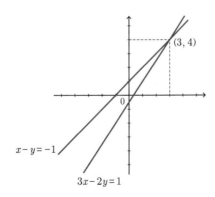

만약 연립방정식의 해가 '부정'이라면 어떨까? 이 경우는 두 방정식이 사실상 동일한 식이어서 모두 하나의 직선을 나타내게 된다. 따라서 만나는 점이 무수히 많으므로 해를 정할 수 없다.

그렇다면 연립방정식의 해가 '불능'일 경우는 어떨까? 이것은 3.3절에서 본 것처럼 한 등식의 양변에 서로 다른 숫자를 곱한 등식이 연립된 경우다. 이런 종류의 식을 일차함수의 꼴로 바꿔 보면 다음과 같다.

$$\begin{cases} 3x - 2y = 1 \\ 6x - 4y = 3 \end{cases} \implies \begin{cases} y = \dfrac{3}{2}x - \dfrac{1}{2} \\ y = \dfrac{3}{2}x - \dfrac{3}{4} \end{cases}$$

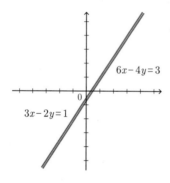

그림에서 보듯이, 두 직선은 기울기는 동일하지만 절편이 다르므로 만나는 일 없이 평행을 달리게 된다. 따라서 두 직선의 교점은 없고 연립방정식의 해 역시 존재하지 않는다.

이제 어떤 직선에 대한 정보가 주어졌을 때 그 직선의 식을 구하는 방법에 대해 알아보자. 가장 간단한 경우는 기울기(a)와 y절편(b)을 알고 있을 때다. 이 직선의 식은 $y = ax + b$가 된다.

직선의 기울기 a와 직선이 지나는 한 점 (p, q)가 주어진다면 어떨까? 직선의 식을 $y = ax + b$라 하면 $x = p$이고 $y = q$일 때 이 식이 성립하므로 값을 각각 대입하여 $q = ap + b$로부터 b를 쉽게 구할 수 있다.

만약 직선을 지나는 점만 두 개 주어진다면, 그 두 점을 (x_1, y_1)과 (x_2, y_2)라고 하자. 그러면 구하는 직선의 식을 $y = ax + b$라 하고 다음과 같은 연립방정식을 세워서 a와 b의 값을 구할 수 있다.

$$\begin{cases} y_1 = ax_1 + b \\ y_2 = ax_2 + b \end{cases}$$

또는 두 점의 좌표로부터 기울기를 먼저 구할 수도 있다. 앞서 소개한 것처럼 기울기는 $(y$축 변화량$) \div (x$축 변화량$)$이므로 다음과 같이 좌표값의 차를 이용해서 기울기를 구한다. 그 다음은 기울기와 한 점이 주어졌을 때처럼 풀면 된다(물론 이때 $x_1 \neq x_2$여야 한다).

$$a = \frac{y_1 - y_2}{x_1 - x_2}$$

예제를 통해 여러 가지 경우에서 직선의 식을 실제로 구해 보자.

예제 4-3 다음 각 조건을 만족하는 직선의 식을 구하여라.

(1) 기울기는 -2이고 $(-1, -1)$을 지나는 직선

(2) 기울기는 3이고 x절편이 -1인 직선

(3) x절편은 3이고 y절편은 -2인 직선(연립방정식으로)

(4) 두 점 $(1, 0)$과 $(2, 3)$을 지나는 직선(기울기로)

풀이

(1) 기울기가 -2이므로 직선은 $y = -2x + b$의 형태다. 여기서 x, y에 각각 -1, -1을 대입하면 $-1 = 2 + b$이므로 $b = -3$이다.

   따라서 구하는 직선은 $y = -2x - 3$이다.

(2) 직선은 $y = 3x + b$의 형태이고, 점 $(-1, 0)$을 지나므로 $0 = -3 + b$에서 $b = 3$이다.

   따라서 구하는 직선은 $y = 3x + 3$이다.

(3) 직선을 $y = ax + b$로 두면, 두 점 $(3, 0)$과 $(0, -2)$를 지나므로 다음의 일차방정식이 성립한다.

$$\begin{cases} 0 = 3a + b \\ -2 = b \end{cases}$$

   연립하여 풀면 $a = \frac{2}{3}$, $b = -2$를 얻으므로 구하는 직선은 $y = \frac{2}{3}x - 2$

이다.

(4) 직선을 $y = ax + b$로 둘 때 기울기 a는 다음과 같다.

$$a = \frac{3-0}{2-1} = \frac{3}{1} = 3$$

$y = 3x + b$의 꼴이므로, 한 점 $(1, 0)$을 대입하여 $b = -3$을 얻는다. 따라서 구하는 직선은 $y = 3x - 3$이다.

연습문제

1. 다음 직선을 x축 방향으로 1, y축 방향으로 2만큼 평행이동한 직선의 식을 구하여라.

   (1) $y = 2x$ (2) $2x + 3y + 1 = 0$ (3) $y = 3(x + 1) + 2$

2. 그래프가 다음 조건을 만족하는 일차함수를 구하여라.

   (1) $(-2, -1)$과 $(2, 3)$을 지난다.

   (2) $(1, 1)$을 지나고 $y = 2x + 1$과 평행하다.

   (3) 두 직선 $y = x - 3$과 $y = 2x - 1$의 교점을 지나고 직선 $2x + y + 1 = 0$에 평행하다.

3. 어느 도시의 택시요금은 2km까지 3,800원이고 그 이후로는 미터당 0.8원이 부과된다고 한다. 2km 이상의 주행거리(단위: m)에 대응하는 택시요금을 일차함수로 나타내고, 20km에 해당하는 요금이 얼마인지 계산하여라.

4.3 이차함수와 그래프

앞 절에서는 함수관계가 일차식으로 나타나는 일차함수를 알아보았다. 이처럼 다항식으로 나타낼 수 있는 함수를 **다항함수**라고 하는데, 이번 절에서는 다항함수 중 이차식에 해당하는 함수를 알아보자.

독립변수 x와 종속변수 y의 관계가 다음과 같이 이차식으로 나타날 경우, 이것을 **이차함수**라고 부른다.

$$y = ax^2 + bx + c \quad (a \neq 0)$$

이차함수에서는 독립변수의 변화량에 대해 종속변수가 제곱의 비율로 변하므로 일차함수보다 변하는 정도가 더 급할 것임을 예상할 수 있다. 입력값에 대해 출력값이 일차일 때와 이차일 때 어떤 식으로 변하는지 간단한 예를 통해 살펴보자.

다음 그래프는 몇몇 x값에 대해 $y = \frac{1}{2}x^2$과 $y = 2x$의 함숫값을 구하여 좌표평면에 나타내고 선으로 이은 것이다.

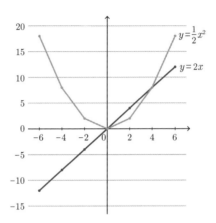

가장 눈에 띄는 점은, 이차항의 경우 입력값의 제곱에 비례하므로 음수가 될 일이 없다는 것이다. 그에 따라 식의 값은 $x = 0$, 즉 y축을 기준으로 좌우대칭 모양이 된다. 그리고 $x > 0$ 구간 초반에는 이차식의 값이 일차식보다 작지만, 점차 급하게 증가하여 $x = 4$일 때 일차식을 따라잡고 그 후로 격차를 크게 벌리는 것을 볼 수 있다. 이처럼 이차식의 값은 좌표평면에서 직선이 아니라 볼록한 곡선 형태로 나타나는데, 이런 모양의 곡선은 물체를 공중으로 던졌을 때의 궤적과 같아서 **포물선**이라 부르기도 한다.

이제 이차함수 그래프가 그리는 곡선의 모양을 좀 더 알아보자. 가장 기본적인 이차함수는 다음과 같은 형태일 것이다.

$$y = ax^2 \quad (a \neq 0)$$

먼저 이차항 계수 a의 부호가 그래프 모양에 미치는 영향부터 조사하자. x^2의 값은 항상 0보다 크거나 같으므로, ax^2 전체의 부호는 a의 부호에 좌우될 것이다. 위에서 예로 들었던 $\frac{1}{2}x^2$과, 이차항 계수의 부호만 반대로 한 $-\frac{1}{2}x^2$의 경우를 그래프로 비교해 보자.

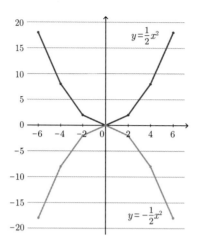

그림에서 보듯이 이차항 계수 a가 양수일 때는 그래프가 아래로 볼록한 포물선이 되고, 음수일 때는 이차식 전체의 부호가 뒤집히면서 위로 볼록해짐을 알 수 있다.

다음은 a의 크기가 변하면서 그래프의 모양이 어떻게 변하는지 살펴보자.

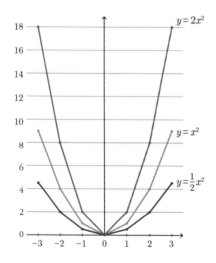

a값이 커질수록 그래프는 더 가파르게 세로축에 가까워지는 모양이 된다. a가 음수일 경우에도 그래프가 위아래로 뒤집힐 뿐 모양은 동일할 것이다. 즉, a의 절댓값이 커질수록 그래프는 y축에 급하게 가까워져서 뾰족해진다.

지금까지 본 것은 $f(x) = ax^2$의 꼴이었는데, 이때 $f(0) = 0$이므로 그래프는 원점을 지나는 포물선이다. 이 그래프를 가로축과 세로축 방향으로 평행이동하면 함수의 식이 어떻게 변화할까? 앞서 일차함수의 그래프인 직선을 평행이동했을 때는 다음과 같이 하여 이동된 새 그래프의 식을 구하였다.

- 가로축 방향으로 p만큼 이동: x를 $(x-p)$로 대체함
- 세로축 방향으로 q만큼 이동: y값에 최종적으로 q를 더함

이것은 직선뿐 아니라 임의의 함수에 적용 가능한 일반적인 내용이었음을 상기하자. 또한 두 번째 항목을 식으로 쓰면 $y = f(x) + q$인데, q를 좌변으로 이항하면 $y - q = f(x)$의 꼴이 된다. 이렇게 y쪽의 모양도 $y - q$가 되므로 $x - p$와 짝을 이루어 쓰면 편리하다. 이러한 그래프의 평행이동은 아래처럼 요약할 수 있다.

- 어떤 함수 $y = f(x)$의 그래프를 가로축 방향으로 p, 세로축 방향으로 q만큼 평행이동한 그래프의 식은 $(y - q) = f(x - p)$이다.

이에 따라 $y = ax^2$의 그래프를 가로축 방향으로 p, 세로축 방향으로 q만큼 평행이동한 새 곡선의 식은 다음과 같다.

$$y = a(x-p)^2 + q$$

원래 좌우대칭의 축이던 y축(즉, $x = 0$) 역시 가로로 p만큼 이동했으므로, 새 곡선의 대칭축은 $x = p$라는 직선이 된다. 또한 원점 $(0, 0)$이던 꼭짓점 역시 옮겨 갔으므로 새 곡선의 꼭짓점은 (p, q)가 된다.

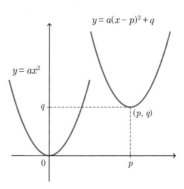

이와 같이 임의의 이차함수를 $y = ax^2$의 평행이동 꼴인 $y = a(x-p)^2 + q$로 나타낸 것을 **표준형**이라고 한다. 표준형으로 나타낸 이차함수는 꼭짓점과 대칭축 같은 정보를 바로 얻을 수 있으므로 그래프를 그리기가 쉽다. 그러면 일반적인 이차식으로 된 함수 $y = ax^2 + bx + c$의 그래프는 어떻게 그릴 수 있을까?

앞서 이차방정식의 '근의 공식'을 유도하는 과정에서 '완전제곱 꼴'을 만들었음을 기억할 것이다. 이차함수의 표준형 역시 완전제곱 꼴이 포함되어 있으므로, 유사한 방법으로 임의의 이차식을 표준형으로 바꿀 수 있다. 그 과정을 살펴보자.

가장 먼저, 이차항 계수를 따로 떼어내기 위해 a로 이차항과 일차항을 묶어낸다.

$$y = a\left(x^2 + \frac{b}{a}x\right) + c$$

그다음은 괄호 안을 완전제곱 꼴로 만든다. 이때 '일차항 계수의 절반의 제곱'이 필요하다.

$$y = a\left(x^2 + \frac{b}{a}x + \left(\frac{b}{2a}\right)^2 - \left(\frac{b}{2a}\right)^2\right) + c$$

완전제곱 꼴을 만드는 데 필요하지 않은 상수항은 괄호 바깥으로 꺼낸다.

$$y = a\left(x^2 + \frac{b}{a}x + \left(\frac{b}{2a}\right)^2\right) - a\left(\frac{b^2}{4a^2}\right) + c$$

괄호 안을 완전제곱 꼴로 만들고, 나머지 상수항도 통분하여 간단히 한다.

$$y = a\left(x + \frac{b}{2a}\right)^2 - \frac{b^2 - 4ac}{4a}$$

이렇게 해서 $y = ax^2 + bx + c$라는 이차함수를 $y = a(x-p)^2 + q$ 꼴의 표준형으로 바꾸었다. 이 그래프는 다음과 같은 특징이 있음을 알 수 있다.

- 평행이동의 결과이므로 그래프 모양은 $y = ax^2$과 동일하다. 즉, 이차항의 계수 a가 같으면 그래프 모양은 모두 같다.
- 좌우대칭의 축은 $x = -\frac{b}{2a}$이다.
- 꼭짓점은 $\left(-\frac{b}{2a}, -\frac{b^2-4ac}{4a}\right)$, 판별식 D로 쓰면 $\left(-\frac{b}{2a}, -\frac{D}{4a}\right)$이다.

꼭짓점의 좌표에 이차방정식에서 다루었던 판별식 $D = b^2 - 4ac$가 있는 것이 눈에 띄는데, 그 의미에 대해서는 곧 알아보기로 한다. 표준형으로 바꾸는 과정을 이렇게 기호로 나타내니 어쩐지 복잡해 보이지만, 실제로 계산해 보면 어렵지 않다. 예제를 통해 직접 바꿔 보자.

예제 4-4 다음 이차함수를 표준형으로 바꾸고, 꼭짓점의 좌표를 구하여라.

(1) $y = 2x^2 + 4x + 3$

(2) $y = x^2 - 6x + 9$

(3) $y = x^2 + x - 1$

풀이

(1) 먼저 이차항의 계수인 2로 묶고,

$$y = 2(x^2 + 2x) + 3$$

괄호 안을 완전제곱 꼴로 만들기 위해 '일차항 계수의 절반의 제곱'을 더하고 뺀다.

$$y = 2(x^2 + 2x + 1 - 1) + 3$$

괄호 안을 완전제곱 꼴로 고치고, 불필요한 상수항을 꺼내어 정리한다.

$$y = 2(x + 1)^2 + 1$$

이제 표준형으로 바뀌었다. 꼭짓점의 좌표는 $(-1, 1)$이다.

(2) 이차항의 계수가 1이므로 곧바로 완전제곱 꼴부터 만들려고 보니, 이미 그렇게 되어 있음을 알 수 있다. 따라서 꼭짓점의 좌표는 $(3, 0)$이다.

$$y = (x - 3)^2$$

(3) 바로 완전제곱 꼴로 만든다.

$$y = \left(x^2 + x + \frac{1}{4} - \frac{1}{4}\right) - 1$$

식을 정리하면 꼭짓점의 좌표는 $\left(-\frac{1}{2}, -\frac{5}{4}\right)$이다.

$$y = \left(x + \frac{1}{2}\right)^2 - \frac{5}{4}$$

예제의 함수들은 모두 이차항의 계수가 0보다 크므로 그래프는 아래로 볼록한 모양이다. 이때 꼭짓점의 y좌표가 양수라면 그래프의 모양은 어떨까? 그래프 전체가 x축보다 위쪽에 위치하므로 x축과 만날 일이 없을 것이다. 반대로 꼭짓점의 y좌표가 음수라면 x축 밑으로 그래프가 내려가므로 x축과는 두 점에서 만나게 될 것이다.

예제에 나온 세 함수의 그래프에서 꼭짓점의 y값은 각각 $1, 0, -\frac{5}{4}$로, 모두 부호가 다르다. 꼭짓점의 좌표를 참고하여 각 이차함수의 그래프를 그려 보자.

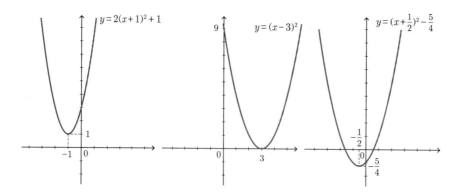

왼쪽 그래프는 x축 위에 떠 있고, 가운데 그래프는 x축과 한 점에서 만나며, 오른쪽 그래프는 x축과 두 점에서 만난다. 이 x절편이 가지는 의미는 무엇일까? x축에서는 함숫값이 0이므로, x절편의 좌표는 (일차함수 때와 마찬가지로) 곧 다음 방정식의 해를 나타낸다.

$$f(x) = ax^2 + bx + c = 0$$

그러므로 왼쪽 그래프에 해당하는 이차방정식은 해가 없고, 가운데는 중근을 가지며, 오른쪽은 두 개의 근을 가진다.

꼭짓점과 근의 개수 사이의 관계를 좀 더 구체적으로 들여다 보자. 꼭짓점의 y좌표 $-\dfrac{D}{4a}$를 y_a라고 둔다. 이제 $a > 0$인 경우라면, y_a 입장에서는 분모가 양수로 고정되었으므로 D의 부호와 정반대로 y_a의 부호가 결정될 것이다. 따라서 꼭짓점의 y좌표와 판별식 D의 부호 사이에는 다음 그림과 같은 관계가 성립한다.

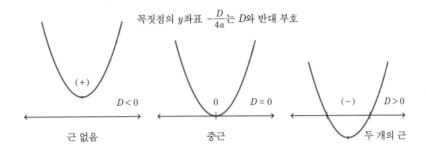

꼭짓점의 y좌표 $-\dfrac{D}{4a}$는 D와 반대 부호

만약 $a < 0$일 경우에는 어떨까? 앞서와 반대로 그래프는 위로 볼록하고, 꼭짓점의 y값과 판별식은 부호가 같아진다.

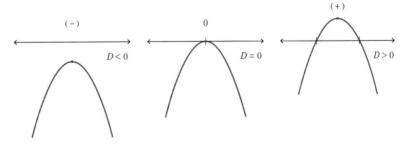

꼭짓점의 y좌표 $-\dfrac{D}{4a}$는 D와 같은 부호

이처럼 판별식 D가 꼭짓점의 y좌표에 나타난 것은 우연이 아니며, 이차함수 그래프의 모양과 이차방정식의 근의 개수는 밀접한 관련이 있다.

한편, 꼭짓점의 x좌표 $-\dfrac{b}{2a}$는 다음 예제에서처럼 이차식 계수의 부호를 구하는 데도 이용된다.

예제 4-5 다음 이차함수 $y = ax^2 + bx + c$의 그래프 모양을 보고 a, b, c의 부호를 구하여라.

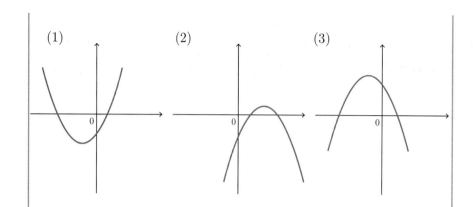

풀이

(1) 그래프가 아래로 볼록하므로 $a > 0$, 꼭짓점의 x좌표(즉, 대칭축) $-\dfrac{b}{2a}$가
   음수이므로 $b > 0$, y절편, 즉 $f(0) = c$가 음수이므로 $c < 0$이다.

(2) 그래프가 위로 볼록하므로 $a < 0$, 대칭축 x좌표 $-\dfrac{b}{2a}$가 양수이므로
   $b > 0$, y절편 $c < 0$이다.

(3) 동일한 방법으로 $a < 0$, $b < 0$, $c > 0$이다.

앞서 일차함수의 경우는 $y = ax + b$의 꼴로 계수가 두 개뿐이었다. 따라서 두 점의 좌표로부터 연립방정식을 풀거나, 한 점과 기울기(a)로부터 다른 계수(b)의 값을 얻어서 직선의 식을 알아낼 수 있었다. 그러나 이차함수는 계수가 3개이므로 세 점의 좌표 또는 그와 대등한 정보가 있어야 모든 계수를 특정하여 포물선의 식을 알아낼 수 있다.

예컨대 그래프가 세 점 $(-1, -1)$, $(0, 2)$, $(1, 1)$을 지나는 이차함수 $y = ax^2 + bx + c$를 구해 보자. 우선 $x = 0$일 때 $y = 2$이므로 $c = 2$라는 것을 알 수 있다. 다음은 나머지 두 점의 좌표를 식에 대입하여 다음과 같은 연립방정식을 얻는다.

$$\begin{cases} -1 = a - b + 2 \\ 1 = a + b + 2 \end{cases}$$

이것을 풀면 $a = -2$, $b = 1$이므로 구하는 이차함수는 $y = -2x^2 + x + 2$이다.

상황에 따라서는 점의 좌표 대신 대칭축에 대한 정보가 제공되기도 한다. 두 점

$(-1, -1)$과 $(1, 1)$을 지나면서 대칭축의 식이 $x = \frac{1}{4}$인 이차함수를 구해 보자. 축의 정보가 있는 표준형으로 이 함수를 나타내면 $y = a(x - p)^2 + q$ 꼴인데, 여전히 미지수가 a, p, q로 세 개다. 하지만 축의 식이 $x = p$이므로 그로부터 $p = \frac{1}{4}$을 바로 얻는다.

$$y = a\left(x - \frac{1}{4}\right)^2 + q$$

여기에 두 점의 좌표를 대입하면 a와 q에 대한 연립방정식을 얻는다.

$$\begin{cases} -1 = a\left(-1 - \frac{1}{4}\right)^2 + q = \frac{25}{16}a + q \\ 1 = a\left(1 - \frac{1}{4}\right)^2 + q = \frac{9}{16}a + q \end{cases}$$

방정식을 풀면 $a = -2$, $q = \frac{17}{8}$이므로 구하는 이차함수는 $y = -2\left(x - \frac{1}{4}\right)^2 + \frac{17}{8}$이라는 것을 알 수 있다. 이것을 전개하면 앞서와 같이 $y = -2x^2 + x + 2$가 된다.

프로그래밍과 수학

함수 그래프 그리기

일차함수와 이차함수 정도는 그래프 그리기가 어렵지 않지만, 앞으로 다룰 여러 종류의 함수 중에는 그래프의 모양을 짐작하는 것조차 난감한 경우가 종종 있다. 데이터과학이 관심 분야로 떠오르면서 다양한 시각화 (visualization) 기능을 제공하는 라이브러리들이 등장하기는 했지만, 함수의 그래프를 그리려고 매번 코드를 작성할 수는 없는 일이다.

이럴 때 앞서 소개한 적이 있는 CAS를 이용하면 편리하다. 예컨대 Geo-Gebra 웹사이트에서 그래프 그리기 메뉴를 선택하고 입력칸에 $y = -2x^2 + x + 2$라고 타이핑하면, 그 이차함수의 그래프를 오른쪽 좌표평면에 바로 보여 준다. Desmos, Mathway 같은 사이트도 비슷한 기능을 제공한다.

검색에 주로 사용되는 구글 사이트에서도 그래프를 그리는 것이 가능한데, 여러 개의 그래프를 한번에 보여 주는 기능도 있다. 예컨대 검색어로 'graph of y=2x and y=-x^2+1'을 입력하면, 주어진 일차함수와 이차함수의 그래프를 서로 다른 색깔로 구분해서 그려준다.

연습문제

1. 다음 이차함수 그래프의 꼭짓점을 구하고, 어느 사분면에 있는지 말하여라.

(1) $y = x^2 + x + 1$ (2) $y = x^2 - x - 1$ (3) $y = -x^2 - x - 1$

2. 이차함수 $y = ax^2 + bx + c$의 그래프가 다음과 같을 때 a, b, c의 부호를 구하여라.

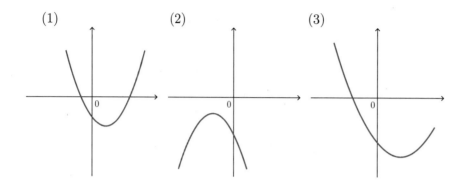

3. 다음을 만족하는 이차함수 $y = f(x)$를 구하여라.

(1) 그래프가 세 점 $(1, -1), (2, 4), (3, 11)$을 지난다.

(2) 그래프의 축이 $x = -1$이고 두 점 $(0, 1), (2, 5)$를 지난다.

(3) 방정식 $f(x) = 0$의 두 근이 1과 -3이고, $y = f(x)$의 그래프가 $(-2, 3)$을 지난다.

4. 길이 20cm인 끈으로 그림과 같이 밑변 a, 높이 b인 직사각형 모양을 만들려고 한다. 직사각형의 넓이는 밑변 × 높이와 같다고 할 때, 다음 물음에 답하여라.

(1) a가 변함에 따라 직사각형의 넓이 S가 어떻게 변하는지 이차함수로 나타내어라.

(2) 위의 이차함수를 그래프로 그렸을 때 꼭짓점의 좌표를 구하여라.

(3) 위 그래프의 모양으로 보아, 넓이 S를 최대로 하려면 a는 얼마로 두어야 하는가?

4.4 유리함수와 무리함수

지금까지 살펴본 일차함수와 이차함수는 모두 다항식으로 나타낼 수 있는 다항함수였다. 삼차 이상의 다항함수는 이 장에서 더 다루지 않지만, 다항함수가 아닌 것중 기본적인 두 가지, 즉 유리함수와 무리함수는 알아둘 필요가 있다.

2장에서 본 것처럼 두 정수의 분수 꼴로 나타낼 수 있는 수는 유리수다. 그러면 숫자가 아닌 수식에 대해서는 어떨까? 숫자 때와 같은 의미에서, 두 다항식의 분수 꼴로 나타낼 수 있는 수식을 **유리식**이라고 부른다. 다음은 유리식의 몇 가지 예다.

$$\frac{x^2 + x + 1}{x + 1} \qquad \frac{x^2 - 1}{2x + 2} \qquad \frac{1}{x + 1}$$

유리수를 약분했을 때 분모가 1이면 정수가 되듯이, 유리식도 간단히 했을 때 분모가 상수라면 다항식이 된다. 위에서 두 번째 식은 사실 인수분해를 통해 다음과 같이 일차식으로 바꿔 쓸 수 있다.

$$\frac{x^2 - 1}{2x + 2} = \frac{(x+1)(x-1)}{2(x+1)} = \frac{(x-1)}{2} = \frac{1}{2}x - \frac{1}{2} \quad (x \neq -1)$$

유리식은 유리수처럼 분모와 분자에 0이 아닌 다항식을 곱하거나 나누어도 값이 변하지 않는다. 또, 유리식의 사칙연산은 유리수 때와 같은 방법으로 하면 된다.

유리식으로 표현되는 함수는 **유리함수**라 부른다. 이 절에서는 유리함수 중에서도 가장 기본적인 반비례함수 $y = \frac{1}{x}$과 그 변형에 대해 알아보기로 한다.

x값이 2배가 되면 y값은 절반, x값이 3배이면 y값은 $\frac{1}{3}$배…라고 하면 두 값은 **반비례** 관계에 있다고 한다. 이것을 식으로 쓰면 다음과 같다.

$$y = \frac{a}{x} \quad (a \neq 0)$$

위의 식을 $xy = a$ 꼴로 보면, 어떤 두 수량의 곱이 일정할 때 서로 반비례하는 관계라는 것을 알 수 있다. 예컨대 x값이 k배가 되면 y값이 $\frac{1}{k}$배 되는 경우, $xy = a$의 관계를 만족한다. 이런 함수는 $x = 0$일 때 정의할 수 없으므로 정의역은 0이 아닌 모든 실수다. $a = 1$로 두고 함숫값 몇 개를 계산하여 그래프의 모양을 어림해 보자.

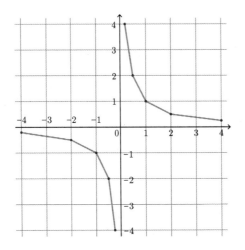

원점을 사이에 두고 서로 마주보는 한 쌍의 곡선이 나타났다. 이런 모양의 곡선을 **쌍곡선**이라 부른다. 1사분면에 위치한 곡선은 x값이 작아질수록 세로축에, 커질수록 가로축에 가까워진다. 하지만 어느 경우라도 축과 만나지는 않는데, $x = 0$이나 $y = 0$일 때를 정의할 수 없기 때문이다. 3사분면의 곡선 또한 부호는 반대여도 축에 가까워지는 것은 마찬가지다. 이때의 x축과 y축처럼 어떤 그래프가 한없이 가까워지는 직선을 **점근선**[9]이라 한다.

a의 부호가 음수라면 어떻게 될까? y값 전체의 부호가 반대이므로 위아래가 뒤집힌 모양, 즉 x축에 대칭인 그래프가 된다(이것은 일차함수와 이차함수 때도 마찬가지였다).

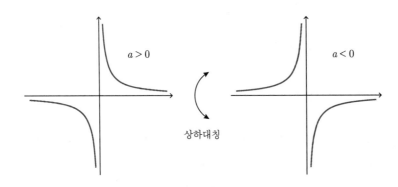

___

9   점차(漸) 가까워지는(近) 선이라는 뜻이다.

그러면 a 값의 크기에 따라 그래프가 어떻게 변할지 몇 가지로 바꿔가면서 비교해보자. 두 곡선은 대칭이므로 1사분면의 곡선만 그려도 충분하다.

x	$\frac{1}{4}$	$\frac{1}{2}$	1	2	4
$y = \frac{1}{2x}$	2	1	$\frac{1}{2}$	$\frac{1}{4}$	$\frac{1}{8}$
$y = \frac{1}{x}$	4	2	1	$\frac{1}{2}$	$\frac{1}{4}$
$y = \frac{2}{x}$	8	4	2	1	$\frac{1}{2}$

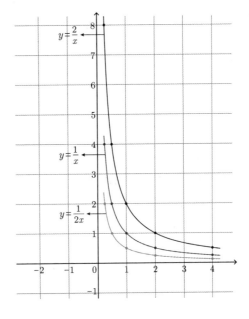

위에서 보듯이, a값이 커질수록 곡선은 원점으로부터 좀 더 떨어진 모양이 된다. 하지만 어떤 경우라도 x값이 0에 가까워질수록 그래프가 y축에 근접하고, x값이 커질수록 x축에 근접한다는 점은 변하지 않는다.

이와 같은 반비례함수를 가로축과 세로축 방향으로 각각 p, q만큼 평행이동하면 어떤 그래프가 그려질까? 앞서 이차함수의 평행이동에서 정리했던 내용을 그대로 적용하면 다음과 같은 함수를 얻는다.

$$y = \frac{a}{(x-p)} + q$$

여기에 별로 특별한 것은 없지만, 쌍곡선의 점근선도 평행이동한 거리만큼 함께 이동되었음을 알아두자. y축은 p만큼 옮겨가서 $x = p$가 되고, x축은 q만큼 옮겨가서 $y = q$가 된다.

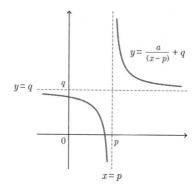

분수식을 통분하다 보면 원래의 모습과 달라지기도 하므로, 복잡해 보이는 유리함수를 만났을 때는 보다 간단한 함수를 평행이동한 것은 아닌지 확인해 봐야 한다. 예를 들어 $y = \frac{2x+2}{2x+1}$를 보자. 분모에 $(x-p)$ 꼴을 일단 만든 다음, 분자를 거기에 맞추는 것이 핵심이다. 아래에서는 $\left(x+\frac{1}{2}\right)$ 꼴이 중심이다.

$$y = \frac{2x+2}{2x+1} = \frac{2(x+\frac{1}{2}+\frac{1}{2})}{2(x+\frac{1}{2})} = \frac{2(x+\frac{1}{2})+1}{2(x+\frac{1}{2})} = 1 + \frac{1}{2(x+\frac{1}{2})}$$

간단한 계산을 통해 $\frac{a}{(x-p)} + q$ 꼴로 바꿈으로써, 이 유리함수가 사실은 $y = \frac{1}{2x}$를 가로 세로 방향으로 각각 $-\frac{1}{2}$과 1만큼 평행이동한 것임을 알게 된다. 일반적으로 두 일차식의 비로 나타난 유리함수는, 위와 유사한 과정을 거쳐서 $y = \frac{a}{x}$의 평행이동 꼴로 바꿀 수 있다.

예제 4-6 다음 함수의 그래프는 어떤 모양인가? '$y = \frac{a}{x}$를 (p, q)만큼 이동'과 같이 답하여라.

(1) $y = \frac{x-1}{x+1}$ (2) $y = \frac{2x}{x+1}$ (3) $y = \frac{x-1}{2x+1}$

풀이

(1) $\frac{x-1}{x+1} = \frac{(x+1)-2}{x+1} = 1 - \frac{2}{x+1}$이므로 $y = -\frac{2}{x}$를 $(-1, 1)$만큼 이동

(2) $\frac{2x}{x+1} = \frac{2(x+1-1)}{x+1} = \frac{2(x+1)-2}{x+1} = 2 - \frac{2}{x+1}$이므로 $y = -\frac{2}{x}$를 $(-1, 2)$만큼 이동

$$(3) \ \frac{x-1}{2x+1} = \frac{(x+\frac{1}{2})-\frac{3}{2}}{2(x+\frac{1}{2})} = \frac{1}{2} - \frac{3}{4(x+\frac{1}{2})} \text{이므로} \ \ y = -\frac{3}{4x} \text{을} \ (-\frac{1}{2}, \ \frac{1}{2}) \text{만큼}$$
이동

다음으로는 유리함수에 이어서 무리함수를 알아보자. 근호 안에 독립변수가 포함된 **무리식**으로 나타나는 함수를 **무리함수**라 한다. 당연한 말이지만, 근호가 사용되었더라도 독립변수와 상관없거나(예: $\frac{x}{\sqrt{2}}$) 전체 식을 유리식으로 바꿀 수 있다면 무리식이라 할 수 없다.

무리함수 중 가장 간단한 형태는 다음과 같다.

$$y = \sqrt{ax} \ \ (a \neq 0)$$

여기에서 유의할 점이라면 역시 '근호 안의 숫자가 음수가 아니어야 한다'는 제약이다. 만약 $a > 0$이면 근호 안이 음수가 되지 않는 $x \geq 0$ 범위에서만 이 함수가 정의될 것이다. 반대로 $a < 0$이면 정의역은 $x \leq 0$임을 쉽게 알 수 있다.

우선 $a > 0$일 경우에, 몇 가지 a값에 따른 $\sqrt{ax}$를 계산하여 그래프를 그려 보자.

x	0	1	2	4	8
$y = \sqrt{\frac{x}{2}}$	0	$\frac{\sqrt{2}}{2}$	1	$\sqrt{2}$	2
$y = \sqrt{x}$	0	1	$\sqrt{2}$	2	$2\sqrt{2}$
$y = \sqrt{2x}$	0	$\sqrt{2}$	2	$2\sqrt{2}$	4

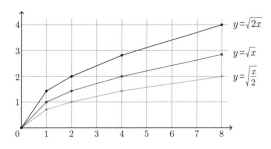

이 함수는 입력에 제곱근을 취하여 출력하므로 입력값이 증가하는 정도에 비해 출력값은 다소 완만한 증가세를 보인다. 또한 a값이 커질수록 가로축과 멀어지면서 증가폭이 좀 더 커지는 것을 알 수 있다.

a가 음수일 경우는 어떨까? 함수의 정의역이 $x \leq 0$으로 바뀔 뿐 치역은 동일하기에 그래프의 모양은 $a > 0$일 때와 좌우대칭이 될 것이다. 두 경우를 좌표평면에 함께 나타내면 다음과 같은 꼴이 된다.

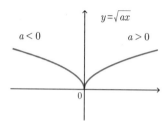

무리함수의 평행이동 또한 우리가 알고 있는 원칙에서 벗어나지 않는다. $y = \sqrt{ax}$의 그래프를 (p, q)만큼 평행이동한 함수는 다음과 같다.

$$y = \sqrt{a(x-p)} + q$$

이때 $x \geq 0$이던 정의역이 $x \geq p$로 바뀌는 점에 유의하자. 치역 또한 $y \geq 0$에서 $y \geq q$로 바뀐다.

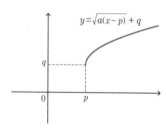

연습문제

1. 다음 유리함수를 $\dfrac{a}{(x-p)} + q$ 꼴로 바꾸고, 점근선의 식을 구하여라.

   (1) $y = \dfrac{x+1}{x-1}$ (2) $y = \dfrac{2x+1}{2x-1}$ (3) $y = \dfrac{2x+1}{x-1}$

2. 다음 무리함수의 정의역과 치역을 구하여라.

   (1) $y = \sqrt{-2x}$ (2) $y = -\sqrt{2x}$ (3) $y = -\sqrt{-2x}$ (4) $y = \sqrt{1-x} + 1$

3. 저항값이 각각 R_1, R_2인 두 개의 저항기를 병렬 연결했을 때 전체 저항 R은 다음과 같이 하여 얻을 수 있다고 한다.

$$\frac{1}{R} = \frac{1}{R_1} + \frac{1}{R_2}$$

저항값 하나를 $5\,\Omega$으로 고정한 채 다른 저항값 x를 $0\,\Omega$ 이상으로 자유롭게 변화시킬 때의 전체 저항을 y라고 하자. y를 x에 대한 함수로 나타내고, 전체 저항값이 가질 수 있는 범위를 구하여라.

4.5 합성함수와 역함수

지금까지 기본적인 함수 몇 가지를 살펴보았다. 하지만 현실에 존재하는 수많은 대응관계들이 그처럼 단순한 함수로만 표현될 리는 없을 것이다. 더욱 복잡한 함수 형태도 많이 있겠지만, 때로는 단순한 함수 여럿을 한데 묶어서 나타낼 수 있는 대응관계도 존재한다.

두 함수 f와 g가 있다고 하자. 함수 f를 통해 나온 출력값은 f의 공역에 속할 것이다. 마침 그 공역이 g의 정의역과 일치한다면, f의 출력을 g의 입력으로 넘겨줄 수 있다. 이런 경우는 두 함수를 묶어서 하나의 대응관계로 생각해도 무리가 없다.

이제 여기에 어떤 입력값 x를 주었을 때 f에 의한 출력은 $f(x)$이고, 이것이 다시 g의 입력이 되므로 최종 출력은 $g(f(x))$이다. 이 최종적인 대응관계를 함수 f와 g의 **합성함수**라고 부르며, 기호로 $(g \circ f)(x)$처럼 쓴다.

$$(g \circ f)(x) = g(f(x))$$

이때 $\circ$ 기호의 오른쪽, 즉 입력값에 가까운 쪽의 함수가 먼저 대응됨을 유의하자.

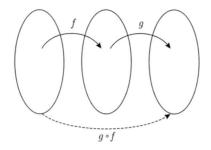

합성함수를 계산할 때는 각 함수의 입력이 무엇인지 잘 분별해야 하는데, 이때 함수별로 독립변수의 기호를 달리 하여 쓰면 이해하기가 쉽다.[10] 예를 들어 f, g가 각각 다음과 같을 때 합성함수 $g \circ f$를 구해 보자.

$$f(x) = 2x - 1$$
$$g(x) = x^2 - 1$$

두 함수 중 f가 먼저 대응되므로 입력값 x의 출력은 $f(x)$, 즉 $2x - 1$이 된다. 다음은 여기에 g를 대응시킬 차례인데, 혼동을 피하기 위해 g의 독립변수를 w로 바꿔 보자.

$$g(w) = w^2 - 1$$

이제 이 w에 f의 대응 출력인 $2x - 1$을 넣으면, 원하는 결과를 얻는다.

$$\begin{aligned}
(g \circ f)(x) &= g(f(x)) \\
&= (2x - 1)^2 - 1 \\
&= (4x^2 - 4x + 1) - 1 \\
&= 4x^2 - 4x
\end{aligned}$$

다음과 같이 한 함수 내에 다항식·분수·근호 등 여러 종류의 연산이 뒤섞여 있을 때, 더 작은 함수들의 합성으로 분리해 보자.

---

10 함수 표기에서 독립변수로 흔히 쓰는 x는 어차피 관습적인 것이므로 기호가 바뀐다 해도 함수의 정의에는 아무 영향이 없다. 예를 들어 $f(x) = x^2$과 $f(t) = t^2$은 같은 함수를 나타낸다.

$$y = 2\sqrt{x^2 - 1} \quad \cdots (a)$$

$$y = \frac{1}{x^3 + 1} \quad \cdots (b)$$

$$y = \frac{1}{\sqrt{1 - x}} \quad \cdots (c)$$

(a): 다항함수 $f(x) = x^2 - 1$과 무리함수 $g(w) = 2\sqrt{w}$의 합성함수 $(g \circ f)(x)$

(b): 다항함수 $f(x) = x^3 + 1$과 유리함수 $g(w) = \frac{1}{w}$의 합성함수 $(g \circ f)(x)$

(c): $f(x) = -x + 1$과 $g(w) = \sqrt{w}$과 $h(z) = \frac{1}{z}$의 합성함수 $(h \circ g \circ f)(x)$

두 함수를 합성하는 순서가 바뀌면 어느 함수를 먼저 적용할지가 달라지므로, 일반적으로 함수의 합성에서는 교환법칙이 성립하지 않는다. 예를 들어 두 개의 다항함수 $f(x) = 2x - 1$과 $g(x) = x^2 - 1$에 대해서 $f \circ g$와 $g \circ f$는 다음과 같다.

$$(f \circ g)(x) = f(g(x)) = 2(x^2 - 1) - 1 = 2x^2 - 3$$
$$(g \circ f)(x) = g(f(x)) = (2x - 1)^2 - 1 = 4x^2 - 4x$$

앞서의 (c)처럼 함수를 세 개 이상 합성하는 경우도 있을 것이다. 이때 어떤 쌍을 먼저 합성하는지 여부에 따라 결과가 변할까? 예를 들어 세 함수 f, g, h를 합성할 때 $(f \circ (g \circ h))$와 $((f \circ g) \circ h)$가 어떤 차이가 있을지 알아보자. 안쪽의 괄호로 둘러싸인, 먼저 합성할 수 있는 두 함수 쌍을 다음과 같이 F와 G로 둘 수 있다.

$$F(x) = (f \circ g)(x) = f(g(x))$$
$$G(x) = (g \circ h)(x) = g(h(x))$$

그러면 세 함수의 합성은 다음과 같은 결과가 나온다.

$$(f \circ (g \circ h)) = (f \circ G) \quad \longrightarrow \quad f(G(x)) = f(g(h(x)))$$
$$((f \circ g) \circ h) = (F \circ h) \quad \longrightarrow \quad F(h(x)) = f(g(h(x)))$$

그러므로 어떤 함수 쌍을 먼저 합성하는지는 최종 결과에 영향을 끼치지 않음을 알 수 있다.

함수는 방향이 있는 대응관계다. 어떤 함수의 대응 방향을 거꾸로 하면 여전히 함수라고 할 수 있을까? 함수는 크게 다음과 같이 전사/단사 여부에 따라 네 가지로 분류할 수 있으므로, 각 경우에 대해서 대응 방향이 역전될 때 어떤 대응관계가 생기는지 조사해 보자.

1. 전사 ×, 단사 ×
2. 전사 ×, 단사 ○
3. 전사 ○, 단사 ×
4. 전사 ○, 단사 ○(전단사)

우선 함수의 정의를 생각해 보면, 대응관계에 참여하지 못하는 원소가 정의역에 생길 경우 함수라고 할 수 없다. 따라서 역방향도 함수가 되려면 최소한 원래의 대응관계는 전사함수여야 할 것이다. 이에 따라 전사가 아닌 1번, 2번의 경우 역방향 대응관계는 함수가 될 수 없다.

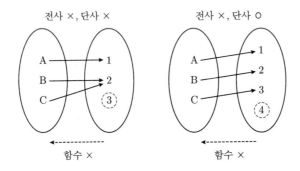

다음으로 전사인 3번과 4번을 살펴보자. 3번의 경우 단사가 아니므로 둘 이상의 입력값에 같은 출력값이 대응되는 경우가 있는데, 이 관계를 뒤집으면 한 입력값에 여러 출력값이 대응되므로 함수가 아니다. 반면 4번 전단사함수의 경우에는 대응관계를 뒤집어도 별다른 문제 없이 함수가 되기 위한 조건을 모두 충족한다.

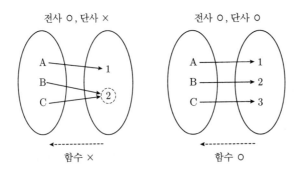

지금까지 본 것처럼 어떤 함수가 전단사함수라면 역방향의 대응관계도 여전히 함수의 조건을 충족하는데, 이것을 원래 함수의 **역함수**라고 부른다. 함수 f의 역함수는 기호로 f^{-1}과 같이 나타낸다.

역함수에서는 원래 함수의 정의역이 공역으로 바뀌고, 원래의 공역은 정의역이 된다. 그러므로 독립변수와 종속변수도 서로 역할을 바꾸게 되는데, 이런 성질을 이용하여 역함수를 쉽게 구할 수 있는 경우가 종종 있다. 예를 들어 일차함수 $y = 2x - 1$의 역함수를 구해 보자. 독립변수와 종속변수를 서로 바꾸어 쓰고 식을 정리하면 아래와 같은 결과를 얻는다.

$$
\begin{aligned}
x &= 2y - 1 \\
2y &= x + 1 \\
y &= \frac{1}{2}x + \frac{1}{2}
\end{aligned}
$$

그렇다면 역함수의 그래프는 어떤 성질을 가질까? 독립변수와 종속변수가 뒤바뀌었으므로 좌표평면에서는 가로축과 세로축이 바뀐 셈이 된다. 하지만 이런 상황에서도 원래 자리를 지키는 점들이 있는데, 바로 독립변수와 종속변수의 값이 같아지는 점들, $y = x$인 직선 위의 점들이다. 역함수를 만들 때 좌표평면 위에 있던 모든 점은 이 불변하는 직선을 축으로 하여 대칭인 위치로 이동한다. 즉, 어떤 함수와 그 역함수의 그래프는 $y = x$에 대해 대칭이다.

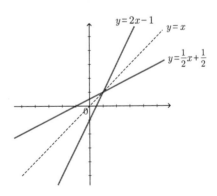

이번에는 이차함수의 역함수를 구해 보자. 그런데 여기에는 문제가 있다. '제곱'이라는 특성상 두 개의 다른 입력값에 대해 같은 출력값이 대응되는 것이다. 예를 들어 $y = x^2$에서 $y = 4$라는 출력값에는 $x = 2$와 $x = -2$가 대응된다. 이와 같이 이차함수는 전단사함수가 아니기 때문에 역함수가 존재하지 않는다. 이것은 x와 y를 바꿔 쓴 식으로도 확인할 수 있다(결과의 y는 함수가 아니다).

$$x = y^2$$
$$\therefore \ y = \pm\sqrt{x}$$

하지만 원래 함수의 정의역을 조정하여 전단사가 되게 만든다면 역함수를 얻을 수 있다. 함수 $y = x^2$의 경우 $x \geq 0$이거나 $x \leq 0$일 때로 한정하면 전단사함수이므로 역함수가 존재하며, 이때 역함수는 각각 $y = \sqrt{x}$와 $y = -\sqrt{x}$가 된다. 이 상황을 그래프로 그려 보면 다음과 같다.

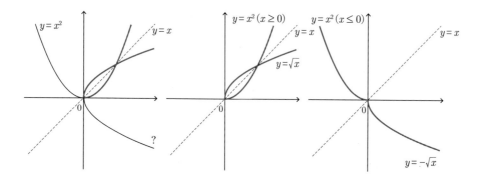

이제 앞서 소개했던 합성함수를 역함수와 연관지어 생각해 보자. 어떤 함수 f와 그 역함수 f^{-1}를 합성하면 어떤 결과가 나오게 될까?

- 함수 f는 x를 $f(x)$로 대응시킨다.
- 그 역함수 f^{-1}는 $f(x)$를 x로 대응시킨다.

위의 내용을 종합하면, 다음과 같은 결론에 도달하게 된다.

- 합성함수 $(f^{-1} \circ f)$는 입력값을 자기 자신에 대응시킨다.
- 합성함수 $(f \circ f^{-1})$도 입력값을 자기 자신에 대응시킨다.

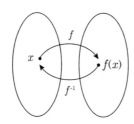

이처럼 어떤 입력값이라도 그 자신으로 대응시키는 함수를 **항등함수**라고 한다. 사실 이것은 우리가 이미 잘 알고 있는 함수인데, 수식으로 쓰면 $f(x) = x$, 즉 $y = x$ 이다.

$$(f^{-1} \circ f)(x) \;=\; (f \circ f^{-1})(x) \;=\; x$$

또한 역함수 그래프의 대칭축에서도 언급한 것처럼 항등함수 $y = x$의 역함수는 항등함수 그 자신이 된다.

그러면 여러 함수가 합성된 경우의 역함수를 구해 보자. 함수 f, g, h를 차례로 적용한 합성함수 $h \circ g \circ f$의 역함수는 무엇이 될까? 합성함수의 출력값을 각 함수의 적용 순서에 따라 나타내면 다음과 같다.

$$(h \circ g \circ f)(x) \;=\; h(\,g(\,f(x)\,)\,)$$

이 합성함수 전체의 역함수는 대응 순서를 뒤집은 것이므로, 마지막에 적용된 것부터 역함수를 대응시켜 $h^{-1} \to g^{-1} \to f^{-1}$의 순서로 적용하면 처음으로 돌아갈 수 있을 것이다.

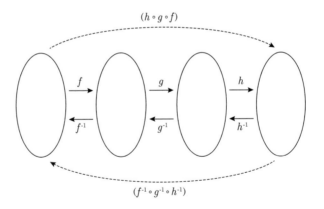

이것을 수식으로 쓰면 다음과 같다.

$$(h \circ g \circ f)^{-1} \;=\; (f^{-1} \circ g^{-1} \circ h^{-1})$$

이 예에서는 세 함수를 합성했지만, 몇 개의 함수를 합성하더라도 같은 원리로 역함수를 구할 수 있다.

연습문제

1. 다음 합성함수를 구하여라.

(1) $f(x) = 2x + 1$, $g(x) = -\frac{1}{2}x - 1$일 때 $(g \circ f)(x)$

(2) 위의 (1)과 같은 조건에서 $(f \circ g)(x)$

(3) $f(x) = (x-1)^2$, $g(x) = x + 1$일 때 $(g \circ f \circ g)(x)$

(4) $f(x) = \frac{1}{x} \ (x \neq 0)$, $g(x) = \sqrt{x} \ (x > 0)$일 때 $(f \circ g \circ f)(x)$

2. $f(x) = x^2 \ (x \geq 0)$이고 $g(x) = x - 1$일 때 다음을 구하여라.

(1) $f^{-1}(x)$

(2) $g^{-1}(x)$

(3) $(g^{-1} \circ f^{-1})(x)$

(4) $(f \circ g)(x)$

(5) $(f \circ g)^{-1}(x)$

3. 인터넷에 연결된 모든 기기는 유일하게 식별되는 공인 IP 주소를 할당받아 서로 통신한다. 그러나 회선 공유기라는 장비를 쓰면 하나의 공인 IP를 여러 기기가 공유해서 사용할 수 있도록 해 준다. 다음 그림과 같이 인터넷에 직접 연결된 컴퓨터 A와 공유기 B가 있을 때, 공유기에 연결된 B1, B2, B3 기기들이 A 기기로 보내는 통신은 IP 주소의 측면에서 함수지만 그 반대의 경우는 함수가 될 수 없는 이유를 설명하여라.

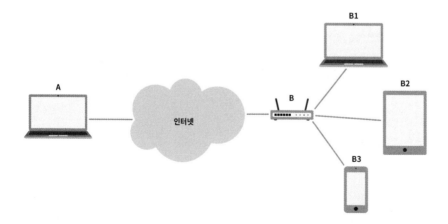

5장

확률·통계의 기초

게임에서 주사위를 던지거나 아이템을 강화할 때, 각종 선거 결과를 예측할 때 등, 확률과 통계는 우리에게 일상적인 개념이 되어 있다. 하지만 프로그래밍과 확률·통계는 어떤 상관이 있을까? 일반적으로 프로그램 내에 확률과 연관된 코드를 작성하는 경우는 거의 없지 않은가?

그러나 뜻밖에도 확률·통계는 컴퓨터 분야와 아주 밀접한 연관을 맺고 있다. 게임에서 NPC가 행동하는 알고리즘, 음성인식이나 필기인식, SNS의 친구 추천에 이르기까지 관계없는 것을 찾기가 어려울 정도다. 경우의 수가 발전된 조합론과 확률론은 이산수학의 중요한 주제 중 하나이며, II부에서 소개할 벡터와 행렬을 기본으로 한 선형대수와 함께 머신러닝의 양대 기초를 이룬다. 그러므로 특히 데이터과학에 관심 있는 독자라면 이 분야의 기초를 튼튼히 다져두는 것이 좋겠다.

5.1 경우의 수

주사위나 동전을 던지면 그 결과로 주사위 눈이나 동전의 앞면과 뒷면이 정해진다. 물론 원한다면 주사위나 동전을 계속 던질 수 있을 것이다. 이처럼 반복 가능한 어떤 행위를 수학에서는 **시행**(trial)이라 부른다. 그리고 주사위의 눈이 정해지는 것처럼 시행의 결과가 나타나는 것을 **사건**(event)[1]이라 한다.

주사위를 한 번 던지면 1에서 6까지의 눈 중 하나가 위를 향하게 된다. 주사위를

---

1 법률이나 신문 사회면에서 언급되는 '사건'보다는 프로그래밍 분야의 '이벤트'에 더 가까운 뉘앙스다.

던진다는 시행의 결과로 여섯 가지 경우 중 하나의 사건이 일어나는 것이다. 이처럼 어떤 시행의 결과로 일어날 수 있는 모든 사건의 가짓수를 **경우의 수**라고 부른다. 예를 들어 주사위를 한 번 던졌을 때 짝수가 나오는 사건이 일어나는 경우의 수는 세 가지, 즉 2, 4, 6이다.

하나가 아니라 여러 개의 사건을 고려할 때는 그 사건들이 '하나로 묶여 일어나는지' 여부에 따라서 계산이 달라진다. 하나로 묶인다면 각 사건에 해당하는 경우의 수를 모두 곱해 주고, 그렇지 않다면 각 사건에 해당하는 경우의 수를 모두 더해 준다. 몇 가지 예를 들어 이 내용을 확인해 보자.

주사위를 던져서 홀수 '또는' 짝수의 눈이 나오는 경우의 수는 몇 가지일까? 홀수가 나오는 경우의 수는 3, 짝수가 나오는 경우의 수는 3이다. 이 두 사건은 함께 묶여서 일어나지 않으므로, 구하고자 하는 경우의 수는 3 + 3 = 6가지가 된다.

이번에는 주사위를 던져서 짝수 또는 3의 배수가 나오는 경우의 수를 구해 보자. 짝수는 3가지고, 3의 배수는 3과 6의 눈이므로 2가지다. 이 두 사건 역시 함께 묶여 일어나지 않지만, 단순히 3 + 2 = 5로 계산할 수는 없다. 6의 눈은 짝수이면서 동시에 3의 배수이므로 중복된 셈을 빼 주어야 하기 때문이다. 따라서 구하는 경우의 수는 (3 + 2) − 1 = 4가지다.

이처럼 사건의 발생에 '또는'이라는 말이 포함되어 있으면 각 사건의 경우의 수를 모두 더하여 답을 구한다. 이것을 (조금 거창해 보이지만) **합의 법칙**이라고 부른다.

이번에는 주사위 두 개를 동시에 던질 때 나올 수 있는 모든 경우의 수를 생각해 보자. 두 개를 함께 던지는 것은 '하나로 묶여 일어나는' 사건으로 볼 수 있다. 주사위 하나를 던지면 6가지 경우가 생기고 각각의 경우에 대응해서 나머지 주사위가 6가지 눈이 나올 수 있으므로, 결과적으로 6 × 6 = 36가지 경우가 가능하다(왼쪽 그림).

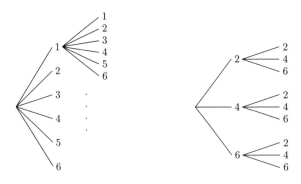

다른 예로, 주사위를 한 번 던져서 짝수가 나오고, 이어서 다시 한 번 던졌을 때 또 짝수가 나오는 경우의 수를 구해 보자. 한 번 던지고 다시 던지는 전체 과정이 하나의 사건이므로, 이 경우는 개별적인 두 사건이 '하나로 묶여 일어나는' 것으로 볼 수 있다. 따라서 첫 번째로 던져 짝수가 나오는 경우의 수 3과, 두 번째로 던져 짝수가 나오는 경우의 수 3을 곱하여, 모두 $3 \times 3 = 9$가지가 가능하다(오른쪽 그림).

이처럼 여러 사건이 동시에 발생하거나 잇달아서 발생할 때는 각 사건의 경우의 수를 모두 곱하여 답을 구한다. 이것을 **곱의 법칙**이라고 부른다.

또한, 앞의 그림과 같이 발생 가능한 각 경우에 대해 나뭇가지처럼 선을 긋고 거기에 다른 경우를 연결하여 나타낸 그림을 **수형도**[2]라고 한다.

합의 법칙이나 곱의 법칙은 경우의 수를 세는 데 가장 기초적인 밑바탕을 마련해 준다. 이제 그보다 조금 더 복잡해 보이는 몇 가지 상황을 다루어 보자. 먼저, 사람이나 사물을 한 줄로 세우는 방법의 수는 어떻게 셈할까?

예제 5-1 어떤 건물의 구내식당 메뉴는 크게 밥, 빵, 면 3가지다. 3가지 메뉴로 세 끼를 먹으려는데, 끼니마다 메뉴를 달리 하고 싶다고 하자. 메뉴의 순서를 구성하는 방법은 몇 가지나 되는가?

풀이

우선 아침식사를 3가지 중 하나로 선택하면, 점심 때는 아침에 먹은 메뉴를 뺀 2가지 중 하나를 선택할 수 있다. 저녁식사는 그날 먹지 않은 나머지 하나가 자동으로 선택되므로, 메뉴를 구성하는 방법은 모두 $3 \times 2 \times 1 = 6$가지다.

검산 삼아, 가능한 방법들을 일일이 나열해서 계산 결과와 비교해 보자.

- 아침에 밥을 먹는 방법: (밥, 빵, 면), (밥, 면, 빵)
- 아침에 빵을 먹는 방법: (빵, 밥, 면), (빵, 면, 밥)
- 아침에 면을 먹는 방법: (면, 밥, 빵), (면, 빵, 밥)

모두 6가지이므로 올바른 답임을 알 수 있다.

---

2 나무(樹) 모양(型)의 그림(圖)이라는 뜻이다.

앞의 예제는 3가지 메뉴를 한 줄로 세우는 것이었지만, 3을 임의의 숫자로 일반화하여도 동일한 원리가 적용될 것이다. 따라서 n명의 사람 또는 n개의 사물을 한 줄로 세우는 방법의 수는 다음과 같다.

$$n \times (n-1) \times (n-2) \times \cdots \times 1$$

약간 변형된 상황으로, 모두가 아니라 일부만 줄을 세울 경우도 있다. 예를 들어 1부터 9까지의 숫자 카드 중 3장을 골라서 세 자리 정수를 만들려고 한다면 몇 가지나 만들 수 있을까?

- 백의 자리에 올 수 있는 카드는 1~9 중 하나이므로 9가지 가능성이 있다.
- 십의 자리는 백의 자리에 쓰지 않은 카드 8장 중 하나를 택한다.
- 일의 자리는 남은 7장 중에서 고른다.

따라서 만들 수 있는 정수는 모두 $9 \times 8 \times 7 = 504$가지다.

이 예로부터, n개의 대상 중 k개만 한 줄로 세우는 방법의 수를 다음과 같이 쉽게 일반화할 수 있다.

$$\underbrace{n \times (n-1) \times (n-2) \times \cdots \times (n-(k-1))}_{k}$$

또, 줄을 세우면서 특정한 일부를 한 묶음으로 간주해야 할 때도 있다. 예를 들어 공연장에서 친구 다섯 명이 줄을 서는데, 이 중에서 두 명은 연인 사이여서 함께 서겠다고 한다. 줄을 서는 방법은 모두 몇 가지일까?

- 연인 두 명을 하나의 묶음으로 치면, 4명일 때처럼 $4 \times 3 \times 2 \times 1 = 24$가지 방법이 있다.
- 하지만 그 모든 경우에서 연인 두 명은 2가지의 방법으로 서로 자리를 바꿀 수 있다.
- 따라서 최종적인 답은 $24 \times 2 = 48$가지다.

이 내용을 일반화해서 말하자면 다음과 같다.

> "묶음을 하나로 쳐서 셈하고, 묶음 안에서 자리를 바꾸는 경우의 수를 곱해준다."

여기서 묶음으로 줄을 세우는 것과 묶음 안에서 자리를 바꾸는 두 사건은 '하나로 묶여 일어나는' 과정이므로 곱의 법칙을 적용할 수 있다.

다음은, 줄을 세우는 것이 아니라 순서 없이 그냥 선택만 하는 경우를 알아보자. 지금 우리가 알고 있는 것은 순서대로 세우는 경우의 수뿐이므로, 일단 한 가지 순서를 택해 뽑은 다음 다른 순서를 택할 수 있는 경우까지 감안하여 계산하면 될 것이다.

4명 중에서 2명을 순서에 상관없이 뽑는 경우를 살펴보자. 우리가 아는 방법, 즉 순서대로 2명을 뽑는 경우의 수를 구하면 $4 \times 3 = 12$가지가 생긴다. 4명을 각각 A, B, C, D라고 할 때, 2명을 순서대로 뽑는 모든 경우는 아래 그림의 왼쪽 수형도와 같다.

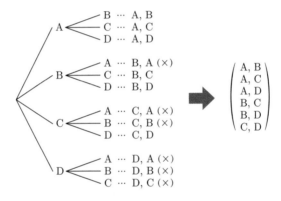

여기서 순서를 무시하면 어떤 변화가 생길까? 예컨대 (A, B)와 (B, A)는 같은 결과에서 순서만 바뀌었으므로 순서 없이 선택할 때는 동일한 1개로 셀 수 있다. 이렇게 중복되면서 순서만 바뀐 것들을 제거하면, 최종 결과는 그림의 오른쪽에서 보듯이 6가지가 된다. 제거된 것들은 모두 (A, B)와 (B, A)처럼 하나의 결과가 두 번 계산된 경우들이며, 원래의 12가지 경우에서 나누기 2를 하여 6이 된 것이다.

5명 중에서 3명을 선택하는 경우는 어떨까? 3명을 순서대로 뽑는 경우의 수는 $5 \times 4 \times 3 = 60$가지다. 이제 순서에 대한 보정을 해 보자. 60가지 경우 안에는 뽑힌 3명이 순서를 바꾼 6가지 경우($3 \times 2 \times 1 = 6$)가 모두 포함되어 있다. 그러므로 사실상 동일한 하나의 결과에 대해서 6가지 경우의 수가 생기는 셈이다. 중복된 6가지 경우를 하나로 셈하기 위해 전체를 6으로 나누면, 최종 결과는 다음과 같다.

$$\frac{5 \times 4 \times 3}{3 \times 2 \times 1} = \frac{60}{6} = 10\,(\text{가지})$$

이 결과를 일반화하면, n개 중에서 순서 없이 k개를 선택하는 경우의 수를 다음과 같이 계산할 수 있다.

$$\frac{n\text{개 중 } k\text{개를 순서대로 뽑는 경우의 수}}{\text{뽑은 } k\text{개를 줄 세우는 경우의 수}}$$

연습문제

1. 다음 경우의 수를 구하여라.

(1) 앞면과 뒷면이 있는 동전을 다섯 번 연달아 던졌을 때 나올 수 있는 경우의 수

(2) 0~9까지의 숫자 카드 중에서 3장을 골라 세 자리 정수를 만드는 경우의 수

(3) 6명이 줄을 서면서 한 가족인 3명을 함께 서도록 하는 경우의 수

(4) 동호회원 9명 중에서 회장, 총무, 회계 1명을 각각 선출하는 경우의 수

(5) 동호회원 9명 중에서 운영진 3명을 담당업무 구분 없이 선출하는 경우의 수

(6) 롤플레잉 게임에서 전사 2명, 마법사 2명, 궁수 1명으로 이루어진 파티가 한 줄로 길을 갈 때, 맨 앞과 맨 뒤에 전사를 배치하는 경우의 수

2. 윷놀이는 앞과 뒤가 있는 윷가락 4개를 던지는데, 뒤집어진 윷가락의 개수에 따라 도(1), 개(2), 걸(3), 윷(4), 모(0)의 5가지 결과가 생긴다. 윷가락을 한 번 던질 때, 다음 경우의 수를 구하여라.

(1) 나올 수 있는 모든 경우의 수

(2) 개가 나오는 경우의 수

(3) 걸이 나오는 경우의 수

(4) 윷 또는 모가 나오는 경우의 수

5.2 확률

지금까지 공부한 '경우의 수'를 바탕으로 해서, 특정한 사건이 일어날 가능성을 숫자로 표시하는 방법에 대해 알아보자.

어떤 시행의 결과로 특정한 사건 E가 일어날 경우의 수가 n가지이고, 그 시행에서 일어날 수 있는 모든 경우의 수가 a라고 하면, 다음과 같은 두 경우의 수의 비율을 생각할 수 있다.

$$\frac{\text{사건 } E \text{가 일어날 경우의 수}}{\text{모든 경우의 수}} = \frac{n}{a}$$

이 값은 가능한 모든 경우 중에 사건 E가 일어날 경우의 비율이므로 결국 사건 E가 일어날 '가능성'을 나타낸다. 또한 이 분수 꼴에서 분자가 분모보다 커질 수는 없으므로 비의 값은 0부터 1 사이가 된다. 이때 사건 E가 일어날 가능성은 비율의 값이 0에 가까울수록 희박해지고, 1에 가까울수록 커질 것이다. 이처럼 어떤 사건이 일어날 가능성을 0~1 사이의 숫자로 나타낸 것을 **확률**이라고 한다.

확률이 0인 사건은 결코 일어나지 않고, 확률이 1인 사건은 반드시 일어난다는 것도 확률의 정의로부터 알 수 있다. 또한 확률은 비율의 일종이므로 0%~100% 사이의 백분율로 나타내기도 한다. 확률을 나타내는 문자로는 보통 p를 사용한다.[3]

예제 5-2 다음 확률을 구하여라.
(1) 동전 3개를 던져서 모두 앞면이 나올 확률
(2) 주사위를 두 번 연달아 던질 때 모두 소수가 나올 확률
(3) 1~5까지의 숫자 카드 중에서 3장을 뽑을 때 1과 2가 들어 있을 확률

풀이
(1) 동전 3개를 던질 때 일어날 수 있는 모든 경우의 수는 곱의 법칙을 적용하여 $2 \times 2 \times 2 = 8$가지다. 이 중에서 3개 모두 앞면이 나오는 경우는 (앞, 앞, 앞)의 한 가지뿐이므로 구하는 확률은 $\frac{1}{8}$이다.
(2) 주사위의 눈 중에서 소수는 2, 3, 5이다. 연달아 던질 때는 곱의 법칙이

---

3 확률을 뜻하는 영단어 probability에서 유래했다.

적용되어, 둘 다 소수가 나오는 경우의 수는 $3 \times 3 = 9$가지다. 모든 경우의 수는 $6 \times 6 = 36$가지이므로 구하는 확률은 $\frac{9}{36} = \frac{1}{4}$이다.

(3) 카드 5장 중에서 3장을 뽑는 모든 경우의 수는 앞 절에서 보았던 대로 10가지다. 그리고 3장 중에 숫자 1과 2가 들어 있다면, 나머지 숫자는 3, 4, 5 중 하나여야 한다. 그러므로 구하는 확률은 $\frac{3}{10}$이다.

만약 어떤 사건이 일어나지 않을 확률을 구하려면 어떻게 해야 할까? 경우의 수를 써서 계산해 보자. 모든 경우의 수를 a, 사건 E가 일어나는 경우의 수를 n이라 하면, 사건 E가 일어나지 않는 경우의 수는 $a - n$이다. 사건 E가 일어날 확률을 p라고 할 때, 사건 E가 일어나지 않을 확률은 다음과 같다.

$$\frac{a - n}{a} = 1 - \frac{n}{a} = 1 - p$$

이처럼 어떤 사건이 일어나지 않는 사건을, 그 사건의 **여사건**[4]이라고 한다. 위의 수식을 해석하면 전체 확률 1에서 특정 사건이 일어날 확률 p를 뺀 것에 해당하므로 여사건에 대한 우리의 직관과도 일치한다. 또한 어떤 사건과 그 여사건의 확률을 더하면 1이 되는 것 역시 자명하다.

여사건의 확률을 구하는 문제는 약간씩 다른 표현으로 제시되기도 한다.

예제 5-3 다음 확률을 구하여라.

(1) 동전 3개를 던져서 한 번도 앞면이 나오지 않을 확률

(2) 동전 3개를 던져서 적어도 한 번은 앞면이 나올 확률

(3) 5명을 줄 세울 때, 이 중 연인인 두 명이 따로 떨어져 있을 확률

풀이

(1) 이것은 세 번 모두 뒷면이 나온다는 말과 같다. 따라서 확률은 $\frac{1}{8}$이다.

(2) '앞면'에 초점을 두고 앞면이 한 번, 두 번, 세 번 나오는 경우의 수를 모

---

4 여집합과 마찬가지로 '남을 여(餘)'자를 쓴다.

두 더해도 되겠지만, 여사건으로 뒤집어서 생각하면 더 간단히 구할 수 있다.

(적어도 한 번은 나올 확률) = 1 − (한 번도 나오지 않을 확률)

한 번도 앞면이 나오지 않을 확률은 (1)번 문제에서 $\frac{1}{8}$로 계산했으므로, 구하는 답은 $\left(1 - \frac{1}{8}\right) = \frac{7}{8}$이다. 문제의 내용에서도 바로 알 수 있지만, (1)번과 (2)번 문제는 정반대의 사건, 즉 여사건을 다루고 있다.

(3) 이 문제 역시 따로 떨어진 경우들을 조사하기보다는 다음과 같이 뒤집어서 풀면 간단하다.

(두 명이 떨어져 있을 확률) = 1 − (두 명이 함께 있을 확률)

5명을 줄 세우는 모든 경우의 수는 $5 \times 4 \times 3 \times 2 \times 1 = 120$이고, 그중 두 명을 함께 묶어서 세우는 경우의 수는 본문의 예제에서 본 것처럼 48가지이므로, 구하는 확률은 $\left(1 - \frac{48}{120}\right) = \frac{72}{120} = \frac{3}{5}$이다.

앞 절에서는 '하나로 묶여 일어나는가' 여부에 따라 경우의 수들을 곱하거나 더하였는데, 확률의 계산에도 같은 원리가 적용된다.

여러 사건이 일어나더라도 하나로 묶이지 않는다면, 경우의 수를 더한 것처럼 각 사건의 확률을 더하여 최종 확률을 구한다. 예를 들어 주사위를 던져서 짝수 또는 홀수가 나올 확률을 구해 보자.

	경우의 수	모든 경우의 수	확률
짝수가 나오는 사건 A	3	6	$\frac{1}{2}$
홀수가 나오는 사건 B	3	6	$\frac{1}{2}$
A 또는 B가 일어나는 사건	$3 + 3 = 6$	6	$\frac{1}{2} + \frac{1}{2} = 1\left(= \frac{6}{6}\right)$

여러 사건이 하나로 묶여 일어난다면 각 사건의 확률을 곱하여 최종 확률을 구한다. 이번에는 주사위 두 개를 던져서 두 번 모두 짝수가 나올 확률을 구해 보자.

	경우의 수	모든 경우의 수	확률
첫 번째 짝수가 나오는 사건 A	3	6	$\dfrac{1}{2}$
두 번째 짝수가 나오는 사건 B	3	6	$\dfrac{1}{2}$
A와 B가 함께 일어나는 사건	$3 \times 3 = 9$	$6 \times 6 = 36$	$\dfrac{1}{2} \times \dfrac{1}{2} = \dfrac{1}{4} \left(= \dfrac{9}{36} \right)$

확률의 곱셈과 여사건의 확률을 함께 응용하면, 조금 복잡해 보이는 문제도 쉽게 풀 수 있다.

예제 5-4 서로 다른 복권을 두 장 샀는데, 꽝이 나올 확률은 A복권이 90%, B복권이 85%라고 한다. 이때 다음 확률을 퍼센트 단위로 구하여라.

(1) 둘 다 꽝이 될 확률

(2) A는 당첨되고 B는 꽝일 확률

(3) 적어도 한 장은 당첨될 확률

(4) 모두 당첨될 확률

풀이

두 복권이 당첨되거나 꽝이 되는 사건은 하나로 묶여 일어나므로 확률의 곱셈이 적용된다. 또, 복권이 당첨되는 사건은 꽝이 되는 사건의 여사건임을 이용한다.

(1) $0.9 \times 0.85 = 0.765$, 답은 76.5%이다.

(2) A가 당첨될 확률은 $(1 - 0.9) = 0.1$이므로 답은 $0.1 \times 0.85 = 0.085$, 즉 8.5%이다.

(3) 여사건으로 말하면, (적어도 한 종류 당첨될 확률) $= 1 -$ (둘 다 꽝일 확률)이므로 구하는 답은 $(1 - 0.765) = 0.235$, 즉 23.5%이다.

(4) $(1 - 0.9) \times (1 - 0.85) = 0.015$이므로 답은 1.5%이다.

확률의 곱셈은 주머니에서 연속하여 공을 뽑는 것 같은 상황에도 적용되지만, 이때는 한번 뽑은 것을 다시 되돌리느냐 마느냐에 따라 계산이 달라진다. 예를 들어 주

머니 속에 주황색 탁구공이 6개, 하얀색 탁구공이 4개 있다고 하자. 공을 연달아 두 번 뽑았을 때 둘 다 주황색일 확률은 얼마나 될까?

먼저, 뽑은 공을 다시 주머니에 넣을 때를 계산해 보자.[5] 첫 번째 공이 주황색일 확률은 $\frac{6}{10}$인데, 뽑은 공을 다시 넣었으니 두 번째가 주황색일 확률 역시 $\frac{6}{10}$이다. 그러므로 둘 다 주황색일 확률은 다음과 같다.

$$\frac{6}{10} \times \frac{6}{10} = \frac{36}{100} = 36 \, (\%)$$

이번에는 뽑은 공을 다시 되돌려 놓지 않고 계속 뽑는 경우를 계산해 보자.[6] 첫 번째 공이 주황색일 확률은 변함없이 $\frac{6}{10}$이다. 하지만 뽑은 공을 되돌려 놓지 않았으므로 첫 번째 공을 뽑은 직후 전체 공은 9개, 그중 주황색 공은 5개로 줄어 있는 상황이다. 그러므로 두 번째가 주황색일 확률은 $\frac{5}{9}$이며, 결과적으로 두 개 모두 주황색일 확률은 다음과 같다.

$$\frac{6}{10} \times \frac{5}{9} = \frac{30}{90} = 33.\dot{3} \, (\%)$$

연습문제

1. 다음 확률을 계산하여라.
   (1) 앞면과 뒷면이 있는 동전을 다섯 번 던져서 세 번 이상 앞면이 나올 확률
   (2) 1~5까지의 숫자 카드 중에서 두 장을 골라 두 자리 정수를 만들었을 때 짝수일 확률
   (3) 나를 포함한 9명의 동호회원 중에서 운영진 3명을 무작위로 선출할 때, 내가 거기 포함되지 않을 확률
   (4) 매주 추첨하고 꽝일 확률이 85%인 복권을, 3주 연속으로 한 장씩 사서 모두 꽝이었을 때, 이번 주에 한 장 산 것이 꽝이 아닐 확률
   (5) 소금맛, 선인장맛, 브랜디맛 초콜릿이 각각 3개씩 들어 있는 주머니에서 초콜릿 2개를 차례로 꺼낼 때, 첫 번째가 소금맛이고 두 번째가 브랜디맛일 확률(단, 꺼낸 초콜릿은 다시 넣지 않음)

---

5   원래대로 돌려놓는다는 뜻으로 복원(復元) 추출이라고 한다.
6   복원하지 않는다는 뜻으로 비복원(非復元) 추출이라고 한다.

2. 윷놀이에서 윷가락을 한 번 던지려고 한다. 도, 개, 걸, 윷, 모가 나올 확률을 각 각 계산하고, 그 합이 1임을 확인하여라.

3. 어떤 게임에서 아이템을 강화하여 성공할 확률이 다음 표와 같고, 6번째와 7번 째는 강화 실패 시 아이템이 파괴된다고 한다. 아이템 하나를 강화할 때 다음 확률을 구하여라. 단, 강화에 실패하거나 아이템이 파괴되면 중단한다. (계산기 나 스프레드시트를 사용해도 좋음)

(1) 4번째까지 강화가 성공하고 5번째에 실패할 확률

(2) 5번째까지 강화가 성공할 확률

(3) 강화하다 아이템이 파괴될 확률

(4) 7번째까지 강화가 성공할 확률

강화 회차	1번	2번	3번	4번	5번	6번 (*실패 시 파괴)	7번 (*실패 시 파괴)
성공 확률	80%	70%	60%	50%	40%	30%	20%

5.3 통계

집단으로서의 어떤 대상에 대해, 수치적으로 관찰하고 분석하는 방법을 **통계**라고 한다. 통계는 우리가 일상생활에서 자주 접하여 이미 익숙해져 있는 개념이기도 하 다. 인구조사, 선거 결과 예측, 마케팅 계획 수립 등 현대사회의 많은 곳에서 통계 가 사용되고 있다. 예를 들어 출구 조사를 통해 선거 결과를 예측한다고 하자. 조사 데이터가 수집되면, 여러 통계적 기법을 동원하여 수집된 데이터의 주요한 특징들 을 분석한다. 그런 다음에는 그 분석 결과를 가지고 어떤 후보가 당선될지를 확률 적으로 판단할 수 있게 되는 식이다.

이 절에서는 통계 중에서도 가장 기초적인 개념과 용어를 몇 가지 살펴본다. 첫 번째로 알아볼 것은 자료를 나타내는 방법이다. 자료의 양이 얼마 되지 않는다면 모르겠지만, 대개의 경우에는 수집된 자료를 그대로 두고 분석하기가 쉽지 않다. 자료가 전체적으로 어떤 모양으로 분포되어 있는지 가늠하려면 유사한 값들끼리 묶어주어야 한다. 이때 모든 자료를 정해진 구간으로 나누고, 각 구간별로 속한 자 료가 몇 개인지만 나타낸다면 모양을 한눈에 파악하기가 쉬울 것이다.

예를 들어 20명이 한 달간 스포츠센터를 이용한 횟수를 조사했더니 다음과 같았다고 하자.

11, 3, 10, 8, 4, 2, 9, 4, 5, 7, 3, 3, 11, 8, 2, 0, 5, 1, 2, 4

이제 이 자료를 적당한 구간으로 나눠 보자. 자료의 범위가 0부터 11 사이에 있으므로, 다음과 같이 4개 정도의 구간으로 나눌 수 있을 것이다. 이때 구간의 간격은 모두 동일하도록 나누었다.

구간	0~2회	3~5회	6~8회	9~11회
자료의 개수(도수)	5	8	3	4

이렇게 구간별로 묶어놓고 보면, 3~5회 구간에 가장 많은 자료가 모여 있는 것을 알 수 있다. 여기서 각 구간에 속한 자료의 개수는 **도수**라고도 하며, 이런 모양의 표를 **도수분포표**라고 부른다.

구간의 수가 더 많아져서 도수분포표를 만들어도 전체 자료의 모양을 파악하기가 어려울 경우에는, 각 구간과 도수를 그래프 형태로 그리는 것이 도움이 된다. 다음 그림에 앞의 도수분포표를 그래프로 나타내었다.

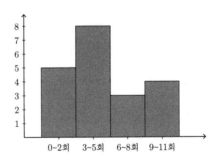

가로축은 각 구간에, 세로축은 구간의 도수에 해당하고, 또한 각 구간들은 빈틈 없이 옆의 구간과 붙여져 있다. 이런 모양으로 전체 자료의 분포를 나타낸 것을 **히스토그램**이라고 부른다.

위의 예는 자료도 적고 구간의 수도 얼마 되지 않아서 그리 쓸모 있어 보이지 않지만, 구간의 수가 많을 때는 히스토그램이 상당히 유용하다. 다음 그림은 디지털 카메라 등에서 흔히 볼 수 있는 히스토그램의 한 예로, 촬영한 사진 이미지의 밝기

분포를 보여 준다. 각 구간이 나타내는 밝기는 왼쪽 끝이 가장 어둡고 오른쪽으로 갈수록 밝은데, 이 히스토그램의 경우 오른쪽으로 자료가 치우쳐 있으므로 대체로 밝은 사진이라는 것을 알 수 있다.

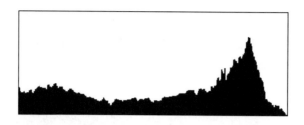

지금까지 소개한 표나 그래프 형태 외에 숫자를 통해서도 자료의 전체적인 모양을 나타낼 수 있다. 그런 숫자 중 가장 기본적인 것은 다음 두 가지다.

- 자료 전체를 대표하는 숫자
- 자료가 얼마나 흩어져 있는지를 나타내는 숫자

자료 전체를 대표하는 숫자는 **대푯값**이라고 한다. 대푯값 중에서 가장 널리 알려진 것은 **평균**인데, 자료값을 전부 더해서 자료 개수로 나눈 수치다. 앞서 들었던 스포츠센터 예를 가지고 평균을 구하면 다음과 같다.

$$11 + 3 + 10 + 8 + 4 + \cdots + 1 + 2 + 4 = 102$$
$$102 \div 20 = 5.1$$

대푯값에는 평균만 있는 것이 아니다. 자료를 순서대로 정렬했을 때 한가운데에 위치하는 자료의 값을 대푯값으로 취할 수도 있는데, 이것을 **중앙값**(median)이라고 한다. 예를 들어 1, 1, 2, 4, 5라는 자료의 중앙값은 2가 된다.

  자료의 개수가 짝수일 때는 한가운데에 위치하는 자료가 없으므로, 그 앞뒤에 위치한 두 자료의 값을 평균 내어 중앙값으로 정한다. 위의 스포츠센터 자료에서 중앙값을 구해 보자. 자료를 순서대로 정렬하면 다음과 같다.

  0, 1, 2, 2, 2, 3, 3, 3, 4, 4, 4, 5, 5, 7, 8, 8, 9, 10, 11, 11

자료가 모두 20개로 짝수이고, 가운데에 해당하는 10번째와 11번째 자료가 모두 4이므로 그 평균인 4가 중앙값이 된다.

이와 같은 중앙값은 자료에 극단적인 값들이 들어 있어서 평균만으로는 전체 모습이 왜곡될 경우에 대푯값으로 적절하다. 예를 들어 다음 자료를 보자.

　1, 3, 4, 6, 33

33이라는 극단적인 값 때문에 평균은 $\frac{47}{5} = 9.4$이지만 중앙값은 4이므로, 중앙값 쪽이 대푯값으로 좀 더 적절함을 알 수 있다.

전체 자료를 대표하는 대푯값 다음으로 '자료가 흩어진 정도'를 나타내는 수치에 대해 알아보자. 예를 들어 다음과 같은 두 가지 자료가 있다고 하자.

- A자료: 8, 11, 12, 14, 17, 19, 19, 20(총 8건)
- B자료: 3, 7, 9, 12, 15, 22, 37(총 7건)

각각의 평균을 내어 보면 15로 동일하지만, A자료보다는 B자료가 좀 더 넓은 범위로 흩어져 있다. 이렇게 흩어진 정도를 숫자로 나타내려면 어떤 방법이 좋을까? 먼저 생각할 수 있는 것은 각 자료값이 평균으로부터 떨어진 정도를 재는 것이다. 그러려면 자료값과 평균의 차이를 구하면 되는데, 이 차이를 **편차**라고 부른다. A자료에 대해서 편차, 즉 (자료값 − 평균)을 계산해 보면 다음과 같은 결과를 얻는다.

A자료값	8	11	12	14	17	19	19	20	합계
편차	−7	−4	−3	−1	2	4	4	5	0

평균과 각 자료값의 차이를 수치화한 것까지는 좋았지만, 차이값인 편차를 모두 더하니 0이 되었다. 왜 이런 결과가 나온 것일까?

이해를 돕기 위해 네 자료값 a, b, c, d가 있다 하고 그 평균을 m이라고 하자. 그러면 $m = \frac{a+b+c+d}{4}$이다. 이제 편차를 계산한 다음 모두 더해 보자.

$$
\begin{aligned}
(a-m) + (b-m) + (c-m) + (d-m) &= (a+b+c+d) - 4m \\
&= (a+b+c+d) - 4 \cdot \frac{a+b+c+d}{4} \\
&= (a+b+c+d) - (a+b+c+d) \\
&= 0
\end{aligned}
$$

자료의 개수가 행여 달라지더라도 상쇄되는 부분은 동일하므로, 편차를 합한 결과는 변함없이 0일 것임을 알 수 있다. 이처럼, 개개의 편차 자체는 의미 있는 값이지만 전체로 보면 합이 0이 되어 자료가 흩어진 척도로 쓰기에는 부적합하다.

이것을 해결하기 위한 한 가지 방법은, 편차를 그대로 쓰지 않고 제곱하는 것이다. 음수든 양수든 제곱하면 부호에 관계없이 양수가 되므로, 더한다고 해도 0으로 상쇄될 걱정은 없다. 이제 A자료와 B자료 각각에 대해 편차의 제곱을 구한 다음, 자료의 개수가 같지 않음을 감안하여 단순 합계보다는 평균으로 비교해 보자.

A자료값	8	11	12	14	17	19	19	20	합계	(편차)^{2}의 평균
편차	−7	−4	−3	−1	2	4	4	5	0	
(편차)^2	49	16	9	1	4	16	16	25	136	$\dfrac{136}{8} = 17$

B자료값	3	7	9	12	15	22	37	합계	(편차)^{2}의 평균
편차	−12	−8	−6	−3	0	7	22	0	
(편차)^2	144	64	36	9	0	49	484	786	$\dfrac{786}{7} \approx 112.3$

편차의 제곱으로 비교해 보면, B자료 쪽이 평균으로부터 더 흩어져 있음을 명확히 알 수 있다. 위에서 계산한 것처럼 (편차)^{2}을 구해서 평균한 값을 **분산**이라고 하며, 자료가 흩어져 있는 정도를 나타내는 척도로 사용된다.

$$분산 = (편차)^2의 \; 평균$$

하지만 분산에는 곤란한 점이 있다. 원래 자료의 값과 단위가 다른 것이다. 예컨대 원 자료가 cm 단위로 길이를 측정한 값이라면, 분산은 편차의 제곱을 평균했으므로 넓이를 나타내는 cm^2 단위가 되어 버린다. 이런 이유 때문에 분산은 단위를 붙이지 않고 숫자로만 사용한다. 또한 분산은 대체로 값이 커지는 경향이 있는데, 이 역시 제곱한 것에 원인이 있다.

이런 문제들은 분산에 다시 제곱근을 씌우면 해소가 된다. 제곱근을 취할 경우 단위도 원래 자료와 동일하게 되돌아가고, 값도 그리 커지지 않는다. 이것을 **표준편차**라고 하며, 분산보다 편리하기 때문에 더 많이 사용한다.

$$표준편차 = \sqrt{분산}$$

앞 A자료와 B자료의 표준편차를 계산해 보면 각각 $\sqrt{17} \approx 4.1$ 및 $\sqrt{\frac{786}{7}} \approx 10.6$으로, B자료의 흩어진 정도가 더 크다.

요약하면, 자료의 전체적인 모양을 파악하는 데 다음 두 종류의 숫자가 도움이 된다.

- 대푯값: 자료 전체를 대표하는 수치(평균, 중앙값 등)
- 분산 또는 표준편차: 자료가 얼마나 흩어져 있는지를 나타내는 수치

자료값의 단위나 분포의 정도는 자료의 종류마다 제각각일 것이므로, 여러 종류의 자료를 같이 놓고 비교할 때는 원래 값을 약간 가공하는 것이 편리하다. 이때는 보통 다음과 같이 각 자료값에서 평균을 뺀 다음 해당 자료의 표준편차로 나누는데, 이것을 **표준화**라고 부른다.

$$표준화된\ 자료값 = \frac{원래\ 자료값 - 평균}{표준편차}$$

이렇게 했을 때 우선 평균보다 큰 자료는 양의 부호를, 평균보다 작은 자료는 음의 부호를 가지게 되어, 개별 값들을 구분하기가 좀 더 쉬워진다. 또한 표준편차로 그 값을 다시 나누기 때문에, 자료 간 분포도의 차이를 감안한 상호 비교가 가능해지는 면도 있다.

앞서 나왔던 A, B 두 가지 자료에 대해 이와 같은 표준화를 적용해 보자. 둘 다 평균은 15로 같고, 표준편차는 A가 4.1, B가 10.6이다. 따라서 예를 들어 A자료 중 8이란 값은 $\frac{8-15}{4.1} \approx -1.71$, B자료 중 3이란 값은 $\frac{3-15}{10.6} \approx -1.13$이라는 새 값으로 바뀐다. 다음 표에서 이와 같은 표준화의 성질을 확인할 수 있다.

A자료 원래 값	8	11	12	14	17	19	19	20
표준화된 값	-1.7	-0.97	-0.73	-0.24	0.49	0.97	0.97	1.21

B자료 원래 값	3	7	9	12	15	22	37
표준화된 값	-1.13	-0.75	-0.57	-0.28	0	0.66	2.08

통계로 답을 찾는 몬테카를로 방법

수학이나 물리 등의 분야에서 답을 찾기 어려운 문제를 만났을 때는, 반복 계산에 능한 컴퓨터를 동원해서 확률·통계적인 방법으로 적절한 추정값을 얻기도 한다. 카지노로 유명한 모나코의 지명을 딴 몬테카를로 방법(Monte Carlo method)이 그중 하나인데, 이 방법은 난수(random number)에 의한 반복 시뮬레이션에 바탕을 둔다.

예를 들어 몬테카를로 방법으로 무리수 $\sqrt{3}$의 값을 구해 보자. 일단 다음 그림처럼 0~3 사이의 한 점을 무작위로 택해서 x라 둔다. 그러면 이때 x가 $\sqrt{3}$보다 작을 확률은 얼마일까? 전체 범위의 크기가 3이므로, 구하는 확률은 $\frac{\sqrt{3}}{3}$이 될 것이다.

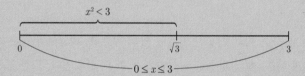

지금은 $\sqrt{3}$의 값을 모르는 상태이기 때문에 x가 $\sqrt{3}$보다 작은지 판단할 수는 없지만, 그 대신 $x < \sqrt{3}$의 양변을 제곱하면 $x^2 < 3$이 된다는 것을 이용할 수 있다. 즉, 난수 x를 제곱해서 3보다 작은지 살펴보는 것이다.

이제 이런 테스트를 N번 반복한다고 하자. N번의 시행 중에 난수 x의 제곱이 3보다 작은(즉, x가 $\sqrt{3}$보다 작은) 경우가 k번 있었다면, 확률적으로 다음이 성립해야 한다.

$$\frac{k}{N} \approx \frac{\sqrt{3}}{3}$$

따라서 $\sqrt{3}$의 대략적인 값은 다음과 같다.

$$\sqrt{3} \approx \frac{3k}{N}$$

이때 만약 $\sqrt{3}$이 아니라 예를 들어 $\sqrt{5}$의 근삿값을 구한다면, 우변에 3 대신 5를 곱하면 될 것이다. 이런 방법으로 $\sqrt{R}$의 값을 추정하는 실제 파이썬 코드를 아래에 실었으니 참고하여 보자.

```
import random
N = 100000 # 반복할 횟수
R = 3       # sqrt값을 구할 숫자
k = 0
for i in range(N):
    x = random.uniform(0, R)
    if x*x < R: k += 1
print(k*R/N)
```

연습문제

1. 다음 각 자료에 대해 평균과 중앙값을 구하여라(소수점 아래 두 자리까지).

   (1) 어떤 부서원들의 몸무게: 52, 58, 62, 77, 78, 93

   (2) 어떤 프로그램의 수행 시간: 3.1, 3.5, 3.7, 4.4, 7.0

   (3) 어떤 상품의 오픈마켓 내 판매 가격: 2900, 3300, 3500, 4100, 4400, 4500

2. 문제 1의 각 자료에 대해 분산과 표준편차를 구하여라(소수점 아래 두 자리까지).

3. 문제 1의 각 자료에 대해 $\dfrac{\text{자료값} - \text{평균}}{\text{표준편차}}$를 구함으로써 표준화하여라(소수점 아래 두 자리까지).

6장

도형의 기초

우리가 실세계에서 마주치는 많은 대상은 구체적인 형태를 가지고 있으며, 그 모양이나 위치, 길이, 넓이 등을 재는 것은 중요한 문제로 여겨진다. 수학에서 기하학[1]이라고 부르는 이 분야는, 이러한 실제적 필요 때문에 오래전부터 관심의 대상이 되어 왔다.

기하학적 개체는 흔히 공간 내에서 개별적으로 이동 가능한 방향이 몇 개나 되는지로 구분하는데, 이것을 **차원**이라고 부른다. 가장 적은 수의 차원을 가진 개체는 '점'일 것이다. 점은 공간 내의 위치만 나타낼 뿐 다른 크기를 가지지 않으며, 딱히 방향을 부여할 수 없으므로 0차원으로 간주한다.

점이 한 방향으로 움직인 자취는 1차원 개체인 '선'이 되고, 선이 움직인 자취는 '면'을 이룬다. 축이 두 개, 즉 개별적으로 이동 가능한 방향이 두 개인 좌표평면에 나타낸 모든 도형은 이런 2차원 개체이며, 이를 **평면도형**이라고 한다. 여기에 방향이 하나 더 늘어나면 부피를 가진 '입체'가 되는데, 이것은 3차원 개체로 **공간도형**이라고 부른다.

도형과 컴퓨터 분야 사이에는 어떤 접점이 있을까? 이런 질문에는 흔히 3D 컴퓨터 게임 같은 곳에 활용되는 그래픽스 이론 정도를 먼저 떠올릴 것이다. 그러나 기하학은 GUI가 포함된 곳이라면 어디든지 그 바탕에 자리잡고 있으므로, 데스크톱이나 모바일용의 각종 OS, 다양한 웹 브라우저, 업무의 필수품인 오피스 프로그램 등 수많은 곳에서 우리 일상과 관련되어 있다.

---

1 라틴어 geometria를 중국어 幾何(지허)로 음차한 데서 유래된 용어다.

이 장에서는 기하학의 기초에 해당하는 기본 평면도형들의 성질과 거기서 비롯되는 몇 가지 중요한 수학적 개념을 알아본다. 공간도형의 경우에는 성질을 이해하기 위한 사전 지식이 조금 더 필요하므로 II부에서 다룬다.

6.1 선과 각

서두에서 이야기한 것처럼, '선'이란 점이 움직인 자취로 생각할 수 있다. 점 자체가 크기나 길이 따위를 가지지 않는 0차원의 추상적 개체이므로 선 역시 점이 움직인 거리에 해당하는 '길이'만 있을 뿐 두께나 부피를 가지지 않는다.

선은 곧게 뻗은 선과 굽어진 선으로 나뉜다. 앞서 함수를 다룬 장에서 여러 가지 모양의 그래프를 보았던 것을 기억할 것이다. 일차함수의 그래프는 직선으로, 이차함수나 반비례함수, 무리함수 등은 곡선으로 나타났다. 직선은 일차식으로 간단히 표현할 수 있지만, 곡선은 포물선이나 쌍곡선 외에도 종류가 많으며 수식으로 나타내기도 더 복잡하다. 이 절에서는 기초 단원에 적합한 직선의 성질에 대해 알아보자.

6.1.1 선과 각의 기본 개념

어떤 두 점을 지나면서 양 끝으로 무한히 곧게 뻗어가는 선을 **직선**이라 한다. 직선은 대개 l, m 같은 문자로 나타낸다. 두 점을 지나는 곧은 선이면서 한쪽으로만 뻗어가는 경우에는 **반직선**이라고 부른다. 반직선은 시작점과 방향이 있으며 기호로 $\overrightarrow{AB}$처럼 쓴다. 여기서 화살표 없는 쪽의 A가 반직선의 시작점이고, 화살표 있는 쪽의 B가 뻗어가는 방향에 있는 점이다.

두 점을 지나는 곧은 선이지만 두 점 사이를 잇기만 한다면 **선분**이라고 부른다. 선분은 $\overline{AB}$로 나타내며 방향성은 없고 길이만 있다. 선분에서 길이를 이등분하는 점을 그 선분의 **중점**이라고 한다.

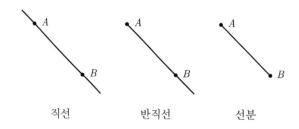

직선   반직선   선분

곧은 선 2개가 만났을 때 선 하나가 상대방에 대해 벌어진 정도를 **각**이라고 하며, 기호 ∠로 쓴다. 일상에서 각의 단위는 도(度, degree)를 주로 사용하고, 기호는 °이다. 각의 크기는 0°에서 시작하여 한 바퀴 완전히 돌았을 때를 360°로 두며,[2] 벌어진 정도에 따라 몇 가지 종류로 구분한다.

• 평각: 각을 이루는 두 직선이 완전히 반대 방향인 경우(180°)
• 직각: 평각의 절반 크기(90°)
• 예각: 직각보다 작은 각
• 둔각: 직각보다 크고 평각보다 작은 각

두 직선이 만날 때는 한쪽만 각이 생기는 것이 아니라 정반대 쪽에도 생기는데, 이런 한 쌍의 각을 **맞꼭지각**이라고 한다. 다음 그림은 두 직선이 만나 맞꼭지각 ∠a와 ∠c가 생긴 상황이다(물론 ∠b와 그 맞은편의 각도 맞꼭지각이다). 언뜻 보기에 두 각은 크기가 같은 듯한데, 실제로도 그런지 간단한 논리를 동원하여 입증해 보자.

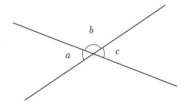

① 우선, 직선은 평각이므로 ∠a + ∠b = 180°임이 명백하다.
② 같은 이유로 ∠b + ∠c = 180°이다.
③ 위 ①과 ②의 값은 같으므로 ∠a + ∠b = ∠b + ∠c이다.
④ 따라서 ∠a = ∠c이다.

이와 같이 기존에 알고 있던 (입증된) 사실을 가지고 논리적인 추론을 거쳐 새로운 사실을 입증하는 것을 **증명**이라고 한다. 증명에 대해서는 II부에서 좀 더 깊이 다루겠지만, 위에 나온 수준의 증명은 이 장에서도 종종 접할 것이다.

두 직선이 만났는데 맞꼭지각이 90°라면 어떤 상황일까? 위의 그림으로 말하자

---

2 60진법의 유산이라 할 수 있다.

면 $\angle a = \angle c = 90°$이고, 그에 따라 $\angle b$ 및 그 맞꼭지각 역시 90°이므로 네 각 모두 직각이 된다. 이런 경우 두 직선은 **직교**[3]한다고 하며, 각 직선은 다른 직선에 대해 **수직**의 위치에 있다고 한다. 직교를 나타내는 기호로는 $\perp$를 쓴다(예: $l \perp m$).

어떤 직선에 수직인 직선을 **수선**이라고 부르며, 직교하는 두 직선은 당연하지만 서로에게 수선이다. 수직인 두 직선이 만나는 점은 따로 이름을 가지고 있기도 하다. 다음 그림처럼 직선 l과 직선 밖의 한 점 P가 있을 때, 점 P를 지나면서 직선 l에 수직인 직선은 하나만 그을 수 있다. 이때 두 직선이 만나는 점 Q를, '점 P에서 직선 l에 내린 **수선의 발**'이라고 부른다.

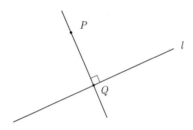

직선이 아니라 선분에 대한 수선도 생각할 수 있다. 어떤 선분에 수직인 직선은 무수히 많겠지만, 그중에서 선분의 중점을 지나는 (따라서 선분을 둘로 나누는) 수선은 단 하나뿐이다. 이것을 그 선분의 **수직이등분선**이라고 한다. 다음 그림은 선분 $\overline{AB}$의 중점 M을 지나는 수직이등분선 l을 보여 주고 있다.

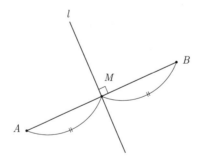

---

3 직각으로(直) 만난다(交)는 뜻이다.

6.1.2 평행선의 성질

직선이 세 개 만나면 맞꼭지각 외에도 다른 관계를 가진 각들이 더 생긴다. 다음의 왼쪽 그림처럼 두 직선 l, m에 다른 한 직선을 그어서 만나게 했을 때, $\angle a$와 $\angle w$ 또는 $\angle b$와 $\angle x$처럼 같은 쪽에 위치한 한 쌍의 각을 **동위각**이라고 한다. 그림에서 동위각은 모두 네 쌍이 생기는 것을 확인할 수 있다.

또, 두 직선의 사이에 놓인 네 개의 각 $\angle c$, $\angle d$, $\angle w$, $\angle x$ 중에서 엇갈린 위치에 있는 $\angle c$와 $\angle x$ 쌍, $\angle d$와 $\angle w$ 쌍을 **엇각**이라고 한다. 두 쌍의 엇각은 오른쪽 그림에서 확인할 수 있다.

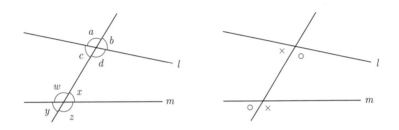

만약 두 직선이 평행하다면 동위각이나 엇각은 어떻게 될까? 이 물음에 답하기 위해서 먼저 평행선의 성질에 대해 조금 더 알아보자. 우리가 도형 단원에서 다루고 있는 기하학은 대체로 고대 그리스의 수학자 유클리드(Euclid)가 집대성한 체계를 따르는데, 이 커다란 체계를 밑에서 떠받치고 있는 것은 증명이 불가능해서 참으로 받아들여야 하는 다섯 개의 기본 명제[4]다. 그 다섯 개 중에는 다음과 같이 평행선에 관련된 명제도 있다.[5]

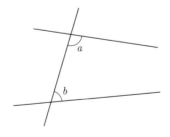

"두 직선이 그림과 같이 다른 한 직선과 만나서 생기는 각 a, b의 합이 180°보다 작을 경우, 이 두 직선을 무한히 연장하면 두 각이 있는 방향에서 서로 만난다."

---

4 이런 명제를 공리(公理) 또는 공준(公準)이라고 하며, 다른 명제로부터는 증명할 수가 없어서 참이라고 가정한다.
5 흔히 '평행선 공리'라고 부른다.

그렇다면 두 직선이 평행한 경우는 어떨까? **평행**이라는 것은 아무리 연장해도 결코 서로 만나지 않는 성질을 일컫는 용어로, // 또는 ∥ 기호를 써서 나타낸다. 평행한 두 직선이 앞의 그림처럼 다른 한 직선과 만나서 생기는 각 a, b에 대해서는, 다음과 같이 논리적인 과정을 거쳐 어떤 결론을 이끌어 낼 수 있다.

① $\angle a + \angle b < 180°$라고 하자. 그렇다면 앞의 명제에 의해 두 직선은 오른쪽 어딘가에서 만나게 되므로 평행선이 아니게 되어 모순이다.

② $\angle a + \angle b > 180°$라고 하자. 그러면 두 각의 반대쪽 각들의 합이 $< 180°$이므로 두 직선은 왼쪽 어딘가에서 만나게 되어 모순이다.

③ 그러므로 **평행선의 경우** $\angle a + \angle b = 180°$이다.

이제 방금 증명된 이 사실을 이용해서, 평행선이 만드는 동위각과 엇각의 크기에 대해 알아보자. 평행한 두 직선 l, m이 다른 한 직선과 만나서 아래와 같은 각들을 만들고 있다. 여기서 $\angle a$와 $\angle d$는 동위각이고, $\angle b$와 $\angle d$는 엇각이다.

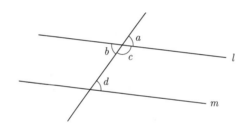

① 우선, 두 직선은 평행하므로 방금 증명된 명제에 의해 $\angle c + \angle d = 180°$이다.

② 그런데 $\angle c + \angle a = 180°$이므로, $\angle a = \angle d$이다(동위각이 같음을 증명).

③ 또한 $\angle a$와 $\angle b$는 맞꼭지각이므로 같다. 따라서 $\angle b = \angle d$이다(엇각이 같음을 증명).

그림에 표시되지 않은 다른 각에 대해서도 똑같은 방식으로 증명할 수 있다. 이렇게 하여 다음과 같은 평행선의 기본적인 성질이 증명되었다.

"평행선에서 동위각과 엇각의 크기는 각각 같다."

예제 6-1 다음 그림에서 두 직선 l, m이 평행할 때 $\angle x$의 크기를 구하여라.

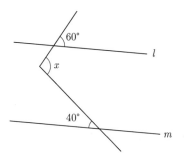

풀이

도형 관련 문제는 보조선을 적절한 곳에 잘 그으면 바로 풀리는 경우가 많은데, 이 문제도 마찬가지다. 다음과 같이 l과 m에 평행하면서 $\angle x$를 관통하는 또 하나의 직선을 긋자.

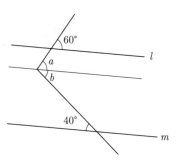

그러면 평행선의 성질에 의해 $\angle a = 60°$이고(동위각), $\angle b = 40°$가 된다 (엇각).

여기서 $\angle x = \angle a + \angle b$이므로, $\angle x = 100°$이다.

프로그래밍과 수학

벡터 그래픽스 vs. 래스터 그래픽스

수학에서는 예컨대 선분 하나를 좌표평면에 나타내려면 시작점과 끝점의 좌표만으로 충분하다. 하지만 같은 선이라도 모니터나 휴대전화의 화면에 출력할 때는 상황이 달라진다. 우리가 일상에서 흔히 쓰는 디스플레이 기기의 화면은 좌표평면처럼 연속적인 것이 아니라 독립된 화소(picture element, pixel) 수백만 개로 이루어진 격자 구조이기 때문이다. 좌표평면이었다면 어디에서 어디까지 선을 그으라고 하는 것으로 끝날 일이, 이런 격자 구조에서는 선이 지나가는 경로에 있는 화소 중 어떤 것을 선택적으로 켤 것인가 하는 계산 문제로 바뀐다. 게다가 화면의 해상도가 달라지면 격자의 조밀한 정도도 변하므로 거기에 맞춰 화소도 다시 계산해야 한다. 이것은 화소를 사용하는 장치라면 피할 수 없는 일이다.

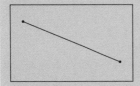 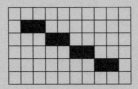 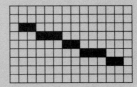

좌표평면에서처럼 시작점과 끝점을 주고 해당 명령을 내리는 것으로 선을 그을 수 있다면, 이 시스템은 벡터 그래픽스(vector graphics)라고 부른다. 벡터란 크기와 방향을 가진 수량을 일컫는 용어로 II부의 12장에서 공부하게 된다. 벡터 그래픽스 시스템에서는 도형을 이루는 점과 점 사이의 경로(path)로 대상을 표현하므로, 화면을 확대하더라도 정보가 손실되지 않아 항상 깔끔한 결과물을 보여 준다. 벡터 그래픽스를 지원하는 이미지 포맷으로는 SVG(Scalable Vector Graphics), EPS(Encapsulated PostScript) 등이 있다.

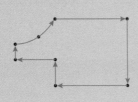 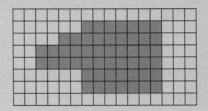

반면, 화소에 기반하여 도형을 그리는 시스템은 래스터 그래픽스(raster graphics)라고 부르는데, 격자를 이루는 개별 화소의 정보를 메모리상에 이진 데이터(bit) 형태로 가지고 있으며, 이것을 비트맵(bitmap)이라고 한다. 이 방법으로 표현된 도형은 예컨대 선분의 경우 (끝점이나 시작점의 좌표가 아니라) 선분 모양을 이루도록 켜질 화소들의 모임이 된다. 이런 화소는 그 개수가 정해져 있으므로, 화면을 확대하면 매끄럽지 못한 결과물을 얻게 된다. 우리가 평소에 접하는 JPEG, PNG, GIF 같은 이미지 포맷은 거의 모두 이런 비트맵 이미지다.

연습문제

1. 다음 중 크기가 같은 각을 모두 골라라. 단, $l \parallel m$이다.

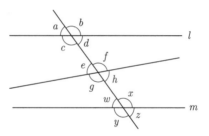

2. 그림에서 $l \parallel m$일 때 각 x의 크기를 구하여라.

(1)

(2)

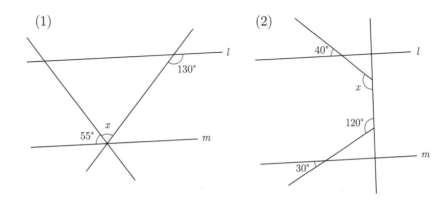

6.2 삼각형 Ⅰ

직선 두 개로는 각을 만드는 것밖에 할 수 있는 일이 없지만, 직선 세 개가 있으면 선으로 둘러싸인 영역을 만들 수 있다. 곧은 선으로 이루어진 가장 간단한 평면도형인 삼각형에 대해 알아보자.

6.2.1 삼각형의 변과 각

삼각형은 말 그대로 각이 3개 있는 도형이다. 선분 3개의 끝점들이 이어져서 3개의 각을 만드는데, 이 선분들을 **변**[6]이라고 하며, 각 선분의 끝점들은 **꼭짓점**이라 부른다. 다음 그림의 삼각형은 세 꼭짓점 A, B, C를 잇는 세 개의 선분으로 이루어져 있다.

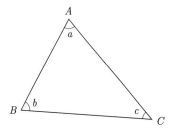

꼭짓점 A, B, C에 있는 세 각을 각각 a, b, c라 하자. 이 각들은 삼각형 내부에 있으므로 <u>내각</u>이라고 한다. 내각의 성질은 앞 절에서 언급했던 '적절한 보조선'을 그어서 쉽게 파악할 수 있다. 세 변 중에서 아무 변이나 고른 다음, 그 변을 마주보는 각의 꼭짓점을 지나면서 변과 평행한 직선을 그려 보자. 아래 그림에서는 변 $\overline{BC}$와 평행하면서 꼭짓점 A를 지나는 직선을 그렸다.

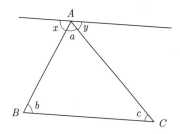

---

6 '가장자리 변(邊)' 자를 쓴다.

그러면 평행선의 성질에 의해 ∠x와 ∠b, ∠y와 ∠c가 각각 서로 엇각이어서 크기가 같으므로 다음의 결과를 얻는다.

$$\angle a + \angle x + \angle y = 180°$$
$$\therefore \ \angle a + \angle b + \angle c = 180°$$

즉, **삼각형의 세 내각의 합**은 항상 180°임을 알 수 있다.

세 내각은 저마다 자기 각을 이루는 선분이 아닌 쪽의 변을 마주보게 된다. 예를 들면 ∠a는 두 선분 $\overline{AB}$와 $\overline{AC}$로 이루어진 각인데, 건너편에 있는 $\overline{BC}$를 마주본 다는 식이다. 이렇게 서로 마주보고 있는(대응되는) 각과 변을, 각의 입장에서는 **대변**, 변의 입장에서는 **대각**이라고 부른다.

내각과 짝을 이루는 것이 **외각**인데, 아래 그림처럼 한 변을 바깥쪽으로 연장했을 때 꼭짓점과 이루는 각을 말한다. 그러므로 어떤 꼭짓점에서 내각과 외각의 합은 항상 180°가 된다. 외각은 꼭짓점을 이루는 두 변 중 어느 것을 연장하느냐에 따라 두 곳에 생길 수 있지만, 서로 맞꼭지각이므로 크기는 동일하다.

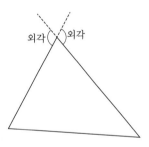

삼각형에서 외각이 어떤 성질을 가지는지 살펴보자. 아래의 왼쪽 그림에 삼각형 △ABC의 세 내각 a, b, c 및 꼭짓점 B에 대응하는 외각 x가 그려져 있다.

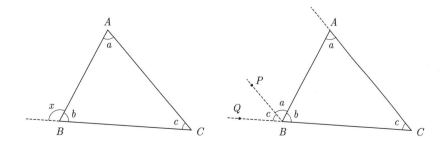

이제 변 $\overline{AC}$에 평행하며 꼭짓점 B에서 시작되는 반직선을 그림과 같이 긋고 그 위의 한 점을 P로 두자. 그리고 외각 x에 대응하는 연장선 위의 한 점을 Q로 두면, 평행선의 성질에 따라 다음이 성립한다.

$$\angle ABP = \angle a$$
$$\angle PBQ = \angle c$$
$$\therefore \angle x = \angle a + \angle c$$

이로부터 다음과 같은 결론을 얻는다.

"삼각형에서 한 외각의 크기는, 그와 이웃하지 않는 다른 두 내각 크기의 합과 같다."

삼각형 내각의 합을 이용하면 같은 결론을 좀 더 간단히 유도할 수도 있다.

$$\angle x + \angle b = 180° = \angle a + \angle b + \angle c$$
$$\therefore \angle x = \angle a + \angle c$$

예제 6-2 각 x의 크기를 구하여라.

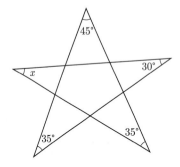

풀이

$\angle x$가 포함된 작은 삼각형에서 다음 그림처럼 나머지 각들을 $\angle y$와 $\angle z$로 두자. 그러면 $\angle y$는 그림에서 점선으로 표시한 삼각형의 한 외각이다.

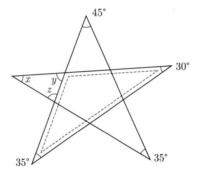

$\angle y$의 크기는 이웃하지 않은 두 내각의 합과 같으므로 $35° + 30° = 65°$이다. 같은 방법으로 $\angle z$를 구하면 $35° + 45° = 80°$이다. 그러므로 $\angle x$는 삼각형의 내각의 합에 의해 다음과 같이 된다.

$$\angle x \;=\; 180° - (\angle y + \angle z) \;=\; 180° - (65° + 80°) \;=\; 35°$$

6.2.2 삼각형의 결정 조건과 합동

선분 세 개가 만난다고 해서 항상 삼각형을 만들 수 있는 것은 아니다. 다음과 같은 경우를 생각해 보자.

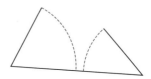

두 변의 길이를 더해도 다른 한 변의 길이보다 짧기 때문에 이런 조건에서는 어떻게 하더라도 삼각형을 만들 수가 없다. 두 변의 길이의 합이 다른 한 변의 길이와 같을 때는 어떨까? 삼각형이 아닌 직선이 되어 버린다. 따라서 삼각형이 만들어지려면 세 변이 다음과 같은 성질을 만족해야 함을 알 수 있다.[7]

"삼각형에서는 어느 두 변의 길이를 더해도 다른 한 변의 길이보다 길다."

---

7 이 관계를 삼각부등식이라 부르기도 한다.

세 변의 길이가 주어지고 앞의 성질을 만족할 때 어떤 삼각형이 만들어질 수 있는
지 알아보자. 아래 그림에는 선분 $\overline{AB}$ 및 두 꼭짓점 A, B에서 시작되는 선분 두 개
가 삼각형의 변이 될 후보로 그려져 있다. 각 선분의 길이는 정해져 있으므로 꼭짓
점 A나 B에서 시작되는 선분은 해당 꼭짓점을 중심으로 하는 원 위 어딘가에 그
끝이 위치할 것이다. 이제 세 선분이 삼각형을 이루려면, A를 중심으로 하는 원과
B를 중심으로 하는 원이 만나는 곳에 나머지 꼭짓점이 위치해야 한다. 이런 조건
을 만족하는 점을 그림에서 찾아보면 C와 C' 두 곳이 있다.

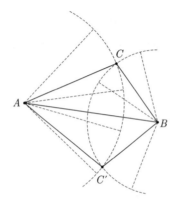

따라서 이 세 선분으로는 $\triangle ABC$와 $\triangle ABC'$이라는 두 개의 삼각형을 만들 수 있
다. 하지만 그 두 삼각형은 어느 쪽이라도 크기나 모양의 변경 없이 위아래로 뒤집
기만 하면 다른 쪽 삼각형에 그대로 포개지므로 실질적으로 동일한 도형이라 볼 수
있다. 즉, 세 변의 길이가 주어지면 그것으로 만들 수 있는 삼각형은 하나로 결정
된다.

위에 나온 $\triangle ABC$와 $\triangle ABC'$의 경우처럼 두 도형을 포개어 모든 꼭짓점·변·각
이 완전히 겹치게 할 수 있으면 두 도형은 **합동**이라고 한다. 다음 그림은 합동인 두
삼각형인데, 꼭짓점 기준으로 A와 D, B와 E, C와 F가 각각 대응되고 있다. 두
도형이 합동임은 기호로 $\equiv$ 또는 $\cong$처럼 나타내며, 이때 대응되는 꼭짓점의 순서
를 맞춰서 $\triangle ABC \equiv \triangle DEF$처럼 쓴다.

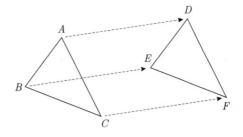

두 삼각형이 있을 때 세 변의 길이가 같다면 동일한 삼각형이므로 합동이다. 이처럼 세 변의 길이에 의해 합동이 되는 조건을 간단히 **SSS 합동**이라고 한다(여기서 S는 변을 뜻하는 영어 'side'의 약자). 두 삼각형이 합동이기 위한 조건으로는 어떤 것이 더 있을까?

삼각형 하나에 포함된 세 변과 세 각은, 어떤 조건하에서는 서로 영향을 미치면서 다른 요소를 결정해 버리기도 한다. 세 변의 길이가 정해지면 삼각형이 하나로 결정되면서 세 각의 크기까지 자동으로 정해지는 것이 한 예다. 이처럼 삼각형이 하나로 결정되는 조건을 찾는다면, 그것은 곧 삼각형의 합동 조건이기도 하다.

변의 측면에서 보자면, 세 개가 아닌 두 개나 한 개만으로는 삼각형의 모양을 딱히 결정할 수 없음이 명백하다. 변의 길이만으로 다른 결정 조건을 더 만들기는 어려우므로, 변 사이에 낀 각들에게로 관심을 돌려보자. 먼저, 각 하나가 정해졌을 때 삼각형이 결정될 만한 조건은 무엇일까?

각 하나만으로는 별로 결정할 수 있는 것이 없어 보인다. 하지만 다음 그림처럼 그 각을 끼고 있는 두 변의 길이까지 정해지면, 두 변은 거기서 움직일 방법이 없으므로 위치가 고정되어 버릴 것이다. 그에 따라 두 변의 끝을 잇는 나머지 한 변도 자동으로 정해지고 삼각형은 결국 하나로 결정된다. 이 결정 조건은 변(side)-각(angle)-변(side)의 머릿글자를 따서 **SAS 합동**이라고 한다.

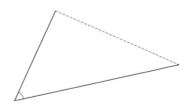

그러면 각이 두 개(다시 말해 세 개)[8] 정해진 경우라면 어떨까? 각의 크기만으로는 곤란해 보이지만, 두 각 사이에 낀 변의 크기가 정해졌다면 이야기가 다르다. 다음 그림은 두 각의 크기와 그 사이에 낀 한 변의 길이가 정해진 상황이다. 역시 이때도 다른 두 변의 길이가 저절로 정해지므로 삼각형은 하나로 결정된다. 이것은 각–변–각의 머릿글자를 따서 **ASA 합동**이라고 한다.

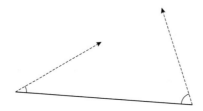

변의 길이에는 제약이 없고 모든 각의 크기만 정해졌다면 어떨까? 이 경우는 각의 크기가 같지만 변의 길이가 다른 삼각형을 무한정 만들어 낼 수 있다. 따라서 각 세 개로는 삼각형을 결정할 수 없으며, 합동 조건도 되지 못한다. 다만 이때는 모양이 같은 삼각형을 확대·축소한 효과는 얻을 수 있다.[9]

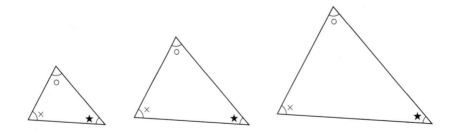

6.2.3 이등변삼각형

삼각형 중에서도 두 변의 길이가 같은 부류를 **이등변삼각형**이라고 하는데, 그 두 변 사이에 낀 각은 **꼭지각**, 꼭지각의 대변은 **밑변**이라고 부른다. 지금까지 공부한 내용을 정리할 겸 이등변삼각형의 중요한 성질을 예제로 알아보자.

---

8 삼각형의 내각의 합은 180°이므로, 두 각이 정해졌다는 것은 세 각이 정해진 것과 마찬가지다.
9 6.5절에서 설명하겠지만, 이것은 두 도형이 닮은꼴이 되기 위한 조건 중 하나다.

예제 6-3 그림과 같은 이등변삼각형 △ABC에서 꼭지각 ∠A를 이등분하는 선이 밑변과 만나는 점을 P라 할 때, 다음 물음에 답하여라.

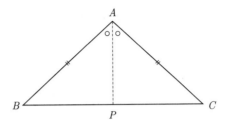

(1) 합동인 두 삼각형을 찾고, 그 합동 조건을 밝혀라.

(2) 두 밑각 ∠B = ∠C임을 보여라.

(3) 꼭지각의 이등분선 $\overline{AP}$는 밑변 $\overline{BC}$를 수직이등분함을 증명하여라.

풀이

(1) 합동은 변과 각이 같아야 하므로 문제의 내용으로부터 서로 크기가 같은 것들이 뭐가 있는지 파악해 본다.

- 이등변삼각형의 정의에서 $\overline{AB} = \overline{AC}$(같은 변)이다.
- 문제의 조건으로부터 ∠BAP = ∠CAP(같은 각)이다.
- 두 삼각형 △ABP와 △ACP에서 변 $\overline{AP}$는 공통(같은 변)이다.

이상으로부터 두 변과 그 사이에 낀 각의 크기가 같은 'SAS 조건'에 의해 △ABP ≡ △ACP이다.

(2) △ABP ≡ △ACP이므로 대응되는 두 각 ∠B와 ∠C 역시 크기가 같다.

(3) △ABP ≡ △ACP이므로 다음이 성립한다.

- 합동인 두 삼각형의 대응되는 각이므로 ∠APB = ∠APC이다.
- 그런데 ∠APB + ∠APC = 180°이므로 ∠APB = ∠APC = 90°이다.
- 따라서 $\overline{AP} \perp \overline{BC}$이다.
- 또, 합동인 두 삼각형의 대응되는 변이므로 $\overline{BP} = \overline{CP}$이다.

이상으로부터 $\overline{AP}$는 변 $\overline{BC}$의 수직이등분선이다.

이등변삼각형과 외각을 이용하면, 다음과 같은 삼각형의 중요한 성질을 증명할 수 있다.

"삼각형에서는 긴 변의 대각이 짧은 변의 대각보다 크다."

아래와 같이 $\overline{AC} > \overline{AB}$인 삼각형 $\triangle ABC$가 있다고 하자. $\overline{AC}$의 대각은 $\angle B$이고 $\overline{AB}$의 대각은 $\angle C$이므로, $\angle B > \angle C$임을 보이면 된다.

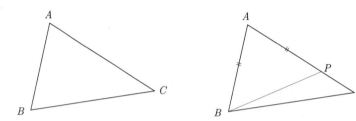

먼저 $\overline{AC}$ 위에 한 점 P를 정하고, $\overline{AP}$의 길이가 $\overline{AB}$와 같아지도록 하자. 그러면,

- $\angle APB$는 $\triangle BPC$의 한 외각이므로 $\angle APB = \angle PBC + \angle PCB$이다.
- 따라서 $\angle APB > \angle PCB$이다.
- $\triangle ABP$는 이등변삼각형이므로 $\angle APB = \angle ABP$이다.
- 그러므로 $\angle ABP > \angle PCB$이다.
- 그런데 $\angle ABC > \angle ABP$이므로 결국 $\angle ABC > \angle PCB$이다.

위와 같이 하여 $\angle B > \angle C$임이 증명되었다.

변과 각이 뒤바뀐 반대의 경우도 위 성질을 이용해서 쉽게 증명할 수 있다. 앞의 그림으로 설명하자면 $\angle B > \angle C$일 때 $\overline{AC} > \overline{AB}$에 해당한다.

"삼각형에서는 큰 각의 대변이 작은 각의 대변보다 길다."

만약 $\overline{AC} > \overline{AB}$가 거짓이라고 하자. 그럴 경우,

- $\overline{AC} = \overline{AB}$라고 하면, 이등변삼각형의 성질에 의해 두 밑각 $\angle B$와 $\angle C$가 같아야 하는데, 그렇지 않으므로 모순이다.
- $\overline{AC} < \overline{AB}$라고 하면, 바로 앞에서 증명한 "긴 변의 대각이 짧은 변의 대각보다 크다"는 성질에 의해 $\angle B < \angle C$여야 하는데, 그렇지 않으므로 모순이다.

이상으로부터 $\overline{AC} > \overline{AB}$임이 증명된다.

6.2.4 직각삼각형

이등변삼각형 외에 특수 형태의 삼각형으로는 한 각이 직각인 **직각삼각형**을 들 수 있다. 직각삼각형도 삼각형의 일종이므로 SSS, SAS, ASA 조건을 만족하면 합동이 되지만, 각의 크기 하나가 이미 90°로 정해져 있음을 이용하면 추가적인 합동 조건을 만들 수 있다.

직각삼각형에서 직각을 끼고 있는 변이라면 기존의 SAS나 ASA 같은 조건에 해당될 수 있으므로 그럴 수 있다 싶겠지만, 직각의 대변인 **빗변**을 낀 합동 조건이라면 언뜻 이상해 보인다. 물론 직각과 빗변만으로는 삼각형을 결정할 수 없으므로 거기에 다른 각이나 변이 하나 더 추가되어야 한다. 이런 합동 조건은 직각(R, right angle)과 빗변(H, hypotenuse)의 약자를 따서 RH-로 시작하는 이름을 갖고 있다.

첫 번째는 빗변과 한 각이 정해진 경우인데, 이것은 조금만 생각해 보면 별로 새로울 것이 없다. 직각삼각형에서 직각 외의 다른 한 각이 정해졌으므로, 나머지 한 각도 정해져서 모든 각의 크기가 알려진 상태다. 여기에 (빗)변의 길이가 추가되면, 앞서 나왔던 ASA 조건과 다르지 않다. 이 조건은 'RH + 한 각'이라는 뜻으로 'RHA'라 부른다.

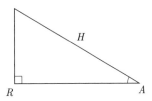

두 번째는 빗변과 다른 한 변이 정해진 경우다. 이것은 'RH + 한 변'이므로 'RHS'라 부른다. 변이 두 개 정해졌으니 SAS와 유사할 것으로 생각할 수 있겠지만, 그 두 변 사이에 낀 각의 크기는 알려지지 않았으므로 SAS 조건을 적용할 수는 없다. 이제 다음 그림처럼 두 삼각형을 빗변이 아니면서 크기가 알려진 한 변을 공통이 되도록 붙여 보자.

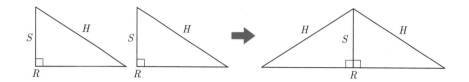

그러면 빗변으로 이루어진 두 변이 같은 이등변삼각형이 만들어진다. 앞의 예제에서 본 것처럼 이등변삼각형은 두 밑각이 같으므로 두 삼각형의 모든 내각은 크기가 같게 된다(하나가 이미 직각이므로). 따라서 SAS나 ASA 조건에 의해 두 삼각형이 합동임이 증명된다.

예제 6-4 두 개의 반직선으로 이루어진 각이 있다. 그 각을 이등분하는 선을 긋고, 이등분선 위의 한 점에서 각 반직선에 수선을 내리면 두 수선의 길이가 같음을 증명하여라.

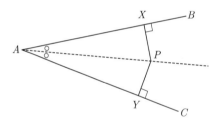

풀이

문제의 뜻에 따라 그림을 그리면 위와 같고, 여기서 $\overline{PX} = \overline{PY}$임을 증명하는 것이 목표다. 두 개의 직각삼각형 $\triangle APX$와 $\triangle APY$를 조사해 보자.

- 두 직각삼각형은 빗변 $\overline{AP}$가 공통으로 길이가 같다.
- 각의 이등분이라는 문제의 조건에서 $\angle XAP = \angle YAP$이다.
- 빗변과 한 각이 같으므로 RHA 합동조건에 의해 $\triangle APX \equiv \triangle APY$이다.
- 따라서 $\overline{PX} = \overline{PY}$이다.

6.2.5 삼각형의 넓이

삼각형은 변으로 둘러싸인 영역이 있으므로 넓이를 가진다. 삼각형의 넓이를 구하는 방법은 주어진 조건에 따라 여러 가지가 있는데, 가장 기본적인 것은 한 변의 길이와 그 변의 대각에서 변에 내린 수선의 길이(높이)를 아는 경우다.

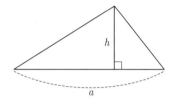 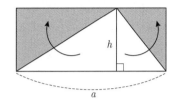

위 그림은 밑변 a와 높이 h가 주어진 삼각형이다. 이때 수선의 좌우에 있는 두 개의 직각삼각형과 합동인 삼각형을 만들어서 각각 빗변을 공유하도록 붙이면 사각형이 하나 만들어지는데, 이 사각형은 네 각이 모두 직각인 직사각형이다(왜 그런지는 연습 삼아 증명해 보자). 이때 삼각형의 넓이는 직사각형의 딱 절반이 될 것이다.

그러면 직사각형의 넓이는 어떻게 계산할까? 가로·세로가 각각 1인 정사각형이 있다고 하자. 이 도형의 넓이를 1이라 정한다.

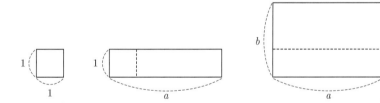

가로 길이를 a배 했을 때 이 도형은 한쪽 변의 크기만 a배로 바뀌었으므로 넓이도 원래의 a배, 즉 a가 될 것이다. 이 상태에서 다시 세로를 b배 하면 원래 넓이가 a였던 도형을 다른 쪽 방향으로 b배 한 것이므로 넓이는 원래의 b배, 즉 $a \times b$가 된다. 따라서 가로 a이고 세로 b인 직사각형의 넓이는 ab라는 것을 알 수 있다.

그에 따라 앞서 삼각형을 두 배 하여 만든 직사각형의 넓이는 가로×세로 $= ah$이고, 삼각형의 넓이는 그 절반인 $\frac{1}{2}ah$가 된다.

하지만 다음 그림처럼 밑변이 둔각을 끼고 있는 경우라면 넓이를 어떻게 계산할까?

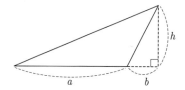

그림의 점선과 같이 밑변을 b만큼 연장하는 선을 그려서 수선과 만나도록 하자. 이렇게 만들어진 큰 직각삼각형의 넓이에서 점선으로 이루어진 작은 직각삼각형의 넓이를 빼면, 원래 삼각형의 넓이가 나올 것이다.

$$\frac{1}{2}(a+b)h - \frac{1}{2}bh = \frac{1}{2}h(a+b-b) = \frac{1}{2}ah$$

이 경우도 역시 넓이는 $\frac{1}{2} \times$ (밑변) $\times$ (높이)가 된다. 따라서, 밑변의 길이와 높이가 같은 삼각형들은 그 모양에 상관없이 모두 넓이가 같음을 알 수 있다.

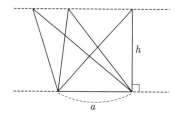

삼각형의 넓이를 구하는 방법은 이 외에도 여러 가지가 있지만, 이후의 절에서 필요한 내용을 공부한 다음에 더 알아보기로 한다.

연습문제

1. 그림과 같이 $\overline{AB} = \overline{BC} = \overline{CD}$일 때, $\angle x$의 크기를 구하여라.

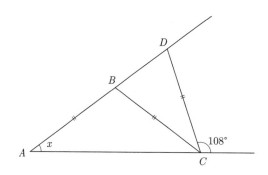

2. 아래처럼 두 각의 크기가 같은 삼각형 역시 이등변삼각형임을 증명하여라.

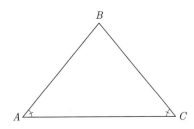

3. 폭이 일정한 테이프를 다음과 같이 접어서 생기는 삼각형 $\triangle ABC$는 어떤 삼각형인가? 그 이유는 무엇인가?

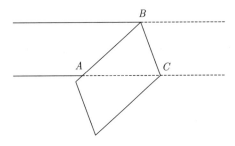

6.3 다각형

삼각형은 세 개의 선분으로 만들 수 있는 도형이다. 선분 4개가 있으면 사각형을, 선분 5개로는 오각형을 만들 수 있다. 이처럼 여러 개의 선분으로 만들어지는 평면도형을 통틀어 **다각형**(polygon)[10]이라고 한다. 이 절에서는 다각형의 공통적인 성질을 몇 가지 알아본 다음, 삼각형 다음으로 간단한 도형인 사각형에 대해 공부하기로 한다.

6.3.1 다각형의 기본 성질

다각형에서 '이웃한' 꼭짓점을 연결한 선분은 변이 된다. '이웃하지 않는' 두 꼭짓점에 대해서는 어떨까? 삼각형의 경우는 꼭짓점이 세 개뿐이므로 모두 이웃해 있지

---

10 5각 이상의 다각형은 pentagon(오각형), hexagon(육각형), octagon(팔각형)처럼 이름이 -gon으로 끝난다.

만, 꼭짓점이 네 개 이상이면 이웃하지 않는 꼭짓점이 생긴다. 이런 꼭짓점끼리 연결한 선분을 그 다각형의 **대각선**이라고 한다. 다음 그림에서는 사각형, 오각형, 육각형의 대각선을 보이고 있다.

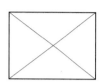 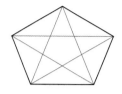 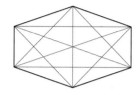

그림에서 대각선을 세어 보면 각각 2개, 5개, 9개다. 다각형의 대각선 개수에는 어떤 규칙이 있는지 조사해 보자. 꼭짓점이 N개인 다각형(편의상 N각형이라 부르기로 한다)에서, 한 꼭짓점과 이웃하지 않는 꼭짓점은 몇 개일까? 일단 해당 꼭짓점에서 그 자신으로 대각선을 그을 수는 없으므로 1개는 빼야 할 것이다. 그리고 바로 이웃한 두 꼭짓점 역시 이미 변을 이루고 있기에 대각선을 그을 수 없으니 2개를 더 빼면 $(N-3)$개라는 답을 얻는다.

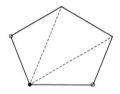

이제 N개의 꼭짓점에서 각각 $(N-3)$개의 이웃하지 않는 꼭짓점들에 대각선을 그을 수 있음을 알게 되었다. 그러면 그 둘을 곱한 $N(N-3)$이 대각선의 총 개수일까? 오각형의 경우 N에 5를 넣어 보면 $5 \times (5-3) = 10$이 나오는데, 실제 대각선은 5개뿐이므로 계산이 잘못되었음을 알 수 있다. 우리가 간과했던 것은 무엇일까? 그것은 방향성이라는 측면이다.

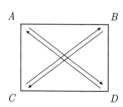

예를 들어 앞에 있는 사각형의 꼭짓점 A로부터 D로 그은 대각선은, 꼭짓점 D에서 A로 그은 대각선이기도 하다. 이처럼 모든 대각선이 양방향으로 두 번 셈이 되었기 때문에 실제보다 2배 많은 결과가 나온 것이다. 이 점을 고려하여 앞의 결과를 2로 나누면, N각형의 대각선은 모두 $\frac{1}{2}N(N-3)$개임을 알 수 있다. N에 여러 가지 값을 넣어서 대각선의 개수를 직접 확인해 보자.

　다음은 다각형에 의해서 만들어지는 각의 성질을 알아볼 차례다. 삼각형 단원에도 나왔지만, 다각형의 내부에 있으면서 꼭짓점과 그 양쪽 변에 의해 만들어지는 각을 '내각'이라고 한다. 아래에는 육각형과 여섯 개의 내각이 그려져 있다. 내각을 모두 합하면 몇 도나 될까?

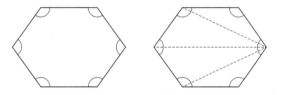

내각에 대해서 지금까지 우리가 공부한 사실은, 삼각형의 내각을 모두 더하면 $180°$라는 것이다. (육각형을 포함하여) 꼭짓점이 네 개 이상인 모든 다각형은, 위의 오른쪽 그림처럼 한 꼭짓점에서 대각선을 그음으로써 여러 개의 삼각형으로 분할할 수 있다. 이제 육각형은 4개의 삼각형으로 나뉘었으므로, 삼각형 네 개가 이루는 내각의 합이 곧 육각형의 내각의 합이다. 따라서 육각형의 내각의 총합은 $180° \times 4 = 720°$가 된다.

　이 과정은 N각형의 경우로 쉽게 일반화시킬 수 있다.

- N각형의 한 꼭짓점에서 그을 수 있는 대각선의 개수는 $(N-3)$개다.
- k개의 대각선에 의해서 이 다각형은 $(k+1)$개의 삼각형으로 분할된다.
- 그러므로 N각형은 $(N-3)$개의 대각선에 의해서 $(N-2)$개의 삼각형으로 분할된다.
- 따라서 N각형의 내각의 합은 $(N-2) \times 180°$이다.

다각형 중에서 모든 변의 길이가 같고 모든 내각의 크기가 같은 것을 **정다각형**이라고 한다. 정N각형의 한 내각의 크기는 내각의 합을 N으로 나누어 간단히 얻을 수 있다.

$$\frac{(N-2) \times 180°}{N}$$

다각형의 외각은 삼각형 단원에서 소개한 것처럼 한 변을 바깥쪽으로 연장했을 때 꼭짓점과 이루는 각을 말한다.

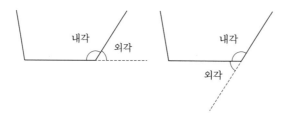

그렇다면 삼각형에서 외각을 모두 더하면 얼마일까? 그 답은 외각의 성질로부터 쉽게 유추할 수 있다. 삼각형의 세 내각의 크기를 각각 a, b, c라고 하자.

- 세 외각 중 하나의 크기는 $a + b$이다.
- 또 다른 외각 하나의 크기는 $b + c$이다.
- 나머지 외각 하나의 크기는 $c + a$이다.

따라서 삼각형의 모든 외각의 합은 $2 \times (a + b + c) = 2 \times 180° = 360°$이다.

이제 일반적인 다각형에서 외각의 합을 계산해 보자.

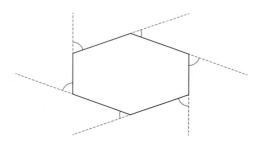

- 하나의 내각–외각 쌍이 이루는 각은 180°이다.
- N각형에는 이런 쌍이 모두 N개 존재한다.
- 그러므로 N각형의 내각과 외각을 모두 더하면 $N \times 180°$이다. … ①
- 그런데 N각형의 내각의 합은 $(N - 2) \times 180°$이다. … ②
- 따라서 N각형의 외각의 합은 ① − ② $= 2 \times 180° = 360°$이다.

이렇게 하여 삼각형은 물론 모든 다각형에 대해서 외각의 합이 360°라는 결과를 얻는다.

6.3.2 여러 가지 사각형

이제부터는 다각형 중에서도 네 개의 변으로 이루어진 도형인 사각형의 종류와 그 성질에 대해 알아보기로 한다. 아무 조건 없이 선분 네 개로 이루어진 사각형에서는 별다른 특성을 찾기 어렵지만, 여기에 이런저런 제약 조건이 더해지면서 특별한 성질을 갖는 여러 가지 사각형이 하나 둘 모습을 드러낼 것이다.

사각형이면서 최소 한 쌍의 마주보는 변(대변)이 평행하다는 조건이 주어지면, 이 도형을 **사다리꼴**이라고 한다. 다음 그림은 두 대변 $\overline{AB}$와 $\overline{CD}$가 평행한 사다리꼴이다.

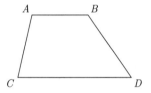

'평행선의 성질'을 여기에 적용하면, 다음 관계가 성립한다.

$$\angle A + \angle C = 180°$$
$$\angle B + \angle D = 180°$$

그러면 사다리꼴의 넓이는 어떻게 계산할까? 여러 방법이 있겠지만, 두 변이 평행하다는 것을 이용할 수 있다. 평행한 두 변의 길이가 각각 a, b이고 그 사이에 놓인 수선의 길이(높이)가 h인 사다리꼴이 있다. 이제 여기에 대각선을 하나 그으면, 사다리꼴은 두 개의 삼각형으로 나누어진다.

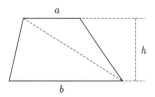

삼각형의 넓이는 모양에 상관없이 $\frac{1}{2} \times (밑변) \times (높이)$이므로 위쪽 삼각형의 넓이는 $\frac{1}{2}ah$, 아래쪽 삼각형의 넓이는 $\frac{1}{2}bh$이다. 따라서 전체 사다리꼴의 넓이는 그 둘을 더하면 된다.

$$\frac{1}{2}bh + \frac{1}{2}ah = \frac{1}{2}(a+b)h$$

사다리꼴 중에서도 한 쌍이 아니라 두 쌍의 대변이 모두 평행한 사각형을 **평행사변형**이라고 한다. 평행사변형은 모든 변이 마주보는 변과 평행한 탓에 여러 가지 대칭적인 특성을 지니고 있다.

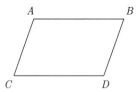

기본적인 '평행선의 성질'로부터 시작해 보자. 위의 평행사변형에서 한 쌍의 대변 $\overline{AB}$와 $\overline{CD}$는 평행이므로 $\angle A + \angle C = 180°$이다. 그런데 또 다른 한 쌍의 평행한 대변 $\overline{AC}$와 $\overline{BD}$가 있어 $\angle A + \angle B = 180°$이므로 두 식을 빼면 다음이 성립한다.

$$\angle B = \angle C$$

또한 $\angle C + \angle D = 180°$이므로, $\angle A + \angle C = 180°$와 함께 풀면

$$\angle A = \angle D$$

이것으로부터 다음의 결과를 얻는다.

"평행사변형에서 마주보는 두 쌍의 대각은 크기가 같다."

이제 대각에 이어 마주보는 대변의 크기를 조사해 보자. 변의 길이는 평행선의 성질만으로 알아내기 어려우므로 삼각형의 합동 조건을 이용하기로 한다. 다음 그림과 같이 평행사변형에 대각선 $\overline{AD}$를 긋자.

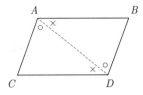

그러면 두 쌍의 대변이 평행한 것으로부터 엇각에 의해 다음 관계가 성립한다.

$$\angle BAD = \angle CDA$$
$$\angle CAD = \angle BDA$$

두 각 사이에 낀 대각선 $\overline{AD}$는 공통 변이므로, ASA 조건을 적용할 수 있다.

$$\therefore \ \triangle ACD \equiv \triangle DBA$$

합동인 두 삼각형에서 대응되는 변의 길이는 같으므로 $\overline{AB} = \overline{CD}$이며 $\overline{AC} = \overline{BD}$ 이다. 이것을 다른 말로 하면 다음과 같다.

"평행사변형에서 마주보는 두 쌍의 대변은 각각 길이가 같다."

이제 대각선 하나를 마저 긋고 두 대각선의 교점을 X라고 두자. 평행사변형의 대 각선들은 어떤 성질을 가지고 있을까?

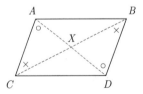

평행한 대변에 의해 생긴 두 쌍의 엇각은 $\angle CAX = \angle BDX$이며 $\angle ACX = \angle DBX$이다. 거기에 대변 $\overline{AC} = \overline{BD}$이므로, ASA 조건에 의해 $\triangle XAC \equiv \triangle XDB$이다. 합동인 두 삼각형은 대응되는 변의 길이가 같으므로 다음이 성립한다.

$$\overline{AX} = \overline{DX}$$
$$\overline{CX} = \overline{BX}$$

이것을 다른 말로 표현하면,

"평행사변형의 두 대각선은 서로를 이등분한다."

평행사변형의 넓이는 어떻게 될까? 사다리꼴의 경우 $\frac{1}{2} \times$ (밑변 + 아랫변) × (높이)였는데, 평행사변형은 밑변과 아랫변의 길이가 같으므로 $\frac{1}{2} \times$ (2 × 밑변) × (높이), 즉 (밑변) × (높이)가 된다.

평행사변형에 대각선을 그었을 때 전체 넓이는 어떻게 나눠지는지 살펴보자. 아래 왼쪽 그림과 같이 대각선 하나를 그으면, 조금 전에 본 것처럼 합동인 삼각형 두 개가 생긴다. 합동인 삼각형은 넓이도 같으므로 전체 넓이는 정확히 반으로 나눠진다.

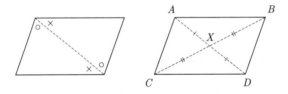

오른쪽 그림처럼 대각선 두 개를 그었을 때는 어떨까? 지금까지 알아본 평행사변형의 성질에 의해서 다음이 성립함을 기억하자.

- 두 쌍의 대변은 각각 길이가 같다.
- 대각선은 서로를 이등분한다.

그에 따라 교점 X를 중심으로 서로 마주한 두 쌍의 작은 삼각형들은 SSS 조건에 의해 각각 합동이므로 넓이도 같다.[11]

$$\triangle XAB \equiv \triangle XDC$$
$$\triangle XAC \equiv \triangle XDB$$

작은 삼각형 중에서 마주보고 있지 않고 이웃해 있는 $\triangle ACX$–$\triangle ABX$나 $\triangle DBX$–$\triangle DCX$ 같은 경우는 서로 합동이라 볼 만한 근거가 없다. 그러면 넓이로 볼 때 어떤 관계가 있을까? $\triangle ACX$와 $\triangle ABX$를 예로 들어서 따로 그려 보자.

---

11 맞꼭지각을 이용해서 SAS 조건을 적용할 수도 있다.

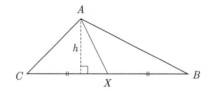

두 삼각형 $\triangle ACX$와 $\triangle ABX$는 높이가 같고, 대각선을 이등분한 $\overline{CX}$와 $\overline{XB}$가 각각 밑변이므로 밑변의 길이도 같다. 따라서 두 삼각형은 넓이가 같다.

지금까지의 결과로부터, 다음과 같은 결론을 내릴 수 있다.

> "평행사변형에 두 대각선을 그어 생기는 삼각형 4개는 모두 넓이가 같다."

다시 사다리꼴로 돌아가 보자. 사다리꼴에서 평행한 대변 중 한 변을 낀 양끝 각(밑각)이 같을 경우를 **등변사다리꼴**이라고 한다. 즉, 다음 왼쪽 그림처럼 $\overline{AB} \parallel \overline{CD}$이고 $\angle C = \angle D$인 도형을 말한다.

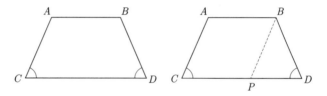

등변사다리꼴에서 두 밑각 외에 또 크기가 같은 것이 있을까? 두 각이 같으므로 이등변삼각형의 성질을 이용하여 뭔가를 찾아볼 수 있을 법하다. 위의 오른쪽 그림을 보자. $\overline{AC}$와 평행하도록 꼭짓점 B를 지나는 선을 그어 밑변과 만나는 점을 P라고 하면, 다음이 성립한다.

- $\angle C = \angle BPD$(동위각)
- 두 밑각이 같으므로 $\triangle BPD$는 이등변삼각형이다.
- 따라서 $\overline{BP} = \overline{BD}$ ⋯ ①
- 두 쌍의 대변이 평행하므로 $\square ACPB$는 평행사변형이다.
- 따라서 $\overline{AC} = \overline{BP}$ ⋯ ②

①과 ②로부터 $\overline{AC} = \overline{BD}$라는 결론을 얻을 수 있다. 등변사다리꼴이라는 이름은, 이처럼 평행하지 않은 두 변의 길이가 같음(등변)에서 비롯되었다. 등변사다리꼴

의 다른 특징으로는 두 대각선의 길이가 같다는 것이 있는데, 지금까지 살펴본 내용으로부터 간단하게 증명이 가능하므로 연습문제로 남겨 둔다.

평행사변형에서 한 걸음 더 나아가 4개의 내각 크기가 모두 같은 도형은 **직사각형**이라고 한다. 사각형의 내각의 합은 360°이므로 직사각형의 모든 내각은 직각이다.

직사각형은 평행사변형이면서 추가로 두 대각선의 길이가 같다는 성질을 가진다. 두 대각선이 같음을 증명하려면, 대각선을 빗변으로 하는 두 직각삼각형이 합동임을 보이면 된다.

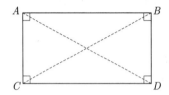

위 그림에서 $\triangle ACD$와 $\triangle BDC$를 보자.

- 대변의 크기는 같으므로 $\overline{AC} = \overline{BD}$
- 한 변 $\overline{CD}$는 공통
- 두 변 사이에 낀 각은 모두 직각

따라서 SAS 조건에 의해 $\triangle ACD \equiv \triangle BDC$이므로, 대응되는 빗변(즉, 대각선) $\overline{AD} = \overline{BC}$임을 알 수 있다.

평행사변형 중에서 각이 아니라 네 변의 길이가 모두 같은 종류는 **마름모**라고 한다. 마름모의 대각선은 어떤 성질을 지닐까? 일단은 마름모도 평행사변형이므로 두 대각선은 서로를 이등분할 것이다.

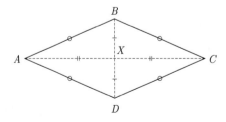

이제 △ABX와 △CBX를 보면,

- 마름모의 정의로부터 $\overline{AB} = \overline{CB}$
- 한 변 $\overline{BX}$는 공통
- 평행사변형의 성질로부터 $\overline{AX} = \overline{CX}$

따라서 SSS 조건에 의해 두 삼각형은 합동이고, 대응되는 각이 같으므로 $\angle AXB$ $= \angle CXB = 90°$이다. 그러므로 마름모의 두 대각선은 서로를 이등분하되 수직으로 이등분함을 알 수 있다.

지금까지 나왔던 조건들을 모두 만족하는 사각형은 **정사각형**이 된다. 정사각형은 다음과 같은 성질을 가진다.

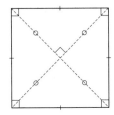

- 모든 각의 크기가 같다(직각이다).
- 모든 변의 길이가 같다.
- 두 쌍의 대변이 평행하다.
- 두 대각선의 길이가 같다.
- 두 대각선은 서로를 수직이등분한다.

이 절에서 알아본 사각형들을 특성에 따라 늘어놓으면 다음과 같은 계보도를 그릴 수 있다.

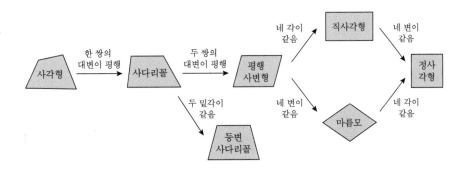

연습문제

1. 다음과 같이 별 모양의 도형을 그렸을 때, °로 표시된 각을 모두 더하면 항상 180°가 됨을 보여라.

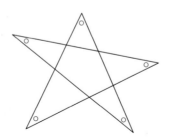

2. 정팔각형의 대각선의 개수와 한 내각의 크기를 구하여라.

3. 다음 □$ABCD$는 모두 평행사변형이다. ∠x의 크기를 구하여라.

(1)　　　　　　　　　　　　　(2)

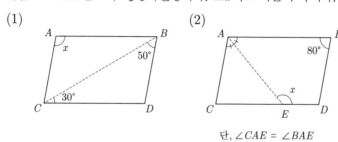

단, ∠CAE = ∠BAE

4. 등변사다리꼴의 두 대각선은 길이가 같음을 증명하여라.

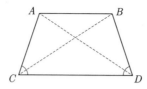

6.4 원과 부채꼴

곧지 않은 선으로 그릴 수 있는 가장 단순한 도형은 동그라미, 즉 원이다. 원은 그 단순함에도 불구하고 둘레나 넓이를 계산하기 쉽지 않아서 고대로부터 수학자들의 지속적인 탐구 대상이 되어 왔다. 이 절에서는 단순하지만 간단치 않은 도형인 원의 기본적인 성질을 알아본다.

형식을 갖춰 정의하면, 원이란 '한 점으로부터 같은 거리에 있는 모든 점의 집합'이다. 기준이 되는 한 점을 원의 **중심**, 중심으로부터의 거리를 **반지름**이라고 한다. 반지름의 두 배 길이로 원의 중심을 질러가는 선분은 **지름**, 원의 둘레는 **원주**[12]라고 부른다.

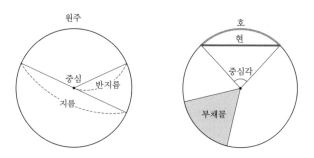

원주를 이루는 곡선 중 일부분만을 칭할 때는 **호**[13] 또는 원호라고 부르며, 보통 양 끝점의 기호를 따서 '호 AB'처럼 쓴다. 원주 위의 두 점을 똑바로 잇는 선분은 **현**[14]이라고 한다. 호의 양 끝과 원의 중심을 이으면 부채 모양의 도형이 만들어지는데 이것을 **부채꼴**이라고 하며, 이때 두 반지름이 이루는 각을 **중심각**이라고 부른다.

어떤 원의 특징을 얘기하려면, 그 원의 반지름 혹은 지름 하나만으로 충분하다. 즉, 반지름(지름)의 크기가 같은 원은 모두 같은 도형이며 합동이다. 이렇게 원의 유일한 인자(parameter)라고 할 수 있는 지름은 곧은 선인 반면, 원의 둘레는 곡선으로 이루어져 있어 둘 사이의 비율이 얼마인지는 긴 세월 인류의 숙제였다.

원주가 지름의 몇 배인가 하는 비율을 **원주율**이라 하고 기호 π로 나타낸다. 원주율은 3.1415926535…의 값을 가지는 무리수이며, 자연에 내재된 일종의 상수다. 그러므로 원주율이 이런 값을 가지게 된 논리적인 이유 같은 것은 없다.[15] 무리수 중에서도 $\sqrt{2}$ 같은 수는 간단한(예컨대, 방정식 $x^2 = 2$를 푸는) 방법으로 얻을 수

---

12 둘레를 뜻하는 '두루 주(周)'자를 쓴다.
13 활 모양과 비슷하다 하여 '활 호(弧)'자를 쓴다.
14 활에 맨 시위와 비슷하다 하여 '활시위 현(弦)'자를 쓴다.
15 《코스모스》로 유명한 천문학자 칼 세이건(Carl Sagan)은 영화화되기도 한 소설 《Contact》에서 '원주율에 내재된 자연의 서명'이란 흥미로운 이야기를 제시한 바 있다. 원주율의 값을 컴퓨터로 계속 계산하다 보니 그 숫자들에서 원을 가리키는 패턴이 발견된다는 내용인데, 물론 가공의 이야기다.

있지만, π는 그런 식으로는 얻을 수 없는 종류의 무리수라는 사실이 19세기 말에 와서야 밝혀졌다.[16]

원주율이 π라는 것은 원주가 지름의 π배라는 뜻이다. 따라서 지름이 R일 때 원주의 길이는 πR이다. 지름의 절반인 반지름을 r이라고 하면, 원주의 길이는 $\pi \times 2r = 2\pi r$이다. 원주율은 지름에 관련된 것이지만, 수학에서 원을 다룰 때는 통상 지름보다 반지름을 기준으로 삼는다.

원주가 아니라 호의 길이라면 어떨까? 중심각이 360°의 절반이라면 호의 길이도 절반(즉, 반원)이 되고, 중심각이 $\frac{1}{4}$이 되면 호의 길이도 그만큼으로 줄어든다. 따라서 중심각과 호의 길이는 정비례함을 알 수 있다. 원주를 $L = 2\pi r$이라 했을 때, 중심각이 x인 호의 길이 l을 비례식으로 구해 보자.

$$360° \,:\, L \,=\, x \,:\, l$$
$$\therefore \; l \,=\, L \times \frac{x}{360°}$$

중심각이 x일 때의 호의 길이란 것은, 곧 중심각이 줄어든 비율만큼 원주를 줄인 것과 같다는 것을 위의 식은 나타내고 있다. 예를 들어 중심각이 60°이면 호의 길이는 원주의 $\frac{60}{360} = \frac{1}{6}$이다.

현의 길이는 어떨까? 아래 그림에서 중심각이 변할 때 현의 변화를 살펴보자. 중심각의 크기 x에 대응하는 현 $\overline{AB}$가 있다. 이제 중심각을 두 배 늘리면, 그에 대응하는 현은 $\overline{AC}$가 된다.

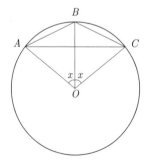

하지만 점 A, B, C를 잇는 세 선분은 삼각형을 이루고 있으므로 삼각형의 성질에

---

16 이처럼 유리 계수 다항방정식의 해가 되지 않는 무리수를 초월수(transcendental number)라고 한다.

의해 $\overline{AC} < \overline{AB} + \overline{BC}$라는 부등식이 성립한다. 여기서 $\overline{AB} = \overline{BC}$이므로 이 식은 다음과 같다.

$$\overline{AC} < 2\,\overline{AB}$$

다시 말해, 중심각이 두 배로 된다고 해도 현의 길이는 두 배만큼 늘어나지 않는다는 것이다. 현의 길이에 대해서는 이 장의 후반부에서 다시 다루기로 한다.

다음으로 원의 넓이를 구하는 방법을 알아보자. 원은 곡선으로 이루어진 도형이므로 그 넓이가 다각형처럼 간단히 구해지지 않는다. 오래전부터 시도되었던 방법 중 하나는, 정다각형의 넓이를 이용해서 근사값을 구하는 것이다.

앞 절에서 본 것처럼 다각형에 적당한 선을 그으면 여러 개의 삼각형으로 나뉜다. 정다각형의 경우는 다음 그림과 같이 중심에서 각 꼭짓점으로 선을 그음으로써 여러 개의 이등변삼각형으로 나눌 수도 있다. 정N각형의 한 변의 길이를 a라고 하고, 중심에서 각 변에 내린 수선의 길이를 h라고 하자. 그러면 삼각형 하나의 넓이가 $\frac{1}{2}ah$이므로 정N각형 전체의 넓이는 $N \times \frac{1}{2}ah$이다. 그런데 $N \times a$는 곧 정다각형의 둘레를 뜻하므로 정다각형의 넓이는 $\frac{1}{2} \times (둘레) \times h$로도 쓸 수 있다.

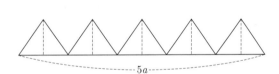

이제 N의 크기를 계속 늘려가면 정다각형의 둘레는 점점 원에 가까워지게 될 것이다. 이 둘레를 P로 나타내자. 아래 그림은 정십육각형일 때의 예시인데, 넓이는 여전히 $16 \times \frac{1}{2}ah = \frac{1}{2} \times P \times h$이다.

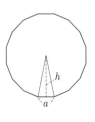
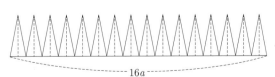

N이 커질수록 h값은 원의 반지름 r에 근접할 것이고, 다각형의 둘레 P는 원주 $2\pi r$에 근접할 것이다. 따라서 이 도형의 넓이는 다음의 값에 근접한다.

$$\frac{1}{2} \times P \times h \approx \frac{1}{2} \times 2\pi r \times r = \pi r^2$$

넓이를 구하는 비슷한 방법으로 원 자체를 아주 잘게 쪼개어 가는 것도 있다.

 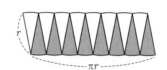

위의 그림처럼 원을 쪼개고 그 조각들을 아래위로 서로 맞물리게 배치하면, 평행사변형과 비슷한 모양의 도형을 만들 수 있다. 이제 쪼개는 횟수를 계속 늘려가면 밑변은 원주의 절반인 πr에, 높이는 반지름 r에 가까워지므로 도형의 넓이는 결국 (밑변) $\times$ (높이) $= \pi r \times r = \pi r^2$에 근접한다.

이상으로부터 다음과 같이 반지름 r인 원의 넓이 S_C를 얻는다.

$$S_C = \pi r^2$$

원의 일부분인 부채꼴의 넓이 S_S를 구해 보자. 부채꼴의 넓이 역시 중심각의 크기에 비례하여 변하므로 호와 마찬가지 방법으로 비례식을 세우면 된다.

$$360° : S_C = x : S_S$$
$$\therefore S_S = S_C \times \frac{x}{360°}$$

원의 넓이는 원주의 길이와 어떤 관계가 있을까? 반지름 r인 원의 원주를 L이라고 하자. 그러면 원의 넓이는 $L = 2\pi r$을 이용해서 다음과 같이 다시 쓸 수 있다.

$$S_C = \pi r^2 = 2\pi r \times \frac{1}{2}r = \frac{1}{2}rL$$

이 관계는 부채꼴에도 동일하게 적용될 것이다. 앞에서 중심각이 x일 때 호의 길이

$l = L \times \frac{x}{360°}$ 였으므로, 부채꼴의 넓이 역시 호의 길이를 이용해서 다음과 같이 쓸 수 있다.

$$S_S = S_C \times \frac{x}{360°} = \frac{1}{2}rL \times \frac{x}{360°} = \frac{1}{2}rl$$

부채꼴 넓이를 구하는 식은 삼각형 넓이를 구하는 식과 유사한 면이 있다.

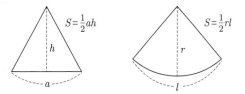

원과 직선이 서로 만날 때에 대해 알아보며 이 절을 마무리하자. 직선은 여러 가지 모습으로 원과 만날 수 있겠지만, 크게 보면 두 가지로 구분된다.

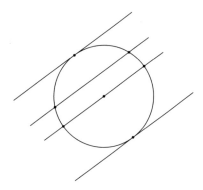

원의 맨 가장자리에서는 원과 직선이 한 점에서 만나는데, 이런 경우를 '접한다'고 표현한다. 이때의 직선은 원의 **접선**, 만나는 점은 **접점**이라고 부른다. 한 점이 아니라 두 점에서 원과 직선이 만날 때는 원을 가로지르는 현이 생기고, 직선이 원의 중심을 지날 때 생기는 현은 물론 원의 지름에 해당한다.

원과 직선이 접할 때 원의 중심에서 접점으로 선분을 그어 보자.

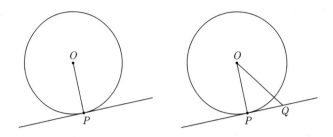

한눈에도 반지름 $\overline{OP}$와 접선은 서로 수직인 것처럼 보이는데, 실제로 그런지 증명해 보자. 서로 수직이 아니라고 할 때 모순이 생김을 보임으로써 원래 주장이 올바름을 입증할 것이다.

일단 $\overline{OP}$가 접선에 수직이 아니라고 가정한다. 그러면 접선 어딘가에 원의 중심과 이어서 접선과 수직이 되는 다른 점이 반드시 존재할 것이므로 그 점을 Q라고 한다. 이제 $\triangle OPQ$는 $\angle OQP = 90°$인 직각삼각형이다.

앞서 공부한 삼각형의 성질에 따르면, 직각삼각형에서는 가장 큰 각인 직각의 대변(빗변)이 가장 길어야 한다. 이 사실에 바탕하여 $\triangle OPQ$의 변들을 조사해 보자.

- 직각의 대변은 빗변이므로 $\angle OPQ$의 대변인 반지름 $\overline{OP}$는 빗변이다.
- 그런데 점 Q의 위치에 상관없이 접선은 원의 외부에 있으므로 $\overline{OQ}$는 항상 반지름보다 길다.
- 그러므로 $\overline{OQ}$가 빗변인 $\overline{OP}$보다 더 길다는 결론에 이르는데, 이것은 직각삼각형의 기본 성질과 모순된다.

그러므로 앞서 했던 가정은 잘못되었고, 반지름 $\overline{OP}$는 접선에 수직이어야 한다.

원의 바깥에 있는 한 점에서 원에 접선을 그으면 다음 그림과 같이 두 곳에 접점이 생기고, 이때 두 접선과 반지름 $\overline{OA}$ 및 $\overline{OB}$는 각각 수직이다. 이 두 개의 접선 $\overline{PA}$와 $\overline{PB}$는 어떤 관계가 있을까?

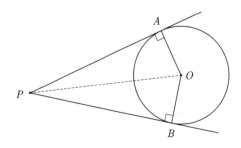

반지름과 접선이 수직이라는 사실로부터 $\triangle OAP$와 $\triangle OBP$는 모두 직각삼각형이다. 또한 두 삼각형은 빗변인 $\overline{OP}$를 공유하고 있으므로, 직각과 빗변 외에 한 각이나 한 변만 같으면 합동이다. 마침 다른 한 변을 이루고 있는 $\overline{OA}$와 $\overline{OB}$는 둘 다 원의 반지름으로 길이가 같으므로, 두 삼각형에 RHS 조건을 적용할 수 있다.

$$\triangle OAP \equiv \triangle OBP$$

그에 따라 대응되는 변과 각의 크기도 같다.

$$\overline{PA} = \overline{PB}$$
$$\angle APO = \angle BPO$$

또한 사각형의 내각은 모두 합해서 $360°$이므로, $\square APBO$에서 직각인 두 각을 제외한 나머지 각에 대해서 다음이 성립한다.

$$\angle APB + \angle AOB = 180°$$

연습문제

1. 반지름 1이고 중심각이 $60°$인 부채꼴에서 호의 길이와 부채꼴의 넓이는 얼마인가?

2. 회색으로 칠해진 영역의 넓이를 각각 구하여라.

(1)　　　　(2)　　　　(3)　　　　(4)

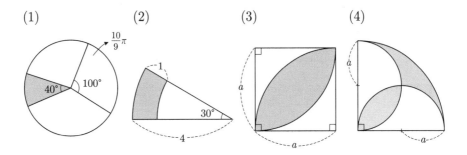

3. 그림에서 x와 y로 표시된 각의 크기 또는 선분의 길이를 구하여라. 이때 A, B, C는 원 O의 접점이다.

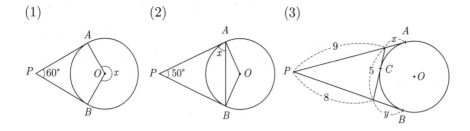

(1)   (2)   (3)

6.5 삼각형 II

앞서 6.2절에서는 합동 조건을 비롯하여 여러 가지 기본적인 삼각형의 성질을 알아보았다. 이 절에서는 거기서 조금 더 나아가, 도형의 닮음과 삼각형의 중점이 가진 성질에 대해 공부한다.

6.5.1 도형의 닮음

삼각형의 합동 조건에서 언급했듯이 두 각(즉, 세 각)이 같으면 모양은 그대로인 채 크기만 달라지게 된다. 이처럼 한 도형을 적절한 비율로 확대 또는 축소해서 다른 도형과 합동이 되게 할 수 있으면, 두 도형은 **닮음 관계**에 있다고 한다. 닮음을 나타내는 기호로는 ∼을 사용하며, 합동과 마찬가지로 대응되는 점의 순서를 지켜서 쓴다.

두 다각형이 닮은꼴이면, 확대 및 축소했을 때 모든 변이 같은 비율로 길어지거나 짧아져야 할 것이다. 따라서 닮은 다각형끼리는 대응되는 변의 비율이 같고, 이 비율을 **닮음비**라고 한다.

예제 6-5 두 삼각형은 닮음 관계이다. $\overline{DF}$의 길이는 얼마인가?

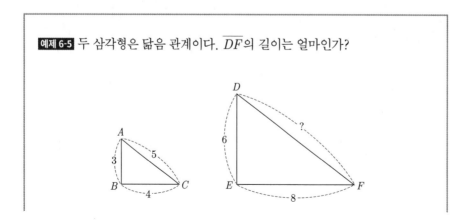

두 도형이 닮은꼴이므로 모든 대응변의 비는 같아야 한다. 다른 두 변의 길이로부터 닮음비가 1 : 2임을 알 수 있고, 그에 따라 $\overline{DF}$의 길이는 $\overline{AC}$의 2배인 10이다.

원처럼 각이나 변이 없는 경우는 어떨까? 모든 원은 모양이 같으므로 모두 닮은꼴이다. 또, 원을 결정하는 유일한 인자는 반지름(또는 지름)이므로 반지름 간의 비율이 닮음비를 결정한다.

원과 유사한 예로 정다각형을 들 수 있다. 정다각형은 변과 각이 있는 도형이지만, 한 내각의 크기가 이미 정해져 있고 모양이 모두 같다. 따라서 변의 개수가 같은 정다각형들은 모두 닮은꼴이 된다.

이제 두 삼각형이 닮음 관계가 되기 위한 조건에 대해서 알아보자. 앞서 공부했던 삼각형의 합동 조건에서는 변의 길이(S)와 각의 크기(A)를 가지고 판단했었다. 닮기 위한 조건에서도 각은 여전히 같아야 하지만, 변은 길이가 아니라 길이의 비로 판단한다는 차이가 있다.

먼저 SSS 합동 조건이 닮음의 경우에 어떻게 적용될 수 있을지 보자. 합동에서는 세 변의 길이가 각각 같아야 하지만, 닮음의 경우에는 세 변의 길이의 비가 모두 같으면 조건이 충족된다(닮음비). 앞의 예제에 나온 그림이 이 조건에 해당한다.

SAS 합동 조건은 어떨까? 두 변이 길이의 비가 같고 그 사이에 낀 각의 크기가 같다면, 나머지 한 변은 자동으로 정해지므로 역시 동일한 비를 가질 것이다. 다음 그림을 보자.

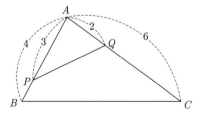

큰 삼각형 $\triangle ABC$와 작은 삼각형 $\triangle APQ$는 언뜻 보기에는 별 관계가 없을 듯하다. 하지만 두 삼각형은 $\angle A$를 공통으로 갖고 있으며, 그 각을 낀 두 변의 길이는

각각 다음과 같은 비율로 되어 있다.

$$\overline{AB} : \overline{AQ} = 4 : 2 = 2 : 1$$
$$\overline{AC} : \overline{AP} = 6 : 3 = 2 : 1$$

그러므로 두 삼각형은 닮음비 2 : 1인 닮음 관계에 있다. 대응되는 꼭짓점의 순서를 맞추어 기호로 쓰면 $\triangle ABC \sim \triangle AQP$가 된다.

합동 조건에서 ASA는 어떨까? 이 경우는 변이 하나뿐이라 대응비를 비교할 다른 변이 없다. 하지만 변을 제외하더라도 두 각(즉, 세 각)이 같다는 것만으로도 삼각형은 닮은꼴이 되므로, 닮음을 판단하기 위한 조건에 부합한다. 이것을 간단하게 **AA 닮음** 조건이라 부르기도 한다.

직각삼각형은 한 각이 직각으로 정해져 있다는 특성 때문에 다른 한 각만 정해지면 AA 조건으로 닮은꼴이 쉽게 만들어지는 편이다.

직각삼각형 $\triangle ABC$가 있고, 각 변의 길이를 대각의 기호에 맞춰 소문자로 a, b, c라 하자. 이제 다음 그림처럼 직각인 꼭짓점에서 빗변으로 수선을 내리면 직각삼각형이 두 개 더 만들어진다. 원래의 삼각형을 포함해서 이 세 개의 삼각형은 어떤 관계가 있을까?

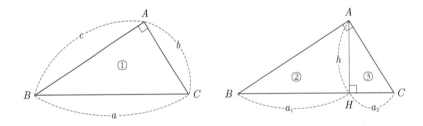

편의상 그림에 나온 크기 순서대로 번호를 붙여서 $\triangle ABC$를 삼각형 ①, $\triangle ABH$를 삼각형 ②, $\triangle AHC$를 삼각형 ③이라 부르기로 한다.

먼저 삼각형 ①과 ②를 살펴보자. 직각삼각형이므로 일단 각 하나가 같고, $\angle B$가 공통이므로 두 개의 각이 같다. 따라서 AA 닮음 조건으로 두 삼각형은 닮은꼴이 된다. 삼각형 ②를 뒤집어서 두 도형을 나란히 놓고 보면 $\triangle ABC \sim \triangle HBA$임을 알 수 있다.

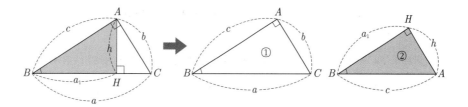

여기서 각 대응변의 길이는 일정한 비를 가지므로, 세 변의 길이는 $c : a_1 = b : h = a : c$라는 관계를 만족한다. 각 비례식에서 내항과 외항을 곱하면 $bc = ah$라든지 $c^2 = aa_1$ 같은 변 사이의 관계식을 얻을 수 있다.

다음으로 삼각형 ②와 ③을 살펴보자. 두 삼각형은 떨어져 있어서 공통된 각은 없지만 대신 다음 관계가 성립한다.

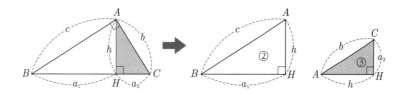

- $\triangle BAH$에서 직각을 제외한 두 각의 합 $\angle B + \angle BAH = 90°$
- 또한 $\angle A = 90° = \angle BAH + \angle CAH$
- 따라서 $\angle B = \angle CAH$
- 그러므로 두 각이 같은 AA 닮음 조건에 의해 $\triangle ABH \sim \triangle CAH$

이 경우에도 역시 변의 길이에 대해 $c : b = a_1 : h = h : a_2$라는 비례식이 성립하며, $h^2 = a_1 a_2$ 같은 유용한 등식을 얻는다.

끝으로, 삼각형 ①과 ③을 살펴보자. 두 삼각형은 $\angle C$라는 각을 공유하므로 AA 조건에 의해 닮음 관계가 된다. 삼각형 ③을 뒤집어서 나란히 놓으면 $\triangle ABC \sim \triangle HAC$임을 알 수 있다.

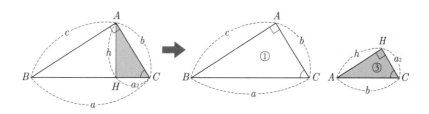

변의 길이에 대해서는 $c : h = a : b = b : a_2$의 비례식이 성립하고, $b^2 = aa_2$ 등의 관계식을 얻는다.

지금까지 본 것처럼 직각삼각형 ①, ②, ③은 모두 닮은꼴이며, 변의 대응비가 일정하여 여러 개의 관계식이 생겨남을 알 수 있다.

예제 6-6 아래의 각 도형에서 x의 길이를 구하여라.

(1)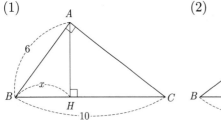

(2)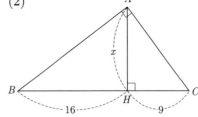

풀이

(1) 앞서 본 대로 $\triangle ABC \sim \triangle HBA$이다. 두 삼각형 모두 빗변의 길이가 주어져 있으므로 빗변 길이에서 대응비 $10 : 6$을 얻는다. $\overline{BH}$의 길이를 구하기 위해 대응변인 $\overline{AB}$와 비례식을 세우면 다음과 같다.

$$\overline{AB} : \overline{BH} = 6 : x = 10 : 6$$
$$\therefore \ x = 3.6$$

(2) $\triangle ABH \sim \triangle CAH$임을 이용하여 대응되는 변의 길이로 비례식을 세운다.

$$16 : x = x : 9$$
$$x^2 = 16 \times 9 = 144$$
$$\therefore \ x = \sqrt{144} = 12$$

6.5.2 삼각형 중점의 성질

도형의 닮음을 이용하여 삼각형의 중요한 성질 하나를 증명할 수 있다. 다음 그림에서 보는 것처럼 삼각형 두 변의 중점을 잇는 선분을 그어 보자.

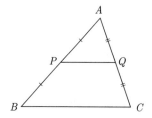

한눈에도 작은 삼각형과 큰 삼각형이 닮아 보인다. 실제로 두 삼각형 $\triangle ABC$와 $\triangle APQ$는 다음과 같이 하여 닮음 관계에 있다.

- 한 쌍의 변 $\overline{AP}$와 $\overline{AB}$의 길이의 비가 $1:2$
- 또 다른 한 쌍의 변 $\overline{AQ}$와 $\overline{AC}$의 길이의 비도 $1:2$
- $\angle A$는 두 삼각형에 공통
- 그러므로 SAS 닮음 조건에 의해 $\triangle ABC \sim \triangle APQ$

두 삼각형이 닮은꼴이므로 다음 관계가 성립한다.

$$\overline{PQ} : \overline{BC} = 1:2$$
$$\angle APQ = \angle ABC$$
$$\angle AQP = \angle ACB$$

두 번째는 동위각을 말하고 있으므로 $\overline{PQ} \parallel \overline{BC}$임은 분명하다. 이제 이 관계를 풀어 쓰면 다음과 같다.

"삼각형의 두 변의 중점을 이은 선분은 다른 한 변과 평행하며 길이는 절반이다."

이 성질에는 삼각형의 **중점연결정리**라는 이름이 주어져 있다.[17]

삼각형의 중점연결정리를 사각형에 적용하면 흥미로운 결과를 가져온다. 임의의 사각형에서 각 변의 중점을 이어 새로운 사각형을 만들어 보자. 이 사각형은 어떤 성질을 가지고 있을까?

---

[17] 정리(定理)는 참이라는 것이 증명된 명제를 말한다. 영어로는 theorem이다.

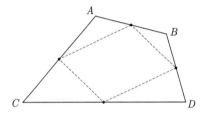

각 변의 중점을 연결했으므로, 사각형을 여러 개의 삼각형으로 나누면 중점연결정리를 적용할 수 있을 것이다. 그러려면 중점을 연결한 선분과 비교할 대상이 필요하다. 이제 사각형에 두 개의 대각선을 긋고, 중점들에도 기호를 매겨 보자.

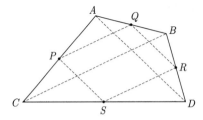

대각선 $\overline{CB}$와 비교할 대상으로는 $\overline{PQ}$와 $\overline{RS}$가 있다.

$$\overline{PQ} \parallel \overline{CB}, \quad \overline{PQ} = \frac{1}{2}\overline{CB} \quad \cdots \triangle ACB$$

$$\overline{SR} \parallel \overline{CB}, \quad \overline{SR} = \frac{1}{2}\overline{CB} \quad \cdots \triangle BCD$$

$$\therefore \overline{PQ} \parallel \overline{SR}, \quad \overline{PQ} = \overline{SR} \quad \cdots \text{(a)}$$

대각선 $\overline{AD}$와는 $\overline{QR}$과 $\overline{PS}$를 비교한다.

$$\overline{QR} \parallel \overline{AD}, \quad \overline{QR} = \frac{1}{2}\overline{AD} \quad \cdots \triangle ABD$$

$$\overline{PS} \parallel \overline{AD}, \quad \overline{PS} = \frac{1}{2}\overline{AD} \quad \cdots \triangle ACD$$

$$\therefore \overline{QR} \parallel \overline{PS}, \quad \overline{QR} = \overline{PS} \quad \cdots \text{(b)}$$

(a)와 (b)로부터 □$PQRS$의 두 쌍의 대변은 각각 평행하면서 길이가 같다는 결론을 내릴 수 있다. 따라서 □$PQRS$는 평행사변형이다.

다시 삼각형의 중점으로 돌아오자. 삼각형의 한 꼭짓점에서 대변의 중점으로 그은 선분을 **중선**이라고 한다. 다음과 같이 삼각형 ABC에 두 개의 중선 $\overline{CP}$와 $\overline{BQ}$

를 긋고, 그 교점을 X라 두자.

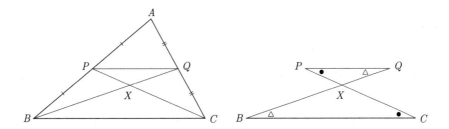

그러면 중점연결정리에 의해 $\overline{PQ}$와 $\overline{BC}$는 평행이며, 길이의 비는 $1:2$이다. 이제 작은 삼각형 $\triangle PQX$와 $\triangle BXC$를 보자.

- $\overline{PQ} \parallel \overline{BC}$이므로 $\angle PQX = \angle CBX$(엇각)이다.
- 마찬가지로 $\angle QPX = \angle BCX$(엇각)이다.
- 그러므로 $\triangle PQX \sim \triangle CBX$(AA 닮음 조건)이다.

두 삼각형이 닮은꼴이므로, 각 변의 길이에도 동일한 닮음비가 적용된다.

$$\overline{PX} : \overline{XC} = 1:2$$
$$\overline{QX} : \overline{XB} = 1:2$$

나머지 중선 $\overline{AR}$을 마저 긋고, 다른 한 중선과 만나는 점을 Y라 두자. 다른 한 중선은 어느 것이든 상관없는데, 여기서는 $\overline{BQ}$를 골랐다.

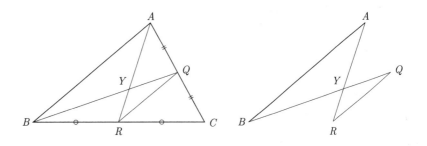

역시 중점연결정리에 의해 $\overline{QR} \parallel \overline{AB}$이며 길이의 비는 $1:2$이다. 여기서도 두 개의 닮은 삼각형 $\triangle QRY$와 $\triangle BAY$가 만들어지고, 각 변에 동일한 닮음비가 적용된다.

$$\overline{QY} : \overline{YB} = 1 : 2$$
$$\overline{RY} : \overline{YA} = 1 : 2$$

앞서 중선 $\overline{BQ}$는 점 X에 의해 두 선분 $\overline{BX}$와 $\overline{XQ}$로 나뉘고, 두 선분의 비는 $\overline{BX} : \overline{XQ} = 2 : 1$이었다. 그런데 방금 새로운 중선과의 교점을 Y라 두었을 때 중선 $\overline{BQ}$가 $\overline{BY}$와 $\overline{YQ}$로 나뉘면서 길이의 비 또한 $2 : 1$이 되었다. 같은 선분을 같은 비율로 나누는 점이 두 개일 수는 없으므로 교점 Y는 결국 교점 X와 동일해야 한다.

이렇게 두 중선이 만나는 점 X와 다른 두 중선이 만나는 점 Y가 같으므로 우리는 다음과 같은 결론을 얻는다.

"삼각형의 세 중선은 한 점에서 만난다."

이처럼 세 중선이 만나는 점을 삼각형의 **무게중심**이라고 하는데, 실제로 삼각형 모양을 만들고 그 무게중심을 뾰족한 물건으로 받치면 평형이 유지된다.

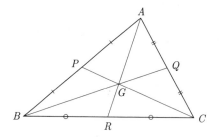

지금까지 본 것처럼 삼각형 $\triangle ABC$에서 무게중심 G는 중점연결정리에 의해 모든 중선의 길이를 꼭짓점 쪽에서 보아 $2 : 1$로 나눈다. 즉,

$$\overline{AG} : \overline{GR} = \overline{BG} : \overline{GQ} = \overline{CG} : \overline{GP} = 2 : 1$$

중선과 무게중심이 삼각형 내의 넓이에 어떤 관계를 가져오는지 알아보자. 중선 $\overline{AR}$의 경우를 예로 들면, 전체 삼각형 $\triangle ABC$를 두 개의 작은 삼각형 $\triangle ABR$과 $\triangle ACR$로 나누고 있다. 이때 두 삼각형은 높이가 같고 밑변 길이도 같으므로 넓이 또한 같다.

$$\triangle ABR = \triangle ACR \quad \cdots \text{ (a)}$$

중선 $\overline{AR}$에 의해 둘로 나뉘는 삼각형이 또 있다. $\triangle GBC$도 중선의 일부인 $\overline{GR}$에 의해 $\triangle GBR$과 $\triangle GCR$로 나뉘는데, 이 역시 높이와 밑변의 길이가 같으므로 다음이 성립한다.

$$\triangle GBR = \triangle GCR \quad \cdots \text{(b)}$$

여기서 (a)에 나온 삼각형들은 (b)의 삼각형을 각각 포함하고 있음에 주목하자. 이제 (a)에서 (b)를 뺀 나머지 도형을 생각해 보면 $\triangle ABG$와 $\triangle ACG$를 얻는데, 이 새로운 두 삼각형 역시 넓이가 같음을 알 수 있다.

지금까지의 과정은 다른 두 중선에 대해서도 마찬가지로 적용할 수 있으므로 그 결과 넓이가 같은 세 개의 삼각형을 얻는다.

$$\triangle ABG = \triangle ACG = \triangle BCG = \frac{1}{3}\triangle ABC$$

한편, 이 세 개의 삼각형 안에 있는 더 작은 삼각형들은 (b)에서 본 것처럼 서로 넓이가 같으므로 다음의 삼각형 여섯 개도 모두 넓이가 같음을 알 수 있다.

$$\triangle AGP = \triangle BGP = \triangle BGR = \triangle CGR = \triangle CGQ = \triangle AGQ = \frac{1}{6}\triangle ABC$$

연습문제

1. 아래에서 x의 길이를 구하여라.

(1)
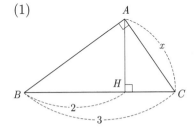

(2)
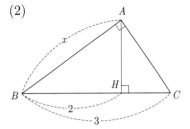

2. $\overline{AB} \parallel \overline{CD}$인 사다리꼴에서 $\overline{AC}$와 $\overline{BD}$의 중점을 각각 M과 N이라고 두었다.
   (1) $\overline{AN}$과 $\overline{CD}$의 연장선이 만나는 점을 P라고 할 때, $\triangle ABN \equiv \triangle PDN$임을 보여라.

(2) $\overline{MN} = \frac{1}{2}(\overline{AB} + \overline{CD})$임을 보여라.

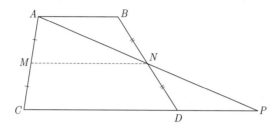

3. $\triangle ABC$의 무게중심을 G, $\triangle GBC$의 무게중심을 G'라 할 때, $\overline{AG} : \overline{GG'}$의 비는 얼마인가?

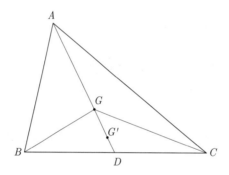

6.6 피타고라스 정리

지금까지 공부한 평면도형의 성질에 기초하여 이 절과 이어지는 다음 절에서는 직각삼각형에 관련된 아주 중요한 개념 두 가지를 다룬다.

그 첫 번째는 고대 그리스 수학자의 이름을 딴 **피타고라스 정리**다. 이 정리는 직각삼각형에서 세 변이 어떤 관계인지를 밝힌 명제로, 다음과 같은 내용을 담고 있다.

"직각삼각형의 빗변의 제곱은 다른 두 변의 제곱의 합과 같다."

직각삼각형을 다음과 같은 그림으로 나타낸다면, 이 정리는 $a^2 + b^2 = c^2$이라는 등식으로 쓸 수 있다.[18]

---

[18] 여기서 지수가 3 이상의 자연수일 때, 즉 $a^n + b^n = c^n (n > 2)$를 만족하는 정수 a, b, c는 존재하지 않는다는 것이 유명한 '페르마의 마지막 정리'다.

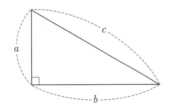

피타고라스 정리는 아주 오래전부터 알려져 있었으며, 그 증명법도 수백 가지에 이른다. 여기서는 닮음을 이용한 방법을 비롯하여 널리 알려진 증명법 몇 가지를 알아본다.

바로 앞 절에서 직각삼각형의 빗변에 수선을 내리면 닮은 직각삼각형이 세 개 생겨난다는 것을 배웠다. 즉, $\triangle ABC \sim \triangle ACH \sim \triangle CBH$이다.

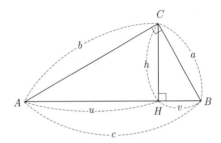

세 직각삼각형은 닮은꼴이므로 변 사이의 비율도 같아야 한다. 가장 큰 삼각형을 기준으로 $a:b$와 $b:c$와 $c:a$에 각각 해당하는 비율을 다른 닮은꼴에 적용하면 다음과 같은 식을 얻는다. 어떤 변들의 비인지는 그림에서 직접 확인해 보자.

$$a:b = h:u = v:h$$
$$b:c = u:b = h:a$$
$$c:a = b:h = a:v$$

세 비례식을 보면, 중복된 문자가 있어서 제곱의 꼴을 만들 수 있는 쌍이 눈에 띈다. 예를 들어 마지막 식에는 a가 두 번 나타나므로, a를 포함한 비례식을 풀어서 a^2의 꼴이 나오는 등식을 얻을 수 있을 것이다. 이와 같은 방법으로 식을 세우면 다음과 같다.

$$h^2 = uv \quad \cdots \text{(a)}$$
$$b^2 = cu \quad \cdots \text{(b)}$$
$$a^2 = cv \quad \cdots \text{(c)}$$

여기서 우리의 관심을 끄는 것은 a^2과 b^2이 포함된 (b)와 (c)다. 두 식을 더하여 다음을 얻는다.

$$a^2 + b^2 = cv + cu \quad \cdots \text{(b)} + \text{(c)}$$

그런데 $u + v = c$이므로 이 식은 다음과 같이 된다.

$$a^2 + b^2 = c(v + u) = c^2$$

이렇게 하여 도형의 닮음비에 의한 변의 길이로 피타고라스 정리를 증명하였다.

피타고라스 정리의 증명법에는 도형의 넓이를 이용하는 것이 많다. 합동인 직각삼각형 네 개를 맞물리게 배치한 다음 그림을 보자.

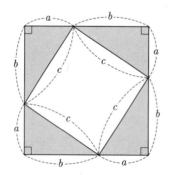

바깥쪽 큰 정사각형의 넓이는, 직각삼각형 네 개의 넓이와 안쪽의 작은 정사각형의 넓이를 더한 것과 같다. 이것을 식으로 쓰고,

$$(a + b)^2 = 4 \cdot \frac{1}{2}ab + c^2$$

양변을 간단히 하면 피타고라스 정리를 얻는다.

$$a^2 + 2ab + b^2 = 2ab + c^2$$
$$\therefore a^2 + b^2 = c^2$$

넓이를 이용하는 다른 증명법 하나를 더 알아보자. 역시 합동인 직각삼각형 네 개를 맞물리게 배치하였다.

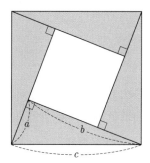

이번에는 바깥쪽 큰 정사각형의 한 변이 빗변과 같다. 안쪽 작은 정사각형의 한 변이 $(b - a)$임에 착안하여 위와 유사한 방식으로 식을 세우고,

$$c^2 = 4 \cdot \frac{1}{2}ab + (b-a)^2$$

우변을 간단히 하면 피타고라스 정리를 얻는다.

$$c^2 = 2ab + (b^2 - 2ab + a^2)$$
$$\therefore \ c^2 = a^2 + b^2$$

만약 직각삼각형이 아니라면 각 변의 제곱 사이에는 무슨 관계가 있을까?

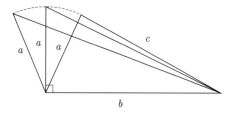

이 그림은 직각삼각형에서 빗변이 아닌 두 변 a와 b의 길이를 그대로 둔 다음, 직각이었던 각의 크기를 키우거나 줄였을 때를 나타낸다. 각의 크기와 그 대변의 크기의 관계로부터, 각이 직각보다 커질 때는 그 대변인 c의 길이가 함께 길어지고, 각이 작아질 때는 변의 길이도 함께 짧아진다.

그러므로 직각삼각형이 아닌 삼각형에서 가장 긴 변의 길이를 c라 하고 나머지 두 변의 길이를 각각 a와 b라 하면 다음의 관계가 성립한다.

- 예각삼각형: $c^2 < a^2 + b^2$
- 둔각삼각형: $c^2 > a^2 + b^2$

예제 6-7 삼각형 세 변의 길이가 다음과 같이 주어졌을 때, 각 삼각형이 어떤 형태인지 예각/직각/둔각삼각형 중 하나로 답하여라.

(1) $2, 3, 4$ (2) $3, 4, 5$ (3) $4, 5, 6$

풀이

가장 긴 변의 길이를 제곱하여 다른 두 변의 제곱의 합과 비교한다.

(1) $(4^2 = 16) > (2^2 + 3^2 = 4 + 9 = 13)$이므로 둔각삼각형

(2) $(5^2 = 25) = (3^2 + 4^2 = 9 + 16 = 25)$이므로 직각삼각형

(3) $(6^2 = 36) < (4^2 + 5^2 = 16 + 25 = 41)$이므로 예각삼각형

앞의 예제에 나온 $3, 4, 5$처럼 자연수 중에 피타고라스 정리를 만족하는 세 수를 **피타고라스 수**라고 부른다. 피타고라스 수를 정수배 한 결과는 여전히 피타고라스 수가 되는데, 예를 들어 $3, 4, 5$에 3을 곱한 $9, 12, 15$ 역시 피타고라스 수다. 이것은 간단한 수식으로 증명할 수 있는데, $a^2 + b^2 = c^2$라 하고 a와 b에 각각 k배 하여 더해 보면 여전히 피타고라스 정리를 만족함이 확인된다.

$$(ka)^2 + (kb)^2 = k^2(a^2 + b^2) = k^2 c^2 = (kc)^2$$

어떤 피타고라스 수가 다른 피타고라스 수의 배수로 이루어진 것이 아니려면 세 수는 각각 서로소여야 한다(그렇지 않으면 공약수로 나누어진다). 이렇게 서로소인 세 수로 이루어진 피타고라스 수를 원시(primitive) 피타고라스 수라고 부른다. 원시 피타고라스 수는 $3, 4, 5$ 외에도 $5, 12, 13$이나 $8, 15, 17$ 등이 잘 알려져 있다.

피타고라스 정리는 직각삼각형이 포함된 도형이라면 어디에나 적용된다. 우선 삼각형의 경우를 살펴보자. 한 변의 길이가 a인 정삼각형 $\triangle ABC$의 높이와 넓이는 얼마일까?

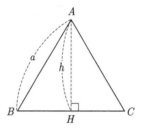

꼭짓점에서 대변에 수선을 내리고 그 발을 H라 하자. 그러면 $\overline{BH} = \frac{1}{2}a$이다. 이제 높이 $\overline{AH} = h$라 두고 직각삼각형 $\triangle ABH$에 피타고라스 정리를 적용하면,[19]

$$h^2 + \left(\frac{1}{2}a\right)^2 = a^2$$
$$h^2 = \frac{3}{4}a^2$$
$$\therefore h = \frac{\sqrt{3}}{2}a \quad (\because h > 0)$$

또한 정삼각형의 넓이 S는 다음과 같다.

$$S = \frac{1}{2}ah = \frac{1}{2}a \cdot \frac{\sqrt{3}}{2}a = \frac{\sqrt{3}}{4}a^2$$

피타고라스 정리를 사각형에는 어떻게 적용할 수 있을까? 한 변이 a인 정사각형에서 대각선의 길이를 구해 보자.

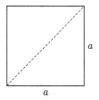

앞서 무리수를 공부할 때도 위와 유사한 그림을 소개한 바 있다. 대각선의 길이를 x로 두고 피타고라스 정리를 적용하면,

---

19 아래 식에서 기호 $\because$는 "왜냐하면(because)"이라 읽는다.

$$x^2 = a^2 + a^2$$
$$x^2 = 2a^2$$
$$\therefore x = \sqrt{2}\,a$$

직사각형의 대각선 길이도 아주 간단히 얻을 수 있으므로 생략한다.

이번에는 직각삼각형이 아닌 일반적인 삼각형의 경우에 피타고라스 정리를 적용해 보자. 다음과 같이 세 변의 길이만 주어진 경우에, 삼각형의 넓이를 어떻게 구할 수 있을까?

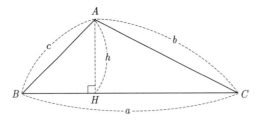

모든 삼각형에는 수선을 내림으로써 언제든지 직각삼각형을 만들 수 있음에 착안한다. 한 꼭짓점에서 대변에 수선을 내리고, 새로 생긴 작은 직각삼각형 두 개에 피타고라스 정리를 적용해 보자.

$$c^2 = h^2 + \overline{BH}^2 \qquad \cdots \triangle ABH$$
$$b^2 = h^2 + (a - \overline{BH})^2 \quad \cdots \triangle ACH$$

두 등식이 모두 h^2을 포함하고 있으므로 h^2에 대해 다시 쓴다.

$$h^2 = c^2 - \overline{BH}^2$$
$$h^2 = b^2 - (a - \overline{BH})^2$$

두 식의 값은 같으므로 등호로 연결한다.

$$c^2 - \overline{BH}^2 = b^2 - (a - \overline{BH})^2$$
$$= b^2 - (a^2 - 2a \cdot \overline{BH} + \overline{BH}^2)$$
$$= b^2 - a^2 + 2a \cdot \overline{BH} - \overline{BH}^2$$

양변에 공통된 $\overline{BH}^2$을 없애고 이항하면, 다음과 같이 $\overline{BH}$를 얻는다.

$$\overline{BH} = \frac{(a^2 - b^2 + c^2)}{2a}$$

이제 높이 h를 구하려면 앞의 식 $h^2 = c^2 - \overline{BH}^2$에 방금 구한 $\overline{BH}$의 값을 대입하기만 하면 된다. 그에 따라 삼각형의 넓이 S도 간단히 얻을 수 있다.

$$S = \frac{1}{2}ah = \frac{1}{2}a\sqrt{c^2 - \overline{BH}^2}$$

위의 결과를 공식처럼 외울 필요는 없으며, 예제를 통해 실제 계산 과정을 따라가 보는 것으로 충분하다.

예제 6-8 세 변의 길이가 $2, 3, 4$인 삼각형의 넓이를 구하여라.

풀이

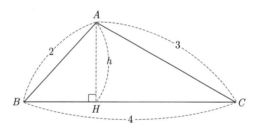

우선 두 직각삼각형에 대해 피타고라스 정리를 적용한다.

$$4 = h^2 + \overline{BH}^2$$
$$9 = h^2 + (4 - \overline{BH})^2$$

h^2으로 같아지는 두 항을 등호로 잇고 우변을 전개한다.

$$\begin{aligned}
4 - \overline{BH}^2 &= 9 - (4 - \overline{BH})^2 \\
&= 9 - (16 - 8 \cdot \overline{BH} + \overline{BH}^2) \\
&= -7 + 8 \cdot \overline{BH} - \overline{BH}^2
\end{aligned}$$

양변의 $\overline{BH}^2$를 지우고 이항하여 간단히 한다.

$$4 = -7 + 8 \cdot \overline{BH}$$
$$11 = 8 \cdot \overline{BH}$$
$$\therefore \overline{BH} = \frac{11}{8}$$

$\overline{BH}$를 구했으므로 앞의 식 $4 = h^2 + \overline{BH}^2$에 대입하여 h를 구할 수 있다.

$$h = \sqrt{4 - \overline{BH}^2} = \sqrt{4 - \frac{121}{64}} = \sqrt{\frac{135}{64}} = \frac{3\sqrt{15}}{8}$$

따라서 $\triangle ABC$의 넓이 S는 다음과 같다.

$$S = \frac{1}{2} \cdot 4 \cdot h = 2h = \frac{3\sqrt{15}}{4}$$

피타고라스 정리는 좌표평면에서도 중요한 역할을 한다. 좌표평면 위에 두 점 $A(x_1, y_1)$와 $B(x_2, y_2)$가 있다고 하자.

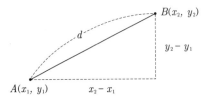

그러면 두 점 사이의 거리 d는 위의 그림에서 직각삼각형의 빗변에 해당하므로 피타고라스 정리를 써서 구할 수 있다.

$$d = \sqrt{(x_2 - x_1)^2 + (y_2 - y_1)^2}$$

예를 들어 두 점 $(-3, 4)$와 $(2, -1)$ 사이의 거리는 다음과 같다.

$$\sqrt{(-3-2)^2 + (4+1)^2} = \sqrt{25 + 25} = \sqrt{50} = 5\sqrt{2}$$

이제 원과 삼각형이 함께 어우러진 예제로 피타고라스 정리를 마무리하자. 이 문제는 아랍 수학자의 이름을 따서 '알하젠(Alhazen)의 반달'이라고 불린다.[20]

예제 6-9 직각삼각형 $\triangle ABC$에서 변 $\overline{AB}$, $\overline{AC}$, $\overline{BC}$를 지름으로 하는 반원 세 개를 각각 그렸다. 이때 회색으로 칠해진 영역의 넓이를 구하여라.

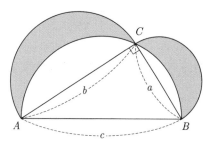

풀이

변 $\overline{AB}$, $\overline{BC}$, $\overline{AC}$를 지름으로 하는 반원의 넓이를 각각 S_{AB}, S_{BC}, S_{AC}라 하자. 그러면 회색으로 칠해진 영역의 넓이 S는, $\triangle ABC$와 작은 반원 두 개를 합친 넓이에서 큰 반원을 뺀 것과 같다.

$$S = (\triangle ABC + S_{AC} + S_{BC}) - S_{AB}$$

우선 삼각형과 각 반원의 넓이를 구하고,

$$\begin{aligned}
\triangle ABC &= \frac{1}{2}ab \\
S_{AC} &= \frac{1}{2}\pi\left(\frac{b}{2}\right)^2 = \frac{\pi}{8}b^2 \\
S_{BC} &= \frac{1}{2}\pi\left(\frac{a}{2}\right)^2 = \frac{\pi}{8}a^2 \\
S_{AB} &= \frac{1}{2}\pi\left(\frac{c}{2}\right)^2 = \frac{\pi}{8}c^2
\end{aligned}$$

이것을 앞의 식에 대입한다.

---

20 이것은 흔히 '피타고라스의 초승달'이라고 부르는 문제의 확장판 격이다.

$$S = (\triangle ABC + S_{AC} + S_{BC}) - S_{AB}$$
$$= \left(\frac{1}{2}ab + \frac{\pi}{8}b^2 + \frac{\pi}{8}a^2\right) - \frac{\pi}{8}c^2$$
$$= \frac{1}{2}ab + \frac{\pi}{8}(b^2 + a^2 - c^2)$$

그런데 피타고라스 정리에 의해 $a^2 + b^2 = c^2$이므로 $b^2 + a^2 - c^2 = 0$이다.

$$\therefore \ S = \frac{1}{2}ab$$

즉, 회색 영역의 넓이는 직각삼각형 $\triangle ABC$의 넓이와 동일하다.

연습문제

1. 대각선 길이가 8인 정육각형의 넓이는 얼마인가?

2. 세 변의 길이가 $4, 5, 6$인 삼각형의 넓이를 구하여라.

3. 좌표평면 위의 세 점 $A(-3, -2)$, $B(2, -1)$, $C(1, 1)$을 꼭짓점으로 하는 삼각형은 예각/직각/둔각삼각형 중 어느 것에 해당하는가? 세 변의 길이로 판별하여라.

4. 길이가 p인 끈으로 직각삼각형을 만들 때, 가장 작은 변의 길이는 최대로 얼마까지 커질 수 있는가?

6.7 삼각비

직각삼각형에 관련된 중요한 두 번째 개념은 **삼각비**다. 직각삼각형에서 세 변의 길이가 갖추어야 할 조건을 나타낸 것이 피타고라스 정리였다면, 삼각비는 내각의 크기에 따라 세 변의 비가 어떻게 정해지는지 나타낸 것이다.

직각 이외의 한 각의 크기가 θ[21]인 직각삼각형을 생각해 보자. 직각을 포함하여 두 각이 정해졌으므로, 나머지 한 각도 $90° - \theta$로 정해진다. 이렇게 삼각형에서

---

21 그리스어 알파벳 세타(theta)다.

세 각이 정해지면, 같은 비율(닮음비)로 세 변이 함께 커지거나 작아질지언정 각 변 사이의 비가 변하지는 않는다는 것을 '도형의 닮음'에서 공부했었다. 다시 말하자면,

"직각삼각형에서 직각이 아닌 한 각이 정해지면 세 변의 길이의 비도 정해진다."

이처럼 직각삼각형의 한 내각이 특정한 크기일 때 세 변의 길이의 비를 나타낸 것이 삼각비다. 이때 기준이 되는 각은 다음 그림으로 보자면 $\angle A$와 $\angle B$ 둘 다 가능하겠지만, 수학에서는 둘 중 $\angle A$의 위치를 기준으로 하여 삼각비를 나타내기로 약속하였으며, 이 각을 **기준각**이라고 한다.

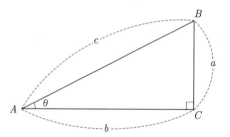

삼각형은 변이 세 개이니 변 사이의 비도 세 가지가 나올 것이다. 우선 빗변을 제외한 나머지 두 변을 지칭할 이름이 필요하므로 기준각에서 직각 쪽으로 뻗은 $\overline{AC}$를 **밑변**, 기준각의 대변인 $\overline{BC}$를 **높이**라고 부르기로 한다.

이 세 변 사이의 비는 예컨대 $a : b - b : c - c : a$라거나 $b : a - b : c - a : c$처럼 여러 조합이 가능하므로 혼동을 피하려면 한 가지로 통일해야 한다. 그래서 수학에서는 다음과 같이 세 개의 비를 정하고 각각에 특별한 이름을 부여한다.

비	비의 값	비의 이름	표기법
높이 : 밑변 $= a : b$	$\dfrac{a}{b}$	탄젠트(tangent)	$\tan \theta$
밑변 : 빗변 $= b : c$	$\dfrac{b}{c}$	코사인(cosine)	$\cos \theta$
높이 : 빗변 $= a : c$	$\dfrac{a}{c}$	사인(sine)	$\sin \theta$

이 세 개의 비가 각각 무엇과 무엇의 비를 나타내는지는 이름만으로 알기가 어렵다. 비의 순서를 기억하기 위해서 흔히 쓰는 방법은 다음과 같이 각 비의 이름 영문

첫 글자를 필기체로 쓰는 것이다. 필기체로 쓸 때는, 먼저 지나는 변이 분모이고 나중에 지나는 변이 분자에 해당한다는 점에 유의한다.

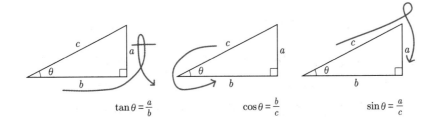

$$\tan \theta = \frac{a}{b} \qquad \cos \theta = \frac{b}{c} \qquad \sin \theta = \frac{a}{c}$$

삼각비의 개념을 그림으로 나타내는 표준적인 방법은 반지름이 1인 원을 이용하는 것이다.[22] 우선 다음 그림처럼 좌표평면상에 원점을 중심으로 반지름이 1인 원을 그린 다음, 원주 위의 한 점 P와 원점을 잇는 선분 $\overline{OP}$를 긋는다. 그리고 점 P에서 가로축에 수선의 발을 내리면 직각삼각형이 만들어진다.

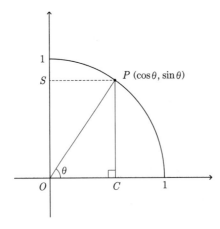

이제 이렇게 만들어진 직각삼각형의 빗변 $\overline{OP}$는 길이가 1이므로 삼각비 중 분모가 빗변인 사인과 코사인의 값을 쉽게 얻을 수 있다.

$$\sin \theta = \frac{\overline{CP}}{\overline{OP}} = \overline{CP} = \overline{OS}$$
$$\cos \theta = \frac{\overline{OC}}{\overline{OP}} = \overline{OC}$$

22 반지름이 1인 원을 단위원(unit circle)이라고 한다.

그에 따라 점 P의 좌표는 $(\cos\theta, \sin\theta)$가 된다.

이 직각삼각형에 앞 절에서 배웠던 피타고라스 정리를 적용해 보자. 그러면 다음과 같이 사인과 코사인이 서로 연관되어 있음을 보여 주는 수식을 얻는다.

$$\overline{OS}^2 + \overline{OC}^2 = 1$$
$$\therefore\ \sin^2\theta + \cos^2\theta = 1$$

여기서 $\sin^2\theta$이나 $\cos^2\theta$는 삼각비 값의 제곱을 간략하게 표기한 것으로 $(\sin\theta)^2$나 $(\cos\theta)^2$의 뜻을 가진다.

그림에서 탄젠트의 값은 어떻게 얻을까? $\triangle OCP$에서 삼각비의 정의를 따르다 보면 다음과 같이 두 삼각비의 비율로도 탄젠트를 나타낼 수 있다.

$$\tan\theta = \frac{\overline{CP}}{\overline{OC}} = \frac{\sin\theta}{\cos\theta}$$

예제 6-10 어떤 기준각 θ에 대해 $\sin\theta = \frac{1}{2}$이라고 한다. 이때 $\cos\theta$와 $\tan\theta$는 얼마인가? (단, $\cos\theta \geq 0$)

풀이

사인과 코사인의 관계 $\sin^2\theta + \cos^2\theta = 1$이며, $\tan\theta = \frac{\sin\theta}{\cos\theta}$임을 이용한다.

$$\left(\frac{1}{2}\right)^2 + \cos^2\theta = 1$$
$$\cos^2\theta = 1 - \frac{1}{4} = \frac{3}{4}$$
$$\therefore\ \cos\theta = \frac{\sqrt{3}}{2}$$
$$\therefore\ \tan\theta = \frac{\sin\theta}{\cos\theta} = \frac{\left(\frac{1}{2}\right)}{\left(\frac{\sqrt{3}}{2}\right)} = \frac{1}{\sqrt{3}} = \frac{\sqrt{3}}{3}$$

탄젠트는 빗변과 무관하므로 밑변이나 높이 중 하나를 길이 1로 만드는 방법도 있다. 여기서는 분모에 해당하는 밑변을 1로 고정시켜 보자.

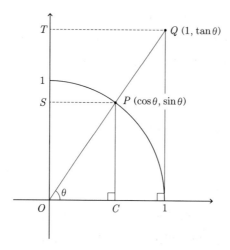

그러면 $\overline{OQ}$를 빗변으로 하는 직각삼각형이 만들어지므로 삼각비의 정의에 따라 탄젠트의 값을 다음과 같이 구할 수 있다.

$$\tan\theta = \frac{\overline{OT}}{1} = \overline{OT}$$

일반적으로 임의의 각에 대한 삼각비를 바로 얻어낼 방법은 마땅하지 않다. 하지만 기준각이 특정한 크기인 몇몇 경우에는, 앞 절에서 공부한 피타고라스 정리를 이용해서 삼각비의 값을 쉽게 구할 수 있다. 먼저 기준각이 45°일 때를 생각해 보자.

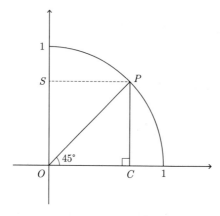

기준각 $\angle POC = 45°$이고 다른 한 각이 직각이므로 나머지 한 각도 $\angle OPC = 45°$

가 된다. 두 개의 각이 같으므로 △OCP는 (직각)이등변삼각형이고, 따라서 두 변 $\overline{OC} = \overline{CP}$이다. 여기에 피타고라스 정리를 적용하면, 다음과 같이 $\overline{OC}$ 및 $\overline{CP}$의 값을 구할 수 있다.

$$\overline{OC}^2 + \overline{CP}^2 = 1$$
$$2\,\overline{OC}^2 = 1$$
$$\overline{OC}^2 = \frac{1}{2}$$
$$\therefore \ \overline{OC} = \overline{CP} = \sqrt{\frac{1}{2}} = \frac{\sqrt{2}}{2}$$

세 변의 길이가 구해졌으므로 기준각 45°에 대한 삼각비의 값을 구할 수 있다.

$$\sin 45° = \frac{\overline{CP}}{\overline{OP}} = \frac{\sqrt{2}}{2}$$
$$\cos 45° = \frac{\overline{OC}}{\overline{OP}} = \frac{\sqrt{2}}{2}$$
$$\tan 45° = \frac{\overline{CP}}{\overline{OC}} = 1$$

다음은 정삼각형을 이용해서 다른 기준각에 대한 삼각비를 구해 보자. 다음 그림처럼 $\theta = 60°$일 때를 그려 보면, 직각삼각형 △OCP에서 나머지 한 각 $\angle OPC = 30°$이다.

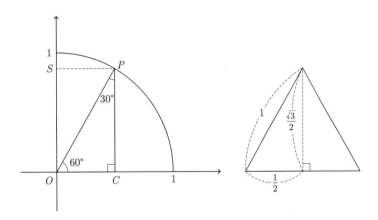

이 직각삼각형은 정삼각형을 반으로 나눈 도형이며, 피타고라스 정리를 적용하면 세 변의 길이를 모두 얻을 수 있다. 그에 따라 기준각 60°에 대한 삼각비의 값은 다음과 같다.

$$\sin 60° = \frac{\overline{CP}}{\overline{OP}} = \frac{\sqrt{3}}{2}$$

$$\cos 60° = \frac{\overline{OC}}{\overline{OP}} = \frac{1}{2}$$

$$\tan 60° = \frac{\overline{CP}}{\overline{OC}} = \frac{(\frac{\sqrt{3}}{2})}{(\frac{1}{2})} = \sqrt{3}$$

이 삼각형은 세 변 길이를 모두 알고 있으므로 다른 한 각 30°에 대한 삼각비도 구할 수 있다. 위 그림을 약간 돌려 보자.

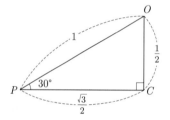

기준각 30°에 대한 삼각비의 값을 구하면 다음과 같다.

$$\sin 30° = \frac{\overline{OC}}{\overline{OP}} = \frac{1}{2}$$

$$\cos 30° = \frac{\overline{CP}}{\overline{OP}} = \frac{\sqrt{3}}{2}$$

$$\tan 30° = \frac{\overline{OC}}{\overline{CP}} = \frac{(\frac{1}{2})}{(\frac{\sqrt{3}}{2})} = \frac{1}{\sqrt{3}} = \frac{\sqrt{3}}{3}$$

기준각 θ가 아주 작아져서 0°에 가까워지거나 아주 커져서 90°에 가까워지면 삼각비의 값은 어떻게 될까?

우선 기준각이 0°에 가까워지는 경우를 살펴보자. 기준각이 작아지면 다음 그림에서 보듯이 세로축에 위치한 $\overline{OS}$와 $\overline{OT}$도 함께 작아져서 그 길이가 0에 가까워질 것이다. 반면, 가로축에 위치한 $\overline{OC}$의 길이는 점점 1에 가까워지게 된다.

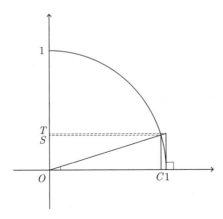

따라서, $\theta = 0°$일 때 삼각비는 다음과 같이 될 것임을 유추할 수 있다.

$$\sin 0° = \overline{OS} = 0$$
$$\cos 0° = \overline{OC} = 1$$
$$\tan 0° = \overline{OT} = 0$$

기준각이 90°에 가까워지면 사인과 코사인은 정반대의 위치가 된다. 그에 따라 $\overline{OS}$의 길이는 1에, $\overline{OC}$의 길이는 0에 가까워질 것이다.

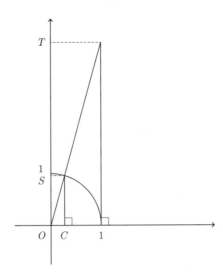

$\theta = 90°$일 때의 삼각비는 다음과 같다. 이때 탄젠트의 값은 기준각이 커짐에 따라 무한히 증가하므로 값을 정할 수 없는 상태가 된다.

$$\sin 90° = \overline{OS} = 1$$
$$\cos 90° = \overline{OC} = 0$$

지금까지 알아본 특정 기준각에 대한 삼각비로부터, $0° \sim 90°$ 범위에서 각 삼각비가 어떤 추이를 가지는지 살펴보자.

	0°	30°	45°	60°	90°	추이
sin	0	$\dfrac{1}{2}$	$\dfrac{\sqrt{2}}{2}$	$\dfrac{\sqrt{3}}{2}$	1	╱증가
cos	1	$\dfrac{\sqrt{3}}{2}$	$\dfrac{\sqrt{2}}{2}$	$\dfrac{1}{2}$	0	╲감소
tan	0	$\dfrac{\sqrt{3}}{3}$	1	$\sqrt{3}$	무한히 커짐	╱증가

기준각의 크기가 커짐에 따라 탄젠트와 사인 값은 증가하고, 코사인 값은 감소하는 추세임을 알 수 있다. 또, 코사인과 사인의 값이 45°를 가운데 두고 서로 교차하는 모습도 보이는데, 이것은 $\sin^2 \theta + \cos^2 \theta = 1$임을 생각하면 다소 당연한 결과라 하겠다.[23]

삼각비는 각도가 주어진 문제를 푸는 데 두루 쓰인다. 다음과 같이 두 변과 끼인각의 크기만 알려진 삼각형을 생각해 보자. 여기서 다른 한 변 $\overline{AC}$와 높이 $\overline{AH}$, 그리고 삼각형의 넓이는 어떻게 구할 수 있을까?

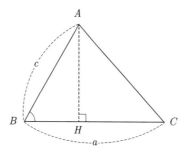

---

[23] $\sin \theta$와 $\cos \theta$가 양수이며 같을 때 그 값을 x로 두면 이차방정식 $x^2 + x^2 = 1$이 성립하고, 이것을 풀면 $x = \dfrac{\sqrt{2}}{2}$이다.

높이 $\overline{AH}$는 삼각비 중 사인의 정의를 이용해서 바로 구할 수 있다.

$$\sin B = \frac{\overline{AH}}{c}$$
$$\therefore \overline{AH} = c\sin B$$

또, 코사인을 이용하면 $\overline{BH}$의 길이도 바로 얻는다.

$$\cos B = \frac{\overline{BH}}{c}$$
$$\therefore \overline{BH} = c\cos B$$

$\overline{AH}$와 $\overline{BH}$를 가지고 미지의 한 변 $\overline{AC}$의 길이를 어떻게 구할까? 일단 $\angle B$ 외의 다른 각은 크기를 모르므로 삼각비를 적용하기가 어렵지만, 수선을 내려 직각삼각형이 만들어졌으므로 피타고라스 정리를 쓸 수 있다. 이제 직각삼각형 $\triangle ACH$에 피타고라스 정리를 적용하면 다음이 성립한다.

$$\overline{AC}^2 = \overline{AH}^2 + \overline{CH}^2$$

$\overline{AH}$는 위에서 이미 구하였고, $\overline{CH}$는 밑변의 일부이므로 $\overline{BH}$를 써서 다음과 같이 구할 수 있다.

$$\overline{CH} = a - \overline{BH} = a - c\cos B$$

이로써 다른 한 변 $\overline{AC}$의 길이 계산에 필요한 것을 모두 얻었다.

$$\overline{AC} = \sqrt{\overline{AH}^2 + \overline{CH}^2} = \sqrt{(c\sin B)^2 + (a - c\cos B)^2}$$

그리고 이 삼각형의 넓이 S는, 앞에서 높이 $\overline{AH}$를 얻었을 때 이미 계산이 가능하였다.

$$S = \frac{1}{2}a\,\overline{AH} = \frac{1}{2}ac\sin B$$

예제를 통해 구체적인 계산 과정을 따라가 보자.

예제 6-11 삼각형 $\triangle ABC$의 두 변과 그 끼인 각이 다음과 같이 주어졌을 때, 다른 한 변의 길이와 이 삼각형의 넓이를 구하여라.

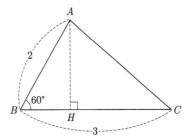

풀이

꼭짓점 A에서 대변에 내린 수선의 발을 H라고 하면,

$$\overline{AH} = \overline{AB} \sin B = 2 \sin 60° = \sqrt{3}$$

따라서 삼각형의 넓이 S는 다음과 같다.

$$S = \frac{1}{2} \cdot \overline{BC} \cdot \overline{AH} = \frac{1}{2} \cdot 3 \cdot \sqrt{3} = \frac{3\sqrt{3}}{2}$$

이제 다른 변 $\overline{AC}$의 길이를 계산하기 위해 $\overline{CH}$의 길이를 구한다.

$$\overline{BH} = \overline{AB} \cos B = 2 \cos 60° = 1$$
$$\overline{CH} = 3 - \overline{BH} = 2$$

직각삼각형 $\triangle ACH$에 피타고라스 정리를 적용하면,

$$\overline{AC} = \sqrt{\overline{AH}^2 + \overline{CH}^2} = \sqrt{\left(\sqrt{3}\right)^2 + 2^2} = \sqrt{3+4} = \sqrt{7}$$

위의 예제는 부채꼴에서 현의 길이를 구하는 데도 곧바로 이용할 수 있다. 반지름의 길이가 r인 원에서 중심각 θ에 대한 현의 길이가 얼마나 되는지 확인해 보자(단, $0° < \theta < 90°$).

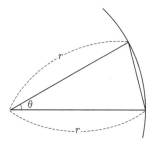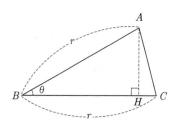

이것은 두 변과 끼인 각의 크기가 알려진 삼각형의 경우이므로 위에서 계산한 결과를 그대로 적용할 수 있다. 과정이 복잡해 보이지만 곱셈 공식 외에는 사용된 것이 없다.

$$
\begin{aligned}
\overline{AC} &= \sqrt{\overline{AH}^2 + \overline{CH}^2} \\
&= \sqrt{\left(\overline{AB}\sin B\right)^2 + \left(\overline{BC} - \overline{AB}\cos B\right)^2} \\
&= \sqrt{(r\sin\theta)^2 + (r - r\cos\theta)^2} \\
&= \sqrt{r^2\sin^2\theta + (r^2 - 2r^2\cos\theta + r^2\cos^2\theta)} \\
&= \sqrt{r^2\left(\sin^2\theta + 1 - 2\cos\theta + \cos^2\theta\right)} \\
&= r\sqrt{2 - 2\cos\theta} \quad (\because \ \sin^2\theta + \cos^2\theta = 1)
\end{aligned}
$$

이것이 곧 중심각 θ에 대한 현의 길이다. 이 결과를 가지고, 중심각의 크기가 2배로 될 때 현의 길이는 얼마나 커지는지 알아보자. 다음 그림처럼 반지름을 1이라 하고 중심각이 30°일 때와 60°일 때를 비교한다.

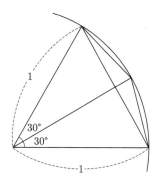

여기서 현의 길이 L_{30}과 L_{60}을 각각 구하면,

$$L_{30} = \sqrt{2 - 2\cos 30°} = \sqrt{2 - \sqrt{3}}$$
$$L_{60} = \sqrt{2 - 2\cos 60°} = \sqrt{2 - 1} = 1$$

L_{30}의 실제 값을 계산하면 $\sqrt{2 - \sqrt{3}} = 0.5176\cdots$이므로, 중심각이 2배가 되어도 현의 길이는 2배만큼 늘어나지 않음을 알 수 있다. 또한, 중심각이 60°이면 두 반지름과 현의 길이가 같아져서 정삼각형을 이루는 것도 확인할 수 있다.

연습문제

1. 다음 삼각형에서 $\angle A$와 $\angle B$에 대한 $\sin, \cos, \tan$ 값을 구하여라.

(1)   (2)

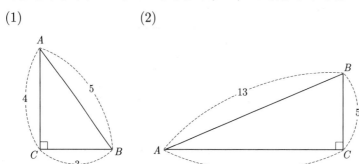

2. x와 y의 길이를 각각 구하여라.

(1)   (2)

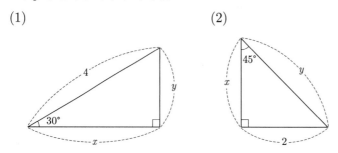

3. 다음을 계산하여라.

(1) $\sin 30° \cdot \cos 30°$

(2) $\sin 60° + \cos 60° + \tan 60°$

(3) $\cos 0° \cdot \sin 45° - \cos 45° \cdot \sin 0°$

4. 아래에서 x로 표시된 선분의 길이를 구하여라.

(1)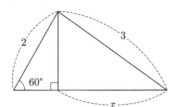

(2)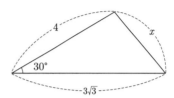

5. 다음 평행사변형, 마름모, 등변사다리꼴의 넓이를 각각 구하여라.

(1)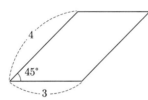

(2)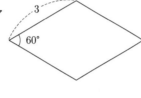

(3)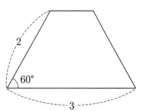

7장

큰 수와 작은 수의 기초

아주 큰 수나 아주 작은 수를 사용할 때는 통상적인 표기법이 번거롭거나 현실적이지 않을 경우가 많다. 예컨대 빛의 속도나 전자의 질량, 또는 우리 은하계에 있는 별의 개수 같은 것을 나타내야 한다고 생각해 보자. 이와 같은 숫자들을 쓰기 어렵게 하는 원인은 자릿수가 너무 많다는 점이다. 그런데 10진법을 포함한 모든 기수법에서 자릿수는, 곧 그 진법 체계의 밑을 이루는 숫자가 몇 번 거듭제곱되었느냐와 같다는 것을 앞서 배운 바가 있다. 즉, 10진법에서 백의 자리는 10^2, 억의 자리는 10^8을 나타낸 것이다. 이처럼 거듭제곱을 나타내는 지수 표기법을 이용하면 아주 크거나 작은 숫자를 편리하게 표기할 수 있다.

　일상생활뿐 아니라 컴퓨터 내에서 아주 크거나 아주 작은 수를 나타낼 때도 지수는 핵심적인 역할을 한다. 컴퓨터의 메모리는 용량이 제한적이므로 숫자 하나를 저장하기 위해 무한정 많은 공간을 할당할 수는 없다. 이처럼 한정된 메모리를 가지고 아주 크거나 작은 숫자를 표현해야 할 때는 지수 개념을 반드시 사용하여야 한다.

　지수와 짝을 이루는 개념으로는 '로그'가 있다. 구체적인 뜻은 본문에서 살펴보겠지만, 로그는 소리의 크기(dB), 산성·염기성 정도(pH), 1등성·2등성 같은 별의 겉보기 등급, 지진의 강도를 나타내는 리히터 규모 등 일상적인 곳에서 역시 흔하게 사용되고 있다. 우주 공간에서의 거리 같은 천문학적 숫자나 소립자 규모의 작은 숫자들이라도 로그를 취하면 아주 평범한 규모의 숫자로 바뀌며, 17세기에 로그가 처음 발견되었을 때는 계산량을 획기적으로 줄여주어서 "천문학자의 수명을 몇 배

늘렸다"는 찬사를 받기도 했다.

로그는 컴퓨터 알고리즘의 복잡도 계산, 확률론이나 정보이론(information theory), 머신러닝 등의 분야에서 흔하게 볼 수 있다. 이 장에서는 넓은 범위의 숫자를 다룰 수 있게 해 주는 수학적 장치인 지수와 로그에 대해 알아보자.

7.1 거듭제곱근과 지수의 확장

앞서 3장에서는 같은 수를 거듭제곱했을 때 제곱된 횟수를 지수로 나타낸다는 것과 지수에 관련된 몇 가지 성질을 공부하였다.

지수에 관련된 몇 가지 성질을 간단히 다시 살펴보면, 밑이 같은 거듭제곱끼리의 곱셈은 지수의 덧셈과 같다.

$$a^j \times a^k = \underbrace{(a \times a \times \cdots \times a)}_{j} \times \underbrace{(a \times a \times \cdots \times a)}_{k} = a^{j+k}$$

그리고 밑이 같은 거듭제곱끼리의 나눗셈은 지수를 뺀 것과 같다.

$$a^j \div a^k = \frac{\overbrace{a \times a \times \cdots \times a}^{j}}{\underbrace{a \times \cdots \times a}_{k}} = a^{j-k}$$

여기서 분모와 분자의 지수가 같으면 $a^j \div a^j = a^{j-j} = a^0$ 꼴이므로, $a^0 = 1$이다. 또한 분자보다 분모의 지수가 큰 경우에서 알 수 있듯이, 음의 지수는 $a^{-m} = \frac{1}{a^m}$ 과 같다.

거듭제곱의 거듭제곱은 지수를 곱한다.

$$(a^m)^n = \underbrace{(a^m \times a^m \times \cdots \times a^m)}_{n} = a^{mn}$$

여기까지가 3장에서 다루었던 내용인데, 일반화라는 측면에서 보면 몇 가지 의문점이 떠오른다.

- 지수의 덧셈·뺄셈·곱셈이 있다면, 지수의 나눗셈도 있는가? 그렇다면 그 의미는 무엇인가?

• 지수 자리에는 정수만 나왔는데, 분수나 무리수 같은 숫자가 올 수도 있는가?

우선 지수의 나눗셈에 대해 생각해 보자. 사칙연산에서 나눗셈이란 곱셈의 역연산이며 역수를 곱하는 것, 즉 $a \div b = a \times \frac{1}{b}$ 과 같이 셈하였다. 이 원리에 따르면 지수의 나눗셈도 마찬가지 방법으로 지수의 역수를 곱하는 것으로 생각할 수 있다.

$$a^{m \div n} = a^{m \times \frac{1}{n}} = (a^m)^{\frac{1}{n}} = \left(a^{\frac{1}{n}}\right)^m$$

그런데 여기서 지금껏 다루지 않았던 지수 표기가 나왔다. 어떤 수의 $\frac{1}{n}$ 제곱이란 무엇을 뜻하는 것일까? a의 $\frac{1}{n}$ 제곱을 $a^{\frac{1}{n}} = x$로 두고 이 x의 성질에 대해 조사해 보자. 일단 x를 n제곱하면 다음과 같다.

$$x^n = \left(a^{\frac{1}{n}}\right)^n = a^{\left(\frac{1}{n} \times n\right)} = a^1 = a$$

결과에서 보듯이 $a^{\frac{1}{n}}$ 을 n제곱하니 a가 되었다. 잠시 2장에서 배운 제곱과 제곱근의 개념을 다시 떠올려 보자.

• 제곱하여 a가 되는 수를 a의 제곱근이라고 한다.
• a의 제곱근 중 양수인 것을 택하여 루트 기호를 써서 $\sqrt{a}$로 나타낸다.

이와 같은 약속을 이제곱뿐 아니라 세제곱, 네제곱…, n제곱에도 동일하게 적용할 수 있을 것이다. 즉,

• n제곱하여 a가 되는 수를 a의 **n제곱근**이라고 하며, 통틀어서 **거듭제곱근**으로 부른다.
• a의 n제곱근 중 양수인 것, 양수가 없을 때는 음수를 택하여[1] $\sqrt[n]{a}$로 나타낸다.

몇 가지 구체적인 예를 통해 거듭제곱근과 근호의 뜻을 익혀보자.

예제 **7-1** 다음 거듭제곱근을 구하여라.
(1) 8의 세제곱근　　(2) $\sqrt[3]{8}$　　(3) $\sqrt[3]{-8}$

---

1 이 내용에 대해서는 II부 복소평면 단원의 11.5.6절에서 다시 다룬다.

(4) 16의 네제곱근   (5) $\sqrt[4]{16}$ (6) $\sqrt[4]{-16}$

풀이

(1) 세제곱해서 8이 되는 수는 실수 범위 안에서는 2뿐이므로 답은 2이다.

(2) 8의 유일한 세제곱근인 2는 양수이므로 $\sqrt[3]{8} = 2$이다.

(3) -8의 3제곱근을 구해 보면 음수인 -2뿐이므로, $\sqrt[3]{-8} = -2$이다.

(4) 네제곱해서 16이 되는 수를 찾으면 2와 -2 두 개가 있다.

(5) 16의 네제곱근 중 양수인 것을 택하여 $\sqrt[4]{16} = 2$이다.

(6) -16의 네제곱근은 실수 범위 안에서는 존재하지 않으므로 답이 없다.[2]

어떤 수 x를 짝수($n = 2k$)번 거듭제곱해서 a가 되었다고 하자. 이것은 수식으로 $x^n = x^{2k} = a$(단, k는 자연수)처럼 쓸 수 있다. 그러면 'a의 n제곱근'을 구하는 것은 $y = x^{2k}$라는 짝수 차수의 다항함수에서 x가 어떤 값일 때 $y = a$인가, 즉 $y = x^{2k}$와 $y = a$의 그래프는 어디서 만나는가 하는 문제와 같아진다. 예를 들어 16의 네제곱근을 묻는 문제는 $y = x^4$에서 $y = 16$이 되는 x를 찾는 것과 같다.

어떤 수를 짝수 번 거듭제곱하면 원래 수의 부호에 상관없이 항상 양수이고, $(+2)^4 = (-2)^4$처럼 절댓값이 같은 양수와 음수의 거듭제곱 결과는 동일하다. 따라서 이 짝수차 다항함수 $y = x^{2k}$의 그래프는 모든 영역에서 $y \geq 0$이고, 세로축을 중심으로 좌우대칭 모양이 될 것이다. 몇 가지 그래프의 예를 들면 다음과 같다.

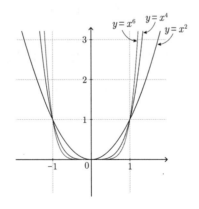

2　실수 범위라는 제한이 없다면 모든 수의 n제곱근은 항상 n개가 존재함을 II부 복소평면 단원에서 배운다.

이제 a의 짝수 번 거듭제곱근을 구할 때, a의 부호에 따라 어떤 결과가 나오는지 살펴보자. 좌표평면에서 이 다항함수의 그래프와 $y = a$라는 직선이 만나는 점을 찾으면 될 것이다.

먼저 $a > 0$이라면, 그래프와 $y = a$는 세로축을 중심으로 대칭되는 두 곳에서 만나게 된다. 따라서 양수의 짝수 번 거듭제곱근은 두 개가 존재하며, 각각 $\sqrt[n]{a}$와 $-\sqrt[n]{a}$의 값을 가진다(둘 중 양수인 것을 $\sqrt[n]{a}$라 쓰기로 하였음을 기억하자). 이것은 앞의 예제에서 16의 네제곱근이 2와 -2 두 개인 경우에 해당한다.

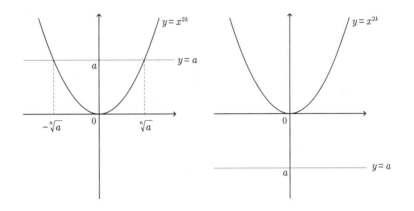

그리고 $a = 0$이면 그래프는 원점에서 $y = 0$과 만난다. 따라서 0의 짝수 번 거듭제곱근은 항상 0 하나뿐이다. 사실 이것은 홀수 번이라도 마찬가지인데, 0은 몇 번을 거듭제곱하여도 0이므로 $\sqrt[n]{0} = 0$(단, $n \geq 2$인 자연수)이다.

$a < 0$이라면 어떨까? x^{2k}의 그래프는 항상 가로축 위쪽에 머물고 있으므로, $y = a$와 만날 일은 없을 것이다. 따라서 음수의 짝수 번 거듭제곱근은 존재하지 않는다. 앞의 예제에서 $\sqrt[4]{-16}$이 존재하지 않는 것과 같은 경우다.

거듭제곱의 횟수가 홀수 번이라면 어떤 변화가 있을까? 양수를 홀수 번 거듭제곱하면 $2^3 = 8$처럼 여전히 양수고, 음수는 $(-2)^3 = -8$처럼 여전히 음수가 된다. 그러므로 홀수 차수 다항함수 $y = x^{2k+1}$(단, k는 자연수)의 그래프는 다음과 같은 모양을 가질 것임을 알 수 있다.

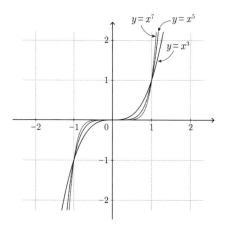

이제 a의 홀수 번 거듭제곱근을 그래프를 써서 구해 보자. 홀수차 다항함수의 그래프는 짝수차와 달리 중복되는 값을 가지는 경우가 없으며, 전체 구간에서 지속적으로 증가하는 모양이다. 그러므로 이 그래프는 a의 부호가 무엇이든 간에 직선 $y = a$와 언제나 한 점에서 만나게 된다.

이것을 다른 말로 하면, a의 홀수 번 거듭제곱근은 항상 $\sqrt[n]{a}$ 하나가 존재한다는 것이다. 예를 들어 $\sqrt[3]{8} = 2$이고 $\sqrt[3]{-8} = -2$인 것과 같다.

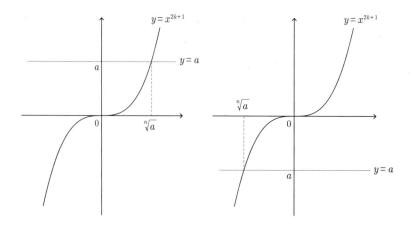

거듭제곱근을 활용하는 한 가지 예를 들면, 일정한 비율로 변하는 숫자들의 가운데쯤에 해당하는 값을 구하는 것이 있다. 앞서 5장에서 소개한 '평균'은 자료의 값을 모두 더해서 자료 개수로 나누었다. 그러나 이것은 사실 여러 종류의 평균 중 하나일 뿐으로 **산술평균**(arithmetic mean)이라 부르는 것이다. 거듭제곱근을 사용하는

버전의 평균은 모든 값을 곱해서 값의 개수에 해당하는 n-제곱근을 구하는 식으로 계산하며, **기하평균**(geometric mean)이라는 이름을 가지고 있다.

평균의 종류	n개의 값을	그 결과를	예) a, b, c의 평균
산술평균	합(+)	$\div n$	$(a + b + c) \div 3$
기하평균	곱(×)	$\sqrt[n]{}$	$\sqrt[3]{abc}$

수학에서 '산술'이라는 용어가 쓰이면 대체로 덧셈과 관련이 있고, '기하'라는 용어가 쓰이면 대체로 곱셈과 관련되어 있다. 기하평균은 앞서 언급한 것처럼 일정한 비율로 변화하는(즉, 일정 숫자가 계속 곱해지는) 경우에 유용하다. 다음과 같이 세 배씩 늘어나는 숫자들을 생각해 보자.

$$3, 9, 27, 81$$

이 숫자들의 산술평균은 $120 \div 4 = 30$으로, 평균이라는 취지에 그다지 부합하지 않는다. 반면, 기하평균을 구하면 $\sqrt[4]{59049} \approx 15.59$이므로 산술평균보다는 좀 더 평균의 뜻에 가까운 결과라 할 수 있다.

다시 지수에 분수가 들어간 $a^{\frac{1}{n}}$으로 돌아가자. $a^{\frac{1}{n}}$을 n번 거듭제곱하면 a가 되므로, 이것은 a의 n제곱근 중 하나임에 분명하다. 하지만 16의 네제곱근에서 본 것처럼 어떤 수의 n제곱근은 여러 개일 수도 있다. 지수로 표기된 값은 유일해야만 기호로서 쓸모가 있으므로, 분수 지수의 경우는 다음과 같이 거듭제곱근 중에서 대표격인 $\sqrt[n]{a}$을 뜻하는 것으로 약속한다.

$$a^{\frac{1}{n}} = \sqrt[n]{a}$$

이때 밑인 a는 양수로 한정하는데, 음수일 경우 $(-3)^{\frac{1}{2}} = \sqrt{-3}$처럼 값을 구할 수 없는 경우가 생기기 때문이다. 게다가, 값을 구할 수 없는 경우를 무시하고 계산을 진행하면 다음과 같이 지수의 기본 성질까지 성립하지 않게 되므로, 지수 표기법에 관한 규칙을 의미 있게 하기 위해 밑은 0보다 커야 한다는 제한을 둔다.

$$-3 = (-3)^1 = (-3)^{2 \times \frac{1}{2}} = \left((-3)^2\right)^{\frac{1}{2}} = (9)^{\frac{1}{2}} = 3 \quad \cdots (?)$$

이처럼 $a^{\frac{1}{n}}$ 의 뜻이 정해졌으므로, 이제 지수의 나눗셈도 계산할 수 있다.

$$a^{m \div n} = a^{\frac{m}{n}} = a^{m \times \frac{1}{n}} = (a^m)^{\frac{1}{n}} = \sqrt[n]{a^m}$$

또한 위의 식에서 지수 곱셈의 순서를 바꾸면,

$$a^{m \div n} = a^{\frac{m}{n}} = a^{\frac{1}{n} \times m} = \left(a^{\frac{1}{n}}\right)^m = \left(\sqrt[n]{a}\right)^m$$

$\sqrt[n]{a^m}$ 과 $\left(\sqrt[n]{a}\right)^m$ 은 둘 다 $a^{\frac{m}{n}}$ 으로 같다는 것도 알 수 있다. 이렇게 해서 지수가 유리수인 경우를 정의하였다.

예제 7-2 다음을 계산하여라.

(1) $4^{\frac{1}{2}}$　(2) $8^{\frac{2}{3}}$　(3) $9^{-\frac{1}{2}}$　(4) $16^{-\frac{3}{4}}$　(5) $2^{2.5}$

풀이

(1) $4^{\frac{1}{2}} = \sqrt{4} = 2$

(2) $8^{\frac{2}{3}} = \left(\sqrt[3]{8}\right)^2 = 2^2 = 4$

(3) $9^{-\frac{1}{2}} = \dfrac{1}{9^{\frac{1}{2}}} = \dfrac{1}{\sqrt{9}} = \dfrac{1}{3}$

(4) $16^{-\frac{3}{4}} = \dfrac{1}{16^{\frac{3}{4}}} = \dfrac{1}{\left(\sqrt[4]{16}\right)^3} = \dfrac{1}{2^3} = \dfrac{1}{8}$

(5) $2^{2.5} = 2^{\frac{5}{2}} = \sqrt{2^5} = \sqrt{32} = 4\sqrt{2}$

다음은 지수에 임의의 실수가 오는 경우를 알아볼 차례다. 유리수의 범위를 벗어난 무리수 지수를 가진 $2^{\sqrt{2}}$나 2^{π} 같은 것은 어떻게 정의할 수 있을까? 이 단원에서는 무리수에 한없이 가까워지는 유리수라는 개념으로 정의해 보기로 한다.

　2^{π}의 예를 보자. $\pi = 3.14159\cdots$이므로, π에 한없이 가까워지는 3, 3.1, 3.14, 3.141, 3.1415, 3.14159, $\cdots$라는 일련의 유리수들을 생각할 수 있다. 이제 그 유리수를 지수로 하는 수를 계산하면 다음과 같다.

유리수 지수 p	2^p
3	$2^3 = 8$
3.1	$2^{3.1} = 8.574187\cdots$
3.14	$2^{3.14} = 8.815240\cdots$
3.141	$2^{3.141} = 8.821353\cdots$
3.1415	$2^{3.1415} = 8.824411\cdots$
3.14159	$2^{3.14159} = 8.824961\cdots$
...	...

이 과정을 계속 반복하면 2^p의 값은 우리가 구하고자 하는 2^π에 한없이 가까워질 것이다. 이런 식으로 해서 지수의 범위를 정수, 유리수 너머의 모든 실수로 확장할 수 있다.

연습문제

1. 다음 거듭제곱근을 구하여라.

    (1) 4의 제곱근   (2) -1의 세제곱근   (3) 8의 세제곱근   (4) 81의 네제곱근

2. 다음 값을 구하여라.

    (1) $\sqrt[4]{81}$ (2) $\sqrt[3]{-27}$ (3) $\sqrt[4]{\dfrac{1}{256}}$ (4) $\sqrt[3]{-\dfrac{1}{64}}$ (5) $\sqrt{\sqrt{16}}$ (6) $\sqrt{\sqrt[3]{64}}$

3. 다음 값을 구하여라.

    (1) $27^{-\frac{2}{3}}$ (2) $25^{\frac{3}{2}}$ (3) $4^{1.5}$ (4) $\left(2^{\frac{3}{2}} + 2^{-\frac{3}{2}}\right)\left(2^{\frac{3}{2}} - 2^{-\frac{3}{2}}\right)$

7.2 유효숫자와 지수 표기법

지수는 컴퓨터를 비롯한 과학기술 분야에서 아주 작거나 아주 큰 수까지 다양한 범위의 숫자를 나타내는 데 널리 쓰인다. 이 절에서는 실세계에 존재하는 수량을 숫자로 나타낼 때 무엇을 고려해야 하며, 표준적인 표기법은 어떤 것이 있는지 알아본다.

  우리가 생활하는 실제 세계에서 사물의 개수나 돈의 액수 같은 것은 '정확한 값'이라는 것이 존재한다(그렇지 않다면 엄청난 혼란이 올 것이다). 하지만 사람의 키, 사물의 무게, 지역의 넓이 같은 것은 정확한 값을 알 방법이 없으므로, 측정이

라는 절차를 거쳐 대략의 값만을 얻을 수 있다. 이때 측정 기기의 정밀도에 따라서 기기 간에 측정값의 차이가 발생하거나 매번 달라지는 일도 생긴다.

여기서 길이나 무게, 넓이처럼 측정 대상이 가진 원래 값이라고 여겨지는 수치를 **참값**, 측정을 통해 얻은 대략의 값을 **근삿값**[3]이라고 부른다. 근삿값이 참값에 얼마나 가까운가 하는 정도는 **오차**(error 또는 approximation error)라고 하여 '근삿값 − 참값'과 같이 계산하지만, 많은 경우 참값에서 벗어난 정도를 나타내기 위해 오차에 절댓값을 취한 **절대오차**를 사용한다.

참값은 그 특성상 실제 값을 알지 못하는 경우가 대부분이므로, 오차 역시 정확한 값을 알기가 어렵다. 그래도 근삿값을 측정하는 기기들에는 나름의 정밀도가 부여되어 있으므로 그것을 통해 오차가 최대 어느 정도까지 발생할지는 추정이 가능하다.

예제 7-3 가장 작은 눈금이 10g인 저울로 핸드폰의 무게를 쟀더니 140g이 나왔다. 이 측정값의 절대오차는 최대로 얼마나 되겠는가?

풀이

저울의 최소 눈금이 10g 단위이므로, 만약 실제 무게가 135g보다 작다면 측정값은 140g이 아닌 130g으로 나왔을 것이다. 같은 이유로 실제 무게가 145g보다 크다면 측정값은 150g으로 나왔을 것이다. 따라서 오차의 절댓값은 아무리 커도 측정값 140g을 기준으로 최대 5g 이내가 된다.

측정 시에 발생할 수 있는 절대오차의 최댓값을 **오차의 한계**라고 하며, 위의 예제에서 본 것처럼 측정기기의 최소 눈금(10g)의 절반(5g)에 해당한다. 또한 예제에서 핸드폰의 실제 무게가 135g과 145g 사이에 있는 것처럼, 참값의 범위는 (근삿값 − 오차의 한계)와 (근삿값 + 오차의 한계) 사이에 있음을 알 수 있다.

측정으로 얻은 근삿값에서 모든 숫자가 의미를 가지는 것은 아니다. 10g 단위로 잴 수 있는 저울로 200g이 나왔다고 하자. 백 자리의 2와 십 자리의 0은 측정 결과가 반영된 의미 있는 숫자지만, 일 자리의 0은 믿을 근거가 없는 무의미한 숫자가

---

3 '가까울 근(近)', '비슷할 사(似)'자를 쓴다.

된다. 이처럼 측정치에서 의미를 가지는 숫자들을 **유효숫자**라고 부른다. 앞의 예처럼 측정기기에 최소 눈금이 있을 때, 유효숫자는 그 최소 눈금이 있는 자리까지의 숫자다(예에서는 십의 자리).

8, 31, 6629처럼 측정치 중 0이 아닌 숫자는 항상 의미 있다고 볼 수 있으므로 유효숫자로 간주된다. 하지만 숫자 0의 경우에는 어디에 위치했는지에 따라 유효숫자일 수도 있고 아닐 수도 있어서, 개별 상황에 따른 판단이 필요하다.

예컨대 1004처럼 다른 숫자 사이에 낀 0의 경우라면 당연히 의미를 가지며 유효숫자라고 할 수 있다. 1000 같은 경우는 어떨까? 이때는 오차의 한계 같은 다른 요소를 고려한 다음에야 세 개의 0 중 어디까지가 유효숫자인지를 판별할 수 있다. 한편, 0.005처럼 소수점 뒤에 이어지면서 자릿수를 나타내기 위한 용도로 쓰인 0은 측정치와 아무 상관이 없으므로 유효숫자가 아니지만, 0.0050의 마지막 0 같은 경우는 측정치로서 의미를 가지므로 유효숫자다.

숫자가 아주 작거나 아주 크다면 일반적인 표기법을 쓰는 것이 번거롭거나 어려울 수 있는데, 이런 경우 거듭제곱을 이용한 표기법이 흔히 사용된다. 즉, 0.000003 대신에 3×10^{-6}으로, 5000000 대신에 5×10^{6}으로 쓰는 식이다. 하지만 이 방법에 따르면 같은 숫자를 여러 가지로 표기할 수 있으므로, 그중 하나를 표준으로 정해야 한다. 예를 들어 420을 쓰는 방법 중 몇 가지를 들어 보자.

$$420 = 4.2 \times 10^2$$
$$420 = 42 \times 10^1$$
$$420 = 420 \times 10^0$$

한 숫자가 여러 방법으로 표현된 것은 물론, 만약 유효숫자가 4, 2까지였다면 마지막 표기법은 유효숫자에 대해 잘못된 정보를 전달할 가능성마저 생긴다. 이러한 문제를 해결하기 위해 거듭제곱을 쓸 때는 다음과 같은 절차를 표준으로 삼고 있다.

- 모든 숫자를 '유효숫자 $\times 10^k$'의 꼴로 쓴다.
- 단, 유효숫자는 소수점 위 일의 자리에 0이 아닌 숫자 하나만 나타나게 한다(예: 4.2).

이 기준을 따르면 같은 420이라도 4와 2가 유효숫자이면 4.2×10^2가 될 것이고, 4, 2, 0까지 모두 유효숫자라면 4.20×10^2가 되어 서로 구분이 가능해진다.

그리고 소수점은 유효숫자의 첫 자리 다음에 위치하도록 정해지며, 유효숫자에 10의 거듭제곱을 곱함으로써 소수점의 위치를 이동시켜 원래의 값이 되도록 한다. 따라서 지수 자리에 오는 숫자는 곧 소수점을 얼마나 이동시켜야 하는가 하는 양을 가리키게 된다.

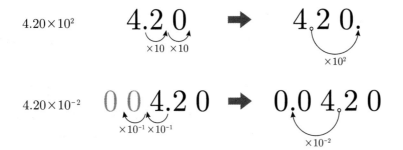

이렇게 유효숫자와 지수를 사용하는 표기법을 과학적 표기법(scientific notation)이라고 부른다. 계산기나 컴퓨터 등에서 숫자를 나타낼 때 영문자 E나 e를 써서 **1.234E+15** 또는 **1.414e-09**처럼 표시하는 것이 그 예다. 이때 E나 e는 지수(exponent)의 머릿글자로 10의 거듭제곱을 나타낸다. 즉, **1.414e-09**는 1.414×10^{-9}라는 뜻이다.

예제 7-4 다음에서 일반 숫자는 과학적 표기법으로, 과학적 표기법으로 된 숫자는 일반 숫자로 각각 바꾸어라. (숫자는 편의상 세 자리마다 띄어져 있다)

(1) 세계 인구 76억 명(유효숫자: 억 자리까지)

(2) 복권에 1등으로 당첨될 확률 약 0.000 000 12

(3) 우리 은하 내 별의 개수 2천 억 개(유효숫자: 천억 자리까지)

(4) 1마이크로초는 1×10^{-6}초

(5) 1기가바이트는 대략 1×10^{9}바이트

풀이

(1) 유효숫자는 7과 6이므로 76억 = $7.6 \times$ 십억 = 7.6×10^{9}

(2) 유효숫자는 1과 2이므로 0.000 000 12 = 1.2×10^{-7}

(3) 유효숫자는 2뿐이므로 2천 억 = $2 \times$ 천 억 = 2×10^{11}

---

(4) $1 \times 10^{-6} = 0.000\,001$

(5) $1 \times 10^9 = 1\,000\,000\,000$

컴퓨터 내에서 임의의 실수를 나타낼 때도 과학적 표기법과 유사한 방법을 표준으로 정해서 사용한다.[4] 다만 이때는 컴퓨터의 기억장치가 무한히 크지 않은 탓에 유효숫자나 지수의 크기에 일정한 제약을 두게 된다. 해당 표준 중에서 4개의 바이트(즉, 32비트)로 실수 하나를 나타내는 방법을 간단히 살펴보자.[5]

- 1개 비트: 숫자 전체의 부호(양수는 0, 음수는 1)
- 8개 비트: 지수 부분
- 23개 비트: 유효숫자 부분

지수 부분을 보면, 8비트(= 8자리의 2진수)를 사용했으므로 $2^8 = 256$가지에 대응할 수 있다. 그런데 지수 자리에는 양수뿐 아니라 음수도 올 수 있으니, 가운데 값인 127을 기준 삼아 실제 지수 = 0일 때로 정해서 음과 양의 지수를 모두 나타낼 수 있도록 하였다. 예를 들어 지수부 8비트의 값이 132라면, 실제 지수는 $132 - 127 = 5$가 된다(즉, $\times 2^5$). 다만 이 표준에서는 지수부의 값이 0이나 255일 때를 무한대(∞) 같은 예외 상황에 쓰도록 되어 있어서, 실제 표현 가능한 지수는 그 두 가지를 제외한 $2^{-126} \sim 2^{+127}$ 사이의 범위다.

유효숫자 부분은 과학적 표기법과 동일하게 $a.bcd\cdots$의 꼴이며, 2진수를 써서 (23개가 아닌) 총 24개의 비트로 나타낸다. 여기 쓰인 2진수의 소수는 10진수 때와 마찬가지로 2의 거듭제곱에서 음의 지수가 있는 경우다. 예를 들어 $1.011_{(2)}$은 다음과 같이 10진수로 바꿀 수 있다.

$$
\begin{aligned}
1.011_{(2)} &= (1 \times 2^0) + (0 \times 2^{-1}) + (1 \times 2^{-2}) + (1 \times 2^{-3}) \\
&= 1 + 0 + 0.25 + 0.125 \\
&= 1.375_{(10)}
\end{aligned}
$$

---

4 더 자세한 내용은 컴퓨터구조 분야의 교재나 'IEEE 754' 표준을 참고하기 바란다.

5 32비트를 써서 나타내는 방법을 단(單)정밀도(single precision)라고 부르며, 64비트를 쓰는 방법을 배(倍)정밀도(double precision)라 부른다. 프로그래밍 언어에서 이 두 가지는 각각 `float` 및 `double` 같은 이름의 자료형으로 흔히 제공된다.

그런데 $a.bcd\cdots$ 꼴의 유효숫자에서 소수점 위 첫 번째 비트인 a는 항상 1일 것이므로(만약 0이면 유효숫자에 포함되지 못한다), 24비트의 유효숫자를 실제로는 23비트만으로 나타낼 수 있다. 즉, 위의 예에서는 2^0 자리에 놓인 1을 당연한 것으로 간주하고 소수점 이하의 011만을 취한 다음, 개수를 맞추기 위해 20개의 0을 덧붙여 0110 0000 0000 0000 0000 000이라는 23개 비트로 유효숫자를 나타내게 된다.

지금까지의 내용을 다시 정리할 겸, 컴퓨터 메모리 내에 표준 방식으로 41 28 00 00$_{(16)}$처럼 표현된 32비트 실수가 나타내는 실제의 값을 10진수로 구해 보자.

우선, 32비트 실수를 구성하는 각 부분의 값을 얻기 위해 16진수로 된 숫자를 2진수로 바꾼다. 이것은 2장에서 공부한 것처럼 4비트 단위로 단순히 숫자를 펼치기만 하면 된다.

$$41\ 28\ 00\ 00_{(16)} = 0100\ 0001\ 0010\ 1000\ 0000\ 0000\ 0000\ 0000_{(2)}$$

그 다음은 앞에서부터 부호, 지수, 유효숫자 부분을 각각 떼어 낸다. 이때 당연한 유효숫자였던 2^0자리의 1도 다시 복원해 둔다. 그에 따라 컴퓨터에 저장된 유효숫자 부분은 0101 $\cdots$이지만 실제의 값은 1.0101 $\cdots$이 됨을 유의하자.

부호   지수   유효숫자

- 1비트 부호: 0
- 8비트 지수: $1000\ 0010_{(2)} = 82_{(16)} = (8 \times 16) + 2 = 130_{(10)}$
- $(1 + 23)$비트 유효숫자: $1.0101\ 0000\ 0000\ 0000\ 0000\ 000_{(2)}$

지수부가 130이므로 실제로 곱해야 할 거듭제곱은 $130 - 127 = 3$으로부터 $\times 2^3$이다. 이것은, 즉 2진수로 된 유효숫자에서 소수점을 오른쪽으로 세 자리 이동하라는 의미다.[6]

---

6 2진수에서 자리를 왼쪽으로 한 자리 이동하면 전체 값은 2배, 오른쪽으로 한 자리 이동하면 전체 값은 절반이 된다. 컴퓨터 분야 용어로 이런 비트 연산을 시프트(shift)라고 하는데, 여러 프로그래밍 언어에서 << 및 >> 같은 연산자로 사용할 수 있다.

$$1.\underset{\times 2 \ \times 2 \ \times 2}{010}10000\cdots \quad \Rightarrow \quad 1.\underset{\times 2^3}{010}10000\cdots$$

이제 유효숫자부의 소수점을 오른쪽으로 세 자리 이동하고, 그 결과를 10진수로 바꾸면 다음과 같다.

$$\begin{aligned}
1010.1_{(2)} &= (1 \times 2^3) + (1 \times 2^1) + (1 \times 2^{-1}) \\
&= 8 + 2 + 0.5 \\
&= 10.5_{(10)}
\end{aligned}$$

그러므로 $41\ 28\ 00\ 00_{(16)}$이라는 32비트 실수가 나타내는 숫자는 10진수로 10.5임을 알 수 있다.

지금까지 본 숫자 표현 방식은 유효숫자와 지수에 의해 소수점 위치가 이동하므로 '떠돌아 다닌다'는 뜻의 한자를 써서 부동(浮動) 소수점(floating point) 방식이라 부르기도 한다.

연습문제

1. 다음 측정값에 대한 오차의 한계를 구하여라.

    (1) 1cm 눈금의 자로 잰 키 170cm

    (2) 10g 단위의 저울로 잰 감자 460g

    (3) 20cm 길이의 뼘 단위로 잰 책상의 너비 여섯 뼘

2. 다음 값을 과학적 표기법으로 나타내어라.

    (1) 어떤 저항기에 표시된 저항값 470000(유효숫자 세 자리)

    (2) 어떤 물리상수의 대략적인 값 0.0000012566

    (3) $\pi \approx 3.14159$일 때 10π(유효숫자 세 자리)

    (4) $\sqrt{2} \approx 1.41421$일 때 $\dfrac{\sqrt{2}}{100}$(유효숫자 네 자리)

3. 표준적인 방법으로 컴퓨터 내에 표현된 32비트 실수 $41C80000_{(16)}$이 실제로 나타내는 값을 10진수로 구하여라.

7.3 로그의 뜻과 성질

$2^3 = 8$이라는 지수 표현으로 된 등식을 생각해 보자. 세 개의 숫자 $2, 3, 8$이 등장하는 이 등식에서, 각각의 숫자를 나머지 두 숫자로 나타낼 수 있을 것이다.

- 8은 2^3이다.
- 2는 $\sqrt[3]{8}$ 이다.
- 3은 … ??

2나 8이 주어일 때는 지금까지 배웠던 거듭제곱 개념을 쓰면 되지만, 지수 부분에 해당하는 3은 어떻게 표현해야 할까? 말로 풀자면 '2를 8이 되게 하는 지수부' 정도가 될 텐데, 이와 같은 관계는 지금까지 나온 표기법으로는 나타낼 수 없다. 이 새로운 수학적 개념을 로그(logarithm)라 하며, 기호는 log를 사용한다. 일반적으로 $a^x = b$일 때의 지수부 x를 로그 기호로는 다음과 같이 나타낸다.

$$x = \log_a b$$

이때 (지수에서도 밑이었던) a를 로그의 **밑**, b를 **진수**라고 부른다. 역시 말로 풀면, 'x는 a를 b가 되게 하는 지수부의 값'이라 할 수 있다.

앞서 $a^{\frac{1}{n}}$ 꼴의 유리수 지수를 정의할 때 밑인 a는 양수로 한정했었다. 로그라는 것은 지수를 다른 관점에서 본 개념이므로, 지수의 밑이자 로그의 밑인 a 역시 양수로 한정된다. 그런데 양수라 해도 $a = 1$이 되면 다음과 같은 난감한 일이 생긴다.

- $a = 1$, $b = 1$이라면 $1^x = 1$이므로 이 식을 만족하는 x가 무수히 많다.
- $a = 1$, $b \neq 1$이라면 $1^x = b$를 만족하는 x는 존재하지 않는다.

이런 이유 때문에 로그를 정의할 때는 밑인 a를 '1이 아닌 양수'로 제한한다. 또한 이때 a^x, 즉 b는 항상 양수이므로, 로그 표기에서도 진수인 b 역시 양수여야 의미가 있다.

예제를 통해 로그로 나타낸 몇 가지 값을 구해 보자.

예제 7-5 다음 로그의 값을 구하여라.

(1) $\log_3 9$ (2) $\log_2 16$ (3) $\log_2 2$ (4) $\log_2 1$ (5) $\log_2 \dfrac{1}{2}$

---

(6) $\log_{\frac{1}{2}} 16$ (7) $\log_{\frac{1}{2}} 2$ (8) $\log_{\frac{1}{2}} \frac{1}{2}$

풀이

(1) $\log_3 9 = x$로 두면 지수 표현으로는 $3^x = 9$이므로 $x = 2$이다. [7]

(2) $2^x = 16 = 2^4$이므로 $x = 4$이다.

(3) $2^x = 2$이므로 $x = 1$이다.

(4) $2^x = 1$이므로 $x = 0$이다.

(5) $2^x = \frac{1}{2} = 2^{-1}$이므로 $x = -1$이다.

(6) $\left(\frac{1}{2}\right)^x = 2^{-x} = 16 = 2^4$이므로 $x = -4$이다.

(7) $\left(\frac{1}{2}\right)^x = 2^{-x} = 2$이므로 $x = -1$이다.

(8) $\left(\frac{1}{2}\right)^x = \frac{1}{2}$이므로 $x = 1$이다.

위의 예제를 통해 우리는 다음과 같은 로그의 성질 몇 가지를 알 수 있다.

- (3)의 $\log_2 2$처럼 밑과 진수가 같은 로그 $\log_a a$의 값은 1이다.
- (4)의 $\log_2 1$처럼 진수가 1인 로그 $\log_a 1$의 값은 0이다.
- (5)의 $\log_2 \frac{1}{2}$처럼 밑과 진수가 서로 역수인 로그 $\log_a \frac{1}{a}$의 값은 -1이다.

$\log_2 16$처럼 밑이 2인 로그를 **이진로그**라 부르며, 로그의 정의상 2의 거듭제곱과 관련이 있기에 컴퓨터 분야에서 널리 사용된다. 이진로그의 흔한 사례를 하나 살펴보자.

한글은 초성·중성·종성의 조합으로 글자 하나를 나타낸다. 현대의 한글은 초성 19개, 중성 21개, 종성 27개가 있으므로, 종성이 없는 경우까지 포함하여 모두 $19 \times 21 \times 28 = 11172$개의 글자를 만들 수 있다. 컴퓨터 메모리상에서 최소 몇 개의 비트를 사용하면 한글 글자 한 개를 표현할 수 있을까?

이해를 돕기 위해 한글보다 글자 수가 훨씬 적은 영어 알파벳 대문자 26개를 먼저 보자. n개의 비트, 즉 n자리 2진수로 나타낼 수 있는 가짓수는 2^n이므로, 4비트로는 $2^4 = 16$개, 5비트로는 $2^5 = 32$개의 문자를 나타낼 수 있다. 따라서 영어 대문자 26가지 경우를 모두 표현하려면 4개는 부족하고 최소 5개의 비트가 필요하다.

---

[7] 지수 부분에 미지수가 있는 이런 형태의 방정식을 지수방정식이라고 한다.

　여기서 4나 5는 지수부에 해당하므로 로그를 사용해서도 위의 내용을 나타낼 수 있다. $4 = \log_2 16$이고 $5 = \log_2 32$임을 감안하면, $\log_2 26$은 4와 5 사이의 값을 가진다. 즉, 문자 26개를 나타내려면 $\log_2 26$을 가까운 정수로 올림(ceil)[8]한 값인 5개의 비트가 필요하다. 이것을 일반화하면 N개의 문자를 표현하기 위해서 $\log_2 N$을 올림한 만큼의 비트가 필요함을 알 수 있다.

　위의 결과를 한글 글자에 적용하면 필요한 비트 수는 $\log_2 11172$를 올림한 값만큼이라는 답을 얻는다. $\log_2 11172$의 정확한 값은 모르지만, 흔히 쓰는 2의 거듭제곱을 써서 범위를 추정해 보자. $2^{13} = 8192$이고 $2^{14} = 16384$이므로 $\log_2 11172$의 값은 그 사이인 13.xxx일 것이다. 그러므로 11172개의 한글 글자를 모두 표현하는 데는 최소 14개의 비트가 필요하다.

　이진 로그와 관련해서 컴퓨터와 별로 상관이 없을 것 같은 문제를 하나 더 풀어보자. 16개의 팀이 토너먼트 방식으로 겨루는 경기가 있다. 필요한 라운드(예: 16강, 8강 등)의 수는 얼마일까?[9]

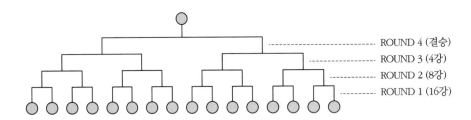

　위와 같이 그림을 그리면 모두 4번의 라운드가 필요하다는 것을 쉽게 알 수 있다. 각 라운드마다 두 팀 중 한 팀만 살아남기 때문에, 이 트리 구조에서 한 레벨 위로 올라갈 때 팀의 수는 $16 \rightarrow 8 \rightarrow 4 \rightarrow 2 \rightarrow 1$처럼 절반으로 줄어들게 된다. 그러므로 이 문제는 거듭제곱의 측면에서 "$16 = 2^4$를 몇 번 절반으로 줄이면 $1 = 2^0$이 되는가?"처럼 쓸 수 있다.

　그에 대한 답은 물론 2^4의 지수부인 4이며 로그로 나타내면 $\log_2 16$이다. 즉, 모두 2^n개의 팀이 겨루어 최종적으로 2^0개의 팀이 남는 토너먼트에서 필요한 라운드의 수는 $n = \log_2 2^n$임을 알 수 있다.

8　수학 기호로는 $\lceil \ \rceil$을 쓰며, 프로그래밍 언어에서는 흔히 ceil이라는 이름의 함수로 제공된다.
9　컴퓨터 분야의 용어로 이 문제를 표현하면, "단말 노드가 16개인 완전 이진 트리(complete binary tree)의 높이는 얼마인가?"와 같다.

로그가 그 효용을 발휘하는 대목은 계산의 복잡도를 한 단계 낮춰주는 데 있다. 앞서 지수 단원에서 $a^m \times a^n = a^{m+n}$이고 $a^m \div a^n = a^{m-n}$, 즉 밑이 같은 수의 곱셈은 지수끼리의 덧셈으로, 나눗셈은 지수끼리의 뺄셈으로 바뀐다는 것을 공부했다. 로그는 지수부를 표현하는 수단이므로 이러한 지수의 성질은 곧 로그의 성질로도 이어진다.

밑이 같은 지수 꼴의 두 수 a^m과 a^n을 생각해 보자. 두 수를 M과 N이라 두면, 로그의 정의에 의해 그 지수부는 각각 $m = \log_a M$이고 $n = \log_a N$이 된다. 이제 두 수를 곱하고 로그 형태로 고쳐 쓰면,

$$a^m \times a^n = MN = a^{m+n}$$
$$m + n = \log_a MN$$

그런데 $m = \log_a M$이고 $n = \log_a N$이다.

$$\log_a M + \log_a N = \log_a MN$$

위 식의 의미를 알기 쉽도록 좌변과 우변을 바꾸면 다음과 같다. 로그의 진수에 있던 곱셈이 덧셈으로 변했음에 주목하자.

$$\log_a MN = \log_a M + \log_a N$$

a^m과 a^n의 나눗셈에 대해서도 마찬가지 과정을 거쳐서 다음 식을 얻을 수 있다.

$$\log_a \frac{M}{N} = \log_a M - \log_a N$$

이처럼 로그를 쓰면 곱셈과 나눗셈이 각각 덧셈과 뺄셈으로 바뀌면서 계산의 복잡도가 한 단계 낮아진다.

앞 절에서 배운 지수의 성질 중에는 덧셈과 뺄셈 외에도 곱셈이 있었다. 거듭제곱이 지수의 곱셈으로 나타나는 $(a^m)^n = a^{mn}$이라는 성질인데, 이것은 로그와 어떤 관계가 있을까? $a^m = M$이라 두고 이 성질을 다시 써 보자.

$$(M)^n = a^{mn}$$

지수부인 mn을 주어로 해서 로그 형태로 바꾸면,

$$mn \;=\; \log_a M^n$$

그런데 앞서 $a^m = M$으로 두었으므로 $m = \log_a M$이다. 따라서 위의 식은 다음과 같다.

$$mn \;=\; n \log_a M \;=\; \log_a M^n$$

이해하기 쉽게 좌우변을 바꾸면, 다음과 같은 로그의 성질을 하나 더 얻는다. 역시 거듭제곱이 곱셈으로 한 단계 낮아짐을 알 수 있다.

$$\log_a M^n \;=\; n \log_a M$$

예제 7-6 $\log_2 3 \approx 1.585$와 $\log_2 10 \approx 3.322$라는 근삿값을 이용해서 다음을 구하여라.

(1) $\log_2 30$ (2) $\log_2 6$ (3) $\log_2 5$ (4) $\log_2 \dfrac{8}{3}$

(5) $\log_2 27$ (6) $\log_2 \sqrt{3}$ (7) $\log_2 \sqrt[3]{10}$ (8) $\log_2 1000000$

풀이

(1) $\log_2 30 = \log_2(3 \times 10) = \log_2 3 + \log_2 10 \approx 1.585 + 3.322 = 4.907$

(2) $\log_2 6 = \log_2(2 \times 3) = \log_2 2 + \log_2 3 \approx 1 + 1.585 = 2.585$

(3) $\log_2 5 = \log_2(10 \div 2) = \log_2 10 - \log_2 2 \approx 3.322 - 1 = 2.322$

(4) $\log_2 \dfrac{8}{3} = \log_2 8 - \log_2 3 \approx 3 - 1.585 = 1.415$

(5) $\log_2 27 = \log_2 3^3 = 3\log_2 3 \approx 3 \times 1.585 = 4.755$

(6) $\log_2 \sqrt{3} = \log_2 3^{\frac{1}{2}} = \dfrac{1}{2} \times \log_2 3 \approx 0.7925$

(7) $\log_2 \sqrt[3]{10} = \log_2 10^{\frac{1}{3}} = \dfrac{1}{3} \times \log_2 10 \approx 1.1073$

(8) $\log_2 1000000 = \log_2 10^6 = 6 \times \log_2 10 \approx 19.932$

이진 로그 외에 과학 및 공학 분야에서 흔히 사용되는 것으로 $\log_{10} 1000000$처럼 밑이 10인 **상용로그**가 있다.[10] 우리가 일상생활에서 쓰는 숫자는 10진법으로 되어 있으므로 10을 밑으로 하는 상용로그는 10진수를 다룰 때 아주 유용하다.

예컨대 상용로그를 쓰면 10진법으로 표기된 숫자의 자릿수를 손쉽게 계산할 수 있다. 사람은 어떤 숫자가 몇 자리인지 바로 알 수 있지만 컴퓨터는 그렇지 못하다. 이것은 사실 앞에 나왔던 '한글 11172글자를 표현하기 위한 비트 수'와 본질적으로 같은 문제다. 1비트란 2진수 자리 하나에 해당하므로, 로그의 밑을 2에서 10으로 바꾸게 되면 2진수인 비트가 아니라 10진수의 자리 개수가 나올 것이다. 아래의 숫자 몇 개와 그 상용로그 값을 살펴보자.

10진 숫자	상용로그 값	올림한 값
12345678	≈ 7.09	8
12345	≈ 4.09	5
123	≈ 2.09	3
0.00123	≈ -2.91	-2
0.000000123	≈ -6.91	-6

결과에서 알 수 있듯이, 1보다 큰 10진수에 대해 상용로그를 취하여 올림하면 그 숫자의 자릿수를 얻는다. 또, 1보다 작은 수의 경우는 올림한 숫자만큼 소수점 아래에 0이 이어진다. 이런 성질을 이용해서 아주 크거나 아주 작은 수의 자릿수도 쉽게 알아낼 수 있다.

예제 7-7 $\log_{10} 2 \approx 0.3010$이고 $\log_{10} 3 \approx 0.4771$임을 이용하여 다음을 구하여라.

(1) 5^{100}의 자릿수

(2) 15^{100}의 자릿수

(3) 2^{-100}의 소수점 아래 0의 개수

---

10 일상적으로 쓴다는 뜻의 상용(常用)이다.

> 풀이

> (1) $\log_{10} 5^{100} = 100 \times \log_{10} \dfrac{10}{2} = 100 \times (1 - \log_{10} 2) \approx 69.9$이므로 자릿수는 70이다.

> (2) 아래처럼 계산하여 자릿수는 118이다.

> $$\begin{aligned} \log_{10} 15^{100} &= 100 \times \log_{10}(3 \times 5) \\ &= 100 \times (\log_{10} 3 + \log_{10} 5) \approx 100 \times (0.4771 + 0.6990) \\ &= 117.61 \end{aligned}$$

> (3) $\log_{10} 2^{-100} = -100 \times \log_{10} 2 \approx -30.10$이므로 소수점 아래 0은 30개이다.

현대에는 컴퓨터나 계산기를 써서 로그의 값을 쉽게 구할 수 있지만, 불과 수십 년 전만 해도 로그를 계산하려면 '상용로그표'나 '계산자' 같은 도구가 필수적이었다. 상용로그표는 밑이 10이고 진수가 1.00~9.99 사이인 로그의 값을 미리 구해놓은 표로, 정밀도를 다소 희생하더라도 계산을 수월하게 하는 데 많이 사용되었다.

다음은 상용로그표의 일부다. 가장 왼쪽 열의 1.0, 1.1, …, 9.9는 진수의 소수점 첫째 자리까지를 나타내고, 가장 위쪽 행의 0, 1, …, 9가 소수점 둘째 자리를 나타낸다. 이제 이 표를 이용해서 임의의 수에 대한 상용로그 값을 얻는 과정을 간략히 살펴보자.

	0	1	2	3	4	5	6	7	8	9
1.0	.0000	.0043	.0086	.0128	.0170	.0212	.0253	.0294	.0334	.0374
1.1	.0414	.0453	.0492	.0531	.0569	.0607	.0645	.0682	.0719	.0755
1.2	.0792	.0828	.0864	.0899	.0934	.0969	.1004	.1038	.1072	.1106
⋮										
9.8	.9912	.9917	.9921	.9926	.9930	.9934	.9939	.9943	.9948	.9952
9.9	.9956	.9961	.9965	.9969	.9974	.9978	.9983	.9987	.9991	.9996

예를 들어 12480의 상용로그 값을 구해야 한다고 하자. 상용로그표에는 1.00~ 9.99 사이의 숫자만 수록되어 있으므로 로그의 성질을 이용하여 주어진 숫자를 다

음과 같이 변형한다.

$$\log_{10} 12480 \ = \ \log_{10}(1.248 \times 10^4) \ = \ \log_{10} 1.248 + 4$$

이제 $\log_{10} 1.248$을 구할 차례지만, 상용로그표에는 진수의 소수점 둘째 자리까지만 수록되어 있어서 정확한 값은 알 수 없다. 표에서 앞뒤로 가장 가까운 진수는 1.24와 1.25이고, 그에 해당하는 상용로그의 값은 각각 0.0934와 0.0969다. 이와 같은 주변의 값을 이용하기 위해 간단한 비례식을 세워 대략의 근사치를 구해 보자.

$$(1.25 - 1.24) \ : \ (0.0969 - 0.0934) \ = \ (1.248 - 1.24) \ : \ (x - 0.0934)$$
$$0.01 \ : \ 0.0035 \ = \ 0.008 \ : \ (x - 0.0934)$$

계산의 편의를 위해 모든 값에 10000배를 해 주고 비례식을 푼다.

$$100 \ : \ 35 \ = \ 80 \ : \ (10000x - 934)$$
$$1000000x - 93400 \ = \ 2800$$
$$x \ = \ (93400 + 2800) \div 1000000 \ = \ 0.0962$$

그러므로 우리가 구하는 근삿값은 다음과 같다.

$$\log_{10} 12480 \ = \ \log_{10} 1.248 + 4 \ \approx \ 4.0962$$

실제 $\log_{10} 12480$의 값을 구해 보면 4.096214⋯이므로 상용로그표로 구한 근삿값이 소수점 아래 네 자리까지는 맞아 들어갔음을 알 수 있다.

　지금까지는 이진로그와 상용로그에 대해 주로 이야기했다. 그런데 만약 밑이 2도 10도 아니고 $\sqrt{2}$인 경우라면 어떨까? 또, 상용로그표만 있는데 이진로그의 값을 구해야 한다면 무슨 방법이 있을까? 이러한 의문에 답해 줄 로그의 새로운 성질에 대해 알아보자.

밀이 a인 로그 $\log_a b$의 값이 x일 때 세 문자 간의 관계를 지수 표현으로 쓰면 다음과 같다.

$$x \;=\; \log_a b$$
$$a^x \;=\; b$$

등식의 양변에는 로그를 취해도 여전히 등식이 성립하므로 양변에 밀을 k로 하는 로그를 취한다.

$$\log_k a^x \;=\; \log_k b$$
$$x \log_k a \;=\; \log_k b$$
$$x \;=\; \frac{\log_k b}{\log_k a}$$

그런데 $x = \log_a b$이므로 이 식은 결국 이런 모양이 된다.

$$\log_a b \;=\; \frac{\log_k b}{\log_k a}$$

이것이 뜻하는 바는, 어떤 로그의 값이든지 다른 적당한 수 k를 밀으로 하는 다른 로그를 써서 나타낼 수 있다는 것이다. 그러므로 예를 들어 상용로그처럼 값이 알려진 밀이 하나만 있으면, 어떠한 밀에 대해서도 로그 값을 계산할 수 있게 된다. 이것을 흔히 **밀의 변환 공식**이라고 부른다.

한편, 여기서 만약 새로운 밀이 진수와 같을 경우는 다음의 결과를 얻는다.

$$\log_a b \;=\; \frac{\log_b b}{\log_b a} \;=\; \frac{1}{\log_b a}$$

예제 7-8 사칙연산과 $\log_{10} 2 \approx 0.3010$, $\log_{10} 3 \approx 0.4771$이라는 상용로그의 근삿값을 이용하여 다음 로그의 값을 구하여라.

(1) $\log_8 2$ (2) $\log_2 100$ (3) $\log_{100} 2$ (4) $\log_{\sqrt{2}} 3$ (5) $\log_6 10$

풀이

(1) $\log_8 2 = \dfrac{\log_2 2}{\log_2 8} = \dfrac{1}{3}$

(밑을 10으로 바꾸어도 되지만, $8 = 2^3$임을 이용하면 더 간단하다.)

(2) $\log_2 100 = \dfrac{\log_{10} 100}{\log_{10} 2} \approx \dfrac{2}{0.3010} = 6.644\cdots$

(3) $\log_{100} 2 = \dfrac{\log_{10} 2}{\log_{10} 100} \approx \dfrac{0.3010}{2} = 0.1505$

(4) $\log_{\sqrt{2}} 3 = \dfrac{\log_{10} 3}{\log_{10} \sqrt{2}} = \dfrac{\log_{10} 3}{\frac{1}{2}\log_{10} 2} \approx \dfrac{0.4771}{0.1505} = 3.170\cdots$

(5) $\log_6 10 = \dfrac{1}{\log_{10} 6} \approx \dfrac{1}{0.3010 + 0.4771} = 1.285\cdots$

지수 꼴로 나타낸 숫자 중에는 지수부에 로그가 포함되어서 복잡해 보이는 경우도 있는데, 대개 로그의 성질로 간단히 정리되곤 한다. $a^{\log_b c}$와 같은 경우를 살펴보자. 이것을 x라 두고, 양변에 b를 밑으로 하는 로그를 취한 다음 로그의 성질을 이용한다.

$$x = a^{\log_b c}$$
$$\log_b x = \log_b(a^{\log_b c})$$
$$= \log_b c \times \log_b a$$

여기서 곱셈 순서를 바꾸고 방금 썼던 로그의 성질을 역으로 적용하자.

$$\log_b x = \log_b a \times \log_b c$$
$$= \log_b(c^{\log_b a})$$

이때 양변은 같으므로 양쪽의 진수도 같아야 한다.

$$x = c^{\log_b a}$$

이 결과와 원래의 x 값을 나란히 놓으면 다음 결론을 얻는다.

$$a^{\log_b c} = c^{\log_b a}$$

a와 c를 자리바꿈해도 상관없다는 것을 알 수 있다. 여기서 특히 지수의 밑과 로그

의 밑이 같은 경우, 즉 $a = b$일 때는 더욱 단순해진다.

$$a^{\log_a c} = c^{\log_a a} = c$$

이런 성질은 다음과 같이 지수부에 로그가 있는 숫자를 간단히 할 때 유용하다.

$$4^{\log_2 3} = 3^{\log_2 4} = 3^2 = 9$$
$$10^{\log_{10} 3} = 3$$

어떤 방정식이나 부등식은 구해야 할 미지수가 지수부에 있는 경우도 있다. 이때는 양변에 로그를 취하여 지수를 곱셈으로 바꿈으로써 종종 식이 간단해진다. 아래의 예를 참고하자($\log_{10} 2 \approx 0.3010$).

$$2^x > 10000$$
$$x \log_{10} 2 > \log_{10} 10000$$
$$0.3010\, x > 4$$
$$\therefore\ x > \frac{4}{0.3010} = 13.289\cdots$$

알고리즘 복잡도와 로그

프로그래밍에서는 비슷한 일을 하는 코드를 작성해도 수행 시간에 큰 차이가 나는 경우를 종종 볼 수 있다. 예를 들어 n개의 원소를 가진 배열을 입력으로 받아서 처음부터 끝까지 죽 훑어가며 처리하는 함수 func1이 있다고 하자. 이 함수에서 루프 안에 있는 코드는 모두 n번씩 실행될 것이다. 하지만 n에 대한 2중 루프 안에서 뭔가를 하는 함수 func2의 경우는 루프 안의 코드가 n^2번 씩 실행된다. n의 값이 커질수록 func1에 비해 func2의 실행 속도가 크게 저하되리라는 것은 쉽게 짐작할 수 있다.

이처럼 알고리즘에서 입력의 크기에 대해 수행시간이 어떻게 변화하는 지 나타내는 척도를 시간복잡도(time complexity)라고 하는데, 대개는 빅-오 (big-O)라 읽는 $O(f(n))$ 형태의 점근 표기법(asymptotic notation)을 쓴다. 이것은 n이 커짐에 따라 어느 시점부터는 복잡도가 $f(n)$ 이하로 점차 근접 한다는 것을 나타낸다. 예컨대 위의 func1은 복잡도가 $O(n)$, func2의 경우

는 $O(n^2)$이라 할 수 있다.

자료 정렬의 예를 들면, 버블 정렬(bubble sort)이나 삽입 정렬(insertion sort) 같은 알고리즘은 시간복잡도가 $O(n^2)$인 반면, 퀵 정렬(quicksort)의 경우 평균적으로 $O(n \log n)$이라고 한다. 정렬할 대상의 개수 n이 작을 때는 큰 차이가 없지만, n이 커짐에 따라 $O(n^2)$과 $O(n \log n)$ 알고리즘의 수행 시간은 현격한 차이를 보이게 된다.

n	10	100	1000	10000	10^6
n^2	100	10000	10^6	10^8	10^{12}
$n \log_2 n$	≈ 33	≈ 664	≈ 9966	≈ 132877	$\approx 1.99 \times 10^7$

표에서 보는 것처럼, 1만 개 정도의 자료를 정렬하는 데도 두 복잡도 간에는 대략 750배 정도의 차이가 발생한다. 그러므로 대량의 데이터를 다루는 알고리즘에서는 시간복잡도를 낮추는 것이 아주 중요하다. 만약 내가 작성한 코드 중에서 복잡도가 $O(n^3)$이던 알고리즘을 $O(n^2)$으로, 또는 $O(n^2)$이던 알고리즘을 $O(n \log n)$으로 낮출 수 있다면, 최종 사용자의 입장에서는 엄청난 성능 향상을 체감할 수도 있다.

연습문제

1. 다음 로그의 값을 구하여라.

   (1) $\log_3 9$　　(2) $\log_9 3$　　(3) $\log_\pi \pi$　　(4) $\log_7 1$　　(5) $\log_2 1024$

2. 컴퓨터 산업의 초기에는 한글 글자 11172개 중 사용 빈도가 높은 2350개만을 추린 'KS 완성형 코드'가 널리 쓰였다. 이 2350 글자를 나타내려면 최소 몇 개의 비트가 필요한가?

3. $\log_{10} 2 \approx 0.3010, \log_{10} 3 \approx 0.4771$을 이용해서 다음을 계산하여라.

   (1) $\log_{10} 18$　(2) $\log_{10} 15$　(3) $\log_{10} 1024$　(4) $\log_3 \sqrt{2}$　(5) $\log_{12} 10$

   (6) $\log_3 1000000$　(7) 6^{10}의 자릿수　(8) 9^{-10}의 소수점 아래 0의 개수

4. 본문에 나와 있는 상용로그표를 이용하여 $\log_{10} 11172$의 대략적인 값을 구하여라.

7.4 지수함수와 로그함수

이 장의 앞쪽에서는 지수 자리에 정수뿐 아니라 유리수와 무리수까지 모든 실수가 올 수 있도록 지수의 개념을 확장하였다. 그에 따라 지수 부분을 모든 실수 집합에 속하는 독립변수로, 지수 연산의 결과를 종속변수로 하는 다음 형태의 함수를 정의할 수 있다.

$$f(x) = ka^x \quad (k \neq 0,\ a > 0,\ a \neq 1)$$

이런 함수를 **지수함수**라고 부른다. 여기서 지수의 일반적인 성질이 만족되도록 하기 위해 밑인 a는 양수로 제한하며, $a = 1$도 $f(x) = k$의 상수함수 꼴이 되므로 제외한다. 이 절에서는 기본적인 형태의 지수함수 $f(x) = a^x$의 성질에 대해 주로 알아본다.

지수함수의 지수 자리에는 어떤 실수라도 올 수 있으므로 지수함수의 정의역은 모든 실수다. 밑 a는 항상 양수이기에 지수 연산의 결과 a^x 또한 항상 양수가 된다. 그러므로 지수함수 $f(x) = a^x$의 치역은 0보다 큰 실수다.

여러 가지 a에 대해서 a^x은 어떤 값이 되는지 몇 가지 예를 들어 알아보자. 아래 표는 지수의 밑 $a > 1$일 경우다.

x	-10	-3	-2	-1	0	1	2	3	10
$y = 2^x$	$\frac{1}{1024}$	$\frac{1}{8}$	$\frac{1}{4}$	$\frac{1}{2}$	1	2	4	8	1024
$y = 10^x$	$\frac{1}{10^{10}}$	$\frac{1}{1000}$	$\frac{1}{100}$	$\frac{1}{10}$	1	10	100	1000	10^{10}

앞의 경우 x값이 증가함에 따라 y값도 증가하며, 지수의 밑 a가 2에서 10으로 다섯 배 커졌을 뿐인데 a^x의 값은 매우 급격하게 변하는 것을 볼 수 있다. 그리고 $x = 0$을 기준으로 a^x의 값은 좌우로 역수 관계를 이루는데, 이것은 지수의 부호가 반대인 두 수는 $a^{-n} = \frac{1}{a^n}$처럼 서로 역수가 되기 때문이다.

다음은 $0 < a < 1$일 경우다. $a > 1$일 때와 비교해 보자.

x	-10	-3	-2	-1	0	1	2	3	10
$y = \left(\frac{1}{2}\right)^x$	1024	8	4	2	1	$\frac{1}{2}$	$\frac{1}{4}$	$\frac{1}{8}$	$\frac{1}{1024}$
$y = \left(\frac{1}{10}\right)^x$	10^{10}	1000	100	10	1	$\frac{1}{10}$	$\frac{1}{100}$	$\frac{1}{1000}$	$\frac{1}{10^{10}}$

정반대의 결과가 나온 것을 확인할 수 있는데, 이것은 지수의 성질을 생각해 보면 당연한 결과다. 예컨대 $\left(\frac{1}{10}\right)^x$란 것은 결국 다음과 같기 때문이다.

$$\left(\frac{1}{10}\right)^x = \frac{1}{10^x} = 10^{-x}$$

$y = 10^x$와는 지수의 부호가 반대, 즉 역수가 되어 $x = 0$을 기준으로 서로 대칭인 값을 가지는 것이다.

지금까지의 결과를 참고하여 지수함수 그래프가 어떤 모양을 가지는지 살펴보자. 우선 어떠한 양수 a에 대해서도 $a^0 = 1$이므로 지수함수 $y = a^x$의 그래프는 a 값에 무관하게 항상 $(0, 1)$을 지날 것이다. 하지만 위의 표에서 추측할 수 있듯이, 그래프의 모양은 $a > 1$이냐 $0 < a < 1$이냐에 따라 정반대가 된다.

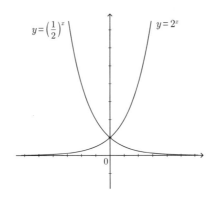

$y = 2^x$처럼 $a > 1$일 때의 그래프를 살펴보자. x값이 증가하면서 y는 가파르게 증가한다. 예를 들어 x가 2에서 8로 증가할 때 y값은 4에서 256으로 증가하는 식이다. 흔히 '지수적 증가'나 '기하급수적 증가'[11] 같은 표현을 쓰는데, 이는 모두 지수

---

11 '기하급수'란 '등비급수'라고도 하며, $2 + 4 + 8 + 16 + 32 + \cdots$ 같이 일정 비율로 변화하는 숫자들의 합을 말한다. 단어에 '기하'가 들어가 있으므로 곱셈과 관련이 있을 것임을 알 수 있다.

함수의 급격한 증가세에서 비롯된 말이다.

　반대로 x값이 계속 감소하면, 함숫값 a^x은 빠르게 0에 가까워진다. 표에서 본 것처럼 x가 양수에서 음수로 바뀌면 지수부의 부호가 반대가 되므로 a^x의 값은 x가 양수일 때의 역수가 된다. 예를 들어 $x = -10$이면 $2^{-10} = \dfrac{1}{2^{10}} = \dfrac{1}{1024}$인 식이다. 하지만 x의 값이 아무리 작아지더라도 a^x은 양수이기 때문에 그래프는 항상 x축의 위쪽에 위치하며, 이때 점근선은 $y = 0$, 즉 x축이다.

　다음은 $y = \left(\dfrac{1}{2}\right)^x$처럼 $0 < a < 1$인 경우를 살펴보자. 이것은 $y = 2^{-x}$로도 쓸 수 있으므로 함숫값이 $a > 1$일 때와는 $x = 0$을 중심으로 대칭을 이루면서 역수가 된다. 즉, x가 커질수록 a^x은 0에 가까워지고, x가 작아질수록 급격히 증가하는 모양이다.

　a가 어떤 값이든지 간에, 지수의 성질에 의해 지수함수 $y = a^x$의 그래프는 다음과 같은 점들을 항상 지나게 된다.

- $a^{-1} = \dfrac{1}{a}$이므로 $\left(-1, \dfrac{1}{a}\right)$
- $a^0 = 1$이므로 $(0, 1)$
- $a^1 = a$이므로 $(1, a)$

지수함수 $y = a^x$의 그래프를 가로축과 세로축 방향으로 각각 p, q만큼 평행이동한 그래프는 어떻게 될까? 앞서 4장에서 배웠던 그래프의 평행이동은 함수의 종류에 관계없이 적용되는 원칙이므로, 지수함수 역시 x, y 자리에 $x - p$, $y - q$를 대입하면 된다. 이때 그래프는 지수의 성질에 의해 점 $(p, q + 1)$을 지나고, 점근선은 $y = q$가 될 것이다.

$$y = a^{x-p} + q$$

앞 절까지의 내용에서 우리는 지수와 로그란 결국 같은 수식을 다른 관점에서 나타낸 표기법이라는 것을 알게 되었다. 이것은 함수 측면에서도 마찬가지인데, $y = a^x$꼴의 지수함수에서 지수부인 x를 로그 기호를 써서 나타내어 보자.

$$x = \log_a y \quad (a > 0, \ a \neq 1)$$

이 식은 x라는 값이 y의 함수로 나타난다는 것으로 읽을 수 있다. 여기서 독립변수와 종속변수에 대한 관례를 따라 x와 y를 바꾸어 쓰면, 다음과 같은 새로운 형태의 함수를 얻는다. 짐작할 수 있듯이 이런 함수를 **로그함수**라고 부른다.

$$f(x) = \log_a x \quad (a > 0,\ a \neq 1)$$

지수함수의 꼴에서 독립변수와 종속변수를 바꾸어 쓴 것이 로그함수이므로, 두 함수는 같은 수식을 다른 관점에서 나타낸 정도가 아니라 서로 역함수의 관계에 있음을 알 수 있다. 그러므로 역함수의 성질에 따라 두 함수의 정의역과 치역 또한 반대가 된다.

함수	정의역	치역
$y = a^x$	x는 모든 실수	$y > 0$
$y = \log_a x$	$x > 0$	y는 모든 실수

지수함수의 경우 밑인 a의 값이 1보다 큰지 작은지에 따라 그래프의 특성이 정반대가 되었다. 따라서 로그함수의 경우에도 유사한 특성이 있을 것이라 짐작할 수 있다. 앞 절에서도 잠깐 보았지만, 로그의 값 역시 밑이 1보다 큰지 아닌지에 따라 증감의 방향이 반대가 된다. 몇 가지 밑의 값에 대해 로그함수의 값이 어떻게 변하는지 살펴보자($\log_{10} x$의 경우는 근삿값이다).

x	$\frac{1}{16}$	$\frac{1}{8}$	$\frac{1}{4}$	$\frac{1}{2}$	1	2	4	8	16
$y = \log_{\frac{1}{2}} x$	4	3	2	1	0	-1	-2	-3	-4
$y = \log_2 x$	-4	-3	-2	-1	0	1	2	3	4
$y = \log_{10} x$	-1.20	-0.90	-0.60	-0.30	0	0.30	0.60	0.90	1.20

우선, 로그의 모든 밑 a에 대해 $\log_a 1 = 0$이므로 밑의 값에 무관하게 항상 $(1, 0)$을 지나고 있다. 증감 방향을 보면, 1보다 작은 밑을 가진 $y = \log_{\frac{1}{2}} x$의 경우에는 x가 증가함에 따라 y는 감소하고, 1보다 큰 밑을 가진 다른 두 함수는 x가 증가할 때 y도 함께 증가하고 있다.

또한 밑이 서로 역수인 $y = \log_{\frac{1}{2}} x$와 $y = \log_2 x$는 $x = 1$을 경계로 하여 함숫값의 부호가 반대로 교차하는데, 이것은 다음과 같이 로그 밑의 변환 공식으로 간단히 설명된다.

$$\log_{\frac{1}{a}} x = \frac{\log_a x}{\log_a \frac{1}{a}} = \frac{\log_a x}{-1} = -\log_a x$$

즉, $y = \log_{\frac{1}{2}} x$란 곧 $-\log_2 x$이므로 두 함숫값의 부호는 항상 반대가 될 수밖에 없다.

이제 로그함수의 그래프를 그 역함수인 지수함수와 함께 좌표평면에 나타내어 보자. 왼쪽은 밑이 1보다 작은 $y = \log_{\frac{1}{2}} x$, 오른쪽은 밑이 1보다 큰 $\log_2 x$의 경우다.

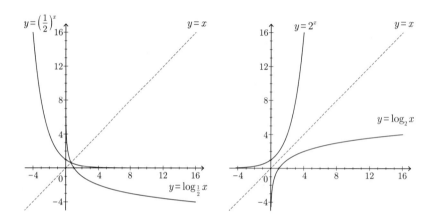

지금까지의 내용을 바탕으로, 이 네 종류의 그래프를 다음과 같이 설명할 수 있다.

- 밑이 같은 지수함수와 로그함수는 역함수 관계이며 $y = x$ 그래프에 대칭이다.
- $\left(\frac{1}{a}\right)^x = a^{-x}$로부터 밑이 역수인 두 지수함수 $y = \left(\frac{1}{a}\right)^x$와 $y = a^x$는 y축에 대해 좌우 대칭이다.
- $\log_{\frac{1}{a}} x = -\log_a x$로부터 밑이 역수인 두 로그함수 $y = \log_{\frac{1}{a}} x$와 $y = \log_a x$는 x축에 대해 상하 대칭이다.

로그함수는 정의구역이 $x > 0$이므로 그래프의 점근선은 $x = 0$, 즉 y축이 된다. 또한 로그의 성질에 의해 $y = \log_a x$의 그래프는 다음과 같은 점들을 항상 지나게 된다.

- $\log_a \frac{1}{a} = -1$이므로 $\left(\frac{1}{a}, -1\right)$
- $\log_a 1 = 0$이므로 $(1, 0)$
- $\log_a a = 1$이므로 $(a, 1)$

지수함수 $y = a^x(a > 1)$의 그래프는 x가 증가함에 따라 급격히 위로 치솟아 '기하급수적인' 증가세를 보였다. 예컨대 $y = 10^x$의 경우 $x = 10$이면 y 값은 100억에 달한다. 하지만 그 역함수인 로그함수 $y = \log_a x(a > 1)$의 그래프는 x 값이 아무리 증가하더라도 로그의 특성으로 인해 y 값은 대단히 완만하게 증가한다. 예컨대 $y = \log_{10} x$의 경우 x 값이 100억이 되더라도 y 값은 10에 지나지 않는다.

이처럼 급격히 증가하는 지수함수와 아주 완만하게 증가하는 로그함수를 합성하면 어떻게 될까? 밑이 같은 지수함수 $f(x) = a^x$와 로그함수 $g(x) = \log_a x$를 합성한 $g \circ f$를 구해 보자.

$$(g \circ f)(x) \;=\; g(\,f(x)\,) \;=\; \log_a(a^x) \;=\; x \log_a a \;=\; x$$

사실 이것은 계산할 필요도 없이 항등함수 $y = x$가 나올 것임을 알 수 있다. 4장에서 배운 것처럼 어떤 함수 f와 그 역함수 f^{-1}의 합성 결과는 항등함수이고, 밑이 같은 지수함수와 로그함수는 역함수 관계이기 때문이다. 이처럼 지수에 다시 로그를 취하면 일차함수의 꼴이 되는데, 값이 크게 변하는 그래프를 그릴 때 이런 성질이 유용하다.

지수함수처럼 어떤 값이 아주 큰 폭으로 변할 때는 그 모양이 한눈에 들어오지 않으므로, 해당 축의 눈금을 로그값으로 바꾼 **로그 스케일**(logarithmic scale) 그래프를 흔히 사용한다. 다음 그림은 $y = 10^x$의 관계가 있는 두 수량에 대해 y쪽의 눈금을 로그 스케일로 그린 그래프의 예다.[12]

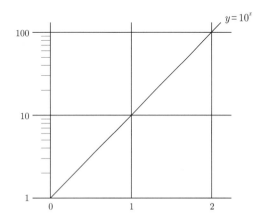

----

12 축 하나만 로그 스케일로 그리면 세미–로그(semi-log), 두 축을 모두 로그 스케일로 그리면 로그–로그 (log-log) 그래프라고 부른다.

x축의 눈금은 별다를 것이 없지만, y축의 눈금은 실제 y 값이 아니라 $\log_{10} y$에 해당하는 간격으로 그려져 있다. 그 결과 지수함수가 직선의 형태로 나타나서, 두 값 사이의 관계를 그래프로 파악하기가 조금 더 쉬워진다.

연습문제

1. 지수의 성질을 이용하여 다음 함수를 $y = ka^x$ 꼴로 나타내고, 대략의 그래프를 그려라.

   (1) $y = 2^{2x+1}$ (2) $y = \left(\frac{1}{2}\right)^{x-1}$ (3) $y = -2^{-x}$

2. $y = 3^{2x-1}$의 그래프가 직선 $y = \sqrt{3}$과 만나는 점의 좌표를 구하여라.

3. 로그의 성질을 이용하여 다음 함수를 $y = k \log_a x$ 꼴로 나타내고, 대략의 그래프를 그려라.

   (1) $y = \log_2 x^2$ (2) $y = \log_2 \frac{1}{x^2}$ (3) $y = \log_{\frac{1}{2}} \frac{1}{\sqrt{x}}$

4. 어떤 방사성 물질은 1년 지났을 때 방사능의 절반을 잃는다고 한다. 방사능이 원래의 1% 미만이 되려면 최소 몇 년이 지나야 하는지 상용로그를 써서 풀어라. 단, $\log_{10} 2 \approx 0.3010$으로 계산한다.

II부

8장

논리

수학의 세계는 수많은 명제로 쌓아 올린 건축물과도 같다. 건물을 이루는 벽돌 하나하나는 인류가 고대로부터 힘들게 때로는 수월하게 얻어낸 사색의 결과물이며, 논리적 정합성이라는 모르타르를 통해 서로를 단단하게 붙들고 있다. I부에서 기초적인 형태의 명제와 논리연산을 공부했지만, 사람의 이성이 펼쳐내는 복잡한 논리적 사상을 표현하기 위해서는 더욱 다채로운 개념들이 엄밀하게 정의되고 기호로 표시될 수 있어야 한다.

이번 장에서는 조건명제를 중심으로 좀 더 다양한 논리 개념을 표현하기 위한 여러 가지 방법을 공부하며, 부분집합과 곱집합을 통해 집합이 한 차원 높게 변신하는 과정도 따라가 본다. 또한 어떤 명제가 수학의 논리체계로 들어갈 자격이 되는지 판별하는 방법도 몇 가지 알아본다.

8.1 명제와 진리집합

8.1.1 조건명제

I부에서는 논리를 표현하는 수단인 명제의 개념과 진리표, $\lor$, $\land$, $\lnot$, $\oplus$ 같은 논리연산, 그리고 교환·결합·분배·드 모르간 등의 연산 법칙을 공부하였다. 기본적인 논리연산만큼 중요하고 자주 사용되는 것으로 **조건명제**가 있다. 조건명제는 말 그대로 어떤 조건이 충족되는지 여부에 관심이 있는 명제인데, 일상생활에서도 이에 해당하는 사례는 흔하게 찾아볼 수 있다. 예를 들어 다음과 같은 '약속' 형태의 문장을 생각해 보자.

"첫눈이 내리면 너에게 돌아올게."

첫눈이 내렸을 때 이 약속을 한 사람이 돌아온다면 약속은 지켜진 것이겠지만, 첫눈이 내렸는데도 돌아오지 않았다면 약속은 거짓말이 된다. 만약 첫눈이 아직 내리기 전이라면 어떨까? 약속이 지켜졌는지 여부는 별다른 의미를 가지지 않을 것이다.

조건명제는 이처럼 '주어진 조건이 충족되었을 때 약속이 지켜지는가'에 관심이 있고, 조건이 충족되지 않은 경우에는 어떻게 되어도 상관없다는 성질을 가지고 있다. 조건명제를 기호로는 $p \to q$라 쓰며 "p이면 q이다"로 읽는다. 이때 p는 흔히 가정, q는 결론이라고 한다. 다음의 조건명제 진리표를 살펴보자.

p	q	$p \to q$
T	T	T
T	F	F
F	T	T
F	F	T

표에서 확인할 수 있듯이, 가정 p가 참이어서 조건이 충족된 경우에는 결론 q에 따라서 전체 명제의 참·거짓이 결정된다. 하지만 p가 거짓이어서 조건이 충족되지 않았다면, 결론 q의 진리값에 상관없이 전체 조건명제의 진리값은 그냥 참이 된다.

조건명제 $p \to q$는 우리가 이미 배운 기본 논리연산으로도 나타낼 수 있는데, 그 내용을 다루기 전에 우선 AND($\wedge$)와 OR($\vee$) 연산을 조금 다른 관점으로 살펴보자.

두 명제 A와 B가 있을 때, AND 연산 $A \wedge B$에서 A의 역할을 '문지기'처럼 생각해 보자. A가 참이라면, 나머지 B도 참인지를 알아본 다음에야 전체 진리값이 나올 것이다. 하지만 A가 거짓이라면, B의 진리값을 알아볼 필요도 없이 전체 결과가 거짓임을 알 수 있다.

OR 연산도 비슷하다. $A \vee B$에서 A가 참이라면 B를 더 볼 것도 없이 전체가 참이고, A가 거짓이라면 나머지 B의 값을 알아봐야 할 것이다.[1] 즉,

---

1 프로그래밍 언어에서 이런 식으로 조건문을 처리하는 것을 전기회로 분야의 용어를 빌어 short-circuit evaluation이라고 부른다. 이때 short는 회로가 단락(쇼트)된다는 뜻이다. 예를 들어 if(cond_a && cond_b)라는 조건문에서 cond_a == false이면 cond_b에 대한 평가 없이 조건문 전체 결과가 바로 false가 되는 식이다. 비슷하게, if(cond_c || cond_d)에서 cond_c == true이면 cond_d는 더 평가되지 않는다.

- $A \land B$에서 A가 거짓이면 B와 상관없이 결과가 거짓이고, A가 참이면 결과는 B와 같다.
- $A \lor B$에서 A가 참이면 B와 상관없이 결과가 참이고, A가 거짓이면 결과는 B와 같다.

이제 명제 p "첫눈이 내린다"와 명제 q "주인공이 돌아온다"에 대해 다음의 논리연산을 생각해 보자.

$$\text{(첫눈이 내리지 않았다)} \lor \text{(주인공이 돌아온다)}$$

$$\neg p \lor q$$

첫눈이 내리지 않았다면($\neg p = \mathrm{T}$) 더 볼 것도 없이 전체 OR 연산의 결과도 참이다. 하지만 첫눈이 내렸다면($\neg p = \mathrm{F}$), 돌아왔는지 여부(q)에 따라 전체 결과가 정해진다. 즉, 위의 명제는 조건명제 $p \to q$와 논리적으로 일치함을 알 수 있으며, 여기서 다음의 동치 관계를 얻는다.

$$(p \to q) \equiv (\neg p \lor q)$$

실제로 진리표를 그려 보면 두 명제의 진리값이 같다는 것을 확인할 수 있다.

p	$\neg p$	q	$\neg p \lor q$
T	F	T	T
T	F	F	F
F	T	T	T
F	T	F	T

조건명제는 다른 기본 연산처럼 교환법칙이 성립하지는 않는다. 이는 $p \to q$와 $q \to p$를 각각 OR 형태의 동치로 나타내었을 때 $\neg p \lor q$와 $\neg q \lor p$라는 것으로부터 쉽게 짐작할 수 있다. 그 대신, 조건명제에서 가정과 결론을 바꾸거나 부정하면 새로운 형태의 조건명제를 얻게 된다.

$p \to q$에서 가정과 결론을 뒤바꾼 형태의 $q \to p$는 원래 명제의 역(逆)명제라고 하며, 다음 진리표에서 보듯이 원래 명제와는 진리값이 다르다.

p	q	$q \rightarrow p$
T	T	T
T	F	T
F	T	F
F	F	T

$p \rightarrow q$의 가정과 결론을 각각 부정한 $\neg p \rightarrow \neg q$는 원래 명제의 **이명제**[2]라고 한다. 이명제 역시 원래 명제와 진리값이 다르지만, 앞서 나온 역명제와는 진리값이 같다.

p	q	$\neg p$	$\neg q$	$\neg p \rightarrow \neg q$
T	T	F	F	T
T	F	F	T	T
F	T	T	F	F
F	F	T	T	T

$p \rightarrow q$의 가정과 결론을 바꾸고 각각 부정한 형태의 $\neg q \rightarrow \neg p$는 원래 명제의 **대우명제**[3]라고 한다. 대우명제는 아래 진리표에서 보듯이 원래 명제 $p \rightarrow q$와 진리값이 일치한다는 중요한 성질이 있다. 따라서 원래 명제 그대로 증명하기 어려울 때 그 대우명제를 대신 증명하는 식으로 활용되기도 한다. 앞서 역명제와 이명제의 진리값이 같았던 것도 그 둘이 서로 대우관계이기 때문이다. ($q \rightarrow p$의 대우가 $\neg p \rightarrow \neg q$라는 것을 확인하자.)

p	q	$\neg p$	$\neg q$	$\neg q \rightarrow \neg p$
T	T	F	F	T
T	F	F	T	F
F	T	T	F	T
F	F	T	T	T

2 뒤쪽 또는 안쪽을 뜻하는 '속 리(裏)'자를 쓴다.
3 '마주할 대(對)', '짝 우(偶)'자를 써서 서로 짝을 이룬다는 뜻을 가지고 있다.

조건명제 $p \rightarrow q$가 참이라는 것이 알려졌을 때는, 특별히 $p \Rightarrow q$처럼 겹화살표를 써서 표기한다.

예제 8-1 조건명제 "비가 오면, 그는 커피를 마신다"가 있을 때, 다음에 답하여라.

(1) 이 조건명제가 거짓이 되는 경우는 언제인가?

(2) 이 조건명제의 대우명제는 무엇인가?

(3) 대우명제가 거짓이 되는 경우는 언제인가?

풀이

(1) 조건이 T이지만 결론이 F일 때, 즉 비가 오는데도 커피를 마시지 않았을 때

(2) "그가 커피를 마시지 않으면, 비가 오지 않는다."

(3) 커피를 마시지 않았는데 비가 올 때

8.1.2 명제함수와 한정자

명제의 경우 "2는 짝수다"처럼 내용과 진리값이 명확히 정해져 있지만, "x가 자연수일 때 $2^x < 10$이다"처럼 값이 미정인 기호가 포함되어 있는 문장은 그 기호의 값에 따라 진리값이 결정된다. 이것은 x에 대해 참·거짓이 대응되는 일종의 함수로 볼 수 있어서 **명제함수**라는 이름으로 불린다. 명제함수는 미지의 값을 인자로 두어 $p(x)$나 $q(x)$ 같은 함수 형태로 쓰기도 하는데, 예를 들면 다음과 같다.

$$p(x): \quad 2^x < 10 \quad (x \in \mathbb{N})$$

미정인 값이 속하는 전체집합의 원소 중 이런 명제함수를 참으로 만드는 원소들의 집합을 **진리집합**이라고 한다. 위에 예를 든 $p(x)$의 경우 x가 4 이상의 자연수이면 $2^x \geq 10$이 되어 거짓이므로 진리집합은 $\{1, 2, 3\}$이다.

일반적으로 $x \in U$를 인자로 한 명제함수 $p(x)$의 진리집합 P는 다음과 같다.

$$P = \{\, x \mid x \in U,\ p(x) \,\}$$

$p(x)$를 부정한 $\neg p(x)$의 진리집합은 어떻게 될까?

$$\neg p(x): \quad 2^x >= 10 \quad (x \in \mathbb{N})$$

자연수 집합 내에서 위의 명제를 만족하는 원소는 $x > 3$인 것들이므로 논리적으로 따져 보면 결국 P의 여집합과 동일함을 알 수 있다.

$$P^C = \{ \, x \mid x \in U, \ \neg p(x) \, \}$$

명제함수의 논리합($\vee$)이나 논리곱($\wedge$)에 대해서도 같은 방법으로 진리집합을 구하면 된다. $p(x)$와 $q(x)$의 진리집합을 각각 P와 Q라 할 때, $p(x) \vee q(x)$의 진리집합은 $P \cup Q$, $p(x) \wedge q(x)$의 진리집합은 $P \cap Q$가 된다.

명제함수를 기술할 때는, 그 인자에 추가적인 제약 조건을 둠으로써 내용을 좀 더 구체화하기도 한다. 만약 인자가 속하는 전체집합의 '모든' 원소에 대해 그 명제함수가 성립함을 주장하려 한다면, 'for all'이라는 뜻을 가진 기호 $\forall$을 사용한다. 예를 들어 다음과 같은 주장은 x가 4 이상이면 성립하지 않으므로 전체적으로 거짓 명제가 된다.

$$\forall \, x \in \mathbb{N}, \ 2^x < 10$$

반면, 인자가 속하는 전체집합 중에 그 명제함수를 참으로 만드는 원소가 '하나라도 존재함'을 주장하려면 'there exists'라는 뜻을 가진 기호 $\exists$를 사용한다. 아래와 같은 주장은 해당 명제함수를 참이 되게 하는 자연수 x가 하나 이상($x = 1, 2, 3$) 존재하므로 참인 명제다.

$$\exists \, x \in \mathbb{N}, \ 2^x < 10$$

$\forall$이나 $\exists$ 같이 명제함수의 인자 범위를 규정하는 데 쓰는 기호를 **한정자**(quantifier)[4]라고 한다. '$\forall$'이 들어간 명제함수의 경우는 전체집합의 모든 원소에 대해 해당 명제가 성립한다는 것을 주장하고 있으므로, 그렇지 않은 사례를 단 하나라도 발견한다면 그 명제함수는 거짓이 되어 버린다. 이런 사례를 **반례**(counterexample)라고 부른다. 그와 대비하여 '$\exists$'로 한정된 명제함수가 거짓임을 증명하는 일은 전체집합의 모든 원소가 해당 명제를 참으로 만들지 않음을 보여야 하므로 좀 더 까다롭다.

한정자를 포함한 명제를 통째로 부정하려면 어떻게 해야 할까? 명제함수 자체만

---

4 $\forall$은 universal quantifier, $\exists$는 existential quantifier라고 한다.

부정하면 될까? 다음의 예를 살펴보자.

"모든 세포는 사멸한다."

이 명제의 부정은 "모든 세포는 사멸하지 않는다"가 아니라 "모든 세포가 사멸한다는 것은 거짓이다"가 되어야 한다. 그 말은 다음과 같이 바꿔 쓸 수 있다.

"어떤 세포는 사멸하지 않는다."

이런 내용을 기호로 나타내어 보자. "세포 x가 사멸한다"라는 명제함수를 $p(x)$라 하면, "모든 세포는 사멸한다"라는 명제는 $\forall x,\ p(x)$로 쓸 수 있다. 그리고 그 부정인 "어떤 세포는 사멸하지 않는다"는 $\exists x,\ \neg p(x)$가 된다.

$$\neg\,(\forall x,\ p(x)) \ \equiv\ \exists x,\ \neg p(x)$$

물론 "어떤 세포는 사멸한다"라는 명제의 부정은 "모든 세포는 사멸하지 않는다"가 될 것이다.

$$\neg\,(\exists x,\ p(x)) \ \equiv\ \forall x,\ \neg p(x)$$

예제 8-2 다음을 구하여라.

(1) $p(x)$: "x는 10 이하의 소수"의 진리집합 P

(2) $q(x)$: "$\log_2 x > 1$(단, $x \in \mathbb{R}$)"의 진리집합 Q

(3) 명제 "모든 인간은 늙는다"의 부정

(4) 명제 "어떤 나라는 무상교육을 실시한다"의 부정

풀이

(1) $P = \{2, 3, 5, 7\}$

(2) $Q = \{x \mid x > 2, x \in \mathbb{R}\}$

(3) "어떤 인간은 늙지 않는다."

(4) "모든 나라는 무상교육을 실시하지 않는다."

8.1.3 조건명제의 진리집합

"~이면 ~이다" 형태의 조건명제는 일반적인 명제뿐 아니라 명제함수로도 구성할 수 있다. 다음의 예를 살펴보자.

- $p(x)$: x는 사람이다.
- $q(x)$: x는 포유류다.
- $p(x) \rightarrow q(x)$: x가 사람이면, x는 포유류다.

조건명제 $p(x) \rightarrow q(x) \equiv \neg p(x) \lor q(x)$에 대해서 진리집합을 구하면 다음과 같다.

$$\{ \, x \mid x \in U, \, \neg p(x) \lor q(x) \, \} \, = \, P^C \cup Q$$

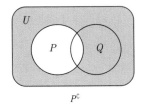
P^C

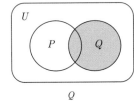
Q

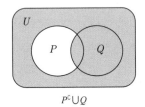
$P^C \cup Q$

맨 오른쪽의 다이어그램이 조건명제 $p(x) \rightarrow q(x)$의 진리집합을 나타낸다. 여기서 진리집합에 속하지 않은 흰색 영역은 'P이면서도 Q가 아닌' 부분이다. 이것은 $p \rightarrow q$에서 조건 p가 충족되었음에도 불구하고 q가 거짓인 경우에 해당하므로 진리집합 역시 조건명제의 의미와 일치함을 알 수 있다.

이제 사람과 포유류에 관한 조건명제 $p(x) \rightarrow q(x)$가 항상 참일 때, 즉 $p(x) \Rightarrow q(x)$일 때 $p(x)$와 $q(x)$의 진리집합을 생각해 보자. 이것이 성립하려면 명백히 포유류인 $q(x)$ 쪽이 크고 사람인 $p(x)$ 쪽을 포함해야 한다는 것을 알 수 있다. 이것은 명제의 내용이 바뀌더라도 마찬가지인데, 예컨대 "x가 C++이면, x는 컴파일 언어다"에서 컴파일 언어의 범위가 더 큰 것과 같다.

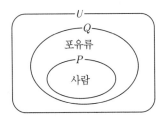

앞서 벤다이어그램으로 그렸던 $p \to q$의 진리집합 $P^c \cup Q$에 속하지 않는 부분은 'P이면서 Q가 아닌' 영역이었다. 만약 어떤 조건명제가 항상 참이라면 그와 같은 영역은 존재하지 않아야 하므로 결과적으로 "P이면 항상 Q여야 한다"는 결론을 얻는다. 이것을 집합 간의 포함관계로 나타내면 곧 $P \subset Q$가 된다. 즉, $p(x)$와 $q(x)$의 진리집합을 각각 P와 Q라 하면 다음은 항상 참이 된다.

$$(p(x) \Rightarrow q(x)) \; \longrightarrow \; (P \subset Q)$$

$P \subset Q$일 경우 조건명제 $p(x) \to q(x)$의 진리집합 $P^c \cup Q$를 구해 보면 다음 그림처럼 전체집합이 되므로, 해당 조건명제는 x에 상관없이 항상 참이라는 것을 확인할 수 있다.

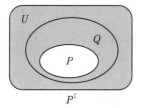 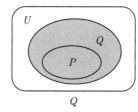 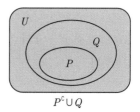

참인 조건명제 여러 개를 논리적으로 연결하면 새로운 결론에 도달하기도 한다. 이런 명제함수를 생각해 보자.

- $p(x)$: x는 사람이다.
- $q(x)$: x는 포유류다.
- $r(x)$: x는 동물이다.

이제 $p(x) \Rightarrow q(x)$이고 $q(x) \Rightarrow r(x)$라고 하자. 즉,

- "사람은 포유류다."
- "포유류는 동물이다."

그렇다면 $p(x)$와 $r(x)$, 사람과 동물은 어떤 관계일까? 그 결론을 논리적으로 뒷받침할 수 있을까?

진리표를 통해서 $p \to q$와 $q \to r$이 모두 참일 때 과연 $p \to r$은 어떤 진리값을 가지는지 확인해 보자. 다음 표에는 p, q, r의 모든 진리값에 대응하는 세 가지 조

건명제의 진리값이 나열되어 있다.

	p	q	r	$p \to q$	$q \to r$	$p \to r$
①	T	T	T	T	T	T
②	T	T	F	T	F	F
③	T	F	T	F	T	T
④	T	F	F	F	T	F
⑤	F	T	T	T	T	T
⑥	F	T	F	T	F	T
⑦	F	F	T	T	T	T
⑧	F	F	F	T	T	T

여기서 $p \Rightarrow q$이고 동시에 $q \Rightarrow r$인 경우를 찾으면 ①, ⑤, ⑦, ⑧이다. 이 네 가지 경우에 대해 $p \to r$의 진리값을 보면 모두 참(T)임을 알 수 있다. 따라서 다음이 성립한다.

$$\big(p(x) \Rightarrow q(x) \ \wedge \ q(x) \Rightarrow r(x) \big) \ \longrightarrow \ \big(p(x) \Rightarrow r(x) \big)$$

앞서 들었던 예로 본다면 $p(x) \Rightarrow r(x)$, 즉 "사람은 동물이다"라는 새로운 결론을 얻게 된다. 이와 같은 추론 과정을 **삼단논법**이라고 부르며, 이것은 진리집합으로도 확인할 수 있다.

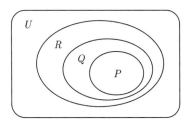

$p(x), q(x), r(x)$의 진리집합을 각각 P, Q, R이라 하자. $p(x) \Rightarrow q(x)$이면 $P \subset Q$이고, $q(x) \Rightarrow r(x)$이면 $Q \subset R$이다. 그에 따라 자연히 $P \subset R$이 성립하며, 이 것은 곧 $p(x) \Rightarrow r(x)$임을 나타낸다.

이제 진리집합 간의 포함 관계를 참고해서 다음 질문에 대한 답을 궁리해 보자.

$p(x) \Rightarrow q(x)$일 때 두 명제함수 중 상대방에 필수적인 것은 어느 쪽인가?

사람과 포유류의 예를 들면, 이것을 아래와 같은 두 개의 물음으로 다시 쓸 수 있다.

- x가 사람이려면(p) 꼭 포유류여야(q) 하는가?
- x가 포유류려면(q) 꼭 사람이어야(p) 하는가?

첫 번째 질문에 대한 답은 "예"고, 두 번째는 "아니오"임은 쉽게 알 수 있다. 즉, $p(x) \Rightarrow q(x)$일 때 $p(x)$가 참이려면 반드시 $q(x)$여야 하며, 이때 $q(x)$를 $p(x)$가 되기 위한 **필요조건**이라고 한다.

다음은 조금 다른 각도에서 질문을 던져 보자.

- x가 사람이면(p) 이미 포유류(q)인가?
- x가 포유류면(q) 이미 사람(p)인가?

이번 경우에도 물론 첫 번째 질문에 대한 답은 "예", 두 번째는 "아니오"다. 즉, $p(x) \Rightarrow q(x)$일 때 $p(x)$가 충족되었으면 $q(x)$는 자동으로 참이 되며, 이때 $p(x)$를 $q(x)$가 되기 위한 **충분조건**이라고 한다.

두 내용을 함께 정리하면, $p(x) \Rightarrow q(x)$일 때 다음과 같다.

$p(x)$: $q(x)$가 되기 위한 충분조건

$q(x)$: $p(x)$가 되기 위한 필요조건

만약 두 명제함수가 서로에게 필요조건이자 충분조건이라면 이것은 어떤 상황을 뜻하는 것일까? 논리적으로 따져 보면 다음과 같다.

$$(p(x) \Rightarrow q(x)) \wedge (q(x) \Rightarrow p(x))$$

이때의 $p(x)$와 $q(x)$를 서로 **필요충분조건**이라 하며, 기호로는 $\Leftrightarrow$를 쓴다.

$$p(x) \Leftrightarrow q(x)$$

$p(x)$와 $q(x)$의 진리집합을 각각 P와 Q라 할 때, $p(x) \Leftrightarrow q(x)$를 진리집합의 관점으로 보면 다음 결론을 얻는다.

$$P \subset Q \quad (\because p(x) \Rightarrow q(x))$$
$$Q \subset P \quad (\because q(x) \Rightarrow p(x))$$
$$\therefore P = Q$$

$p(x)$와 $q(x)$의 진리집합이 같으므로 둘은 동치, 즉 같은 명제함수라는 이야기가 된다.

한편, 기호에 겹화살표($\Leftrightarrow$)가 아닌 일반 화살표($\leftrightarrow$)를 썼다면 이것은 필요충분조건이 아니라 단순히 양방향인 조건명제를 나타내는 것이다.

$$p \leftrightarrow q \equiv (p \rightarrow q) \wedge (q \rightarrow p)$$

이런 양방향 조건명제의 성질을 진리표로 확인해 보자.

p	q	$p \rightarrow q$	$q \rightarrow p$	$p \leftrightarrow q$
T	T	T	T	T
T	F	F	T	F
F	T	T	F	F
F	F	T	T	T

표에서 보듯 $p \leftrightarrow q$가 참인 것은 p와 q가 같은 진리값을 가질 때뿐이고, 따라서 양방향 조건명제는 두 명제가 동치인지 여부를 나타내는 셈이 된다. 이것은 두 명제의 진리값이 서로 달라야 참이 되는 XOR 연산($\oplus$)과는 정반대이므로 $p \leftrightarrow q$와 $p \oplus q$는 서로의 부정 연산이다.

$$(p \leftrightarrow q) \equiv \neg(p \oplus q)$$

$p \leftrightarrow q$를 조건명제의 정의에 따라 풀어 쓰면 기본 논리연산만으로 나타낼 수 있다. 이때 분배법칙과 모순명제의 성질을 이용하는데, 복습을 겸하여 한 줄씩 차근히 따라가 보자.

$$
\begin{aligned}
p \leftrightarrow q &\equiv (\neg p \vee q) \wedge (\neg q \vee p) \\
&\equiv ((\neg p \vee q) \wedge \neg q) \vee ((\neg p \vee q) \wedge p) \\
&\equiv ((\neg p \wedge \neg q) \vee (q \wedge \neg q)) \vee ((\neg p \wedge p) \vee (q \wedge p)) \\
&\equiv ((\neg p \wedge \neg q) \vee \mathrm{F}) \vee (\mathrm{F} \vee (q \wedge p)) \\
&\equiv (\neg p \wedge \neg q) \vee (p \wedge q) \\
&\equiv \neg(p \vee q) \vee (p \wedge q)
\end{aligned}
$$

$p \oplus q$는 그 부정이므로 다음과 같다.

$$p \oplus q \;\equiv\; \neg\,(p \leftrightarrow q)$$
$$\equiv\; \neg\,(\neg\,(p \vee q)\; \vee \;(p \wedge q))$$
$$\equiv\; (p \vee q)\; \wedge \;\neg\,(p \wedge q)$$

이 결과를 가지고 두 연산의 진리집합을 벤다이어그램으로 나타내 보자. 왼쪽 양 방향 조건명제의 경우 'P와 Q 둘 다에 속하거나 둘 다에 속하지 않거나'라는 것을, 오른쪽의 XOR 연산은 'P에만 속하거나 Q에만 속하거나'를 표시하고 있다. 두 연산의 상반된 특성이 그림으로도 다시 확인된다.

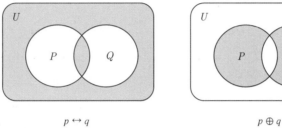

$$p \leftrightarrow q \qquad\qquad\qquad p \oplus q$$

지식의 표현과 추론

컴퓨터는 논리적인 일에 아주 능하다. 그렇다면 사람이 가진 지식을 논리적 형태로 표현한 다음, 컴퓨터가 그것을 바탕으로 새로운 지식을 도출하거나 사람의 질문에 답을 해줄 수도 있지 않을까? 예컨대 삼단논법 같은 식으로 말이다. 사실 이런 시도는 수십 년 전부터 있어 왔다. 다음의 다소 낯설어 보이는 코드를 한번 살펴보자.

```
parent_child(darth, luke).
parent_child(darth, leia).
parent_child(han, ben).

is_sibling(X,Y) :- parent_child(P,X), parent_child(P,Y).
```

이것은 70년대에 만들어진 이래로 아직 꾸준히 사용되고 있는 프롤로그 (Prolog) 언어의 코드다. 처음 세 줄은 사실(fact)에 해당하는 명제인데,

parent_child(A,B) 꼴의 문장으로 A가 B의 부모라는 것을 나타낸다. 끝 줄은 규칙(rule)으로서, 부모자식 관계로부터 형제자매 여부를 판단하기 위한 논리가 담겨 있다. 이것을 논리연산으로는 다음과 같이 쓸 수 있다.

$$(\text{parent\_child}(P, X) \land \text{parent\_child}(P, Y)) \longrightarrow \text{is\_sibling}(X, Y)$$

이런 논리가 잘 작동하는지 프롤로그의 질의(query)문으로 확인해 보자.

```
?- is_sibling(luke, leia).
true
?- is_sibling(luke, ben).
false
```

이처럼 기존의 지식들로부터 새로운 결과를 논리적으로 이끌어 내는 일을 **추론**(inference)이라고 한다. 최근에는 인공신경망을 기반으로 한 딥러닝이 대세이지만, 지식 표현과 추론 분야에서는 논리에 기반한 방식이 오랫동안 발전되어 왔다. 어떻게 그런 결과가 나왔는지 설명하기 어려운 딥러닝과 달리, 논리적인 추론 모델은 그 과정이 투명하며 통제가 용이하다는 장점이 있다. 하지만 사람의 지식을 하나하나 명제 형태로 만들어 지식베이스를 구축한다는 것은 상당한 시간과 노력이 드는 일이기도 하다.

인터넷이 보편화되면서는 웹상의 각종 정보를 컴퓨터가 읽을 수 있게 표현하여 기계적으로 처리하고자 하는 시맨틱 웹(semantic web) 개념이 제안되기도 하였다. 시맨틱 웹의 지식 표현 단위는 흔히 트리플(triple)이라 부르는데, 표현하려는 명제를 주어(subject), 술어(predicate), 목적어(object)라는 세 개체로 나누어 구성한다. 예컨대 "darth는 luke의 부모다"라는 명제는 개념적으로 (darth, is_parent, luke) 같은 트리플로 표현할 수 있다. 이때 각 개체는 darth 같은 문자열보다는 http://example.name#DarthVader00 같은 URI 형태를 흔히 쓴다. 시맨틱 웹 분야에는 이런 트리플 형태의 지식을 저장하기 위한 데이터베이스나, 저장된 지식에 기반하여 추론을 수행하기 위한 추론 엔진 및 쿼리 언어도 존재한다.

연습문제

1. 다음 중 항진명제를 모두 골라라.

   ① $(p \rightarrow q) \rightarrow (q \rightarrow p)$

   ② $(p \wedge (p \rightarrow q)) \rightarrow q$

   ③ $(p \leftrightarrow q) \oplus (\neg p \leftrightarrow q)$

   ④ $(p \leftrightarrow q) \vee (\neg p \leftrightarrow q)$

2. 다음 명제의 참·거짓을 말하고, 그 부정명제를 구하여라.

   (1) $\forall n \in \mathbb{N}, n^2 > n$ (2) $\exists x \in \mathbb{R}, x^2 < 0$ (3) $\exists x \in \mathbb{R}, x > x^2$

3. $(p \rightarrow q) \wedge (q \rightarrow r) \wedge (r \rightarrow p)$가 참이 되는 경우는 언제인가?

8.2 집합과 관계

8.2.1 진리집합의 연산

명제와 관련된 집합의 연산은 해당 명제들의 논리연산과 뗄 수 없는 관계에 있다. 예를 들어 OR($\vee$) 연산은 합집합($\cup$)과, AND($\wedge$) 연산은 교집합($\cap$)과, NOT($\neg$) 연산은 여집합(^{c})과 연관된다. 집합의 조건을 규정하는 명제함수들에 대해 논리연산을 시행하여 진리집합을 구하면 그것이 곧 해당 집합에 대한 연산 결과이므로 사실 이는 당연한 이야기다.

  다음 표에 지금까지 공부한 여러 논리연산식과 거기에 대응되는 집합의 연산식을 정리하였다. 앞서 언급한 AND, OR, NOT 외에도 진리값 T는 전체집합 U에, 진리값 F는 공집합 $\emptyset$에 대응되고 있다.

	논리연산식	집합의 연산식
항진명제	$p \vee \neg p \equiv \mathrm{T}$	$A \cup A^c = U$
모순명제	$p \wedge \neg p \equiv \mathrm{F}$	$A \cap A^c = \emptyset$
이중 부정	$\neg\neg p \equiv p$	$(A^c)^c = A$
드 모르간 법칙	$\neg(p \vee q) \equiv \neg p \wedge \neg q$	$(A \cup B)^c = A^c \cap B^c$
	$\neg(p \wedge q) \equiv \neg p \vee \neg q$	$(A \cap B)^c = A^c \cup B^c$
항등원	$p \vee \mathrm{F} \equiv p$	$A \cup \emptyset = A$
	$p \wedge \mathrm{T} \equiv p$	$A \cap U = A$

	논리연산식	집합의 연산식
자기 자신과 연산	$p \vee p \equiv p$	$A \cup A = A$
	$p \wedge p \equiv p$	$A \cap A = A$
교환법칙	$p \vee q \equiv q \vee p$	$A \cup B = B \cup A$
	$p \wedge q \equiv q \wedge p$	$A \cap B = B \cap A$
결합법칙	$(p \vee q) \vee r \equiv p \vee (q \vee r)$	$(A \cup B) \cup C = A \cup (B \cup C)$
	$(p \wedge q) \wedge r \equiv p \wedge (q \wedge r)$	$(A \cap B) \cap C = A \cap (B \cap C)$
분배법칙	$p \vee (q \wedge r) \equiv (p \vee q) \wedge (p \vee r)$	$A \cup (B \cap C) = (A \cup B) \cap (A \cup C)$
	$p \wedge (q \vee r) \equiv (p \wedge q) \vee (p \wedge r)$	$A \cap (B \cup C) = (A \cap B) \cup (A \cap C)$

여기서 가장 윗줄의 항진명제와 모순명제에 대응하는 두 결과를 자세히 보면, 확연한 대칭성이 눈에 띈다.

$$A \cup A^{\text{c}} = U$$
$$A \cap A^{\text{c}} = \varnothing$$

위쪽의 ∪과 아래의 ∩, 위쪽의 전체집합과 아래의 공집합이 서로 대응되고 있다. 이와 같은 대칭성은 위의 표 중 이중 부정을 제외한 모든 경우에서 발견된다. 이런 식으로 대응되는 한 쌍의 등식을 **쌍대**(dual)[5]라고 한다.

집합의 성질에 대한 어떤 등식이 참이면 그 등식의 쌍대도 역시 참이 되는데, 이것을 집합 연산의 **쌍대성 원리**라고 부른다. 집합 연산에서 쌍대는 다음과 같이 하여 얻을 수 있다.

- ∪은 ∩으로, ∩은 ∪으로 모두 바꾼다.
- 전체집합은 공집합으로, 공집합은 전체집합으로 모두 바꾼다.

예를 들어 아래 등식의 쌍대를 구해 보자(단, U는 전체집합).

$$A \cup (U \cap A) = A$$

∪과 ∩을 각각 바꾸고 전체집합을 공집합으로 대체하면 다음 결과를 얻는다. 이 쌍대 역시 원래 등식과 마찬가지로 참인 것을 확인할 수 있다.

$$A \cap (\varnothing \cup A) = A$$

---

5 쌍으로 대응된다는 뜻이다.

> **예제 8-3** 집합 A와 B가 각각 명제 p와 q의 진리집합일 때, 다음 집합연산식에
> 대응하는 논리연산식을 말하고 각 등식의 쌍대를 구하여라.
>
> (1) $(A \cap B) \cup (U \cap B) = B$　　(2) $(A \cap (A^c \cup B))^c \cup B = U$
>
> **풀이**
>
> (1) 논리연산식: $(p \wedge q) \vee (\mathrm{T} \wedge q) \equiv q$
>
> 　쌍대: $(A \cup B) \cap (\emptyset \cup B) = B$
>
> (2) 논리연산식: $(p \wedge (p \to q)) \to q \equiv \mathrm{T}$
>
> 　쌍대: $(A \cup (A^c \cap B))^c \cap B = \emptyset$

8.2.2 부분집합의 성질

어떤 집합의 부분집합에 대해서 좀 더 알아보자. 원소를 세 개 가진 집합 $A = \{a, b, c\}$의 부분집합을 전부 찾아보면 아래처럼 여덟 개가 있다.

$$\emptyset,\ \{a\},\ \{b\},\ \{c\},\ \{a, b\},\ \{a, c\},\ \{b, c\},\ \{a, b, c\}$$

이 결과에 대해 관점을 약간 달리 하여, 부분집합에 포함된 개별 원소의 입장에서 생각해 보자. 어떤 부분집합에 대하여 각 원소는 거기 포함되어 있거나 아니거나 둘 중 하나이게 된다. 그렇다면 세 원소 a, b, c 모두에 대해서 그와 같은 가능성을 나열해 볼 수 있다. 앞서 진리표를 만들 때와 같이 각 원소가 포함되거나(○) 포함되지 않거나(×)로 표시해 보자.

a	b	c	해당하는 부분집합
○	○	○	$\{a, b, c\}$
○	○	×	$\{a, b\}$
○	×	○	$\{a, c\}$
○	×	×	$\{a\}$
×	○	○	$\{b, c\}$
×	○	×	$\{b\}$
×	×	○	$\{c\}$
×	×	×	$\emptyset$

각 원소는 ○ 또는 ×의 두 가지 가능성을 가지므로 모든 경우의 수는 $2 \times 2 \times 2 = 8$ 가지가 된다. 또한 '○ 아니면 ×'는 결국 '1 아니면 0'과도 같은 의미이므로, 이것은 세 자리 2진수로 표시할 수 있는 숫자의 나열과도 같다. 예를 들어 $\{a, b\}$는 $a = ○$, $b = ○$, $c = ×$이므로 '○ ○ ×'에 해당하고 2진수 $110_{(2)}$에 대응된다.

이제 이것을 일반화하면, n개의 원소를 가진 집합의 부분집합이 모두 몇 개인지 알 수 있다.[6] 이것은 n자리 2진수, 즉 n비트로 나타낼 수 있는 숫자의 개수와 동일하다.

$$\underbrace{2 \times 2 \times \cdots \times 2}_{n} = 2^n$$

집합은 그 원소의 자격에 별다른 제한이 있는 것이 아니므로 다른 집합도 원소로 가질 수 있다. 그에 따라 어떤 집합 A의 모든 부분집합을 원소로 가지는 집합도 생각할 수 있는데, 이것을 **멱집합**[7]이라고 하며 기호 $P(A)$로 나타낸다. 예를 들어 $A = \{a, b, c\}$일 때 $P(A)$는 다음과 같다.

$$P(A) = \{ \emptyset, \{a\}, \{b\}, \{c\}, \{a, b\}, \{a, c\}, \{b, c\}, \{a, b, c\} \}$$

집합의 크기로 보면, $|A| = n$일 때 멱집합 $P(A)$의 크기 $|P(A)| = 2^n$이 된다. 이런 성질을 따서 A의 멱집합을 2^A처럼 쓰기도 한다.

집합의 부분집합 중에서는 서로소인 것들을 모았을 때 원래의 집합과 같아지는 것들이 있다. $A = \{a, b, c\}$의 경우에는 어떤 것이 이런 조건을 만족할까?

- $\{a\} \cup \{b, c\} = \{a, b, c\}$이므로 만족함
- $\{a, c\} \cup \{b\} = \{a, b, c\}$이므로 만족함
- $\{a, b\} \cup \{b, c\} = \{a, b, c\}$이지만 서로소가 아님
- $\{a\} \cup \{c\} \neq \{a, b, c\}$이므로 만족하지 않음

  등등 …

이제 이 조건을 만족하는 부분집합들로 예컨대 $P = \{\{a, b\}, \{c\}\}$와 같은 집합을

---

6 원소가 0개인 부분집합의 개수, 1개인 부분집합의 개수, …, n개인 부분집합의 개수를 모두 더하여 얻는 방법도 있다. 9.2절 "이항정리" 참조.
7 거듭제곱이라는 뜻의 '덮을 멱(冪)'자를 쓴다. 영어로는 power set이고 이때의 power도 거듭제곱을 뜻하는데, 본문에 바로 이어지는 내용처럼 멱집합의 크기 때문에 붙여진 이름이다.

만들었다고 하자. 그러면,

- P의 모든 원소는 서로소일 것
- P의 모든 원소를 ∪한 결과가 A와 같을 것
- 다만 P의 원소 중에 Ø은 없을 것

위와 같은 조건을 만족하는 집합 P를, 원래 집합 A의 **분할**(partition)이라고 부른다. 분할의 성질을 다른 말로 표현하면 다음과 같다.[8]

"빠짐 없이, 겹치지 않게"

예를 들어 $\{\{a, b\}, \{c\}\}$는 다음과 같이 하여 집합 $\{a, b, c\}$의 한 분할이다.

- 원소 중에 공집합이 없음
- $\{a, b\} \cup \{c\} = \{a, b, c\}$이므로 A를 빠짐 없이 재구성함
- $\{a, b\}$와 $\{c\}$는 서로소이며 겹치지 않음

원래 집합의 입장에서 보면 공집합이 아닌 부분집합들로 전체를 '쪼개는' 셈이므로 분할이라는 용어는 그런 의미에서 적절하다.

참고로 원소가 3개인 집합은 그림과 같이 모두 다섯 가지 방법으로 분할할 수 있다.[9]

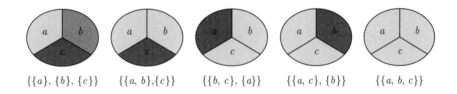

$$\{\{a\}, \{b\}, \{c\}\} \qquad \{\{a, b\}, \{c\}\} \qquad \{\{b, c\}, \{a\}\} \qquad \{\{a, c\}, \{b\}\} \qquad \{\{a, b, c\}\}$$

8.2.3 곱집합과 관계

집합은 알게 모르게 다양한 수학 분야와 연결되어 있는데, 함수 단원에서 공부했던 좌표평면도 사실은 집합의 연산에서 나온 개념이다.

예를 들어 $A = \{1, 2\}$ 및 $B = \{1, 2, 3\}$의 두 집합을 생각해 보자. A에서 한 원

---

8 마케팅이나 기획 분야에서 사용하는 용어인 MECE(Mutually Exclusive, Collectively Exhaustive)가 정확히 이 '분할'에 해당하는 개념이다.

9 원소가 n개인 집합을 분할하는 경우의 수는 벨(Bell) 수라고 하며 B_n으로 나타내는데, 구체적인 내용은 이 책의 범위를 넘어서므로 소개하지 않는다.

소 a를 고르고 B에서도 한 원소 b를 골라서 하나의 쌍 (a, b)로 묶는 연산을 생각할 수 있다. 집합 A에는 원소가 2개 있고 집합 B에는 3개가 있으므로, 이렇게 쌍으로 묶을 수 있는 모든 경우의 수는 $2 \times 3 = 6$가지가 된다. 두 집합에 대해 이런 식으로 쌍을 만드는 연산을 $\times$로 표시하면, $A \times B$는 다음과 같다.

$$A \times B = \{ (1,1), (1,2), (1,3), (2,1), (2,2), (2,3) \}$$

$(1, 1)$로 표기한 쌍에서 앞쪽 원소 1은 집합 A에서 왔고 뒤쪽 원소 1은 집합 B에서 온 것이므로, 숫자는 같지만 서로 구별할 필요가 있다. 이렇게 순서가 있는 쌍으로 원소들을 묶은 것을 **순서쌍**(tuple 또는 ordered pair)[10]이라고 부르며, 집합으로부터 순서쌍을 만들어 내는 이 연산 결과 $A \times B$를 **곱집합** 또는 **데카르트곱**(Cartesian product)[11]이라고 한다. 곱집합의 원소인 순서쌍들은 순서가 중요하므로, 일반적으로 $A \times B \neq B \times A$다.

X와 Y가 각각 모든 실수의 집합 $\mathbb{R}$과 같다고 하자. 그러면 X에 속한 어떤 x와 Y에 속한 어떤 y를 한 쌍으로 묶은 (x, y)들을 생각할 수 있다. X를 가로축, Y를 세로축에 대응시키면, 이제 곱집합 $X \times Y$는 2차원의 좌표평면 전체를 나타내게 된다.

$$X \times Y = \{ (x, y) \mid x \in X, y \in Y \}$$

이것은 실수의 집합 $\mathbb{R}$끼리 연산시킨 곱집합 $\mathbb{R} \times \mathbb{R}$이기도 하므로, 숫자의 곱셈처럼 거듭제곱 표기를 빌려서 $\mathbb{R}^2$으로 흔히 쓴다.

$$\mathbb{R}^2 = \mathbb{R} \times \mathbb{R} = \{ (x, y) \mid x \in \mathbb{R}, y \in \mathbb{R} \}$$

순서쌍이 꼭 두 개의 원소만 대상이어야 한다는 법은 없으므로 셋 이상의 집합에 대해서 곱집합을 만드는 것도 당연히 가능하다. 예를 들어 세 집합 A, B, C에 대해서는 다음과 같은 순서쌍을 만들 수 있다.

$$A \times B \times C = \{ (a, b, c) \mid a \in A, b \in B, c \in C \}$$

---

10 일부 프로그래밍 언어에서는 기본 자료형으로 지원하기도 하는데, 이때는 대개 그 값을 변경할 수 없도록 (immutable) 되어 있다.
11 좌표평면의 개념을 만들어 낸 수학자이자 철학자 데카르트(Descartes)의 이름에서 따왔다.

이것을 앞서의 좌표평면과 같은 방식으로 실수 집합에 적용하면 $\mathbb{R}^3$이 되며, 이는 가로·세로·높이를 가진 3차원의 좌표 공간을 나타내는 것으로 볼 수 있다.

$$\mathbb{R}^3 = \mathbb{R} \times \mathbb{R} \times \mathbb{R} = \{(x, y, z) \mid x \in \mathbb{R}, y \in \mathbb{R}, z \in \mathbb{R}\}$$

이제 두 집합 $A = \{1, 2\}$ 및 $B = \{1, 2, 3, 4\}$로 만들 수 있는 곱집합의 순서쌍 여덟 개 중에서 일부만 추려낸 부분집합 R과 S를 생각해 보자.

$$R = \{ (1,1), (1,2), (1,3), (1,4), (2,2), (2,4) \}$$
$$S = \{ (1,3), (1,4), (2,3) \}$$

이 부분집합은 예컨대 R처럼 어떤 특정 조건을 만족하는 순서쌍만 추려낸 것으로 보이는 집합일 수도 있고, S처럼 마땅한 규칙을 생각해 내기 어려운 것일 수도 있다. 어쨌거나 두 경우 모두 $A \times B$에 속한 순서쌍 여덟 개의 입장에서 볼 때는 각 부분집합에 속하거나 그렇지 않거나 둘 중 하나에 해당할 것이다.

여기서 순서쌍 (a, b)가 곱집합의 부분집합 R에 속한다면, 즉 $(a, b) \in R$이라면 aRb로, 속하지 않으면 $a\not\!Rb$로 나타내자. 그러면 위의 R과 S를 가정했을 때 몇몇 순서쌍의 예를 다음과 같이 쓸 수 있다.

$$1R1,\ 1R2,\ 2\not\!R1,\ 2\not\!R3$$
$$1\not\!S1,\ 1S4,\ 2\not\!S4$$

이런 R이나 S 같은 '곱집합의 부분집합'을 수학에서는 **관계**(relation)라고 부른다.[12] 각 순서쌍의 입장에서는 해당 관계에 속하거나(aRb), 속하지 않거나($a\not\!Rb$) 둘 중 하나다. 관계는 상당히 일반적인 개념이며, 우리가 주변에서 일상적으로 접하는 많은 것들이 관계의 일종으로 해석될 수 있다.[13] 다음 사례를 보자.

- 어떤 도시에 사는 사람의 집합 A와 시내버스 기본요금의 집합 B에 대해, 개별 시민이 지불하게 되어 있는 시내버스의 기본요금 규정
- 어떤 회사 전 임직원의 집합 C와 사내 동호회의 집합 D에 대해, 각자가 어떤 동

---

12 본문에 나온 R이나 S의 경우 순서쌍을 이루는 원소가 2개이므로 정확하게는 이항관계(binary relation) 라고 한다.

13 프로그래밍 언어의 '관계연산자'가 바로 이 '관계'를 나타내기 위한 것이다. 예를 들어 <, >, ==, != 같은 것 들을 말한다.

호회에 속해 있는지 여부

- 대한민국에서 광역시급 이상인 도시의 집합 E에 대해, 어떤 도시에서 다른 도시로 가는 항공 노선이 존재하는지 여부

첫 번째 예를 생각해 보자. $A \times B$에는 수많은 순서쌍이 포함되겠지만, 어떤 시민 $a \in A$와 어떤 버스요금 $b \in B$를 가지고 만든 순서쌍 (a, b)는 운임 규정에 부합하는 요금이거나 아니거나 둘 중 하나일 것이다. 그러므로 이것은 '관계'라 볼 수 있다.

또, 한 사람이 두 종류의 버스 요금을 낼 일은 없으므로 사람과 요금은 1 : 1로 대응하게 된다. 게다가 모든 시민은 무임을 포함해서 어떤 형태로든 한 가지 방법으로는 요금을 지불할 것이므로 요금 체계에 대응되지 않는 사람 역시 없다. 다른 말로 하면, 사람과 요금의 집합은 $f : A \to B$라는 함수로 대응시킬 수 있다. 즉, '함수'도 우리가 방금 배운 '관계'의 일종이다.

두 번째 예는 함수라고 하기에는 어려운 면이 존재한다. 어느 동호회에도 가입하지 않은 사람이 있거나, 한 사람이 두 개 이상의 동호회 활동을 할 수도 있기 때문이다. 하지만 그 누구라도 각 동호회에 속하는지 여부는 명확하므로, 이 또한 관계에 해당한다. 이렇게 보면 관계란 함수보다 더 포괄적인 개념임을 알 수 있다.

세 번째 예는 같은 집합으로 만든 곱집합 $E \times E$의 부분집합으로서 관계를 말하고 있다. 이런 경우는 수학에서 많이 찾아볼 수 있는데, 예를 들어 자연수 집합 $\mathbb{N}$으로 만들어지는 모든 순서쌍 (a, b)에 대해 'a와 b는 2로 나눈 나머지가 같다'라는 관계 R을 가정하자. 그러면 2로 나눈 나머지가 얼마인지에 따라 $1R3, 3R7, 8R2, 2R4$처럼, 또는 $1\mathcal{R}2, 8\mathcal{R}3$처럼 쓸 수 있다. 더 나아가 $1R3, 3R5, 5R7, \cdots$ 같은 성질을 이용하면 모든 자연수에 대해 홀수는 홀수끼리, 짝수는 짝수끼리 모을 수도 있다. 여기에 대해서는 조금 뒤에 자세히 알아보도록 한다.

예제 8-4 다음 그림으로 나타낸 직사각형의 네 변 a, b, c, d로 이루어진 집합 A에 대해, 두 원소가 수직일 경우를 관계 ⊥로 정의하였다. 예컨대 u와 v가 수직일 경우 $u \perp v$로 쓴다.

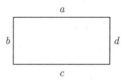

이때 $A \times A$에 속한 16개의 순서쌍 각각이 위 관계에 속하는지 여부를 $\perp$ 또는 $\not\perp$로 나타내어라.

풀이

$a \not\perp a \quad a \perp b \quad a \not\perp c \quad a \perp d$

$b \perp a \quad b \not\perp b \quad b \perp c \quad b \not\perp d$

$c \not\perp a \quad c \perp b \quad c \not\perp c \quad c \perp d$

$d \perp a \quad d \not\perp b \quad d \perp c \quad d \not\perp d$

8.2.4 관계의 속성과 동치류

'관계'의 익숙한 사례를 하나 더 들면, 좌표평면 위에 그린 함수의 그래프가 있다. 그래프 위의 점들은 좌표평면(즉, 곱집합 $\mathbb{R} \times \mathbb{R}$)이 나타내는 무수한 순서쌍 중에서 어떤 함수를 만족하는 점들을 모아놓은 부분집합에 해당한다. 예컨대 이차함수 $y = x^2$ 그래프 위의 점이 이루는 집합 G는 다음과 같은 '관계'다.

$$G = \{(x, y) \mid y = x^2, x \in \mathbb{R}, y \in \mathbb{R}\}$$

그러면 좌표평면 위의 모든 순서쌍들은 이 부분집합 G에 속하든지(즉, 그래프 위에 있든지) 아니든지 둘 중 하나가 된다. 따라서 예컨대 $1 G 1$, $3 G 9$가 성립하지만 $1 \not{G} 2$, $3 \not{G} 6$이다.

이처럼 어떤 집합 A가 있는데 관계 R이 곱집합 $A \times A$의 부분집합으로 정의된 경우에는, 간단하게 '집합 A 위의 관계 R'이라는 표현을 쓰기도 한다. 집합 A 위의 관계 R은 아래처럼 특정한 조건을 만족할 때 그 성질로부터 이름을 딴 속성을 부여한다.

1. 모든 $a \in A$에 대해 aRa가 성립: R은 반사적(reflexive)

2. 모든 $a, b \in A$에 대해 $aRb \rightarrow bRa$: R은 대칭적(symmetric)

3. 모든 $a, b \in A$에 대해 $(aRb \wedge bRa) \rightarrow (a = b)$: R은 반대칭적(antisymmetric)

4. 모든 $a, b, c \in A$에 대해 $(aRb \wedge bRc) \rightarrow (aRc)$: R은 추이적(transitive)

위의 속성을 하나씩 살펴보자. 먼저 '반사적' 속성은 모든 원소 a에 대해 $(a, a) \in R$인지 여부를 따진다. 예컨대 '2로 나눈 나머지가 같다'는 관계가 있을 때, 어떤 수와 그 자신은 당연히 나머지가 같으므로 이 관계는 반사적이다. 다른 예로 앞서 나왔던 $y = x^2$ 그래프 위의 점이 모인 관계 G 같은 경우, 반사성을 만족하려면 모든 실수 a에 대해 $(a, a) \in G$, 즉 $a = a^2$이 성립해야 한다. 하지만 이 방정식을 만족하는 a는 0과 1뿐이므로 G는 반사적이지 않다.

'대칭적' 속성을 가진 관계 R에서는 $(a, b) \in R$이면 $(b, a) \in R$가 되어야 한다. 예를 들어 'a가 b와 같은 부서에 속하는지 여부'를 나타내는 관계를 생각해 보자. a가 b와 같은 부서에 속한다면 당연히 b도 a와 같은 부서에 속하므로, 이 관계는 대칭적이다.

'반대칭적' 속성은 위의 서술만으로는 다소 이해하기 어려워 보인다. 기호를 말로 한번 풀어 보자.

"$(a, b) \in R$이면서 $(b, a) \in R$이면, a와 b는 동일한 원소다."

또는 대우명제로 바꿔 쓴 다음에 말로 풀어도 좋겠다.

$$(a \neq b) \rightarrow \neg(aRb \wedge bRa)$$

"a와 b가 다른 원소이면, $(a, b) \in R$이면서 $(b, a) \in R$이지 않다."

반대칭성의 예로는 '작거나 같다'를 나타내는 관계 $\leq$를 들 수 있다. 원래 조건명제에 맞춰 이 관계를 설명하면 다음과 같다.

"$a \leq b$이면서 $b \leq a$라면, $a = b$여야 한다."

대우명제도 같은 뜻을 가진다.

"$a \neq b$라면, $a \leq b$와 $b \leq a$가 함께 성립할 수 없다."

어떤 관계가 대칭적이라고 해서 항상 반대칭성을 갖지 않는 것은 아니다. 다음과 같은 관계를 살펴보자.

$$L = \{(x, y) \mid y = x, x \in \mathbb{R}, y \in \mathbb{R}\}$$

이것은 좌표평면 위의 $y = x$라는 직선이며 (x, x)인 점들로 이루어진 집합이다. 이제 $(a, b) \in L$이면 $(b, a) \in L$이므로 이 관계는 대칭적이다. 한편, $(a, b) \in L$이고 $(b, a) \in L$이라면 $a = b$이므로 이 관계는 또한 반대칭적이기도 하다.

네 번째의 '추이적' 속성은 삼단논법을 떠올리게 한다. 즉, $(a, b) \in R$과 $(b, c) \in R$이 성립한다면 $(a, c) \in R$도 성립한다는 것이다. 몇 가지 예를 보자.

- $a \leq b$이고 $b \leq c$이면 $a \leq c$이므로 '작거나 같은' 관계 $\leq$는 추이적이다.
- $l \perp m$이고 $m \perp n$이면 $l \not\perp n$이므로 수직 관계 $\perp$는 추이적이지 않다.
- '2로 나눈 나머지가 같은' 관계 M에 대해, aMb이고 bMc이면 aMc이므로 M은 추이적이다.

관계들은 여러 속성을 한꺼번에 가지기도 한다. 만약 어떤 관계가 반사성·대칭성·추이성을 모두 만족하면, 이 관계는 **동치관계**(equivalence relation)라고 부른다. 동치관계는 일상에서 '같다'고 표현하는 개념을 수학적으로 좀 더 일반화한 것이다. 예를 들어 어떤 실수가 다른 실수와 '같음'을 나타내는 관계 ' $=$ '는 아래에서 보는 것처럼 동치관계다.

- 반사성: $\forall a \in \mathbb{R}, a = a$
- 대칭성: $\forall a, b \in \mathbb{R}, (a = b) \to (b = a)$
- 추이성: $\forall a, b, c \in \mathbb{R}, (a = b \wedge b = c) \to (a = c)$

동치관계의 추가적인 사례를 찾는 일은 어렵지 않다. 먼저 '도형의 합동'이란 관계를 살펴보자. 어떤 도형은 그 자신과 합동이고(반사성), 도형 A가 도형 B와 합동이면 당연히 도형 B도 A와 합동이며(대칭성), 도형 A와 B가 합동이면서 B와 C가 합동이면 A와 C도 합동이다(추이성).

도형의 합동뿐 아니라 '닮음'도 동치관계다. 어떤 도형은 그 자신과 닮았고, 도형 A가 B와 닮음꼴이면 도형 B도 A와 닮음꼴이며, 도형 A와 B가 닮음꼴이면서 B와 C가 닮음꼴이면 A와 C도 닮음꼴이다.

또한 앞서 2로 나누었을 때를 일반화시켜서 자연수 집합의 원소들에 대해 자연수 n으로 나눈 나머지가 같다는 관계를 만들어 보면 이 역시 반사성·대칭성·추이성이 성립할 것임은 쉽게 짐작할 수 있다. n으로 나누었을 때의 나머지를 다루는 연산을 modulo n이라고 부른다.[14] 두 수 a와 b가 n으로 나누었을 때 나머지가 같다는 것을 수학 기호로는 $a \equiv b \pmod{n}$과 같이 표기한다.

어떤 관계 R이 동치관계이고 $(a, b) \in R$이면 이것을 기호로 $a \sim b$처럼 나타낸다. 도형 단원에서 '닮음'을 나타낼 때 이 기호가 쓰였음을 기억할 것이다. 집합에서도 이 기호는 두 원소가 동치관계에 의해 '비슷한' 성질이 있음을 나타내기 위해 쓰인다. 그런데 여기서 '비슷하다'는 것은 구체적으로 어떤 의미를 가질까?

아래처럼 1부터 9까지의 자연수로 이루어진 집합 A와 그 위의 동치관계 R을 생각해 보자.

$$A = \{1, 2, 3, 4, 5, 6, 7, 8, 9\}$$
$$R = \{(a,b) \mid a \equiv b \pmod 3, \ a \in A, \ b \in A\}$$

A의 한 원소, 예를 들어 1이라는 원소에 대해 $1 \sim x$를 만족하는 다른 원소 x는 어떤 것이 있을까? 원소 1을 3으로 나눈 나머지는 1이므로 A의 원소 중에서 그런 원소들을 더 찾으면 4와 7이 있다. 또한 이때는 대칭성에 의해 $x \sim 1$ 역시 성립할 것이다. 즉, 1, 4, 7 중에서 두 원소 a와 b를 어떤 순서로 고르더라도 그 원소들은 $1 \sim 7$이나 $7 \sim 4$처럼 R을 만족한다. 동치관계 R에 대해 1, 4, 7이라는 세 원소는 서로 '비슷한' 것이다.

이런 원소들을 모으면 A의 부분집합이 된다. 이때 이 '비슷한' 원소들은 어차피 대칭성이나 추이성에 의해 모두 연결되므로 그중에서 대표 원소를 하나 정하고 앞뒤로 기호 [ ]을 둘러서 나타낸다.

$$[1] = \{x \mid 1 \sim x\} = \{1, 4, 7\}$$

이 집합의 원소들은 모두 서로 '비슷'하므로, 대표로 선택된 원소 1에는 그 어떤 특별함도 없다. 따라서 $[1] = [4] = [7]$이다.

이러한 표기법을 좀 더 일반화시키면 다음과 같다.

$$[a] = \{x \mid (a, x) \in R\}$$

이렇게 '비슷한', 즉 동치관계로 이어진 원소들이 모인 집합을 **동치류**(equivalence

---

14 나머지 연산은 프로그래밍 언어에서 대개 % 또는 mod 연산자로 나타낸다.

class)라고 한다. 3으로 나눈 나머지가 같은 동치관계 R에 대해 다른 동치류를 찾아보면 나머지가 2인 것과 0인 것 두 종류가 더 있음을 쉽게 알 수 있다.

$$[2] = \{2, 5, 8\}$$
$$[3] = \{3, 6, 9\}$$

한편, 이 세 개의 동치류 각각에 속한 원소들은 결코 다른 동치류에 속하는 법이 없다. 서로 다른 동치류의 원소들 사이에는 동치관계가 성립하지 않기 때문이다.

$$[1] \cap [2] = [2] \cap [3] = [1] \cap [3] = \emptyset$$

또한 이 세 개의 동치류, 즉 세 개의 부분집합을 모으면 원래의 집합 A가 된다.

$$[1] \cup [2] \cup [3] = A$$

이 두 가지 사실과 앞서 배웠던 분할의 정의로부터, 세 동치류 [1], [2], [3]은 원래의 집합 A를 분할하고 있다는 결론을 내릴 수 있다. 동치관계가 가진 성질을 생각해 보면 이것은 당연한 귀결일 것이다. 즉, 동치류와 분할은 사실상 같은 의미를 갖는다.

"집합 A 위의 어떤 동치관계로 만들어지는 동치류들은 A의 한 분할이다."

예제 8-5 새로 개발 중인 소셜 네트워크 서비스(SNS)를 테스트하기 위해 QA 팀에서 다음 그림과 같이 몇 개의 ID를 만들고 '친구' 관계를 맺어 두었다(선으로 연결된 ID들이 친구로 맺어진 것이다). 이 서비스의 '친구'는 기획상 수학적 동치관계로 설계되었다고 한다. '친구'에 의한 동치류를 모두 구하고, 그것이 전체 ID 집합의 한 분할임을 보여라.

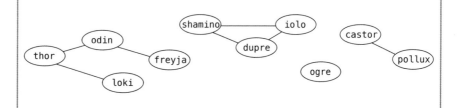

풀이

'친구'가 동치관계이므로, 본인 및 본인의 직접적인 '친구'는 물론 '친구의 친구'나 '친구의 친구의 … 친구' 모두 해당 ID의 입장에서 '친구' 관계에 속한다. 즉, 그림에서 선을 따라 이어진 ID들은 모두 하나의 동치류를 형성하며, 그런 동치류를 전부 구하면 다음과 같다.

$$\begin{aligned} [\texttt{thor}] &= \{\,\texttt{thor, odin, freyja, loki}\,\} \\ [\texttt{shamino}] &= \{\,\texttt{shamino, iolo, dupre}\,\} \\ [\texttt{castor}] &= \{\,\texttt{castor, pollux}\,\} \\ [\texttt{ogre}] &= \{\,\texttt{ogre}\,\} \end{aligned}$$

이 네 개의 동치류는 전체 ID 집합의 부분집합으로, 다음의 성질을 만족한다.

- 각 동치류 사이에는 공통된 원소가 없다.
- 모든 동치류를 합하면 전체 ID 집합이 된다.

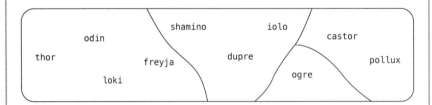

그러므로 위의 네 동치류는 전체 ID 집합의 한 분할이다.

'관계형' 데이터베이스

실무에서 널리 사용되는 관계형 데이터베이스(RDBMS)는 그 이름에서 짐작할 수 있듯이 수학적인 관계 개념에 바탕을 둔다. 예를 들어 다음과 같은 3개의 집합이 있을 때,

- I: 출간된 책마다 부여되는 고유번호인 ISBN의 집합
- T: 책 제목의 집합
- A: 책 저자의 집합

곱집합 $I \times T \times A$의 부분집합인 관계 B로 출간된 책 한 종류를 나타낸다고 하자. 이때 (ISBN, 제목, 저자)의 순서쌍 중 관계 B에 속하는 것들을 모두 모으면, 현재 출간된 책의 전체 목록이 된다. 예를 들면 다음과 같다.

('9788966261321', '맨먼스 미신', 'F. Brooks') $\in B$

('9788966260959', '맨먼스 미신', 'R. Martin') $\notin B$

('9788991268807', '프로그래머의 길, 멘토에게 묻다', 'D. Hoover') $\in B$

관계 B에 속한 순서쌍들은 구성 원소의 개수가 3개로 정해져 있으므로 3개의 열을 가진 표(table) 형태로도 나타낼 수 있다.

ISBN(I)	제목(T)	저자(A)
'9788966261321'	'맨먼스 미신'	'F. Brooks'
'9788991268807'	'프로그래머의 길, 멘토에게 묻다'	'D. Hoover'

이것은 또한 B라는 관계를 공통점으로 가진 순서쌍 데이터를 한 곳에 모아둔 것(data-base)으로도 볼 수 있다. 이제 순서쌍을 모으는 기준인 관계 B에 '테이블(table)', 관계 B에 속한 각 순서쌍에 '레코드(record)' 또는 '로우(row)', 순서쌍을 이루는 원소가 속한 집합 I, T, A에 '컬럼(column)'이라는 익숙한 이름을 각각 붙여 보자. 이로부터 관계형 데이터베이스가 왜 이름에 '관계'라는 단어를 포함하고 있는지 명확해질 것이다.

연습문제

1. $\{a, b, c, d\}$의 분할 중에서 원소가 2개인 것을 모두 구하여라.

2. $A = \{x, y, z\}$이고 $B = \{\alpha, \beta\}$일 때 $A \times B$를 구하여라.

3. $A = \{x \mid 2 \leq x \leq 5, x \in \mathbb{N}\}$일 때 곱집합 A^2에 속하는 순서쌍 (a, b)에서 a와 b가 서로소이면 관계 P에 대해 $(a, b) \in P$라고 한다. P에 속하는 모든 순서쌍을 나열하여라.

4. 3번 문제의 관계 P는 반사성, 대칭성, 반대칭성, 추이성 중 어느 것을 만족하는가?

5. 다음 중 R이 동치관계가 아닌 것을 고르고, 그 이유를 말하여라.
   ① 두 직선 a와 b에 대해 $a \parallel b$이면 $(a, b) \in R$
   ② 두 실수 a와 b에 대해 $a \leq b$이면 $(a, b) \in R$
   ③ 두 사람 a와 b에 대해 a가 b의 부모이면 $(a, b) \in R$
   ④ 1보다 큰 자연수 a와 b가 서로소이면 $(a, b) \in R$

6. $A = \{2, 3, 4, 6\}$, $T = \{(x, y) \mid x \in A \wedge y \in A\}$이고, T 위의 동치관계 R은 두 순서쌍 (a, b)와 (c, d)가 $\frac{a}{b} = \frac{c}{d}$를 만족할 때 $((a, b), (c, d)) \in R$이라고 한다. 관계 R에 의한 동치류를 모두 구하여라.

8.3 증명법

8.3.1 명제의 체계와 직접증명법

앞서 I부의 도형 단원에서는 도형의 여러 가지 성질을 알아보았고, 때로는 직접 증명도 시도하였다. 그중에는 평행선의 성질처럼 증명 없이 이용한 것이나 별도의 이름이 붙은 '중점연결 정리', '피타고라스 정리' 같은 것들도 있었다.

수학은 논리를 바탕에 둔 체계고, 모든 참인 명제는 논리적으로 동등한 중요도를 가지는 것이 마땅해 보인다. 하지만 몇 가지 이유로 인해 이 논리 체계는 약간의 세분화가 필요하다. 일단, 다른 명제의 증명에 바탕이 되지만 정작 그 자신은 증명 없이 참으로 받아들이는 명제의 경우에는 확실히 다르게 취급되어야 할 것이다. 도형 단원에 나왔던 다음 명제를 보자.

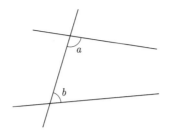

"두 직선이 그림과 같이 다른 한 직선과 만나서 생기는 각 a, b의 합이 180°보다 작을 경우, 이 두 직선을 무한히 연장하면 두 각이 있는 방향에서 서로 만난다."

이 명제를 참으로 간주하면, 거기서부터 평행선의 동위각과 엇각의 성질을 비롯하여 수많은 명제들이 꼬리를 물고 증명된다. 이처럼 증명 없이 참으로 받아들이는 명제를 **공리**(axiom)라고 하며, 일반적인 명제와는 따로 구분한다. 위의 그림이 나타내는 명제는 '평행선 공리'라고 부르는데, 공리의 예를 하나 더 들면 다음과 같은 것이 있다(물론 공리의 성질상 증명 없이 이용 가능하다).

"모든 실수 x, y는 $x > y$이거나 $x = y$이거나 $x < y$이다."

공리와 달리 증명이 필요한 일반 명제 중에서도 이미 참이라는 것이 증명된 명제들은 **정리**(theorem)라고 부른다. 특별히 파급 효과가 크고 중요도가 높은 정리들은 '피타고라스 정리'처럼 따로 이름을 붙이기도 한다. '정리'에는 학문의 편의상 조금 더 세분화된 분류가 존재하는데, 어떤 정리가 증명되었을 때 그 결과에서 바로 이어져 생산되는 추가적인 정리는 **따름정리**(corollary), 스스로의 유용성보다는 다른 정리의 증명에 도움을 주는 것이 목적인 정리는 **보조정리**(lemma)라고 한다.

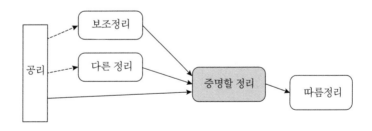

'정리'와 말이 비슷하여 가끔 혼동을 주는 것으로 **정의**(definition)가 있지만, 이것은 뜻 그대로 어떤 용어나 개념을 약속한 것에 지나지 않는다. 즉 '정의'는 명제가 아니므로 증명의 대상도 아니다. 예를 들어 "두 변의 길이가 같은 삼각형을 이등변삼각형이라 한다"라는 문장은 '이등변삼각형'이란 용어를 약속한 것이며, 참·거짓을 판별할 수 있는 명제가 아니다. 하지만 "두 각의 크기가 같은 삼각형은 이등변삼각형이다"라는 문장은, 정의가 아니라 이등변삼각형의 성질을 기술한 명제로서 따로 증명이 필요하며, 이것은 "두 각의 크기가 같은 삼각형은 두 변의 길이도 같다"라는 말과도 동일하다.

이러한 명제들은 엄밀한 논리적 과정을 거쳐 참이라는 것이 증명된 뒤에야 비로소 증명 완료된 '정리'의 대열에 낄 자격을 얻게 된다. 수학의 명제는 많은 경우 $p \Rightarrow q$ 같은 조건명제의 모습을 가지며, p가 참일 때 q도 참임을 증명하는 것이 요구된다. 물론 조건명제의 성질상 p가 거짓이어서 q에 상관없이 전체 명제가 참일 경우도 있지만(예컨대 "3이 짝수라면 $\sqrt{2}$ 는 유리수다"), 이런 것은 대개 별다른 의미가 없으므로 논외로 둔다.

이제 p가 참이라는 데에서 시작하여, 공리나 기존의 증명된 다른 정리로부터 q가 참이라는 결론에 바로 도달하는 방식의 증명법이 있을 수 있다. 이와 같은 방법을 **직접증명법**이라고 한다. 다음 예제는 직접증명법의 예다.

예제 8-6 모든 홀수는 두 제곱수의 차로 나타낼 수 있음을 증명하여라.

풀이

a를 임의의 홀수라고 하면, 어떤 정수 k가 있어서 $a = 2k + 1$로 쓸 수 있다. 그 양변에 k^2을 더해도 등식이 성립하므로 $k^2 + a = k^2 + 2k + 1$이다. 우변을 완전제곱 꼴로 정리하고 이항하면, 다음과 같이 된다.

$$k^2 + a = (k + 1)^2$$
$$\therefore \ a = (k + 1)^2 - k^2$$

그러므로 a는 두 제곱수 $(k + 1)^2$ 및 k^2의 차와 같다.

예를 들어 11의 경우 $11 = 2 \cdot 5 + 1$이므로 $k = 5$이고, 따라서 $11 = (5 + 1)^2 - 5^2 = 36 - 25$다.

위의 문제를 다음과 같은 조건명제 형태로 다시 쓰자.

- 문제: $\forall a, \ p(a) \Rightarrow q(a)$

- $p(a)$: a는 홀수다.
- $q(a)$: a는 두 제곱수의 차다.

증명 과정에서는 $p(a)$가 참이라는 것, 즉 $a = 2k + 1$로부터 출발하여 기존에 참이라 알려진 수식의 성질만 적용하면서 $q(a)$가 참이라는 데 도달하였다. 직접증명법은 이처럼 논리적으로 명확히 드러나는 길을 따라가는 증명법이다.

8.3.2 간접증명법

명제에 따라서는 'p가 참'이라는 데서 출발했지만 'q가 참'이라는 목적지에 도달하는 길을 찾기가 어려워서 직접적인 방식의 증명이 곤란할 때가 있다. 다음 명제를 보자.

"n^2이 짝수면, n은 짝수다."

이 명제를 기호로 쓰면 $\forall n,\ p(n) \Rightarrow q(n)$처럼 되고, 여기서 $p(n)$에 해당하는 "n^2은 짝수다"는 수식으로 $n^2 = 2k$와 같다.

이 수식에서 얻을 수 있는 다른 형태는 $n = \pm\sqrt{2k}$ 정도인데, 이로부터 $q(n)$: "n은 짝수"라는 목적지에 이르는 연결고리를 찾기는 쉽지 않다. 이런 문제의 해결에는 직접적인 방법이 아닌 다른 방법이 필요해 보인다. 이제 앞서 공부했던 조건명제의 성질 하나를 떠올려 보자.

"어떤 명제와 그 대우는 동치다."

다시 말해 $p \rightarrow q$가 참이면 $\neg q \rightarrow \neg p$도 참이라는 성질이다. 이 성질을 문제 풀이에 적용하기 위해 우선 $\neg q$와 $\neg p$부터 구하자.

- $\neg q(n)$: n은 홀수다.
- $\neg p(n)$: n^2은 홀수다.

그 다음은 $\neg q(n)$에서 출발하여 $\neg p(n)$가 바로 증명되는지 시도할 차례다.

$$
\begin{aligned}
n &= 2k + 1 \\
n^2 &= (2k+1)^2 = 4k^2 + 4k + 1 = 2 \cdot (2k^2 + 2k) + 1
\end{aligned}
$$

결과적으로 n^2이 $2m + 1$의 형태, 즉 홀수라는 사실에 도달했다. 이렇게 해서 $\neg q$

→ ¬p가 참임이 증명되고, 그에 따라 대우명제인 p → q도 참이므로 증명은 끝난다.

이처럼 p ⇒ q를 직접적으로 증명하지 않는 증명법을 **간접증명법**이라고 하며, 방금처럼 원래 명제와 대우명제가 동치임을 이용하는 방법은 그중에서도 **대우증명법**이라고 부른다.

간접증명법에 속하는 다른 증명법 하나를 예제를 통해 알아보자.

예제 8-7 $\sqrt{2}$ 는 무리수임을 증명하여라.

풀이

$\sqrt{2}$ 를 무리수가 아니라고 하자. 무리수가 아닌 실수는 유리수이므로, 이제 $\sqrt{2}$ 는 유리수로서 다음과 같이 기약분수 형태로 쓸 수 있어야 한다.

$$\sqrt{2} = \frac{b}{a} \quad (\, a \neq 0,\ \mathrm{GCD}(a, b) = 1 \,)$$

이 등식의 양변에 a를 곱한 다음에 제곱한다.

$$\sqrt{2}\,a = b$$
$$2a^2 = b^2$$

이때 b^2은 2의 배수 형태이므로 짝수다. 그리고 (앞의 대우증명법에서 본 것처럼) b^2이 짝수라면 b 역시 짝수다. 따라서 $b = 2k$ 꼴로 나타낼 수 있다.

$$2a^2 = (2k)^2$$
$$2a^2 = 4k^2$$
$$a^2 = 2k^2$$

이제 a^2 역시 2의 배수 형태이므로, b에 이어 a 또한 짝수다. 그러나 이렇게 되면 a와 b는 2라는 공약수를 가지므로 서로소가 아니게 되어 모순이 발생한다. 따라서 처음에 했던 $\sqrt{2}$ 가 유리수라는 가정은 잘못된 것이며, $\sqrt{2}$ 는 무리수여야 한다.

앞 예제의 증명은 다음과 같은 일련의 과정을 거쳤다.

1. 증명하고자 하는 명제가 참이 아니라고 가정한다.
2. 그 가정의 결과로 모순적인 상황이 발생함을 보인다.
3. 그에 따라 애초의 가정은 잘못된 것이며, 원래 명제는 참이라는 결론을 내린다.

이와 같은 증명법을 '모순에 의한 증명' 또는 **귀류법**[15]이라고 한다. 예제에서는 $\sqrt{2}$ 가 무리수나 유리수 중 하나여야 하는데, 유리수라고 가정하면 모순이 생김을 보여서 무리수임을 증명하였다. 귀류법은 이처럼 증명하고자 하는 명제가 두 가지 가능성 중 하나에 해당될 때 많이 사용하며, 수학뿐 아니라 일상 속에서도 논리로 옳고 그름을 따질 때 흔히 쓴다.

　수학 분야의 명제 중에는 $p(x)$ 같은 명제함수 형태이면서 x가 모든 자연수에 대해 성립한다는 식으로 구성된 것들이 상당히 많다. 익숙한 예를 들어, 1부터 n까지의 자연수를 모두 더한 값을 생각해 보자.

$$\forall\, n \in \mathbb{N},\ p(n):\ 1 + 2 + \cdots + n\ =\ \frac{n(n+1)}{2}$$

이런 명제는 고정된 값이 아닌 모든 자연수에 대해 성립함을 보여야 하므로 지금까지 소개한 증명법을 적용하기가 곤란하다. 자연수는 무한히 많기 때문에 n 값을 1부터 하나씩 늘려 가며 증명할 수도 없을 뿐만 아니라, 대우증명법이나 귀류법을 쓰기에도 적절한 모양이 아니다.

　여기서 자연수 체계에 관련된 공리 하나가 해결책을 제시해 준다. $p(n)$이 다음을 만족하는 명제함수라고 하자.

- $p(0)$가 참
- 임의의 자연수 k에 대해, $p(k)$가 참이면 $p(k+1)$도 참

그러면 다음이 성립한다.

- $p(n)$은 임의의 자연수 n에 대해 참

이것은 '귀납 원리' 또는 '귀납 공리'라는 이름을 가지고 있으며, 상세 내용에서는

---

15 '돌아올 귀(歸)', '그릇될 류(謬)'자를 써서 '오류로 돌아온다'는 뜻이다.

$p(0)$가 아니라 $p(1)$이 참이어도 무방하다. 이 귀납 원리는 흔히 '도미노 쓰러뜨리기'에 비유된다.

- $1, 2, 3, \cdots$처럼 번호가 붙여진 무한히 많은 도미노가 있다.
- 첫 번째 도미노를 쓰러뜨릴 수 있다.
- k번째 도미노가 쓰러지면, $k + 1$번째 도미노도 쓰러진다.
- 그렇다면, 모든 도미노를 쓰러뜨릴 수 있다.

이제 이 원리를 이용해서 앞서 제시된 명제함수를 어떻게 증명하는지 살펴보자. 우선은 $p(1)$이 참이라는 것을 보여야 하는데, 아래처럼 $n = 1$을 대입하면 $p(n)$이 성립함을 쉽게 알 수 있다.

$$p(1): \quad 1 = \frac{1 \cdot 2}{2}$$

그 다음은 $p(k) \rightarrow p(k + 1)$이 성립함을 보여야 한다. 이때 $p(k)$가 참임을 증명하는 것이 목적이 아니라는 점에 유의한다.

참이라고 가정할 $p(k)$는 다음과 같다.

$$p(k): \quad 1 + 2 + \cdots + k = \frac{k(k+1)}{2}$$

이것이 성립한다고 했을 때 $p(k + 1)$ 역시 성립함을 보이면 된다. 위의 등식 양변에 $(k + 1)$을 더한 다음, 우변을 통분하여 공통인수로 정리하자.

$$
\begin{aligned}
1 + 2 + \cdots + k + (k + 1) &= \frac{k(k+1)}{2} + (k+1) \\
&= \frac{k(k+1) + 2(k+1)}{2} \\
&= \frac{(k+1)(k+2)}{2}
\end{aligned}
$$

그런데 이것은 $p(k + 1)$과 동일하다.

$$p(k+1): \quad 1 + 2 + \cdots + (k+1) = \frac{(k+1)(k+2)}{2}$$

즉, $p(k) \rightarrow p(k+1)$이 성립함을 알 수 있다. 따라서 모든 $n \in \mathbb{N}$에 대해 $p(n)$이 성립하며, 증명은 종료되었다.

이처럼 귀납 원리에 기초하여 증명하는 방법을 **수학적 귀납법**(mathematical induction)이라고 부르는데, 컴퓨터과학 분야에서 특히 중요하게 다루어진다. 수학적 귀납법을 이용한 증명 사례를 하나 더 알아보자.

예제 8-8 1부터 시작하여 n개의 홀수를 모두 더한 값은 n^2임을 증명하여라.

풀이

위의 주장을 명제함수 형태로 쓰면 다음과 같다.

$$p(n): \quad 1 + 3 + 5 + \cdots + (2n-1) = n^2$$

수학적 귀납법으로 이것을 증명하기 위해 먼저 $p(1)$이 성립함을 보인다.

$$p(1): \quad 1 = 1^2$$

다음은 $p(k)$가 성립한다고 가정할 때 $p(k+1)$도 성립함을 보일 차례다.

$$p(k): \quad 1 + 3 + 5 + \cdots + (2k-1) = k^2$$

위의 등식 양변에 $(2k+1)$을 더한 다음, 우변을 정리한다.

$$
\begin{aligned}
1 + 3 + \cdots + (2k-1) + (2k+1) &= k^2 + (2k+1) \\
&= k^2 + 2k + 1 \\
&= (k+1)^2
\end{aligned}
$$

이 결과는 $p(k+1)$과 동일하다. 이처럼 $p(k)$가 성립하면 $p(k+1)$도 성립하므로 귀납 원리에 의해 $p(n)$은 모든 자연수 n에 대해 성립한다.

연습문제

1. 다음 중 '정의'에 해당하는 것을 골라라.

① 미지수의 최고차수가 2인 방정식은 이차방정식이다.

② 삼각형 내각의 합은 180°이다.

③ 네 변의 길이가 같은 평행사변형은 마름모다.

④ 평행선에 의해 생기는 엇각은 크기가 같다.

2. 직각삼각형의 빗변은 다른 두 변 길이의 합보다 짧음을 귀류법으로 증명하여라.

3. 수학적 귀납법을 써서 다음을 증명하여라. (단, n은 음이 아닌 정수)

$$1 + 2 + 4 + 8 + \cdots + 2^n = 2^{n+1} - 1$$

9장

경우의 수와 확률

경우의 수를 세는 일은 어디서나 찾아볼 수 있다. 길을 찾거나, 게임을 하거나, 복권을 살 때도 우리는 여러 가지 경우의 수를 생각한다. 하지만 그 수를 일일이 세는 것이 바람직하지 않은 상황이라면, 다양한 유형에 대해 경우의 수를 계산하는 법을 알아두는 것이 큰 도움이 된다. 현실의 문제를 수학적으로 추상화했을 때 이러한 경우의 수로 나타나는 일 역시 흔하다.

경우의 수 다음에는 확률이 따라온다. 가능한 모든 경우의 수에 대해서 어떤 특정한 경우가 일어날 가능성을 따지는 것이 바로 확률이기 때문이다. 확률론은 컴퓨터과학과도 아주 밀접한데, 데이터 압축이나 통신 오류 복구, 다양한 머신러닝 기법 등에 이론적 바탕을 제공하는 필수불가결한 수학 분야다. 그러므로 확률론을 공부하는 것은 프로그래머의 도구상자에 아주 유용한 도구 하나를 추가하는 것과도 같다.

9.1 순열과 조합

9.1.1 순열의 수

사람이나 사물을 한 줄로 세우는 것처럼 순서를 가지고 나열하는 것을 수학에서는 **순열**(permutation)이라고 한다. 순열의 수는 기호로 P[1]를 쓰는데, 기호의 왼쪽에 전체 대상의 개수를, 오른쪽에는 그중 나열할 대상의 수를 작게 붙여서 $_nP_k$처럼 쓴

---

1 Permutation의 첫 글자다.

다. n개의 대상을 모두 나열하는 순열의 수는 $_nP_n$이고, n개 중 k개만 나열한다면 $_nP_k$가 될 것이다.

n개의 대상을 순서대로 모두 나열하는 경우의 수 $_nP_n$은 다음과 같다.

$$(n\text{개 중 하나}) \times (\text{첫 번째 것을 제외한 } n-1\text{개 중 하나}) \times \cdots \times (\text{남은 하나})$$
$$= n \times (n-1) \times (n-2) \times \cdots \times 1$$

이처럼 이어지는 숫자 여러 개를 일일이 곱하는 것은 번거로우므로 '!' 기호를 써서 다음과 같이 나타낸다.

$$n! = n \times (n-1) \times (n-2) \times \cdots \times 1$$

이 기호는 **팩토리얼**(factorial) 또는 계승[2]이라고 읽는다. 이때 일관성을 위하여 $0! = 1$로 정의해 둔다.[3]

팩토리얼 기호를 이용하면 $_nP_n$의 표기가 간략해진다.

$$_nP_n = n!$$

또한 n개의 대상 중에서 k개만 한 줄로 세우는 경우의 수, 즉 $_nP_k$는 다음과 같았다.

$$\underbrace{n \times (n-1) \times (n-2) \times \cdots \times (n-(k-1))}_{k}$$

이 순열의 수를 팩토리얼로 나타내어 보자.

$$
\begin{aligned}
_nP_k &= n \times (n-1) \times \cdots \times (n-(k-1)) \\
&= \frac{n \times (n-1) \times \cdots \times (n-(k-1)) \times (n-k) \times (n-(k+1)) \times \cdots \times 1}{(n-k) \times (n-(k+1)) \times \cdots \times 1} \\
&= \frac{n!}{(n-k)!}
\end{aligned}
$$

이렇게 하여 수학 기호라기에는 다소 불명확한 '$\cdots$' 없이 $_nP_k$를 표현할 수 있다. 이

---

2 층계를 뜻하는 '계(階)'자와 곱셈을 뜻하는 '승(乘)'자를 쓴다.
3 무(無)를 굳이 나열한다면 한 가지 경우뿐이므로 나름 이치에 맞는 정의라 하겠다.

식에서 k 자리에 $0, 1$ 같은 몇몇 특정한 값을 넣으면 다음과 같은 결과를 얻는다.

$$\begin{aligned}
{}_nP_0 &= \frac{n!}{n!} = 1 \\
{}_nP_1 &= \frac{n!}{(n-1)!} = n \\
{}_nP_{n-1} &= \frac{n!}{1!} = n! \\
{}_nP_n &= \frac{n!}{0!} = n!
\end{aligned}$$

9.1.2 여러 가지 순열

줄을 세울 때 대상의 일부를 묶어서 하나로 간주해야 하는 경우는 어떨까? I부에서 든 예로 '다섯 명이 줄 서면서 그중 두 명은 함께 있게 하는 경우의 수' 같은 것이 있었는데, 이때의 해결법은 다음과 같았다.

> "묶음을 하나로 쳐서 셈하고, 묶음 안에서 자리를 바꾸는 경우의 수를 곱해준다."

팩토리얼 기호를 써서 이와 같은 경우의 수를 표현해 보자. n개의 대상 중 r개를 하나의 묶음으로 치면 전체 대상의 수는 $n - (r-1)$이 되고, 이 순열의 수에 r개를 나열하는 경우의 수를 곱하면 될 것이다. 이것은 수식으로 다음과 같이 쓸 수 있다.

$$(n - r + 1)! \times r!$$

그러므로 5명 중에서 특정한 2명이 항상 이웃하도록 줄을 세우는 경우의 수는 $4! \times 2! = 48$이 된다.

한 번 포함된 대상이라도 중복해서 계속 줄을 세울 수 있다면 순열의 수는 어떻게 달라질까? 어느 카페의 음료 메뉴가 {아메리카노, 카페라떼, 아포가토, 에스프레소}일 때, 음료 세 잔을 연이어 시키는 경우의 수를 생각해 보자. 한 번 마셨던 음료라 해도 취향에 따라서는 다시 시킬 수 있으므로 답은 $4 \times 4 \times 4 = 64$가지가 된다.

이 예를 일반화하면, n개의 대상에서 중복을 허용하여 k개를 나열하는 경우의 수는 모두 n^k임을 알 수 있다. 이것을 **중복순열**의 수라고 부르기도 한다.

순서대로 나열하는 방법에는 제법 다양한 종류의 변형이 있다. 대상 중에 서로 구별할 수 없이 같은 것들이 섞여 있다면 어떨까? 예컨대 똑같이 생긴 빨간색 당구공(●) 2개와 흰색 당구공(○) 2개를 줄 세운다고 생각해 보자. 같은 색의 공끼리는 구별이 가지 않으므로, 순열의 수가 4! = 24보다는 적을 것이 분명하다. 지금까지 우리가 배운 것은 구별이 되는 경우였으니 일단 거기서 시작하자.

빨간 공과 하얀 공 각각이 구별된다고 가정하고, $●_1$ $●_2$ $○_1$ $○_2$처럼 번호를 붙인다. 그러면 예컨대 ● ● ○ ○ 같은 공의 배열은, 번호 붙인 공으로 치면 다음 네 경우에 해당할 것이다.

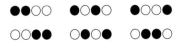

여기서 알 수 있는 것은, 구별되지 않는 공의 배열 한 가지에 대해서 ($●_1$ $●_2$를 나열하는 경우의 수) × ($○_1$ $○_2$를 나열하는 경우의 수)를 곱한 네 가지 경우가 대응된다는 것이다. 그렇다면 구별 가능한 것으로 계산한 전체 순열의 수(4!)는 구별되지 않는 경우라면 $\frac{1}{2 \times 2}$로 줄어 4! ÷ 4 = 6이 될 것임을 예상할 수 있다. 실제로 당구공을 나열해 보면 다음과 같이 여섯 가지로 배열이 가능하다.

$$●●○○ \quad ●○○● \quad ●○○○$$
$$○○●● \quad ○●○● \quad ○●●○$$

이 내용을 일반화해 보자. 모두 n개의 대상을 순서대로 나열할 때 구별되지 않는 것들이 각각 p_1개, p_2개, $\cdots$, p_k개 있다면, 그 순열의 수는 다음과 같다.

$$\frac{n!}{p_1! \times p_2! \times \cdots \times p_k!}$$

순열의 또 다른 변형으로, 줄의 처음과 끝이 이어지는 경우가 있다. 동그란 탁자에 네 사람이 앉으려고 한다. 자리를 배치할 수 있는 경우의 수는 모두 몇 가지일까? 이것 또한 4! = 24는 아닐 것임을 예상할 수 있다.

예를 들어 A, B, C, D 네 사람이 다음과 같이 앉았다면, 이 네 가지 경우는 사실상 같은 순열에 해당된다. 일반적으로는 서로 다른 순열인 ABCD, BCDA, CDAB, DABC가 이번에는 하나의 순열인 것이다.

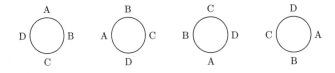

이런 식으로 나열하는 것을 **원순열**이라고 한다. 이때는 앞의 예에 나온 것처럼 사실상 같은 순열을 나타내는 n개를 하나로 계산해야 한다. 그러므로 n개의 대상에 대한 원순열의 수는 다음과 같다.

$$\frac{_nP_n}{n} = \frac{n!}{n} = (n-1)!$$

예제 9-1 빨간색 당구공 3개, 흰색 당구공 2개를 동그랗게 배치하는 경우의 수를 구하고, 실제 배치도를 그려서 확인하여라. 단, 색깔이 같은 공은 서로 구별할 수 없다고 한다.

풀이

먼저 일렬로 배치하는 경우의 수를 구한다. 구별할 수 없는 공들의 개수를 계산에 넣으면 다음과 같다.

$$\frac{5!}{3! \cdot 2!} = \frac{120}{12} = 10$$

확인 삼아 이 10가지 경우를 아래에 나열하였다. 참고로 이것은 다섯 자리의 2진수 32개($00000_{(2)} \sim 11111_{(2)}$) 중에서 0이 2개이고 1이 3개, 또는 0이 3개이고 1이 2개인 숫자의 개수와도 같은데, 그 이유를 한번 생각해 보자.

○○●●● ○●○●● ○●●○● ○●●●○ ●○○●●
●○●○● ●○●●○ ●●○○● ●●○●○ ●●●○○

이 10가지를 동그랗게 배치하는 원순열의 수는 공의 개수 5로 나눈 $10 \div 5 = 2$가 되고, 실제로 가능한 배치는 다음 그림처럼 두 종류뿐임을 확인할 수 있다.

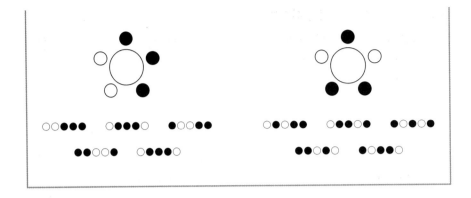

9.1.3 조합의 수

다음은 순서에 상관하지 않고 뽑는 경우의 수를 알아보자. I부에서 공부했던 내용은, 일단 순서대로 나열한 다음에 그 순서로 인해 중복된 경우들을 나눗셈으로 상쇄한다는 것이었다. 이것은 순열과 팩토리얼을 써서 아래처럼 표현할 수 있다.

$$\frac{n\text{개 중 }k\text{개를 순서대로 뽑는 경우의 수}}{\text{뽑은 }k\text{개를 줄 세우는 경우의 수}} = \frac{{}_nP_k}{k!}$$

이처럼 순서 없이 뽑는 경우의 수를, 수학에서는 **조합**(combination)의 수라고 부른다. 조합의 수는 $\binom{n}{k}$ 또는 ${}_nC_k$로 나타내며,[4] 팩토리얼을 이용하면 다음과 같다.

$$\binom{n}{k} = \frac{{}_nP_k}{k!} = \frac{n!}{(n-k)!} \cdot \frac{1}{k!} = \frac{n!}{k!\,(n-k)!}$$

위 식에서 분모 $k!(n-k)!$에 주목하자. k와 $(n-k)$를 더하면 전체 개수 n이 된다. 즉, 뽑는 개수가 k면 $(n-k)$는 뽑지 않는 개수에 해당한다. 그런데 곱셈은 교환법칙이 성립하므로, k개를 뽑는 경우의 수는 결국 $(n-k)$개를 뽑는 경우의 수와 같아진다.

$$\binom{n}{k} = \frac{n!}{k!\,(n-k)!} = \frac{n!}{(n-k)!\,k!} = \binom{n}{n-k}$$

실제 예를 들어 $n = 5$일 때 조합의 수를 조사해 보면, 이러한 대칭성이 눈에 쉽게

---

4 Combination의 첫 글자다.

띈다.

k	0	1	2	3	4	5
$\binom{5}{k}$	$\dfrac{5!}{0! \cdot 5!} = 1$	$\dfrac{5!}{1! \cdot 4!} = 5$	$\dfrac{5!}{2! \cdot 3!} = 10$	$\dfrac{5!}{3! \cdot 2!} = 10$	$\dfrac{5!}{4! \cdot 1!} = 5$	$\dfrac{5!}{5! \cdot 0!} = 1$

$\binom{n}{k}$의 k에 몇몇 특정한 값을 넣으면 다음과 같은 결과를 얻는다. 위의 표와 비교해 보자.

$$\binom{n}{0} = \frac{n!}{n!} = 1$$
$$\binom{n}{1} = \frac{n!}{(n-1)!} = n$$
$$\binom{n}{n-1} = \binom{n}{1} = n$$
$$\binom{n}{n} = \binom{n}{0} = 1$$

조합의 수에 대한 식을 자세히 보면, 같은 것이 있는 순열의 수와 유사한 면이 있음을 발견할 수 있다. 전체가 빨간색 공과 흰색 공처럼 두 개의 부류로 나뉘면서, 각 부류는 구별되지 않게 같은 것들로 이루어진 경우다. 예를 들어 3개의 1과 2개의 0으로 이루어진 순열을 생각해 보자(앞서 예제에서 잠깐 언급했던 '다섯 자리 2진수'와 관련된 내용이기도 하다). 이 순열의 수를 식대로 계산하면 다음과 같다.

$$\frac{5!}{3! \cdot 2!} = \frac{120}{12} = 10$$

그런데 이것은 순열 대신에 순서 없이 뽑는 '조합'의 관점으로도 바라볼 수 있다. 다음과 같이 5개의 빈 자리가 있다고 하자. 각 자리에는 a, b, c, d, e의 기호를 붙인다.

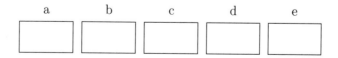

그러면 이제 앞서의 순열 문제는, 이 다섯 자리 중 세 자리를 골라서 거기에 1을 채워 넣는 조합의 문제로 바뀐다(물론 고르지 않은 자리에는 0이 들어간다). 예를 들

어 '10110'이라는 순열은, 세 자리를 고르는 조합의 문제로 보면 'acd'의 경우에 대응되는 식이다.

조합의 관점에서 경우의 수를 계산하면 $\binom{5}{3} = 10$가지가 나오며, 이것은 순열 때와 결과가 같다. 이는 또한 다섯 자리 중 두 자리를 골라 0을 채우고 나머지에 1을 채우는 조합의 수 $\binom{5}{2}$와도 같다.

$$\binom{5}{3} = \frac{5!}{3! \cdot (5-3)!} = \binom{5}{2} = \frac{5!}{2! \cdot (5-2)!} = \frac{120}{12} = 10$$

이처럼 순열과 조합 양쪽으로 보는 것이 가능한 상황은 다음의 예제처럼 제법 흔하다.

예제 9-2 4×3 격자 모양으로 된 길이 있다. 출발 지점에서 도착 지점으로 가는 최단 경로는 모두 몇 개나 있는가?

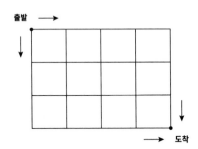

풀이

최단 경로가 되려면 출발에서 도착까지 오른쪽이나 아래쪽 방향으로만 움직여야 하며, 도중에 왼쪽이나 위쪽으로 거슬러 가면 최단 경로가 될 수 없다. 따라서 모든 최단 경로는 항상 오른쪽으로 4번, 아래쪽으로 3번 움직여야 함을 알 수 있다.

이것을 '→' 4개와 '↓' 3개를 늘어놓는 순열의 수로 보면, 최단 경로의 개수는 다음과 같다.

$$\frac{7!}{4! \cdot 3!} = \frac{5040}{24 \times 6} = 35$$

한편, 이것을 7개의 자리 중 4개를 골라서 '→'를 놓는 조합, 또는 7개의 자리 중 3개를 골라서 '↓'를 놓는 조합의 수로 보아도 같은 결과를 얻는다.

$$\binom{7}{4} = \frac{7!}{4! \cdot (7-4)!} = 35$$

9.1.4 중복조합

다음은 중복순열 때처럼 한 번 포함된 대상이라도 계속해서 고를 수 있는 조합의 수를 알아보자. 예상하듯이 이것은 **중복조합**의 수라고 부른다. n종류의 대상 중에서 k개를 중복해서 고르는 중복조합의 수는 다음과 같은 기호로 나타낸다.[5]

$$\left(\!\!\binom{n}{k}\!\!\right)$$

일반적인 조합의 수 $\binom{n}{k}$에서는 고르려는 대상의 수 k가 전체 대상의 수 n 이하여야 하지만, 중복조합에서는 같은 대상이라도 거듭 고를 수 있으므로 그런 제한이 없다. 예컨대 다음과 같은 문제를 생각해 보자.

레드(◆), 화이트(◇), 스파클링(◈)이라는 세 종류의 와인이 있다.
순서 없이 글라스 4개에 와인을 따르는 경우의 수는 모두 몇 가지인가?

이 조합의 수를 기호로 쓰면 $\left(\!\!\binom{3}{4}\!\!\right)$이고, 이때 $n < k$인 상황이다. 가능한 경우를 일일이 나열해 보면 다음과 같이 15가지가 나온다. 이러한 중복조합의 수는 어떻게 계산할 수 있을까?

---

5 이것을 우리나라 교육과정에서는 $_nH_k$로 쓰기도 한다.

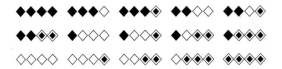

이번에도 관점을 바꾸는 것이 도움이 된다. 글라스가 아니라 와인의 입장에서 앞의 문제를 다시 보자. 그러면 원래 문제는 "세 종류의 와인이 있을 때, 글라스 4개를 어느 쪽으로 배치하느냐?"라는 문제로 바뀐다. 예컨대 위에서 ◆◇◇◆처럼 표시한 경우라면 이 관점에서는 아래와 같이 쓸 수 있다(각 와인통을 [ ]로, 글래스는 ▽로 표기하였다).

레드   화이트   스파클링
[▽]   [▽]   [▽▽]

여기서 와인통끼리는 서로 구분만 되면 충분하므로 아래처럼 써도 무방하다.

| ▽ | ▽ | ▽ ▽ |

또, 양 끝의 칸막이는 필요하지 않으므로 생략할 수 있다.

▽ | ▽ | ▽ ▽

이런 표기법으로 위에 나열했던 15가지 경우 중 일부를 다시 써 보자.

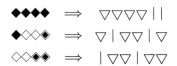

당연한 말이지만 어떤 경우에도 글라스에 해당하는 '▽' 기호가 4개, 칸막이를 나타내는 '|' 기호가 2개, 합쳐서 6개의 기호가 나타나고 있다. 이제 이 문제는, 6개의 자리 중에서 칸막이 2개를 어디에 둘 것인가 하는 문제, 혹은 6개의 자리 중에서 글라스 4개를 어디에 둘 것인가 하는 문제와 같아졌다. 즉, 앞서의 2진수 문제와 같은 종류가 된 것이다.

글라스를 0, 칸막이를 1로 바꾸어서 다시 써 보자(이미 알고 있듯이 글라스를 1, 칸막이를 0으로 해도 결과는 같다).

$$\blacklozenge\blacklozenge\blacklozenge\blacklozenge \quad \Longrightarrow \quad \triangledown\triangledown\triangledown\triangledown|\,| \quad \Longrightarrow \quad 000011$$

$$\blacklozenge\lozenge\lozenge\blacklozenge \quad \Longrightarrow \quad \triangledown|\triangledown\triangledown|\triangledown \quad \Longrightarrow \quad 010010$$

$$\lozenge\lozenge\blacklozenge\blacklozenge \quad \Longrightarrow \quad |\triangledown\triangledown|\triangledown\triangledown \quad \Longrightarrow \quad 100100$$

따라서 이 문제는 일반적인 조합의 수로 바꿔 풀 수 있다.

$$\binom{6}{4} = \binom{6}{2} = \frac{6!}{2!\cdot 4!} = \frac{6\cdot 5}{2} = 15$$

6이란 숫자는 문제 내에는 없었는데 어디서 나타난 것일까? 과정을 되짚어 보면 $6 = 4 + 2$인데, 4는 글라스의 개수, 2는 칸막이의 수에서 온 것이다. 한편, 칸막이의 수는 와인의 종류 3에서 1을 뺀 것과 같다. 그러므로 6은 $4 + (3 - 1)$이라는 계산, 즉 (글라스의 수 + 칸막이의 수)에서 비롯되었음을 알 수 있다. 이제 이 조합의 수를 와인 종류(3)와 글라스의 개수(4)로 다시 쓰면 다음과 같다. 위쪽 식은 글라스 입장, 아래쪽은 칸막이 입장에서 본 것이다.

$$\left(\!\!\binom{3}{4}\!\!\right) = \binom{4 + (3-1)}{4} = \binom{6}{4}$$

$$\left(\!\!\binom{3}{4}\!\!\right) = \binom{4 + (3-1)}{(3-1)} = \binom{6}{2}$$

이와 같은 방법으로 일반적인 중복조합의 수를 계산해 보자. n가지 종류의 대상으로부터 중복을 허용해서 k개를 고르는 것은, 다음 그림과 같이 종류를 나타내는 $(n - 1)$개의 칸막이와, 고를 개수에 해당하는 k개의 동그라미를 그려서 나타낼 수 있다.

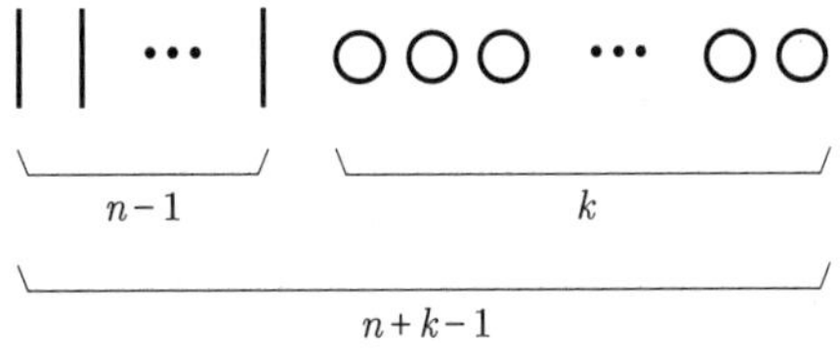

그러면 모두 $n + k - 1$개의 자리 중에서 (칸막이) $n - 1$개의 위치, 또는 (동그라미) k개의 위치를 선택하는 경우의 수가 곧 중복조합의 수다.

$$\left(\!\!\binom{n}{k}\!\!\right) = \binom{n+k-1}{k} = \binom{n+k-1}{n-1}$$

중복조합의 수에 관한 문제는 다소 뜻밖의 모습으로 나타나기도 한다.

예제 9-3 다음 방정식의 해는 모두 몇 개나 되는가? 단, x, y, z는 모두 음이 아닌 정수다.

$$x + y + z = 4$$

풀이

x, y, z가 방정식을 만족하려면 그 값은 $0 \sim 4$ 사이여야 한다. 이 방정식의 경우는 해를 쉽게 찾을 수 있는 편인데, 그중 몇 개를 나열하면 다음과 같다.

$$4 + 0 + 0 = 4$$
$$3 + 1 + 0 = 4$$
$$\cdots$$
$$0 + 0 + 4 = 4$$

다시 말해 x, y, z라는 세 종류의 문자가 있고, 각 문자의 값을 모두 합하여 4를 만드는 것이 이 방정식의 풀이다. 이제 문자 사이에 칸막이를 친 다음 각 문자에 해당하는 값을 동그라미로 표시하면 익숙한 그림이 나타난다.

$$4 + 0 + 0 \implies \bullet\bullet\bullet\bullet \,|\,|$$
$$3 + 1 + 0 \implies \bullet\bullet\bullet\,|\,\bullet\,|$$
$$\cdots$$
$$0 + 0 + 4 \implies |\,|\,\bullet\bullet\bullet\bullet$$

즉, 이것은 세 종류의 대상으로부터 중복을 허용하여 모두 4개를 고르는 중복조합의 수에 대한 문제임을 알 수 있다. 따라서 답은 다음과 같다.

$$\left(\!\!\binom{3}{4}\!\!\right) = \binom{6}{4} = \binom{6}{2} = 15$$

연습문제

1. 0~9의 숫자 카드를 나열해서 만들 수 있는 10자리 자연수는 모두 몇 개인가? (계산기나 컴퓨터 사용)

2. 'OOSTZAAN' 속의 글자를 나열하는 경우의 수를 모두 구하여라.

3. 다음과 같은 4×3 격자 모양의 길이 있는데, 중간에 X로 표시된 곳은 사고가 나서 지나갈 수 없다고 한다. 이때 A에서 B로 가는 최단 경로는 몇 가지나 있는가?

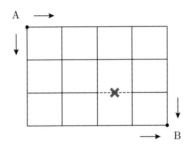

4. 30가지 맛이 제공되는 아이스크림을 세 번 떠서 담을 때, 가능한 맛의 조합은 몇 가지나 되는가? 단, 같은 맛도 중복하여 고를 수 있다고 한다.

5. x, y, z가 모두 <u>자연수</u>일 때 방정식 $x + y + z = 5$의 해는 몇 개인가?

9.2 이항정리

9.2.1 이항정리와 이항계수

순열, 조합 등 경우의 수를 세는 일은 수학에서 조합론(combinatorics)이라 하여 별도의 분야를 이루고 있다. 이 조합론은 수학의 여러 분야와 일상생활에 다양한 모습으로 적용되는데, 그중에서도 다항식의 전개와는 특별한 연관성이 있다.

가장 간단한 다항식, 즉 $(a + b)$처럼 두 개의 항으로 이루어진 수식의 거듭제곱을 생각해 보자. I부에서 곱셈공식을 공부할 때 이 다항식의 2제곱 모양을 다루었다.

$$(a+b)^2 \;=\; a^2 + 2ab + b^2$$

전개 과정을 들여다 보면, 다음과 같은 항들이 만들어지고 있다.

$$(a+b)^2 \;=\; (a+b)(a+b) \;=\; aa + ab + ba + bb$$

나열된 모든 항이 문자 2개의 곱으로 이루어졌음에 주목하자. 이런 전개 결과는 앞과 뒤의 $(a+b)$에서 a 또는 b 중 하나를 각각 선택하여 곱하였기 때문에 나온 것이다. 이것은 $(a+b)$를 세제곱해 보면 좀 더 명확해진다.

$$\begin{aligned}
(a+b)^3 \;&=\; (a+b)(a+b)(a+b) \\
&=\; aaa + aab + aba + abb + \\
&\quad\; baa + bab + bba + bbb
\end{aligned}$$

이번에는 3개의 $(a+b)$로부터 각각 문자 하나씩을 골라서 곱한 항들이 나열되었고, 그에 따라 모든 항은 문자를 3개씩 가지게 된다. 예컨대 baa라는 항은 첫 번째 $(a+b)$에서 b를, 두 번째와 세 번째에서 각각 a를 선택하여 곱한 결과로 볼 수 있다.

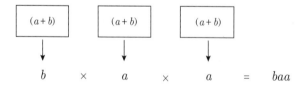

그렇다면 3개의 $(a+b)$로부터 위와 같이 b를 1개만 고르는 경우의 수는 몇이나 될까? 앞 단원에서 배운 조합의 수를 이용하면, 셋 중 하나를 고르는 것이므로 모두 $\binom{3}{1} = 3$가지가 있을 것이다. 또한 b를 고르지 않는다는 것은 곧 a를 고르는 것과 같으므로, b를 1개 고르는 것은 a를 2개 고르는 경우의 수 $\binom{3}{2} = 3$과도 같다. 전개 결과에서 이처럼 b를 1개, a를 2개 포함하는 항은 아래와 같이 3개가 있다.

$$\begin{aligned}
b \times a \times a \;&=\; baa \\
a \times b \times a \;&=\; aba \\
a \times a \times b \;&=\; aab
\end{aligned}$$

다른 항에 대해서도 마찬가지 방법으로 경우의 수를 구하면 다음 표와 같다.

a의 개수	b의 개수	해당되는 항	경우의 수(각각 a와 b의 관점)
3	0	aaa	$\binom{3}{3} = \binom{3}{0} = 1$
2	1	aab, aba, baa	$\binom{3}{2} = \binom{3}{1} = 3$
1	2	abb, bab, bba	$\binom{3}{1} = \binom{3}{2} = 3$
0	3	bbb	$\binom{3}{0} = \binom{3}{3} = 1$

앞서의 전개 결과로 돌아가서, 곱셈의 교환법칙에 의해 실질적으로 같아지는 항들을 한 곳으로 모으고 정리하자.

$$(a+b)^3 = aaa + (aab + aba + baa) + (abb + bab + bba) + bbb$$
$$= a^3 + 3a^2b + 3ab^2 + b^3$$

이렇게 정해진 각 항의 계수 1, 3, 3, 1은, 위의 표에서 보았듯이 '같은 개수의 a와 b를 포함한 항들의 수'에서 온 것이다. 즉, 이들 계수는 곧 어떤 '조합의 수'인 것이다. 아래에 a와 b의 관점에서 각각 바라본 이 조합의 수를 나타내었다.

$$(a+b)^3 = a^3 + 3a^2b + 3ab^2 + b^3$$
$$= \binom{3}{3} a^3 b^0 + \binom{3}{2} a^2 b^1 + \binom{3}{1} a^1 b^2 + \binom{3}{0} a^0 b^3$$
$$= \binom{3}{0} a^3 b^0 + \binom{3}{1} a^2 b^1 + \binom{3}{2} a^1 b^2 + \binom{3}{3} a^0 b^3$$

이제 전개식에서 각 항의 계수가 가진 의미를 알았으므로 세제곱이 아니라 임의의 횟수만큼 $(a+b)$를 제곱하더라도 계수가 얼마일지를 알 수 있다(편의상 b 관점을 택함).

$$(a+b)^n = \binom{n}{0} a^n b^0 + \binom{n}{1} a^{n-1} b^1 + \cdots + \binom{n}{k} a^{n-k} b^k + \cdots + \binom{n}{n} a^0 b^n$$

이처럼 2개의 항으로 이루어진 다항식의 거듭제곱을 전개할 때 각 항의 계수는 곧

조합의 수와 같다는 것을 **이항**(二項)**정리**(binomial theorem)라고 한다. 또한 전개된 각 항의 계수이자 조합의 수인 $\binom{n}{k}$는 **이항계수**(binomial coefficient)라고 부른다.

예제 9-4 다음 거듭제곱을 전개했을 때, 주어진 항의 계수를 구하여라.

(1) $(a+b)^7$에서 $a^2 b^5$

(2) $(2m+3n)^3$에서 $m^2 n$

(3) $(x-2y)^6$에서 $x^3 y^3$

풀이

(1) 7개 중 a 2개(또는 b 5개)를 고르는 것과 같으므로 답은 $\binom{7}{2}=21$이다.

(2) $2m=A$, $3n=B$로 두면 주어진 식은 $(2m+3n)^3 = (A+B)^3$로 쓸 수 있고, 이때 $m^2 n$을 포함한 항 $A^2 B$의 계수는 $\binom{3}{1}=3$이다. 해당 항을 원래대로 풀어 계산하면 $A^2 B = 3 \times 4m^2 \times 3n = 36m^2 n$이므로 답은 36이다.

(3) $-2y=T$로 두면 $(x-2y)^6 = (x+T)^6$이고, $x^3 y^3$을 포함한 항 $x^3 T^3$의 계수는 $\binom{6}{3}=\frac{6\cdot5\cdot4}{3!}=20$이다. $20x^3 T^3 = 20x^3 \times (-2y)^3 = 20x^3 \times (-8y^3) = -160x^3 y^3$이므로 답은 -160이다.

앞서 이항정리의 식에 나온 a나 b는 단순히 문자일 뿐이므로 여기에 적당한 값을 대입하면 여러 가지 흥미로운 결과를 얻는다. 먼저 $a=1$, $b=1$로 두어 보자.

$$(1+1)^n = \binom{n}{0}1^n \cdot 1^0 + \binom{n}{1}1^{n-1}\cdot 1^1 + \cdots + \binom{n}{n}1^0 \cdot 1^n$$

$$\therefore \ 2^n = \binom{n}{0} + \binom{n}{1} + \cdots + \binom{n}{n}$$

즉, 이항계수 $\binom{n}{k}$의 총합은 2^n이다. 이것은 이항정리의 개념을 생각해 보면 다소 당연한 결과기도 하다. $(a+b)^n$의 전개라는 것은 곧 n개의 $(a+b)$로부터 a 또는 b 중 하나를 선택한 다음에 모두 곱해서 하나의 항을 만드는 것이므로, 선택할 수 있는 모든 경우의 수를 생각해 보면 $2 \times 2 \times \cdots = 2^n$이 됨을 알 수 있다.

다음은 $a=1$, $b=-1$로 둔 결과다. $(-1)^k$는 k가 짝수일 때는 1, k가 홀수일 때는 -1임을 기억하자.

$$(1-1)^n = \binom{n}{0} 1^n \cdot (-1)^0 + \binom{n}{1} 1^{n-1} \cdot (-1)^1 + \cdots + \binom{n}{n} 1^0 \cdot (-1)^n$$

$$\therefore \ 0 = \binom{n}{0} - \binom{n}{1} + \binom{n}{2} - \binom{n}{3} + \cdots + (-1)^n \binom{n}{n}$$

이 결과는 이항계수의 부호가 교차될 때 총합이 0임을 보여 준다. 여기서 k가 짝수인 항의 계수 $\binom{n}{0}, \binom{n}{2}, \cdots$는 양($+$)의 부호를, k가 홀수인 항의 계수 $\binom{n}{1}, \binom{n}{3}, \cdots$는 음($-$)의 부호를 가지므로, 두 부류를 따로 모을 수 있을 것이다.

$$0 = \left[\binom{n}{0} + \binom{n}{2} + \binom{n}{4} + \cdots \right] - \left[\binom{n}{1} + \binom{n}{3} + \binom{n}{5} + \cdots \right]$$

양의 부호를 가진 항들의 합을 A, 음의 부호를 가진 항들의 합을 B라 두면 위의 식은 $0 = A - B$가 되고, 이로부터 $A = B$이다. 즉, 짝수 번째 항의 합과 홀수 번째 항의 합은 동일하다. 그런데 조금 앞에서 본 것처럼 모든 항을 다 더한 값인 $A + B$는 2^n이므로 짝수 항의 합이나 홀수 항의 합은 각각 2^n의 절반인 2^{n-1}임을 알 수 있다.

$$\binom{n}{0} + \binom{n}{2} + \binom{n}{4} + \cdots = \binom{n}{1} + \binom{n}{3} + \binom{n}{5} + \cdots = 2^{n-1}$$

예제 9-5 원소가 10개인 집합의 부분집합 중에서 짝수 개의 원소를 가진 부분집합은 모두 몇 개인가?

풀이

짝수 개의 원소를 가진 부분집합은 10개의 전체 원소 중에서 0개, 2개, 4개, $\cdots$, 10개를 선택하여 만든다. 그 개수는 조합의 수이므로 각각 $\binom{10}{0}, \binom{10}{2}, \binom{10}{4}$ $\cdots \binom{10}{10}$이며, 이를 모두 더하면 다음과 같다.

$$\binom{10}{0} + \binom{10}{2} + \binom{10}{4} + \cdots + \binom{10}{10} = 2^{10-1} = 2^9 = 512$$

9.2.2 파스칼의 항등식

이항계수 $\binom{n}{k}$는 전체 대상이 n개일 때 대응된다. 이것과 대상이 하나 적은 $\binom{n-1}{k}$ 사이에 혹시 모종의 관계가 성립할까? 만약 그렇다면, 대상의 개수가 많아지더라도 먼저 구해놓은 결과를 이용해서 새로운 조합의 수를 구할 수 있게 된다. 예컨대 $\binom{2}{k}$ 를 알고 있다면 그로부터 $\binom{3}{k}$, $\binom{4}{k}$ … 등을 기계적으로 계산할 수 있다는 이야기다.[6] 구체적인 예를 가지고 이 문제를 검토해 보자.

카드 4장에 각각 A, K, Q, J라는 글자가 적혀 있다. 그중에서 2장을 고르는 경우의 수는 물론 $\binom{4}{2}$이다. 그러면 $\binom{4}{2}$와 $\binom{3}{2}$는 어떻게 연관지을 수 있을까? 일단 대상이 4개에서 3개로 하나 줄어야 할 것이므로, 임의로 A라는 카드를 하나 제외해 보자. 그러면 K, Q, J 총 3장이 남는다.

여기서 두 가지 가능성이 생긴다. 원래의 4장 중 2장을 고르려고 했을 때, 방금 제외된 A 카드가 그중에 포함되었거나/아니거나의 두 가지 경우다.

- A가 포함되지 않았다면: K, Q, J 중에서 2장을 골라야 하므로 경우의 수는 $\binom{3}{2}$ 이다.

- A가 포함되었다면: K, Q, J 중에서는 나머지 1장만 고르면 되므로 경우의 수는 $\binom{3}{1}$이다.

이 두 가지는 동시에 일어날 수 없는 사건들이므로 전체 경우의 수는 두 결과의 합이 되어야 한다. 그러므로 원래 4장 중에서 2장을 고르는 경우의 수는 다음과 같다.

$$\binom{4}{2} = \binom{3}{2} + \binom{3}{1}$$
$$6 = 3 + 3$$

$\binom{4}{2}$가 $\binom{3}{k}$로 표현되었음에 주목하자. 실제로 나열해서 확인해 보면, A, K, Q, J 중 2장을 고르는 경우는 다음 여섯 가지다.

$$KQ, KJ, QJ$$
$$AK, AQ, AJ$$

---

6 이처럼 앞의 결과로부터 다음 결과를 만들어 내는 것을 수학에서는 점화식(漸化式, recurrence relation) 이라고 하는데, 프로그래밍에서 어떤 함수가 스스로를 다시 호출하는 재귀(再歸, recursion)와 일맥상통 한다.

카드 A가 결과에 포함되지 않았을 때는 다른 카드 K, Q, J 중에서 2장을 골라야 한다. 이것을 나열해 보면 KQ, KJ, QJ가 된다. 그리고 A가 결과에 이미 포함되었을 때 나머지 카드 1장은 K, Q, J 셋 중에서 골라야 한다. 이것은 위의 결과 중 AK, AQ, AJ에 대응된다.

이제 이것을 일반적인 경우로 확장하는 것은 아주 쉽다. n개의 대상 중에서 하나를 제외했다고 칠 때, 그것이 원래의 선택 대상에 포함되지 않을 경우의 수 $\binom{n-1}{k}$와 포함될 경우의 수 $\binom{n-1}{k-1}$를 더하면 원래 경우의 수와 같아진다.

$$\binom{n}{k} = \binom{n-1}{k} + \binom{n-1}{k-1}$$

조합의 수를 직접 더해서 위의 등식을 확인해 보자. 세 번째 줄에서는 통분하기 위해 $(n-1)! \times n = n!$인 성질을 이용했다.

$$
\begin{aligned}
\binom{n-1}{k} + \binom{n-1}{k-1} &= \frac{(n-1)!}{k!\,[(n-1)-k]!} + \frac{(n-1)!}{(k-1)!\,[(n-1)-(k-1)]!} \\
&= (n-1)! \left[\frac{1}{k!\,(n-k-1)!} + \frac{1}{(k-1)!\,(n-k)!} \right] \\
&= (n-1)! \left[\frac{n-k}{k!\,(n-k)!} + \frac{k}{k!\,(n-k)!} \right] \\
&= \frac{n\,(n-1)!}{k!\,(n-k)!} \\
&= \frac{n!}{k!\,(n-k)!} = \binom{n}{k}
\end{aligned}
$$

이렇게 해서 $(n-1)$개에 대한 조합의 수로부터 n개에 대한 조합의 수를 만들 수 있다. 다만 이때 k가 0이거나 n이라면 우변이 $\binom{n-1}{-1}$이나 $\binom{n-1}{n}$처럼 올바르지 않은 식이 되므로 $0 < k < n$이어야 한다. 이제 $n=2$에 해당하는 관계식 $\binom{2}{1} = \binom{1}{0} + \binom{1}{1}$부터 시작해서 n이 커짐에 따라 이 관계식이 어떤 모습으로 뻗어 가는지 알아보자.

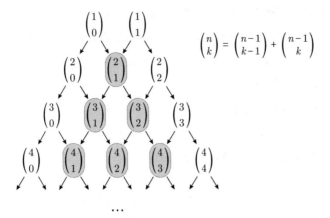

$$\binom{n}{k} = \binom{n-1}{k-1} + \binom{n-1}{k}$$

가장 꼭대기에 $\binom{0}{0} = 1$을 추가하고 각 조합의 수를 실제 값으로 바꾸면, 이 관계도는 다음과 같은 삼각형 모습이 된다. 이것을 **파스칼의 삼각형**, 앞서의 등식은 **파스칼의 항등식**이라고 부른다.[7]

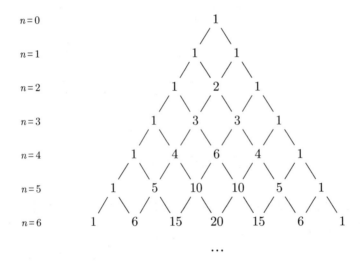

이 삼각형에는 명백히 눈에 보이는 것부터 다소 의외라고 생각될 만한 것까지 다양한 성질이 있는데, 그중 몇 가지를 소개한다.

- 좌우 가장자리의 변은 $\binom{n}{0}$과 $\binom{n}{n}$에 해당하므로 모두 1이다.
- 변의 바로 안쪽에는 1-2-3-4 …처럼 자연수가 위치한다.

---

7 수학자이자 철학자인 파스칼(Pascal)의 이름에서 따왔다.

- 자연수의 안쪽, 즉 가장자리로부터 세 번째 빗금에 위치한 숫자들 1-3-6-10-15 …는 모두 **삼각수**다.
- 이항계수 $\binom{n}{k}$를 모두 더하면 2^n이므로 각 행의 총합은 1, 2, 4, 8, …처럼 2배씩 늘어난다.
- n이 소수일 때, 그 행에 있는 이항계수들은 양 끝의 1을 제외하고 모두 그 소수의 배수다.

이 중 '삼각수'의 뜻과 소수 행의 성질에 대해서는 조금 더 설명이 필요하다. 먼저 삼각수에 대해서 알아보자.

일정한 모양을 가진 사물을 아래 그림처럼 1개, 2개, 3개 …로 한 층마다 하나씩 늘려가며 쌓으면 이등변삼각형 모양이 된다. 이때 각 삼각형을 이루는 사물의 총 개수를 세어 보면 1, 3, 6, 10 …처럼 커지며, 이런 일련의 숫자를 **삼각수**라고 부른다.

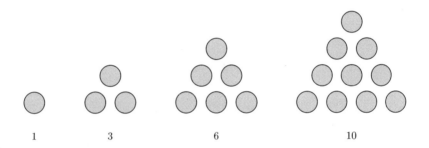

| 1 | 3 | 6 | 10 |

n번째 삼각수는 흔히 triangle의 첫 글자를 따서 T_n으로 나타내는데, 그림에서 알 수 있듯이 T_n은 곧 1부터 n까지의 자연수를 모두 더한 값에 해당한다. 또한 그 합은 앞의 증명법 단원에서 이미 배운 적이 있다.

$$T_n = 1 + 2 + 3 + \cdots + n = \frac{n(n+1)}{2}$$

이러한 삼각수들은 어떤 이유로 파스칼의 삼각형 세 번째 가장자리에 위치할까? 파스칼의 삼각형을 구성하는 방법을 다시 생각해 보면, 이와 관련된 규칙성을 쉽게 알 수 있다. 어떤 삼각수는 그 옆 줄인 두 번째 가장자리의 수(자연수)와 더하여 다음 번째의 삼각수를 만든다는 것이다.

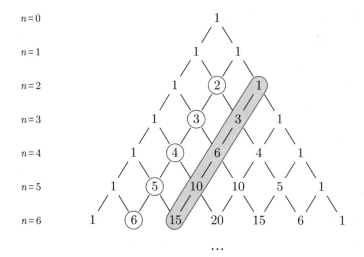

이것을 수식으로 나타내어 보자. 앞서 소개했던 삼각수를 만드는 방법과 동일함을 알 수 있다.

$$
\begin{aligned}
T_2 &= T_1 + 2 = 1 + 2 = 3 \\
T_3 &= T_2 + 3 = 3 + 3 = 6 \\
T_4 &= T_3 + 4 = 6 + 4 = 10 \\
&\cdots \\
T_n &= T_{n-1} + n
\end{aligned}
$$

T_{n-1}에 n을 더하여 다음 삼각수 T_n가 된다는 것은 실제 수식으로도 확인할 수 있다.

$$
\begin{aligned}
T_{n-1} + n &= \frac{n(n-1)}{2} + n \\
&= \frac{n^2 - n + 2n}{2} \\
&= \frac{n^2 + n}{2} = \frac{n(n+1)}{2} = T_n
\end{aligned}
$$

삼각수에는 여러 가지 성질이 있는데, 그중 도형과 연관된 것을 하나 소개한다. n명의 사람이 서로 한 번씩 악수를 나눈다면 모두 몇 번의 악수가 필요할까? 예를 들어 5명이 있을 때 각 사람을 동그라미로, 악수를 선분으로 표시하면 다음 그림과 같은 결과를 얻는다.

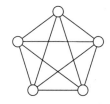

즉, 이 문제는 "n개의 꼭짓점을 가진 다각형에서 변과 대각선의 개수를 모두 더하면 몇 개인가?" 하는 질문과 동일하다. 앞서 I부의 다각형 단원에서 n각형의 대각선이 $\frac{n(n-3)}{2}$개라는 것을 배웠으므로 거기에 변의 개수 n까지 더해 보자.

$$\frac{n(n-3)}{2} + n = \frac{n^2 - 3n + 2n}{2} = \frac{n^2 - n}{2} = \frac{n(n-1)}{2} = T_{n-1}$$

따라서, n명이 모두 한 번씩 악수를 나누려면 T_{n-1}번이 필요하다는 것을 알 수 있다.[8]

다음은 소수번째 행에 나타난 숫자들의 성질을 조사해 보자. 파스칼의 삼각형에서 $n = 2, 3, 5, 7$에 해당하는 이항계수들을 나열해 보면 다음과 같다.

- $n = 2 : 1, 2, 1$
- $n = 3 : 1, 3, 3, 1$
- $n = 5 : 1, 5, 10, 10, 5, 1$
- $n = 7 : 1, 7, 21, 35, 35, 21, 7, 1$

분명 각 항의 이항계수들은 양 끝을 제외하면 모두 n의 배수로만 이루어져 있는데, 어떻게 해서 이런 결과가 나타난 것일까? 그 이유는 이항계수의 식을 생각하면 비교적 쉽게 알아낼 수 있다. p가 소수일 때, 해당 행에 나타나는 이항계수들은 모두 다음과 같은 형태다.

$$\binom{p}{k} = \frac{p!}{k!\,(p-k)!} = \frac{p \times (p-1) \times (p-2) \times \cdots \times 1}{k!\,(p-k)!}$$

p는 소수이므로 1과 그 자신인 p 외에는 나누어지지 않음을 기억하자. 위의 식에

---

8 이산수학 분야의 그래프 이론에서는 이렇게 n개의 꼭짓점이 모두 연결된 것을 완전 그래프(complete graph)라고 한다. 이때 꼭짓점을 연결한 선분의 개수는 T_{n-1}과 같다.

서 $k = 0$이나 $k = p$일 때는 분모와 분자가 같아져서 결과가 1이 된다. 하지만 그 밖의 경우에는 분모가 p보다 작은 수들의 곱으로만 이루어지므로, 분자에 있는 p 가 상쇄되지 않는다. 분모에 p가 있어야 분자의 p를 나눌 수 있기 때문이다. 따라서 이때는 분자에 항상 p가 남고, 결과적으로 p의 배수가 된다.

$p = 5$일 때의 예를 들어 보자($k = 3, 4, 5$는 각각 $k = 2, 1, 0$일 때와 같으므로 생략).

$$\binom{5}{0} = \frac{5 \times 4 \times 3 \times 2 \times 1}{0! \times 5!} = 1$$

$$\binom{5}{1} = \frac{5 \times 4 \times 3 \times 2 \times 1}{1! \times 4!} = 5$$

$$\binom{5}{2} = \frac{5 \times 4 \times 3 \times 2 \times 1}{2! \times 3!} = 10$$

$k = 0$이나 $k = 5$가 아닐 때는 분모의 약수로 분자에 있는 5를 상쇄할 방법이 없음을 확인할 수 있다. 그러므로 $\binom{5}{k}$는 모두 1이거나 5의 배수다.

연습문제

1. 이항정리를 써서 $(a + b)^4$을 전개하여라.

2. 다음을 구하여라.

(1) $(1 - x)^{10}$에서 x^7의 계수

(2) $(2x + y)^{11}$에서 $x^5 y^6$의 계수

(3) $(x + \frac{1}{x})^{12}$에서 상수항의 값

3. $n = 7$일 때의 이항계수 $\binom{7}{k}$는 1, 7, 21, 35, 35, 21, 7, 1이다. 파스칼의 삼각형을 이용하여 $n = 8$일 때의 이항계수를 구하여라.

9.3 조건부확률과 베이즈 정리

9.3.1 표본공간과 사건

I부에서는 확률에 관련된 기초적인 개념을 공부하였고, 경우의 수에 기초하여 확률을 계산하는 방법도 알아보았다. 앞 단원에서 여러 가지 순열이나 조합의 수에 대

해서 배웠으므로 이제 다양한 확률을 계산하는 일이 조금 쉬워졌을 것이다.

앞서 공부했듯이 확률론에서는 동전이나 주사위를 던지는 것처럼 반복 가능한 행위를 시행이라고 하고, 시행의 결과가 나타나는 것을 사건이라고 부른다. 시행에서 나올 수 있는 모든 결과의 집합을 **표본공간**(sample space)이라고 하는데, 예를 들어 주사위를 한 번 던지는 시행이라면 표본공간에는 1부터 6까지의 모든 눈이 포함될 것이다. 그러면 주사위를 던져 어떤 눈이 나오는 사건은 이 표본공간의 일부에 속하므로 표본공간의 부분집합을 이루게 된다. 예를 들어 주사위를 던질 때의 표본공간을 S라고 하자. '짝수의 눈이 나올 사건'을 A, '홀수의 눈이 나올 사건'을 B라고 하면, 표본공간과 각 사건은 다음과 같은 집합으로 나타낼 수 있다.

$$S = \{ 1, 2, 3, 4, 5, 6 \}$$
$$A = \{ 2, 4, 6 \}$$
$$B = \{ 1, 3, 5 \}$$

모든 경우의 수에 해당하는 표본공간의 크기는 6, 짝수가 나올 경우의 수는 3이므로 주사위를 던져 짝수가 나오는 사건 A가 일어날 확률은 $\frac{|A|}{|S|} = \frac{3}{6} = 0.5$임을 알 수 있다.

다른 예로, 동전 하나를 3번 연달아 던져서 앞면이 2번 나올 확률을 생각해 보자. 동전의 앞면을 1, 뒷면을 0으로 표시한다면, 이 시행의 표본공간 S와 '앞면이 두 번 나오는 사건' A는 다음과 같이 쓸 수 있다.

$$S = \{ 000, 001, 010, 011, 100, 101, 110, 111 \}$$
$$A = \{ 011, 101, 110 \}$$

따라서 사건 A가 일어날 확률은 $\frac{|A|}{|S|} = \frac{3}{8} = 0.375$가 되며, 이때 $|A|$는 조합의 수 $\binom{3}{2}$와 같다는 것도 알 수 있다.

이처럼 표본공간 S의 부분집합인 어떤 사건을 E라고 했을 때, 사건 E가 일어날 확률 $P(E)$는 다음과 같이 집합의 크기를 써서 정의된다.

$$P(E) = \frac{|E|}{|S|}$$

표본공간의 부분집합 중에서 원소가 하나인 것들로 더 이상 분리할 수 없는 사건을

근원사건이라고 하는데, 주사위의 눈이 하나로 정해지는 사건인 {1}, {2} 같은 것이 해당된다. 따로 언급하지 않는다면 모든 근원사건의 확률은 동일하다고 가정한다. 그러므로 예컨대 주사위의 눈 중 하나가 좀 더 자주 나오도록 몰래 변형된 경우라면, 근원사건들의 확률이 같지 않으므로 일반적인 확률법칙은 들어맞지 않을 것이다.

사건 중에서는 서로 동시에 일어날 수 없는 사건들이 있다. 주사위의 짝수 눈이 나오는 사건 A와 홀수 눈이 나오는 사건 B가 그런 경우다. 이런 사건들은 **배반사건**이라고 부르며, $A \cap B = \emptyset$에서 알 수 있듯이 서로소다. I부에서 배운 여사건도 배반사건의 일종이며, 사건 A의 여사건은 A^c로 나타낸다. 따라서 $P(A^c) = 1 - P(A)$이다.

앞서의 동전 예제를 다시 보자. 동전을 세 번 던져서 '첫 번째에 앞면이 나오는 사건'을 B라 하면, B는 다음과 같다.

$$B = \{100, 101, 110, 111\}$$

그러면 이때 $A \cup B$에 해당하는 사건, 즉 '앞면이 두 번 나오거나, 첫 번째에 앞면이 나오는 사건'의 확률은 얼마일까? 집합의 크기로 확률을 계산할 수 있으므로 우선 집합에서 공부한 대로 합집합의 크기를 셈하자.

$$|A \cup B| = |A| + |B| - |A \cap B|$$

여기서 양변을 표본공간의 크기 $|S|$로 나눠 주면 모든 항을 확률의 형태로 바꿀 수 있다.

$$\frac{|A \cup B|}{|S|} = \frac{|A|}{|S|} + \frac{|B|}{|S|} - \frac{|A \cap B|}{|S|}$$

또한 $A \cap B$는 앞면이 두 번이면서 첫 번째가 앞면인 사건이므로 {101, 110}이다. 따라서 구하는 확률은 다음과 같다.

$$\begin{aligned} P(A \cup B) &= P(A) + P(B) - P(A \cap B) \\ &= \frac{3}{8} + \frac{4}{8} - \frac{2}{8} = \frac{5}{8} \end{aligned}$$

만약 두 사건이 배반사건인 경우라면 $P(A \cap B) = 0$이므로 앞의 식은 다음과 같이 바뀐다.

$$P(A \cup B) = P(A) + P(B)$$

이제 순열과 조합의 수를 이용해서 이런저런 사건의 확률을 계산해 보자.

예제 9-6 다음 확률을 구하여라.

(1) 1~40 사이의 서로 다른 숫자를 6개 맞히는 게임에서 4개 이상 맞을 확률

(2) 5명이 원탁에 둘러 앉을 때 그중 연인인 두 명이 서로 이웃하여 앉을 확률

(3) 세 가지 맛의 아이스크림을 랜덤으로 4개 시켰을 때 모두 같은 맛일 확률

(4) 1~6까지의 눈이 있는 주사위를 던져서 홀수 또는 소수가 나올 확률

풀이

(1) 내가 고른 숫자 중 4개가 정답과 일치하는 사건을 E_4, 5개가 일치하는 사건을 E_5, 6개가 일치하는 사건을 E_6이라 하자. 각 사건은 서로소이므로 구하는 확률은 세 가지 경우를 모두 합한 것이고 $P(E_4) + P(E_5) + P(E_6)$와 같다.

한편, 표본공간의 크기 $|S|$는 1~40 사이의 숫자 중에서 6개를 고르는 모든 경우의 수와 같으므로 $|S| = \binom{40}{6} = 3838380$이다.

먼저 $|E_4|$를 생각해 보자. 이것은 정답 숫자 6개 중 4개를 선택하면서, 동시에 정답 아닌 34개 중 2개를 선택하는 경우의 수와 같다. 즉 $|E_4| = \binom{6}{4} \cdot \binom{34}{2}$이다. $|E_5|$도 유사하게 계산하여 $\binom{6}{5} \cdot \binom{34}{1}$이고, $|E_6|$은 1임을 알 수 있다. 따라서 구하는 답은 다음과 같다.

$$\begin{aligned} P(E_4) + P(E_5) + P(E_6) &= \frac{|E_4| + |E_5| + |E_6|}{|S|} = \frac{\binom{6}{4} \cdot \binom{34}{2} + \binom{6}{5} \cdot \binom{34}{1} + 1}{\binom{40}{6}} \\ &= \frac{15 \cdot 561 + 6 \cdot 34 + 1}{3838380} = \frac{8620}{3838380} \approx 0.22\,(\%) \end{aligned}$$

(2) n명이 원탁에 앉는 경우의 수는 $(n-1)!$이므로 표본공간의 크기 $|S| = (5-1)!$이다. 서로 이웃하는 두 사람은 하나로 묶어서 네 명이 원탁에 앉는 것으로 셈한 다음, 둘이 자리를 바꾸는 경우의 수를 곱하면 최종적인 경우의 수가 나온다. 따라서 구하는 확률은 다음과 같다.

$$\frac{(4-1)! \times 2}{(5-1)!} = \frac{12}{24} = \frac{1}{2}$$

(3) 표본공간의 크기 $|S|$는 세 종류의 대상으로부터 중복하여 4개를 고르는 중복조합의 수이며, $|S| = \left(\!\!\binom{3}{4}\!\!\right) = \binom{6}{4} = 15$이다. 4개가 모두 같은 맛인 경우는 각 맛마다 하나씩 하여 세 가지가 있으므로 구하는 확률은 다음과 같다.

$$\frac{3}{\left(\!\!\binom{3}{4}\!\!\right)} = \frac{3}{15} = \frac{1}{5}$$

(4) 홀수가 나오는 사건을 $A = \{1, 3, 5\}$, 소수가 나오는 사건을 $B = \{2, 3, 5\}$라 두면 $A \cap B = \{3, 5\}$이므로 홀수 또는 소수가 나올 확률은 다음과 같다.

$$P(A \cup B) = P(A) + P(B) - P(A \cap B) = \frac{1}{2} + \frac{1}{2} - \frac{1}{3} = \frac{2}{3}$$

물론 이것은 경우의 수를 $\{1, 2, 3, 5\}$처럼 직접 나열하여 계산한 결과와도 일치한다.

9.3.2 조건부확률

확률 중에는 어떤 특정한 사건이 일어났음을 전제조건으로 하고 계산하는 확률이 있다. 지금 주사위 하나를 두 번 연달아 던진다고 하자. 그러면 두 번 던진 눈의 합이 10 이상일 사건 T의 확률은 얼마나 될까?

주사위를 던져 처음 나온 눈을 a, 두 번째 나온 눈을 b라 하면, 이 시행의 모든 근원사건은 (a, b) 꼴의 순서쌍으로 나타낼 수 있을 것이다. 그중 $a + b \geq 10$인 경우를 따져 보면 다음과 같다.

$$T = \{\ (4,6),\ (5,5),\ (5,6),\ (6,4),\ (6,5),\ (6,6)\ \}$$

$|T| = 6$이고 표본공간의 크기 $|S| = 6 \times 6 = 36$이므로 $P(T) = \frac{6}{36} = \frac{1}{6}$임을 쉽게 알 수 있다.

이제 같은 사건이지만 별도의 조건이 붙은 경우를 생각해 보자.

'첫 번째 던진 결과로 5의 눈이 나왔을 때' 두 눈의 합이 10 이상일 확률은 얼마인가?

첫 번째로 5가 나오는 사건을 A라 하면 $P(A) = \frac{1}{6}$이고, 사건 A가 발생했을 때 최종적으로 가능한 모든 경우는 다음과 같다.

$$A = \{\ (5,1),\ (5,2),\ (5,3),\ (5,4),\ (5,5),\ (5,6)\ \}$$

이 중에서 두 눈의 합이 10 이상인 경우$(A \cap T)$를 모두 나열하면 $(5,5), (5,6)$의 두 가지다. 따라서 구하는 확률은 $\frac{2}{6} = \frac{1}{3}$이며, 이것은 분명 $P(T)$와는 다른 별개의 확률이다. 이와 같이 어떤 사건이 일어났음을 조건으로 전제하고 구하는 확률을 **조건부확률**(conditional probability)이라고 한다. 조건부확률은 전제조건이 되는 사건을 기호 '|' 뒤에 붙이는데, 방금의 예에서는 사건 A를 전제한 T의 확률이므로 $P(T|A)$처럼 쓴다.

이런 조건부확률은 어떻게 계산할 수 있을까? 앞서 $P(T|A)$의 계산 과정에서 무엇이 분자이고 무엇이 분모였는지 다시 돌이켜 보자.

- 분모: 첫 번째에 5의 눈이 나온 모든 경우로 $|A|$에 해당
- 분자: 그중에서 두 눈의 합이 10 이상인 경우로 $|T \cap A|$에 해당

즉, 이 조건부확률은 다음과 같이 계산되었음을 알 수 있다.

$$P(T|A) = \frac{|T \cap A|}{|A|}$$

이제 분자 분모 각각을 표본공간의 크기 $|S|$로 나누어서 확률의 꼴로 나타내면 다음과 같은 식을 얻는다.

$$P(T|A) \;=\; \frac{\frac{|T \cap A|}{|S|}}{\frac{|A|}{|S|}} \;=\; \frac{P(T \cap A)}{P(A)} \;=\; \frac{\frac{2}{36}}{\frac{6}{36}} \;=\; \frac{1}{3}$$

이 관계는 벤다이어그램으로도 확인할 수 있다. 아래 그림에서 조건부확률 $P(T|A)$는 색이 칠해진 영역 중에서 짙은 영역의 사건이 발생할 확률에 해당한다.

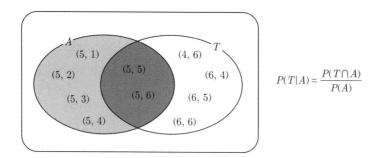

조건부확률과 대비하여 서로 다른 사건 A와 T가 동시에 일어날 확률 $P(A \cap T)$는 흔히 **결합확률**(joint possibility)이라고 부른다.

일반적으로, 사건 A가 일어남을 전제로 한 사건 B의 조건부확률은 다음과 같다.

$$P(B|A) \;=\; \frac{P(B \cap A)}{P(A)}$$

9.3.3 독립사건과 종속사건

사건 B의 확률은, 경우에 따라서는 사건 A를 전제로 하는지 여부에 무관하게 동일할 수도 있다. 이런 경우는 어떤 의미를 가질까? 주사위를 두 번 연달아 던질 때 첫 번째로 5의 눈이 나오는 사건을 A, 두 번째로 5가 나오는 사건을 B라고 하자. 그러면 첫 번째로 5가 나옴을 전제로 해서 두 번째도 5가 나오는 조건부확률은 다음과 같이 구할 수 있다. 여기서 $A \cap B = \{(5,5)\}$이므로 $|A \cap B| = 1$이다.

$$P(A) \;=\; P(B) \;=\; \frac{1}{6}$$
$$P(A \cap B) \;=\; \frac{1}{36}$$
$$P(B|A) \;=\; \frac{P(B \cap A)}{P(A)} \;=\; \frac{\frac{1}{36}}{\frac{1}{6}} \;=\; \frac{1}{6}$$

앞의 결과로부터 사건 A를 전제함과 상관없이 사건 B가 일어날 확률은 $\frac{1}{6}$로 동일하다는 것, 수식으로 표현하자면 $P(B) = P(B|A)$임을 알 수 있다. 즉, 첫 번째로 5의 눈이 나왔다 해도 이것은 두 번째 5의 눈이 나오는 데 아무런 영향을 주지 못한다는 이야기가 된다. 이때의 A와 B 같은 사건들을 **독립사건**이라고 하며, 독립사건이 아닌 것은 **종속사건**이라 부른다.

독립사건일 때의 결과를 조건부확률의 식에 적용하면 다음과 같은 식을 얻는다. 여기에 주사위 예에서 구한 $P(A)$, $P(B)$, $P(A \cap B)$를 대입하여 두 사건 A와 B가 독립임을 확인해 보자.

$$P(B|A) = \frac{P(B \cap A)}{P(A)} = P(B)$$
$$\therefore \ P(A \cap B) = P(A) \cdot P(B)$$

반대로 A와 B가 종속사건이라면 $P(A \cap B) \neq P(A) \cdot P(B)$이며, 이때는 조건부확률의 식을 약간 변형해서 결합확률 $P(A \cap B)$를 쉽게 구할 수 있다.

$$P(B|A) = \frac{P(B \cap A)}{P(A)} \ \cdots\! \rightarrow \ P(A \cap B) = P(B|A) \cdot P(A)$$
$$P(A|B) = \frac{P(A \cap B)}{P(B)} \ \cdots\! \rightarrow \ P(A \cap B) = P(A|B) \cdot P(B)$$

$$\therefore \ P(A \cap B) = P(B|A) \cdot P(A) = P(A|B) \cdot P(B)$$

예제 9-7 다음은 어떤 회사 직원들의 통근거리와 출퇴근 수단을 조사한 표다.

	대중교통	자가용	도보/자전거
10km 미만	15	3	7
10km 이상	19	8	3

임의로 한 명의 직원을 선택하여 통근거리를 물어보니 15km라고 한다. 이 직원이 대중교통으로 출퇴근할 확률은 얼마나 되는가?

풀이

통근거리가 10km 이상인 사건을 A, 대중교통으로 출퇴근하는 사건을 B라고 하자. 그러면 각 사건의 확률은 $P(A) = \frac{30}{55}$, $P(B) = \frac{34}{55}$가 된다. 또한 두 사건이 동시에 일어나는 결합확률은 $P(A \cap B) = \frac{19}{55}$이다.

문제에서 묻는 확률은 $P(B|A)$에 해당하므로 조건부확률의 정의로부터 다음과 같이 계산된다.

$$P(B|A) = \frac{P(A \cap B)}{P(A)} = \frac{\frac{19}{55}}{\frac{30}{55}} = \frac{19}{30} \approx 63.3\,(\%)$$

9.3.4 독립시행의 확률

앞서 보았듯이 확률에서 '독립'이라는 용어는 서로 영향을 끼치지 않음을 뜻한다. 사건뿐 아니라 사건을 만들어 내는 행위인 '시행'에도 이 단어를 붙일 수 있는데, 한 시행이 다른 시행에 영향을 끼치지 않을 때 그것을 **독립시행**이라고 한다.

독립시행은 그 정의상 각 시행의 표본공간이 모두 동일해야 한다. 주사위를 여러 번 던지는 것, 카드 덱에서 카드를 뽑아 확인한 후 되 넣어 섞고 다시 뽑는 것 등은 모두 표본공간에 변동이 없으므로 독립시행이라 할 수 있다. 하지만 카드를 뽑고서 덱에 되돌려 놓지 않으면, 이전 시행에 의해 다음 시행의 표본공간이 변하게 되므로 독립시행이 아니다.

여러 번의 독립시행에서 어떤 사건이 일어날 확률을 계산해 보자. 컴퓨터와 가위바위보 게임을 하는데, 사람이 이길 확률은 $\frac{1}{3}$이라고 한다. 다섯 번 게임을 해서 사람이 세 번 이길 확률은 얼마나 될까?

각 게임은 잇달아서 발생하므로 I부에서 공부한 대로 곱의 법칙을 따라 다음과 같이 세 번 이길 확률과 두 번 이기지 못할 확률이 일단 곱해져야 할 것이다.

$$\left(\frac{1}{3} \times \frac{1}{3} \times \frac{1}{3} \right) \times \left(\frac{2}{3} \times \frac{2}{3} \right) = \frac{4}{243}$$

그런데 이 확률은 여러 경우 중 한 가지에만 해당된다는 점에 유의해야 한다. 예컨대 1·2·3번째 게임에서 이기고, 4·5번째 게임에서 지는 경우가 그 예가 될 수 있겠다. 하지만 1·2번째 게임에서 지고 3·4·5번째 게임에서 이기는 경우 등 다른 가능성들도 계산에 넣어야 함은 분명하다. 이 모든 경우의 수는 어떻게 셈하여야 좋을까?

우리는 이런 경우의 수를 계산하는 방법, 즉 조합의 수에 대해 이미 배웠다. 다섯 번의 게임에서 세 번 이기는 경우는 $\binom{5}{3} = 10$가지가 있으므로, 앞서의 확률값에 10을 곱하면 우리가 구하는 최종 확률이 된다.

$$\binom{5}{3} \times \left(\frac{1}{3} \times \frac{1}{3} \times \frac{1}{3}\right) \times \left(\frac{2}{3} \times \frac{2}{3}\right) = \frac{40}{243} \approx 16.46\,(\%)$$

이제 이것을 쉽게 일반화할 수 있다. 한 번의 시행에서 어떤 사건이 일어날 확률이 p라고 할 때, n번의 독립시행에서 이 사건이 k번 일어날 확률은 다음과 같다.

$$\binom{n}{k} \times p^k \times (1-p)^{n-k}$$

앞서의 가위바위보라면 다음과 같이 계산된다.

$$\binom{5}{3} \times \left(\frac{1}{3}\right)^3 \times \left(\frac{2}{3}\right)^2$$

9.3.5 베이즈 정리

다시 조건부확률로 돌아가자. 앞서 나왔던 결합확률 $P(A \cap B)$를 구하는 식을 약간 변형하면, 확률·통계 분야에서 상당한 중요성을 가지는 등식을 하나 얻는다.

$$P(A \cap B) = P(B|A) \cdot P(A) = P(A|B) \cdot P(B)$$

$$\therefore P(A|B) = \frac{P(B|A) \cdot P(A)}{P(B)}$$

이 식은 어떤 의미를 가지고 있을까? 우변의 $P(B|A)$를 포함한 셈의 결과가 좌변의 $P(A|B)$로 되는 모양새다. 즉, $P(A|B)$는 모르지만 $P(B|A)$를 알고 있다면, 그로부터 $P(A|B)$를 알아낼 수 있다는 뜻이 된다. 이 식은 **베이즈 정리**라는 이름을 가지고 있다.[9]

---

9 이 식과 그에 관련된 통계적 해석 방법을 처음 제안한 영국의 목사 베이즈(Bayes)의 이름에서 따왔다.

베이즈 정리는 어떤 조건부확률을 계산하는 것이 쉽지 않은 상황일 때, 이미 알고 있는 다른 지식(조건과 결과가 뒤바뀐 조건부확률)을 이용해서 원하는 확률을 얻게 해 준다. 간단한 예를 들어 살펴보자.

예제 9-8 어떤 사람이 받는 이메일 중 통계적으로 20%는 스팸메일이라고 한다. 최근에는 '코인'이란 단어를 포함한 스팸메일이 많이 오고 있는데, 통계를 내어 보니 전체 메일 중 '코인'이 포함된 것은 6% 정도지만, 스팸메일 중에서 따지면 25%에 이르고 있다. 이제 '코인'이란 단어가 포함된 새 메일이 도착했을 때, 이 메일이 스팸메일일 확률은 얼마나 되는가?

풀이

어떤 메일이 스팸메일인 사건을 S, 어떤 메일에 '코인'이란 단어가 포함된 사건을 C라 두고, 문제에 기술된 확률을 적어 보면 다음과 같다.

$$
\begin{aligned}
P(S) &= 0.2 \\
P(C) &= 0.06 \\
P(C|S) &= 0.25
\end{aligned}
$$

문제에서 원하는 것은 사건 C가 발생했음을 전제로 한 S의 확률, 즉 조건부확률 $P(S|C)$이다. 이미 알려진 확률 값에 베이즈 정리를 적용하면 다음의 결과를 얻는다.

$$
P(S|C) = \frac{P(C|S) \cdot P(S)}{P(C)} = \frac{0.25 \times 0.2}{0.06} = \frac{0.05}{0.06} \approx 83.33\ (\%)
$$

위의 예제를 대략적인 벤다이어그램으로 그려 보면 다음과 같다. 조건부확률과 결합확률의 정의를 그림으로 다시 확인해 보자.

- $P(S \cap C)$: 어떤 메일을 하나 택했을 때 그것이 스팸메일이면서 동시에 '코인'을 포함할 확률
- $P(C|S)$: 스팸메일을 하나 택했을 때 그 안에 '코인'이 포함되었을 확률

- $P(S|C)$: '코인'이 포함된 메일을 하나 택했을 때 그것이 스팸메일일 확률

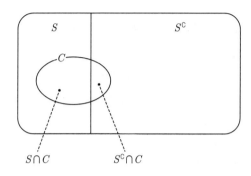

그림에서 C에 해당하는 영역이 S 여부에 따라 둘로 나뉜 것을 볼 수 있을 것이다. 그 말은, 즉 '코인'이란 단어가 포함될 확률 $P(C)$란, 스팸메일일 경우와 정상일 경우에 대한 각각의 결합확률을 더한 것과 같다는 뜻이다.

$$P(C) \ = \ P(S \cap C) \ + \ P(S^C \cap C)$$

여기에 나온 각 결합확률은 앞서 공부했듯이 조건부확률로도 나타낼 수 있다.

$$P(C) \ = \ P(C|S) \cdot P(S) \ + \ P(C|S^C) \cdot P(S^C)$$

이것을 좀 더 일반적인 경우로 확장해 보자. 어떤 사건 A가 A_1, A_2, $\cdots$, A_n이라는 사건들로 '분할'될 때(집합에서 배웠던 분할의 개념을 다시 떠올리자), 거기에 걸쳐 있는 다른 사건 B가 발생할 확률 $P(B)$는 각 결합확률 $P(A_k \cap B)$의 합이며, 그에 상응하는 조건부확률로 바꿔서 나타낼 수 있다.

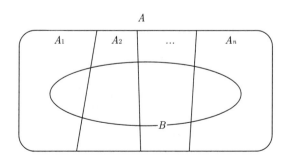

$$P(B) = P(B \cap A_1) + P(B \cap A_2) + \cdots + P(B \cap A_n)$$
$$= P(B|A_1) \cdot P(A_1) + P(B|A_2) \cdot P(A_2) + \cdots + P(B|A_n) \cdot P(A_n)$$

이것을 **전(全)확률의 정리**라고 부르며, $P(B)$를 직접 계산하기 곤란한 경우 등에 이 정리를 쓰면 이미 알려진 다른 확률값들을 이용해서 원하는 확률을 계산할 수 있다.

또한 전확률의 정리를 베이즈 정리의 분모에 적용하면, 사건 B가 발생했다는 조건하에서 사건 A_k가 일어날 확률 $P(A_k|B)$를 다음과 같이 구할 수 있다. $P(B)$를 직접 알 수 없을 때 이 모양이 유용하다.

$$P(A_k|B) = \frac{P(B|A_k) \cdot P(A_k)}{P(B)}$$
$$= \frac{P(B|A_k) \cdot P(A_k)}{P(B|A_1) \cdot P(A_1) + P(B|A_2) \cdot P(A_2) + \cdots + P(B|A_n) \cdot P(A_n)}$$

예를 들어 A가 2개로 분할된다면 $P(A_1|B)$는 다음과 같다.

$$P(A_1|B) = \frac{P(B|A_1) \cdot P(A_1)}{P(B|A_1) \cdot P(A_1) + P(B|A_2) \cdot P(A_2)}$$

이때 A_1과 A_2는 배반사건이자 여사건에 해당하므로 A_1을 기준으로 각각 A와 A^C로 쓸 수 있다. 이런 경우 위의 식은 다음과 같이 바뀐다.

$$P(A|B) = \frac{P(B|A) \cdot P(A)}{P(B|A) \cdot P(A) + P(B|A^C) \cdot P(A^C)}$$

베이즈 정리를 설명할 때 종종 언급되는 다음 문제를 통해 전확률의 정리가 어떻게 사용되는지 살펴보자. 이 문제는 사람의 직관과 실제 계산 결과가 상당히 다를 수 있음을 보여 주는 예이기도 하다.

예제 9-9 인구의 1% 정도가 가지고 있는 어떤 질병을 진단하는 새로운 시약이 개발되었는데, 정확도가 90%라고 한다. 이 시약으로 검사해서 양성이 나왔다면, 실제로 그 질병에 걸렸을 확률은 얼마나 될까?

풀이

질병에 걸리는 사건을 A, 시약에서 양성이 나오는 사건을 O로 두고, 문제에 기술된 확률을 수식으로 적으면 다음과 같다. 이때 시약의 정확도는 $P(O|A)$ 가 되고, 잘못 진단할 가능성은 정상인 사람이 양성일 확률이므로 $P(O|A^c)$가 된다.

$$
\begin{aligned}
P(A) &= 0.01 \\
P(A^c) &= 0.99 \\
P(O|A) &= 0.9 \\
P(O|A^c) &= 0.1
\end{aligned}
$$

우리가 구하려는 확률은 O라는 조건하에서 A일 확률이므로 $P(A|O)$에 해당한다. 이것은 베이즈 정리에 의해 $P(O|A)$로부터 얻을 수 있다.

$$
P(A|O) = \frac{P(O|A) \cdot P(A)}{P(O)}
$$

분모의 $P(O)$는 시약이 일반적으로 양성 반응을 보일 확률로 해석되는데, 문제에 직접 나와있지는 않다. 하지만 전확률의 정리를 쓰면 이미 알고 있는 $P(O|A)$와 $P(O|A^c)$로부터 계산이 가능하다.

$$
P(O) = P(O|A) \cdot P(A) + P(O|A^c) \cdot P(A^c)
$$

그러므로 구하는 확률은 다음과 같다.

$$
\begin{aligned}
P(A|O) &= \frac{P(O|A) \cdot P(A)}{P(O|A) \cdot P(A) + P(O|A^c) \cdot P(A^c)} \\
&= \frac{0.9 \times 0.01}{0.9 \times 0.01 + 0.1 \times 0.99} \\
&= \frac{0.009}{0.009 + 0.099} = \frac{0.009}{0.108} \approx 8.33 \, (\%)
\end{aligned}
$$

앞 예제의 결과를 좀 더 쉽게 이해하기 위해, 전체 인구가 1만 명이라고 가정한 다음 각 확률에 해당하는 인구 수를 다이어그램으로 그려 보자. 시약의 정확도가 90%라지만 이것은 질병을 보유한 인구에 대해 그렇다는 것이고, 나머지 인구가 워낙 많기 때문에 10%의 판정 오류라 해도 990명이나 된 것이 이런 결과를 가져왔음을 알 수 있다.

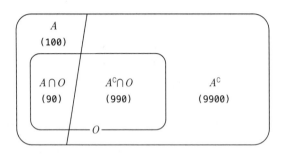

9.3.6 몬티 홀 문제

확률론에 빠지지 않고 등장하는 문제가 하나 있다. 미국의 TV 프로그램 진행자 이름을 따서 몬티 홀(Monty Hall)이라고 부르는 문제를 풀어보며 단원을 마치기로 하자. 문제의 내용은 다음과 같다.

당신은 TV 쇼 프로그램에서 경품을 선택할 기회를 얻었다. 경품은 세 개의 문 뒤에 있는데, 그중 하나는 자동차지만 나머지 두 곳에는 염소가 있다. 이제 당신이 문 하나를 고르면, 사회자는 나머지 두 문 중 염소가 있는 쪽의 문을 열어서 보여 준 다음에 선택을 바꿀지 여부를 묻는다. 이때 처음의 선택을 바꾸는 것이 과연 자동차를 얻는 데 이득일까 아닐까?

직관적으로 보기에는, 사회자가 열어 둔 문을 제외한 나머지 두 문에 자동차가 있을 확률이 반반이므로 문을 바꾸는 것과 상관없이 내가 자동차를 얻을 확률은 $\frac{1}{2}$로 같을 거라 생각할 수 있다. 하지만 앞서 진단 시약 문제에서 본 것처럼 수학적으로 검증한 결과와 사람의 직관이 항상 일치하지는 않는다.

이제 내가 첫 번째 문을 선택했다고 가정하고 이 문제를 수형도로 그려서 풀어 보자. 최종적으로 자동차를 얻게 되는 경우는 ★로 표시하였다. 처음에 다른 문을 선택했더라도 문의 번호만 바뀔 뿐이므로 계산 과정은 동일할 것이다.

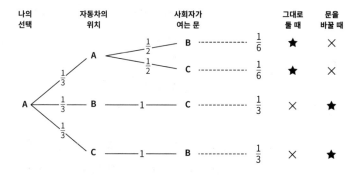

위에서 확인할 수 있듯이, 처음 선택을 그대로 두었을 때 자동차를 얻을 확률은 $\frac{1}{6}$ $+\frac{1}{6}=\frac{1}{3}$이고, 문을 바꿨을 때는 $\frac{1}{3}+\frac{1}{3}=\frac{2}{3}$가 된다. 그러므로 문을 바꾸는 것이 확률적으로 유리함을 알 수 있다.[10] 여기서 '사회자는 자동차가 있는 문을 열면 안 된다'는 게임의 조건이 중요하게 작용한다. 예를 들어 내가 A를 골랐는데 자동차가 B에 있다면, 사회자는 선택의 여지 없이 C의 문을 열어야만 하는 것이다.

수형도로 얻은 결과를 조건부확률과 베이즈 정리로 다시 확인해 보기로 한다. 우선 자동차가 문 A, B, C 뒤에 있을 확률을 각각 $P(A)$, $P(B)$, $P(C)$라고 하면, 세 확률 모두 $\frac{1}{3}$이라는 것은 명백하다.

$$P(A) \;=\; P(B) \;=\; P(C) \;=\; \frac{1}{3}$$

이제 내가 문 A를 선택했다고 하자. 그리고 이 상황에서 사회자인 몬티 홀이 특정한 문 — 예를 들어 문 B를 여는 사건을 M_B처럼 쓰자. 그러면 자동차의 위치 A, B, C에 따라 사회자가 문 B를 선택할 세 가지 조건부확률은 게임의 규칙에 의해 다음과 같이 정해진다. 이 수치는 수형도에서 '사회자가 여는 문'이 B인 경우에 해당한다.

$$P(M_B|A) \;=\; \frac{1}{2} \quad \cdots \; (a)$$
$$P(M_B|B) \;=\; 0 \quad \cdots \; (b)$$
$$P(M_B|C) \;=\; 1 \quad \cdots \; (c)$$

---

10 문을 바꾸는 것이 두 배 유리하다는 글이 실린 어떤 잡지사에 수많은 이공계 분야 전문가들이 항의 서한을 보냈을 정도로 이 결과는 일반적인 직관에 반하는 경향이 있다.

(a)의 경우는 자동차가 A에 있고 내가 문 A를 선택했으므로, 사회자는 문 B나 C 중 하나를 선택한다. (b)에서는 자동차가 문 B에 있으므로 사회자는 그 문을 열지 못한다. 반대로 (c)에서는 자동차가 없는 쪽의 문 B를 열어야만 한다.

이런 경우 내가 (A를 선택한 상황에서) 문을 바꿔야 할지 말지는 다음의 확률을 비교함으로써 판단할 수 있다.

- $P(A|M_B)$: 사회자가 문 B를 열었을 때 자동차가 문 A 뒤에 있을 확률
- $P(B|M_B)$: 사회자가 문 B를 열었을 때 자동차가 문 B 뒤에 있을 확률($= 0$)
- $P(C|M_B)$: 사회자가 문 B를 열었을 때 자동차가 문 C 뒤에 있을 확률

이 중 $P(B|M_B)$는 규칙에 의해 일어날 수 없으므로 그 값이 0이다. 남은 두 확률 중에서 $P(A|M_B)$가 크다면 원래의 선택인 A 쪽을 고수하는 편이, $P(C|M_B)$가 크다면 선택을 C로 바꾸는 편이 유리할 것이다. 이 두 확률은 베이즈 정리에 의해 다음과 같이 계산된다.

$$P(A|M_B) \;=\; \frac{P(M_B|A) \cdot P(A)}{P(M_B)}$$

$$P(C|M_B) \;=\; \frac{P(M_B|C) \cdot P(C)}{P(M_B)}$$

공통의 분모인 $P(M_B)$는 앞서 배웠던 전확률의 정리를 이용해서 얻는다.

$$\begin{aligned}
P(M_B) \;&=\; P(M_B|A) \cdot P(A) \;+\; P(M_B|B) \cdot P(B) \;+\; P(M_B|C) \cdot P(C) \\
&=\; \frac{1}{2} \cdot \frac{1}{3} \;+\; 0 \cdot \frac{1}{3} \;+\; 1 \cdot \frac{1}{3} \\
&=\; \frac{1}{6} + 0 + \frac{1}{3} \;=\; \frac{1}{2}
\end{aligned}$$

이제 계산에 필요한 요소들을 모두 확보했으므로 $P(A|M_B)$와 $P(C|M_B)$를 비교할 수 있다.

$$P(A|M_B) \;=\; \frac{P(M_B|A) \cdot P(A)}{P(M_B)} \;=\; \frac{\frac{1}{2} \cdot \frac{1}{3}}{\frac{1}{2}} \;=\; \frac{1}{3}$$

$$P(C|M_B) \;=\; \frac{P(M_B|C) \cdot P(C)}{P(M_B)} \;=\; \frac{1 \cdot \frac{1}{3}}{\frac{1}{2}} \;=\; \frac{2}{3}$$

수형도에서와 마찬가지로, 사회자가 문 B를 열었다면 나의 선택을 A에서 C로 바꾸는 편이 두 배 유리하다는 결과를 얻었다.

만전을 기하기 위해 사회자가 문 C를 열었을 때(M_C)의 경우도 마저 계산해 보자 (사회자가 문 A를 여는 사건 M_A는 규칙상 있을 수 없으므로 무시한다). 내가 문 A를 선택한 상황에서 자동차의 위치별로 사회자가 문 C를 선택할 조건부확률은 다음과 같다.

$$P(M_C|A) = \frac{1}{2}$$
$$P(M_C|B) = 1$$
$$P(M_C|C) = 0$$

우리가 필요한 것은 다음 세 조건부확률의 값인데, $P(C|M_C)$는 게임의 규칙에 의해 0이 되므로 나머지 두 값만 비교하면 된다.

$$P(A|M_C) = \frac{P(M_C|A) \cdot P(A)}{P(M_C)}$$

$$P(B|M_C) = \frac{P(M_C|B) \cdot P(B)}{P(M_C)}$$

$$P(C|M_C) = 0$$

공통의 분모인 $P(M_C)$는 전확률정리에 따라 다음과 같다.

$$P(M_C) = P(M_C|A) \cdot P(A) + P(M_C|B) \cdot P(B) + P(M_C|C) \cdot P(C)$$
$$= \frac{1}{2} \cdot \frac{1}{3} + 1 \cdot \frac{1}{3} + 0 \cdot \frac{1}{3}$$
$$= \frac{1}{6} + \frac{1}{3} + 0 = \frac{1}{2}$$

이제 구하는 두 확률을 계산할 수 있다.

$$P(A|M_C) = \frac{P(M_C|A) \cdot P(A)}{P(M_C)} = \frac{\frac{1}{2} \cdot \frac{1}{3}}{\frac{1}{2}} = \frac{1}{3}$$

$$P(B|M_C) = \frac{P(M_C|B) \cdot P(B)}{P(M_C)} = \frac{1 \cdot \frac{1}{3}}{\frac{1}{2}} = \frac{2}{3}$$

사회자가 문 C를 열었을 때에도 문 B의 뒤에 자동차가 있을 확률이 A의 두 배이 므로, 역시 선택을 A에서 B로 바꾸는 편이 두 배 유리하다는 결론을 얻는다. 이런 계산은 내가 문 A 아닌 다른 것을 선택했을 경우에도 문의 기호만 바뀔 뿐 동일하 게 적용될 것이다. 따라서 선택을 바꾸는 편이 더 유리하다는 것을 다시 확인할 수 있다.

지금까지의 풀이 내용을 돌이켜 보자. 세 개의 문 뒤에 자동차가 있을 확률은 처음에는 똑같이 $\frac{1}{3}$이지만, 사회자가 (게임의 규칙에 따라) 특정한 문을 연 다음부터 는 그 사건으로 인하여 각 문의 뒤에 자동차가 있을 조건부확률이 변했다. 예컨대 내가 문 A를 고른 상황에서 사회자가 문 B를 여는 과정은 다음과 같이 나타낼 수 있다.

$$\left.\begin{array}{l} P(A) = \frac{1}{3} \\ P(B) = \frac{1}{3} \\ P(C) = \frac{1}{3} \end{array}\right\} \implies M_B \implies \left\{\begin{array}{l} P(A|M_B) = \frac{1}{3} \\ P(B|M_B) = 0 \\ P(C|M_B) = \frac{2}{3} \end{array}\right.$$

사회자가 문 B가 아니라 C를 열었다면 확률은 다음과 같이 변한다.

$$\left.\begin{array}{l} P(A) = \frac{1}{3} \\ P(B) = \frac{1}{3} \\ P(C) = \frac{1}{3} \end{array}\right\} \implies M_C \implies \left\{\begin{array}{l} P(A|M_C) = \frac{1}{3} \\ P(B|M_C) = \frac{2}{3} \\ P(C|M_C) = 0 \end{array}\right.$$

이때 특정한 문을 여는 사건이 일어나기 전의 확률인 $P(A)$ 등을 사전(事前)확률 (prior probability), 그 사건이 일어난 후의 조건부확률인 $P(A \mid M_B)$ 등을 사후(事後)확률(posterior probability)이라 부르기도 한다.

프로그래밍과 수학

확률로 데이터 압축하기

디지털 데이터를 압축하기 위한 알고리즘은 아주 다양하지만, 가장 기본적 인 방법으로는 압축 대상의 확률적인 특성을 이용하는 것이 있다. 예를 들어 100개의 화소로 이루어진 흑백 이미지가 있는데, 화소 하나는 8비트로 0~

255 사이의 값을 가진다고 하자(검은색은 0, 흰색은 255). 이 이미지를 분석해서 화솟값의 빈도순으로 정렬해 보니 아래 표와 같았다.

화솟값	2	1	0	3	4	...	176	98
개수	15	12	10	9	9	...	1	1

표에 따르면 화소 하나가 2란 값을 가질 확률은 15/100 = 15%, 1의 값을 가질 확률은 12% ...이다. 히스토그램으로 보면 아마도 어두운 쪽으로 많이 치우쳐 있을 듯하다.

화소 하나하나는 공평하게 8개의 비트로 표현되고 있지만, 화솟값의 빈도로 보면 그다지 공평하지 않다. 어떤 값은 자주 나오는 반면, 어떤 값은 아주 드물게 나타나는 것이다. 만약 자주 나오는 화솟값은 적은 수의 비트로 짧게, 드물게 나오는 값은 상대적으로 길게 표시한다면, 전체 이미지를 나타내는 데 드는 비트의 수가 많이 줄어들지 않을까? 이런 아이디어를 가지고 각 화솟값에 새로운 인코딩을 부여하니 다음과 같았다.

화솟값	2	1	0	3	4	...	176	98
새 2진 인코딩	101	100	010	001	000	...	1101100001	1101100000

비록 드물게 나타나는 화솟값에 원래보다 더 길어진 10개의 비트를 할당하긴 했지만, 가장 빈번하게 나타나는 몇몇 화솟값들은 겨우 3개의 비트만으로 나타낼 수 있게 되었다. 이 방식대로라면 아마도 원래의 흑백 이미지는 상당한 정도로 압축이 가능할 것이다.

위의 예제는 무손실 압축에 흔히 사용되는 허프만 부호화(Huffman coding)의 기본 아이디어를 보여 준다. 허프만 부호화는 정보이론(information theory)에 이론적 바탕을 두고 있는데, 정보이론에서는 어떤 사건의 확률을 가지고 그 사건이 정보로서 얼마나 가치가 있는지를 판단한다. 예컨대 우리나라에서 "1월에 눈이 왔다"는 사건은 너무 뻔한 일이기에 별다른 관심의 대상이 못 되지만, "8월에 눈이 왔다"는 사건은 큰 뉴스거리인 것과 같다. 즉, 확률이 낮은 사건일수록 정보 가치가 큰 것이다. 데이터를 압축할 때도 유사한

데, 흔하게 나오는 값은 정보량이 적어서 짧은 부호로 표시하고, 드물게 나오는 값은 정보량이 많으므로 긴 부호를 쓰게 된다. 더 자세한 내용은 '정보 엔트로피(information entropy)'라는 주제로 검색해서 알아보자.

연습문제

1. 다음 확률을 구하여라(계산기나 컴퓨터 이용).

   (1) 1~40 사이의 서로 다른 숫자 6개 중 3개 이상을 맞히면 상금을 주는 게임에서 상금을 받지 못할 확률

   (2) 7가지 맛의 초콜릿 무더기에서 3개를 무작위로 골랐을 때 모두 같은 맛일 확률

   (3) 주사위를 10번 던져서 모두 1이 나왔을 때, 11번째 던진 주사위가 또다시 1이 나올 확률

   (4) 가위·바위·보 중 하나를 랜덤으로 내게 하는 컴퓨터 프로그램을 10번 실행했을 때 바위가 3번 나올 확률

2. 어떤 회사의 설문조사 결과 사원급 직원은 120명 중 45명이, 대리급 직원은 60명 중 35명이 업무에서 파이썬 언어를 사용하고 있었다. 파이썬 언어를 사용하지 않는 사람을 임의로 한 명 골랐을 때 그 사람이 대리급일 확률은 얼마인가?

3. 휴대전화 브랜드에 관한 사내 조사 결과에 따르면 조사 대상의 55%는 A사 제품, 45%는 B사 제품을 쓰고 있다. 또한 2년 이내 출시된 모델을 사용 중인 비율은 A사 제품 사용자의 경우 20%, B사의 경우는 40%였다. 전체 조사 대상자 중 2년이 넘은 모델을 쓰는 사람은 몇 %나 되는가? (단, 휴대전화는 사람당 한 대만 쓴다고 한다.)

4. 인구의 0.1% 정도가 걸리는 희귀병의 진단 시약이 개발되었는데, 그 정확도가 99%라고 한다. 이 시약으로 검사해서 양성이 나왔다면 실제로 그 질병에 걸렸을 확률은 얼마인가?

5. 테이블 위의 그릇 하나에는 마카다미아넛 8개와 호두 12개가, 다른 그릇에는 마카다미아넛 10개와 호두 6개가 들어 있다. 무심결에 어느 그릇에선가 마카다미아넛을 하나 집었는데, 이것이 첫 번째 그릇에서 왔을 확률은 얼마인가?

10장

수열과 극한

프로그래밍에서 데이터를 한곳에 모아두는 데는 여러 가지 방식이 있다. 순서를 부여하거나, 순서 없이 그냥 모으거나, 쌍을 이루거나, 복잡한 그물망처럼 연관을 짓는 등 필요에 따라 다양한 선택이 가능하다. 이런 것을 데이터로 만들어진 구조, 즉 자료구조라고 부른다. 프로그래머가 자료구조를 왜 알아야 하는지 따지는 일은 없다. 복잡한 일을 쉽게 처리하도록 해 주는 추상적 도구이기 때문이다. 다양한 자료구조를 알고 있다면, 그러지 못했을 때에 비해 문제 해결이 훨씬 수월해진다.

수학에도 숫자로 이루어진 구조가 존재한다. 숫자를 그냥 모아둔 것은 집합, 숫자에 숫자를 대응시키는 구조는 함수, 숫자를 격자 모양으로 배열하면 12장에서 소개할 행렬이 된다. 다양한 수학적 구조를 알고 있다면, 역시 다양한 관점에서 문제를 추상화하여 해결할 수 있다. 이번 장에서 알아볼 수열은 숫자를 순서대로 늘어놓은 수학적 구조다.

숫자를 늘어놓다 보면 이런저런 의문점이 생긴다. 규칙대로 계속 늘어놓으면 결국에는 어떤 특정한 숫자로 정착할까? 끝없이 작아진다는 것과 아무것도 없는 0은 같은 것일까 다른 것일까? 무한히 많은 숫자를 더했는데 유한한 값이 되는 경우도 있을까? … 사람의 지성으로 무한을 이해하기란 실로 어려운 일이지만, 논리를 갖춰서 무한함을 정의할 수 있다면 그로부터 무궁무진한 응용이 생겨난다. 이와 같은 '극한'의 개념은 미적분에 관련된 수학 분야를 이해하기 위한 핵심 열쇠와도 같다.

10.1 여러 가지 수열

수열(sequence 또는 progression)은 숫자들이 차례로 나열된 것이다. 예를 들어 다음은 모두 수열이다.

- $-3, -2, -1, 0$
- $2, 4, 6, 8, 10, \cdots$
- $\dfrac{1}{2}, \dfrac{1}{3}, \dfrac{1}{4}, \dfrac{1}{5}, \cdots$
- π, π^2, π^3
- $3, 1, 4, 1, 5, 9, \cdots$

수열에 속한 숫자들은 일정한 규칙을 따를 수도 있고, 그렇지 않을 수도 있다. 수열에 나열된 각각의 숫자들은 **항**이라고 한다. 각 항은 보통 1부터 순번을 매겨 a_1, a_2, $\cdots$, a_n, $\cdots$처럼 쓰는데, 경우에 따라서는 0부터 시작하여 $a_0, a_1, \cdots$처럼 쓸 때도 있다. 이 장에서는 첫째 항이 1부터 시작한다고 가정하겠다.

수열의 항들은 개수가 유한할 수도 있고, 아닐 수도 있다. 위의 예 중 첫 번째와 네 번째처럼 항의 개수가 유한하면 **유한수열**, 그렇지 않으면 **무한수열**이라 부른다. 수학에서는 주로 일정한 규칙이 있는 무한수열에 관심이 있다.

수열에서 가장 처음으로 시작되는 항을 흔히 첫째 항이나 초항(初項)이라 하며, 임의의 순서에 해당하는 항은 기호 n을 써서 a_n으로 적고 **일반항**이라 부른다. 예를 들어 짝수로 이루어진 수열 $2, 4, 6, 8, \cdots$의 일반항은 $a_n = 2n$으로 쓸 수 있다. 일반항의 기호를 이용해서 수열 전체를 $\{a_n\}$처럼 나타내기도 한다.

수열을 좀 더 수학적으로 정의하면, 자연수 집합 $\mathbb{N}$으로부터 실수 집합 $\mathbb{R}$에 대응되는 함수라 할 수 있다. 즉, 수열 $\{a_n\}$을 함수 $f: \mathbb{N} \to \mathbb{R}$로 본다면, a_1은 입력값 1에 대응되는 함숫값 $f(1)$에, a_2는 $f(2)$에 해당하는 식이다.

수열의 일반항이 알려져 있다는 것은 n의 값이 정해질 때 그 수열의 n번째 항 a_n이 자동으로 정해진다는 말과 같다. 예를 들어 $a_n = 2n$인 수열에서 9번째 항은 $a_9 = 2 \times 9 = 18$이다. 이것은 또한 함수 $f: \mathbb{N} \to \mathbb{R}$을 특정한 수식으로 나타낼 수 있다는 뜻이기도 하다. 즉, 어떤 수열의 일반항이 $a_n = 2n$이라면 이것은 정의역이 자연수인 함수 $f(x) = 2x$에 대응된다.

예제 10-1 다음 수열의 일반항 a_n을 구하여라.

(1) $\frac{1}{2}, \frac{1}{3}, \frac{1}{4}, \frac{1}{5}, \cdots$

(2) $4, 9, 16, 25, 36, \cdots$

(3) $1, 2, 1, 4, 1, 8, 1, 16, \cdots$

풀이

(1) $a_n = \dfrac{1}{n+1}$

(2) $a_n = (n+1)^2$

(3) 이 수열의 일반항은 홀수 번째와 짝수 번째를 나눠서 정의하면 간단하다. 홀수 번째 항은 모두 1이고, 짝수 번째 항은 $2, 4, 8, \cdots$과 같이 2의 거듭제곱으로 나타나므로 지수 부분을 적절히 맞춰준다.

$$a_n = \begin{cases} 1 & \cdots \ n \equiv 1 \pmod 2 \\ 2^{\frac{n}{2}} & \cdots \ n \equiv 0 \pmod 2 \end{cases}$$

10.1.1 등차수열

수열 중에서 비교적 간단한 것으로, 앞 항에다 고정된 값을 사칙연산하여 다음번째 항을 만들어 내는 종류가 있다. 그중에서 덧셈이나 **뺄셈**을 통해 만들어지는 수열을, 항 사이의 차(差)가 일정하다는 뜻에서 **등차수열**(arithmetic progression)[1]이라고 한다. 예를 들어 다음 등차수열은 5에서 시작하고 3이라는 일정한 값을 계속 더하여 만들어진다.

$$5, \ 8, \ 11, \ 14, \ 17, \ \cdots$$

등차수열의 모든 항들은 바로 앞이나 바로 뒤 항과의 차이가 일정하고, 그 차이 값을 어떤 항에 더하면 다음번째 항이 된다. 이처럼 모든 항에 공통되는 항 사이의 차를 **공차**(公差)라고 하며, 흔히 기호 d로 나타낸다.[2] 위의 수열에서는 공차가 3이다.

---

1 '등차(等差)'는 덧셈·뺄셈과 연관되어 있으므로 산술평균(arithmetic mean)에서 언급했던 '산술'이라는 용어에 해당한다.

2 영어로 common difference여서 d로 쓴다.

등차수열의 공차가 d이면, 공차의 뜻으로부터 임의의 항 a_k에 대해 다음이 성립한다.

$$a_{k+1} - a_k = d$$

등차수열의 일반항은 초항과 공차를 써서 쉽게 구할 수 있다. 초항을 a, 공차를 d라고 하면, 등차수열의 각 항은 아래처럼 변화한다.

$$
\begin{aligned}
a_1 &= a \\
a_2 &= a_1 + d = a + d \\
a_3 &= a_2 + d = (a+d) + d = a + 2d \\
a_4 &= a_3 + d = (a+2d) + d = a + 3d \\
&\cdots \\
a_n &= a_{n-1} + d = a + (n-1)d
\end{aligned}
$$

즉, 초항이 a이고 공차가 d인 등차수열의 일반항은 다음과 같다.

$$a_n = a + (n-1)d$$

어떤 세 개의 수 x, y, z가 차례로 등차수열을 이룬다고 하자. 그렇다면 각 항 사이의 차는 일정할 것이고, 공차를 d라 했을 때 다음 관계가 성립한다.

$$
\begin{aligned}
y - x &= d \\
z - y &= d
\end{aligned}
$$

두 식의 값이 모두 d로 같으므로 d를 소거하고 나머지 항을 등치시킬 수 있다.

$$
\begin{aligned}
y - x &= z - y \\
2y &= z + x \\
\therefore y &= \frac{x+z}{2}
\end{aligned}
$$

세 숫자 중 가운데에 위치한 y는 그 앞뒤 항인 x와 z의 산술평균과 같다는 것을 알 수 있다. 등차수열이나 산술평균 모두 덧셈·뺄셈과 연관이 있으므로 이것은 다소 당연한 결과이기도 하다. 이때의 y를, 다른 두 항의 가운데 있으면서 앞뒤로 차가 같다 하여 등차중항(等差中項)이라고 한다.

10.1.2 등비수열

초항에다 일정한 값을 더하는 것이 아니라 곱하여 만들어지는 수열은, 항 사이의 비(比)가 일정하다는 뜻에서 **등비수열**(geometric progression)[3]이라고 부른다. 예를 들어 다음 등비수열은 1에서 시작하여 두 배씩 늘어난다.

$$1, 2, 4, 8, 16, \cdots$$

등비수열의 모든 항들은 그 전항과의 비가 모두 같고, 그 비를 어떤 항에 곱하면 다음 번째 항이 된다. 이 비의 값을 **공비**(公比)라고 하며, 흔히 기호 r로 나타낸다.[4] 위 수열의 공비는 2다. 등비수열의 공비가 r일 때, 정의대로 하면 임의의 항 a_k에 대해서 다음이 성립한다.

$$a_{k+1} \div a_k = r$$

등비수열의 일반항 역시 초항과 공비로 쉽게 구할 수 있다. 초항이 a, 공비가 r일 때, 등비수열의 각 항은 아래처럼 변화한다.

$$
\begin{aligned}
a_1 &= a \\
a_2 &= a_1 \times r = ar \\
a_3 &= a_2 \times r = ar^2 \\
&\cdots \\
a_n &= a_{n-1} \times r = ar^{n-1}
\end{aligned}
$$

즉, 초항이 a이고 공비가 r인 등비수열의 일반항은 다음과 같다.

$$a_n = ar^{n-1}$$

어떤 세 개의 수 x, y, z가 차례로 등비수열을 이루고 그 공비가 r이라면, 세 개의 수 사이에는 다음 관계가 성립한다.

$$
\begin{aligned}
y \div x &= r \\
z \div y &= r
\end{aligned}
$$

두 식의 값이 같으므로 r을 소거하고 나머지 항을 등치시킬 수 있다.

---

3 기하평균(geometric mean)의 '기하'와 일맥상통한다.
4 영어로 common ratio여서 r로 쓴다.

$$y \div x = z \div y$$
$$y^2 = xz$$
$$\therefore y = \pm\sqrt{xz}$$

즉, 셋 중 가운데 숫자 y는 그 앞뒤 항인 x와 z의 기하평균이며, 다른 말로 등비중항(等比中項)이라 부르기도 한다. 여기서 제곱근 앞의 $\pm$는 r과 x, z 값의 부호가 같을 때 +이고 다르면 −가 되는데, 직접 한번 확인해 보자.

산술평균의 경우 단순히 두 값의 중간이라 해도 쉽게 납득이 가지만, 기하평균은 그보다는 바로 와닿지 않는 편이다. 이때 기하학적인 방법을 동원하면 그 의미를 좀 더 이해하기 쉽다. 다음 그림처럼 두 변이 각각 a, b인 직사각형을 그리면 그 넓이는 ab이다. 이제 이것과 같은 넓이를 가지는 정사각형을 그려 보면, 그 한 변의 길이가 바로 a와 b의 기하평균인 $\sqrt{ab}$에 해당한다.

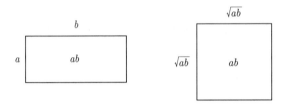

기하평균은 직각삼각형에서도 찾아볼 수 있다. 다음 그림처럼 직각에서 빗변에 내린 수선의 길이를 h라 하자.

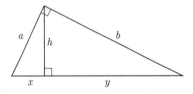

그러면 h와 수선의 발에 의해 나눠진 빗변의 두 선분 x, y 사이에는 피타고라스 정리에 따라 다음 관계가 성립한다.

$$a^2 + b^2 = (x + y)^2$$
$$(h^2 + x^2) + (h^2 + y^2) = x^2 + 2xy + y^2$$
$$h^2 = xy$$
$$\therefore h = \sqrt{xy}$$

즉, h는 x와 y의 기하평균과 같다.

10.1.3 조화수열과 세 가지 평균

등차수열과 관련된 새로운 수열을 알아보자. 어떤 수열의 각 항에 역수를 취하여 등차수열이 될 때, 원래 수열을 **조화**(調和)**수열**[5]이라고 부른다. 예를 들어 다음의 조화수열은 각 항의 역수가 초항 1, 공차 1인 등차수열을 이룬다.

$$1, \ \frac{1}{2}, \ \frac{1}{3}, \ \frac{1}{4}, \ \cdots$$

각 항의 역수가 이루는 등차수열의 초항을 a, 공차를 d라 하면, 조화수열의 일반항 h_n은 단순히 그 등차수열의 일반항을 뒤집어 얻을 수 있다(물론 이때 분모가 0이 되어서는 안 된다).

$$h_n \ = \ \frac{1}{a + (n-1)\,d}$$

$\frac{1}{2}, \frac{1}{3}, \frac{1}{4}$처럼 세 수 x, y, z가 조화수열을 이룬다고 하자. 그러면 각 수의 역수는 등차수열을 이루므로 $\frac{1}{y}$은 $\frac{1}{x}$과 $\frac{1}{z}$의 등차중항(산술평균)이다.

$$\frac{1}{y} \ = \ \frac{\left(\frac{1}{x}\right) + \left(\frac{1}{z}\right)}{2}$$

이것을 y에 대해 정리하면 다음 관계식을 얻는다.

$$y\left(\frac{1}{x} + \frac{1}{z}\right) \ = \ y\left(\frac{z+x}{xz}\right) \ = \ 2$$
$$\therefore \ y \ = \ \frac{2xz}{x+z}$$

이때 y는 두 수 x와 z의 **조화평균**(harmonic mean)이며, 다른 말로 조화중항이라 부르기도 한다.

---

[5] 영어로는 harmonic progression으로 배음(harmonics)이나 화음(harmony)과 연관이 있으며, 이런 명칭은 수와 음악 사이의 관련성을 연구하던 피타고라스 학파로부터 비롯되었다. 예를 들어 현악기에서 현의 길이를 $\frac{1}{2}$로 줄이면 진동수가 두 배가 되고, 그때 나는 음은 원래보다 한 옥타브 높다는 식이다.

양수에 대한 세 가지 평균, 즉 산술평균, 기하평균, 조화평균 사이에는 특별한 관계가 있다. 두 양수 a와 b를 가정하자. 그러면 우선 곱셈공식과 제곱의 성질에 따라 다음이 성립한다.

$$(a - b)^2 = (a + b)^2 - 4ab \geq 0$$

$4ab$를 이항하고 양변에 제곱근을 취하면 다음 관계식을 얻는다.

$$(a + b)^2 \geq 4ab$$
$$(a + b) \geq 2\sqrt{ab}$$
$$\therefore \frac{a+b}{2} \geq \sqrt{ab}$$

즉, a와 b의 산술평균은 항상 기하평균보다 크거나 같으며, $a = b$일 때 두 평균은 같다.

기하평균과 조화평균의 대소 관계도 간단히 알아낼 수 있다. 한쪽에서 다른 쪽을 뺀 다음, 그 결과값의 부호를 조사하면 된다.

$$\sqrt{ab} - \frac{2ab}{a+b} = \frac{\sqrt{ab}\,(a+b) - 2ab}{a+b} = \frac{\sqrt{ab}\,(a+b) - 2\sqrt{ab}\sqrt{ab}}{a+b}$$
$$= \frac{\sqrt{ab}\,(a+b - 2\sqrt{ab})}{a+b} = \frac{\sqrt{ab}\,(\sqrt{a} - \sqrt{b})^2}{a+b} \geq 0$$
$$\therefore \sqrt{ab} \geq \frac{2ab}{a+b}$$

즉, a와 b의 기하평균은 항상 조화평균보다 크거나 같다. 정리하면, 두 양수 a와 b의 세 가지 평균 사이에는 다음과 같은 관계가 성립한다(등호는 $a = b$일 때).

$$\frac{a+b}{2} \geq \sqrt{ab} \geq \frac{2ab}{a+b}$$

10.1.4 계차수열

다음으로, 임의의 수열 $\{a_n\}$에서 인접한 두 항 사이의 차를 자신의 항으로 하는 새로운 수열을 만들어 보자. 이것은 일반항이 다음과 같은 수열 $\{b_n\}$을 말한다.

$$b_n = a_{n+1} - a_n$$

이 수열은 항 사이의 차로 만들어졌다 하여 **계차(階差)수열**이라고 부른다. 예를 들어 일반항이 $a_n = n^2$인 수열로 만든 계차수열 $\{b_n\}$은 다음과 같다.

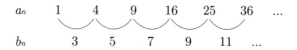

원래 수열의 일반항은 n에 대한 이차식이지만, 계차수열의 일반항은 $b_n = 2n + 1$인 등차수열로 일차식이라는 점이 눈에 띈다. 실제로 계차수열의 정의에 따라 b_n의 일반항을 계산해 보면, 그 과정에서 이차항이 소거되는 것을 알 수 있다.

$$\begin{aligned} b_n &= a_{n+1} - a_n \\ &= (n+1)^2 - n^2 \\ &= (n^2 + 2n + 1) - n^2 = 2n + 1 \end{aligned}$$

그렇다면 어떤 수열이 k차 다항식으로 표현될 때 그 계차수열은 항상 한 차수 줄어든 $(k-1)$차가 될까? 원래 수열 $\{a_n\}$의 일반항은 k차 다항식이므로 다음처럼 쓸 수 있다. 여기서 c_i는 i차 항의 계수를 나타낸다.

$$a_n = c_k n^k + c_{k-1} n^{k-1} + \cdots + c_1 n^1 + c_0$$

이 수열의 계차수열 $\{b_n\}$을 정의에 따라 구하면 다음과 같다. 여기서 한 일은 단순히 a_{n+1}과 a_n을 일반항의 식으로 대체한 것뿐이다.

$$\begin{aligned} b_n &= a_{n+1} - a_n \\ &= \{ c_k (n+1)^k + c_{k-1} (n+1)^{k-1} + \cdots + c_1 (n+1)^1 + c_0 \} \\ &\quad - \{ c_k n^k + c_{k-1} n^{k-1} + \cdots + c_1 n^1 + c_0 \} \end{aligned}$$

b_n에서 차수가 가장 높은 항을 찾아보면 지수부가 k인 것이 두 개 있는데, 그 두 개만 따로 모아 보자.

$$c_k (n+1)^k - c_k n^k$$

여기서 거듭제곱 $(n+1)^k$은 앞 장에서 배운 이항정리를 써서 전개할 수 있다.

$$c_k \left[\binom{k}{0} n^k + \binom{k}{1} n^{k-1} + \cdots + \binom{k}{k-1} n + \binom{k}{k} \right] - c_k n^k$$

앞뒤 몇 항의 계수를 풀어서 쓰면 다음과 같다. 차수가 k인 항으로 두 개의 $c_k n^k$가 있었지만, 서로 부호가 반대이므로 상쇄되어 없어진다.

$$c_k \left(n^k + k n^{k-1} + \cdots + kn + 1 \right) - c_k n^k$$
$$= c_k \left(k n^{k-1} + \cdots + kn + 1 \right)$$

즉, 앞의 식 $c_k(n+1)^k - c_k n^k$는 k차처럼 보이지만 사실은 $(k-1)$차인 것이다. 따라서 다항식으로 나타나는 수열의 계차수열은 항상 원래 수열보다 한 차수 낮은 다항식이 됨을 알 수 있다.

예제 10-2 다음 수열의 일반항을 구하여라.

(1) 제3항이 4, 제7항이 20인 등차수열

(2) (1)번 수열의 계차수열

(3) 제3항이 18, 제5항이 162인 등비수열(단, 공비는 양수)

(4) (3)번 수열의 계차수열

풀이

(1) 일반항을 $a + (n-1)d$라 두고 n에 3과 7을 각각 대입하면 $a + 2d = 4$ 와 $a + 6d = 20$의 두 등식을 얻는다. 이것을 연립하여 풀면 $a = -4$, $d = 4$이므로 일반항은 $-4 + (n-1) \cdot 4 = 4n - 8$이다.

(2) 원래 수열의 일반항을 a_n이라 하면 계차수열은 $a_{n+1} - a_n$이고, 이를 계산하면 $\{4(n+1) - 8\} - (4n - 8) = 4$이다.

(3) 일반항을 ar^{n-1}이라 두고 n에 3과 5를 각각 대입하면 $ar^2 = 18$, $ar^4 = 162$를 얻는다. $ar^4 = ar^2 \cdot r^2$임을 이용하여 이것을 풀면 $a = 2$, $r = 3$이므로 일반항은 $2 \cdot 3^{n-1}$이다.

(4) (2)번과 마찬가지로 계산하면, $a_{n+1} - a_n = (2 \cdot 3^n) - (2 \cdot 3^{n-1}) = 2 \cdot 3^{n-1} \cdot (3 - 1) = 4 \cdot 3^{n-1}$이다.

10.1.5 수열의 재귀적 정의

앞서 증명법 단원에서 소개한 수학적 귀납법을 기억할 것이다. $p(k)$가 성립한다고 가정할 때 $p(k+1)$도 성립하는 것을 보임으로써 해당 명제함수가 모든 자연수에 대해 성립함을 증명하는 기법이었다. 또한 앞 장에서 배운 파스칼의 삼각형은, 이항계수 $\binom{n}{k}$가 이전 단계의 두 숫자 $\binom{n-1}{k-1}$과 $\binom{n-1}{k}$의 합이라는 사실을 나타내고 있다. 이러한 것들은 모두 앞 단계의 결과를 가지고 다음 단계의 값을 정하는 경우에 해당한다.

수열 또한 이와 같은 방법으로 정의할 수 있는데, 일반항의 공식이나 각 항을 일일이 지정하는 대신 현재 항을 이용해서 그 다음 항을 정하는 방식을 쓴다. 예를 들어 다음과 같은 수열의 정의를 보자.

$$
\begin{aligned}
a_1 &= 1 \\
a_n &= a_{n-1} + 2
\end{aligned}
$$

이 수열은 초항이 1이면서 그 다음 항은 직전의 항에 2를 더하게 되어 있으므로 1, 3, 5, 7, …과 같이 공차 2인 등차수열에 해당한다. 또한 다음 수열은,

$$
\begin{aligned}
a_1 &= 1 \\
a_n &= 2a_{n-1}
\end{aligned}
$$

초항 1에서 출발하고 앞 항에 2를 곱하여 다음 항을 만들게 되므로 1, 2, 4, 8, …과 같이 공비 2인 등비수열이다.

팩토리얼(계승)도 같은 방법으로 정의할 수 있다. n번째 계승은 그 앞의 $n-1$번째 계승으로 표현 가능하다는 점을 이용한다.

$$
\begin{aligned}
a_1 &= 1 = 1! \\
a_2 &= 2 \times a_1 = 2 \times 1! = 2! \\
a_3 &= 3 \times a_2 = 3 \times 2! = 3! \\
&\cdots \\
a_n &= n \times a_{n-1} = n \times (n-1)! = n!
\end{aligned}
$$

이와 같은 방식으로 수열을 정의하는 것을 **재귀적**(再歸的) **정의**(recursive definition)[6]라고 하며, $a_n = 2a_{n-1}$처럼 어떤 항과 그 이전 항과의 재귀 관계를 나타낸 식

---

6 프로그래밍의 재귀 함수에 해당하는 개념이다.

을 **점화식**(漸化式, recurrence relation)이라고 부른다. 점화식만으로는 수열의 구체적인 값이 정해지지 않으므로 수열을 재귀적으로 정의할 때는 초항이 함께 주어져야 한다.[7]

점화식을 쓰면 일반적인 방법으로 나타내기 어려운 수열도 간단하게 표현할 수 있다. 재귀적으로 정의 가능한 수열 중 잘 알려진 것으로 **피보나치 수열**[8]이 있다. 흔히 F_n으로 나타내는 이 수열은 앞의 두 항을 더해서 그 다음 항을 만들어 간다. 재귀 관계로 나타내려면 앞의 항이 두 개 필요하므로 초항과 제2항을 함께 명시하는데, 보통은 둘 다 1로 둔다.

$$\begin{aligned} F_1 &= 1 \\ F_2 &= 1 \\ F_n &= F_{n-1} + F_{n-2} \end{aligned}$$

이 점화식을 따라 피보나치 수열의 항들을 나열해 보면 다음과 같다.

$$1, 1, 2, 3, 5, 8, 13, 21, \cdots$$

피보나치 수열에는 흥미로운 성질이 매우 많은데, 그중 하나는 수열이 진행됨에 따라 두 항 사이의 비가 일정한 값에 가까워진다는 것이다. 처음 몇 항에 대해서 두 항 F_n과 F_{n-1}의 비를 계산해 보자.

n	2	3	4	5	6	7
F_n/F_{n-1}	$\frac{1}{1}=1$	$\frac{2}{1}=2$	$\frac{3}{2}=1.5$	$\frac{5}{3}=1.666\cdots$	$\frac{8}{5}=1.6$	$\frac{13}{8}=1.625$

이제 n이 커짐에 따라 피보나치 수열의 인접한 두 항 F_n과 F_{n-1}의 비가 어떤 값 p에 가까워진다고 하자. 이것을 일단 다음과 같이 나타내기로 한다.[9]

$$\frac{F_n}{F_{n-1}} \rightarrow p$$

이 피보나치 수열에는 $F_n = F_{n-1} + F_{n-2}$라는 관계가 있으므로 위 식에서 F_n 부분

7　프로그래밍의 재귀 함수에서 재귀가 무한히 일어나지 않도록 하는 조건이 필요한 것과 같은 이치다.
8　중세 이탈리아의 수학자 피보나치(Fibonacci)의 이름에서 따왔다.
9　엄밀하게는 10.3절에서 다룰 극한 기호로 $\lim\limits_{n\to\infty} \dfrac{F_n}{F_{n-1}} = p$처럼 써야 한다.

은 아래처럼 바꿔 쓸 수 있다.

$$\frac{F_n}{F_{n-1}} = \left(\frac{F_{n-1} + F_{n-2}}{F_{n-1}} \right) = \left(1 + \frac{F_{n-2}}{F_{n-1}} \right) \to p$$

그런데 위의 식에 나온 $\frac{F_{n-2}}{F_{n-1}}$은 두 항의 비에서 분모 분자의 위치가 바뀐 것과 같다. 즉, n이 커짐에 따라 이 항의 비는 다음 값에 가까워진다.

$$\frac{F_{n-2}}{F_{n-1}} \to \frac{1}{p}$$

그러므로 n이 아주 커진다고 할 때 애초의 식은 이렇게 쓸 수 있다.

$$1 + \frac{1}{p} = p$$

여기서 양변에 p를 곱하여 분수 기호를 없애면 이차방정식이 된다.

$$p + 1 = p^2$$
$$p^2 - p - 1 = 0$$

위의 방정식을 풀면 다음의 해를 얻는다($p > 0$).

$$p = \frac{1 + \sqrt{5}}{2} \approx 1.618$$

이것은 I부의 이차방정식 연습문제에도 나왔던 값으로 황금비(golden ratio)라고 불리며, 흔히 기호 φ로 쓰고 파이(phi)라 읽는다.[10] 즉, 피보나치 수열에서 두 항의 비는 n이 커짐에 따라 황금비 φ에 가까워진다.

연습문제

1. 다음을 구하여라.

   (1) 제5항이 14이고 제8항이 23인 등차수열의 제42항

---

10 원주율을 나타내는 π는 pi이며, 황금비 φ(phi)와는 다르다.

(2) 제3항이 243이고 제5항이 27인 등비수열의 제9항

(3) 제3항이 $\frac{1}{7}$이고 제6항이 $\frac{1}{5}$인 조화수열의 제10항

(4) $\{n^4\}$의 계차수열의 일반항

(5) 초항 $a_1 = 1$이고 점화식 $a_{n+1} = 3a_n - 1$로 정의된 수열의 제5항

2. 어떤 악성코드 프로그램은 1시간마다 다른 기기 1대를 감염시키려 시도한다고 한다. 최초 감염된 기기가 2대이며 감염 시도가 모두 성공한다고 가정하면, 감염된 기기가 1백만 대를 넘는 것은 몇 시간 뒤인가? (단, $\log_{10} 2 \approx 0.3010$으로 계산)

3. 저항값이 각각 R_1과 R_2인 저항을 병렬로 연결했더니 전체 저항 R은 $\frac{1}{R} = \frac{1}{R_1} + \frac{1}{R_2}$이 되었다. 그런데 저항값이 r로 동일한 저항 2개를 병렬로 연결하니 전체 저항 역시 R이 되었다고 한다. r을 R_1과 R_2로 나타내고, 이 값을 R_1과 R_2의 조화평균과 비교하여라.

10.2 수열의 합

10.2.1 부분합과 일반항

수열은 그 자체로도 흥미로운 수학적 대상이지만, 수열의 항들을 더한 합 또한 상당히 흥미로운 대상이다. 수열의 항을 모두 더한 값을 수열의 합 또는 **급수**(級數, series)라고 부른다. 유한수열의 합은 유한급수, 무한수열의 합은 무한급수라 하는데, 수학에서는 일반적으로 무한수열을 다루기 때문에 급수라고 하면 무한급수를 가리키는 때가 많다.

수열이 유한하든 무한하든 어떤 특정 항까지만 더한 값을 **부분합**이라고 부르고, 해당 항의 순번을 기호 S 밑에 작게 써서 S_n처럼 나타낸다. 이때 첨자 n은 이 합이 초항부터 n번째 항까지 더한 것임을 뜻한다. 예컨대 수열 $\{a_n\}$의 부분합은 다음과 같다.

$$S_n = a_1 + a_2 + \cdots + a_n$$

어떤 수열의 n번째 항 a_n과 부분합 S_n은 밀접한 연관이 있다. $n - 1$번째 항까지의 합이 S_{n-1}이고, 거기에 a_n을 더한 것이 바로 S_n이기 때문이다.

$$\begin{aligned}
S_{n-1} &= a_1 + a_2 + \cdots + a_{n-1} \\
S_n &= a_1 + a_2 + \cdots + a_{n-1} + a_n \\
&= S_{n-1} + a_n \\
\therefore\ a_n &= S_n - S_{n-1}
\end{aligned}$$

즉, 일반항 a_n은 부분합 S_n과 S_{n-1}의 차와 같다. 이것은 수열의 종류에 상관없으므로 모든 수열에 해당된다. 이 관계를 이용하면 부분합 S_n의 식으로부터 일반항 a_n을 얻을 수 있다.

예제 10-3 어떤 수열 $\{a_n\}$의 초항부터 n번째 항까지 더한 합 S_n이 다음과 같을 때, 이 수열의 일반항 a_n을 구하여라.

(1) $2n^2 + n$ (2) $3^n - 1$ (3) $2n^3 + 3n^2 + n$

풀이

$a_n = S_n - S_{n-1}$을 이용한다.

(1) $\{2n^2 + n\} - \{2(n-1)^2 + (n-1)\} = 4n - 1$로 등차수열이다.

(2) $(3^n - 1) - (3^{n-1} - 1) = 2 \cdot 3^{n-1}$으로 등비수열이다.

(3) $\{2n^3 + 3n^2 + n\} - \{2(n-1)^3 + 3(n-1)^2 + (n-1)\} = 6n^2$으로 제곱 수의 수열이다.

10.2.2 등차수열의 합

이번 절에서는 여러 가지 수열의 합을 구하는 방법을 알아본다. 먼저, 잘 알려진 예제를 통해 등차수열의 합을 구해 보자.

1부터 100까지 자연수를 모두 더하면 얼마일까? 숫자를 일일이 더하는 방법도 있겠지만, 다음과 같이 수열을 앞뒤 방향으로 마주보게 배열하면 합을 쉽게 얻을 수 있다.

$$
\begin{array}{r}
\ 1\quad 2\quad 3\quad 4\quad 5\quad \cdots\quad 98\quad 99\quad 100 \\
+\ )\ 100\ \ 99\ \ 98\ \ 97\ \ 96\quad \cdots\quad 3\quad\ 2\quad\ 1 \\
\hline
101\ \ 101\ 101\ 101\ 101\quad \cdots\quad 101\ 101\ 101
\end{array}
$$

$$100\text{개}$$

대응되는 두 항을 더한 값이 101이고 이것이 100개가 있으므로 답은 $101 \times 100 \div 2 = 5050$이 된다. 마지막에 2로 나눈 것은 똑같은 수열을 두 번 더했기 때문이다.

이 예제는 일반적인 등차수열의 합을 얻는 방법을 제시해 준다. 등차수열 a_n의 초항이 a, 공차가 d라고 하자. 그러면 초항부터 n번째 항까지의 합은 다음과 같이 항들을 순방향으로 한 번, 역방향으로 한 번 나열하여 더함으로써 구할 수 있다. 다음의 식은 위 예제에 나온 숫자들을 등차수열의 항으로 바꾼 것이라 보면 된다.

$$S_n = a \qquad\qquad + \{a+d\} \qquad + \cdots + \{a+(n-2)d\} + \{a+(n-1)d\}$$
$$S_n = \{a+(n-1)d\} + \{a+(n-2)d\} + \cdots + \{a+d\} \qquad + a$$
$$2S_n = \{2a+(n-1)d\} \times n$$
$$\therefore S_n = \frac{\{2a+(n-1)d\} \times n}{2}$$

위의 식에 초항 1, 공차 1, 항의 개수 100을 넣어서 앞서 나온 예제의 답을 구해 보자.

$$S_n = \frac{\{2+(100-1) \times 1\} \times 100}{2} = \frac{101 \times 100}{2} = 5050$$

만약 마지막 항 a_n의 값을 알고 있다면 합을 좀 더 쉽게 구할 수 있다. 마지막 항이란 위의 예에서 '100까지'의 합을 구했을 때 100에 해당되는 값이다. 이 값을 z라 하면, 앞의 식은 다음과 같이 된다.

$$S_n = a + (a+d) + (a+2d) + \cdots + (z-2d) + (z-d) + z$$
$$S_n = z + (z-d) + (z-2d) + \cdots + (a+2d) + (a+d) + a$$
$$2S_n = (a+z) \times n$$
$$\therefore S_n = \frac{(a+z) \times n}{2}$$

이 합의 식에는 공차 d가 나오지 않는데, 초항 a, 항의 개수 n, 마지막 항 z로부터 공차 d는 바로 계산되기 때문이다. 위의 식을 앞서의 예로 확인해 보면 $a=1$, $z=100$이고 항의 개수 $n=100$이므로 앞서와 동일한 결과를 얻는다.

$$S_n = \frac{(1+100) \times 100}{2} = \frac{101 \times 100}{2} = 5050$$

마지막 n번째 항의 값 z는 초항과 공차로 나타내면 $a + (n-1)d$이므로 앞의 식은 앞서 구했던 S_n의 식에서 분자에 포함된 $a + (n-1)d$를 z로 대체한 것과 동일하다. 즉,

$$S_n = \frac{\{2a + (n-1)\,d\} \times n}{2} = \frac{\{a + a + (n-1)\,d\} \times n}{2} = \frac{(a+z) \times n}{2}$$

이와 같은 등차수열의 합을 흔히 **산술급수**(arithmetic series)[11]라고 부른다.

10.2.3 등비수열의 합

다음은 등비수열의 합을 구해 보자. 등비수열 $\{a_n\}$의 초항을 a, 공비를 r이라 했을 때, 이 수열의 부분합 S_n은 다음과 같다.

$$S_n = a + ar + ar^2 + \cdots + ar^{n-2} + ar^{n-1}$$

항에 공차가 '더해져' 가는 등차수열 때와 달리 등비수열에서는 항에 공비가 '곱해져' 가기 때문에, $S_n = ar^{n-1} + ar^{n-2} + \cdots$처럼 역순으로 항을 늘어놓고 더한다 해도 합을 구하는 데 별다른 도움은 되지 않을 것이다. 하지만 공비가 곱해진다는 점에 착안하여 이번에는 위의 식 양변에 공비 r을 똑같이 곱해 보자. 그러면 두 식에 공통되는 항들이 생기게 된다.

$$r\,S_n = ar + ar^2 + ar^3 + \cdots + ar^{n-1} + ar^n$$

이제 마치 연립방정식에서처럼 위 식에서 아래 식을 빼면, 중복되는 항들이 없어지면서 다음의 결과를 얻는다(뺄셈은 반대 방향이어도 무방하다). 이 형태는 $r < 1$인 경우에 흔히 쓴다.

$$(1-r)\,S_n = a - ar^n$$
$$\therefore \; S_n = \frac{a\,(1 - r^n)}{1 - r}$$

반대 방향으로 **뺄셈**을 할 경우 다음과 같으며, 이 형태는 $r > 1$일 때 흔히 쓴다. 사

---

11 '등차'와 '산술'은 같은 개념이며, 둘 다 영어의 arithmetic에 해당한다.

실 이 결과는 앞의 식에서 분모 분자의 부호를 함께 바꾼 것에 지나지 않는다.

$$(r-1)\,S_n \;=\; ar^n - a$$

$$\therefore\; S_n \;=\; \frac{a\,(r^n - 1)}{r - 1}$$

이렇게 해서 등비수열의 n번째 항까지 합을 구할 수 있다. 등비수열의 합은 **등비급수** 혹은 **기하급수**(geometric series)[12]라고 부른다.

이제 위의 식에 따라 $1 + 2 + 4 + 8 + \cdots + 1024$의 합을 구해 보자. 이 수열은 초항 1, 공비 2인 등비수열이므로 일반항을 구하면 $a_n = 2^{n-1}$이다. 등비급수의 식을 세우면 다음과 같이 된다.

$$S_n \;=\; \frac{1 \cdot (2^n - 1)}{2 - 1} \;=\; 2^n - 1$$

$1024 = 2^{10}$으로 11번째 항이므로 구하는 합은 S_{11}이다.

$$S_{11} \;=\; 2^{11} - 1 \;=\; 2048 - 1 \;=\; 2047$$

위의 결과로부터, 초항이 1이고 공비 2인 등비수열의 합은 흥미롭게도 다음과 같은 형태임이 드러난다.

$$2^0 + 2^1 + 2^2 + \cdots + 2^{n-1} \;=\; 2^n - 1$$

공비가 1보다 작아서 항의 값이 점점 작아지는 수열은 어떨까? $\frac{1}{2} + \frac{1}{4} + \frac{1}{8} + \cdots$처럼 초항이 $\frac{1}{2}$이고 공비가 $\frac{1}{2}$인 등비수열의 합을 구해 보자. 이 수열의 일반항은 $a_n = \frac{1}{2^n}$이고, 급수의 식에 대입하면 다음과 같은 결과가 나온다.

$$S_n \;=\; \frac{1}{2} \cdot \frac{1 - \left(\frac{1}{2}\right)^n}{1 - \frac{1}{2}} \;=\; 1 - \frac{1}{2^n}$$

이 급수의 경우 다음과 같은 형태임을 알 수 있다.

---

[12] '등비'와 '기하'는 같은 개념이며, 둘 다 영어의 geometric에 해당한다.

$$\frac{1}{2} + \frac{1}{4} + \frac{1}{8} + \cdots + \frac{1}{2^n} = 1 - \frac{1}{2^n}$$

등비급수의 식을 약간 변형하면 상수항과 아닌 부분을 분리할 수 있다.

$$S_n = \frac{a\left(1 - r^n\right)}{1 - r} = \frac{a - ar^n}{1 - r} = \left(\frac{a}{1 - r}\right) - \left(\frac{a}{1 - r}\right) r^n$$

부호를 반대로 하면 이런 모양이 된다.

$$S_n = \frac{a\left(r^n - 1\right)}{r - 1} = \frac{ar^n - a}{r - 1} = \left(\frac{a}{r - 1}\right) r^n - \left(\frac{a}{r - 1}\right)$$

각각의 식에서 상수항과 지수부의 계수가 동일하다는 것에 주목하자. 즉, 어떤 수열의 부분합이 $S_n = X - Xr^n$이나 $S_n = Yr^n - Y$ 꼴이라면 이 수열은 등비수열이다.

등비수열의 합을 이용하는 가장 흔한 사례는, 복리예금의 원리합계(원금 + 이자)를 구하는 것이다.[13] 연이율이 r인 복리예금이 있을 때, 매년 초 원금을 꼬박꼬박 a만큼 넣으면 n년 후에는 얼마를 받을 수 있을까?

원금 a를 넣고 한 해가 지나면 그에 해당하는 이자 ar이 더해져서 $a + ar$이 된다. 예금이 복리이므로 다음 해에는 이 금액이 새로운 원금이 될 것이다. 처음 몇 년에 대해 원리합계를 계산하면 아래 표와 같다.

햇수	원금	이자	원리 합계
1	a	ar	$a + ar = a(1 + r)$
2	$a(1 + r)$	$a(1 + r) \cdot r$	$a(1 + r) + a(1 + r) \cdot r = a(1 + r)(1 + r) = a(1 + r)^2$
3	$a(1 + r)^2$	$a(1 + r)^2 \cdot r$	$a(1 + r)^2 + a(1 + r)^2 \cdot r = a(1 + r)^3$

원금 a를 넣고 가만히 두었을 때 n년 후의 원리합계는 $a(1 + r)^n$이 됨을 알 수 있다. 예를 들어 백만 원을 연리 5%의 복리예금에 들어두었다면, 10년 후의 원리합계는 다음과 같다.

---

13 복리(複利)법이란, 원금에 이자가 붙을 때 다음번 기간에는 그 합계를 새로운 원금으로 하여 이자를 계산하는 방식을 말한다. 이와 대비하여 애초의 원금에만 이자를 붙이는 방식을 단리(單利)법이라고 한다.

$$1000000 \times 1.05^{10} \approx 1000000 \times 1.629 = 1629000$$

만약 복리가 아니고 단리였다면, 매 해 지급되는 이자는 애초의 원금 a에 대해 $ar = 1000000 \times 0.05 = 50000$(원)으로 고정된다. 따라서 단리일 경우 10년 후의 원리금 합계는 1,500,000원이다.

이제 원래 문제로 돌아가서, 처음에 원금을 넣고 가만히 두는 것이 아니라 매년 초마다 a만큼의 원금을 넣는다고 하자. 첫 해에 넣은 원금 a는 n년 뒤에 $a(1+r)^n$이 된다는 것을 앞에서 보았다. 2년차에 넣은 원금 a는 n년이 아니라 $n-1$년 동안만 예금에 들어 있었으므로 최종적으로 $a(1+r)^{n-1}$이 되고, 마지막인 n번째 해에 넣은 원금 a는 1년만 예금에 들었으므로 $a(1+r)$이 된다. 이처럼 매년 넣은 금액에 대해 원리합계를 각각 계산하여 모두 더하면 최종 금액이 나올 것이다. 다음의 표를 보자.

불입한 연차	1	2	3	$\cdots$	$n-1$	n
원금 a에 대한 원리합계	$a(1+r)^n$	$a(1+r)^{n-1}$	$a(1+r)^{n-2}$	$\cdots$	$a(1+r)^2$	$a(1+r)$

끝에서부터 거꾸로 거슬러 가보면, 이 금액은 초항 $a(1+r)$이고 공비 $1+r$인 등비수열임을 알 수 있다. 그러므로 구하는 총 원리합계는 이 등비수열의 n항까지의 합과 같다. 혼동을 피하기 위해 이 새로운 수열의 초항을 $A = a(1+r)$, 공비를 $R = 1+r$로 두고 등비급수의 공식을 적용하면 아래 결과를 얻는다.

$$S_n = \frac{A(R^n - 1)}{R - 1} = \frac{a(1+r)\{(1+r)^n - 1\}}{r}$$

예를 들어 이율이 5%인 복리예금에 매년 초 1백만 원을 넣는다고 했을 때 10년 후의 총 원리합계를 계산하면 다음과 같다.

$$S_{10} = \frac{1000000 \times 1.05 \times \{(1.05)^{10} - 1\}}{0.05} \approx \frac{1050000 \times 0.629}{0.05} = 13209000$$

10.2.4 ∑ 기호의 뜻과 성질

수열의 합을 나타낼 때는 흔히 '합(sum)'을 뜻하는 기호인 ∑[14]를 쓴다. 예를 들어 수열 $\{a_n\}$의 초항부터 n번째 항까지 더한 합은 다음과 같이 표기한다.

$$a_1 + a_2 + \cdots + a_n = \sum_{i=1}^{n} a_i$$

여기서 ∑의 아래쪽에 위치한 i는 1부터 n 사이의 값을 나타내기 위한 형식적 기호이며, 다른 문자로 바꾸어 써도 식의 의미는 동일하다.[15]

예제 10-4 다음에서 수열의 합으로 된 것은 ∑ 기호로 바꾸고, ∑ 기호로 된 것은 실제 수열의 합을 구하여라.

(1) $1 + 2 + 3 + \cdots + 100$

(2) $1 + 3 + 5 + 7 + 9$

(3) $1 + 2 + 4 + 8 + \cdots + 1024$

(4) $\displaystyle\sum_{k=1}^{10} (2k + 1)$

(5) $\displaystyle\sum_{k=1}^{5} 10^k$

(6) $\displaystyle\sum_{k=1}^{n} k$

풀이

(1) 이 수열은 초항 1, 공차 1인 등차수열이고 일반항은 $a_n = n$이다. 그러므로 답은 $\displaystyle\sum_{k=1}^{100} k$이다.

(2) 역시 초항 1, 공차 2인 등차수열로 일반항은 $a_n = 2n - 1$이므로 답은 $\displaystyle\sum_{k=1}^{5} (2k - 1)$이다.

(3) 각 항은 이전 항보다 두 배씩 커지므로 초항 1, 공비 2인 등비수열이고, 마지막 항은 $1024 = 2^{10}$이므로 주어진 식은 11번째 항까지의 합이다. 따라서 답은 $\displaystyle\sum_{k=1}^{11} 2^{k-1}$이다.

---

14 ∑(sigma)는 영어 알파벳의 대문자 S에 해당하는 그리스 문자다.

15 예를 들어 프로그래밍에서 for(i=1; i<=n; i++) { ... a[i] ... } 같은 코드 중의 인덱스 변수 i를 j나 k 같은 문자로 바꾸어도 문장의 의미가 변하지 않는 것과 같은 맥락이다.

(4) 각 항은 이전 항보다 2가 큰 값을 가지므로 초항 3이고 공차 2인 등차수열의 10번째 항까지의 합이다. 따라서 공식으로 계산하면 다음과 같다.

$$S_n = \frac{\{2a + (n-1)\,d\} \times n}{2} = \frac{(6 + 9 \cdot 2) \times 10}{2} = \frac{240}{2} = 120$$

(5) 각 항은 이전 항보다 10배 큰 값이므로 초항 10이고 공비 10인 등비수열의 5번째 항까지의 합이다. 따라서 공식으로 계산하면 다음과 같다.

$$S_n = \frac{a\,(r^n - 1)}{r - 1} = \frac{10 \cdot (10^5 - 1)}{10 - 1} = \frac{999990}{9} = 111110$$

(6) 1부터 n까지 자연수의 합을 묻는 문제다. 이것은 초항 1이고 공차 1인 등차수열이므로 합의 공식에 대입하면 다음과 같은 답을 얻는다. 이 결과는 수학적 귀납법과 삼각수 T_n에서 한 번씩 다루었던 적이 있다.

$$\sum_{k=1}^{n} k = \frac{\{2a + (n-1)\,d\} \times n}{2} = \frac{\{2 + (n-1)\} \times n}{2} = \frac{n(n+1)}{2}$$

Σ 기호를 쓰면 합을 나타내는 수식을 좀 더 간결하게 표현할 수 있다. 예를 들어 이항정리를 Σ로 나타내면 다음과 같다. 이때 첨자 k는 $0 \sim n$의 값을 가져야 하므로 시작하는 값이 $k = 0$임을 유의하자.

$$\begin{aligned}
(a+b)^n &= \binom{n}{0} a^n b^0 + \binom{n}{1} a^{n-1} b^1 + \cdots + \binom{n}{n} a^0 b^n \\
&= \sum_{k=0}^{n} \binom{n}{k} a^{n-k} b^k
\end{aligned}$$

Σ 기호 안에 숫자라든지 복수 개의 수열이 있을 때도 이 기호의 원래 뜻을 충실하게 따르면 된다. 예를 들어 다음 식을 보자. 상수 c를 n번 더한다는 의미를 가지고 있으므로 그에 맞게 풀어서 계산하면 간단해진다.

$$\sum_{k=1}^{n} c = \underbrace{c + c + \cdots + c}_{n} = cn$$

다음은 수열의 각 항에 상수배를 한 경우다.

$$\begin{aligned}
\sum_{k=1}^{n} ca_k &= ca_1 + ca_2 + \cdots + ca_n \\
&= c(a_1 + a_2 + \cdots + a_n) \\
&= c\sum_{k=1}^{n} a_k
\end{aligned}$$

Σ 기호 안에 여러 수열이 덧셈이나 뺄셈으로 연결되어 있을 때는, 각 수열마다의 합으로 분리할 수 있다.

$$\begin{aligned}
\sum_{k=1}^{n} (a_k \pm b_k) &= (a_1 \pm b_1) + (a_2 \pm b_2) + \cdots + (a_n \pm b_n) \\
&= (a_1 + a_2 + \cdots + a_n) \pm (b_1 + b_2 + \cdots + b_n) \\
&= \sum_{k=1}^{n} a_k \pm \sum_{k=1}^{n} b_k
\end{aligned}$$

당연한 말이지만, 위에서 반대의 경우가 성립하려면 첨자의 시작과 끝이 같아야 한다.

$$\sum_{k=1}^{n} a_k \pm \sum_{k=1}^{n} b_k = \sum_{k=1}^{n} (a_k \pm b_k)$$

합을 구하는 첨자의 범위가 n까지가 아니라 $n-1$이나 $n-2$ 등으로 변형되어 있을 때는, 원래 n이 있던 자리에 해당 범위를 대입하여 계산하면 된다. 예를 들어 1부터 $n-2$까지 자연수의 합은 다음과 같다.

$$\sum_{k=1}^{n-2} k = \frac{(n-2)((n-2)+1)}{2} = \frac{(n-1)(n-2)}{2}$$

Σ 기호 안의 식에는 어떤 문자라도 올 수 있다. 하지만 그중에서도 합을 구할 때 실제로 쓰이는 것은 Σ 아래쪽에 위치한 첨자뿐이다. 예를 들어 합을 구하는 식에 $i, j,$

k라는 문자가 포함되어 있더라도 Σ의 첨자가 j라면, j가 아닌 기호는 Σ 입장에서 모두 상수와 같다.

$$\sum_{j=1}^{n} ijk = i \cdot 1 \cdot k + i \cdot 2 \cdot k + \cdots + i \cdot n \cdot k$$

복잡한 합을 구할 때는 Σ 기호를 두 개 이상 겹쳐 쓰기도 한다. 예를 들어 다음의 식에서는 먼저 안쪽의 Σ 기호로 합을 구하고, 그 결과에 대해 다시 바깥쪽의 Σ 기호를 적용해서 합을 낸다.[16] 이때 앞서 말한 것처럼 현재 첨자로 사용 중인 문자 외에는 모두 상수로 취급하여 계산하면 된다.

$$
\begin{aligned}
\sum_{i=1}^{n} \sum_{j=1}^{m} b_i c_j &= \sum_{i=1}^{n} \left[\sum_{j=1}^{m} b_i c_j \right] \\
&= \sum_{i=1}^{n} \left[b_i c_1 + b_i c_2 + \cdots + b_i c_m \right] \\
&= (b_1 c_1 + b_1 c_2 + \cdots + b_1 c_m) \\
&\quad + (b_2 c_1 + b_2 c_2 + \cdots + b_2 c_m) \\
&\quad + \cdots \\
&\quad + (b_n c_1 + b_n c_2 + \cdots + b_n c_m)
\end{aligned}
$$

10.2.5 망원급수와 계차수열의 합

앞서 예제 (6)번 문제에서 보았듯이, 자연수 수열을 더한 부분합은 $\sum_{k=1}^{n} k = \dfrac{n(n+1)}{2}$ 이다. 그러면 제곱수의 합 $1^2 + 2^2 + 3^2 + \cdots + n^2 = \sum_{k=1}^{n} k^2$은 얼마일까?

이 합을 구하려면 연관된 개념을 몇 가지 알아야 한다. 먼저 다음과 같은 수열의 합을 구하는 방법에 대해 알아보자.

$$\frac{1}{1 \cdot 2} + \frac{1}{2 \cdot 3} + \frac{1}{3 \cdot 4} + \cdots + \frac{1}{n(n+1)}$$

등차수열도 등비수열도 아니어서 확실히 일반적인 방법으로는 구하기가 쉽지 않아 보인다. 이때 도움을 받을 수 있는 것이 $\dfrac{1}{AB}$ 형태의 분수를 변형하는, 흔히 **부분분수의 전개**라고 하는 식이다.

---

16 이것은 프로그래밍에서 for와 같은 반복문을 중첩(nested)해서 사용하는 것과 유사하다.

$$\frac{1}{AB} = \frac{1}{AB} \cdot \frac{B-A}{B-A} = \frac{1}{B-A} \cdot \frac{B-A}{AB}$$

$$= \frac{1}{B-A}\left(\frac{B}{AB} - \frac{A}{AB}\right)$$

$$= \frac{1}{B-A}\left(\frac{1}{A} - \frac{1}{B}\right)$$

분모가 A와 B의 곱으로 되어 있던 분수는, 위 식을 적용하면 A와 B 각각이 분모인 분수로 바꿀 수 있다. 예를 들면 $\frac{1}{2 \cdot 3} = \frac{1}{3-2}(\frac{1}{2} - \frac{1}{3})$처럼 되는데, 이 경우처럼 $B - A = 1$이라면 $\frac{1}{B-A} = 1$이어서 계산이 더욱 간단해진다. 이런 두 숫자 A, B를 각각 p, q라 하자(즉, $p + 1 = q$). 그러면 위의 전개식은 다음과 같이 된다.

$$\frac{1}{pq} = \frac{1}{p} - \frac{1}{q}$$

식의 우변을 통분해 보면 위 등식이 성립함을 확인할 수 있다.

$$\frac{1}{p} - \frac{1}{q} = \frac{q-p}{pq} = \frac{1}{pq}$$

이러한 부분분수의 전개를 이용하여 앞서 나왔던 수열의 합을 다시 써 보자.

$$\frac{1}{1 \cdot 2} + \frac{1}{2 \cdot 3} + \frac{1}{3 \cdot 4} + \cdots + \frac{1}{n(n+1)}$$
$$= \left(\frac{1}{1} - \frac{1}{2}\right) + \left(\frac{1}{2} - \frac{1}{3}\right) + \left(\frac{1}{3} - \frac{1}{4}\right) + \cdots + \left(\frac{1}{n-1} - \frac{1}{n}\right) + \left(\frac{1}{n} - \frac{1}{n+1}\right)$$
$$= \frac{1}{1} + \left(-\frac{1}{2} + \frac{1}{2}\right) + \left(-\frac{1}{3} + \frac{1}{3}\right) + \cdots + \left(-\frac{1}{n} + \frac{1}{n}\right) - \frac{1}{n+1}$$
$$= 1 - \frac{1}{n+1}$$

이웃 항에 있는 숫자들이 상쇄되어 중간 부분이 사라지고 아주 간단한 모양으로 정리되었다. 급수를 전개할 때 이렇게 중간 항들이 서로 상쇄되면서 앞과 뒤쪽의 비교적 단순한 부분만 남는 경우를, 접이식 경통이 달린 망원경의 비유를 들어 **망원급수**(telescoping series)[17]라고 한다.

---

[17] 이런 망원경은 경통을 접으면 가운데 부분이 사라지고 가장 앞뒤 부분만 남게 되는 것에서 유래했다.

비슷한 예로 임의의 계차수열을 n항까지 더한 합을 구해 보자. 수열 $\{a_n\}$에 대한 계차수열의 일반항은 $b_n = a_{n+1} - a_n$이므로

$$\sum_{k=1}^{n} b_k = b_1 + b_2 + b_3 + \cdots + b_{n-1} + b_n$$
$$= (a_2 - a_1) + (a_3 - a_2) + (a_4 - a_3) + \cdots + (a_n - a_{n-1}) + (a_{n+1} - a_n)$$
$$= (-a_1 + a_2) + (-a_2 + a_3) + (-a_3 + a_4) + \cdots + (-a_{n-1} + a_n) + (-a_n + a_{n+1})$$
$$= -a_1 + a_{n+1}$$

앞의 예와 유사하게 중간 부분이 상쇄되어 사라지면서 앞뒤 항만 남는 망원급수의 형태가 된다. 위 등식의 결과로부터, 계차수열의 합은 원래 수열이 무엇이든 간에 a_1과 a_{n+1}만으로 계산할 수 있다는 것을 알 수 있다.

예컨대 $a_n = n^2$과 그 계차수열 $b_n = 2n + 1$이 있다고 하자. 수열 $\{b_n\}$의 합을 계산하려면 원래 다음과 같이 해야 한다.

$$\sum_{k=1}^{n} (2k+1) = 2\sum_{k=1}^{n} k + \sum_{k=1}^{n} 1 = n(n+1) + n = n^2 + 2n$$

만약 b_1부터 b_5까지 합을 구할 경우, 이 식에 $n=5$를 대입해서 $5^2 + 10 = 35$라는 결과를 얻는다. 하지만 이와 똑같은 결과를 망원급수에 의한 식으로도 얻을 수 있다.

$$\sum_{k=1}^{5} b_k = -a_1 + a_6 = -1 + 36 = 35$$

약간 다른 관점에서 보면, 이것은 수열 $\{a_n\}$의 일반항을 그 계차수열 $\{b_n\}$의 합으로 나타낼 수 있다는 말이 된다.

$$\sum_{k=1}^{n} b_k = -a_1 + a_{n+1}$$
$$\therefore a_n = a_1 + \sum_{k=1}^{n-1} b_k$$

b_k들의 합은 결국 초항 a_1로부터 a_n이 얼마나 떨어졌느냐를 나타낸 것이므로 이는

다소 당연한 귀결이라 하겠다. 다음 그림을 보자.

그러므로 계차수열의 합을 계산할 수 있다면 원래 수열의 일반항도 알 수 있다. 예 컨대 다음과 같은 수열은 어떤 규칙을 가지고 있을까?

$$a_n: 1, 3, 8, 16, 27, 41, 58, \cdots$$

이 수열은 일반항을 바로 알아내기가 쉽지 않다. 이럴 때는 항 사이의 차, 즉 계차 를 구해 본다.

$$b_n: 2, 5, 8, 11, 14, 17, \cdots$$

초항 2, 공차 3인 등차수열이므로 이 계차수열의 일반항은 $b_n = 3n - 1$이다. 따라 서 원래 수열의 일반항은 다음과 같다.

$$
\begin{aligned}
a_n &= 1 + \sum_{k=1}^{n-1}(3k-1) = 1 + 3\sum_{k=1}^{n-1}k - \sum_{k=1}^{n-1}1 \\
&= 1 + \frac{3n(n-1)}{2} - (n-1) \\
&= \frac{1}{2}(3n^2 - 5n + 4)
\end{aligned}
$$

10.2.6 제곱수의 합

앞서 나왔던 수열 $a_n = n^2$의 계차수열 $b_n = 2n + 1$의 부분합은 두 가지 방법으로 구할 수 있었다. 하나는 조금 전에 보았던 망원급수를 이용한 계차수열의 합이다. 여기서 a_{n+1}을 원래 수열의 식으로 나타내어 보자.

$$
\begin{aligned}
\sum_{k=1}^{n} b_k &= -a_1 + a_{n+1} \\
&= -1 + (n+1)^2 \\
&= -1 + (n^2 + 2n + 1) \\
&= n^2 + 2n
\end{aligned}
$$

다른 하나는 Σ의 성질을 이용하여 직접 b_n의 합을 구하는 것이다. 이때 우리가 아직 $\Sigma\,k$의 값을 모른다고 가정하자.

$$
\begin{aligned}
\sum_{k=1}^{n} b_k &= \sum_{k=1}^{n} (2k+1) \\
&= 2\sum_{k=1}^{n} k + \sum_{k=1}^{n} 1 \\
&= 2\sum_{k=1}^{n} k + n
\end{aligned}
$$

이렇게 두 가지로 구한 합은 같아야 하므로, 아래의 등식이 성립한다.

$$
\left[2\sum_{k=1}^{n} k + n \right] = \left[n^2 + 2n \right]
$$

위의 식을 $\Sigma\,k$에 대해 정리하면, 우리가 이미 잘 알고 있는 결과가 나온다.

$$
\sum_{k=1}^{n} k = \frac{n^2 + n}{2}
$$

이렇게 $a_n = n^2$의 계차수열 $\{b_n\}$의 합을 구하면서 부산물로 $\Sigma\,k$의 값을 얻을 수 있었다. 이것은 계차수열 $b_n = 2n+1$이 원래 수열보다 한 차수 낮은 일차식이기 때문이다. k차 다항식으로 된 수열의 계차수열은 항상 $(k-1)$차였음을 기억하면, 삼차식으로 된 수열의 계차수열의 합을 구하는 과정에서는 $\Sigma\,k^2$의 값을 얻을 수 있을 것이다.

이제 $a_n = n^3$이라 하고 그 계차수열의 합을 구해 보자. 계차수열 $\{b_n\}$의 일반항은 다음과 같다. 이때 $(n+1)^3$의 전개는 이항정리를 이용한다.

$$
\begin{aligned}
b_n &= a_{n+1} - a_n \\
&= (n+1)^3 - n^3 \\
&= (n^3 + 3n^2 + 3n + 1) - n^3 \\
&= 3n^2 + 3n + 1
\end{aligned}
$$

예상한 대로 삼차항이 사라져서 계차수열은 이차식이 되었다. 이제 이 계차수열의 합을 구할 차례다. 첫 번째는 계차수열의 합이 망원급수라는 사실을 이용한다.

$$\sum_{k=1}^{n} b_k \;=\; -a_1 \;+\; a_{n+1}$$
$$= -1 + (n{+}1)^3$$
$$= -1 + (n^3 + 3n^2 + 3n + 1)$$
$$= n^3 + 3n^2 + 3n$$

두 번째는 Σ의 성질을 이용해서 $b_k = 3k^2 + 3k + 1$의 합을 직접 구하는데, 이때 앞서 구했던 $\Sigma\,k$의 값과 $\Sigma\,c$의 값을 이용한다. $\Sigma\,k^2$은 우리가 아직 알지 못하므로 그대로 둔다.

$$\sum_{k=1}^{n} b_k \;=\; \sum_{k=1}^{n} (3k^2 + 3k + 1)$$
$$= 3\sum_{k=1}^{n} k^2 \;+\; 3\sum_{k=1}^{n} k \;+\; \sum_{k=1}^{n} 1$$
$$= 3\sum_{k=1}^{n} k^2 \;+\; 3\cdot\frac{n(n{+}1)}{2} \;+\; n$$

두 가지 방법으로 구한 합은 같아야 하므로 다음 등식이 성립한다.

$$\left[3\sum_{k=1}^{n} k^2 \;+\; 3\cdot\frac{n(n{+}1)}{2} \;+\; n \right] \;=\; \left[n^3 + 3n^2 + 3n \right]$$

위 식을 $\Sigma\,k^2$에 대해 정리하자.

$$\sum_{k=1}^{n} k^2 \;=\; \frac{1}{3}\left[(n^3 + 3n^2 + 3n) - \frac{3n(n{+}1)}{2} - n \right]$$
$$= \frac{1}{3}\left[\frac{(2n^3 + 6n^2 + 6n) - (3n^2 + 3n) - 2n}{2} \right]$$
$$= \frac{2n^3 + 3n^2 + n}{6}$$

여기서 분자는 인수분해가 가능하다.

$$2n^3 + 3n^2 + n = n(2n^2 + 3n + 1)$$
$$= n(n+1)(2n+1)$$

이렇게 하여 최종적으로 제곱수의 합에 대한 식을 얻는다.

$$\sum_{k=1}^{n} k^2 = \frac{n(n+1)(2n+1)}{6}$$

$\Sigma\, k^2$의 값을 얻는 과정에서는 그보다 한 차수 낮은 $\Sigma\, k$의 값을 이용하였다. 똑같은 방법으로 $\Sigma\, k^2$의 값을 이용하여 $\Sigma\, k^3$을 구할 수 있고, $\Sigma\, k^3$의 값을 알면 $\Sigma\, k^4$도 구할 수 있다.

연습문제

1. 다음 수열의 10항까지 합을 구하여라. (필요 시 계산기 사용)

    (1) $4, 7, 10, 13, \cdots$

    (2) $1, 3, 9, 27, \cdots$

    (3) $1, \dfrac{1}{3}, \dfrac{1}{9}, \dfrac{1}{27}, \cdots$

2. 연리 4%인 복리예금에 매년 100만 원씩 20년을 불입하였을 때 만기에 받는 금액은 얼마인가? (단, $1.04^{20} \approx 2.19$로 계산)

3. 다음을 간단히 하여라.

    (1) $\displaystyle\sum_{k=1}^{n}(3k-2)$　　(2) $\displaystyle\sum_{k=1}^{n}\left(2^k - \frac{1}{2^k}\right)$　　(3) $\displaystyle\sum_{k=0}^{n}\binom{n}{k}$

4. 다음 수열의 일반항을 구하여라.

    (1) $0, 1, 5, 12, 22, 35, 51, \cdots$

    (2) $0, 3, 9, 21, 45, 93, 189, \cdots$

5. 수열 $a_n = n^4$의 계차수열의 합을 이용하여 $\displaystyle\sum_{k=1}^{n} k^3$을 구하여라.

10.3 수열의 극한

항의 개수가 무한한 수열 $\{a_n\}$이 있다. n이 한없이 커질 때 이 무한수열의 항은 어떻게 될까? $a_n = 2n - 1$ 같은 수열을 생각해 보자. $1, 3, 5, 7, \cdots$ 같이 나아가므로, 수열의 값은 한없이 커질 것으로 예상할 수 있다. 한편 $1, \frac{1}{2}, \frac{1}{4}, \frac{1}{8}, \cdots$ 같은 수열은 아무래도 그 반대로 한없이 작아질 것이라는 예상이 가능하다.

어떤 수량이 '한없이 커지는 상태'는 기호로 ∞라 쓰고 **무한대**라 읽는다. 이 무한대는 특정한 숫자일 수 없으므로 숫자처럼 취급하지 않도록 주의가 필요하다. 어떤 수량을 나타내는 문자 n이 한없이 커지는 상태는 기호로 $n \to \infty$처럼 쓴다.

무한수열 중에서는 n이 한없이 커짐에 따라 특정한 값에 가까워지는 것들이 있다. 예를 들어 다음 수열의 n에 몇 가지 값을 넣어 보면, 첫 번째 수열은 1, 두 번째 수열은 0, 세 번째 수열은 2에 점차 가까워질 것이라고 짐작할 수 있다.

$$\left\{\frac{n}{n+1}\right\} \quad : \quad \frac{1}{2}, \ \frac{2}{3}, \ \frac{3}{4}, \ \cdots, \ \frac{100}{101}, \ \cdots \qquad \to 1?$$

$$\{2^{-n}\} \quad : \quad \frac{1}{2}, \ \frac{1}{4}, \ \frac{1}{8}, \ \cdots, \ \frac{1}{2^{100}}, \ \cdots \qquad \to 0?$$

$$\left\{\frac{2n^2}{n^2+n}\right\} \quad : \quad 1, \ \frac{8}{6}, \ \frac{18}{12}, \ \frac{32}{20}, \ \cdots, \ \frac{20000}{10100}, \ \cdots \quad \to 2?$$

n이 한없이 커짐에 따라 a_n이 특정한 값 c에 한없이 가까워질 때, 이 수열은 c에 **수렴**(converge)[18]한다고 말한다. 이때 c를 수열 $\{a_n\}$의 **극한값**이라고 하며, 기호 lim을 써서 다음과 같이 나타낸다.[19]

$$\lim_{n \to \infty} a_n = c$$

10.3.1 수렴의 엄밀한 정의

수열의 수렴을 방금처럼 '특정한 값에 한없이 가까워진다'고 정하는 것은 사실 수학적으로 엄밀한 정의라 보기 어렵다. 앞서 예로 든 수열들도 몇 가지 값을 넣어 보니 그렇게 될 것이라 짐작하는 것이지, 어떤 논리적인 과정으로 수렴 여부를 입증한 것은 아니었다. 말하자면 심증은 가되 물증이 없는 상황이었다.

---

18 명사형은 시사 용어로도 흔히 쓰이는 컨버전스(convergence)다.

19 lim은 극한, 한계라는 뜻의 limit에서 왔다. 이 극한값을 a_∞처럼 쓰지 않도록 주의한다. ∞는 숫자가 아니므로 n의 자리에 올 수 없다.

이처럼 '한없이 가까워진다'는 개념은 비교적 최근에 들어서야 수학적으로 엄밀하게 정의할 수 있게 되었는데, 그런 방법을 통해 수열의 수렴이라는 것을 정의해 보자. 이것은 우선 일상적인 언어로는 이렇게 표현할 수 있다.

> 한 수열이 어떤 지점을 지나면서부터는 특정한 값과의 차이가 항상 오차 범위 이내인데,
>
> 그 오차의 한계를 어떻게 두더라도 항상 그런 지점을 찾을 수 있으면
>
> 이 수열은 그 특정한 값에 수렴한다고 정의한다.

이 오차의 한계, 즉 수열과 특정한 값 사이의 차이를 e[20]이라 두고 위의 내용을 다시 써 보자.

> 양수 e의 값을 무엇으로 두더라도 어떤 항 이후부터는 수열의 값과 c 사이의 차가 e 미만일 때, 이 수열은 c에 수렴한다고 정의한다.

간단히 말해 e을 1로 두어도, 0.00001로 두어도, 10^{-100}으로 두어도, 그 언젠가부터는 수열과 극한값 사이의 차가 e보다 작게 된다는 것이다.

이 정의는 처음보다는 낫지만, "어떤 항 이후부터"라는 표현은 여전히 좀 더 명확해질 필요가 있다. 이제 그렇게 되는 지점을 N이라 하면, 위의 정의는 다음과 같이 쓸 수 있다.

> 어떤 양수 e에 대해서도 그에 상응하는 자연수 N이 존재하여
>
> $k \geq N$인 모든 k에 대해서 $|a_k - c| < e$이면
>
> 수열 $\{a_n\}$은 c에 수렴한다고 정의하며, 이때 c를 수열의 **극한값**이라 한다.

이 정의는 다소 길고 복잡해 보이지만, 그림과 함께 살펴보면 이해하기가 그다지 어렵지 않다. 수열과 극한값의 차이 $|a_n - c|$는 일종의 '오차'라 할 수 있는데, 다음 그림에서 화살표로 표시된 간격에 해당한다.

---

20 그리스어 알파벳으로 엡실론(epsilon)이라 읽는다. 대개 오차(error) 또는 아주 작은 값을 나타내는 데 쓰인다.

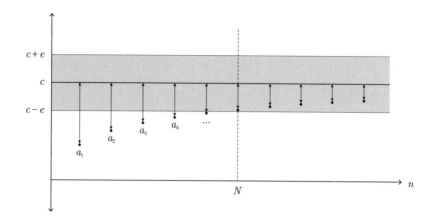

따라서 $|a_k - c| < \epsilon$이라는 것은 이 화살표의 길이가 ϵ보다 작다는 뜻이다. 절댓값의 정의에 따라 식을 아래처럼 바꿔 쓰면 그 의미가 더 잘 와 닿는다.

$$-\epsilon \ < \ (a_k - c) \ < \ \epsilon$$
$$\therefore \ c - \epsilon \ < \ a_k \ < \ c + \epsilon$$

이 오차 $|a_n - c|$는 N번째 항을 지나면서 ϵ보다 작아지고, 그 이후로 ϵ을 넘지 않는다. ϵ을 어떠한 양수로 두더라도 이런 N을 찾아낼 수 있을 때, 이 수열은 c에 수렴한다고 말한다.

이제 앞서의 정의에 따라 수열의 수렴을 실제로 증명해 보자. 적당한 예로 $\lim\limits_{n \to \infty} \dfrac{1}{n} = 0$이 있다. 이 수열이 0에 수렴한다면, 어떤 양수 ϵ에 대해서도 그에 상응하는 자연수 N이 존재해서 $\forall n \geq N$에 대해 $|a_n - 0| < \epsilon$이어야 한다. 이 수열과 극한값의 차 $|a_n - 0|$은 수열의 일반항으로부터 직접 계산할 수 있다.

$$|a_n - 0| \ = \ \left| \frac{1}{n} - 0 \right| \ = \ \frac{1}{n} \quad (\because n > 0)$$

이 차이가 ϵ보다 작다는 것을 식으로 쓰면 다음과 같다.

$$\frac{1}{n} \ < \ \epsilon$$

n의 값이 어떤 범위에 있어야 이 부등식이 성립할까? 식을 n에 대해 정리해 보자.

$$\frac{1}{\epsilon} < n$$

즉, ϵ의 값이 무엇이든 간에 n을 $\frac{1}{\epsilon}$보다 크게만 둔다면 원래의 부등식이 항상 성립할 것이다. 그에 따라 수열과 극한값의 차 $\frac{1}{n} = |a_n - 0|$은 ϵ보다 작아짐을 알 수 있다. 예를 들어 $\epsilon = 0.3$으로 택했다면 우리가 원하는 조건을 만족하는 n의 범위는 다음과 같다.

$$\frac{1}{\epsilon} = \frac{1}{0.3} < n$$

$$3.333\cdots < n$$

n은 자연수이므로 이 부등식이 성립하는 최소의 n값, 즉 우리가 찾는 N은 4임을 알 수 있다. 다시 말하면 $a_n = \frac{1}{n}$에 대해 $\epsilon = 0.3$으로 두었을 때 a_4부터는 극한값 0과의 오차가 0.3보다 작아진다는 뜻이다.

k	1	2	3	4	5
$|a_k - 0|$	$\frac{1}{1} = 1$	$\frac{1}{2} = 0.5$	$\frac{1}{3} = 0.3$	$\frac{1}{4} = 0.25$	$\frac{1}{5} = 0.2$
$|a_k - 0| < 0.3$?	×	×	×	○	○

$N = 4$라는 값은 $3.333\cdots$의 소수점을 떼고 정수로 만든 값 3에 1을 더함으로써 얻었다. 이 과정을 'x를 넘지 않는 최대 정수'를 뜻하는 floor 기호 $\lfloor x \rfloor$로 나타내면 다음과 같다.

$$N = \lfloor 3.333\cdots \rfloor + 1$$

이제 모든 양수 ϵ에 대해 이것을 일반화할 수 있다.

$$N = \left\lfloor \frac{1}{\epsilon} \right\rfloor + 1$$

정리하면, 어떤 양수 ϵ을 고르더라도 우리가 찾는 자연수 N을 위와 같이 택할 수 있으므로 수열 $\{\frac{1}{n}\}$은 0에 수렴한다는 결론을 얻는다.

예제 10-5 앞에 나온 것과 같은 방법으로 $\lim\limits_{n \to \infty} \dfrac{n}{n+1} = 1$임을 증명하여라.

풀이

우선 일반항과 극한값 사이의 차를 직접 계산한다.

$$\left| a_n - c \right| = \left| \frac{n}{n+1} - 1 \right| = \left| \frac{n - (n+1)}{n+1} \right| = \frac{1}{n+1} \quad (\because n > 0)$$

이 차이가 어떤 양수 e보다 작다는 것을 수식으로 쓰자.

$$\frac{1}{n+1} < \epsilon$$

이 부등식이 성립하기 위한 n의 범위를 찾기 위해서, 식을 n에 대해 정리한다.

$$\frac{1}{\epsilon} < n+1$$
$$\therefore \; \frac{1}{\epsilon} - 1 < n$$

즉, n이 $\dfrac{1}{e} - 1$보다 큰 자연수라면 앞서의 부등식이 항상 성립한다. 예를 들어 $e = 0.3$이라 두면 다음과 같이 해서 부등식이 성립하는 최소의 n값인 $N = 3$을 얻는다.

$$n > \frac{1}{0.3} - 1$$
$$n > \frac{7}{3}$$
$$n > 2.333\cdots$$

이 내용은 임의의 양수 e에 대해 다음과 같이 일반화할 수 있다.

$$N = \left\lfloor \frac{1}{\epsilon} - 1 \right\rfloor + 1$$

이처럼 어떠한 양수 e에 대해서도 위에서 구한 N번째 이후의 항이라면 수열과 1 사이의 차가 e보다 작으므로 수열 $\{ \frac{1}{n+1} \}$은 1에 수렴한다.

10.3.2 발산과 진동

무한수열이 수렴하지 않을 때, 즉 어떤 특정한 값에 가까워지지 않을 때 이 수열은 **발산**(diverge)한다고 한다. 예를 들어 다음 수열은 모두 발산한다.

$$\{2n-1\} \quad : \quad 1, \ 3, \ 5, \ 7, \ 9, \ \cdots$$
$$\{-2^n\} \quad : \quad -2, \ -4, \ -8, \ -16, \ -32, \ \cdots$$
$$\left\{ \frac{n^2}{2n+1} \right\} \quad : \quad \frac{1}{3}, \ \frac{4}{5}, \ \frac{9}{7}, \ \frac{16}{9}, \ \frac{25}{11}, \ \cdots$$

첫 번째와 세 번째 예는 n이 한없이 커질 때 수열의 값 또한 한없이 커진다. 이것을 '양의 무한대로 발산'한다고 하며, 기호로는 $\lim\limits_{n \to \infty} a_n = \infty$처럼 나타낸다. 두 번째 예는 수열의 값이 음의 방향으로 한없이 커진다. 이것을 '음의 무한대로 발산'한다고 하며, 기호로 $\lim\limits_{n \to \infty} a_n = -\infty$처럼 나타낸다. 여기서 '한없이 커진다'는 것을 수렴 때와 유사한 방법으로 엄밀하게 정의하면 다음과 같다.

> 수열이 양의 무한대로 발산한다는 것은, 어떤 값 K에 대해서도 그에 상응하는 자연수 N이 존재하여 $\forall n \geq N$에 대해 $a_n > K$라는 것이다.

쉽게 말하면, 아무리 큰 수를 고르더라도 어떤 시점 이후로는 수열이 그보다 항상 클 때 이 수열은 양의 무한대로 발산한다고 정한다. 같은 방법으로 음의 무한대로 발산하는 것을 다음과 같이 정의할 수 있다.

> 수열이 음의 무한대로 발산한다는 것은, 어떤 값 K에 대해서도 그에 상응하는 자연수 N이 존재하여 $\forall n \geq N$에 대해 $a_n < K$라는 것이다.

수열 중에서는 양의 무한대로도 음의 무한대로도 발산한다 할 수 없는 경우가 있다. 마치 지그재그 모양으로 값이 변하는 경우들이다. 다음 예를 보자.

$$\left\{ (-1)^n \cdot (2n-1) \right\} \quad : \quad -1, \ +3, \ -5, \ +7, \ -9, \ \cdots$$

이 수열은 매 항마다 부호가 교대로 바뀌므로 $n \to \infty$일 때도 양이나 음의 무한대 중 한쪽으로 발산하지 않는다. 이런 경우를 **진동**하면서 발산한다고 한다.

한편, 다음 수열은 부호가 교대로 바뀌기는 하지만 앞서의 경우와 다르다. 부호와는 무관하게 분모의 절댓값이 한없이 커지므로, 이 수열의 항은 결국 0에 한없이 가까워질 것임을 알 수 있다.

$$\left\{ (-1)^n \cdot \frac{1}{n} \right\} \ : \ -1, \ +\frac{1}{2}, \ -\frac{1}{3}, \ +\frac{1}{4}, \ -\frac{1}{5}, \ \cdots$$

수열이 발산하는 경우에는 n이 아무리 커져도 특정한 값에 가까워지지 않으므로 수열의 극한값은 '없다'고 말한다.

10.3.3 극한의 성질과 극한값의 계산

어떤 수열이 수렴할 때는 극한값의 사칙연산에 관련된 몇 가지 기본적인 성질이 성립한다. 이 성질들은 앞서 공부했던 극한값의 엄밀한 정의를 써서 증명할 수 있지만, 자세한 증명이 없어도 직관적으로 이해할 수 있는 내용이므로 우선 결과만 알아두고 이용하도록 하자.

가장 간단한 것은 상수배에 해당하는 성질이다. 만약 수열 $\{a_n\}$이 수렴한다면, 각 항에 k배 한 수열 $\{k\, a_n\}$의 극한값은 다음과 같다.

$$\lim_{n \to \infty} k\, a_n \ = \ k \cdot \lim_{n \to \infty} a_n$$

이에 대해서는 아래와 같은 예를 들 수 있다.

$$\lim_{n \to \infty} \frac{2n}{n+1} \ = \ 2 \cdot \lim_{n \to \infty} \frac{n}{n+1} \ = \ 2 \times 1 \ = \ 2$$

그 다음은 수렴하는 두 수열의 항을 더하거나 뺀 경우다.

$$\lim_{n \to \infty} (a_n \pm b_n) \ = \ \lim_{n \to \infty} a_n \pm \lim_{n \to \infty} b_n$$

역시 다음과 같은 예를 들 수 있다.

$$\lim_{n \to \infty} \left(1 + \frac{n}{n+1} \right) \ = \ \left(\lim_{n \to \infty} 1 \right) + \left(\lim_{n \to \infty} \frac{n}{n+1} \right) \ = \ 1 + 1 \ = \ 2$$

곱셈과 나눗셈에 대해서도 유사한 성질이 성립한다. 단, 나눗셈의 경우 분모는 0으로 수렴하지 않아야 한다.

$$\lim_{n \to \infty} a_n b_n = \lim_{n \to \infty} a_n \cdot \lim_{n \to \infty} b_n$$

$$\lim_{n \to \infty} \frac{a_n}{b_n} = \frac{\lim\limits_{n \to \infty} a_n}{\lim\limits_{n \to \infty} b_n}$$

예를 들어 $\{\frac{1}{n^2}\}$의 극한값은 다음과 같이 구할 수 있다.

$$\lim_{n \to \infty} \frac{1}{n^2} = \left(\lim_{n \to \infty} \frac{1}{n} \right) \cdot \left(\lim_{n \to \infty} \frac{1}{n} \right) = 0 \cdot 0 = 0$$

이런 성질은 모두 해당 수열들이 수렴할 때 성립한다는 점을 염두에 두자. 발산하는 수열이 포함된 경우 위의 성질을 써서는 안 된다. 또한 ∞는 숫자가 아니므로 $\frac{\infty}{\infty}$라든지 $\infty - \infty$ 같은 모양의 수식은 계산할 수조차 없다. 그런 복잡한 형태의 극한은, 일반항의 식을 적당한 모양으로 변형한 다음에 우리가 알고 있는 기본 성질을 이용하여 구한다.

$\frac{\infty}{\infty}$ 모양의 극한에서 분모와 분자가 모두 다항식일 때를 살펴보자. 다음의 세 경우는 모두 $\frac{\infty}{\infty}$ 꼴이지만, 분모와 분자가 모두 양의 무한대로 발산하기 때문에 극한값의 기본 성질을 바로 이용하지 못한다.

(a) $\displaystyle\lim_{n \to \infty} \frac{n^2 + 1}{n + 1}$ (b) $\displaystyle\lim_{n \to \infty} \frac{3n^2 - 1}{2n^2 + 1}$ (c) $\displaystyle\lim_{n \to \infty} \frac{n + 1}{2n^2 + 1}$

이 상태로는 더 어떻게 할 수가 없으므로, 계산 가능한 형태가 되도록 바꿀 방법을 찾아보자. 우리는 $\{\frac{1}{n}\}$이나 $\{\frac{1}{n^2}\}$의 극한값이 0임을 알고 있다. 위의 식에서 가장 큰 차수의 항으로 분모와 분자를 나누어 준다면, $\frac{1}{n}$이나 $\frac{1}{n^2}$ 같은 항이 만들어질 것이다.

먼저 분자의 최고차항으로 위아래를 각각 나누고 어떤 결과가 나오는지 살펴보자. (a)와 (b)에서 분자의 최고차항은 n^2, (c)에서는 n이다.

(a) $\displaystyle\lim_{n \to \infty} \frac{1 + \frac{1}{n^2}}{\frac{1}{n} + \frac{1}{n^2}}$ (b) $\displaystyle\lim_{n \to \infty} \frac{3 - \frac{1}{n^2}}{2 + \frac{1}{n^2}}$ (c) $\displaystyle\lim_{n \to \infty} \frac{1 + \frac{1}{n}}{2n + \frac{1}{n}}$

결과를 보니 (b)와 (c)의 경우는 별문제가 없지만, (a)에서는 분모가 $\displaystyle\lim_{n \to \infty} \left(\frac{1}{n} + \frac{1}{n^2} \right)$

의 꼴이므로 0이 되어서 곤란해진다.

이번에는 분자가 아닌 분모의 최고차항으로 위아래를 각각 나눠 보자. 이렇게 한다면 분모에 항상 최고차항의 계수가 남으므로 0이 되는 일은 생기지 않는다. 앞의 식에서 분모의 최고차항은, (a)는 n, (b)와 (c)는 n^2이다.

$$\text{(a)} \quad \lim_{n \to \infty} \frac{n + \frac{1}{n}}{1 + \frac{1}{n}} \qquad \text{(b)} \quad \lim_{n \to \infty} \frac{3 - \frac{1}{n^2}}{2 + \frac{1}{n^2}} \qquad \text{(c)} \quad \lim_{n \to \infty} \frac{\frac{1}{n} + \frac{1}{n^2}}{2 + \frac{1}{n^2}}$$

세 경우 모두 분모에 0이 나타나지 않으므로 계속해서 계산할 수 있다.

$$\text{(a)} \quad \lim_{n \to \infty} \frac{n^2 + 1}{n + 1} = \lim_{n \to \infty} \frac{n + \frac{1}{n}}{1 + \frac{1}{n}} = \infty$$

$$\text{(b)} \quad \lim_{n \to \infty} \frac{3n^2 - 1}{2n^2 + 1} = \lim_{n \to \infty} \frac{3 - \frac{1}{n^2}}{2 + \frac{1}{n^2}} = \frac{\lim\limits_{n \to \infty} \left(3 - \frac{1}{n^2}\right)}{\lim\limits_{n \to \infty} \left(2 + \frac{1}{n^2}\right)} = \frac{3 - 0}{2 + 0} = \frac{3}{2}$$

$$\text{(c)} \quad \lim_{n \to \infty} \frac{n + 1}{2n^2 + 1} = \lim_{n \to \infty} \frac{\frac{1}{n} + \frac{1}{n^2}}{2 + \frac{1}{n^2}} = \frac{\lim\limits_{n \to \infty} \left(\frac{1}{n} + \frac{1}{n^2}\right)}{\lim\limits_{n \to \infty} \left(2 + \frac{1}{n^2}\right)} = \frac{0 + 0}{2 + 0} = 0$$

(a)의 경우 $n \to \infty$일 때 분자가 발산하므로 극한값의 기본 성질을 이용할 수는 없지만, 분자가 $\left(n + \frac{1}{n}\right) \to \infty$이고 분모는 $\left(1 + \frac{1}{n}\right) \to 1$이므로 전체 값은 양의 무한대로 발산한다.

지금까지 본 것처럼, 다항식의 분수 꼴로 나타난 수열의 극한은 분모의 최고차항으로 위아래를 나눠주면 쉽게 계산할 수 있다. 세 경우에서 분모와 분자의 차수를 조사해 보면 (a) 분자 > 분모, (b) 분자 = 분모, (c) 분자 < 분모이다. 이때 분모와 분자 중 차수가 큰 쪽의 다항식이 더 빠르게 증가하므로, 그에 따라 이 수열의 극한이 결정될 것이라는 예상을 할 수 있다.

• 분자 > 분모 : 발산
• 분자 = 분모 : 최고차항의 계수의 비로 수렴
• 분자 < 분모 : 0으로 수렴

다음은 $\infty - \infty$ 꼴인 극한을 계산해 보자. 만약 뺄셈 기호의 양쪽이 모두 n^k의 꼴이라면 수렴하는 부분이 전혀 없으므로 양이나 음의 무한대로 발산하는데, 이때도 역시 어느 쪽의 차수가 크냐에 따라 부호가 정해진다.

$$\lim_{n \to \infty} (n^2 - 2n) = \infty$$

$$\lim_{n \to \infty} (2n - n^2) = -\infty$$

$\infty - \infty$ 꼴이지만 근호가 섞여 있다면 바로 판단하기가 쉽지 않다. 이때는 근호가 있는 쪽을 유리화해 본다.

$$\lim_{n \to \infty} \left(n - \sqrt{n^2 + n}\right) = \lim_{n \to \infty} \frac{\left(n - \sqrt{n^2 + n}\right)\left(n + \sqrt{n^2 + n}\right)}{\left(n + \sqrt{n^2 + n}\right)}$$

$$= \lim_{n \to \infty} \frac{n^2 - (n^2 + n)}{n + \sqrt{n^2 + n}}$$

$$= \lim_{n \to \infty} \frac{-n}{n + \sqrt{n^2 + n}}$$

이제 $\frac{\infty}{\infty}$ 꼴로 바뀌었다. 최고차항인 n으로 분모와 분자를 나누자.

$$\lim_{n \to \infty} \frac{-n}{n + \sqrt{n^2 + n}} = \lim_{n \to \infty} \frac{-1}{1 + \frac{\sqrt{n^2 + n}}{n}} = \lim_{n \to \infty} \frac{-1}{1 + \sqrt{1 + \frac{1}{n}}}$$

여기서 $\lim_{n \to \infty} \sqrt{1 + \frac{1}{n}} = 1$이므로 위의 극한은 다음과 같이 된다.

$$\lim_{n \to \infty} \frac{-1}{1 + \sqrt{1 + \frac{1}{n}}} = \frac{-1}{1 + 1} = -\frac{1}{2}$$

예제 10-6 다음 수열의 극한을 조사하고, 수렴할 경우 극한값을 구하여라.

(1) $\lim_{n \to \infty} \dfrac{n^3}{9n^2 + 10}$ (2) $\lim_{n \to \infty} \dfrac{5n^3 + 4}{4n^3 - 5}$ (3) $\lim_{n \to \infty} (\sqrt{n^2 + n} - n)$

풀이

(1) 분모의 최고차항인 n^2으로 위아래를 나누어 계산한다. 또는, 계산하지 않고도 분자의 차수가 더 크기 때문에 발산할 것이라 말할 수 있다.

$$\lim_{n\to\infty} \frac{n^3}{9n^2+10} = \lim_{n\to\infty} \frac{n}{9+\frac{10}{n^2}} = \infty$$

(2) 역시 n^3으로 위아래를 나누어 계산한다. 또는, 분자와 분모의 차수가 같으므로 최고차항 n^3의 계수의 비로 수렴한다고 말할 수 있다.

$$\lim_{n\to\infty} \frac{5n^3+4}{4n^3-5} = \lim_{n\to\infty} \frac{5+\frac{4}{n^3}}{4-\frac{5}{n^3}} = \frac{5}{4}$$

(3) 우선 유리화한 다음, 분모의 최고차항인 n으로 위아래를 나눈다.

$$\lim_{n\to\infty} \left(\sqrt{n^2+n}-n\right) = \lim_{n\to\infty} \frac{(n^2+n)-n^2}{\sqrt{n^2+n}+n} = \lim_{n\to\infty} \frac{1}{\sqrt{1+\frac{1}{n}}+1} = \frac{1}{2}$$

10.3.4 등비수열의 극한

10.1절에서 기본적인 수열들을 공부했는데, 그 수열의 극한은 어떻게 될까? 등차수열은 일정한 공차를 계속해서 더해 가므로 결국 양이나 음의 무한대로 발산할 것이고, 조화수열의 경우에는 분모가 등차수열이므로 0에 수렴할 것임을 쉽게 알 수 있다.

등비수열의 경우는 간단하지 않다. 초항과 공비가 모두 r인 등비수열 r^n이 있을 때, 다양한 공비에 대해 이 수열이 어떻게 진행되는지 보자.

$$
\begin{aligned}
r = 2 \quad &: \quad 2, \ 4, \ 8, \ 16, \cdots \\
r = 1 \quad &: \quad 1, \ 1, \ 1, \ 1, \cdots \\
r = \frac{1}{2} \quad &: \quad \frac{1}{2}, \ \frac{1}{4}, \ \frac{1}{8}, \ \frac{1}{16}, \cdots \\
r = -\frac{1}{2} \quad &: \quad -\frac{1}{2}, \ +\frac{1}{4}, \ -\frac{1}{8}, \ +\frac{1}{16}, \cdots \\
r = -1 \quad &: \quad -1, \ +1, \ -1, \ +1, \cdots \\
r = -2 \quad &: \quad -2, \ +4, \ -8, \ +16, \cdots
\end{aligned}
$$

공비의 값에 따라 여러 가지 모습이 나타나는데, 몇 가지는 아주 명백해 보인다.

$r = 1$이면 일반항 $r^n = 1$이므로 이 수열은 1로 수렴하고, $r = -1$일 때는 $+1$과 -1이 계속 반복되므로 진동하며 발산한다.

$r > 1$일 때는 어떨까? 공비가 1일 때 일정한 값을 유지했으니 1보다 클 때는 발산할 것으로 짐작되지만, 실제로 그것을 증명해 보기로 하자. 이제 공비 r을, 1이랑 1보다 큰 부분 h로 나눠서 생각한다. 그러면 $r = 1 + h$(단, $h > 0$)처럼 쓸 수 있고, 이 등비수열의 일반항은 다음과 같다.

$$r^n = (1 + h)^n$$

n이 자연수이므로 위 식의 우변 $(1 + h)^n$은 이항정리를 써서 전개할 수 있다.

$$(1 + h)^n = \binom{n}{0} h^0 + \binom{n}{1} h^1 + \binom{n}{2} h^2 + \cdots + \binom{n}{n-1} h^{n-1} + \binom{n}{n} h^n$$
$$= 1 + nh + \frac{n(n-1)}{2} h^2 + \cdots + nh^{n-1} + h^n$$

전개한 결과에서 처음 두 항만 취해 보자. 그러면 그 합은 원래의 거듭제곱보다 작으므로 다음 부등식이 성립한다.[21]

$$(1 + h)^n > 1 + nh$$

이 부등식은 $(1 + h)$의 거듭제곱을 근사하는 데 주로 쓰인다. 예를 들어 연리 5%인 복리예금이 10년 뒤에 얼마로 늘어날지를 알려면 $(1.05)^{10}$을 계산해야 하는데, 위의 부등식을 쓰면 적어도 얼마보다는 크겠다는 정도의 값을 바로 얻을 수 있다.

$$(1 + 0.05)^{10} > 1 + 0.05 \times 10 = 1.5$$

앞서의 부등식 우변에 극한을 취하면 $\lim_{n \to \infty} (1 + nh) = \infty$이므로 좌변의 극한 역시 $\lim_{n \to \infty} (1 + h)^n = \infty$가 되어야 한다. 즉, $r > 1$일 때 등비수열 $r^n = (1 + h)^n$은 양의 무한대로 발산한다.

$$\lim_{n \to \infty} r^n = \infty \quad (r > 1)$$

---

21 베르누이(Bernoulli) 부등식이라는 이름을 가지고 있다.

다음은 $|r| < 1$일 경우를 살펴보자. $r = 0$의 경우는 계산할 것도 없이 0으로 수렴할 것이다. $r = 0$이 아닌 경우는 r의 역수를 취해서 예컨대 $R = \frac{1}{|r|}$이라 두자. 그러면 $R > 1$이므로 앞서 공비가 1보다 클 때의 경우와 같이 R^n은 양의 무한대로 발산한다.

$$\lim_{n \to \infty} R^n = \lim_{n \to \infty} \frac{1}{|r^n|} = \infty$$

따라서 $\lim_{n \to \infty} |r^n| = 0$이고, 다음이 성립한다.

$$\lim_{n \to \infty} r^n = 0 \quad (|r| < 1)$$

이제 남은 것은 $r < -1$인 경우다. 이때 공비의 절댓값은 $|r| > 1$이므로 $\lim_{n \to \infty} |r|^n = \infty$이지만, 이 수열은 항마다 부호가 교대로 바뀌므로 진동하면서 발산하게 된다.

지금까지 공비 r인 등비수열의 극한에 대해 알아본 내용을 정리하면 다음과 같다.

- $r > 1$: 양의 무한대로 발산
- $r = 1$: 1로 수렴
- $|r| < 1$: 0으로 수렴
- $r \le -1$: 진동하면서 발산

등비수열의 극한은 일반항에 지수 꼴이 나타나는 수열의 극한을 조사할 때 이용할 수 있다. 다항식의 분수로 된 수열에 대해서 $\frac{\infty}{\infty}$ 꼴의 극한을 구할 때처럼, 이 경우에도 분모 내에서 밑의 절댓값이 가장 큰 항으로 분모와 분자를 각각 나누는 것이다.

예를 들어 수열 $\left\{ \frac{2^{n+1}}{3^{n-1} - 1} \right\}$의 처음 몇 항은 다음과 같다. 이 수열의 극한을 구해보자.

$$-4, \quad 4, \quad 2, \quad \frac{16}{13}, \quad \frac{4}{5}, \quad \frac{64}{121}, \quad \cdots$$

분모에서 밑의 절댓값이 가장 큰 항은 3^{n-1}이므로 분모·분자를 각각 3^{n-1}로 나누고, 이어서 지수법칙과 등비수열의 극한을 이용하면 다음과 같은 결과를 얻는다.

$$\lim_{n\to\infty} \frac{2^{n+1}}{3^{n-1}-1} = \lim_{n\to\infty} \frac{\frac{2^{n+1}}{3^{n-1}}}{1-\left(\frac{1}{3}\right)^{n-1}} = \frac{\lim_{n\to\infty}\left\{\left(\frac{2}{3}\right)^{n-1}\cdot 2^2\right\}}{\lim_{n\to\infty}\left\{1-\left(\frac{1}{3}\right)^{n-1}\right\}} = \frac{0}{1-0} = 0$$

일반항의 모양을 보더라도 분자보다 분모가 더 빠르게 증가하므로 이 수열은 결국 0으로 수렴할 것이라 예상할 수 있다.

연습문제

1. e을 이용한 수렴의 엄밀한 정의에 의거하여 $\lim\limits_{n\to\infty} \dfrac{4n}{3n-2} = \dfrac{4}{3}$임을 증명하여라.

2. 다음 수열의 수렴·발산 여부를 조사하고, 수렴할 경우 극한값을 구하여라.

(1) $\{(-2)^n\}$　(2) $\left\{\dfrac{2n^2+1}{3n^2-1}\right\}$　(3) $\left\{\dfrac{3^n+2^n}{3^n-1}\right\}$　(4) $\left\{\dfrac{(2n^2+1)(3^n+2^n)}{(3n^2-1)(3^n-1)}\right\}$

3. 다음 극한값을 구하여라.

(1) $\lim\limits_{n\to\infty}(n-\sqrt{n^2-n})$　(2) $\lim\limits_{n\to\infty}\dfrac{a^n}{a^n-a^{-n}}$(단, $a>1$)

10.4 급수의 극한

10.3절에서는 수렴·발산의 개념과 무한수열의 극한에 대해 알아보았다. 이와 같은 극한 개념은 무한수열의 합인 무한급수에도 마찬가지로 적용할 수 있다. 어떤 수열의 부분합 S_n의 극한을 생각해 보자. 이 부분합은 수열의 초항부터 n번째 항까지를 더한 값이므로, $n \to \infty$일 때 S_n의 극한은 다음과 같다.

$$\lim_{n\to\infty} S_n = \lim_{n\to\infty} \sum_{k=1}^{n} a_k$$

이것은 쉽게 말하면 무한수열 $\{a_n\}$의 모든 항을 더한 값에 해당하지만, 항의 개수가 무한하므로 '모든' 항이란 표현이 그리 적절하지 않기에 극한의 개념을 써서 표현하였다. 이런 극한을 편의상 다음과 같이 Σ 기호만으로 나타내기도 하지만, 이 표기에는 극한 기호 lim이 숨어 있음을 기억하자.

$$\lim_{n \to \infty} \sum_{k=1}^{n} a_k \;=\; a_1 + a_2 + a_3 + \cdots \;=\; \sum_{k=1}^{\infty} a_k$$

수열에 따라서는 이 무한급수가 특정한 값에 수렴할 때가 있다. 이런 경우 그 특정한 값을 **급수의 합**이라고 한다. 예를 들어 10.2절에서 배웠던 다음 급수의 극한을 생각해 보자.

$$\frac{1}{1 \cdot 2} + \frac{1}{2 \cdot 3} + \frac{1}{3 \cdot 4} + \cdots \;=\; \sum_{k=1}^{\infty} \frac{1}{k\,(k+1)}$$

이것은 전형적인 망원급수이며 부분분수의 전개에 의해 간단히 할 수 있다.

$$
\begin{aligned}
\sum_{k=1}^{\infty} \frac{1}{k\,(k+1)}
&= \sum_{k=1}^{\infty} \left(\frac{1}{k} - \frac{1}{k+1} \right) \\
&= \lim_{n \to \infty} \left\{ \left(\frac{1}{1} - \frac{1}{2} \right) + \left(\frac{1}{2} - \frac{1}{3} \right) + \cdots + \left(\frac{1}{n-1} - \frac{1}{n} \right) + \left(\frac{1}{n} - \frac{1}{n+1} \right) \right\} \\
&= \lim_{n \to \infty} \left(\frac{1}{1} - \frac{1}{n+1} \right) \\
&= 1
\end{aligned}
$$

따라서 이 급수는 수렴하며, 급수의 합은 1이다.

10.4.1 급수의 수렴조건

앞 단원에서 수열의 일반항 a_n과 부분합 S_n 사이의 관계를 공부했었다. $n-1$번째 항까지의 합 S_{n-1}에다 a_n을 더한 것이 바로 S_n이므로, $a_n = S_n - S_{n-1}$이라는 관계가 성립한다. 이제 이 수열이 무한수열이고 수열의 합이 S라는 값에 수렴한다고 하자. 이것을 식으로 쓰면 다음과 같다.

$$\lim_{n \to \infty} S_n \;=\; S$$

또한 $n \to \infty$이므로 다음 식도 성립한다.

$$\lim_{n \to \infty} S_{n-1} \;=\; S$$

그렇다면 이 수열 $\{a_n\}$은 다음과 같이 0으로 수렴해야 한다.

$$\lim_{n \to \infty} a_n = \lim_{n \to \infty} (S_n - S_{n-1}) = S - S = 0$$

여기서 우리는 다음과 같은 결론을 얻는다.

"어떤 무한급수가 수렴한다면, 그 수열은 0으로 수렴한다."

이 명제의 대우 역시 참이다.

"어떤 무한수열이 0으로 수렴하지 않으면, 그 수열의 합은 발산한다."

하지만 역명제인 "어떤 무한수열이 0으로 수렴하면, 그 수열의 합은 수렴한다"는 참이 아니다. 예를 들어 다음 수열의 극한을 생각해 보자.

$$a_n = \sqrt{n+1} - \sqrt{n}$$

$\infty - \infty$ 꼴이고 근호가 있으므로 분자를 유리화한다. 그 결과 분모가 양의 무한대로 발산하므로 이 수열은 0으로 수렴한다.

$$\begin{aligned} \lim_{n \to \infty} \left(\sqrt{n+1} - \sqrt{n}\right) &= \lim_{n \to \infty} \frac{(n+1) - n}{\left(\sqrt{n+1} + \sqrt{n}\right)} \\ &= \lim_{n \to \infty} \frac{1}{\sqrt{n+1} + \sqrt{n}} \\ &= 0 \end{aligned}$$

또한 이 수열의 합은 망원급수다.

$$\begin{aligned} S_n &= \left(\sqrt{2} - \sqrt{1}\right) + \left(\sqrt{3} - \sqrt{2}\right) + \cdots + \left(\sqrt{n} - \sqrt{n-1}\right) + \left(\sqrt{n+1} - \sqrt{n}\right) \\ &= -\sqrt{1} + \sqrt{n+1} \end{aligned}$$

이 급수는 아래에서 보듯이 양의 무한대로 발산한다. 이는 어떤 수열이 0으로 수렴하더라도 급수까지 수렴한다는 보장은 없음을 보여 주는 예다.

$$\lim_{n \to \infty} S_n = \lim_{n \to \infty} \left(\sqrt{n+1} - 1\right) = \infty$$

수열은 0으로 수렴하는데 급수는 발산하는 가장 유명한 사례로는, 조화수열의 대표격인 $\{\frac{1}{n}\}$을 들 수 있다. 이 수열의 합은 흔히 '조화급수'라고 부르며 H_n으로 표시한다.

$$H_n = \sum_{k=1}^{n} \frac{1}{k}$$

$$\lim_{n\to\infty} H_n = \sum_{k=1}^{\infty} \frac{1}{k} = \frac{1}{1} + \frac{1}{2} + \frac{1}{3} + \frac{1}{4} + \cdots$$

몇 가지 n의 값에 대해 H_n을 구하면 다음과 같다. 보다시피 이 급수는 아주 느리게 증가하는 까닭에, 수렴하는지 혹은 발산하는지를 쉽게 단정짓기가 힘들다.

n	5	10	100	1000	10000	100000
H_n	2.283 $\cdots$	2.928 $\cdots$	5.187 $\cdots$	7.485 $\cdots$	9.787 $\cdots$	12.090 $\cdots$

이 조화급수의 수렴·발산 여부는 어떻게 알 수 있을까? 합을 직접 다루기보다는, 대소관계가 명확한 다른 급수를 동원해서 크기를 비교하는 방법을 써 보자. 우선 조화급수를 분모가 2의 거듭제곱인 곳을 기준으로 1개, 2개, 4개, $\cdots$씩 묶는다.

$$\sum_{k=1}^{\infty} \frac{1}{k} = \frac{1}{1} + \left\{\frac{1}{2}\right\} + \left\{\frac{1}{3} + \frac{1}{4}\right\} + \left\{\frac{1}{5} + \frac{1}{6} + \frac{1}{7} + \frac{1}{8}\right\} + \cdots$$

그런데 이 합은 아래처럼 각 항이 조화수열 이하인 수열의 합보다 크다.

$$\sum_{k=1}^{\infty} \frac{1}{k} > \frac{1}{1} + \left\{\frac{1}{2}\right\} + \left\{\frac{1}{4} + \frac{1}{4}\right\} + \left\{\frac{1}{8} + \frac{1}{8} + \frac{1}{8} + \frac{1}{8}\right\} + \cdots$$

$$= \frac{1}{1} + \left\{\frac{1}{2}\right\} + \left\{\frac{1}{2}\right\} + \left\{\frac{1}{2}\right\} + \cdots$$

아래쪽의 급수가 양의 무한대로 발산하므로, 조화급수 H_n 역시 아주 느리게 증가하기는 하지만 양의 무한대로 발산한다는 결론을 내릴 수 있다. 조화급수의 더딘 증가 양상은 로그함수와 비슷한 점이 많은데, 이에 대해서는 이어지는 10.5절에서 다시 다루기로 한다.

10.4.2 등비급수의 극한

다음은 초항이 a이고 공비가 r인 등비급수 S_n의 극한 $\lim_{n\to\infty} S_n = a + ar + ar^2 +$

$ar^3 + \cdots$에 대해서 알아보자. 무한등비수열 $\{ar^{n-1}\}$은 공비 r의 값에 따라 수렴하기도 하고 발산하기도 하는데, 이 수열이 수렴하는 것은 공비 $|r| < 1$일 때뿐이다. 따라서 공비 $|r| < 1$일 때 외에는 무한급수 역시 발산한다.

$|r| < 1$일 때 무한등비급수의 극한은 어떨까? 수열의 수렴이 급수의 수렴을 보장해 주지는 않으므로 직접 알아내야 한다. $|r| < 1$일 때 $\lim\limits_{n \to \infty} r^n = 0$임을 이용하면, 이 급수의 극한은 다음과 같다.

$$\lim_{n \to \infty} S_n = \lim_{n \to \infty} \frac{a\left(1 - r^n\right)}{1 - r} = \frac{a}{1 - r} \quad (|r| < 1)$$

즉, 무한등비수열이 0으로 수렴한다면 그 합인 무한등비급수도 일정한 값으로 수렴한다.

무한등비급수의 합과 관련이 있는 유명한 예를 하나 들어 보자. 달리기 선수가 출발선에서 시작하여 전체 코스 길이의 절반, 그 다음에는 남은 길이의 또 절반, … 같은 식으로 도착 지점을 향하여 달리고 있다. 이 과정을 무한히 반복한다면 선수는 결승점에 도달할 수 있을까?

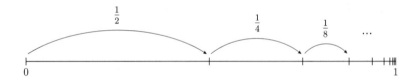

선수가 달려간 거리를 수식으로 써 보면 아래에서 보듯이 초항 $\frac{1}{2}$이고 공비 $\frac{1}{2}$인 무한등비급수에 해당한다. 공비의 절댓값이 1보다 작으므로 이 급수는 수렴하며, 앞서의 식에 해당 값을 대입하면 우리의 선수는 결국 결승점에 도달하게 된다.

$$\frac{1}{2} + \frac{1}{4} + \frac{1}{8} + \cdots = \frac{\frac{1}{2}}{1 - \frac{1}{2}} = 1$$

무한등비급수의 합을 이용하면 일정 비율로 변하는 양의 총합을 쉽게 구할 수 있다. 예를 들어 순환소수 $0.999999\cdots$가 사실은 1이라는 것을 급수의 합으로 증명해 보자.

$$0.\dot{9} = 0.9 + 0.09 + 0.009 + \cdots$$
$$= \frac{9}{10} + \frac{9}{10^2} + \frac{9}{10^3} + \cdots$$

이것은 초항 $a = \frac{9}{10}$, 공비 $r = \frac{1}{10}$인 무한등비급수이다. $|r| < 1$이므로 이 급수는 수렴하며, 그 극한값은 다음과 같다.

$$\frac{a}{1-r} = \frac{\frac{9}{10}}{1 - \frac{1}{10}} = \frac{\frac{9}{10}}{\frac{9}{10}} = 1$$

한편, 무한등비급수는 초항이 1이고 공비가 x인 형태로도 흔히 사용된다.

$$\frac{1}{1-x} = 1 + x + x^2 + x^3 + x^4 + \cdots \quad (|x| < 1)$$

다음 예제는 어쩐지 복잡해 보이지만, 안을 들여다 보면 똑같이 무한등비급수로 풀 수 있는 문제다.

예제 10-7 다음 수열의 극한값은 얼마인가?

$$2, \quad 2\sqrt{2}, \quad 2\sqrt{2\sqrt{2}}, \quad 2\sqrt{2\sqrt{2\sqrt{2}}}, \quad \cdots$$

풀이

a, b가 양수이면 $\sqrt{ab} = \sqrt{a}\sqrt{b}$임을 이용해서 각 항을 다음과 같이 다시 쓸 수 있다.

$$a_1 = 2 = 2^1$$
$$a_2 = 2\sqrt{2} = 2 \cdot \sqrt{2} = 2^1 \cdot 2^{\frac{1}{2}} = 2^{1+\frac{1}{2}}$$
$$a_3 = 2\sqrt{2\sqrt{2}} = 2 \cdot \sqrt{2} \cdot \sqrt{\sqrt{2}} = 2^{1+\frac{1}{2}+\frac{1}{4}}$$
$$a_4 = 2\sqrt{2\sqrt{2\sqrt{2}}} = 2 \cdot \sqrt{2} \cdot \sqrt{\sqrt{2}} \cdot \sqrt{\sqrt{\sqrt{2}}} = 2^{1+\frac{1}{2}+\frac{1}{4}+\frac{1}{8}} \cdots$$

즉, 이 수열의 일반항은 밑이 2이고 지수부에 공비가 $\frac{1}{2}$인 등비급수가 들어 있는 형태다.

$$a_n = 2^{\sum_{k=1}^{n}\left(\frac{1}{2}\right)^{k-1}}$$

이제 $n \to \infty$일 때 지수부의 무한등비급수가 다음과 같이 수렴하므로,

$$\sum_{k=1}^{\infty}\left(\frac{1}{2}\right)^{k-1} = \frac{1}{1-\frac{1}{2}} = 2$$

이 수열의 극한값은 다음과 같다.

$$\lim_{n\to\infty} a_n = 2^2 = 4$$

10.4.3 코흐 눈송이의 둘레와 넓이

무한등비수열이나 무한등비급수는 프랙털(fractal) 도형의 둘레나 넓이를 구할 때도 흔히 사용된다. 프랙털이란 용어는, 한 부분을 확대했을 때 전체와 비슷한 모양이 나타나는 일이 무한히 반복되는 성질[22]을 가진 기하학적 형태를 일컫는다. 대표적인 프랙털 도형 중 하나인 '코흐 눈송이'[23]에 대해 알아보며 이 절을 마무리하자.

코흐 눈송이는 다음과 같은 과정으로 만들어진다.

1. 정삼각형을 그린다.
2. 각 변을 3등분한 다음, 가운데 부분에 한 변의 길이가 원래의 $\frac{1}{3}$인 정삼각형이 돋아나도록 그린다.
3. 2번으로 돌아가서 이 과정을 무한히 반복한다.

이랬을 때 최종적인 도형의 둘레와 넓이는 과연 얼마일까?

---

[22] 자기유사성(self-similarity)이라고 한다.
[23] 이 도형을 처음 제시한 스웨덴의 수학자 코흐(Koch)의 이름에서 따왔다.

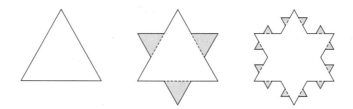

먼저 둘레의 변화를 따라가 보자. 최초 정삼각형의 한 변을 a라 하면, 다음 단계에서는 하나의 변이 4개로 되고 각 변의 길이는 $\frac{1}{3}a$로 줄어든다. 이때 전체 변의 개수는 모두 $3 \times 4 = 12$개다. 그 다음 단계에서는 이 12개의 변이 각각 4개로 분화하므로 모두 $(3 \times 4) \times 4 = 48$개, 변의 길이는 $\frac{1}{3} \times \frac{1}{3}a = \frac{1}{9}a$가 된다. 이런 과정을 표로 나타내면 다음과 같다.

단계	변의 개수(A)	한 변의 길이(B)	총 둘레(A$\times$B)
0	3	a	$3a$
1	3×4	$\frac{1}{3}a$	$3 \times 4 \times \left(\frac{1}{3}\right)a$
2	3×4^2	$\left(\frac{1}{3}\right)^2 a$	$3 \times 4^2 \times \left(\frac{1}{3}\right)^2 a$
3	3×4^3	$\left(\frac{1}{3}\right)^3 a$	$3 \times 4^3 \times \left(\frac{1}{3}\right)^3 a$
...			
n	3×4^n	$\left(\frac{1}{3}\right)^n a$	$3 \times 4^n \times \left(\frac{1}{3}\right)^n a$

n단계일 때 도형의 둘레를 식으로 나타내면 다음과 같이 공비 $\frac{4}{3}$인 등비수열이 된다. 이때 공비가 1보다 크므로 이 수열은 양의 무한대로 발산하며, 따라서 둘레는 무한히 커진다.

$$\lim_{n \to \infty} \left\{ 3 \cdot 4^n \cdot \left(\frac{1}{3}\right)^n a \right\} = \lim_{n \to \infty} 3a \cdot \left(\frac{4}{3}\right)^n = \infty$$

다음으로 넓이의 변화를 살펴보기 전에, 삼각형의 성질 하나를 복습하자. I부에서 한 변의 길이가 a인 정삼각형의 넓이는 $\frac{\sqrt{3}}{4}a^2$임을 공부했었다. 만약 변의 길이가 k배 되었다면 넓이는 어떻게 될까? 새로운 변의 길이가 ka이므로 넓이는 $\frac{\sqrt{3}}{4}k^2 a^2$이고, 원래 정삼각형 넓이의 k^2배임을 알 수 있다.

이제 최초 정삼각형의 넓이를 A_0라 두자. 이때 변의 개수가 3개이므로, 다음 단계에서는 세 변마다 작은 정삼각형이 하나씩 생겨난다. 새로 생긴 정삼각형의 한 변은 원래 정삼각형의 $\frac{1}{3}$배이므로 넓이는 원래의 $(\frac{1}{3})^2 = \frac{1}{9}$배이다. 따라서 이 단계에 추가된 도형의 넓이를 A_1이라 하면, $A_1 = 3 \times \frac{1}{9} A_0$가 된다.

그 다음 단계에서는 $3 \times 4 = 12$개의 변마다 작은 정삼각형이 하나씩 생겨나고, 생겨난 정삼각형 하나의 넓이는 앞 단계의 $\frac{1}{9}$, 즉 최초 정삼각형의 넓이에 대한 비율로 계산하면 $(\frac{1}{9})^2 A_0$이다. 따라서 이 단계에 추가된 도형의 넓이는 모두 $A_2 = 3 \times 4 \times (\frac{1}{9})^2 A_0$가 된다.

이 과정을 표로 나타내면 다음과 같다. 여기서 '추가된 삼각형 개수'는 앞서 둘레를 계산할 때의 변의 개수와 동일한데, 이전 단계의 변 하나당 작은 삼각형이 하나씩 추가되기 때문이다.

단계	추가된 삼각형 개수(A)	추가된 삼각형 하나의 넓이(B)	추가된 도형의 총 넓이(A×B)
A_1	3	$\frac{1}{9} A_0$	$3 \times \frac{1}{9} A_0$
A_2	3×4	$(\frac{1}{9})^2 A_0$	$3 \times 4 \times (\frac{1}{9})^2 A_0$
A_3	3×4^2	$(\frac{1}{9})^3 A_0$	$3 \times 4^2 \times (\frac{1}{9})^3 A_0$
...			
A_n	$3 \times 4^{n-1}$	$(\frac{1}{9})^n A_0$	$3 \times 4^{n-1} \times (\frac{1}{9})^n A_0$

n번째 단계에 추가된 총 넓이 A_n은 지수법칙을 이용해서 좀 더 간단히 할 수 있는데, 그 결과는 초항 $\frac{1}{3}$이고 공비 $\frac{4}{9}$인 등비수열의 일반항과 같다.

$$A_n = 3 \cdot 4^{n-1} \cdot \left(\frac{1}{9}\right)^n A_0 = 3 \cdot \frac{4^{n-1}}{9^{n-1}} \cdot \frac{1}{9} A_0 = \frac{1}{3} \cdot \left(\frac{4}{9}\right)^{n-1} A_0$$

이제 n단계에서 이 도형의 전체 넓이 S_n은, 최초의 넓이 A_0에 1단계~n단계까지 추가된 도형의 넓이들을 모두 더한 것과 같다. 이것은 Σ 기호를 써서 간략하게 나타낼 수 있다.

$$S_n = A_0 + \sum_{k=1}^{n} A_k$$

$$= A_0 + \sum_{k=1}^{n} \frac{1}{3} \cdot \left(\frac{4}{9}\right)^{n-1} A_0$$

$$= A_0 \cdot \left[1 + \sum_{k=1}^{n} \frac{1}{3} \cdot \left(\frac{4}{9}\right)^{n-1} \right]$$

우리가 구하는 넓이는 이러한 단계가 무한히 반복되었을 때의 값이므로, 위에서 구한 식에 극한을 취하면 얻을 수 있다. Σ 안의 식은 초항 $\frac{1}{3}$이고 공비 $\frac{4}{9}$인 등비급수의 합이므로, 최종적인 결과는 다음과 같다.

$$\lim_{n \to \infty} S_n = A_0 \cdot \left[1 + \frac{\frac{1}{3}}{1 - \frac{4}{9}} \right] = A_0 \cdot \left(1 + \frac{3}{5}\right) = \frac{8}{5} A_0$$

지금까지 얻은 결론을 정리하면, 규칙에 따라 무한한 반복의 과정을 통해 '코흐 눈송이' 도형을 만들었을 때 그 둘레는 무한히 길어지며,[24] 넓이는 원래 정삼각형의 $\frac{8}{5}$배에 수렴한다.

연습문제

1. 다음 무한급수가 수렴하는지 판단하고, 수렴할 경우 급수의 합을 구하여라.

(1) $\displaystyle\sum_{k=1}^{\infty} \frac{2}{k(k+1)}$ (2) $\displaystyle\sum_{k=1}^{\infty} \left(\frac{2}{3}\right)^k$

(3) $\displaystyle\sum_{k=1}^{\infty} \left(\sqrt{k} - \sqrt{k+1}\right)$ (4) $0.3 + 0.03 + 0.003 + \cdots$

2. 길이가 1인 막대를 3등분한 다음, 셋 중 가운데 토막을 제외시킨다. 남은 양쪽 토막도 각각 다시 3등분하고 가운데 토막을 제외한다.

---

24 넓이가 유한한 도형의 둘레가 무한하다는 것은 사실 어쩐지 이상해 보이는 결과인데, 이것은 이 둘레를 일반적인 1차원의 개체로 간주하였기 때문이다. 이 때문에 프랙털 도형의 차원은 프랙털 차원(fractal dimension)이라는 특별한 방식으로 계산하며, 코흐 눈송이의 둘레는 대략 1.26차원이라고 한다.

이런 일을 무한히 반복한다고 할 때, 제외된 토막의 길이를 모두 더하면 얼마가
되는가?[25]

10.5 무리수 e와 자연로그

10.5.1 무리수 e

앞서 등비급수를 소개할 때 복리예금의 원리합계에 대해 공부했었는데, 실제로는
예금 이자를 연 1회보다 더 짧은 주기로 계산하여 지급하는 경우도 흔하다. 만일
복리예금의 이자를 중간에 여러 번 계산한다면 어떤 결과가 나올지 알아보자.

연이율 r인 복리예금에 a만큼의 원금을 불입하고, 이자는 연말에 계산한다고
하자. 그러면 연말의 원리합계는 원금 a와 그에 대한 이자 ar이 더해져서 모두
$a(1+r)$이 된다. 실제 수치로 비교하기 위해 연이율 $r = 0.05$라 가정하면, 연 1회
이자를 지급할 경우 연말의 원리합계는 $a(1+0.05) = 1.05a$다. 이제 만약 이자를
반 년마다 지급한다면, 즉 6개월에 한 번씩 연이율의 절반인 $\frac{r}{2}$을 적용해서 연 2회
지급하면 그 해 연말의 원리합계는 얼마가 될까?

첫 6개월이 지난 후의 원리합계가 $a(1+\frac{r}{2})$임은 명백하다. 이제 이 금액이 다음
기간에 대한 원금이 되므로, 다시 6개월 후 연말의 원리합계는 거기에 이자 $\frac{r}{2}$배를
더한 것이 된다.

$$\left\{ a\left(1+\frac{r}{2}\right) \right\} \cdot \left(1+\frac{r}{2}\right) \;=\; a\left(1+\frac{r}{2}\right)^2$$

복리 이율 $r = 0.05$라고 하면, 연말에 받을 수 있는 금액은 원금의 $(1+\frac{0.05}{2})^2$
$= 1.050625$배가 된다. 연 1회 지급할 때보다 미미하게 큰 금액이지만 별 차이가
나지는 않는다. 만약 반 년이 아니라 석 달마다 $\frac{r}{4}$의 이자를 계산하여 연 4회 지급
한다면 어떨까?

[25] 더 자세한 것은 칸토어 집합(Cantor set)을 참고하라.

$$\left[\left[\left[a\left(1+\frac{r}{4}\right)\right]\left(1+\frac{r}{4}\right)\right]\left(1+\frac{r}{4}\right)\right]\left(1+\frac{r}{4}\right) = a\left(1+\frac{r}{4}\right)^4$$

$r=0.05$로 가정하면 연말의 총 원리합계는 원금의 $(1+\frac{0.05}{4})^4 \approx 1.050945$배가 된다. 역시 연 1회 때보다 약간 높은 비율이다. 그렇다면 이자를 더 자주 받을수록 예금주에게 돌아가는 이득은 한없이 커질까? 연 n회 이자를 지급할 때 연말의 원리합계는, 위의 결과를 일반화해서 다음 식으로 나타낼 수 있다.

$$a\left(1+\frac{r}{n}\right)^n$$

계산의 편의를 위해 원금 $a=1$, 연이율 $r=0.05$라 두고 몇 가지 n 값에 따른 연말의 원리합계가 어떻게 변하는지 살펴보자.

지급 횟수	원리합계	이익률
1	$(1+0.05)=1.05$	5%
2	$\left(1+\frac{0.05}{2}\right)^2 = 1.050625$	$\approx 5.06\%$
4	$\left(1+\frac{0.05}{4}\right)^4 \approx 1.050945$	$\approx 5.09\%$
12	$\left(1+\frac{0.05}{12}\right)^{12} \approx 1.051162$	$\approx 5.12\%$
365	$\left(1+\frac{0.05}{365}\right)^{365} \approx 1.051267$	$\approx 5.13\%$

표에서 보는 것처럼, 일 단위로 이자를 계산하면 연 1회 때보다 0.13%p[26] 정도 이익률이 늘어남을 알 수 있다. 만약 여기서 더 나아가 시간 단위나 분 단위로 이자를 계산한다면 과연 어떤 결과를 얻을까? 지급 주기를 더 잘게 쪼개면 천천히 증가하기는 해도 조화급수처럼 결국 발산할까, 그렇지 않으면 어떤 값으로 수렴하게 될까?

위의 식이 r의 값에 영향을 받지 않도록 만들면 계산이 다소 편해질 것이다. 식에서 r을 1로 대체하면 $(1+\frac{1}{n})^n$의 형태가 된다. 이제 우리가 궁금한 것은, n의 값

---

26 퍼센트(%)는 그 자체가 비율의 단위이므로 퍼센트로 나타낸 비율 간에 증감된 차이를 나타낼 때에는 퍼센트 포인트(%p)를 쓴다. 예를 들어 이익률이 5%에서 5.13%로 변했을 때는 0.13%p 증가했다고 말한다.

이 무한히 커질 때 이 식의 극한이 어떻게 되는가 하는 것이다. n의 값이 커짐에 따라 식의 값이 어떻게 변하는지 살펴보았더니 다음과 같았다.

n	$\left(1+\dfrac{1}{n}\right)^n$
1	$(1+1)=2$
2	$\left(1+\dfrac{1}{2}\right)^2=2.25$
4	$\left(1+\dfrac{1}{4}\right)^4 \approx 2.441406$
12	$\left(1+\dfrac{1}{12}\right)^{12} \approx 2.613035$
365	$\left(1+\dfrac{1}{365}\right)^{365} \approx 2.714567$
$365 \times 24 = 8760$	$\left(1+\dfrac{1}{8760}\right)^{8760} \approx 2.718127$

이것은 말하자면 $\left(1+\frac{1}{\infty}\right)^{\infty}$ 꼴의 극한이 어떻게 되느냐 하는 것과 같은 이야기다. 수학자들은 $n \to \infty$일 때 이 식이 어떤 값에 수렴한다는 것을 알아냈는데, 그 값을 기호로 e라 쓴다.[27]

$$\lim_{n\to\infty} \left(1+\frac{1}{n}\right)^n = 2.718281828459045\cdots = e$$

때로는 n의 역수 $\frac{1}{n}=t$로 두고 $t \to 0$의 꼴을 쓰기도 한다. 이 경우 수열은 아니고 함수 형태인데, 함수의 극한에 대해서는 13장 미분법에서 다루기로 한다.

$$\lim_{t\to 0} \left(1+t\right)^{\frac{1}{t}} = e$$

앞서 잠시 제외해 두었던 r을 이 식에 포함시켜 극한값을 계산해 보자. $\frac{1}{n}$이었던 항이 $\frac{r}{n}$로 바뀌었으므로 이것과 맞추기 위해 지수부의 n을 $\frac{n}{r} \times r$의 곱 형태로 다시 쓴다.

---

27 이 극한값은 야코프 베르누이가 발견했지만 기호 e를 사용한 것은 오일러였다고 한다.

$$\lim_{n \to \infty} \left(1 + \frac{r}{n}\right)^n = \lim_{n \to \infty} \left(1 + \frac{r}{n}\right)^{\frac{n}{r} \cdot r}$$

여기서 $\frac{n}{r} = t$라 두면 $n \to \infty$일 때 $t \to \infty$이므로 식을 원래 문자 n 대신 t로 나타낼 수 있다. 문자가 n에서 t로 바뀌었을 뿐 식의 의미는 그대로이며, 앞서와 동일하게 극한값을 계산하면 된다.

$$\lim_{n \to \infty} \left(1 + \frac{r}{n}\right)^{\frac{n}{r} \cdot r} = \lim_{t \to \infty} \left(1 + \frac{1}{t}\right)^{t \cdot r} = \left[\lim_{t \to \infty} \left(1 + \frac{1}{t}\right)^t\right]^r = e^r$$

즉, r을 포함했을 때는 다음의 결과를 얻는다.

$$\lim_{n \to \infty} \left(1 + \frac{r}{n}\right)^n = e^r$$

다시 연이율 5%의 예로 돌아가자. 복리이자를 시간이나 분 단위보다 더 자주 계산해서 찰나의 순간마다 이자를 지급하는 것처럼 횟수를 무한히 늘린다면, 최종적인 원리합계는 다음과 같아진다.[28] 5%의 복리이자를 아무리 자주 받는다 해도 최종 이익률에는 한계가 있으며, 그 값은 5.127% 남짓이라는 것을 알 수 있다.

$$\lim_{n \to \infty} \left(1 + \frac{0.05}{n}\right)^n = e^{0.05} \approx 1.051271$$

앞서 e를 계산할 때 나왔던 식 $\left(1 + \frac{1}{n}\right)^n$은 마침 $(a + b)^n$ 모양으로 되어 있는데, 그에 따라 자연스럽게 이항 정리를 적용할 수 있다.

$$
\begin{aligned}
\left(1 + \frac{1}{n}\right)^n &= \sum_{k=0}^{n} \binom{n}{k} \cdot (1)^{n-k} \cdot \left(\frac{1}{n}\right)^k \\
&= \sum_{k=0}^{n} \frac{n!}{k! \, (n-k)!} \cdot \frac{1}{n^k} \\
&= \sum_{k=0}^{n} \frac{1}{k!} \cdot \frac{n(n-1)(n-2) \cdots (n-k+1)}{n^k}
\end{aligned}
$$

여기서 분자에 있는 $n(n-1)(n-2) \cdots (n-k+1)$는 k개 숫자의 곱이고 분모

---

28 금융 분야의 용어로는 연속복리(continuous compounding)라 한다.

에 있는 n^k도 k개 숫자의 곱이다. 따라서 해당 분수 부분은 k개 항의 곱으로 쪼개어 써도 무방하다.

$$= \sum_{k=0}^{n} \frac{1}{k!} \cdot \frac{n}{n} \cdot \frac{(n-1)}{n} \cdot \frac{(n-2)}{n} \cdots \frac{(n-k+1)}{n}$$

e는 $n \to \infty$일 때 위 식의 극한값에 해당하지만 지금은 $\frac{\infty}{\infty}$의 꼴이어서 바로 계산할 수 없다. 앞서 공부한 대로 분모의 최고차항인 n^k로 위아래를 나누자. 이때 곱으로 이어진 항이 k개 있으므로 각 항에 대해 분모와 분자를 똑같이 n으로 나누어 준다.

$$= \sum_{k=0}^{n} \frac{1}{k!} \cdot \frac{1}{1} \cdot \frac{(1-\frac{1}{n})}{1} \cdot \frac{(1-\frac{2}{n})}{1} \cdots \frac{(1-\frac{k}{n}+\frac{1}{n})}{1}$$

이제 여기에 극한을 취하면, 상당히 흥미로운 결과를 얻는다.

$$\lim_{n \to \infty} \sum_{k=0}^{n} \frac{1}{k!} \cdot 1 \cdot \left(1-\frac{1}{n}\right) \cdot \left(1-\frac{2}{n}\right) \cdots \left(1-\frac{k}{n}+\frac{1}{n}\right)$$
$$= \lim_{n \to \infty} \sum_{k=0}^{n} \frac{1}{k!}$$
$$= \frac{1}{0!} + \frac{1}{1!} + \frac{1}{2!} + \frac{1}{3!} + \cdots$$

팩토리얼의 역수의 합으로 된 이 식은 n이 증가함에 따라 앞서의 $(1+\frac{1}{n})^n$ 형태보다 훨씬 빨리 e의 실제 값에 수렴하는데, $n = 10$일 때 이미 소수점 이하 7번째 자리까지 일치한다.

$$\frac{1}{0!} + \frac{1}{1!} + \frac{1}{2!} + \frac{1}{3!} + \cdots + \frac{1}{10!} = 2.718281801\cdots$$

지금까지 알아본 내용을 함께 정리하면 다음과 같다.

$$\lim_{n \to \infty} \left(1 + \frac{1}{n}\right)^n = \lim_{n \to 0} (1+n)^{\frac{1}{n}} = \sum_{k=0}^{\infty} \frac{1}{k!} = e$$

e는 무리수이고 초월수임이 밝혀져 있으며, 수학이나 과학 분야의 여러 가지 사례

로부터 '자연스럽게' 도출되는 경우가 많다. 실생활에서 흔히 볼 수 있는 예를 통해 e의 '자연스러움'을 조금이나마 엿보자.

어떤 게임에서 아이템 강화를 할 때 성공할 확률이 10%라고 한다. 강화를 10번 시도했을 때 한 번도 성공하지 못할 확률은 얼마나 될까? 1번의 시도에서 실패할 확률이 $1 - \frac{1}{10} = \frac{9}{10}$이므로 10번 모두 실패할 확률은 $\frac{9}{10}$를 열 번 거듭제곱한 것과 같다.

$$\left(\frac{9}{10}\right)^{10} = \left(1 - \frac{1}{10}\right)^{10} \approx 34.9\,(\%)$$

이제 성공확률이 1%인 주문서를 100번 사용했을 때 100번 모두 실패할 확률은 얼마일까? 같은 방법으로 계산할 수 있는데, 아까보다 실패 확률이 조금 더 커진다.

$$\left(1 - \frac{1}{100}\right)^{100} \approx 36.6\,(\%)$$

숫자를 조금 늘려 보자. 당첨 확률이 8백만 분의 1인 복권을 800만 번 샀는데, 단 한 번도 당첨되지 않을 확률은 얼마일까? 컴퓨터의 도움을 얻어 계산하면 다소 기대와 달라 보이는 답을 얻는다.

$$\left(1 - \frac{1}{8000000}\right)^{8000000} \approx 36.8\,(\%)$$

이런 값들의 극한은 다음과 같은 식으로 나타낼 수 있다.

$$\lim_{p\to\infty}\left(1 - \frac{1}{p}\right)^p = \lim_{p\to\infty}\left(\frac{p-1}{p}\right)^p$$

여기서 $p - 1 = t$로 두면 $\frac{p-1}{p} = \frac{t}{t+1}$로 바뀌고, 그 식을 조금 변형하면 e의 극한값을 이용할 수 있는 형태가 된다.

$$\lim_{t\to\infty}\left(\frac{t}{t+1}\right)^{t+1} = \lim_{t\to\infty}\left[\frac{1}{\left(\frac{t+1}{t}\right)}\right]^{t+1} = \frac{1}{\lim_{t\to\infty}\left(\frac{t+1}{t}\right)^{t+1}} = \frac{1}{\lim_{t\to\infty}\left(1 + \frac{1}{t}\right)^{t+1}} = \frac{1}{e}$$

즉, 이 확률의 극한값은 $\frac{1}{e} \approx 0.36787944\cdots$이다.

10.5.2 자연로그

e는 다른 방법으로도 정의 가능하다. 함수 $y = \frac{1}{x}$이 1사분면에 그리는 그래프와 함께, x축 위에 1보다 큰 임의의 실수를 가정하자. 그러면 $x = 1$부터 그 실수 사이 구간에서 그래프와 x축으로 둘러싸인 영역의 넓이가 1이 되는 지점이 바로 $x = e$ 이다.

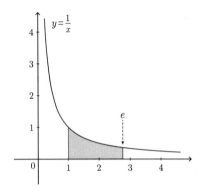

$y = \frac{1}{x}$의 그래프와 x축이 만드는 영역을 잘 살펴보면 눈에 띄는 점을 발견할 수 있다. x값이 증가함에 따라 영역의 넓이가 증가하기는 하지만, 그래프가 점근선인 x축에 가까이 다가갈수록 영역의 넓이 또한 점점 증가폭이 둔해진다. 게다가 이 영역의 넓이를 x값에 대한 함수 $g(x)$라 두고 이 함수를 조사해 보면,[29] 다음과 같은 성질을 가지고 있음이 드러난다.

- $g(1) = 0$
- $g(ab) = g(a) + g(b)$
- $g\left(\frac{a}{b}\right) = g(a) - g(b)$
- $g(a^b) = b \cdot g(a)$

말하자면 이 넓이에 관한 함수 $g(x)$는 일종의 로그함수인 것이다. 이 로그의 밑을 일단 어떤 값 p라고 하면 $g(x) = \log_p x$로 쓸 수 있다. 그런데 $x = e$일 때 영역의 넓이 $g(e) = 1$이므로 다음 관계가 성립한다.

---

[29] 미적분법을 배워야 계산할 수 있으므로 지금은 일단 내용만 확인하자.

$$g(e) = \log_p e = 1$$
$$p^1 = e$$
$$\therefore \ p = e$$

결론적으로, $\frac{1}{x}$ 그래프와 가로축 사이 영역의 넓이를 나타내는 $g(x)$는 밑이 e인 로그함수 $\log_e x$가 된다. 이처럼 로그 중에서 밑이 e인 것을 **자연로그**라고 하며, 흔히 기호 $\ln x$로 나타낸다.[30] 그에 따라 e를 **자연로그의 밑**이라고 부르기도 한다.

앞서 수열의 합을 다룰 때 발산하는 무한급수의 예로 조화급수가 있었고, 이 급수는 마치 로그함수처럼 더디게 증가했음을 기억할 것이다. 조화급수의 식을 다시 한번 들여다 보자.

$$\lim_{n \to \infty} H_n = \sum_{k=1}^{\infty} \frac{1}{k} = \frac{1}{1} + \frac{1}{2} + \frac{1}{3} + \frac{1}{4} + \cdots$$

이 조화급수는 $y = \frac{1}{x}$에서 x값이 $1, 2, 3, 4, \cdots$일 때의 함숫값을 더한 것과 같다.

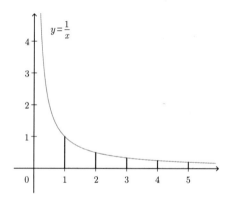

그런데 우리는 $y = \frac{1}{x}$ 그래프가 만드는 영역의 넓이가 자연로그 $\ln x$로 나타난다는 것을 보았다. 조화급수 H_n 역시 $\frac{1}{n}$까지의 값들을 더해가는 것이므로, 둘 사이에 모종의 관계가 있으리라 예상할 수 있다. 몇 가지 n에 대해 조화급수와 자연로그 값을 비교해 보자.

---

30 logarithm과 natural의 머리글자에서 따왔다.

n	H_n	$\ln n$	차이
1	1	0	1
2	1.5	0.693 ⋯	0.80685 ⋯
3	1.833 ⋯	1.098 ⋯	0.73472 ⋯
5	2.283 ⋯	1.609 ⋯	0.67389 ⋯
10	2.928 ⋯	2.302 ⋯	0.62638 ⋯
10^2	5.187 ⋯	4.605 ⋯	0.58220 ⋯
10^3	7.485 ⋯	6.907 ⋯	0.57771 ⋯
10^4	9.787 ⋯	9.210 ⋯	0.57726 ⋯
10^5	12.090 ⋯	11.512 ⋯	0.57722 ⋯

n이 증가함에 따라 격차가 점점 좁혀지지만, 그 차이가 완전히 사라지지는 않고 어떤 값으로 수렴하는 것처럼 보인다. 실제로 조화급수와 자연로그 간의 차는 $n \to \infty$일 때 특정한 값으로 수렴함이 알려져 있으며, 그 값을 '오일러–마스케로니[31] 상수'라 부르고 기호 γ[32]로 나타낸다.

$$\gamma = \lim_{n \to \infty} (H_n - \ln n) = 0.577215664 \cdots$$

함수 단원에서 배운 바에 의하면 독립변수 x와 종속변수 y의 역할을 바꾸어서 역함수를 얻을 수 있었다. 그런 방법으로 밑이 e인 로그함수 $\ln x$의 역함수를 구하면, 밑이 e인 지수함수 e^x를 얻는다. e^x 역시 e나 자연로그 못지 않게 수학적으로 '자연스러운' 성질을 많이 가지고 있다.[33] 또한 역함수인 두 함수를 합성하면 물론 항등함수가 나온다.

$$\ln\{e^x\} = x \ln e = x$$

$$e^{\{\ln x\}} = x^{\ln e} = x$$

앞서 복리예금의 예에서 이율 r인 경우 원리합계의 극한값이 e^r이었는데, r을 독립변수 x로 바꾸면 지수함수 e^x를 다음과 같은 극한으로도 정의할 수 있다.

---

31 두 명의 수학자 오일러(Euler)와 마스케로니(Mascheroni)의 이름에서 따왔다.
32 그리스어 소문자 감마(gamma)다.
33 미적분법을 공부할 때 다시 알아본다.

$$e^x = \lim_{n \to \infty} \left(1 + \frac{x}{n}\right)^n$$

e의 지수부에 복잡한 식이 올 경우는 읽기가 쉽지 않아서 e^x 대신 $\exp(x)$ 형태를 쓰기도 한다. 예를 들면 다음과 같다.

$$e^{-\frac{(x-\mu)^2}{2\sigma^2}} = \exp\left(-\frac{(x-\mu)^2}{2\sigma^2}\right)$$

급수로 수학함수 계산하기

컴퓨터나 계산기에서 $\exp$, $\log$, $\sin$, $\cos$ 같은 수학함수의 함숫값은 어떻게 구하는 것일까? 초창기의 PC나 계산기에 쓰인 CPU는 곱셈 · 나눗셈을 위한 명령어조차 없는 경우가 흔했지만, 여러 가지 기발한 방법을 통해 이런 특수 함수 기능까지도 제공할 수 있었다. 그런 방법 중 하나가 급수를 이용하는 것이다.

팩토리얼 역수의 합으로 e를 얻는 식에서, $\left(1 + \frac{1}{n}\right)$ 대신 $\left(1 + \frac{x}{n}\right)$를 사용하면 아래처럼 지수함수 e^x를 무한급수의 합으로 나타낼 수 있다.

$$e^x = 1 + \frac{x}{1!} + \frac{x^2}{2!} + \frac{x^3}{3!} + \cdots = \sum_{k=0}^{\infty} \frac{x^k}{k!}$$

이 급수의 계산에는 사칙연산 정도만 필요하며, 적당한 개수의 항을 더함으로써 e^x의 근삿값을 얻을 수 있을 것이다. 아래의 파이썬 코드에 이런 아이디어를 나타냈다. 여기서는 $\frac{x^8}{8!}$까지의 합을 사용하였다.

```
F2 = 5.000000000000000e-01    # 1/2! 팩토리얼 역수 값을 미리 계산해 둠
F3 = 1.666666666666667e-01    # 1/3!
...(생략)...
F8 = 2.480158730158730e-05    # 1/8!

def myexp(x):
    x2 = x * x
    x3 = x2 * x
    ret = 1 + x + (x2*F2) + (x3*F3) + (x2*x2*F4) + (x3*x2*F5) + \
```

```
        (x3*x3*F6) + (x3*x2*x2*F7) + (x3*x3*x2*F8)
    return ret
```

myexp(x) 함수로 e^x의 근삿값 몇 개를 계산한 다음 실제와 비교한 결과가 아래에 있다.

x	0.1	0.3	0.6	⋯	3	4	5
e^x와 myexp(x)의 차이	3.109e-15	5.591e-11	2.953e-08	⋯	0.076	1.166	10.11

x가 0에서 점점 멀어질수록 오차가 급증하는 것을 볼 수 있다. 8개보다 더 많은 항을 사용한다면 오차가 줄어들겠지만, 항의 개수를 그런 식으로 계속 늘릴 수는 없다.

사실 위의 exp 함수는 실제 사용보다는 아이디어를 설명하기 위한 예제인데, 다음 장에서 소개할 삼각함수의 경우 7~8개 항의 부분합만으로도 상당히 실제에 가까운 함숫값을 얻을 수 있다. 사인함수와 코사인함수의 예를 아래에 들었으니 한번 살펴보자. 이때 각도를 나타내는 인자 x는 도(°) 단위가 아니라 다음 장에서 배울 라디안(rad) 단위다.

$$\sin x = x - \frac{x^3}{3!} + \frac{x^5}{5!} - \frac{x^7}{7!} + \cdots$$
$$\cos x = 1 - \frac{x^2}{2!} + \frac{x^4}{4!} - \frac{x^6}{6!} + \cdots$$

이처럼 급수를 이용하여 특수함수를 구현하는 방법은 옛날 계산기뿐 아니라 현재까지도 수학용 라이브러리 개발 등에 더러 이용되고 있다. 더 자세한 것은 테일러 급수(Taylor series)를 참고하자.

연습문제

1. 다음 극한값을 구하여라.

(1) $\lim_{n \to \infty} \left(1 + \frac{1}{2n}\right)^n$ (2) $\lim_{n \to \infty} \left(1 + \frac{3}{n}\right)^{2n}$ (3) $\lim_{n \to \infty} \left(1 - \frac{3}{n}\right)^{2n}$

2. x의 값을 구하여라.

(1) $x = \ln \dfrac{1}{e^2}$ (2) $x = \ln e^e$ (3) $\ln x = -1$ (4) $\ln (x-1) = 2$ (5) $e^{2x} = 3$

3. 금융 분야에서는 복리예금에 들어 둔 원금이 2배가 되는 기간을 다음과 같은 '72의 법칙'으로 추정한다고 한다.

$$기간(년) = 72 \div 이율(\%)$$

예컨대 연이율 6%의 복리예금이라면 대략 $72 \div 6 = 12$년 후에 원금이 두 배가 된다는 것이다. 이 법칙이 어떤 이유로 통용될 수 있는지 원리합계의 식을 써서 설명하여라. 단, $r \approx 0$일 때는 $\ln (r+1) \approx r$임을 이용한다.

11장

삼각함수와 복소수

I부에서는 직각삼각형을 통해 정의되는 세 종류의 삼각비를 알아보았다. 이 삼각
비라는 개념은 삼각형 안에만 갇혀 있기에는 잠재능력이 너무 컸던 탓에, 각이 존
재하는 곳이면 어디서든 정의하여 쓸 수 있는 삼각함수로 발전되었다. 이번 장에서
는 지금까지 다루었던 다항함수, 유리함수, 무리함수, 지수함수, 로그함수와 함께
기본적으로 꼭 알아두어야 할 함수에 속하는 삼각함수를 소개하고 몇 가지 중요한
성질을 공부한다.

이 장에서 소개할 다른 주제는 실수의 불완전함을 보완해 주는 가상의 숫자 허
수, 그리고 허수와 실수가 합쳐진 체계인 복소수다. $\sqrt{-1}$로 대표되는 허수는 분명
비현실적인 숫자지만, 논리적으로 본다면 존재해도 전혀 이상할 것이 없다. 또한
일단 그 존재를 가정하면 숫자 체계에 일관성이 생기는 것은 물론, 그로부터 수없
이 많은 응용이 뒤따르는 아주 유용한 개념이다.

이 두 개의 주제, 삼각함수와 복소수는 복소평면이라는 무대에서 서로 만난다.
복소수를 각도와 크기로 나타내는 과정에서, 각이 있는 곳이면 어디나 따라다니는
삼각함수와 필연적으로 마주치는 것이다. 직선이 아닌 평면상에 복소수라는 숫자
하나를 표시함으로써, 실수 때와는 전혀 다른 방법으로 숫자를 다룰 수 있게 된다.
예컨대 이번 장을 모두 마치고 나면 $x^5 = 1$을 만족하는 다섯 개의 x 값을 구하는 것
도 어렵지 않을 것이다.

11.1 삼각함수

11.1.1 일반각과 호도법

도형 단원에서 다루었던 삼각비는 기준각이 0°보다 크고 90°보다 작은 경우로 한 정된다. 그러면 직각보다 큰 각에 대해서는 삼각비 같은 개념을 생각할 수 없는 것일까? 그 질문에 대한 답을 찾기 위해 먼저 '각'이란 것을 조금 상세히 알아보자.

도형 단원의 각은 0°~360° 범위에 속했다. 하지만 수학에서 일반적으로 다루는 각은 그보다 폭넓게 정의된다. 각이란 곧은 선 두 개가 만나서 생기는 것이므로, 그 크기를 재려면 두 선 중 하나를 기준으로 삼아야 한다. 일단 둘 중에서 기준을 정하면 나머지 선은 기준선에 대해 두 가지 방향 중 한쪽에 있게 되는데, 반시계 방향으로 회전하였다면 양(+), 시계 방향으로 회전하였다면 음(−)의 부호를 가진 방향으로 약속한다.

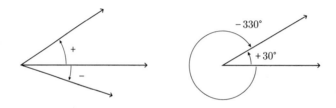

두 선이 한 방향으로 일정한 각을 이룰 때 이 각은 유일하게 정의되는 것일까? 위의 오른쪽 그림을 보자. 양의 방향으로 30° 벌어진 각은, 음의 방향으로 본다면 −330°라고도 할 수 있다. 더 나아가서, 예를 들어 양의 방향으로 θ만큼 벌어진 각이란 것은 사실 기준선 주변을 한 바퀴 돌고 θ만큼 더 돈 각인 $360° + \theta$이거나 두 바퀴 돌고 난 $720° + \theta$일 수도 있는 것이다.

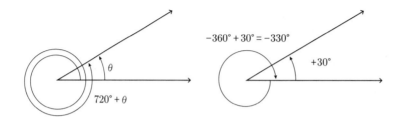

그렇게 본다면 30°라는 각은, 기준선에 대해 양이 아니라 음의 방향으로 한 바퀴

($-360°$) 돈 다음 다시 양의 방향으로 $30°$ 회전한 것으로도 볼 수 있으므로 $-360°$ $+30° = -330°$라는 셈법도 가능하다.

이제 이런 점을 모두 고려하면서 '각'의 정의를 내려보자. 곧은 선 두 개가 만나 이루는 각의 크기는, 그중 특정한 크기 하나를 θ라고 했을 때 다음과 같이 일반화 하여 나타낼 수 있다.

$$(360° \times n) + \theta \quad (n \in \mathbb{Z})$$

이것을 **일반각**이라고 부른다. 이때 θ는 대개 1회전($\pm 360°$) 이내의 값을 택한다.

예제 11-1 다음을 일반각으로 나타내고, 각의 크기가 다른 하나를 찾아라.

① $60°$ ② $-300°$ ③ $720°$ ④ $-1020°$

풀이

$$
\begin{aligned}
+60° &= 360° \times 0 + 60° &&= (360° \times n) + 60° \\
-300° &= 360° \times (-1) + 60° &&= (360° \times n) + 60° \\
+720° &= 360° \times 2 + 0° &&= (360° \times n) + 0° \\
-1020° &= 360° \times (-3) + 60° &&= (360° \times n) + 60°
\end{aligned}
$$

그러므로 크기가 다른 것은 ③이다.

각의 크기는 일상에서 대개 도($°$)·분($'$)·초($''$) 단위로 나타내며, 이것을 **육십분법**[1] 이라 한다. 1회전을 360등분하여 1도($°$ 또는 deg)로 정한 이 방법은, 어떤 논리적 근거가 있다기보다는 실용적이고 관습적인 면이 크다. 또한 수학에서 통상적으로 쓰는 실수 범위와도 잘 맞지 않으며, 각도와 관련된 식이 다소 번잡해지기도 한다. 예컨대 호의 길이를 나타내는 $2\pi r \times \dfrac{x}{360°}$ 같은 식을 떠올려 보자.

그러므로 만약 각의 크기를 도형 자체에 내재된 양을 기준으로 정의할 수 있다 면, 인위적인 도($°$) 단위보다 여러 면에서 자연스러울 것이다. 각은 회전의 개념이

---

1 육십분법에서는 1도 = 60분, 1분 = 60초다. 분·초의 경우는 시간의 단위와 구별하기 위해 각분 (arcminute)·각초(arcsecond)를 쓰기도 한다. 360이나 60은 약수가 많은 편이어서 계산하기 편하다는 이 유로 선택되었을 가능성이 크다.

므로 도형 중에서도 원과 가장 밀접한 관련이 있다. 원에서 각의 크기와 함께 변화하는 것은 무엇일까? 중심각의 크기를 따라 변하는 수량은 여럿 있겠지만, 가장 눈에 띄는 것은 중심각에 의해 만들어지는 부채꼴 호의 길이일 것이다.

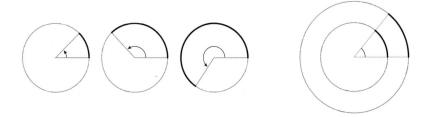

호의 길이는 중심각에 정비례해서 변하므로, 각의 크기를 측정할 기준으로 적합하다. 하지만 중심각이 같더라도 원의 반지름이 다르면 호의 길이도 다르다. 따라서 호의 길이로 각의 크기를 재려면, 일단 반지름을 똑같이 만든 다음에 호의 길이를 따져야 한다. 반지름은 1로 통일하는 것이 가장 손쉬운데, 그러려면 호의 길이를 반지름으로 나누면 된다.

$$각 = \frac{호의\ 길이}{반지름}$$

이 값은 반지름＝1인 단위원에서 그 중심각에 대응하는 호의 길이이다. 이런 식으로 각을 정의하는 것을 '호에 의해 각도를 정한다'는 뜻에서 **호도법**이라고 한다. 호도법의 단위는 라디안(radian, 기호로 rad)[2]을 쓰는데, 각의 정의 자체가 일종의 비율일 뿐이므로 rad 단위는 흔히 생략된다. 정의에서 알 수 있듯이, 호의 길이와 반지름이 같을 때 그 중심각은 1 라디안이다.

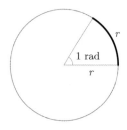

---

2 반지름을 뜻하는 radius에서 따왔다.

호도법을 사용하면 육십분법일 때와는 무엇이 어떻게 달라질까? 먼저 원주 한 바퀴를 생각해 보자. 호(원주)의 길이가 $2\pi r$이고 이것을 반지름 r로 나눈 비율이 각도가 되므로, 원주 한 바퀴(360°)에 해당하는 각도는 호도법으로 다음과 같다.

$$360° \;=\; \frac{2\pi r}{r} \;=\; 2\pi \;(\text{rad})$$

따라서 라디안과 도 단위 사이에는 다음 관계가 성립하고,

$$180° \;=\; \pi \;(\text{rad})$$
$$\therefore \; 1° \;=\; \frac{\pi}{180} \;(\text{rad})$$

그에 따라 도(°) 단위의 각을 라디안으로 바꾸는 것도 간단하다.

$$\text{rad} \;=\; \text{deg} \times \frac{\pi}{180°}$$

각도 몇 개를 두 가지 방법으로 나타내어 비교해 보자.

육십분법	0°	30°	45°	60°	90°	180°	270°	360°
호도법	0	$\frac{\pi}{6}$	$\frac{\pi}{4}$	$\frac{\pi}{3}$	$\frac{\pi}{2}$	π	$\frac{3}{2}\pi$	2π

1라디안은 육십분법으로 몇 도쯤일까? $180° = \pi(\text{rad})$의 양변을 π로 나누면, 다음과 같은 답을 얻는다.

$$1\;(\text{rad}) \;=\; \frac{180°}{\pi} \;\approx\; 57.3°$$

예제 11-2 다음 각의 크기를 육십분법은 호도법으로, 호도법은 육십분법으로 각각 바꾸어라.

(1) $15°$ (2) $75°$ (3) $330°$ (4) $765°$ (5) $\frac{\pi}{5}$ (6) 3π

풀이

(1) $15° \times \dfrac{\pi}{180°} = \dfrac{\pi}{12}$ (2) $75° \times \dfrac{\pi}{180°} = \dfrac{5}{12}\pi$ (3) $330° \times \dfrac{\pi}{180°} = \dfrac{11}{6}\pi$

(4) $765° \times \dfrac{\pi}{180°} = \dfrac{17}{4}\pi$ (5) $\dfrac{\pi}{5} \times \dfrac{180°}{\pi} = 36°$ (6) $3\pi \times \dfrac{180°}{\pi} = 540°$

이제 각도와 관련된 수식의 모양이 육십분법일 때와 비교하여 어떻게 달라지는지, 부채꼴 호의 길이로 살펴보자. 위쪽 식은 육십분법, 아래쪽 식은 호도법을 사용했다.

$$l = 2\pi r \times \dfrac{\theta}{360°}$$
$$l = 2\pi r \times \dfrac{\theta}{2\pi} = r\theta$$

육십분법일 때에 비해서 상당히 간단해졌다. 그도 그럴 것이 호도법의 정의로부터 각 $= \dfrac{\text{호의 길이}}{\text{반지름}}$, 즉 $\theta = \dfrac{l}{r}$ 라는 관계가 처음부터 성립하기 때문이다. 다음은 부채꼴의 넓이를 보자.

$$S = \pi r^2 \times \dfrac{\theta}{360°}$$
$$S = \pi r^2 \times \dfrac{\theta}{2\pi} = \dfrac{1}{2}r^2\theta$$

이 넓이 S는 중심각 θ가 아니라 호의 길이 l로도 나타낼 수 있다.

$$S = \dfrac{1}{2}r^2\theta = \dfrac{1}{2}r \cdot r\theta = \dfrac{1}{2}rl$$

위 관계식은 I부에도 나왔는데, 결과 자체에 각의 크기는 포함되어 있지 않으므로 각의 단위와는 관계없이 성립한다.

일반각의 경우도 짚고 넘어갈 필요가 있다. 일반각은 육십분법으로 $(360° \times n) + \theta$이므로 호도법에서는 다음과 같다. 원주 한 바퀴에 해당하는 일반각이 $2n\pi$라는 것을 기억하자.

$$2n\pi + \theta \quad (n \in \mathbb{Z})$$

수학에서는 육십분법보다 호도법 쪽이 여러 가지로 바람직하므로 별도의 언급이 없을 경우 앞으로 모든 각도는 호도법을 사용한다.

11.1.2 삼각함수의 정의

지금까지 수학에서 다루는 '각'이 어떤 것인지 알아보았다. 다음은 $0° \sim 90°$ 범위를 벗어나는 일반적인 각에 대해서 성립하도록 삼각비의 개념을 확장하여 정의해 보자. 앞서 I부에서는 단위원 위의 한 점에서 x축에 수선을 내려 만들어지는 직각삼각형으로 삼각비를 설명했었다.

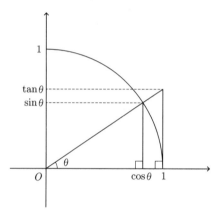

또한 피타고라스 정리를 이용하여 몇 가지 특수한 각에 대한 삼각비의 값도 구했는데, 이것을 호도법 단위로 다시 쓰면 다음과 같다.

θ	0	$\dfrac{\pi}{6}$	$\dfrac{\pi}{4}$	$\dfrac{\pi}{3}$	$\dfrac{\pi}{2}$
$\sin \theta$	0	$\dfrac{1}{2}$	$\dfrac{\sqrt{2}}{2}$	$\dfrac{\sqrt{3}}{2}$	1
$\cos \theta$	1	$\dfrac{\sqrt{3}}{2}$	$\dfrac{\sqrt{2}}{2}$	$\dfrac{1}{2}$	0
$\tan \theta$	0	$\dfrac{\sqrt{3}}{3}$	1	$\sqrt{3}$	정의되지 않음

이와 같은 삼각비를, 어떤 각도에 대응되는 함수 형태로 만들 수 있다면 아주 유용할 것이다. 하지만 원래 삼각비는 직각삼각형으로 정의했기에 $0° \sim 90°$ 사이의 각에 대해서만 성립한다. 수학에서 다루는 일반각은 (라디안 단위로) 임의의 실수 값

을 가질 수 있으므로, 삼각비를 함수 형태로 만들려면 각에 대한 제약을 먼저 풀어야 한다.

이제 다음 그림처럼 반지름 r인 원 위의 한 점 $P(x, y)$를 정하고, 선분 $\overline{OP}$와 가로축 양의 방향이 이루는 각을 θ라 하자.

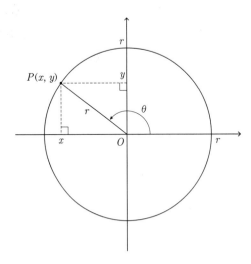

그러면 각 θ에 대해 다음과 같은 값을 대응시키는 함수 두 개를 정의할 수 있다.

$$f(\theta) = \frac{x}{\overline{OP}} = \frac{x}{r}$$

$$g(\theta) = \frac{y}{\overline{OP}} = \frac{y}{r}$$

각 θ가 어떤 값이든 간에 점 P는 원주 위 어딘가에 존재하므로 x와 y 좌표값을 항상 얻을 수 있다. 따라서 θ가 직각의 범위를 벗어나는 일반적인 각이어도 두 함수 $f(\theta)$와 $g(\theta)$의 함숫값은 항상 정의된다. 이때 점 P의 x좌표와 반지름 r의 비를 나타내는 함수 $f(\theta)$를 **코사인함수**라고 하며 괄호를 생략하고 $\cos\theta$라고 쓴다. 또, 점 P의 y좌표와 반지름의 비를 나타내는 함수 $g(\theta)$를 **사인함수**라고 하며 $\sin\theta$라고 쓴다.

$$\cos\theta = \frac{x}{r}$$

$$\sin\theta = \frac{y}{r}$$

$r = 1$일 때는 분모가 1이므로 점 P의 x좌표나 y좌표값이 그대로 함숫값이 되어 계산이 간단해진다. 따라서 두 함수를 설명할 때는 흔히 단위원일 때를 가정한다.

$$\cos\theta \;=\; \frac{x}{\overline{OP}} \;=\; \frac{x}{1} \;=\; x$$

$$\sin\theta \;=\; \frac{y}{\overline{OP}} \;=\; \frac{y}{1} \;=\; y$$

점 P에서 y좌표와 x좌표의 비, 즉 $\frac{y}{x}$는 $\overline{OP}$가 이루는 각 θ에 대응하는 **탄젠트함수** 라고 하고 $\tan\theta$로 나타낸다. 이것은 $\sin\theta$ 대 $\cos\theta$의 비와 같다.

$$\tan\theta \;=\; \frac{y}{x} \;=\; \frac{\left(\frac{y}{r}\right)}{\left(\frac{x}{r}\right)} \;=\; \frac{\sin\theta}{\cos\theta} \quad (x \neq 0)$$

탄젠트함수는 분모인 x좌표값이 0이 아니어야 하므로 $\theta = \frac{\pi}{2}, \frac{3}{2}\pi, \frac{5}{2}\pi \cdots$ 등의 각, 즉 90°와 270° 같은 각에 대해서는 함숫값이 정의되지 않음에 주의하자. 이렇게 해서 직각삼각형에 대한 삼각비 세 가지를 일반적인 각에 대한 함수로 확장할 수 있다.

예제 11-3 다음 그림의 각 θ_1, θ_2, θ_3에 대해 코사인함수, 사인함수, 탄젠트함수 의 값을 구하여라.

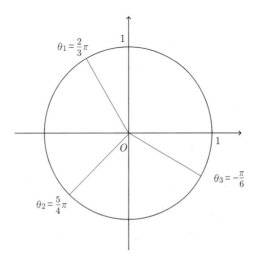

풀이

세 각이 단위원과 만나는 점을 각각 P_1, P_2, P_3라 두면 다음 그림처럼 기본적인 각도를 가진 직각삼각형이 만들어지고,

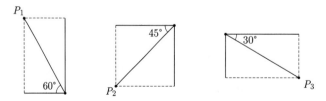

기본각의 삼각비를 이용하여 세 점의 좌표를 얻으면 다음과 같다.

$$P_1\left(-\frac{1}{2}, \frac{\sqrt{3}}{2}\right), \quad P_2\left(-\frac{\sqrt{2}}{2}, -\frac{\sqrt{2}}{2}\right), \quad P_3\left(\frac{\sqrt{3}}{2}, -\frac{1}{2}\right)$$

단위원이므로 $\cos\theta = x$, $\sin\theta = y$, $\tan\theta = \frac{y}{x}$이다.

$$\cos\theta_1 = -\frac{1}{2}, \quad \sin\theta_1 = \frac{\sqrt{3}}{2}, \quad \tan\theta_1 = -\sqrt{3}$$
$$\cos\theta_2 = -\frac{\sqrt{2}}{2}, \quad \sin\theta_2 = -\frac{\sqrt{2}}{2}, \quad \tan\theta_2 = 1$$
$$\cos\theta_3 = \frac{\sqrt{3}}{2}, \quad \sin\theta_3 = -\frac{1}{2}, \quad \tan\theta_3 = -\frac{\sqrt{3}}{3}$$

한편, 이런 함숫값의 역수를 각에 대응시키는 함수도 정의할 수 있는데, 이 함수들은 각각 시컨트(secant), 코시컨트(cosecant), 코탄젠트(cotangent)라고 부른다. 함숫값이 역수일 뿐 역함수는 아님에 유의하자.

$$\sec\theta = \frac{1}{\cos\theta}, \quad \csc\theta = \frac{1}{\sin\theta}, \quad \cot\theta = \frac{1}{\tan\theta}$$

이처럼 각 θ에 대해 정의되는 사인·코사인·탄젠트 함수와 시컨트·코시컨트·코탄젠트 함수를 통틀어서 **삼각함수**라고 한다.

앞서 반지름 r인 원 위의 점 $P(x, y)$를 가정하였을 때 코사인함수와 사인함수는

각각 $\cos\theta = \frac{x}{r}$ 및 $\sin\theta = \frac{y}{r}$로 정의되었다. 여기서 양변에 r을 곱하면 $x = r\cos\theta$, $y = r\sin\theta$이므로 점 P의 좌표는 x, y 대신 r, θ로도 쓸 수 있다.

$$P(x, y) \;=\; P(r\cos\theta,\, r\sin\theta)$$

이 식의 의미는, 좌표평면상에서 어떤 점 P의 위치를 x와 y 좌표가 아니라 다음 두 가지 값만으로 나타낼 수 있다는 것이다.

- 원점에서 P까지의 거리 r
- $\overline{OP}$와 가로축 양의 방향이 이루는 각 θ

11.5절에서는 여기에 기초하여 만들어지는 새로운 좌표 체계에 대해서도 알아본다.

연습문제

1. 다음을 $2n\pi + \theta$ (단, $0 \le \theta < 2\pi$) 꼴의 일반각으로 나타낸 다음, 몇 사분면의 각인지 말하여라.

(1) $45°$ (2) $-600°$ (3) $\frac{11}{3}\pi$ (rad)   (4) $-\frac{19}{6}\pi$ (rad)

2. 육십분법은 호도법으로, 호도법은 육십분법으로 바꾸어라.

(1) $105°$ (2) $135°$ (3) $240°$ (4) 3π (5) $\frac{7}{4}\pi$

3. 반지름 10인 원에서 다음 중심각에 해당하는 호의 길이 l과 부채꼴의 넓이 S를 구하여라.

(1) $\frac{\pi}{6}$ (2) $\frac{\pi}{3}$ (3) $\frac{\pi}{4}$ (4) $\frac{3}{2}\pi$

4. 각 θ가 다음과 같을 때 이에 대응하는 $\cos, \sin, \tan$ 함숫값을 구하여라.

(1) $\frac{5}{6}\pi$ (2) $\frac{7}{4}\pi$ (3) $-\pi$ (4) $\frac{3}{2}\pi$ (5) 4π

11.2 삼각함수의 성질

11.2.1 삼각함수 간의 관계

각 θ가 원점을 한 바퀴 돌 동안, 예를 들어 $[0, 2\pi]$ 구간에서 삼각함수의 값은 어떤 식으로 변할까? 단위원상의 점 $(1, 0)$에서 출발하여 각 사분면을 거쳐 θ를 변화시키면서 cos, sin, tan 함숫값의 변화를 추적해 보자.

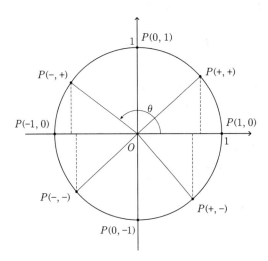

먼저 사인함수를 살펴보자. $\sin\theta$는 단위원에서 점 P의 y좌표에 해당하므로 $y = 0$ 에서 시작하여 $0 \to (+) \to 0 \to (-) \to 0$의 순서로 변한다. 아래 표에서 Q 밑에 붙은 숫자는 사분면(quadrant)을 뜻하며, 화살표 ╱는 함숫값의 증가를, ╲는 함숫값의 감소를 나타낸다. 그리고 $(+)$나 $(-)$는 해당 사분면에서 함숫값이 가지는 부호다. 실제로 단위원상의 점을 움직이면서 y 좌표값의 변화를 한번 따라가 보자.

θ	0	Q_1	$\dfrac{\pi}{2}$	Q_2	π	Q_3	$\dfrac{3}{2}\pi$	Q_4	2π
$\sin\theta$	0	╱(+)	1	╲(+)	0	╲(−)	−1	╱(−)	0

코사인함수의 함숫값은 x좌표에 해당하므로 $x = 1$부터 시작하여 다음과 같이 변하게 된다. 역시 실제로 단위원상의 점을 움직여 가며 x 좌표값의 변화를 따라가 보자.

θ	0	Q_1	$\dfrac{\pi}{2}$	Q_2	π	Q_3	$\dfrac{3}{2}\pi$	Q_4	2π
$\cos\theta$	1	╲(+)	0	╲(−)	−1	╱(−)	0	╱(+)	1

탄젠트함수는 $\frac{y}{x}$에 해당하며, 분모인 x가 0일 때는 정의되지 않음에 유의한다.

θ	0	Q_1	$\frac{\pi}{2}$	Q_2	π	Q_3	$\frac{3}{2}\pi$	Q_4	2π
$\tan\theta$	0	$\nearrow(+)$	정의 안 됨	$\nearrow(-)$	0	$\nearrow(+)$	정의 안 됨	$\nearrow(-)$	0

삼각함수 사이에는 $\tan\theta = \frac{\sin\theta}{\cos\theta}$ 외에도 피타고라스 정리에 의해 다음 관계가 성립한다.

$$x^2 + y^2 = \overline{OP}^2 = 1$$
$$\therefore\ \cos^2\theta + \sin^2\theta = 1$$

이것은 단위원상의 점 P에 대해 $\overline{OP}$를 빗변으로 하는 직각삼각형의 나머지 두 변이 각각 x, y에 해당하기 때문이다. 위 관계식에서 양변을 $\cos^2\theta$로 나누면 다음 식을 얻는다.

$$1 + \frac{\sin^2\theta}{\cos^2\theta} = \frac{1}{\cos^2\theta}$$
$$\therefore\ 1 + \tan^2\theta = \sec^2\theta$$

또, $\sin^2\theta$로 나누면 다음 식이 된다.

$$\frac{\cos^2\theta}{\sin^2\theta} + 1 = \frac{1}{\sin^2\theta}$$
$$\therefore\ \cot^2\theta + 1 = \csc^2\theta$$

예제 11-4 $\sin\theta + \cos\theta = \frac{1}{2}$일 때, 다음 식의 값을 구하여라. (단, $\sin\theta > 0$, $\cos\theta < 0$)

(1) $\sin\theta\cos\theta$ (2) $\sin\theta - \cos\theta$ (3) $\frac{1}{\sin\theta} + \frac{1}{\cos\theta}$ (4) $\tan^2\theta$

풀이

(1) 주어진 식을 제곱한 다음 $\sin^2\theta + \cos^2\theta = 1$임을 이용한다.

$$(\sin\theta + \cos\theta)^2 = \sin^2\theta + 2\sin\theta\cos\theta + \cos^2\theta = 1 + 2\sin\theta\cos\theta = \frac{1}{4}$$

$$\therefore \ \sin\theta\cos\theta = -\frac{3}{8}$$

(2) 제곱하여 (1)의 결과를 이용한다.

$$(\sin\theta - \cos\theta)^2 = \sin^2\theta - 2\sin\theta\cos\theta + \cos^2\theta = \frac{7}{4}$$

$$\therefore \ \sin\theta - \cos\theta = \frac{\sqrt{7}}{2}$$

(3) 통분한 다음에 이미 알고 있는 값을 이용한다.

$$\frac{1}{\sin\theta} + \frac{1}{\cos\theta} = \frac{\sin\theta + \cos\theta}{\sin\theta\cos\theta} = \frac{\frac{1}{2}}{-\frac{3}{8}} = -\frac{4}{3}$$

(4) $\sin\theta = \frac{1}{2} - \cos\theta$를 $\sin\theta\cos\theta$의 식에 대입한 다음 $\cos\theta$를 구하면 다음과 같다.

$$\sin\theta\cos\theta = \left(\frac{1}{2} - \cos\theta\right)\cos\theta = -\frac{3}{8}$$

$$8\cos^2\theta - 4\cos\theta - 3 = 0$$

$$\therefore \ \cos\theta = \frac{1 - \sqrt{7}}{4} \quad (\because \ \cos\theta < 0)$$

그러므로 $\tan^2\theta$의 값은 다음과 같다.

$$\tan^2\theta = \sec^2\theta - 1 = \left(\frac{4}{1 - \sqrt{7}}\right)^2 - 1 = \frac{32 + 8\sqrt{7}}{9} - 1 = \frac{23 + 8\sqrt{7}}{9}$$

11.2.2 일반각에 대한 삼각함수

각은 한 바퀴(2π)의 배수($2n\pi$)만큼 돌면 다시 제자리이므로 모든 삼각함수는 θ일 때와 $2n\pi + \theta$일 때의 함숫값이 동일하다(단, n은 정수).

$$
\begin{aligned}
\cos(2n\pi + \theta) &= \cos\theta \\
\sin(2n\pi + \theta) &= \sin\theta \\
\tan(2n\pi + \theta) &= \tan\theta
\end{aligned}
$$

그러면 크기 θ인 각이 반 바퀴만 더 돌아서 $\pi + \theta$가 되었다면 어떨까? 단위원상의 점이 원점을 중심으로 반 바퀴 회전하면, 원래 있던 곳과는 원점에 대해 대칭인 위치로 이동하게 된다. 이것은 맞꼭지각의 성질과 삼각형의 합동으로 쉽게 증명할 수 있다.

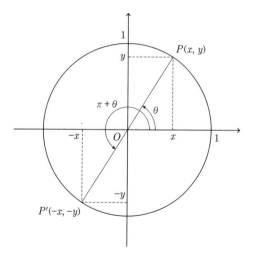

원래 있던 곳의 좌표 $P(x, y)$에 대해 원점 대칭인 좌표는 $P'(-x, -y)$가 되고, 이것은 θ의 크기와는 무관하게 성립한다. 이제 삼각함수의 정의에 따라 $\overline{OP'}$가 이루는 각 $(\pi + \theta)$에 대한 함숫값을 구해 보자. $\cos, \sin$은 각각 P'의 x 좌표값과 y 좌표값으로, $\tan$는 두 좌표값의 비로 구한다.

$$
\begin{aligned}
\cos(\pi + \theta) &= -x &&= -\cos\theta \\
\sin(\pi + \theta) &= -y &&= -\sin\theta \\
\tan(\pi + \theta) &= \frac{(-y)}{(-x)} &&= \tan\theta
\end{aligned}
$$

원래 각에서 π만큼 더 회전하면 cos과 sin의 경우 부호만 바뀌고, tan 함수의 값은 이전 그대로임을 알 수 있다. $\tan\theta$의 경우 각이 한 바퀴($2n\pi$)는 물론 반 바퀴($n\pi$) 회전해도 함숫값이 동일하다는 것이므로 결과적으로 다음 식이 성립한다.

$$\tan(n\pi + \theta) = \tan\theta$$

다음은 각의 부호가 반대인 경우, 즉 $-\theta$일 때를 살펴보자. 역시 마찬가지로 단위원 상에 점을 그려본다.

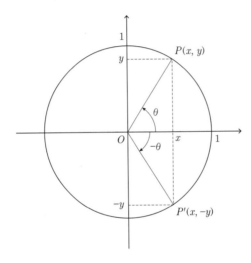

기준선에 대해 θ만큼 회전한 점의 좌표가 $P(x, y)$일 때 $-\theta$만큼 회전한 점의 좌표는 가로축에 대칭인 $P'(x, -y)$가 된다. 이 역시 θ의 크기와는 무관하며, 점 P'의 좌표에 따라 $-\theta$에 대한 삼각함숫값을 계산하면 다음과 같다.

$$\begin{aligned}\cos(-\theta) &= x &&= \cos\theta\\\sin(-\theta) &= -y &&= -\sin\theta\\\tan(-\theta) &= \frac{(-y)}{x} &&= -\tan\theta\end{aligned}$$

θ 대신 $-\theta$를 입력했을 때 cos 함수와 sin·tan 함수의 결과가 다르다는 것을 알 수 있다. cos 함수처럼 입력값의 부호에 상관없이 같은 출력값을 내는 함수를 우(偶)함수 또는 짝함수, sin이나 tan처럼 입력값의 부호가 바뀌면 출력값의 부호도 반대

가 되는 함수를 기(奇)함수 또는 홀함수라고 한다.[3]

- 우함수(짝함수): $f(-x) = f(x)$
- 기함수(홀함수): $f(-x) = -f(x)$

이제 $(\pi + \theta)$일 때와 $(-\theta)$일 때의 결과를 함께 이용하면 $(\pi - \theta)$일 때의 함숫값도 알아낼 수 있다. $(\pi - \theta) = (\pi + (-\theta))$이기 때문이다.

$$\begin{aligned}
\cos(\pi + (-\theta)) &= -\cos(-\theta) &= -\cos\theta \\
\sin(\pi + (-\theta)) &= -\sin(-\theta) &= \sin\theta \\
\tan(\pi + (-\theta)) &= \tan(-\theta) &= -\tan\theta
\end{aligned}$$

다음은 원래 각에서 직각만큼 더 회전한 $(\frac{\pi}{2} + \theta)$의 함숫값을 조사해 보자. 점 $P(x, y)$를 $\frac{\pi}{2}$만큼 회전시킨 위치를 P'라 둔다.

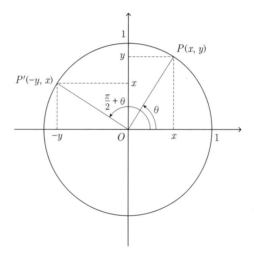

그러면 $\overline{OP}$와 $\overline{OP'}$를 각각 빗변으로 하는 두 직각삼각형의 합동에 의해 점 P'의 좌표는 $(-y, x)$가 된다. 이제 삼각함수의 정의에 따라 좌표값으로 $(\frac{\pi}{2} + \theta)$ 각의 함숫값을 구하면 다음과 같다.

---

3 우(偶)와 기(奇)는 각각 짝수와 홀수를 뜻하는 한자이며, 다른 용례로는 발굽(蹄)의 개수로 포유류를 우제류(偶蹄類)와 기제류(奇蹄類)로 구분하는 것이 있다. 영어로 짝함수는 even function, 홀함수는 odd function이다.

$$\cos\left(\frac{\pi}{2} + \theta\right) = -y$$
$$\sin\left(\frac{\pi}{2} + \theta\right) = x$$

그런데 y와 x는 각이 θ일 때의 sin 및 cos 함숫값에 해당하므로 다음 관계가 성립한다.

$$\cos\left(\frac{\pi}{2} + \theta\right) = -\sin\theta$$
$$\sin\left(\frac{\pi}{2} + \theta\right) = \cos\theta$$

θ 자리에 대신 $-\theta$를 넣으면 다른 관계식도 얻을 수 있다.

$$\cos\left(\frac{\pi}{2} - \theta\right) = -\sin(-\theta) = \sin\theta$$
$$\sin\left(\frac{\pi}{2} - \theta\right) = \cos(-\theta) = \cos\theta$$

이렇게 직각만큼 차이가 날 때는 앞의 경우들과 달리 부호만 바뀌는 정도가 아니라 cos이 sin으로, sin이 cos으로 각각 바뀐다는 점에 주목하자. 즉, sin과 cos 함수는 직각만큼의 차이에 의해 서로 변환이 가능하다는 것을 알 수 있다.

예제 11-5 $\cos\frac{\pi}{5} \approx 0.81$, $\sin\frac{\pi}{5} \approx 0.59$임을 이용하여 다음 각에 대한 cos 및 sin 함숫값을 구하여라.

(1) $-\frac{\pi}{5}$ (2) $\frac{4}{5}\pi$ (3) $\frac{7}{10}\pi$

풀이

(1) $-\theta$에 대한 관계를 이용한다.

$$\cos\left(-\frac{\pi}{5}\right) = \cos\frac{\pi}{5} \approx 0.81, \qquad \sin\left(-\frac{\pi}{5}\right) = -\sin\frac{\pi}{5} \approx -0.59$$

(2) $\frac{4}{5}\pi = \left(\pi - \frac{\pi}{5}\right)$와 같다.

$$\cos\left(\pi - \frac{\pi}{5}\right) = -\cos\frac{\pi}{5} \approx -0.81, \qquad \sin\left(\pi - \frac{\pi}{5}\right) = \sin\frac{\pi}{5} \approx 0.59$$

---

(3) $\dfrac{7}{10}\pi = \left(\dfrac{\pi}{2} + \dfrac{\pi}{5}\right)$이다.

$$\cos\left(\dfrac{\pi}{2} + \dfrac{\pi}{5}\right) = -\sin\dfrac{\pi}{5} \approx -0.59, \qquad \sin\left(\dfrac{\pi}{2} + \dfrac{\pi}{5}\right) = \cos\dfrac{\pi}{5} \approx 0.81$$

11.2.3 삼각형의 코사인법칙

삼각비와 더불어 직각삼각형의 중요한 성질인 피타고라스 정리는, 빗변의 제곱이 다른 두 변을 각각 제곱하여 더한 것과 같다는 내용이었다. 그러면 직각삼각형이 아닌 일반 삼각형의 세 변 사이에는 어떤 관계가 있을까? I부의 삼각비가 '직각삼각형에서 변 사이의 비'에 대한 개념이었다면, 지금까지 공부한 삼각함수는 직각을 넘어 일반적인 각에 대해서도 정의되었다. 이제 이러한 삼각함수를 이용해서 위 질문에 대한 답을 찾아보자.

아래 왼쪽 그림과 같이 두 변 a와 b 사이에 끼인 각 $C = \theta$인 삼각형이 있다. 각 θ는 어떤 값이라도 상관없지만 일단은 둔각으로 둔다. 이 삼각형을 이제 오른쪽 그림처럼 꼭짓점 C를 원점에, 다른 꼭짓점 B는 좌표평면의 가로축 위에 놓자. 그러면 꼭짓점 A는 반지름 b인 원 위의 점이므로, 삼각함수의 정의에서 보았던 것처럼 좌표 $(b\cos\theta,\, b\sin\theta)$에 위치한다.

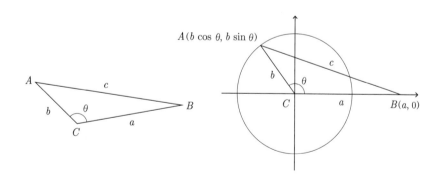

이때 변 $\overline{AB}$의 길이는 c지만, 그와 동시에 두 점 A와 B 사이의 거리이기도 하다. I부에서 두 점 $(x_1,\, y_1)$과 $(x_2,\, y_2)$ 사이의 거리는 $\sqrt{(x_2 - x_1)^2 + (y_2 - y_1)^2}$ 임을 공부하였다. 따라서 점 A와 B 사이의 거리는 다음과 같다.

$$\overline{AB} = c = \sqrt{(a - b\cos\theta)^2 + (0 - b\sin\theta)^2}$$
$$= \sqrt{(a^2 - 2ab\cos\theta + b^2\cos^2\theta) + b^2\sin^2\theta}$$
$$= \sqrt{a^2 - 2ab\cos\theta + b^2} \quad (\because \cos^2\theta + \sin^2\theta = 1)$$

양변을 제곱하여 정리하면 다음의 관계식을 얻는다.

$$c^2 = a^2 + b^2 - 2ab\cos\theta$$

이 식의 뜻은, 삼각형의 한 변 c를 다른 두 변 a, b와 그 끼인 각 θ로 나타낼 수 있다는 것이다. 이것을 삼각형의 **코사인법칙**이라고 한다.

예제 11-6 삼각형에서 두 변의 길이가 각각 3과 4이고 그 사이에 끼인 각의 크기가 다음과 같을 때, 나머지 한 변의 길이를 구하여라.

(1) $30°$　　(2) $60°$　　(3) $90°$　　(4) $120°$

풀이

주어진 각의 크기를 θ, 구하는 변의 길이를 c라고 하면, 코사인법칙에 의해 $c^2 = 3^2 + 4^2 - 2 \cdot 3 \cdot 4\cos\theta$임을 이용한다.

(1) $c = \sqrt{25 - 24 \cdot \cos 30°} = \sqrt{25 - 12\sqrt{3}}$

(2) $c = \sqrt{25 - 24 \cdot \cos 60°} = \sqrt{13}$

(3) $c = \sqrt{25 - 24 \cdot \cos 90°} = 5$

(4) $c = \sqrt{25 - 24 \cdot \cos 120°} = \sqrt{37}$

코사인법칙의 식을 보면 두 변 a와 b가 고정일 때 나머지 변 c의 길이는 오직 $\cos\theta$에 의해서 정해진다. 끼인 각의 크기 θ가 변함에 따라 c의 길이가 어떻게 변하는지 살펴보자.

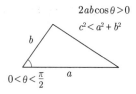

$$2ab\cos\theta > 0$$
$$c^2 < a^2 + b^2$$

$$0 < \theta < \frac{\pi}{2}$$

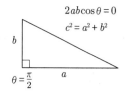

$$2ab\cos\theta = 0$$
$$c^2 = a^2 + b^2$$

$$\theta = \frac{\pi}{2}$$

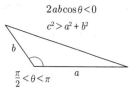

$$2ab\cos\theta < 0$$
$$c^2 > a^2 + b^2$$

$$\frac{\pi}{2} < \theta < \pi$$

끼인 각 θ가 예각일 때는 $\cos\theta > 0$이므로 $c^2 < a^2 + b^2$이고, θ가 직각이면 $\cos\theta = 0$이 되어 익숙한 피타고라스 정리가 된다. 그리고 θ가 둔각이면 $\cos\theta < 0$이므로 $c^2 > a^2 + b^2$이다. 이처럼 코사인법칙은 직각삼각형을 포함한 모든 삼각형에 대해 세 변 사이의 관계를 알려주므로, 기존 피타고라스 정리를 일반화시킨 버전이라 할 수 있다.

11.2.4 삼각함수의 덧셈정리

코사인법칙을 이용하면 삼각함수의 중요한 성질 하나를 쉽게 증명할 수 있다. 다음 그림과 같이 단위원상에 두 점 P와 Q를 두고, $\overline{OP}$와 $\overline{OQ}$가 기준선과 이루는 각을 각각 α와 β라 하자. 그러면 삼각함수의 정의에 의해 두 점의 좌표는 각각 $P(\cos\alpha, \sin\alpha)$ 및 $Q(\cos\beta, \sin\beta)$가 된다.

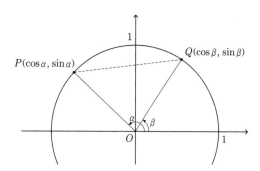

이제 원점과 두 점 P, Q로 만들어지는 $\triangle OPQ$에 코사인법칙을 적용하면, 두 변 $\overline{OP}$와 $\overline{OQ}$, 그리고 그 사이의 끼인 각 $(\alpha - \beta)$로 나머지 변 $\overline{PQ}$의 길이를 나타낼 수 있다. 이때 P와 Q는 단위원상의 점이므로 $\overline{OP} = \overline{OQ} = 1$이 되어 계산이 대폭 간단해진다.

$$\overline{PQ}^2 = \overline{OP}^2 + \overline{OQ}^2 - 2\,\overline{OP}\cdot\overline{OQ}\cdot\cos(\alpha-\beta)$$
$$= 2 - 2\cos(\alpha-\beta)$$

그런데 $\overline{PQ}$는 두 점 P와 Q 사이의 거리이기도 하므로 거리에 관한 다음의 식 또한 성립한다. 여기서 $\cos^2\theta + \sin^2\theta = 1$임을 이용하였다.

$$\begin{aligned}
\overline{PQ}^2 &= (\cos\alpha - \cos\beta)^2 + (\sin\alpha - \sin\beta)^2 \\
&= (\cos^2\alpha - 2\cos\alpha\cos\beta + \cos^2\beta) + (\sin^2\alpha - 2\sin\alpha\sin\beta + \sin^2\beta) \\
&= 2 - 2(\cos\alpha\cos\beta + \sin\alpha\sin\beta)
\end{aligned}$$

위의 두 식 모두 $\overline{PQ}^2$를 나타내고 있으므로 각 등식의 우변을 취해 등호로 이으면 다음 결과를 얻는다.

$$2 - 2\cos(\alpha - \beta) = 2 - 2(\cos\alpha\cos\beta + \sin\alpha\sin\beta)$$
$$\therefore\ \cos(\alpha - \beta) = \cos\alpha\cos\beta + \sin\alpha\sin\beta$$

$\cos(\alpha - \beta)$의 값을 알게 되었으므로 앞에서 배운 삼각함수의 여러 성질을 적용하여 다른 값도 구할 수 있다. 우선 β 자리에 $(-\beta)$를 대입한 다음, $\cos(-\theta) = \cos\theta$이며 $\sin(-\theta) = -\sin\theta$임을 이용하자.

$$\cos(\alpha + \beta) = \cos(\alpha - (-\beta)) = \cos\alpha\cos(-\beta) + \sin\alpha\sin(-\beta)$$
$$\therefore\ \cos(\alpha + \beta) = \cos\alpha\cos\beta - \sin\alpha\sin\beta$$

이렇게 하여 $\cos(\alpha \pm \beta)$ 값을 얻었다. $\cos$ 함수의 값을 알았으므로 다음 관계식으로 $\cos$과 $\sin$을 상호 변환하여 $\sin$ 함수의 값도 얻을 수 있을 것이다.

$$\cos\left(\frac{\pi}{2} - \theta\right) = \sin\theta$$

$\theta = \alpha - \beta$로 두고 먼저 $\sin(\alpha - \beta)$를 구해 보자. 이 과정에서는 조금 전에 알아낸 $\cos(a + b)$의 식을 사용한다.

$$\begin{aligned}
\sin(\alpha - \beta) &= \cos\left(\frac{\pi}{2} - (\alpha - \beta)\right) \\
&= \cos\left(\left(\frac{\pi}{2} - \alpha\right) + \beta\right) \\
&= \cos\left(\frac{\pi}{2} - \alpha\right)\cos\beta - \sin\left(\frac{\pi}{2} - \alpha\right)\sin\beta
\end{aligned}$$

여기서 $\left(\frac{\pi}{2}-\alpha\right)$ 각의 sin, cos 함숫값은 각각 상대방 함수로 바꿀 수 있으므로

$$\cos\left(\frac{\pi}{2}-\alpha\right) = \sin\alpha$$
$$\sin\left(\frac{\pi}{2}-\alpha\right) = \cos\alpha$$

결과적으로 다음의 관계식을 얻는다.

$$\therefore \ \sin(\alpha-\beta) = \sin\alpha\cos\beta - \cos\alpha\sin\beta$$

cos 때와 마찬가지로 β 대신 $(-\beta)$를 대입하여 $\sin(\alpha+\beta)$의 값도 얻을 수 있다.

$$\sin(\alpha+\beta) = \sin\alpha\cos(-\beta) - \cos\alpha\sin(-\beta)$$
$$\therefore \ \sin(\alpha+\beta) = \sin\alpha\cos\beta + \cos\alpha\sin\beta$$

지금까지 얻은 네 개의 식을 모아서 정리하면 다음과 같다(복부호 동순).

$$\cos(\alpha\pm\beta) = \cos\alpha\cos\beta \mp \sin\alpha\sin\beta$$
$$\sin(\alpha\pm\beta) = \sin\alpha\cos\beta \pm \cos\alpha\sin\beta$$

cos과 sin의 값을 알았으므로 tan의 값도 바로 구할 수 있다.

$$\begin{aligned}
\tan(\alpha\pm\beta) &= \frac{\sin(\alpha\pm\beta)}{\cos(\alpha\pm\beta)} \\
&= \frac{\sin\alpha\cos\beta \pm \cos\alpha\sin\beta}{\cos\alpha\cos\beta \mp \sin\alpha\sin\beta}
\end{aligned}$$

$\frac{\sin\theta}{\cos\theta}=\tan\theta$임을 이용해서 더 간단하게 만들어 보자. $\tan\theta$의 분수꼴은 cos 값이 분모에 있으므로 위 식의 분모와 분자를 각각 $\cos\alpha\cos\beta$로 나눈다.

$$= \frac{\left(\dfrac{\sin\alpha\cos\beta \pm \cos\alpha\sin\beta}{\cos\alpha\cos\beta}\right)}{\left(\dfrac{\cos\alpha\cos\beta \mp \sin\alpha\sin\beta}{\cos\alpha\cos\beta}\right)} = \frac{\dfrac{\sin\alpha}{\cos\alpha} \pm \dfrac{\sin\beta}{\cos\beta}}{1 \mp \dfrac{\sin\alpha}{\cos\alpha}\cdot\dfrac{\sin\beta}{\cos\beta}}$$

여기서 $\frac{\sin\theta}{\cos\theta}$ 꼴로 나타난 부분을 모두 $\tan\theta$ 꼴로 고치면 다음의 결과를 얻는다.

$$\therefore \tan(\alpha \pm \beta) = \frac{\tan \alpha \pm \tan \beta}{1 \mp \tan \alpha \tan \beta}$$

지금까지 알아본 $(\alpha \pm \beta)$ 각에 대한 식을 삼각함수의 **덧셈정리**라고 한다. 덧셈정리를 이용하면 두 각의 합이나 차로 이루어진 각의 삼각함수 값을 쉽게 구할 수 있다.

예제 11-7 다음 삼각함숫값을 구하여라.

(1) $\cos 75°$ (2) $\sin 15°$ (3) $\tan 105°$

풀이

(1) $75° = 45° + 30°$임을 이용한다.

$$\begin{aligned}
\cos 75° &= \cos 45° \cos 30° - \sin 45° \sin 30° \\
&= \frac{\sqrt{2}}{2} \cdot \frac{\sqrt{3}}{2} - \frac{\sqrt{2}}{2} \cdot \frac{1}{2} = \frac{\sqrt{6} - \sqrt{2}}{4}
\end{aligned}$$

(2) $15° = 45° - 30°$이다.

$$\begin{aligned}
\sin 15° &= \sin 45° \cos 30° - \cos 45° \sin 30° \\
&= \frac{\sqrt{2}}{2} \cdot \frac{\sqrt{3}}{2} - \frac{\sqrt{2}}{2} \cdot \frac{1}{2} = \frac{\sqrt{6} - \sqrt{2}}{4}
\end{aligned}$$

(3) $105° = 60° + 45°$이다.

$$\tan 105° = \frac{\tan 60° + \tan 45°}{1 - \tan 60° \tan 45°} = \frac{\sqrt{3} + 1}{1 - \sqrt{3}} = -2 - \sqrt{3}$$

(1)과 (2)의 경우는, $75° + 15° = 90°$이므로 $(\frac{\pi}{2} - \theta)$ 각에 의해 sin과 cos이 서로 변환되므로 함숫값이 동일하다. 즉, $\cos 75° = \cos(90° - 15°) = \sin 15°$이다.

11.2.5 배각공식과 반각공식

덧셈정리의 가장 자연스러운 활용은 역시 $\alpha = \beta$일 경우, 즉 2배 각에 대한 삼각함수 값을 구하는 것이다. 덧셈정리의 식에 $\alpha + \beta = 2\alpha$를 대입하면 다음의 결과를 얻는다. 계산 과정을 직접 한번 따라가 보자.

$$\cos 2\alpha = \cos^2 \alpha - \sin^2 \alpha$$
$$\sin 2\alpha = 2 \sin \alpha \cos \alpha$$
$$\tan 2\alpha = \frac{2 \tan \alpha}{1 - \tan^2 \alpha}$$

이것을 흔히 삼각함수의 **배각공식**이라 부른다. 이 중 $\cos 2\alpha$의 경우는 $\sin^2 \alpha +$ $\cos^2 \alpha = 1$이라는 관계식을 적용하여 조금 다른 형태로도 나타낼 수 있다.

$$\cos 2\alpha = \cos^2 \alpha - (1 - \cos^2 \alpha)$$
$$= 2 \cos^2 \alpha - 1$$
$$\cos 2\alpha = (1 - \sin^2 \alpha) - \sin^2 \alpha$$
$$= 1 - 2 \sin^2 \alpha$$

위 식을 보면 2α의 삼각함수가 α 각의 삼각함수로 나타나 있다. 그 말을 뒤집으면, α 각도 2α 각으로 나타낼 수 있다는 말이 된다. 이제 둘 중 절반 쪽인 α에 대해 위 식을 다시 써 보면 다음과 같은 관계식을 얻는다.

$$\cos^2 \alpha = \frac{1}{2}(\cos 2\alpha + 1)$$
$$\sin^2 \alpha = \frac{1}{2}(1 - \cos 2\alpha)$$

탄젠트함수의 값은 위의 두 식으로부터 바로 얻어진다.

$$\tan^2 \alpha = \frac{1 - \cos 2\alpha}{1 + \cos 2\alpha}$$

$\alpha = \frac{\theta}{2}$로 두면, 위의 관계식들은 어떤 각 θ의 cos 함숫값만으로 그 절반각인 $\frac{\theta}{2}$의 삼각함수 값을 모두 알 수 있다는 의미가 된다.

$$\cos^2 \frac{\theta}{2} = \frac{1}{2}(1 + \cos \theta)$$
$$\sin^2 \frac{\theta}{2} = \frac{1}{2}(1 - \cos \theta)$$
$$\tan^2 \frac{\theta}{2} = \frac{1 - \cos \theta}{1 + \cos \theta}$$

이것을 흔히 삼각함수의 **반각공식**이라 부른다. 배각공식이나 반각공식은 지금까지 본 것처럼 덧셈정리로부터 어렵지 않게 유도할 수 있다.

예제 11-8 $\cos 20° \approx 0.94$, $\sin 20° \approx 0.34$임을 이용해서 다음 삼각함숫값을 구하여라.

(1) $\cos 40°$ (2) $\sin 40°$ (3) $\tan 10°$

풀이

(1) $\cos 40° = (\cos 20°)^2 - (\sin 20°)^2 \approx (0.94)^2 - (0.34)^2 = 0.768$

(2) $\sin 40° = 2\sin 20° \cos 20° \approx 2 \times 0.94 \times 0.34 = 0.6392$

(3) $(\tan 10°)^2 = \dfrac{1 - \cos 20°}{1 + \cos 20°} \approx \dfrac{1 - 0.94}{1 + 0.94}$

$\therefore \tan 10° = \sqrt{\dfrac{1 - 0.94}{1 + 0.94}} \approx 0.176$

I부 6.7절의 마지막 부분에서는 중심각 θ에 대한 현의 길이를 삼각비와 피타고라스 정리로부터 비교적 복잡하게 구했었는데, 그 결과로 $\overline{AC} = r\sqrt{2 - 2\cos\theta}$라는 답을 얻을 수 있었다.

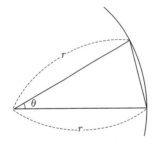 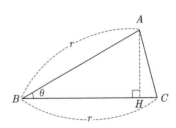

지금은 삼각형의 코사인법칙을 알고 있으니 현의 길이를 더 간단히 구할 수 있다.

$$\overline{AC}^2 = r^2 + r^2 - 2r \cdot r\cos\theta = 2r^2(1 - \cos\theta)$$
$$\therefore \overline{AC} = r\sqrt{2(1 - \cos\theta)}$$

여기서 $(1 - \cos\theta)$는 항상 0 이상이므로 근호 안이 음수가 되는 일은 없다. 한편 $(1 - \cos\theta)$는 앞의 반각공식 중 $\sin^2\frac{\theta}{2}$ 부분에도 출현했었는데, 해당 공식을 $(1 - \cos\theta)$에 대해서 정리해 보자.

$$(1 - \cos\theta) = 2\sin^2\frac{\theta}{2}$$

이것을 현의 길이에 관한 식에 대입하면 흥미로운 결과를 얻는다.

$$\overline{AC} = r\sqrt{2(1 - \cos\theta)} = r\sqrt{2 \cdot 2\sin^2\frac{\theta}{2}} = 2r\sin\frac{\theta}{2}$$

현의 길이와 sin 반각공식 사이의 이러한 연관성은, 다음 그림처럼 해당 중심각을 절반으로 나누어 생각하면 아주 명확해진다.

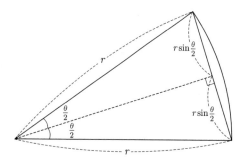

연습문제

1. $\sin\theta = -\dfrac{3}{5}$ 일 때 다음을 구하여라. 단, θ는 3사분면의 각이다.

   (1) $\cos^2\theta$ (2) $\tan^2\theta$ (3) $\sin\theta - \cos\theta$

2. 다음 중 값이 다른 하나는 무엇인가?

   ① $\sin(-7°)$ ② $\sin 187°$ ③ $\cos 97°$ ④ $\cos 83°$

3. 그림에서 (1) 나머지 변의 길이(소수점 아래 두 자리까지)와 (2) $\cos A$의 값을 구하여라.

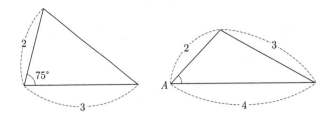

4. α와 β가 그림과 같을 때, 다음 삼각함숫값을 구하여라.

(1) $\cos(\alpha + \beta)$ (2) $\sin(\alpha - \beta)$ (3) $\tan(\alpha - \beta)$

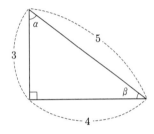

5. $\sin\theta - \cos\theta = -\dfrac{1}{2}$일 때 $\sin 2\theta$의 값은 얼마인가?

6. $\theta = 22.5°$일 때 $\cos\theta$와 $\sin\theta$를 구하여라.

7. $(1 + \tan^2\theta) = \sec^2\theta = \dfrac{1}{\cos^2\theta}$임을 이용하여 다음이 성립함을 보여라.

(1) $\sin 2\alpha = \dfrac{2\tan\alpha}{1 + \tan^2\alpha}$ (2) $\cos 2\alpha = \dfrac{1 - \tan^2\alpha}{1 + \tan^2\alpha}$

11.3 삼각함수의 그래프

11.3.1 주기함수의 뜻과 삼각함수 그래프의 개형

앞 절에서 본 것처럼 코사인, 사인, 탄젠트 함수는 θ일 때와 $(2n\pi + \theta)$일 때의 함숫값이 같다. 즉, $2\pi, 4\pi, 6\pi, \cdots$마다 동일한 함숫값이 반복되는 것이다. 이제 이런 함수를 $f(x)$라 두면, 2π마다 함숫값이 반복된다는 것을 다음과 같은 수식으로 표현할 수 있다.

$$f(x + 2\pi) = f(x)$$

게다가 탄젠트함수는 θ일 때와 $(n\pi + \theta)$일 때의 함숫값도 같으므로 매 π마다 동일한 함숫값이 반복된다. 그러므로 탄젠트함수는 $f(x)$라 하면 다음과 같은 식이 성립한다.

$$f(x + \pi) = f(x)$$

이처럼 어떤 함수 $f(x)$의 정의역에 속한 모든 x에 대해 어떤 P가 존재해서

$$f(x + P) = f(x) \quad (P \neq 0)$$

와 같은 식이 성립하면, 이 함수를 **주기함수**(periodic function)라고 한다. 그리고 이때 가능한 P의 값 중 가장 작은 양수를 이 함수의 **주기**라고 부른다. 예를 들어 탄젠트함수의 경우 $P = \pi$일 수도 있고 $P = 2\pi$일 수도 있지만, 가장 작은 양수를 택하면 $P = \pi$이다. 그러므로 코사인함수와 사인함수는 주기가 2π, 탄젠트함수는 주기가 π인 주기함수다.

지금까지의 정보를 바탕으로 세 가지 삼각함수의 그래프를 그려 보자. 주기함수의 특성상 한 주기에 대해서만 그래프를 그리면 나머지는 똑같은 형태가 계속 반복될 것이다. 따라서 코사인함수와 사인함수는 예를 들어 $[0, 2\pi]$ 구간, 탄젠트함수는 $[0, \pi]$ 구간의 그래프면 충분하다. 우선 우리가 알고 있는 몇몇 특수각의 함숫값으로 $[0, \frac{\pi}{2}]$ 구간의 그래프 모양부터 어림잡아 보자.

θ	0	$\frac{\pi}{6}$	$\frac{\pi}{4}$	$\frac{\pi}{3}$	$\frac{\pi}{2}$
$\cos \theta$	1	$\frac{\sqrt{3}}{2} \approx 0.87$	$\frac{\sqrt{2}}{2} \approx 0.71$	$\frac{1}{2} = 0.5$	0
$\sin \theta$	0	$\frac{1}{2} = 0.5$	$\frac{\sqrt{2}}{2} \approx 0.71$	$\frac{\sqrt{3}}{2} \approx 0.87$	1
$\tan \theta$	0	$\frac{\sqrt{3}}{3} \approx 0.58$	1	$\sqrt{3} \approx 1.73$	정의 안 됨

좌표평면의 가로축을 각도(θ), 세로축을 삼각함수의 함숫값으로 두고 위의 표에 나온 점들을 이어 보면 다음과 같은 모양의 그래프를 얻는다.

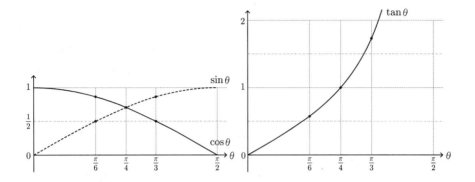

$\cos\theta$는 1에서 출발하여 0으로 감소, $\sin\theta$는 0에서 출발하여 1로 증가하며, 두 그래프는 $\theta=\frac{\pi}{4}$에서 만난다. 또한 $\tan\theta$의 그래프는 0에서 시작하여 $\theta=\frac{\pi}{3}$일 때 함숫값 $\sqrt{3}$을 지나는데, 앞서 1사분면 내의 부호를 조사한 결과에 의하면 탄젠트함수는 $\theta=\frac{\pi}{2}$ 지점에서 정의되지 않을 때까지 계속 증가하므로 그래프 역시 위로 끝없이 뻗는다. 물론 이때 점근선은 $\theta=\frac{\pi}{2}$이다.

　$[0,\frac{\pi}{2}]$ 구간의 그래프 모양을 알게 되었으므로 앞 절에서 배웠던 몇 가지 관계식을 써서 나머지 구간의 모양도 쉽게 알아낼 수 있다. 먼저 $(\pi-\theta)$ 각에 대한 삼각함수의 성질을 다시 보자.

$$\cos(\pi-\theta) \;=\; -\cos\theta$$
$$\sin(\pi-\theta) \;=\; \;\;\sin\theta$$
$$\tan(\pi-\theta) \;=\; -\tan\theta$$

위의 식을 이용하면 $[0,\frac{\pi}{2}]$ 구간의 값으로부터 $[\frac{\pi}{2},\pi]$ 구간의 함숫값을 얻는다. θ가 0에서 $\frac{\pi}{2}$까지 증가한다면 $(\pi-\theta)$는 π부터 $\frac{\pi}{2}$까지 반대방향으로 감소하면서 변한다는 점에 유의해서 그래프를 그리자.

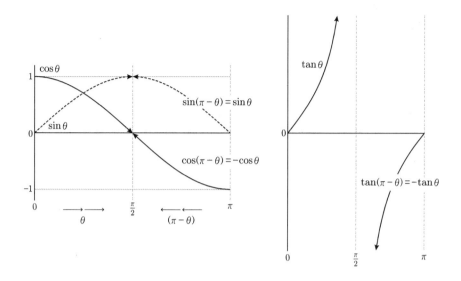

이렇게 해서 $[0, \pi]$ 구간의 그래프 모양을 얻었다. 그런데 세 함수 중에서 $\tan\theta$는 주기가 π이므로 지금 구한 것만으로도 전체 그래프의 모습을 그릴 수 있다.

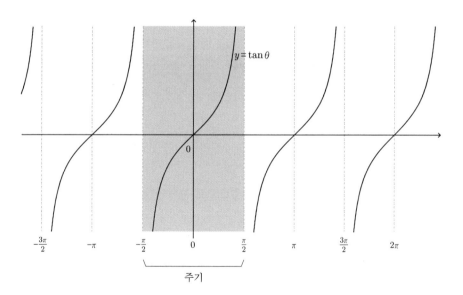

그림에서 보듯이 $y = \tan\theta$ 함수의 그래프는 다음과 같은 특징이 있다.

• 원점에 대해 대칭이다. 이것은 $\tan\theta$가 기함수(홀함수)이기 때문이다.

- 점근선은 $\theta = \cdots, -\frac{3}{2}\pi, -\frac{\pi}{2}, \frac{\pi}{2}, \frac{3}{2}\pi, \cdots$, 즉 $\frac{(2n+1)}{2}\pi$이며, 이때 함숫값은 정의되지 않는다.

- 정의역은 점근선의 θ좌표를 제외한 실수 전체이고, 치역은 실수 전체다.

- 주기는 π이고, $\theta = n\pi$에서는 함숫값이 0이다.

이제 cos과 sin이 남았는데, 이 두 함수는 주기가 2π이므로 π만큼의 구간을 더 그려야 한다. 이때 다음과 같은 $(\pi + \theta)$ 각의 성질을 이용하면, $[0, \pi]$ 구간의 값으로부터 바로 $[\pi, 2\pi]$ 구간의 함숫값을 얻을 수 있다.

$$\cos(\pi + \theta) = -\cos\theta$$
$$\sin(\pi + \theta) = -\sin\theta$$

θ가 0에서 π까지 변할 때 $(\pi + \theta)$는 π에서 2π까지 같은 방향으로 변하므로, $[0, \pi]$ 구간의 그래프를 복사하여 $[\pi, 2\pi]$에 붙이되 함숫값의 부호만 바꾸면 된다.

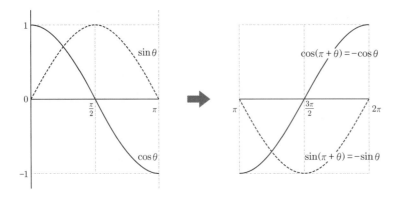

이렇게 하여 2π만큼의 그래프가 확보되었으므로 코사인함수와 사인함수에 대해서도 전체 구간의 그래프를 그릴 수 있다.

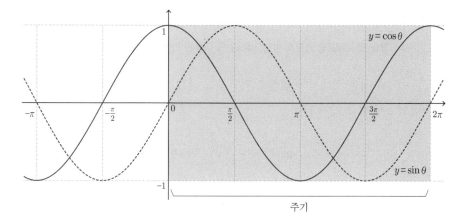

$y = \cos \theta$ 함수의 그래프는 다음과 같은 특징이 있다.

- y축에 대해 대칭이다. $\cos \theta$가 우함수(짝함수)이기 때문이다.
- 정의역은 실수 전체, $-1 \leq$ 치역 $\leq +1$이다.
- 주기는 2π이고, $\theta = \dfrac{(2n+1)}{2}\pi$에서 함숫값이 0이다.

$y = \sin \theta$ 함수의 그래프는 다음과 같은 특징이 있다.

- 원점에 대해 대칭이다. $\sin \theta$가 기함수(홀함수)이기 때문이다.
- 정의역은 실수 전체, $-1 \leq$ 치역 $\leq +1$이다.
- 주기는 2π이고, $\theta = n\pi$에서 함숫값이 0이다.

11.3.2 코사인함수와 사인함수의 관계

코사인함수와 사인함수의 그래프를 함께 들여다 보면, 약간 ($\frac{\pi}{2}$ 정도) 어긋나 있을 뿐 모양이 비슷하다는 것을 알 수 있다. 앞 절에서 ($\frac{\pi}{2} + \theta$) 각의 함숫값을 조사했을 때 다음과 같은 결과가 나왔음을 기억할 것이다.

$$\cos\left(\frac{\pi}{2} + \theta\right) = -\sin \theta$$
$$\sin\left(\frac{\pi}{2} + \theta\right) = \cos \theta$$

위의 식은 $\frac{\pi}{2}$의 차이로 코사인함수와 사인함수가 상호 변환될 수 있다는 것을 알려준다. 이제 I부의 함수 단원에서 배운 다음 내용을 상기해 보며, 이 식이 어떤 의미를 가지는지 한번 생각해 보자.

> "$f(x)$의 그래프를 가로축 방향으로 k만큼 이동한 그래프는 $f(x-k)$이다."

$\sin(\frac{\pi}{2}+\theta)$에 관한 식에서 독립변수 격인 θ를 앞으로 보내고 $f(x-k)$의 모양에 맞추면 다음과 같은 식이 된다.

$$\sin\left(\theta-\left(-\frac{\pi}{2}\right)\right) = \cos\theta$$

이 식을 $f(x-k)$에 맞춰 해석하면 다음과 같은 의미가 된다.

> "$\sin\theta$의 그래프를 가로축 방향으로 $(-\frac{\pi}{2})$만큼 이동한 그래프는 $\cos\theta$이다."

같은 내용을 $\cos\theta$의 입장에서 기술하면,

> "$\cos\theta$의 그래프를 가로축 방향으로 $(+\frac{\pi}{2})$만큼 이동한 그래프는 $\sin\theta$이다."

이것은 $\theta=(\alpha-\frac{\pi}{2})$로 두면 명확해진다.

$$\cos\theta = \sin\left(\theta+\frac{\pi}{2}\right)$$
$$\therefore \cos\left(\alpha-\frac{\pi}{2}\right) = \sin\left(\left(\alpha-\frac{\pi}{2}\right)+\frac{\pi}{2}\right) = \sin\alpha$$

두 함수의 그래프를 다시 나란히 보면서 이 사실을 직접 확인해 보자.[4] 두 함수는 입력각의 크기에 $\frac{\pi}{2}$만큼의 차이가 있을 뿐[5] 사실상 같은 성질을 가지고 있으며, 각에 적절한 변화를 주면 서로 상대방 함수로 바뀌기도 하는 관계다.

예제 11-9 다음 중 같은 함수가 아닌 하나는 어느 것인가?

① $y=-\sin(-x)$ ② $y=\sin(x-4\pi)$

③ $y=\cos(x-\pi)$ ④ $y=\cos\left(x-\frac{\pi}{2}\right)$

---

4 이런 모양의 그래프는 흔히 사인파(sine波)라고 부른다.

5 물리나 전자 등 과학·공학 분야에서는 이런 경우 두 파동(wave) 간에 $\frac{\pi}{2}$만큼의 위상차(phase difference)가 있다고 말한다. '위상(位相)'은 주기함수에서 입력이 어디쯤 위치해 있느냐를 뜻한다.

① $\sin$은 홀함수이므로 $-\sin(-x) = \sin x$이다.

② $x + 2n\pi$ 꼴이므로 $y = \sin x$와 같다.

③ $y = -\cos x$와 같다.

④ $y = \sin x$와 같다.

그러므로 다른 하나는 ③이다.

11.3.3 일반적인 삼각함수의 그래프

앞서 함수 단원에서 $y = f(x)$의 그래프를 (p, q)만큼 평행이동한 것은 $(y - q) = f(x - p)$의 그래프라는 것을 배웠다. 이것은 삼각함수라고 다르지 않은데, 예를 들어 $y = \sin\theta$를 (p, q)만큼 평행이동한 함수는 다음과 같다.

$$y = \sin(\theta - p) + q$$

또한 $y = a\sin\theta$처럼 $\sin\theta$에 상수배를 한 함수의 그래프 모양은, 원래 그래프를 위아래로 a배만큼 확대·축소한 것과 같다. 이때는 당연히 함수의 치역도 $[-1, 1]$에서 $[-|a|, |a|]$로 바뀐다. 절댓값 기호를 쓴 것은 a의 부호가 양인지 음인지 알지 못하기 때문이다.

그러면 평행이동과 상수배가 함께 적용된 $y = a\sin(\theta - p) + q$의 그래프를 그려 보자. 이 함수는 우선 $y = \sin\theta$를 위아래로 a배 하여 $y = a\sin\theta$로 만든 다음, 이것을 다시 (p, q)만큼 평행이동시키면 될 것이다. 예를 들어 함수 $y = 2\sin(\theta - \frac{\pi}{4}) - 1$의 그래프는 다음과 같다.

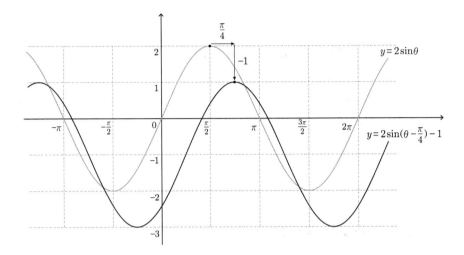

출력되는 함숫값이 아니라 입력에 해당하는 독립변수 θ를 상수배 한 경우는 어떻게 될까? $y = \sin k\theta (k \neq 0)$ 같은 함수의 그래프는 어떤 모양일지 한번 생각해 보자. 원래 $\sin \theta$의 주기는 2π이므로 θ가 예를 들어 0에서 2π까지 변할 때 하나의 주기가 지난다. 이제 $k\theta = \theta'$으로 두면, $\sin k\theta = \sin \theta'$이므로 θ'이 0부터 2π까지 변할 때 함수의 한 주기가 지난다. 즉,

- θ'의 한 주기(2π) 시작: $\theta' = k\theta = 0$
- θ'의 한 주기(2π) 종료: $\theta' = k\theta = 2\pi$

이것을 θ'이 아닌 θ에 대한 식으로 다시 쓰면 다음과 같다.

- θ의 한 주기 시작: $\theta = \dfrac{0}{k} = 0$
- θ의 한 주기 종료: $\theta = 2\pi \cdot \dfrac{1}{k}$

그러므로 θ가 2π의 $\dfrac{1}{k}$만큼 변하는 동안 함수 $y = \sin k\theta$ 전체는 한 주기를 지나며, 따라서 그 주기는 $\dfrac{2\pi}{k}$가 된다. 예를 들어 $k = 2$에 해당하는 $y = \sin 2\theta$를 생각해 보자. θ가 0부터 $(2\pi \div 2) = \pi$까지 변하면 2θ의 값은 0부터 2π까지 변하며, 이때 한 주기가 지난다. 따라서 이 함수의 주기는 π이고, $y = \sin \theta$에 비해 주기가 절반이어서 그래프는 가로 방향으로 2배 압축된 모양이 된다.

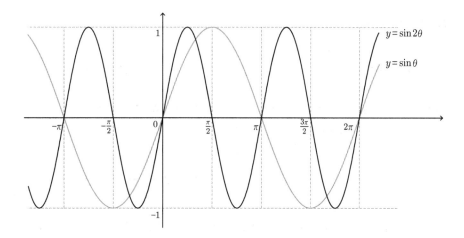

$k = \frac{1}{2}$인 함수 $y = \sin \frac{1}{2}\theta$의 경우는 어떨까? θ가 0부터 $(2\pi \div \frac{1}{2}) = 4\pi$까지 변해야 $\frac{1}{2}\theta$의 값은 한 주기를 지난다. 따라서 이 함수의 주기는 4π이고, $y = \sin \theta$에 비해 주기가 두 배이므로 그래프는 가로 방향으로 두 배 늘어난 모양이 된다.

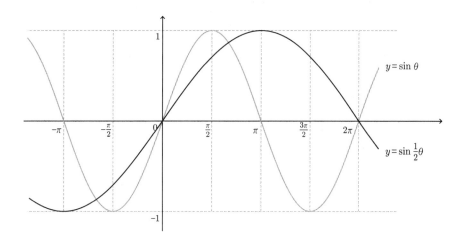

지금까지의 내용을 종합해 보자. 사인(또는 코사인)함수는 일반적으로 다음과 같은 형태를 가질 수 있다.

$$y = a\sin\big(k\,(\theta - p)\big) + q$$

이때 이 함수의 그래프는, $y = \sin \theta$의 그래프를 (a) 주기 $\frac{1}{k}$배 및 함숫값 a배, (b) (p, q)만큼 평행이동한 것이 된다.

$$y = \sin\theta \xrightarrow{\text{(a)}} y = a\sin k\theta \xrightarrow{\text{(b)}} y = a\sin(k(\theta-p)) + q$$

함수 모양이 위와 다를 때는 적절한 연산을 통해 모양을 맞춰야 한다. 예를 들어 $y = 2(\sin(4\theta + \pi) + 1)$이라면 다음과 같다.

$$2(\sin(4\theta + \pi) + 1) = 2\sin(4\theta + \pi) + 2 = 2\sin\left(4\left(\theta + \frac{\pi}{4}\right)\right) + 2$$

즉, 이 함수는 $y = \sin\theta$ 그래프의 주기를 $\frac{1}{4}$배, 위아래로 2배 한 다음 $(-\frac{\pi}{4}, 2)$만큼 평행이동한 것이다.

예제 11-10 다음 함수의 주기와 최대·최솟값을 구하여라.

(1) $y = 3\sin\theta - 1$ (2) $y = \sin 3\theta - 1$ (3) $y = 3\sin 3\theta - 1$

풀이

(1) $y = \sin\theta$의 그래프를 위아래로 3배 늘리고 $(0, -1)$만큼 평행이동한 그래프다. 따라서 주기는 2π, 최댓값은 $3 - 1 = 2$, 최솟값은 $-3 - 1 = -4$다.

(2) $y = \sin\theta$의 그래프에서 주기가 $\frac{1}{3}$배로 되고 $(0, -1)$만큼 평행이동했다. 따라서 주기는 $\frac{2}{3}\pi$, 최댓값은 0, 최솟값은 -2다.

(3) $y = \sin\theta$의 그래프를 위아래로 3배, 주기 $\frac{1}{3}$배, $(0, -1)$만큼 평행이동했다. 따라서 주기는 $\frac{2}{3}\pi$, 최댓값은 2, 최솟값은 -4다.

11.3.4 삼각함수의 역함수

cos, sin, tan 함수는 둘 이상의 입력에 대해 동일한 함숫값이 대응되므로 단사함수가 아니어서 역함수를 가질 수 없다. 하지만 이들의 역함수가 존재한다면 상당히 유용하므로, 적절히 제약을 두어 단사함수로 만든 다음 역함수를 정의하여 사용한다. 그 제약이란 각 함수의 치역 전체에 완전하게 대응시킬 수 있는 최소 범위로 정

---

436 11장 삼각함수와 복소수

의역을 한정시키는 것이다.

먼저 cos 함수의 경우를 보자. 원래의 치역 [−1, 1]에 완전히 대응시킬 수 있는 정의역을 고르자면 수많은 선택지가 있지만, 가능한 한 원점에 가까운 쪽이 사용에 편리할 것이므로 아래 왼쪽 그림과 같이 [0, π]의 구간을 택한다. 또한 sin 함수의 경우에도 아래 오른쪽 그림과 같이 정의역을 $[-\frac{\pi}{2}, \frac{\pi}{2}]$의 구간으로 정하면 원래의 치역 [−1, 1]에 완전히 대응시킬 수 있다.

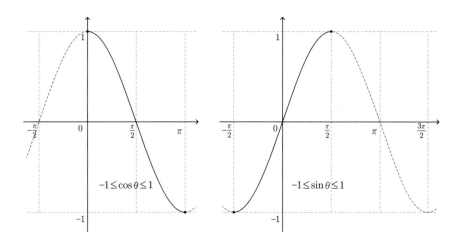

이제 이렇게 정의역을 제한한 cos 함수는 [0, π] 구간의 각도에 대해 [−1, 1] 구간의 실수를 대응시키는 함수이므로, 그 역함수는 [−1, 1] 구간의 실수에 대해 [0, π] 구간의 각도를 대응시키는 함수가 될 것이다. 이것을 **아크코사인함수**라고 하며, 기호 arccos으로 나타낸다.[6] 몇 가지 함숫값의 예를 들면 다음과 같다.

$$
\begin{aligned}
\arccos\left(-1\right) &= \pi \\
\arccos 0 &= \frac{\pi}{2} \\
\arccos 1 &= 0
\end{aligned}
$$

다음은 정의역을 제한한 sin 함수의 역함수를 구해 보자. 이것은 [−1, 1] 구간의 실수에 대해 $[-\frac{\pi}{2}, \frac{\pi}{2}]$ 구간의 각도를 대응시키는 함수가 될 것이다. 이 함수를 **아크사**

---

6 삼각함수의 역함수를 $\cos^{-1}$, $\sin^{-1}$, $\tan^{-1}$처럼 쓰는 경우도 있지만, 이럴 경우 $\cos^2$ 같은 거듭제곱 표기와 혼동될 여지가 있어 표준에서는 권장하지 않는다.

인함수라고 하며, 기호 arcsin으로 나타낸다. 다음은 몇 가지 함숫값의 예다.

$$\arcsin(-1) = -\frac{\pi}{2}$$
$$\arcsin 0 = 0$$
$$\arcsin 1 = \frac{\pi}{2}$$

tan 함수의 경우도 간단하다. tan의 치역은 $(-\infty, \infty)$, 즉 실수 전체이고, 이때 정의역을 $(-\frac{\pi}{2}, \frac{\pi}{2})$ 구간으로만 두면[7] 원래 치역에 완전히 대응된다. 그러므로 그 역함수는 모든 실수에 대해 $(-\frac{\pi}{2}, \frac{\pi}{2})$ 구간의 각도를 대응시키는 함수가 된다. 이것을 **아크탄젠트함수**라고 하며, 기호 arctan로 나타낸다.[8]

$$\arctan(-1000) \approx -1.5698 \approx -89.94°$$
$$\arctan 0 = 0$$
$$\arctan 1 = \frac{\pi}{4}$$
$$\arctan 10000 \approx 1.5707 \approx 89.99°$$

위의 예에서 볼 수 있듯이, 입력값이 양이나 음의 방향으로 커짐에 따라 arctan 함숫값은 tan 함수의 점근선인 $\frac{\pi}{2}$나 $-\frac{\pi}{2}$에 가까워진다.

연습문제

1. 다음 함수의 주기는 얼마인가?

(1) $y = \cos 5x$ (2) $y = \sin \frac{2}{3}x$ (3) $y = \tan 4x$

2. 다음 함수의 주기와 함숫값이 0인 지점을 구하여라.

(1) $y = 3\cos\frac{1}{3}x$ (2) $y = 2\tan(\frac{1}{2}x - \frac{\pi}{6})$

(3) $y = \sin\left(\frac{2}{3}x + \frac{\pi}{6}\right)$ (4) $y = 2\sin x \cos x$

3. 다음 함수의 그래프를 최소 하나의 주기를 포함하는 구간에 대해 그려라.

(1) $y = -2\cos(\frac{1}{2}x - \frac{\pi}{4}) + 1$

(2) $y = \sin\left(x + \frac{\pi}{2}\right) - 2\cos x + 1$

---

7   점근선인 $\theta = -\frac{\pi}{2}$와 $\theta = \frac{\pi}{2}$는 정의역에 속하지 않으므로 $(-\frac{\pi}{2}, \frac{\pi}{2})$처럼 열린 구간이 된다.

8   이 세 종류의 역함수는 많은 프로그래밍 언어에서 흔히 acos, asin, atan이라는 이름으로 제공된다.

(3) $y = 2 - 2\sin^2 x$

4. 다음 값을 구하여라.

(1) $\arccos\left(-\dfrac{1}{2}\right)$ (2) $\arcsin\dfrac{1}{2}$ (3) $\arctan\sqrt{3}$

11.4 복소수

11.4.1 복소수의 정의와 기본 연산

가로·세로의 길이가 모두 1인 정사각형의 대각선 길이는 정수나 유리수로 나타낼 수 없다. 그에 따라 무리수 개념이 도입되면서 수학에서 다루는 '숫자'는 실수라는 체계로 더 확장되었다. 그러나 이렇게 확장된 수 체계에도 여전히 $x^2 = -2$ 같은 단순한 방정식의 해를 구하지 못한다는 맹점이 남아 있다. 이때 우리는 단지 '실수 범위에서 해가 없다'고 말할 수 있을 뿐이다. 이제 무리수의 경우처럼 이런 '비현실적'인 숫자를 포함하여 수의 개념을 확장한다면, 수학의 체계가 좀 더 일관성 있고 명확해질 것이다.

그런 비현실적인 수의 대표를 정하기 위해, 제곱하여 -1이 되는 새로운 숫자 하나를 가정하자. 이것을 '존재하지 않는 숫자의 기본 단위'라는 뜻에서 **허수단위**(imaginary unit)[9]라 부르기로 한다. 이 숫자는 기존의 표기법으로 나타낼 수 없으므로 새로운 기호를 동원하여 i로 쓴다. 즉, $i = \sqrt{-1}$이며, $i^2 = -1$로 약속한다.[10]

허수단위 i의 도입으로 확장된 수 체계 안의 숫자들은 일반적으로 다음과 같은 꼴을 가지게 된다.

$$z = a + bi \quad (a,\ b \in \mathbb{R})$$

여기서 $b = 0$이면 z는 일반적인 실수에 해당한다. 하지만 $b \neq 0$이라면 z는 $2 + 3i$나 $-2i$처럼 허수단위를 포함한 새로운 종류의 숫자가 되는데, 이것을 존재하지 않는 숫자라는 뜻에서 **허수**라고 한다.

이처럼 $a + bi$ 모양으로 나타낼 수 있는 숫자를 모두 통틀어 **복소수**(複素數, complex number)라 부르며, 이때 a를 **실수부**, b를 **허수부**라고 한다. 복소수는 '두

---

9 허수단위 기호 i는 imaginary의 머리글자에서 따왔다.

10 전기·전자 분야에서는 전류를 나타내는 기호 I나 i와 혼동을 피하기 위해 허수단위를 j로 쓴다. 프로그래밍 언어 중에서도 파이썬 같은 경우 허수단위에 j를 사용한다.

개의(複) 요소(素)로 표현되는 수'라는 뜻으로, 그 두 개의 요소는 물론 실수부와
허수부를 일컫는다.

$$복소수\ a + bi \begin{cases} 실수(b=0) \\ 허수(b \neq 0) \end{cases}$$

허수 중 실수부가 0인 경우, 즉 $bi(b \neq 0)$ 형태의 복소수는 순허수라고 부르기도
한다.

한편, 어떤 복소수 z[10]에서 실수부나 허수부만 취할 때는 $\mathrm{Re}(z)$와 $\mathrm{Im}(z)$를 사용
한다.[11]

$$\mathrm{Re}\,(a+bi) = a$$
$$\mathrm{Im}\,(a+bi) = b$$

또한 전체 복소수의 집합은 기호 $\mathbb{C}$로 나타낸다. 그러므로 $\mathbb{R} \subset \mathbb{C}$이다.

두 복소수가 값이 같으면, 다소 당연하겠지만 실수부와 허수부가 모두 같아야 한
다. 즉, z_1과 z_2를 복소수라 하면 다음이 성립한다.

$$(z_1 = z_2) \iff \big(\mathrm{Re}(z_1) = \mathrm{Re}(z_2)\big) \wedge \big(\mathrm{Im}(z_1) = \mathrm{Im}(z_2)\big)$$

특히 $z = 0$이면 $\mathrm{Re}(z) = \mathrm{Im}(z) = 0$이다.

복소수는 숫자이니만큼 그 체계 내에서 여러 가지 연산을 정의할 수 있다. 그런
데 복소수 $a + bi$에서 a와 b는 실수이지만 허수단위 i는 실수가 아니므로 종류가
다른 숫자들을 섞어서 계산할 수는 없다. 따라서 i는 마치 하나의 문자인 것처럼 취
급하되 $i^2 = -1$임을 잊지 않고 계산해 주어야 한다.

복소수 연산의 가장 기본으로는 사칙연산이 있다. 먼저 두 복소수 $z = a + bi$와
$w = c + di$의 덧셈과 뺄셈을 보자.

$$z + w = (a + bi) + (c + di) = (a+c) + (b+d)i$$
$$z - w = (a + bi) - (c + di) = (a-c) + (b-d)i$$

두 복소수를 더하거나 뺀 결과 역시 복소수임을 알 수 있다. 다음은 곱셈인데, 앞서

---

10 복소수는 흔히 z, w, ω(그리스어 알파벳 omega) 등의 문자로 나타낸다.
11 예상할 수 있듯이 실수부(real part)와 허수부(imaginary part)의 영문 표기에서 따온 기호들이다.

언급한 대로 i를 문자 취급하되 $i^2 = -1$로 계산해 주면 곱셈의 결과 역시 복소수가 된다.

$$\begin{aligned} z \times w &= (a+bi)(c+di) \\ &= a(c+di) + bi(c+di) \\ &= ac + adi + bci + bdi^2 \\ &= (ac-bd) + (ad+bc)i \end{aligned}$$

사칙연산의 마지막은 나눗셈이다. 복소수의 분수 꼴을 계산할 때는, 허수부의 부호가 반대인 복소수를 분모·분자에 곱해서 분모를 실수로 만들어 준다. 이는 마치 무리수에서 분모를 유리화했던 것과 같은 방법이다. 나눗셈의 결과 역시 복소수가 된다.

$$\begin{aligned} z \div w &= \frac{a+bi}{c+di} \quad (w \neq 0) \\ &= \frac{(a+bi)(c-di)}{(c+di)(c-di)} \\ &= \frac{ac - adi + bci - bdi^2}{c^2 + cdi - cdi - (di)^2} \\ &= \frac{(ac+bd) + (bc-ad)i}{c^2 + d^2} \end{aligned}$$

예제 11-11 다음 복소수의 셈을 계산하여라.

(1) $(2+3i) - (3+2i)$ (2) $(i+1)(i-1)$ (3) $\dfrac{i+1}{i-1}$

풀이

(1) $(2+3i) - (3+2i) = (2-3) + (3-2)i = -1+i$

(2) $(i+1)(i-1) = i^2 - 1 = -2$

(3) $\dfrac{i+1}{i-1} = \dfrac{(i+1)^2}{i^2-1} = \dfrac{i^2 + 2i + 1}{-2} = -i$

11.4.2 켤레복소수와 그 성질

나눗셈을 계산할 때 분모를 실수로 만들기 위해서 원래와 허수부의 부호가 반대인 수를 곱해 주었는데, 이처럼 원래 복소수와 실수부는 같지만 허수부의 부호가 반대인 것을 **켤레복소수**(complex conjugate)라고 한다. 복소수 z의 켤레복소수는 $\bar{z}$로 나타내는데, 이 ⁻ 연산은 복소수 체계에서만 정의된다.

$$z = a + bi$$
$$\bar{z} = a - bi$$

켤레복소수는 허수부의 부호만 반대이므로, 부호를 두 번 바꾸면 원래 값으로 되돌아간다.

$$\bar{\bar{z}} = \overline{a - bi} = a + bi = z$$

또, 켤레복소수끼리 더하면 허수부가 상쇄되어 없어지고 실수부만 남는다.

$$z + \bar{z} = (a + bi) + (a - bi) = 2a = 2\,\mathrm{Re}(z)$$

두 복소수를 사칙연산한 다음 켤레복소수 연산을 하면 어떻게 될까? 앞서 $z = a + bi$와 $w = c + di$를 사칙연산한 결과를 써서 계산해 보자.

$$\begin{aligned}\overline{z + w} &= \overline{(a+c) + (b+d)i} \\ &= (a+c) - (b+d)i \\ &= (a - bi) + (c - di) \\ &= \bar{z} + \bar{w}\end{aligned}$$

뺄셈의 결과 역시 아래처럼 된다. 그 과정은 직접 확인해 보자.

$$\overline{z - w} = \bar{z} - \bar{w}$$

곱셈의 경우는 일단 다음과 같이 계산되는데,

$$\begin{aligned}\overline{(zw)} &= \overline{(ac-bd) + (ad+bc)i} \\ &= (ac-bd) - (ad+bc)i\end{aligned}$$

여기서 더 나아가려면 약간의 복습이 필요하다. I부의 3.3절에서 다음과 같은 유형이 있었음을 기억할 것이다.

$$acx^2 + (ad+bc)x + bd = (ax+b)(cx+d)$$

이 유형은 다음과 같은 방식으로 설명할 수 있었다.

$$
\begin{array}{c}
acx^2 + (ad+bc)x + bd \\
\vdots \qquad\qquad \vdots \\
\end{array}
$$

ax   b → $(ax+b)$

cx   d → $(cx+d)$

이제 $\overline{(zw)}$ 의 식에서 $i^2 = -1$임을 이용하여 $(ac - bd)$를 $(ac + bdi^2)$으로 바꿔 쓰고, 문자 i에 대해 내림차순으로 정렬해 보자.

$$
\begin{aligned}
\overline{(zw)} &= (ac + bdi^2) - (ad+bc)i \\
&= bdi^2 - (ad+bc)i + ac
\end{aligned}
$$

그러면 이 식은 위에 언급한 인수분해 유형과 맞아 떨어진다.

$$
\begin{array}{c}
bdi^2 - (ad+bc)i + ac \\
\vdots \qquad\qquad \vdots \\
\end{array}
$$

bi $-a$ → $(bi-a)$

di $-c$ → $(di-c)$

위와 같이 인수분해하고 문자의 순서를 정리하면 최종적으로 $\overline{(zw)} = \overline{z} \cdot \overline{w}$라는 결과를 얻는다.

$$
\begin{aligned}
\overline{(zw)} &= (bi-a)(di-c) = (a-bi)(c-di) \\
&= \overline{z} \cdot \overline{w}
\end{aligned}
$$

나눗셈도 유사한데, 이때 아래와 같은 인수분해 유형이 추가로 활용된다. 이 유형은 허수단위를 포함하므로 복소수 체계에서만 사용할 수 있다.

$$x^2 + y^2 = (x+yi)(x-yi)$$

이제 나눗셈의 계산 과정을 살펴보자. 먼저 분자를 곱셈 때와 같은 유형으로 인수분해하고, 분모 $c^2 + d^2$을 인수분해한 다음, 분모·분자에 공통인 $(c + di)$를 제거하면 계산이 완료된다.

$$\overline{\left(\frac{z}{w}\right)} = \frac{(ac+bd) - (bc-ad)i}{c^2 + d^2} = \frac{ac - bdi^2 - (bc-ad)i}{c^2 + d^2}$$

$$= \frac{(a - bi)(c + di)}{c^2 + d^2} = \frac{(a - bi)(c + di)}{(c - di)(c + di)}$$

$$= \frac{(a - bi)}{(c - di)} = \frac{\bar{z}}{\bar{w}}$$

지금까지 알아본 것을 정리해 보자. 두 복소수를 사칙연산한 값에 켤레복소수 연산을 적용한 것은, 각각의 켤레복소수로 사칙연산한 것과 동일하다.

$$\overline{z + w} = \bar{z} + \bar{w}$$

$$\overline{z - w} = \bar{z} - \bar{w}$$

$$\overline{zw} = \bar{z} \cdot \bar{w}$$

$$\overline{\left(\frac{z}{w}\right)} = \frac{\bar{z}}{\bar{w}}$$

11.4.3 방정식의 허근과 실근

이제 수 체계가 실수 너머까지 확장되었으므로 이 절의 도입부에 나왔던 방정식 $x^2 = -2$의 해를 복소수 범위에서 구할 수 있을 것이다. 이때 $x^2 + y^2$ 꼴의 허수단위를 포함한 인수분해 유형을 활용한다.

$$x^2 + 2 = 0$$
$$\left(x + \sqrt{2}\,i\right)\left(x - \sqrt{2}\,i\right) = 0$$
$$\therefore\ x = \pm\sqrt{2}\,i$$

이 방정식의 해는 둘 다 허수다. 이처럼 방정식의 근 중에서 허수인 것을 **허근**이라 하며, 기존처럼 실수인 것은 **실근**이라고 한다.

　한편, 위의 방정식을 완전제곱 형태로 풀면 다음과 같다. 본래 근호 안에는 음수가 들어갈 수 없지만, 복소수 범위이므로 가능하다고 가정한다.

$$x^2 = -2$$
$$x = \pm\sqrt{-2}$$

그런데 이 해는 위에서 구한 $x = \pm\sqrt{2}\,i$와 같은 것이므로 $\sqrt{-2}$ 라는 것은 곧 $\sqrt{2}\,i$ 여야 한다. 이처럼 근호 안에 음수가 들었을 때는 다음과 같이 복소수로 바꾸어 표시할 수 있다.

$$\sqrt{-a} = \sqrt{a}\,i \quad (a > 0)$$

이제 일반적인 이차방정식의 해를 살펴보자. 방정식 $ax^2 + bx + c = 0$의 해는 근의 공식을 써서 다음과 같이 구할 수 있었다.

$$x = \frac{-b \pm \sqrt{b^2 - 4ac}}{2a}$$

이때 근호 안의 $b^2 - 4ac$, 즉 판별식이 음수이면 실수 범위에서 해가 없는 것으로 하였지만, 범위를 복소수로 확장하면 엄연히 두 개의 허근이 존재하게 된다. 따라서 이차방정식의 해는 판별식 $D = b^2 - 4ac$의 부호에 따라 다음 세 가지 경우로 나뉜다.

- $D > 0$: 서로 다른 두 개의 실근
- $D = 0$: 하나의 실근(중근)
- $D < 0$: 서로 다른 두 개의 허근

그러므로 모든 이차방정식은 복소수 범위에서 반드시 해를 가진다. 예를 들어 $x^2 + x + 1 = 0$의 판별식 값은 $1^2 - 4 = -3$으로 음수지만, 복소수 범위에서 근의 공식으로 해를 구하면 다음과 같은 두 개의 허근을 얻는다.

$$x = \frac{-1 \pm \sqrt{1^2 - 4}}{2} = \frac{-1 \pm \sqrt{3}\,i}{2}$$

연습문제

1. $z = 2 + 3i$, $w = 3 - 2i$일 때 다음을 계산하여라.

    (1) $2z + 3w$ (2) zw (3) $\dfrac{z}{w}$ (4) z^2

2. $z = 2 + 3i$, $w = 3 - 2i$일 때 다음을 계산하여라.

(1) $2\overline{z} + 3\overline{w}$　　(2) $\overline{zw}$　　(3) $z\overline{z}$

3. 다음을 간단히 하여라.

(1) $\sqrt{-18}$　　(2) $\sqrt{-3} \cdot \sqrt{-6}$　　(3) i^4　　(4) i^{42}

4. 다음 이차방정식의 근을 구하여라.

(1) $x^2 = -e$　　(2) $x^2 - x + 1 = 0$　　(3) $2x^2 + x + 1 = 0$

11.5 복소평면과 극형식

11.5.1 복소평면의 정의와 복소수의 연산

I부에서 공부한 수(數)직선은 모든 실수를 직선 위의 한 점에 대응시키는 기하학적 장치이며, 숫자에 관한 문제를 기하의 관점으로 생각할 수 있게 해 준다. 복소수는 어떨까? 실수와 달리 복소수는 실수부와 허수부라는 두 개의 요소로 이루어져 있기에, 두 숫자로 이루어진 쌍을 나타내기 위해 직선이 아니라 2차원의 평면이 필요하게 된다.

이와 관련해서는 좌표평면이라는 적절한 기존 사례가 있으므로 그것을 활용한다. 직선 두 개를 직교시키고 그중 가로축은 복소수의 실수부에, 세로축은 허수부에 대응시키자. 두 축의 교점은 실수부와 허수부 모두 0인 원점으로 둔다. 이것을 **복소평면**(complex plane)이라고 하며, 이때 가로축은 실수축, 세로축은 허수축이라 부른다.

다음 그림은 복소평면 위에 복소수 몇 개를 표시한 것이다. 가로축이 실수부고 세로축이 허수부이므로 $a + bi$ 꼴의 복소수는 복소평면상에서 (a, b)라는 위치에 대응된다.

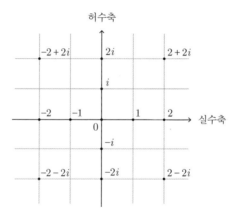

예상할 수 있듯이 복소수 중 허수부가 0인 실수는 가로축 위의 점에, 실수부가 0인 순허수는 세로축 위의 점에 대응된다. 그리고 실수부가 같지만 허수부의 부호가 반대인 켤레복소수는, 실수축인 가로축에 대해 서로 대칭의 위치에 놓인다. 그림에서는 $2 + 2i$와 $2 - 2i$, 그리고 $-2 + 2i$와 $-2 - 2i$의 두 쌍이 거기에 해당된다.

복소수를 연산한 결과는 복소평면에서 어떤 모양으로 나타날까? 먼저 덧셈부터 알아보자. 두 복소수 $z = a + bi$와 $w = c + di$를 더하면 $z + w = (a + c) + (b + d)i$이다. 편의상 z와 w 모두 1사분면에 있다고 가정하고 $z + w$의 위치를 복소평면에 표시해 보자.

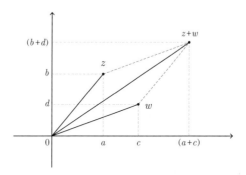

이 덧셈은 약간 다른 관점으로도 바라볼 수 있다. 다음의 왼쪽 그림에서 보듯이, $z + w$라는 결과는 z의 원래 위치 (a, b)에서 w의 가로세로 성분인 (c, d)만큼 더 나아간 위치에 있다. 그러므로 z와 $z + w$를 잇는 선분은, 원점과 w를 잇는 선분과 평행하며 길이도 같다.

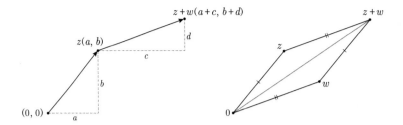

마찬가지 이유로 w와 $z+w$를 잇는 선분은, 원점과 z를 잇는 선분과 평행하며 길이도 같다. 따라서 이 네 꼭짓점에 해당하는 복소수는 복소평면에서 위 오른쪽 그림처럼 평행사변형을 이룬다는 것을 알 수 있다.[12]

복소수의 **뺄셈**은 부호가 반대인 수를 더하는 것으로 보면 된다. 따라서 $z-w$는 복소평면에서 다음 그림처럼 z의 좌표 (a, b)에다 $-w$의 좌표에 해당하는 $(-c, -d)$를 더한 곳인 $(a-c, b-d)$에 위치한다.

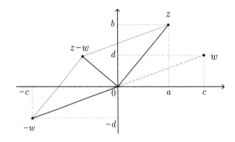

복소수의 곱셈은 어떨까? 앞 절에서 계산한 결과로는 $zw = (ac - bd) + (ad + bc)i$인데, 이것만 보아서는 복소평면에서 어떤 식으로 나타날지 쉽게 감이 오지 않는다. 곱셈을 더 조사하기 전에, 복소평면을 새로운 관점으로 다룰 수 있게 해 주는 유용하고도 필수적인 개념을 하나 알아보자.

11.5.2 극좌표계와 직교좌표계

우리가 알고 있는 좌표평면에서 한 점 P의 위치는 가로축과 세로축에 해당하는 두 개의 좌표값을 써서 $P(x, y)$처럼 나타낸다. 하지만 그와 동시에 점 P의 위치는 11.1절에서 본 것처럼 삼각함수의 정의에 의해 원점으로부터의 거리 r, 그리고 $\overline{OP}$

---

12 다음 장의 용어로 말하자면, 원점에서 z 및 w로 가는 반직선을 벡터로 보았을 때 $z+w$는 두 벡터의 합에 해당한다.

가 이루는 각 θ로도 나타낼 수 있다.

$$P(x, y) \;=\; P\,(r\cos\theta,\; r\sin\theta)$$

즉, 2차원 평면에서 위치를 나타낼 때는 x좌표나 y좌표 없이 r과 θ만으로 충분하다는 것이다. 예컨대 한 점 $P(2, 2)$와 원점과의 거리는 피타고라스 정리에 의해 $r = \sqrt{2^2 + 2^2} = 2\sqrt{2}$이고 $\overline{OP}$가 기준선과 이루는 각은 $\theta = \frac{\pi}{4}$이므로 좌표평면 상에서 이 점의 위치는 (x, y)가 아니라 (r, θ) 꼴인 $P(2\sqrt{2}, \frac{\pi}{4})$로 나타내어도 아무런 문제가 없다.

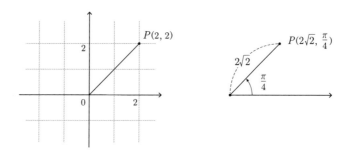

이처럼 평면상에서 한 점의 위치를 '거리'와 '각도'로 나타내는 좌표체계를 **극(極)좌표계**(polar coordinate system)라고 하며, 이와 대비하여 기존처럼 가로·세로 두 축을 직교시켜 쓰는 좌표평면 체계는 **직교좌표계**[13]라고 부른다. 극좌표계의 '극'은 직교좌표계의 원점에 해당하며, 거리가 0인 점이다.

극좌표계의 각 θ는 일반각으로 말하자면 $2n\pi + \theta$이므로 직교좌표계의 (x, y)는 극좌표계에서 $(r, 2n\pi + \theta)$ 꼴인 좌표 여러 개에 해당한다는 점을 기억해 두자.

직교좌표계에서 가로축(x)을 독립변수로 두고 세로축(y)을 종속변수로 두어 함수 $y = f(x)$의 그래프를 그리는 것처럼, 극좌표계에서도 각(θ)을 독립변수로 두고 거리(r)를 종속변수로 두어 함수 $r = f(\theta)$의 그래프를 표현할 수 있다. 예를 들어 $r = \theta$라는 아주 단순한 형태의 함수를 생각해 보자. 이 함수의 그래프는 극좌표계에서 과연 어떤 모양이 될까? 각의 크기가 곧 거리이므로 $\theta = 0$일 때 극$(r = 0)$에서 출발하여 직각일 때 $r = \frac{\pi}{2}$, 평각일 때 $r = \pi$처럼 원점에서 점점 멀어질 것이다.[14]

---

13 좌표평면을 만든 수학자 데카르트(Descartes)의 이름을 따서 영어로는 Cartesian coordinate system이라 한다.
14 이런 그래프를 흔히 '아르키메데스의 나선'이라 부른다.

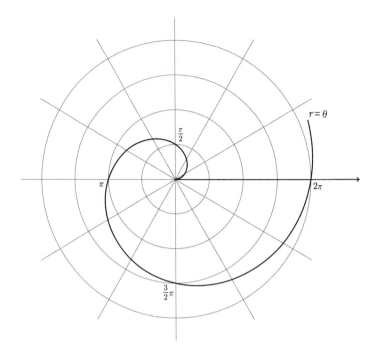

그렇다면 좌표평면상의 한 위치를 직교좌표에서 극좌표로, 극좌표에서 직교좌표로 바꾸려면 어떻게 해야 할까? 극좌표 (r, θ)에서 직교좌표 (x, y)로 바꾸는 것은 아주 쉽다. 삼각함수의 정의에 의해 어떤 θ에 대해서도 $x = r \cos \theta$ 및 $y = r \sin \theta$가 항상 성립하므로 그 관계식을 그대로 적용하면 된다. 예를 들어 극좌표계에서 $r = 2$이고 $\theta = \frac{3}{4}\pi$인 점은, 아래와 같이 하여 직교좌표 $(-\sqrt{2}, \sqrt{2})$로 바꿀 수 있다.

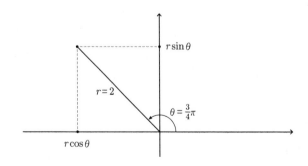

$$\begin{cases} x = r\cos\theta = 2\cos\dfrac{3}{4}\pi = 2\cdot\left(-\dfrac{\sqrt{2}}{2}\right) = -\sqrt{2} \\ y = r\sin\theta = 2\sin\dfrac{3}{4}\pi = 2\cdot\left(\dfrac{\sqrt{2}}{2}\right) = \sqrt{2} \end{cases}$$

다음은 직교좌표를 극좌표로 바꾸어 보자. 우선 원점 $(0, 0)$은 극좌표계의 극에 해당하므로 $r = 0$인 점 $(0, \theta)$의 꼴로 바꿀 수 있다. 이때 거리가 0이기만 하면 각의 크기 θ는 아무래도 상관없으므로, 극의 좌표는 하나로 정해지지 않는다.

원점이 아닌 직교좌표계의 점 (x, y)를 극좌표계의 (r, θ)로 바꾸려면 어떻게 할까? 극과의 거리 r은 피타고라스 정리를 써서 $r = \sqrt{x^2 + y^2}$처럼 간단히 구할 수 있다. 다음은 각 θ의 차례인데, 이 각과 x 또는 y가 함께 나타난 식을 찾아보면 $x = r\cos\theta$와 $y = r\sin\theta$가 있다. 둘 중 어느 것이라도 무방하지만, cos 쪽을 택해서 θ에 대해 정리해 보자. 이때 삼각함숫값으로부터 각도를 구하는 것은 앞서 소개한 삼각함수의 역함수를 이용한다.

$$r\cos\theta = x$$
$$\therefore \theta = \arccos\left(\frac{x}{r}\right)$$

arccos 함수는 r과 x의 값만으로 함숫값을 결정하는데, 치역이 $[0, \pi]$이므로 그 범위의 각에 대해서는 괜찮지만 범위를 벗어난 3·4사분면의 각에 대해서는 잘못된 결과를 돌려 주는 문제가 있다. 예를 들어 다음 그림처럼 $r = 1$이고 $x = \dfrac{\sqrt{2}}{2}$일 때에 해당하는 각은, arccos 함수가 돌려주는 1사분면의 $\dfrac{\pi}{4}$ 외에도 4사분면의 $\dfrac{7}{4}\pi$까지 해서 실제로는 2개다.

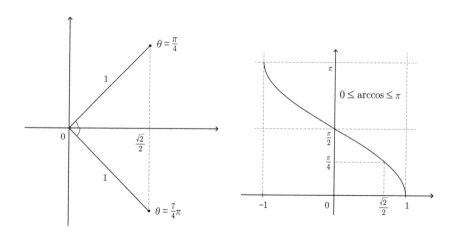

또한 2사분면과 3사분면의 각들도 x좌표가 동일하므로 똑같은 문제가 발생하게 된다. 그렇다면 arccos 함수로부터 3·4사분면에 있는 θ의 올바른 값을 얻는 방법은 무엇일까? $r = 1$이고 θ가 네 개의 사분면에 각각 위치할 때 arccos 값과 실제 각이 어떻게 차이가 나는지 살펴보자.

	1사분면	2사분면	3사분면	4사분면
실제 θ	$\dfrac{\pi}{4}$	$\dfrac{3}{4}\pi$	$\dfrac{5}{4}\pi$	$\dfrac{7}{4}\pi$
x좌표	$\dfrac{\sqrt{2}}{2}$	$-\dfrac{\sqrt{2}}{2}$	$-\dfrac{\sqrt{2}}{2}$	$\dfrac{\sqrt{2}}{2}$
arccos으로 얻은 θ	$\dfrac{\pi}{4}$	$\dfrac{3}{4}\pi$	$\dfrac{3}{4}\pi$	$\dfrac{\pi}{4}$

두 값이 0부터 π까지는 동일하지만 π를 지나면서 arccos 쪽의 값은 다시 0으로 향해 감소한다. 그러므로 π 이후부터 두 값을 더하면 2π가 된다는 것을 이용할 수 있겠고, 이때는 결과적으로 arccos 함숫값의 부호가 반대로 된다.

$$\theta + \arccos\left(\frac{x}{r}\right) = 2\pi$$
$$\therefore \ \theta \ = \ 2\pi - \arccos\left(\frac{x}{r}\right) \ = \ -\arccos\left(\frac{x}{r}\right)$$

위의 결과는 3사분면과 4사분면에 해당되는데, 이때는 마침 arccos에 사용되지 않은 다른 좌표값인 y가 항상 음수이다. 따라서 직교좌표계의 x와 y로부터 극좌표계의 r과 θ로 변환하는 식은 다음과 같다. 여기서 $y \geq 0$이면 1·2사분면, $y < 0$이면 3·4사분면을 나타낸다.

$$r = \sqrt{x^2 + y^2}$$
$$\theta = \begin{cases} \arccos\left(\dfrac{x}{r}\right) & (y \geq 0) \\ -\arccos\left(\dfrac{x}{r}\right) & (y < 0) \end{cases}$$

cos이나 sin 외에도 $\tan\theta = \frac{y}{x}$라는 관계를 이용해서 $\theta = \arctan\left(\frac{y}{x}\right)$로 θ를 구할 수도 있다. 그러나 입력으로 $\frac{y}{x}$를 줄 때 나눗셈으로 인해 x와 y의 원래 부호를 잃어버리기 때문에, arctan 함숫값만으로는 정확한 각도를 알 수가 없다. 예를 들어 1사분면의 점 $(1, 1)$과 3사분면의 점 $(-1, -1)$의 경우 두 점이 이루는 각이 전혀 다르지만, $\frac{y}{x}$의 부호가 동일하여 arctan 함숫값도 같아지는 문제가 생긴다.

또한 tan 함수는 점근선에서 함숫값이 정의되지 않기에 $\arctan\left(\frac{y}{x}\right)$에서 분모인 x가 0일 때는 별도로 함숫값을 정의해 두어야 한다. 이처럼 arctan로 θ를 구하려면 arccos 때보다도 더 번거로워지는 면이 있다. 이런 점을 감안하여 x와 y를 주었을 때 $(-\pi, \pi]$ 구간에서 정확한 θ 값을 돌려줄 수 있는 tan의 역함수를 새롭게 정의했는데, 이 함수는 기존과 구별하기 위해 arctan2 또는 atan2라고 부른다.[15]

$$\theta = \mathrm{atan2}\,(y, x)$$

$\frac{y}{x}$라는 값 하나만 받는 arctan와 달리 atan2는 입력 변수가 두 개인 2변수 함수여서 x와 y의 부호가 그대로 보존되며, 그에 따라 x와 y에 대응되는 θ의 정확한 값을 바로 얻을 수 있다.

예제 11-12 다음 직교좌표계의 점들을 극좌표계의 좌표로 바꾸어라.

(1) $(2, 0)$　(2) $(0, -2)$　(3) $(-\sqrt{3}, 1)$　(4) $(-\sqrt{3}, -1)$　(5) $(5, -5)$

풀이

(1) x축 위의 점들은 양수면 $\theta = 0$이고 음수면 $\theta = \pi$이다. 따라서 답은 $(2, 0)$이다.

(2) y축 위의 점들은 양수면 $\theta = \frac{\pi}{2}$이고 음수면 $\theta = \frac{3}{2}\pi$이다. 따라서 답은 $(2, \frac{3}{2}\pi)$이다.

(3) $r = \sqrt{3+1} = 2$, $y \geq 0$이므로 $\theta = \arccos\left(-\frac{\sqrt{3}}{2}\right) = \frac{5}{6}\pi$이다. 따라서 답은 $(2, \frac{5}{6}\pi)$이다.

(4) $r = \sqrt{3+1} = 2$, $y < 0$이므로 $\theta = -\arccos\left(-\frac{\sqrt{3}}{2}\right) = -\frac{5}{6}\pi$이다. 따라서 답은 $(2, -\frac{5}{6}\pi)$ 또는 $(2, \frac{7}{6}\pi)$이다.

(5) $r = \sqrt{25+25} = 5\sqrt{2}$이고, $\theta = -\arccos\left(\frac{5}{5\sqrt{2}}\right) = -\frac{\pi}{4}$이다. 따라서 답은 $(5\sqrt{2}, -\frac{\pi}{4})$ 또는 $(5\sqrt{2}, \frac{7}{4}\pi)$이다.

예제에 나온 점들을 실제로 좌표평면에 그리면서 결과를 확인해 보는 것도 좋겠다.

---

15 대부분의 프로그래밍 언어에서 atan2라는 이름의 함수로 지원한다.

11.5.3 복소수의 극형식

다시 복소평면으로 돌아가자. 복소평면도 좌표평면의 일종이므로 극좌표계를 써서 복소수를 나타낼 수 있다. 복소수 $z = a + bi$는 직교좌표계의 복소평면에서 (a, b)에 위치한다. 이것을 극좌표계로 바꾸기 위해 극까지 거리 r을 계산하면 $r = \sqrt{a^2 + b^2}$이고, 각 θ는 arccos 같은 삼각함수의 역함수를 써서 얻으면 된다. 이때 삼각함수의 정의에 의해 $a = r\cos\theta$이고 $b = r\sin\theta$라는 관계가 성립한다.

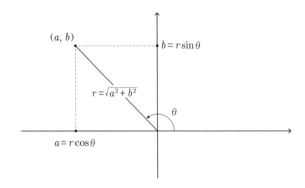

이것을 식으로 다시 쓰면 다음과 같다.

$$
\begin{aligned}
z &= a + bi \\
&= (r\cos\theta) + (r\sin\theta)\,i \\
&= r\,(\cos\theta + i\sin\theta)
\end{aligned}
$$

이처럼 각도와 거리로 나타내는 복소수의 표현을 **극형식**(polar form)이라 한다. 이때 극으로부터의 거리 r은 복소수 z의 **절댓값**이라 하며 $|z|$로 쓴다. 실수의 경우 수직선에서 0으로부터 떨어진 거리가 곧 절댓값이었는데, 복소수의 절댓값 역시 그와 동일한 의미다. 그리고 극형식에서 각 θ는 복소수 z의 **편각**(argument)이라 하며, $\arg(z)$로 나타낸다.

복소수 $z = -2 - 2i$를 극형식으로 나타내어 보자. 절댓값과 편각은 앞서 직교좌표계에서 극좌표계로 변환하던 것처럼 구하면 된다. 또한 이 z는 직교좌표계에서 세로축(허수축)의 값이 0보다 작으므로 편각을 구할 때 arccos 값은 음수 쪽을 택한다.

$$r = |z| = \sqrt{(-2)^2 + (-2)^2} = 2\sqrt{2}$$

$$\theta = \arg(z) = -\arccos\left(\frac{-2}{2\sqrt{2}}\right) = -\frac{3}{4}\pi = \frac{5}{4}\pi$$

$$\therefore\ z = 2\sqrt{2}\left(\cos\frac{5}{4}\pi + i\sin\frac{5}{4}\pi\right)$$

복소수 $z = a + bi$의 절댓값 $|z|$가 $\sqrt{a^2 + b^2}$이라는 것을 이용하면 켤레복소수에 대한 몇 가지 성질을 이끌어 낼 수 있다. 먼저 z와 $\bar{z}$를 곱해 보자.

$$z\bar{z} = (a + bi)(a - bi) = a^2 + b^2 = |z|^2$$

어떤 복소수와 그 켤레복소수를 곱하면 항상 실수가 되며 그 값은 $|z|^2 = a^2 + b^2$임을 알 수 있다. $z\bar{z} = |z|^2$이라는 이 결과는 사실 우리가 복소수의 분수 꼴에서 분모를 실수화할 때 이미 사용했던 적이 있다. 이제 그와 동일한 방법으로 z의 역수를 계산해 보자.

$$z^{-1} = \frac{1}{z} = \frac{\bar{z}}{z\bar{z}} = \frac{\bar{z}}{|z|^2} \quad (z \neq 0)$$

실수는 서로 대소를 비교할 수 있는데, 복소수도 그런 방법이 있을까? 실수의 대소는 일차원의 수직선상에서 어느 쪽이 더 오른쪽인 양($+$)의 방향에 위치하는지로 판별할 수 있다. 하지만 복소수는 직선이 아닌 평면상에 나타내기 때문에 어떤 특정 방향을 '큰 쪽'이라고 정하기가 어렵다.

예를 들어 실수 때와 같이 실수축 양의 방향을 큰 쪽이라고 정한다면, 허수축에 위치한 i, $-i$는 물론 0 같은 숫자들이 모두 같은 크기가 되어 버린다. 그렇다고 원점으로부터 거리인 절댓값 $|z|$를 크기로 정한다면 $|1| = |-1|$ 같은 결과가 생긴다. 이런 일은 애초에 실수 때처럼 복소수의 대소를 비교하려 했기에 생긴 것이며, 허수단위가 포함된 복소수 체계에서는 대소를 비교할 수 없다.

11.5.4 복소수 곱셈과 나눗셈의 성질

이제 극형식이라는 새 도구를 얻었으므로 이것을 이용해서 앞에서 잠시 미뤄둔 복소수 곱셈을 다시 조사해 보자. 극형식으로 나타낼 때 절댓값이 각각 r_1와 r_2, 편각은 α와 β인 복소수 z와 w를 가정하고,

$$z = r_1 (\cos \alpha + i \sin \alpha)$$
$$w = r_2 (\cos \beta + i \sin \beta)$$

두 수를 곱하여 전개한다.

$$\begin{aligned} zw &= r_1 r_2 (\cos \alpha + i \sin \alpha)(\cos \beta + i \sin \beta) \\ &= r_1 r_2 (\cos \alpha \cos \beta + i \cos \alpha \sin \beta + i \sin \alpha \cos \beta + i^2 \sin \alpha \sin \beta) \\ &= r_1 r_2 \{ (\cos \alpha \cos \beta - \sin \alpha \sin \beta) + i(\sin \alpha \cos \beta + \cos \alpha \sin \beta) \} \end{aligned}$$

극형식으로도 그리 간단해진 것 같지는 않지만, 괄호 안의 수식이 마침 삼각함수 단원에서 보았던 덧셈정리와 같은 꼴이다.

$$(\cos \alpha \cos \beta - \sin \alpha \sin \beta) = \cos (\alpha + \beta)$$
$$(\sin \alpha \cos \beta + \cos \alpha \sin \beta) = \sin (\alpha + \beta)$$

이것을 zw의 전개식에 적용해 보자.

$$zw = r_1 r_2 \{ \cos (\alpha + \beta) + i \sin (\alpha + \beta) \}$$

곱셈의 결과 또한 극형식으로 나타난 복소수이며 그 절댓값은 $r_1 r_2$, 편각은 $\alpha + \beta$ 이다. 즉, 두 복소수 z와 w의 곱은 절댓값을 곱하고 편각은 더하면 된다는 결론을 얻는다. 이것을 식으로는 아래처럼 쓸 수 있다.

$$|zw| = |z| \cdot |w| = r_1 r_2$$
$$\arg(zw) = \arg(z) + \arg(w) = \alpha + \beta$$

편각에 한해서이긴 하지만, 곱셈을 덧셈으로 나타낼 수 있다는 것은 지수법칙이나 로그처럼 계산 복잡도를 낮추는 효과가 있다.

예제 11-13 다음 복소수의 곱을 극형식으로 나타내어라.

(1) $(i+1)(i-1)$ (2) $(1+\sqrt{3}\,i)(\sqrt{3}-i)$

(3) $(1+\sqrt{3}\,i)(1+i)$ (4) $(1+\sqrt{3}\,i)(0+i)$

풀이

(1) $|(1+i)| = |(-1+i)| = \sqrt{2}$

$\qquad \arg(1+i) = \arccos(\frac{1}{\sqrt{2}}) = \frac{\pi}{4}$

$\qquad \arg(-1+i) = \arccos(-\frac{1}{\sqrt{2}}) = \frac{3}{4}\pi$

$\qquad \therefore\ (i+1)(i-1) = (\sqrt{2})^2 \cdot \left[\cos(\frac{\pi}{4}+\frac{3}{4}\pi) + i\sin(\frac{\pi}{4}+\frac{3}{4}\pi)\right]$

$\qquad\qquad\qquad\qquad = 2\,(\cos\pi + i\sin\pi)$

(2) $|(1+\sqrt{3}i)| = |(\sqrt{3}-i)| = 2$

$\qquad \arg(1+\sqrt{3}i) = \arccos(\frac{1}{2}) = \frac{\pi}{3}$

$\qquad \arg(\sqrt{3}-i) = -\arccos(\frac{\sqrt{3}}{2}) = -\frac{\pi}{6}$

$\qquad \therefore\ (1+\sqrt{3}i)(\sqrt{3}-i) = 4\,\left(\cos\frac{\pi}{6} + i\sin\frac{\pi}{6}\right)$

(3) 앞에서 구한 절댓값과 편각을 이용한다.

$$(1+\sqrt{3}i)(1+i) = 2\sqrt{2}\,\left(\cos\frac{7}{12}\pi + i\sin\frac{7}{12}\pi\right)$$

(4) $|(0+i)| = 1, \quad \arg(0+i) = \frac{\pi}{2}$

$\qquad \therefore\ (1+\sqrt{3}i)(0+i) = 2\,\left(\cos\frac{5}{6}\pi + i\sin\frac{5}{6}\pi\right)$

극형식으로 된 결과에서 cos 및 sin의 실제 함숫값을 계산하면 $a+bi$ 꼴의 값을 얻을 수 있다.

1 + $\sqrt{3}\,i$에다 $0+i$를 곱한 예제 (4)번의 결과를 살펴보면, 절댓값은 $1+\sqrt{3}\,i$와 같은 2이고 편각만 $\frac{\pi}{3}$에서 $\frac{5}{6}\pi$로 변했다는 점이 눈에 띈다. $0+i$는 절댓값이 1이고 편각이 $\frac{\pi}{2}$이다. 이처럼 임의의 복소수 z에다가 절댓값이 1이고 편각이 θ인 복소수를 곱하면 어떻게 될까? 절댓값은 곱하고 편각은 더하므로, z의 절댓값은 그대로이고 편각에는 θ가 더해질 것이다. 그러므로 곱셈의 결과는, 복소수 z를 복소평면에서 θ만큼 회전한 것이 된다.

절댓값이 1인 복소수 중 실수축과 허수축 위에 있는 네 숫자를 복소수 z에 곱해 보자. 그림에서 보듯 이 숫자들의 편각은 직각($\frac{\pi}{2}$)의 정수배다.

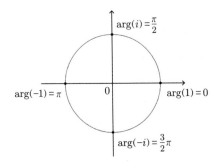

- $z \times 1$: 아무런 변화가 없다.
- $z \times i$: 편각에 $+\frac{\pi}{2}$되므로 반시계 방향으로 직각만큼 회전한다.
- $z \times (-1)$: 편각에 $+\pi$되므로 원점 대칭인 값이 된다(또는 반 바퀴 회전).
- $z \times (-i)$: 편각에 $+\frac{3}{2}\pi = -\frac{\pi}{2}$되므로 시계 방향으로 직각만큼 회전한다.

$z = a + bi$로 두고 실제로 이런 결과가 나오는지 확인해 보자. 1을 곱하는 경우는 명백하므로 생략한다.

$$
\begin{aligned}
z \times i &= ai + bi^2 &= (-b) + (a)i \\
z \times (-1) &= -a - bi &= (-a) + (-b)i \\
z \times (-i) &= -ai - bi^2 &= (b) + (-a)i
\end{aligned}
$$

다음 그림은 $a > b > 0$일 때 위 곱셈의 결과를 복소평면에 나타낸 것이다. $i \times i = (-1)$이고, $i \times i \times i = (-i)$이므로, i를 한 번 곱할 때마다 반시계 방향으로 직각만큼 회전한 위치가 되는 것을 알 수 있다.

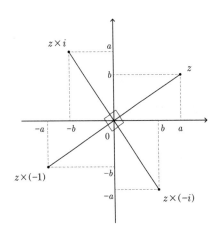

곱셈의 다음은 나눗셈 차례다. 복소수 $z = r_1(\cos \alpha + i \sin \alpha)$를 $w = r_2(\cos \beta + i \sin \beta)$로 나눈 결과는 복소평면에서 어떻게 나타나는지 알아보자. 나눗셈은 역수의 곱이므로 $z \div w = z \times \dfrac{1}{w}$이고, $\dfrac{1}{w}$은 다음과 같이 분모를 실수화해서 구할 수 있다. 계산 과정에서는 $\cos(-\beta) = \cos \beta$이고 $\sin(-\beta) = -\sin \beta$임을 이용했다.

$$
\begin{aligned}
\frac{1}{w} &= \frac{1}{r_2 \left(\cos \beta + i \sin \beta\right)} \\
&= \frac{1}{r_2} \cdot \frac{\left(\cos \beta - i \sin \beta\right)}{\left(\cos \beta + i \sin \beta\right)\left(\cos \beta - i \sin \beta\right)} \\
&= \frac{1}{r_2} \cdot \frac{\left(\cos \beta - i \sin \beta\right)}{\left(\cos^2 \beta + \sin^2 \beta\right)} \\
&= \frac{1}{r_2} \left(\cos \beta - i \sin \beta\right) \\
&= \frac{1}{r_2} \left\{ \cos(-\beta) + i \sin(-\beta) \right\}
\end{aligned}
$$

w의 역수는 절댓값 $\dfrac{1}{r_2}$, 편각 $-\beta$인 복소수임을 알 수 있다. 이제 이것으로부터 z와 w의 나눗셈을 계산하는 일은 간단하다.

$$
\begin{aligned}
\frac{z}{w} = z \cdot \frac{1}{w} &= r_1 \left(\cos \alpha + i \sin \alpha\right) \cdot \left[\frac{1}{r_2} \left\{ \cos(-\beta) + i \sin(-\beta) \right\} \right] \\
&= \frac{r_1}{r_2} \left[\left(\cos \alpha + i \sin \alpha\right) \cdot \left\{ \cos(-\beta) + i \sin(-\beta) \right\} \right] \\
&= \frac{r_1}{r_2} \left\{ \cos(\alpha - \beta) + i \sin(\alpha - \beta) \right\}
\end{aligned}
$$

이로부터 두 복소수 z와 w의 나눗셈은 절댓값을 나누고 편각은 빼면 된다는 결론을 얻는다.

$$
\begin{aligned}
\left| \frac{z}{w} \right| &= \frac{|z|}{|w|} = \frac{r_1}{r_2} \\
\arg\left(\frac{z}{w}\right) &= \arg(z) - \arg(w) = \alpha - \beta
\end{aligned}
$$

11.5.5 복소수의 거듭제곱

같은 복소수를 거듭제곱하면 어떤 결과가 나올까? $z = r(\cos\theta + i\sin\theta)$일 때 z^2을 구해 보자.

$$
\begin{aligned}
z^2 &= r \cdot r \left[\cos(\theta+\theta) + i\sin(\theta+\theta) \right] \\
&= r^2 \left(\cos 2\theta + i\sin 2\theta \right)
\end{aligned}
$$

다소 예상이 가능한 결과였다. 그러면 z^3은 어떨까?

$$
\begin{aligned}
z^3 = z^2 \cdot z &= \left[r^2 \left(\cos 2\theta + i\sin 2\theta \right) \right] \cdot \left[r \left(\cos\theta + i\sin\theta \right) \right] \\
&= r^3 \left(\cos 3\theta + i\sin 3\theta \right)
\end{aligned}
$$

이런 식이라면 이제 n이 자연수일 때 복소수를 n번 거듭제곱한 결과를 충분히 예상할 수 있다.

$$
\left[r(\cos\theta + i\sin\theta) \right]^n = r^n \left(\cos n\theta + i\sin n\theta \right)
$$

이 결과는 복소수의 거듭제곱이 편각의 배수로 표현되므로 상당히 유용해 보인다. 하지만 이것을 실제로 이용하려면 먼저 참이라는 것을 증명할 필요가 있다. n에 대한 수학적 귀납법을 써서 위의 등식을 증명해 보자. $n = 1$일 때 양변이 같음은 자명하므로 넘어 가고, $n = k$일 때 다음 식이 성립한다고 가정한다.

$$
\left[r(\cos\theta + i\sin\theta) \right]^k = r^k \left(\cos k\theta + i\sin k\theta \right)
$$

이 가정을 바탕으로 $n = k + 1$일 때도 성립함을 보이면 된다. $n = k + 1$일 때 증명하려는 식의 좌변은 지수법칙에 따라 다음과 같이 바꿔 쓸 수 있다.

$$
\begin{aligned}
\left[r(\cos\theta + i\sin\theta) \right]^{k+1} &= r^{k+1} (\cos\theta + i\sin\theta)^{k+1} \\
&= r^k (\cos\theta + i\sin\theta)^k \cdot r(\cos\theta + i\sin\theta) \\
&= \left[r(\cos\theta + i\sin\theta) \right]^k \cdot r(\cos\theta + i\sin\theta)
\end{aligned}
$$

여기서 $\left[r(\cos\theta + i\sin\theta) \right]^k$ 부분은 $n = k$일 때의 가정에 의해 $r^k(\cos k\theta + i\sin k\theta)$와 동일하다.

$$\big[\, r\,(\cos\theta + i\sin\theta)\,\big]^{k+1} \;=\; r^k\,(\cos k\theta + i\sin k\theta)\cdot r\,(\cos\theta + i\sin\theta)$$

이 식은 편각이 각각 $k\theta$와 θ인 두 복소수의 곱셈에 해당하므로 절댓값을 곱하고 편각을 더하여 정리하면 다음 결과를 얻는다.

$$\begin{aligned}
\big[\, r\,(\cos\theta + i\sin\theta)\,\big]^{k+1} &\;=\; r^{k+1}\big[\cos(k\theta+\theta) + i\sin(k\theta+\theta)\big]\\
&\;=\; r^{k+1}\big[\cos\big((k+1)\theta\big) + i\sin\big((k+1)\theta\big)\big]
\end{aligned}$$

그런데 이 결과는 $n = k+1$일 때의 우변과 동일하다. 따라서 증명은 완료되었다.

한편, 위의 식에서 $n = 0$으로 놓으면 다음과 같다.

$$\big[\, r\,(\cos\theta + i\sin\theta)\,\big]^{0} \;=\; r^0\,(\cos 0 + i\sin 0) \;=\; 1\cdot(1 + 0i) \;=\; 1$$

실수뿐 아니라 모든 복소수에 대해서 분모와 분자가 같은 식 $\frac{z^k}{z^k}$의 값은 $z^{k-k} = z^0 = 1$이므로 $n = 0$일 때도 위의 식은 성립한다.

그러면 $n < 0$일 때, 즉 지수가 음일 때도 과연 이 식이 성립할까? p를 $n = -p$인 양의 정수라 하고 위의 식을 살펴보자. 이때 $p > 0$이므로 p제곱에 대해서는 앞서의 결과를 이용할 수 있다.

$$\begin{aligned}
\big[\, r\,(\cos\theta + i\sin\theta)\,\big]^{-p} &\;=\; \frac{1}{\big[\, r\,(\cos\theta + i\sin\theta)\,\big]^{p}} \;=\; \frac{1}{r^p\,(\cos p\theta + i\sin p\theta)}\\
&\;=\; \frac{\cos p\theta - i\sin p\theta}{r^p\,(\cos p\theta + i\sin p\theta)\,(\cos p\theta - i\sin p\theta)}\\
&\;=\; \frac{1}{r^p}\cdot(\cos p\theta - i\sin p\theta)\\
&\;=\; r^{-p}\big[\cos(-p\theta) + i\sin(-p\theta)\big]
\end{aligned}$$

즉, 위의 식은 $n < 0$일 때도 성립한다. 이처럼 모든 정수 n에 대해 성립하는 이 등식을 **드 무아브르의 정리**[16]라고 부른다. 이 정리는 복소수와 삼각함수가 복소평면 위에서 긴밀하게 얽혀 있음을 보여 준다.

$$\big[\, r\,(\cos\theta + i\sin\theta)\,\big]^{n} \;=\; r^n\,(\cos n\theta + i\sin n\theta) \quad (n \in \mathbb{Z})$$

16 수학자 드 무아브르(De Moivre)의 이름에서 따왔다.

드 무아브르 정리를 쓰면 삼각함수에 관한 성질을 간단히 이끌어 낼 수 있다. 예를 들어 $r = 1$이라 두고 $n = 2$일 때를 보자.

$$(\cos\theta + i\sin\theta)^2 \ = \ (\cos 2\theta + i\sin 2\theta)$$

좌변을 전개해서 정리한다.

$$\begin{aligned}(\cos\theta + i\sin\theta)^2 \ &= \ \cos^2\theta \ + \ i\,2\cos\theta\sin\theta \ + \ i^2\sin^2\theta \\ &= \ (\cos^2\theta - \sin^2\theta) \ + \ i\,2\cos\theta\sin\theta\end{aligned}$$

그런데 이것은 등식의 우변인 $(\cos 2\theta + i\sin 2\theta)$와 같아야 한다. 두 복소수가 같다면 실수부와 허수부가 각각 같으므로, 두 식의 실수부와 허수부를 비교하여 다음과 같은 한 쌍의 관계식을 얻는다.

$$\begin{cases} \cos 2\theta \ = \ \cos^2\theta - \sin^2\theta \\ \sin 2\theta \ = \ 2\cos\theta\sin\theta \end{cases}$$

말하자면 삼각함수의 배각공식을 드 무아브르 정리로 한번에 유도해 낸 셈이다. 같은 방법으로 삼각함수의 3배각이나 4배각에 대한 식도 어렵지 않게 얻어낼 수 있다.

예제 11-14 복소수의 극형식을 이용해서 다음을 계산하여라.

(1) $\dfrac{i+1}{i-1}$ (2) $\dfrac{1+\sqrt{3}\,i}{\sqrt{3}-i}$ (3) $(1+i)^{11}$ (4) $(1+i)^{-7}$

풀이

(1) $|(1+i)| = |(-1+i)| = \sqrt{2}$, $\arg(1+i) = \dfrac{\pi}{4}$, $\arg(-1+i) = \dfrac{3}{4}\pi$이다.

$$\begin{aligned}\frac{i+1}{i-1} \ &= \ 1\cdot\left[\cos\left(\frac{\pi}{4} - \frac{3}{4}\pi\right) \ + \ i\sin\left(\frac{\pi}{4} - \frac{3}{4}\pi\right)\right] \\ &= \ \cos\left(-\frac{\pi}{2}\right) \ + \ i\sin\left(-\frac{\pi}{2}\right) \\ &= \ -i\end{aligned}$$

(2) $|(1+\sqrt{3}\,i)| = |(\sqrt{3}-i)| = 2$, $\arg(1+\sqrt{3}\,i) = \dfrac{\pi}{3}$, $\arg(\sqrt{3}-i) = -\dfrac{\pi}{6}$이다.

$$\frac{1 + \sqrt{3}i}{\sqrt{3} - i} = 1 \cdot \left(\cos \frac{\pi}{2} + i \sin \frac{\pi}{2} \right) = i$$

(3) $(1 + i) = \sqrt{2} \cdot \left(\cos \frac{\pi}{4} + i \sin \frac{\pi}{4} \right)$에 드 무아브르 정리를 적용한다.

$$\begin{aligned}
(1 + i)^{11} &= \left(\sqrt{2} \right)^{11} \cdot \left(\cos \frac{11}{4}\pi + i \sin \frac{11}{4}\pi \right) \\
&= 32\sqrt{2} \left(\cos \frac{3}{4}\pi + i \sin \frac{3}{4}\pi \right) \\
&= 32\sqrt{2} \left(-\frac{\sqrt{2}}{2} + \frac{\sqrt{2}}{2}i \right) \\
&= -32 + 32i
\end{aligned}$$

(4) 지수가 음수라는 것 외에 계산 과정은 (3)과 동일하다.

$$\begin{aligned}
(1 + i)^{-7} &= \left(\sqrt{2} \right)^{-7} \cdot \left(\cos\left(-\frac{7}{4}\pi\right) + i \sin\left(-\frac{7}{4}\pi\right) \right) \\
&= \frac{1}{8\sqrt{2}} \left(\cos \frac{\pi}{4} + i \sin \frac{\pi}{4} \right) \\
&= \frac{\sqrt{2}}{16} \cdot \left(\frac{\sqrt{2}}{2} + \frac{\sqrt{2}}{2}i \right) \\
&= \frac{1}{16} + \frac{1}{16}i
\end{aligned}$$

11.5.6 복소수의 거듭제곱근

드 무아브르의 정리를 거꾸로 생각하면 복소수의 거듭제곱뿐 아니라 거듭제곱근도 구할 수 있다. 한 예를 들어 어떤 복소수 z를 세제곱했더니 -8이 되었다고 하자. $z = r(\cos \theta + i \sin \theta)$일 때 그 수식은 다음과 같다.

$$z^3 = \left[r(\cos \theta + i \sin \theta) \right]^3 = -8 + 0i$$

극형식의 거듭제곱 부분에 드 무아브르 정리를 적용하고, 우변의 -8도 극형식으로 써 보자.

$$r^3(\cos 3\theta + i \sin 3\theta) = 8 \cdot (\cos \pi + i \sin \pi)$$

등식 양변에 극형식으로 쓴 두 복소수는 절댓값과 편각이 각각 같아야 한다. 우선 절댓값 r은 음이 아닌 실수이므로 $r = \sqrt[3]{8} = 2$임을 알 수 있다. 또한 $-8 + 0i$의 편각은 π이지만, 편각은 일반각으로 나타내는 것이 원칙이므로 사실은 $2k\pi + \pi = (2k+1)\pi$로 써야 한다. 이런 점을 고려하면 양변의 편각 사이에는 다음과 같은 관계가 성립한다.

$$3\theta = (2k+1)\pi \quad (k \in \mathbb{Z})$$
$$\therefore \theta = \frac{(2k+1)}{3}\pi$$

k에 정수 몇 개를 대입해서 미지수 z의 편각 θ가 어떻게 변하는지 살펴보자.

k	-3	-2	-1	0	1	2	3	4
θ	$-\frac{5}{3}\pi = \frac{\pi}{3}$	$-\pi = \pi$	$-\frac{\pi}{3} = \frac{5}{3}\pi$	$\frac{\pi}{3}$	π	$\frac{5}{3}\pi$	$\frac{7}{3}\pi = \frac{\pi}{3}$	$3\pi = \pi$

θ의 분모에 3이 있으므로, k 값이 변함에 따라 θ는 k를 3으로 나눈 나머지가 0, 1, 2인 세 가지 경우, 즉 $\frac{\pi}{3}$, π, $\frac{5}{3}\pi$로 나뉘는 것을 확인할 수 있다. 이 세 가지 편각에 해당하는 복소수 z는 어떤 것일까?

$$k \equiv 0 \pmod 3: \quad z = 2 \cdot \left(\cos\frac{\pi}{3} + i\sin\frac{\pi}{3}\right) = 2 \cdot \left(\frac{1}{2} + \frac{\sqrt{3}}{2}i\right) = 1 + \sqrt{3}i$$
$$k \equiv 1 \pmod 3: \quad z = 2 \cdot (\cos\pi + i\sin\pi) = 2 \cdot (-1 + 0i) = -2$$
$$k \equiv 2 \pmod 3: \quad z = 2 \cdot \left(\cos\frac{5}{3}\pi + i\sin\frac{5}{3}\pi\right) = 2 \cdot \left(\frac{1}{2} - \frac{\sqrt{3}}{2}i\right) = 1 - \sqrt{3}i$$

서로 다른 세 개의 복소수가 만들어졌는데, 이들은 애당초 세제곱했을 때 -8이 되는 숫자들이었음을 상기하자. 다시 말해 위의 세 숫자 -2와 $1 \pm \sqrt{3}i$는 곧 -8의 세제곱근인 것이다. 실수 범위에서라면 -8의 세제곱근은 -2 하나뿐이지만, 복소수 범위로 확장하면 이처럼 세 개의 거듭제곱근을 얻을 수 있게 된다.

이 세 복소수는 삼차방정식 $x^3 = -8$의 해이기도 하다. 인수분해를 써서 방정식의 해를 구한 다음에 위의 결과와 비교해 보자. 이때 $x^3 + y^3$ 꼴의 인수분해 유형을 이용한다.

$$x^3 + 8 = 0$$
$$(x+2)(x^2 - 2x + 4) = 0$$

우선 $(x+2) = 0$이라는 일차식으로부터 $x = -2$라는 해를 하나 얻는다. 그런 다음 남은 이차방정식 $(x^2 - 2x + 4) = 0$에서 근의 공식으로 두 개의 해를 구한다. 그 결과는 물론 드 무아브르 정리로 계산한 거듭제곱근과 일치한다.

$$x = \frac{2 \pm \sqrt{4-16}}{2} = \frac{2 \pm \sqrt{12}i}{2} = \frac{2 \pm 2\sqrt{3}i}{2} = 1 \pm \sqrt{3}i$$

이 세 개의 거듭제곱근은 절댓값이 2로 같기 때문에 극을 중심으로 한 반지름 2인 원 위에 놓인다. 이때 편각들은 어떤 모양을 이루는지, 복소평면에 세 복소수의 위치를 나타내어 보자.

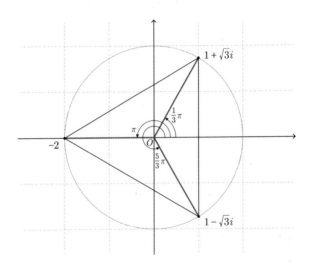

세 편각의 크기는 각각 $\frac{1}{3}\pi$, $\frac{3}{3}\pi = \pi$, $\frac{5}{3}\pi$로서 1회전에 해당하는 각을 정확히 3등분한 지점에 위치하고, 따라서 세 복소수는 정삼각형을 이루게 된다. 이것은 사실 당연한 일인데, 세 거듭제곱근의 편각 $\frac{(2k+1)}{3}\pi$에서 k 값에 따라 변하는 부분이 $\frac{2}{3}k\pi$이므로 2π를 3등분하는 셈이기 때문이다.

지금까지의 결과로 미루어 볼 때, 어떤 수의 n거듭제곱근들은 그 편각이 모두 1회전을 n등분하는 위치에 있을 것임을 알 수 있다. 즉, k가 0부터 $n-1$까지 증가할 동안 그 k에 해당하는 거듭제곱근의 위치는 복소평면을 한 바퀴 돌고, $k = n$이 되면 다시 $k = 0$인 곳으로 돌아온다. 또한 그 결과로 n개의 거듭제곱근은 복소평면에서 정n각형을 이루게 된다.

예제 11-15 16의 네제곱근을 복소수 범위에서 구하고 복소평면상에 나타내어라.

풀이

$z = r(\cos\theta + i\sin\theta)$로 두고 네제곱하여 16과 같게 둔다. 이때 $16 + 0i$의 편각은 일반각으로 $2k\pi$라 두어야 한다.

$$z^4 = 16 + 0i$$
$$r^4(\cos 4\theta + i\sin 4\theta) = 16(\cos 2k\pi + i\sin 2k\pi) \quad (k \in \mathbb{Z})$$

$r = \sqrt[4]{16} = 2$이고, θ는 다음과 같다.

$$4\theta = 2k\pi$$
$$\therefore \theta = \frac{k\pi}{2}$$

k를 4로 나눈 나머지에 따라 다음과 같이 네 가지 결과를 얻는다.

$$k \equiv 0 \,(\mathrm{mod}\ 4): \quad z = 2(\cos 0 + i\sin 0) = 2\cdot(1 + 0i) = 2$$
$$k \equiv 1 \,(\mathrm{mod}\ 4): \quad z = 2\left(\cos\frac{\pi}{2} + i\sin\frac{\pi}{2}\right) = 2\cdot(0 + 1i) = 2i$$
$$k \equiv 2 \,(\mathrm{mod}\ 4): \quad z = 2(\cos\pi + i\sin\pi) = 2\cdot(-1 + 0i) = -2$$
$$k \equiv 3 \,(\mathrm{mod}\ 4): \quad z = 2\left(\cos\frac{3}{2}\pi + i\sin\frac{3}{2}\pi\right) = 2\cdot(0 - 1i) = -2i$$

이 네 개의 거듭제곱근은 절댓값은 2, 편각은 각각 $0, \frac{\pi}{2}, \pi, \frac{3}{2}\pi$로 1회전을 4등분하는 곳에 위치하며, 복소평면에서 정사각형을 이룬다.

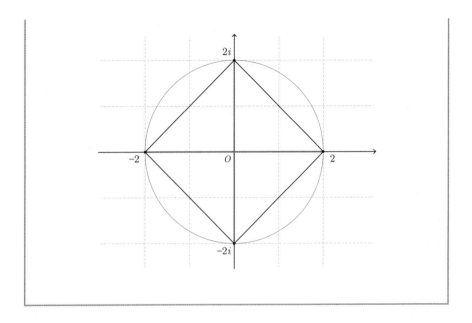

16의 네제곱근은 방정식을 세워서 구할 수도 있다. 이 사차방정식은 먼저 $x^2 = X$ 로 놓음으로써 X에 대한 이차방정식으로 바꾼다.[17]

$$x^4 - 16 = 0$$
$$X^2 - 16 = 0 \quad (\leftarrow X = x^2)$$
$$(X + 4)(X - 4) = 0$$
$$\therefore \ X = \pm 4$$

이제 X를 x^2으로 되돌려서 해를 얻는다. 먼저 $X = 4$부터 풀어 본다.

$$x^2 - 4 = 0$$
$$(x + 2)(x - 2) = 0$$
$$\therefore \ x = \pm 2$$

다음은 $X = -4$를 푸는데, 이때 허수단위가 포함된 인수분해 유형을 활용한다. 최종적인 결과 역시 드 무아브르 정리를 이용한 답과 동일함을 확인할 수 있다.

$$x^2 + 4 = 0$$
$$(x + 2i)(x - 2i) = 0$$
$$\therefore \ x = \pm 2i$$

17 이럴 때 흔히 x^2을 X로 '치환한다'고 표현한다.

거듭제곱근과 관련해서는 I부에서 다음과 같은 내용을 배웠다.

- n제곱하여 a가 되는 수를 a의 n제곱근이라고 하며, 통틀어서 거듭제곱근이라고 한다.
- a의 n제곱근 중 양수인 것, 양수가 없을 때는 음수를 택하여 $\sqrt[n]{a}$로 나타낸다.

그 당시에는 위 두 번째 줄의 내용에 의거해서 $\sqrt[3]{-8} = -2$이고 $\sqrt[4]{16} = 2$라고 하였었다. 그런데 -8의 세제곱근은 -2 외에도 두 개가 더 있고, 16의 네제곱근 역시 2 외에도 세 개가 더 있음을 이제 우리는 안다. 복소수는 대소를 구별할 수 없다는 점을 떠올리면, 여러 거듭제곱근 중 어느 것이 가장 크기 때문에 $\sqrt[n]{a}$로 정한다든지 하는 일은 애초에 불가능하다. 그렇다면 위의 $\sqrt[n]{a}$에 대한 기준은 어떤 근거를 가지고 있는 것일까?

사실 여러 개의 복소수 거듭제곱근에 수학적으로 순서를 매길 근거는 없으며, 따라서 그중 하나를 대표로 정하는 일은 논리적인 원칙이라기보다는 일종의 관례이자 약속이라고 보아야 한다. 복소수를 포함하도록 거듭제곱근을 확장할 때, 이러한 관례적인 기준은 다음과 같이 쓰는 것이 적절할 것이다.

- a의 n제곱근 중 실수인 것이 있으면 그중에 양수, 양수가 없을 때는 음수를 택하여 $\sqrt[n]{a}$로 나타낸다.

11.5.7 1의 거듭제곱근의 성질

거듭제곱근 중에서도 1의 거듭제곱근들은 수학적으로 조금 더 관심을 받는 편이다. 지금까지와 마찬가지로 1의 n제곱근을 나타내어 보자.

$$r^n(\cos n\theta + i\sin n\theta) = 1 \cdot (\cos 2k\pi + i\sin 2k\pi) \quad (k \in \mathbb{Z})$$
$$\therefore r = 1, \quad \theta = \frac{2k\pi}{n}$$

여기서 $k = 0, 1, \cdots, n-1$에 해당하는 복소수 n개를 찾으면 이것이 곧 1의 n제곱근이 된다. 이제 이 중의 하나를 z라 하자. 그러면 $|z| = 1$이므로 z는 단위원상에 위치한다. 이때 $k = 0$에 해당하는 근은 $(\cos 0 + i\sin 0) = 1$이므로, 1은 (당연하지만) 항상 1의 n제곱근 중 하나다.

또한 $z^n = 1$이라는 전제로부터, $0 \leq k < n$인 k에 대해 다음이 성립한다.

$$z^{n+k} = z^n \cdot z^k = 1 \cdot z^k = z^k$$

예컨대 $n=5$이고 $k=2$라 하자. 그러면 z는 1의 다섯제곱근 중 하나이므로 $z^5=1$이다. 그러므로,

$$z^7 = z^{5+2} = z^5 \cdot z^2 = 1 \cdot z^2 = z^2$$

이때 $(z^2)^5 = (z^5)^2 = 1^2$과 같으므로, 이 z^k들도 역시 1의 n제곱근 중 하나다.

$$\left(z^k\right)^n = z^{kn} = (z^n)^k = 1^k = 1$$

따라서 z가 1의 다섯제곱근 중 하나라면 z^2, z^3, z^4 같은 것들도 모두 1의 다섯제곱근이 된다.

이러한 성질에 의하면, z의 역수인 z^{-1}도 1의 n제곱근 중 하나다.

$$z^{-1} = z^{-1} \cdot z^n = z^{n-1}$$
$$\left(z^{n-1}\right)^n = (z^n)^{n-1} = 1^{n-1} = 1$$

그런데 켤레복소수의 성질로부터 이 z^{-1}은 곧 $\bar{z}$와도 같다는 것이 드러난다.

$$z\bar{z} = |z|^2 = 1$$
$$\therefore \bar{z} = \frac{1}{z} = z^{-1}$$

지금까지 알아본 것을 정리해 보자. z가 1의 n제곱근 중 하나이면, 다음이 성립한다.

- z^k도 1의 거듭제곱근 중 하나다($0 \leq k < n$).
- z^{-1}도 1의 거듭제곱근 중 하나이며, z^{n-1}과 같다.
- $\bar{z} = z^{-1}$이므로 $\bar{z}$ 또한 1의 거듭제곱근 중 하나다.

이러한 1의 거듭제곱근들의 편각은 1회전을 n등분한 것에 해당하므로, 복소평면에서는 $k=0$일 때의 근인 1을 한 꼭짓점으로 갖는 정n각형을 이룬다(단, $n>2$). 예를 들어 1의 세제곱근, 네제곱근, 다섯제곱근들을 복소평면에 나타내면 다음과 같다.

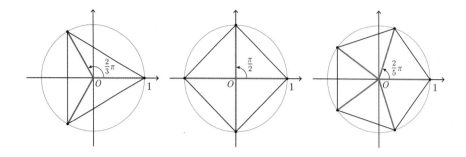

1의 이제곱근, 즉 $z^2 = 1$에 대해서는 $z = \pm 1$임을 이미 알고 있다. 세제곱근 $z^3 = 1$은 어떨까? 이 방정식을 인수분해하여 풀어 보자.

$$z^3 - 1 \ = \ (z - 1)(z^2 + z + 1) \ = \ 0$$

이때 $z = 1$이 아닌 나머지 두 근, 즉 $z^2 + z + 1 = 0$을 만족하는 두 근은 이차방정식 근의 공식에 의해 다음과 같이 구할 수 있다. 이 두 개의 허근은 위의 그림에서처럼 다른 근 1과 정삼각형을 이루는 곳에 위치한다.

$$z \ = \ \frac{-1 \pm \sqrt{1 - 4}}{2} \ = \ \frac{-1 \pm \sqrt{3}i}{2} \ = \ -\frac{1}{2} \pm \frac{\sqrt{3}}{2}i$$

z가 1의 거듭제곱근이면 $\bar{z}$도 거듭제곱근이라는 것을 상기하자. 위의 두 허근이 실제로 켤레복소수라는 점을 통해 이 사실을 다시 확인할 수 있다. 그에 따라서 이제 $z^3 = 1$의 두 허근 중 하나를 ω[18]로 두면 나머지 하나는 $\bar{\omega}$로 쓸 수 있는데, 이 한 쌍의 허근은 여러 가지 흥미로운 성질을 갖고 있다.

우선, 1의 거듭제곱근에 공통된 성질로부터 다음이 성립한다.

$$\omega\bar{\omega} \ = \ |\omega|^2 \ = \ 1, \quad \therefore \ \bar{\omega} \ = \ \frac{1}{\omega}$$

또한 켤레복소수의 정의에 의해 $\omega + \bar{\omega} = 2\mathrm{Re}(\omega)$인데, 이때 $\mathrm{Re}(\omega) = -\frac{1}{2}$이므로

$$\omega + \bar{\omega} \ = \ -1$$

---

18 그리스어 알파벳 소문자 오메가(omega)다.

다음은 ω^2의 성질을 조사해 보자. ω는 이차방정식 $\omega^2 + \omega + 1 = 0$의 한 근이므로 $\omega^2 + \omega + 1 = 0$으로부터 $\omega^2 = -\omega - 1$이다. 즉, ω의 이차식이 있을 때는 일차식으로 차수를 하나 낮출 수 있다. 또한 $\omega + \overline{\omega} = -1$로부터 $\overline{\omega} = -\omega - 1$이므로 앞의 결과에 대입해서 다음을 얻는다.

$$\omega^2 = \overline{\omega}$$

끝으로, ω는 그 정의로부터 $z^3 = 1$의 한 근이므로 당연히 $\omega^3 = 1$이 성립한다. 이런 성질들을 이용하면 ω에 대한 높은 차수의 식을 간단히 하는 일이 쉬워진다.

예제 11-16 $x^3 = 1$을 만족하는 한 허근을 ω라 할 때, 다음 식의 값을 구하여라.

$$S = \sum_{k=0}^{99} \omega^k$$

풀이

주어진 식을 풀어 쓰면 다음과 같다.

$$S = (\omega^0 + \omega^1 + \omega^2) + (\omega^3 + \omega^4 + \omega^5) + \cdots + (\omega^{96} + \omega^{97} + \omega^{98}) + \omega^{99}$$

여기서 $\omega^3 = 1$임을 이용하면 $\omega^3 = \omega^0$, $\omega^4 = \omega^1$ 같이 차수를 낮출 수 있으므로 삼차 이상의 항들이 간단해진다.

$$S = (\omega^0 + \omega^1 + \omega^2) + (\omega^0 + \omega^1 + \omega^2) + \cdots + (\omega^0 + \omega^1 + \omega^2) + \omega^0$$

그런데 ω의 성질로부터 $\omega^2 + \omega + 1 = 0$이므로 위에서 괄호로 둘러싼 부분은 모두 0이 된다.

$$\begin{aligned} S &= (1 + \omega + \omega^2) + (1 + \omega + \omega^2) + \cdots + (1 + \omega + \omega^2) + 1 \\ &= 0 + 0 + \cdots + 0 + 1 \\ &= 1 \end{aligned}$$

따라서 구하는 값은 1이다.

복소수로 만드는 프랙털 구조

10.4.3절에서 프랙털 도형의 일종인 코흐 눈송이를 소개했는데, 가장 유명한 프랙털 구조라면 역시 복소수로 정의되는 망델브로 집합(Mandelbrot set)이나 줄리아 집합(Julia set)을 들 수 있다. 이들 구조를 시각화해 보면 자기유사성으로 인해 아무리 확대해도 끝없이 비슷한 모양들이 생겨나며, 이런 나름의 매력 때문에 컴퓨터 그래픽스 기능의 데모용 프로그램으로 종종 만들어지기도 했다.

이번 장에서는 파이썬 언어로 망델브로 집합을 시각화해 보자. 어떤 복소수 c가 망델브로 집합에 속하려면, 다음과 같이 재귀적으로 정의된 수열 $\{z_n\}$이 유한한 범위 내에 머물러야 한다.

$$z_0 = 0$$
$$z_{n+1} = z_n^2 + c$$

예컨대 $c = 1 + 0i$일 때 이 수열은 $0, 1, 2, 5, 26, 677, \cdots$처럼 발산하므로 복소수 1은 망델브로 집합에 속하지 않는다. 반면 $c = 0 + i$의 경우에는 $0, i, -1 + i, -i, -1 + i, -i, \cdots$처럼 유한한 범위 내에서 진동하므로 복소수 i는 망델브로 집합에 속한다. 실제 계산 시에는 수열의 항을 무한정 늘려가며 발산 여부를 검사할 수는 없는데, 다행히 한 번이라도 $|z_n| > 2$가 되면 그때의 c는 망델브로 집합에 속하지 않음이 수학적으로 알려져 있다.

다음의 파이썬 프로그램은 그런 성질을 이용해서 복소평면 내 일정 영역의 점들이 망델브로 집합에 속하는지 여부를 계산한 다음 그레이스케일(grayscale) 이미지로 시각화해 준다. 함수 mandelbrot가 주어진 복소수 $c = x + iy$의 발산 여부를 판정하고, 나머지 코드는 그 결과로부터 이미지 비트맵을 구성한다. 이미지 생성을 위해서 PIL 또는 Pillow 패키지가 필요하다.

```python
def mandelbrot(x, y, m):
    z = complex(0,0)
    c = complex(x,y)
    for i in range(1, m):
```

```
        if abs(z) > 2.: return i  # 발산함; 발산하기까지의 반복 횟수를 돌려줌
        z = z * z + c
    return m      # 망델브로 집합에 속함

X0, X1 = -2.0, 0.7    # 이미지로 만들 영역의 실수부 범위
Y0, Y1 = -1.0, 1.0    # 이미지로 만들 영역의 허수부 범위

M = 300       # 발산 여부를 검사하기 위한 최대 반복 횟수
W = 900       # 이미지의 가로 크기 (세로는 영역 크기에 따라 아래 줄에서 계산)
H = int(W*(Y1-Y0)/(X1-X0))

from PIL import Image
img = Image.new('RGB', (W, H))
pic = img.load()

for px in range(img.size[0]):
    for py in range(img.size[1]):
        x = px*(X1-X0)/W + X0     # 픽셀 좌표로부터 복소평면 좌표로 변환
        y = py*(Y0-Y1)/H + Y1
        n = mandelbrot(x, y, M)
        if n == M: p = 0                     # 속할 경우 검은색으로 표시
        else: p = 48 + int(208*n/M)   # 속하지 않을 경우 반복 횟수에 따른 회색으로 표시
        pic[px,py] = (p,p,p)

img.show()
```

예를 들어 x를 $[-2.0, 0.7]$, y를 $[-1.0, 1.0]$ 범위로 두고 망델브로 집합을 계산하면 다음 그림과 같은 결과를 얻는다.

다음 그림은 x 범위 $[-0.7, 0.0]$, y 범위 $[0.5, 0.9]$로 두어 위 그림의 일부를

확대한 것이다. 배율에 상관없이 비슷한 모양들이 무한히 반복되는 것을 확인할 수 있다.

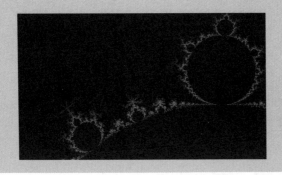

연습문제

1. 다음 직교좌표를 극좌표 (r, θ) 꼴로 바꾸어 써라.

(1) $(\sqrt{3}, 1)$　　(2) $(-4, 4)$　　(3) $(-3, 0)$　　(4) $(0, -2)$

2. 복소수의 극형식을 이용해서 다음을 계산하여라.

(1) $(\sqrt{3} + i)(1 + \sqrt{3}\,i)$　　(2) $\dfrac{-2i}{\sqrt{3} + i}$　　(3) $(-1 + i)^5$　　(4) $(-1 + i)^{-5}$

3. 이항정리와 드 무아브르의 정리를 이용해서 $\sin 3x$ 및 $\cos 3x$를 $\sin x$와 $\cos x$로 나타내어라.

4. 복소수 범위에서 -27의 세제곱근을 구하여라.

5. $x^3 = -1$(주의: $x^3 = 1$이 아님)을 만족하는 두 허근 중 하나를 ω라고 했을 때, $S = \displaystyle\sum_{k=0}^{66} \omega^k$의 값은 얼마인가?

12장

벡터와 행렬

프로그래밍에서 정수, 실수, 문자열 같은 기본 자료형만으로 현실의 다양한 문제를 해결해야 한다면 어떨까? 최소한 많이 번거로울 것이고, 문제에 따라서는 해결이 어려울 수도 있다. 수학도 마찬가지다. 복잡한 문제를 풀기 위해서는 실수나 복소수 같은 숫자 외에도 더 추상화되고 구조화된 개념들이 필요하다. 지금까지 다루었던 집합, 함수, 수열 같은 것이 그 예라 할 수 있다.

이번 장에서 공부할 벡터와 행렬도 그처럼 숫자로 이루어진 구조체의 일종이다. 처음 시작은 숫자를 그냥 나란히 또는 격자 모양으로 배열했을 뿐이었지만, 그 구조를 자세히 조사하는 과정에서 수많은, 때로 심오하기까지 한 성질들이 발견되어 왔다. 벡터와 행렬의 성질을 연구하는 이런 분야를 수학에서는 선형대수(linear algebra)라고 하는데, 그 이름은 다소 뜻밖에도 훨씬 간단해 보이는 일차(linear)방정식에서 유래했다.

선형대수는 컴퓨터 분야에서 딥러닝을 비롯한 여러 응용에 이론적 토대를 제공하고 있기도 하다. 복잡한 방정식을 풀기 전에 사칙연산과 거듭제곱부터 알아야 하는 것처럼, 선형대수 또한 응용을 논하기 전에 기본적인 정의와 연산에 대해 확실히 이해할 필요가 있다. 이번 장에서는 선형대수의 첫걸음에 해당하는 내용을 소개한 다음, 간단한 활용 사례를 통해 공부한 내용을 돌아본다.

12.1 벡터

12.1.1 벡터의 뜻과 표기법

수학적으로 다루는 수량 중에는 길이, 무게, 개수처럼 숫자 하나의 '크기'만으로 표현 가능한 것이 있다. 이런 수량을 흔히 **스칼라**(scalar)라고 부른다. 그와 대비하여 속도나 물리적인 힘처럼 '방향'도 있는 수량을 **벡터**(vector)라고 한다. 벡터는 보통 선분의 한쪽에만 화살표를 달아 둔 유향(有向) 선분으로 표시한다. 이때 선분의 길이로는 벡터의 크기를, 화살표로는 벡터의 방향을 나타낸다. 그리고 선분의 양끝 중에서 화살표가 달리지 않은 쪽을 벡터의 **시점**, 화살표가 달린 쪽을 벡터의 **종점**이라 한다. 다음 그림은 좌표평면에 벡터 몇 개를 나타낸 것이다.

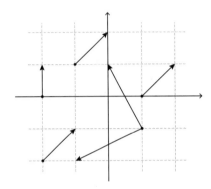

벡터는 반직선의 표기법을 따라 $\overrightarrow{AB}$나 $\overrightarrow{OP}$처럼 쓰기도 하지만, 단독 개체로 취급해서 영어 소문자 한 개로 나타내기도 한다. 이 경우에는 **v**처럼 굵게 쓰거나 $\vec{v}$처럼 위에 작은 화살표를 얹는 등의 표기법이 있는데, 이 책에서는 굵은 글자 **v** 형태를 쓰기로 한다.

위 그림에는 평행이동을 시켰을 때 겹쳐질 것처럼 보이는 벡터들이 몇 개 있다. 두 벡터가 겹쳐진다면 크기와 방향이 같다는 것인데, 벡터란 크기와 방향으로 정의되므로 결국 둘은 동일한 벡터가 된다. 이처럼 크기와 방향은 같지만 위치가 제각각인 벡터들을 일관성 있게 나타내려면, 모든 벡터의 시점이나 종점을 한 곳으로 통일시켜야 할 것이다.

이를 위해 표준적인 방법에서는 모든 벡터의 시점을 원점으로 통일한다. 예를 들어 어떤 벡터의 시점이 (a, b)이고 종점이 (c, d)라면, 시점과 종점에 각각 $(-a, -b)$

만큼을 더하는 것이다. 그 결과로 시점의 좌표는 원점인 $(0, 0)$, 종점은 $(c - a, d - b)$가 된다. 앞서의 그림에 나온 벡터들을 이런 식으로 이동시키면 아래와 같은데, 원래 벡터 중 세 개가 크기와 방향이 같아서 한 가지로 표시되고 있음을 볼 수 있다.

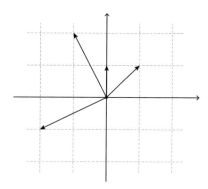

모든 벡터의 시점을 원점으로 일치시켰다면, 이제 벡터의 크기와 방향은 종점의 좌표만으로 나타낼 수 있다. 2차원 평면에서는 (x, y)라는 두 개의 숫자가, 3차원 공간에서는 (x, y, z)라는 세 개의 숫자가 쌍을 이루어[1] 벡터 하나를 표현하게 된다. 이때 x나 y처럼 쌍 하나를 이루는 각각의 숫자를 벡터의 **성분**이라 부른다. 이 성분들은 다음 그림과 같이 벡터의 종점에서 각 축에 내린 수선의 위치에 해당하며, 축의 이름을 따서 흔히 'x성분'이나 'y성분'처럼 부르기도 한다. 그림에 나타낸 벡터는 종점의 좌표가 $(-1, 2)$이고 그에 따라 x성분은 -1, y성분은 2이다.

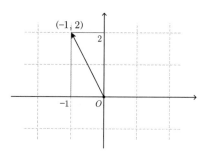

한편, 어떤 벡터의 시점과 종점이 같으면 크기가 0이면서 방향은 아무래도 상관없

---

1 순서쌍(ordered pair) 또는 튜플(tuple)에 해당한다.

는 벡터가 된다. 이것을 **영벡터**라고 하며, 굵은 글씨로 **0**처럼 쓴다. 영벡터는 모든 성분이 0이며, 표준적인 방법으로 나타낼 때 원점에 해당한다.

벡터를 성분으로 쓸 때는 각 성분을 가로나 세로로 나열할 수 있는데, 가로로 나열한 것은 **행벡터**(row vector), 세로로 나열한 것은 **열벡터**(column vector)라 부른다. 이때 벡터의 성분들은 ( ) 또는 [ ]로 둘러싼다. 아래는 같은 벡터를 이런 두 가지 표기법으로 나타낸 것이다.[2]

$$\mathbf{v} = (3, 4, 5) \qquad \mathbf{v} = \begin{bmatrix} 3 \\ 4 \\ 5 \end{bmatrix}$$

벡터를 2차원 평면이나 3차원 공간 내의 유향선분으로 생각하면 이해에 도움이 되기는 하지만, 더 많은 성분을 가진 벡터를 다루어야 한다면 이런 관점은 그다지 유용하지 않다. 예컨대 (1, 1, 1, 1, 1) 같은 것은 아무 문제 없는 5차원 공간의 한 벡터이지만, 그 실체를 기하학적 방법으로 상상하기란 거의 불가능하다. 게다가 컴퓨터과학을 비롯하여 벡터가 활용되는 여러 분야에서는 성분의 개수가 다섯이 아니라 수십 혹은 수백을 훌쩍 넘는 일도 흔하다.[3] 이럴 때는 벡터를 기하학적인 개체라기보다는 단순히 성분이 여러 개인 수학적 개체로 생각하는 것이 좋다.

12.1.2 벡터의 상수배와 덧셈

벡터에는 스칼라와 유사한 연산이 몇 종류 있다. 가장 간단한 연산인 상수배는 벡터의 각 성분에 같은 값을 곱한 것이다. 예를 들어 $\mathbf{v} = (a_1, a_2)$일 때, $\mathbf{v}$의 'k배'는 다음과 같이 정의된다.

$$k\mathbf{v} = (ka_1, ka_2)$$

성분들의 크기가 원래 벡터 $\mathbf{v}$에 비해 모두 k배 되었으므로, 벡터 $k\mathbf{v}$는 좌표평면에서 $\mathbf{v}$에 비해 길이가 k배인 선분으로 나타날 것이다. 또한 좌표평면에서 $\mathbf{v}$와 $k\mathbf{v}$를 그려 보면 두 선분의 기울기가 같으므로 서로 평행하다는 것을 발견할 수 있다.

---

2 행벡터는 [3 4 5]처럼 쉼표 없이 표기하는 경우도 있는데, 이것은 행벡터를 $1 \times n$ 행렬로 볼 때다(행렬은 다음 절에서 설명한다).
3 특히 머신러닝 등 데이터과학 분야에서 이런 일은 아주 일상적이다.

원점 $(0, 0)$과 $\mathbf{v}$의 종점 (a_1, a_2)를 지나는 직선의 기울기는 $\frac{a_2}{a_1}$, 원점과 $k\mathbf{v}$의 종점 (ka_1, ka_2)를 지나는 직선의 기울기 역시 $\frac{ka_2}{ka_1} = \frac{a_2}{a_1}$이기 때문이다. 특히 $k = -1$이면 $\mathbf{v}$와 크기는 같고 방향은 반대인 벡터 $-\mathbf{v}$가 되는데, 이것을 흔히 $\mathbf{v}$의 **역벡터**라 부르기도 한다.

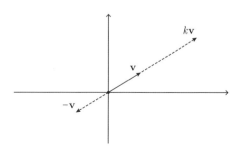

또 다른 연산으로는 덧셈이 있다. 이것은 두 벡터의 각 성분을 더하여 새로운 벡터를 만들어 내는 연산이다. 예를 들어 벡터 $\mathbf{v} = (a_1, a_2)$와 $\mathbf{u} = (b_1, b_2)$가 있을 때, 두 벡터의 합은 다음과 같이 정의된다.

$$\mathbf{v} + \mathbf{u} = (a_1 + b_1, \ a_2 + b_2)$$

그런데 사실 이 내용은 앞서 복소평면 단원에서 이미 공부했었다. 다음 그림처럼 벡터 $\mathbf{u}$의 시점을 $\mathbf{v}$의 종점으로 옮김으로써 $\mathbf{v} + \mathbf{u}$를 구할 수 있는데, 이것은 복소평면에서 두 복소수의 덧셈을 나타내는 방법과 같다. 또한 복소평면 때와 마찬가지 이유로 네 벡터 $\mathbf{0}$, $\mathbf{v}$, $\mathbf{u}$, $\mathbf{v} + \mathbf{u}$의 종점은 좌표평면에서 평행사변형을 이룬다.

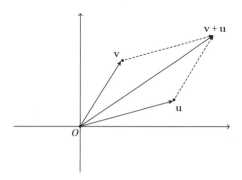

벡터의 **뺄셈**은 역벡터를 더하는 것으로 정의된다.

$$\mathbf{v} - \mathbf{u} = \mathbf{v} + (-\mathbf{u}) = (a_1 - b_1, \, a_2 - b_2)$$

이때 $\mathbf{v} - \mathbf{u}$에 $\mathbf{u}$를 더하면 도로 $\mathbf{v}$가 되는 것을 그림으로도 확인할 수 있다.

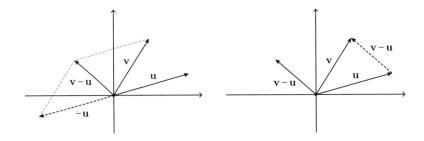

벡터의 상수배나 덧셈은 각 성분에 숫자를 곱하거나 성분끼리 더하는 것으로 정의되었다. 그런데 벡터의 성분들 역시 어떤 숫자이므로, 숫자에서 성립하는 몇 가지 성질이 벡터에서도 자동으로 성립한다.

$$\mathbf{v} + \mathbf{u} = \mathbf{u} + \mathbf{v}$$
$$(\mathbf{v} + \mathbf{u}) + \mathbf{w} = \mathbf{v} + (\mathbf{u} + \mathbf{w})$$
$$k(\mathbf{v} + \mathbf{u}) = k\mathbf{v} + k\mathbf{u}$$

이러한 상수배와 덧셈은 그 연산 결과가 원래 벡터에 대한 일차식의 범주에서 벗어나지 않는다. 그런 뜻에서, 어떤 벡터들을 상수배하고 더한 결과를 원래 벡터들의 **일차결합** 또는 **선형결합**(linear combination)[4]이라고 한다. 벡터 $\mathbf{u}$가 n개의 벡터 $\mathbf{v}_1, \mathbf{v}_2, \cdots, \mathbf{v}_n$을 상수배하고 더해서 만들어진다는 것, 즉 $\mathbf{v}_k$들의 선형결합임을 수식으로 쓰면 다음과 같다.

$$\mathbf{u} = c_1\mathbf{v}_1 + c_2\mathbf{v}_2 + \cdots + c_n\mathbf{v}_n = \sum_{i=1}^{n} c_i\mathbf{v}_i \quad (c_i \in \mathbb{R})$$

예를 들어 두 벡터 $\mathbf{i} = (1, 0)$과 $\mathbf{j} = (0, 1)$이 있다고 하자. 그러면 두 개의 성분을 가진 임의의 벡터 $\mathbf{v} = (a_1, a_2)$는 항상 $\mathbf{i}$와 $\mathbf{j}$의 선형결합으로 나타낼 수 있다.[5] 눈치챘

---

4 어떤 관계가 일차식으로 표현되면 '선형'이라는 수식어를 흔히 쓰는데, 일차함수의 그래프가 직선인 것과 관계가 있다.
5 이처럼 선형결합을 통해 어떤 벡터라도 모두 만들어 낼 수 있는 벡터들을 기저(基底, basis)라고 한다.

겠지만 이때 **i**와 **j**는 각각 가로축과 세로축을 대표하는 단위(unit)의 역할을 하게 된다.

$$\mathbf{v} = (a_1, a_2) = (a_1, 0) + (0, a_2) = a_1\mathbf{i} + a_2\mathbf{j}$$

이런 역할을 하는 벡터는 **i**와 **j**만 있는 것은 아니다. 예컨대 $\mathbf{x} = (1, 1)$와 $\mathbf{y} = (1, -1)$을 가지고도 임의의 벡터들을 생성해 낼 수 있다. 임의의 벡터를 $\mathbf{v} = (a_1, a_2)$라 하자. 이것이 **x**와 **y**의 선형결합이라면 어떤 상수 m과 n이 있어서 다음 식을 만족할 것이다.

$$\mathbf{v} = m\mathbf{x} + n\mathbf{y}$$

이 등식을 성분으로 풀어서 쓰면 다음과 같다.

$$\begin{aligned}
(a_1, a_2) &= m(1, 1) + n(1, -1) \\
&= (m, m) + (n, -n) \\
&= (m+n,\ m-n)
\end{aligned}$$

두 벡터가 같다면 각 성분도 모두 같아야 하므로 위의 식은 다음과 같은 연립방정식으로 다시 쓸 수 있다.

$$\begin{cases} m + n = a_1 \\ m - n = a_2 \end{cases}$$

이것을 m과 n에 대해서 풀면 다음과 같은 결과를 얻는다.

$$m = \frac{a_1 + a_2}{2}, \quad n = \frac{a_1 - a_2}{2}$$

a_1과 a_2의 값이 무엇이라 해도 이 관계식에 의해서 m과 n을 결정할 수 있으므로, 임의의 벡터 **v**는 항상 **x**와 **y**의 선형결합으로 표현된다. 예를 들어 벡터 $\mathbf{v} = (5, 3)$은 다음과 같이 m, n을 구하여 **x**와 **y**의 선형결합으로 나타낼 수 있다.

$$m = \frac{5+3}{2} = 4, \quad n = \frac{5-3}{2} = 1$$
$$\therefore \mathbf{v} = 4\mathbf{x} + \mathbf{y}$$

실제로 계산해 보면 $4(1, 1) + 1(1, -1) = (4, 4) + (1, -1) = (5, 3)$임이 확인된다.

12.1.3 벡터의 내적

벡터 간에는 곱셈 연산도 정의되어 있지만, 덧셈처럼 각 성분을 곱해서 새 벡터를 만들지는 않는다. n개의 성분을 가진 두 벡터 $\mathbf{v} = (a_1, a_2, \cdots, a_n)$와 $\mathbf{u} = (b_1, b_2, \cdots, b_n)$에 대해, 곱셈의 일종인 **내적**(內積, dot product 또는 scalar product) $\mathbf{v} \cdot \mathbf{u}$는 다음과 같이 정의된다. 내적의 결과는 벡터가 아닌 스칼라 값이므로, 이 연산을 **스칼라곱**이라 부르기도 한다.

$$\mathbf{v} \cdot \mathbf{u} = \sum_{i=1}^{n} a_i b_i = a_1 b_1 + a_2 b_2 + \cdots + a_n b_n$$

두 벡터의 내적을 계산할 수 있으려면 일단 내적의 정의상 성분의 개수가 같아야 한다. 또한 숫자나 문자의 곱셈과 달리 내적에서는 기호 ' $\cdot$ '를 생략하면 안 된다.

예를 들어 두 벡터 $\mathbf{v} = (2, 7, 1)$ 및 $\mathbf{u} = (3, 1, 4)$에 대한 내적 $\mathbf{v} \cdot \mathbf{u}$는 다음과 같다.

$$\mathbf{v} \cdot \mathbf{u} = 2 \cdot 3 + 7 \cdot 1 + 1 \cdot 4 = 6 + 7 + 4 = 17$$

벡터의 내적은 각 성분끼리의 곱과 그 합으로 계산되므로 덧셈·곱셈의 연산 법칙에서 비롯되는 몇 가지 성질을 가진다. 우선, 내적의 정의로부터 다음의 교환법칙이 성립하는 것은 분명하다.

$$\mathbf{v} \cdot \mathbf{u} = \mathbf{u} \cdot \mathbf{v}$$

그리고 세 벡터 $\mathbf{v}, \mathbf{u}, \mathbf{w}$에 대해서는 좌측 분배법칙이 성립한다.

$$\mathbf{v} \cdot (\mathbf{u} + \mathbf{w}) = \mathbf{v} \cdot \mathbf{u} + \mathbf{v} \cdot \mathbf{w}$$

이것은 각 벡터의 성분을 $\mathbf{v} = (a_1, a_2, \cdots, a_n)$, $\mathbf{u} = (b_1, b_2, \cdots, b_n)$, $\mathbf{w} = (c_1, c_2, \cdots, c_n)$로 놓고 직접 계산해 보면 쉽게 확인된다. 등식의 좌변을 계산하면 다음과 같다.

$$\mathbf{v} \cdot (\mathbf{u} + \mathbf{w}) = (a_1, a_2, \cdots, a_n) \cdot (b_1 + c_1, b_2 + c_2, \cdots, b_n + c_n)$$
$$= a_1(b_1 + c_1) + a_2(b_2 + c_2) + \cdots + a_n(b_n + c_n)$$

우변을 계산하면 좌변과 같은 결과가 나오므로, 위 등식이 성립함을 확인할 수 있다.

$$\mathbf{v} \cdot \mathbf{u} + \mathbf{v} \cdot \mathbf{w} = (a_1 b_1 + a_2 b_2 + \cdots + a_n b_n) + (a_1 c_1 + a_2 c_2 + \cdots + a_n c_n)$$
$$= a_1(b_1 + c_1) + a_2(b_2 + c_2) + \cdots + a_n(b_n + c_n)$$

우측 분배법칙의 성립도 지금까지 알아본 성질을 이용해서 쉽게 증명된다. 먼저, 내적의 교환법칙에 의해 다음이 성립한다.

$$\mathbf{v} \cdot \mathbf{u} + \mathbf{v} \cdot \mathbf{w} = \mathbf{u} \cdot \mathbf{v} + \mathbf{w} \cdot \mathbf{v}$$

이때 위 식의 좌변은 조금 전에 증명한 좌측 분배법칙과 교환법칙에 의해 다음과 같이 쓸 수 있다.

$$\mathbf{v} \cdot \mathbf{u} + \mathbf{v} \cdot \mathbf{w} = \mathbf{v} \cdot (\mathbf{u} + \mathbf{w})$$
$$= (\mathbf{u} + \mathbf{w}) \cdot \mathbf{v}$$

이 두 식의 우변은 같아야 하므로, 등호로 이어서 다음의 결과를 얻는다.

$$\therefore \; \mathbf{u} \cdot \mathbf{v} + \mathbf{w} \cdot \mathbf{v} = (\mathbf{u} + \mathbf{w}) \cdot \mathbf{v}$$

벡터 내적의 결과는 스칼라 값이기 때문에 $(\mathbf{v} \cdot \mathbf{u}) \cdot \mathbf{w}$처럼 내적의 결과에다 다시 다른 벡터를 내적하거나 할 수는 없다.

임의의 벡터와 그 자신을 내적하면 어떻게 될까? $\mathbf{v} = (a_1, a_2, \cdots, a_n)$일 때 $\mathbf{v} \cdot \mathbf{v}$를 계산해 보자.

$$\mathbf{v} \cdot \mathbf{v} = (a_1, a_2, \cdots, a_n) \cdot (a_1, a_2, \cdots, a_n)$$
$$= a_1{}^2 + a_2{}^2 + \cdots + a_n{}^2 = \sum_{i=1}^{n} a_i{}^2$$

이 값은 각 성분의 제곱의 합으로 이루어져 있으므로 항상 0보다 크거나 같으며, 0인 경우는 모든 성분 $a_i = 0$이므로 영벡터일 때라는 것을 알 수 있다.

예제 12-1 $\mathbf{v} = (2, 1, 0, -1), \mathbf{u} = (1, 0, -1, 0)$일 때 다음을 계산하여라.

(1) $\mathbf{v} - 2\mathbf{u}$ (2) $\mathbf{v} \cdot \mathbf{u}$ (3) $\mathbf{v} \cdot \mathbf{v}$ (4) $\mathbf{u} \cdot \mathbf{u}$

풀이

(1) $\mathbf{v} - 2\mathbf{u} = (2, 1, 0, -1) - (2, 0, -2, 0) = (0, 1, 2, -1)$

(2) $\mathbf{v} \cdot \mathbf{u} = 2 + 0 + 0 + 0 = 2$

(3) $\mathbf{v} \cdot \mathbf{v} = 2^2 + 1^2 + 0 + (-1)^2 = 6$

(4) $\mathbf{u} \cdot \mathbf{u} = 1^2 + 0 + 1^2 + 0 = 2$

12.1.4 벡터의 길이와 벡터 간의 각도

앞서 복소평면 단원에서 임의의 복소수 $z = a + bi$는 직교좌표 형식으로 (a, b)처럼 쓰거나 극좌표 형식으로 (r, θ)처럼 쓸 수 있음을 공부했다. 벡터 역시 지금까지는 직교좌표 형식으로 나타내었는데, 극좌표를 쓴다면 절댓값과 편각에 해당하는 벡터의 길이나 두 벡터 사이의 각도는 어떻게 구할 수 있을까?

어떤 벡터의 성분이 주어졌을 때 벡터의 길이를 구해 보자. 2차원 좌표평면에 $\mathbf{v} = (a_1, a_2)$가 있다면, 피타고라스 정리에 의해 원점 $(0, 0)$과 (a_1, a_2) 사이의 거리는 $\sqrt{a_1^2 + a_2^2}$이 된다. 그런데 마침 $\mathbf{v} \cdot \mathbf{v} = a_1^2 + a_2^2$이므로 이 거리는 $\sqrt{\mathbf{v} \cdot \mathbf{v}}$와도 같다.

일반적으로 벡터 $\mathbf{v} = (a_1, a_2, \cdots, a_n)$의 길이[6]는 $\|\mathbf{v}\|$로 쓰고 다음과 같이 정의한다. 이것은 n차원 공간의 원점으로부터 이 벡터의 종점이 떨어져 있는 거리에 해당한다.[7]

$$\|\mathbf{v}\| = \sqrt{\mathbf{v} \cdot \mathbf{v}} = \sqrt{a_1^2 + a_2^2 + \cdots + a_n^2} = \sqrt{\sum_{i=1}^{n} a_i^2}$$

또한 이 정의에 의해 벡터 길이의 제곱은 곧 자신과의 내적과 같다.

---

[6] 노름(norm)이라 부르기도 한다.

[7] n차원 공간의 두 점 $(a_1, a_2, \cdots, a_n)$과 $(b_1, b_2, \cdots, b_n)$에 대해서 우리가 흔히 말하는 '거리'는 $\sqrt{(b_1 - a_1)^2 + (b_2 - a_2)^2 + \cdots + (b_n - a_n)^2}$로 정의된다. 이것을 흔히 유클리드 거리(Euclidean distance) 또는 L^2 norm이라 하는데, 첨자 2는 각 좌표값의 차를 '이제곱하여 더한 후 다시 이제곱근을 취했다'는 뜻이다.

$$\|\mathbf{v}\|^2 \;=\; \mathbf{v} \cdot \mathbf{v}$$

임의의 벡터 $\mathbf{v}$가 있다고 할 때, $\mathbf{v}$와 방향이 같으면서 길이만 1인 벡터를 생각할 수 있다. 벡터 중에서도 이처럼 길이가 1인 벡터를 **단위벡터**(unit vector)라고 한다. 이 것은 원래 벡터의 길이를 $\|\mathbf{v}\|$로 나눔으로써, 즉 $\dfrac{1}{\|\mathbf{v}\|}$배 함으로써 얻을 수 있다. 이 단위벡터를 $\mathbf{u}$라 하면, $\mathbf{u}$는 다음과 같다.

$$\mathbf{u} \;=\; \frac{1}{\|\mathbf{v}\|}\,\mathbf{v}$$

이렇게 길이를 1로 만드는 과정을 흔히 **정규화**(normalization)라고 한다. 예를 들어 $\mathbf{v} = (3, 4)$를 정규화한 단위벡터 $\mathbf{u}$는 다음과 같이 구할 수 있다.

$$\|\mathbf{v}\| \;=\; \sqrt{\mathbf{v} \cdot \mathbf{v}} \;=\; \sqrt{3^2 + 4^2} \;=\; 5$$
$$\therefore\; \mathbf{u} \;=\; \tfrac{1}{5}\,\mathbf{v} \;=\; \left(\tfrac{3}{5}, \tfrac{4}{5}\right)$$

2차원 평면의 벡터 중에서 어떤 한 축에 해당하는 성분만 1이고 나머지는 0인 것을 찾아보면 $(1, 0)$과 $(0, 1)$ 두 개가 있다. 3차원 공간이라면 x, y, z의 각 축에 해당하는 성분이 1인 것이므로 $(1, 0, 0)$, $(0, 1, 0)$, $(0, 0, 1)$ 세 개가 해당된다. 이들은 모두 크기가 1이므로 단위벡터임을 알 수 있다. 이처럼 n개 성분 중 하나만 1이고 나머지는 0인 것을 **기본 단위벡터**라고 하고 흔히 기호 $\mathbf{e}$로 나타내는데, 이때 k번째 성분이 1인 것을 $\mathbf{e}_k$로 쓴다. 예를 들어 4차원 공간의 기본 단위벡터는 다음과 같이 네 개가 있다.

$$\mathbf{e}_1 \;=\; (1,\, 0,\, 0,\, 0)$$
$$\mathbf{e}_2 \;=\; (0,\, 1,\, 0,\, 0)$$
$$\mathbf{e}_3 \;=\; (0,\, 0,\, 1,\, 0)$$
$$\mathbf{e}_4 \;=\; (0,\, 0,\, 0,\, 1)$$

앞서 두 개의 성분을 가진 임의의 벡터 $\mathbf{v} = (a_1,\, a_2)$는 항상 두 벡터 $\mathbf{i} = (1,\, 0)$과 $\mathbf{j} = (0,\, 1)$의 선형결합으로 나타낼 수 있음을 보았는데, 사실 이 $\mathbf{i}$와 $\mathbf{j}$는 2차원 평면의 기본 단위벡터인 $\mathbf{e}_1$과 $\mathbf{e}_2$에 해당한다. 동일한 논리에 의해, n개의 성분을 가진 임의의 벡터는 항상 기본 단위벡터 $\mathbf{e}_k$들의 선형결합으로 나타낼 수 있다.

벡터의 길이 다음으로는 두 벡터 간의 각을 구해 보자. 벡터 $\mathbf{v}$와 $\mathbf{u}$가 θ만큼의 각을 두고 벌어져 있을 때, 두 벡터 사이의 거리는 아래 그림에서 보는 것처럼 $\|\mathbf{v} - \mathbf{u}\|$가 된다.

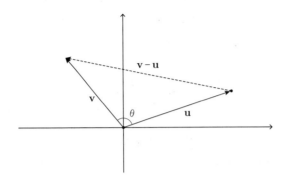

이 삼각형에 11장에서 배운 코사인법칙을 적용해 보자.

$$\|\mathbf{v} - \mathbf{u}\|^2 \;=\; \|\mathbf{v}\|^2 + \|\mathbf{u}\|^2 - 2\,\|\mathbf{v}\|\,\|\mathbf{u}\|\cos\theta$$

이때 좌변은 $(\mathbf{v} - \mathbf{u}) \cdot (\mathbf{v} - \mathbf{u})$와 같으므로, 내적의 성질에 따라 계산하면 다음과 같다.

$$
\begin{aligned}
\|\mathbf{v} - \mathbf{u}\|^2 \;&=\; (\mathbf{v} - \mathbf{u}) \cdot (\mathbf{v} - \mathbf{u}) \\
&=\; \mathbf{v} \cdot \mathbf{v} - \mathbf{u} \cdot \mathbf{v} - \mathbf{v} \cdot \mathbf{u} + \mathbf{u} \cdot \mathbf{u} \\
&=\; \|\mathbf{v}\|^2 - 2(\mathbf{v} \cdot \mathbf{u}) + \|\mathbf{u}\|^2
\end{aligned}
$$

그런데 이것과 원래 식의 우변은 같아야 한다. 즉,

$$
\begin{aligned}
&\|\mathbf{v}\|^2 - 2(\mathbf{v} \cdot \mathbf{u}) + \|\mathbf{u}\|^2 \\
&= \|\mathbf{v}\|^2 + \|\mathbf{u}\|^2 - 2\,\|\mathbf{v}\|\,\|\mathbf{u}\|\cos\theta
\end{aligned}
$$

양변에서 같은 항을 소거하면 다음을 얻는다.

$$\mathbf{v} \cdot \mathbf{u} \;=\; \|\mathbf{v}\|\,\|\mathbf{u}\|\cos\theta$$

즉, 벡터의 내적은 두 벡터의 길이와 그 끼인 각으로도 정의된다. 이때 $\|\mathbf{v}\|$와 $\|\mathbf{u}\|$

는 항상 양수이고 고정되어 있으므로, 내적은 결국 그 사이에 낀 각 θ의 코사인 함숫값에 따라 결정된다.

- 두 벡터가 같은 방향이면 $\cos\theta = 1$이므로 내적은 단순히 길이를 곱한 값이 된다.
- 끼인 각이 예각이면 $\cos\theta > 0$이므로 내적은 양수다.
- 끼인 각이 직각이면 $\cos\theta = 0$이므로 내적은 0이다. 이런 경우 두 벡터가 **직교**한다고 한다.
- 끼인 각이 둔각($\frac{\pi}{2} < \theta \leq \pi$)이면 $\cos\theta < 0$이므로 내적도 음수다.

두 벡터의 내적과 길이를 알 경우, 끼인 각의 코사인 함숫값은 다음과 같이 얻을 수 있다. 각 θ의 실제 크기가 필요하다면 여기에 arccos을 적용하여 계산하면 된다.

$$\cos\theta = \frac{\mathbf{v} \cdot \mathbf{u}}{\|\mathbf{v}\|\|\mathbf{u}\|}$$

12.4절에 이 식의 실제 활용 사례가 소개되어 있다.

벡터 간의 각 θ가 평각을 넘을 경우에는 반대쪽의 각인 $(2\pi - \theta)$를 대신 사용하면 된다. 삼각함수의 성질에 의해 두 각의 cos 함숫값은 동일하기 때문이다.

$$\cos(2\pi - \theta) = \cos(-\theta) = \cos\theta$$

이것을 그림으로 보면 더욱 이해하기 쉽다.

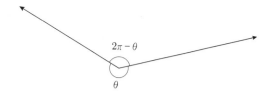

예제 12-2 $\mathbf{v} = (-2, 1)$과 $\mathbf{u} = (2, -2)$가 있을 때 다음을 구하여라. (단, θ는 두 벡터가 이루는 각)

(1) $\|\mathbf{v}\|$　　(2) $\|\mathbf{u}\|$　　(3) $\mathbf{v} \cdot \mathbf{u}$　　(4) $\cos\theta$

> **풀이**
>
> (1) $\|\mathbf{v}\| = \sqrt{(-2)^2 + 1^2} = \sqrt{5}$
>
> (2) $\|\mathbf{u}\| = \sqrt{(-2)^2 + 2^2} = 2\sqrt{2}$
>
> (3) $\mathbf{v} \cdot \mathbf{u} = (-2) \cdot 2 + 1 \cdot (-2) = -6$
>
> (4) $\cos\theta = \dfrac{\mathbf{v} \cdot \mathbf{u}}{\|\mathbf{v}\|\,\|\mathbf{u}\|} = \dfrac{-6}{2\sqrt{10}} = -\dfrac{3\sqrt{10}}{10}$

연습문제

1. $\mathbf{a} = (2, -2)$, $\mathbf{b} = (4, 1)$일 때 다음을 구하여라.

   (1) $2\mathbf{a} - 3\mathbf{b}$ (2) $\mathbf{a} \cdot (\mathbf{a} + 2\mathbf{b})$ (3) $\|\mathbf{b} - \mathbf{a}\|$ (4) $\mathbf{a}$를 정규화한 단위벡터

2. 벡터 $\mathbf{w} = (1, 1)$을 두 벡터 $\mathbf{x} = (1, 0)$, $\mathbf{y} = (-1, 1)$의 선형결합으로 나타내어라.

3. $\mathbf{u} = (1, 3, -2)$, $\mathbf{v} = (-2, -1, 0)$일 때 다음을 구하여라. (필요 시 계산기 사용)

   (1) $\|\mathbf{u}\|$ (2) $\|\mathbf{v}\|$ (3) $\mathbf{u} \cdot \mathbf{v}$ (4) 두 벡터가 이루는 각 θ(단, $0° \leq \theta \leq 180°$)

12.2 행렬의 뜻과 연산

12.2.1 행렬의 기본 개념

숫자를 1차원으로 나열한 수학적 개체가 벡터였다면, 2차원 형태로 나열한 개체도 생각할 수 있을 것이다. 그렇게 숫자를 직사각형 모양으로 배열한 것을 **행렬**(matrix)이라고 하며, 사각형의 가로줄 하나를 **행**(row), 세로줄 하나를 **열**(column)이라 부른다. 행의 개수가 m개이고 열의 개수가 n개인 행렬은 $m \times n$의 **크기**를 가졌다고 말한다.

행렬은 숫자를 사각형으로 배열한 다음 대괄호 [ ] 또는 일반 괄호 ( )로 싸서 표기하는데, 이 책에서는 대괄호를 사용하기로 한다. 다음에 행렬 몇 개와 그 크기를 나타내었다.

$$\begin{bmatrix} 1 & 2 & 4 \end{bmatrix} \qquad \begin{bmatrix} 1.5 & 0 \\ 0 & 1.5 \end{bmatrix} \qquad \begin{bmatrix} 0 \\ \frac{\pi}{2} \\ \pi \end{bmatrix} \qquad \begin{bmatrix} 1 & 0 & \sqrt{2} \\ 0 & 1 & 0 \end{bmatrix}$$

$$1 \times 3 \qquad\qquad 2 \times 2 \qquad\qquad 3 \times 1 \qquad\qquad 2 \times 3$$

위의 행렬 중에는 행이나 열이 하나뿐인 경우를 볼 수 있는데, 그 모양이 마치 벡터와 같다. 수학적으로 행이 하나인 행렬은 행벡터와 같고, 열이 하나인 행렬은 열벡터와 같다고 보면 된다.

행렬은 흔히 굵은 영어 대문자를 써서 $\mathbf{A}$처럼 나타낸다. 행렬을 이루는 각각의 숫자는 **성분** 또는 **원소**라 하고, 행렬 내 위치를 표시하기 위해 행렬 기호에 첨자를 붙여 나타낸다. 예를 들어 행렬 $\mathbf{A}$에서 (i번째 행, j번째 열)의 원소는 $\mathbf{A}[i, j]$라든지 $\mathbf{A}(i, j)$로 쓰고, 해당 행렬의 기호를 소문자로 바꾸어 a_{ij}처럼 나타내기도 한다.

행렬 $\mathbf{A}$의 (i, j)번째 원소 a_{ij}가 잘 정의되어 있다면, 때로는 행렬 자체를 $[a_{ij}]$ 또는 (a_{ij})처럼 나타내기도 한다. 즉, 다음과 같은 표기가 종종 쓰인다.

$$\mathbf{A} = \begin{bmatrix} a_{ij} \end{bmatrix}$$

수학에서는 행과 열의 순번을 통상적으로 1부터 센다. 그러므로 아래의 행렬 $\mathbf{A}$에서 (1번째 행, 2번째 열)에 위치한 원소인 a_{12}의 값은 2이다.

$$\mathbf{A} = \begin{bmatrix} 1 & 2 & 3 \\ -1 & -2 & -3 \end{bmatrix}$$

모든 원소가 0인 행렬은 **영행렬**이라고 하며, 기호로는 흔히 영어 대문자를 써서 $\mathbf{O}$처럼 쓴다. 다음은 모두 영행렬이다.

$$\begin{bmatrix} 0 & 0 & 0 \end{bmatrix} \qquad \begin{bmatrix} 0 & 0 \\ 0 & 0 \end{bmatrix} \qquad \begin{bmatrix} 0 \\ 0 \\ 0 \end{bmatrix}.$$

벡터에 대해서 그랬듯이 행렬에 대해서도 상수배와 덧셈 연산이 가능한데, 그 내용은 예상을 그리 벗어나지 않는다. 행렬에 어떤 상수를 곱하는 것은, 행렬의 모든 원소에 그 상수를 똑같이 곱하는 것으로 정의된다.

$$kA = \begin{bmatrix} k\,a_{ij} \end{bmatrix}$$

또한 행렬의 덧셈은 각 원소끼리 더하는 것으로, 뺄셈은 각 원소끼리 빼는 것으로 정의된다. 이때 연산이 성립하려면 벡터에서처럼 양쪽의 크기가 같아야 한다.

$$A \pm B = \begin{bmatrix} (a_{ij} \pm b_{ij}) \end{bmatrix}$$

예제 12-3 두 행렬 A와 B가 다음과 같을 때, 주어진 식을 계산하여라.

$$A = \begin{bmatrix} 1 & 1 \\ 0 & 1 \end{bmatrix}, \quad B = \begin{bmatrix} 2 & 1 \\ 1 & 2 \end{bmatrix}$$

(1) $2A$ (2) $2A - B$

풀이

(1) $2A = \begin{bmatrix} 2 & 2 \\ 0 & 2 \end{bmatrix}$

(2) $2A - B = \begin{bmatrix} 2 & 2 \\ 0 & 2 \end{bmatrix} - \begin{bmatrix} 2 & 1 \\ 1 & 2 \end{bmatrix} = \begin{bmatrix} 0 & 1 \\ -1 & 0 \end{bmatrix}$

12.2.2 행렬의 곱셈

행렬에도 곱셈 연산이 존재하지만, 벡터의 내적이 단순히 각 성분을 곱한 것은 아니었듯이 두 행렬의 곱셈 역시 양쪽 원소를 단순히 곱하는 것은 아니며, 오히려 벡터의 내적과 관련이 있다. 행렬 A와 B의 곱은 AB로 쓰고, 다음과 같이 정의된다.

"$AB(i, j)$는, A의 i번째 행이 이루는 행벡터와 B의 j번째 열이 이루는 열벡터의 내적이다."

위의 정의를 따라서 예제에 나온 두 행렬 A와 B의 곱을 구해 보자. 먼저 A의 1번째 행이 이루는 행벡터와 B의 1번째 열이 이루는 열벡터로 내적을 구한다. 이것이 AB의 $(1, 1)$번째 원소가 될 것이다.

$$AB(1, 1) = \begin{bmatrix} 1 & 1 \end{bmatrix} \cdot \begin{bmatrix} 2 \\ 1 \end{bmatrix} = 2 + 1 = 3$$

$\mathbf{A}$에는 행이 2개, $\mathbf{B}$에는 열이 2개 있으므로 방금의 과정을 남은 행과 열의 조합에 대해서 반복한다.

$$\mathbf{AB}(1,2) = \begin{bmatrix} 1 & 1 \end{bmatrix} \cdot \begin{bmatrix} 1 \\ 2 \end{bmatrix} = 1+2 = 3$$

$$\mathbf{AB}(2,1) = \begin{bmatrix} 0 & 1 \end{bmatrix} \cdot \begin{bmatrix} 2 \\ 1 \end{bmatrix} = 0+1 = 1$$

$$\mathbf{AB}(2,2) = \begin{bmatrix} 0 & 1 \end{bmatrix} \cdot \begin{bmatrix} 1 \\ 2 \end{bmatrix} = 0+2 = 2$$

이렇게 계산된 각 원소를 모아서 행렬로 나타내면 다음과 같다.

$$\mathbf{AB} = \begin{bmatrix} 1 & 1 \\ 0 & 1 \end{bmatrix} \begin{bmatrix} 2 & 1 \\ 1 & 2 \end{bmatrix} = \begin{bmatrix} 3 & 3 \\ 1 & 2 \end{bmatrix}$$

두 행렬의 곱 $\mathbf{AB}$의 원소들은 '$\mathbf{A}$의 행'과 '$\mathbf{B}$의 열' 사이의 내적 연산에 의해 얻어지기 때문에 우선은 내적부터 계산이 가능해야 한다. 내적은 두 벡터의 원소 개수가 같아야 하므로 다음이 성립해야 한다.

$\mathbf{A}$의 행 하나를 이루는 원소의 개수 = $\mathbf{B}$의 열 하나를 이루는 원소의 개수

그런데 '행 하나를 이루는 원소의 개수'란 곧 '열의 개수'고, '열 하나를 이루는 원소의 개수'란 곧 '행의 개수'다. 따라서 행렬의 곱셈이 가능하려면 다음 조건이 충족되어야 한다.

$\mathbf{A}$의 열의 개수 = $\mathbf{B}$의 행의 개수

아래의 2×3 행렬과 3×4 행렬 곱셈의 예를 들어 보자. 두 행렬은 $\mathbf{A}$의 열 개수와 $\mathbf{B}$의 행 개수가 모두 3이므로 곱셈이 가능하다. 굵은 글씨로 나타낸 부분에서는 $\mathbf{A}$의 2번째 행과 $\mathbf{B}$의 4번째 열의 내적에 의해 $\mathbf{AB}(2,4) = 3+1+4 = 8$이 되었음을 알 수 있다. 이와 같은 행렬의 곱셈 결과로 2×4 크기의 행렬이 만들어졌다.

$$\begin{bmatrix} 1 & 0 & 2 \\ \mathbf{3} & \mathbf{1} & \mathbf{4} \end{bmatrix} \begin{bmatrix} 1 & 0 & 0 & \mathbf{1} \\ 0 & 1 & 0 & \mathbf{1} \\ 0 & 0 & 1 & \mathbf{1} \end{bmatrix} = \begin{bmatrix} 1 & 0 & 2 & 3 \\ 3 & 1 & 4 & \mathbf{8} \end{bmatrix}$$

지금까지의 내용을 좀 더 정형화된 수식의 형태로 정리해 보자. $m \times r$ 크기의 행렬 $\mathbf{A}$와, $r \times n$ 크기의 행렬 $\mathbf{B}$의 곱이 $\mathbf{AB} = \mathbf{P}$라면, 행렬 $\mathbf{P}$의 크기는 $m \times n$이고 그 원소 p_{ij}는 다음과 같이 정의된다.

$$p_{ij} = \begin{bmatrix} a_{i1} & a_{i2} & \cdots & a_{ir} \end{bmatrix} \cdot \begin{bmatrix} b_{1j} \\ b_{2j} \\ \vdots \\ b_{rj} \end{bmatrix} = a_{i1}\,b_{1j} + a_{i2}\,b_{2j} + \cdots + a_{ir}\,b_{rj} = \sum_{k=1}^{r} a_{ik}\,b_{kj}$$

예제 12-4 다음 행렬의 곱을 계산하여라.

(1) $\begin{bmatrix} 1 & 2 & 3 \\ 0 & 1 & 2 \end{bmatrix} \begin{bmatrix} 1 & 0 \\ 0 & 1 \\ 1 & 0 \end{bmatrix}$ (2) $\begin{bmatrix} 7 & 5 \\ 3 & 1 \end{bmatrix} \begin{bmatrix} 2 & 0 \\ 0 & 2 \end{bmatrix}$ (3) $\begin{bmatrix} 3 \\ 2 \\ 1 \end{bmatrix} \begin{bmatrix} 1 & 2 & 3 \end{bmatrix}$

풀이

(1) $\begin{bmatrix} (1+0+3) & (0+2+0) \\ (0+0+2) & (0+1+0) \end{bmatrix} = \begin{bmatrix} 4 & 2 \\ 2 & 1 \end{bmatrix}$

(2) $\begin{bmatrix} 14 & 10 \\ 6 & 2 \end{bmatrix}$

각 원소가 2배 되었다.

(3) $\begin{bmatrix} 3 & 6 & 9 \\ 2 & 4 & 6 \\ 1 & 2 & 3 \end{bmatrix}$

원래 열의 1배, 2배, 3배로 된 열이 생겼다.

행렬의 곱셈에서 앞뒤 순서가 바뀌면 어떻게 될까? 내적을 계산할 행벡터와 열벡터들이 다른 것으로 바뀌기 때문에 곱셈 결과 또한 달라질 것임을 예상할 수 있다. 즉, 행렬의 곱셈은 그 정의상 교환법칙이 성립할 이유가 없으며, 일반적으로 $\mathbf{AB} \neq \mathbf{BA}$이다. 물론 이때 $\mathbf{AB}$와 $\mathbf{BA}$라는 양방향의 곱셈이 가능하려면 $\mathbf{A}$와 $\mathbf{B}$의 행과 열 개수가 모두 같아야 하므로, 두 행렬 모두 $n \times n$의 정사각형 꼴이어야 할 것

이다.

곱셈의 결합법칙은 어떨까? $(\mathbf{AB})\mathbf{C} = \mathbf{A}(\mathbf{BC})$가 성립할까? 우선은 이 세 개의 행렬이 다음과 같이 곱셈의 전제조건을 만족해서 $\mathbf{AB}$와 $\mathbf{BC}$의 곱셈이 가능하다고 가정하자.

$$\mathbf{A}의\ 열의\ 개수 = \mathbf{B}의\ 행의\ 개수 = \alpha$$
$$\mathbf{B}의\ 열의\ 개수 = \mathbf{C}의\ 행의\ 개수 = \beta$$

이제 $\mathbf{AB} = \mathbf{X}$라 하면, $\mathbf{X}$의 원소 x_{ij}는 행렬 곱셈의 정의에 의해 다음과 같다. 수식에서 α나 β는 정해진 수량을 나타내므로 상수로 취급하고, Σ 아래쪽에 쓰인 형식적 기호는 일종의 변수처럼 생각하면 된다.

$$x_{ij} = \sum_{k=1}^{\alpha} a_{ik}\, b_{kj} = (a_{i1}\, b_{1j} + a_{i2}\, b_{2j} + \cdots + a_{i\alpha}\, b_{\alpha j})$$

다음은 $(\mathbf{AB})\mathbf{C}$를 계산하기 위해서 $\mathbf{X}$에 $\mathbf{C}$를 곱하자. 구별이 쉽도록 Σ의 형식적 기호 중 1부터 α까지 변하는 것은 k로, 1부터 β까지 변하는 것은 h로 나타내었다. 각 문자의 의미를 생각하며 따라가면 그리 복잡하지 않을 것이다.

$$
\begin{aligned}
\mathbf{XC}(i,j) &= \sum_{h=1}^{\beta} x_{ih}\, c_{hj} = \sum_{h=1}^{\beta} \left\{ (a_{i1}\, b_{1h} + a_{i2}\, b_{2h} + \cdots + a_{i\alpha}\, b_{\alpha h}) \cdot c_{hj} \right\} \\
&= \sum_{h=1}^{\beta} \left\{ a_{i1}\, b_{1h}\, c_{hj} + a_{i2}\, b_{2h}\, c_{hj} + \cdots + a_{i\alpha}\, b_{\alpha h}\, c_{hj} \right\} \\
&= (a_{i1}\, b_{11}\, c_{1j} + a_{i2}\, b_{21}\, c_{1j} + \cdots + a_{i\alpha}\, b_{\alpha 1}\, c_{1j}) + \\
&\quad\ (a_{i1}\, b_{12}\, c_{2j} + a_{i2}\, b_{22}\, c_{2j} + \cdots + a_{i\alpha}\, b_{\alpha 2}\, c_{2j}) + \\
&\quad\quad\quad\quad\quad\quad\quad \cdots \\
&\quad\ (a_{i1}\, b_{1\beta}\, c_{\beta j} + a_{i2}\, b_{2\beta}\, c_{\beta j} + \cdots + a_{i\alpha}\, b_{\alpha \beta}\, c_{\beta j})
\end{aligned}
$$

마지막의 결과를 보면, 이 식은 결국 다음과 같은 꼴의 항을 모두 더한 것임을 알 수 있다. 여기서 ♣로 표시된 자리의 숫자는 1부터 α까지, ♡로 표시된 자리의 숫자는 1부터 β까지 변한다.

$$a_{\,i\clubsuit}\ b_{\,\clubsuit\heartsuit}\ c_{\,\heartsuit j}$$

이것은 아래처럼 중첩된 Σ 기호를 써서 나타낼 수 있다.[8]

$$\mathbf{XC}(i,j) \;=\; \sum_{h=1}^{\beta} \sum_{k=1}^{\alpha} a_{ik}\, b_{kh}\, c_{hj}$$

한편, 이번에는 $\mathbf{BC} = \mathbf{Y}$라 두면 $\mathbf{Y}$의 원소 y_{ij}는 다음과 같다.

$$y_{ij} \;=\; \sum_{h=1}^{\beta} b_{ih}\, c_{hj} \;=\; (b_{i1}\, c_{1j} \,+\, b_{i2}\, c_{2j} \,+\, \cdots \,+\, b_{i\beta}\, c_{\beta j})$$

$\mathbf{A}(\mathbf{BC})$를 계산하기 위해서 앞서와 같은 과정으로 $\mathbf{A}$와 $\mathbf{Y}$를 곱해 보자.

$$
\begin{aligned}
\mathbf{AY}(i,j) \;&=\; \sum_{k=1}^{\alpha} a_{ik}\, y_{kj} \;=\; \sum_{k=1}^{\alpha} \Big\{ a_{ik} \cdot (b_{k1}\, c_{1j} \,+\, b_{k2}\, c_{2j} \,+\, \cdots \,+\, b_{k\beta}\, c_{\beta j}) \Big\} \\
&=\; \sum_{k=1}^{\alpha} \Big\{ a_{ik}\, b_{k1}\, c_{1j} \,+\, a_{ik}\, b_{k2}\, c_{2j} \,+\, \cdots \,+\, a_{ik}\, b_{k\beta}\, c_{\beta j} \Big\} \\
&=\; (a_{i1}\, b_{11}\, c_{1j} \,+\, a_{i1}\, b_{12}\, c_{2j} \,+\, \cdots \,+\, a_{i1}\, b_{1\beta}\, c_{\beta j}) \,+ \\
&\qquad (a_{i2}\, b_{21}\, c_{1j} \,+\, a_{i2}\, b_{22}\, c_{2j} \,+\, \cdots \,+\, a_{i2}\, b_{2\beta}\, c_{\beta j}) \,+ \\
&\qquad\qquad\qquad\qquad \cdots \\
&\qquad (a_{i\alpha}\, b_{\alpha 1}\, c_{1j} \,+\, a_{i\alpha}\, b_{\alpha 2}\, c_{2j} \,+\, \cdots \,+\, a_{i\alpha}\, b_{\alpha\beta}\, c_{\beta j})
\end{aligned}
$$

이 합은 앞서 계산했던 $(\mathbf{AB})\mathbf{C}$의 결과와 상당히 비슷한데, 자세히 들여다 보면 한쪽에서 가로로 더해진 부분합이 다른 쪽에서는 세로로 더해지는 식으로 바뀌어 있다. 이처럼 두 곱셈의 결과가 항을 더하는 순서만 다를 뿐 실제로는 같으므로, 다음과 같이 행렬 곱셈은 결합법칙이 성립한다는 결론을 내릴 수 있다. 이처럼 행렬의 곱셈은 순서에 무관하여 보통 괄호 없이 $\mathbf{ABC}$처럼 표기한다.

$$(\mathbf{AB})\mathbf{C} \;=\; \mathbf{A}(\mathbf{BC}) \;=\; \mathbf{ABC}$$

---

8 다음과 같은 수도(pseudo) 코드로 생각하면 이해하기 쉬울 것이다.

```
XC[i,j] = 0
for h=1 to beta
    for k=1 to alpha
        XC[i,j] += (A[i,k] * B[k,h] * C[h,j])
    end
end
```

어떤 행렬을 자기 자신과 여러 번 곱할 경우는 편의상 거듭제곱의 꼴로 나타내는데, 이때 지수는 자연수에 한정한다.

$$\underbrace{\mathbf{A}\,\mathbf{A}\,\cdots\,\mathbf{A}}_{n} \;=\; \mathbf{A}^n$$

행렬의 곱셈에서는 분배법칙도 성립한다. 먼저 좌측 분배법칙을 보자. 물론 이 연산이 성립하려면 $\mathbf{B}$와 $\mathbf{C}$의 크기가 같고, $\mathbf{A}$의 열 개수와 $\mathbf{B}$ 및 $\mathbf{C}$의 행 개수가 같아야 한다.

$$\mathbf{A}(\mathbf{B}+\mathbf{C}) \;=\; \mathbf{AB}+\mathbf{AC}$$

이것 역시 앞서 했던 방식으로 쉽게 증명할 수 있다. $\mathbf{B}+\mathbf{C} = [(b_{ij}+c_{ij})]$이므로 $\mathbf{A}$에 이것을 곱한 다음, 같은 모양으로 된 항들의 합을 따로 떼내면 원하는 결과를 얻는다(α는 $\mathbf{A}$의 열 개수).

$$
\begin{aligned}
\mathbf{A}(\mathbf{B}+\mathbf{C})(i,j) \;&=\; \sum_{k=1}^{\alpha} a_{ik}\,(b_{kj}+c_{kj}) \;=\; \sum_{k=1}^{\alpha} (a_{ik}\,b_{kj} + a_{ik}\,c_{kj}) \\
&=\; \sum_{k=1}^{\alpha} a_{ik}\,b_{kj} + \sum_{k=1}^{\alpha} a_{ik}\,c_{kj} \\
&=\; \mathbf{AB}(i,j) \;+\; \mathbf{AC}(i,j)
\end{aligned}
$$

유사하게, 우측 분배법칙도 성립할 것임을 쉽게 알 수 있다.

$$(\mathbf{A}+\mathbf{B})\mathbf{C} \;=\; \mathbf{AC}+\mathbf{BC}$$

12.2.3 행렬의 전치와 대칭행렬

행렬에는 숫자의 배열을 바꾸는 연산이 존재한다. 행렬 $\mathbf{A}$의 행과 열을 서로 뒤집어서 열과 행으로 만든 새로운 행렬 $\mathbf{B}$를 생각해 보자.

$$\mathbf{B}(i,j) \;=\; \mathbf{A}(j,i)$$

이처럼 행과 열을 뒤바꾸는 연산을 **전치**(轉置, transpose)[9]라고 하며, $\mathbf{A}$의 전치행

---

9 위치(置)를 옮겼다(轉)는 뜻이다.

렬은 $\mathbf{A}^\mathrm{T}$로 나타낸다. 전치연산은 그 정의로부터 두 번 전치하면 원래 행렬로 돌아올 것임을 알 수 있다. 즉, 다음이 성립한다.

$$\left(\mathbf{A}^\mathrm{T}\right)^\mathrm{T} = \mathbf{A}$$

2×3 행렬 하나를 예로 들어 전치연산을 적용해 보자.

$$\mathbf{A} = \begin{bmatrix} 1 & 0 & -1 \\ 3 & 2 & 4 \end{bmatrix}, \quad \mathbf{A}^\mathrm{T} = \begin{bmatrix} 1 & 3 \\ 0 & 2 \\ -1 & 4 \end{bmatrix}$$

행과 열을 단순히 바꿈으로써 쉽게 전치행렬을 얻을 수 있다. 그런데 전치 과정을 보면 $i = j$인 원소들, 다시 말해 좌상 → 우하로 이어진 대각선상에 놓인 원소들은 영향을 받지 않는다. 이처럼 행렬에서 행과 열이 같은 (k, k)에 해당하는 위치를 **주대각선**이라 부른다. 그러므로 행렬의 전치연산은 주대각선을 기준으로 원소들을 대칭시키는 것이라고도 볼 수 있다.

만약 어떤 행렬에서 주대각선 외의 원소가 모두 0이면 이 행렬은 **대각행렬** (diagonal matrix)이라고 부른다. 다음은 대각행렬의 예다.

$$\begin{bmatrix} 1 & 0 \\ 0 & 1 \end{bmatrix} \qquad \begin{bmatrix} 1 & 0 & 0 \\ 0 & 2 & 0 \\ 0 & 0 & 3 \end{bmatrix}$$

전치연산은 행벡터나 열벡터에 대해서도 가능하며, 이 경우 행벡터는 열벡터로, 열벡터는 행벡터로 바뀌게 된다.

$$\begin{bmatrix} 1 & 2 & 3 \end{bmatrix}^\mathrm{T} = \begin{bmatrix} 1 \\ 2 \\ 3 \end{bmatrix}, \quad \begin{bmatrix} 1 \\ 2 \\ 3 \end{bmatrix}^\mathrm{T} = \begin{bmatrix} 1 & 2 & 3 \end{bmatrix}$$

어떤 행렬을 전치시켰는데 원래 그대로라면 이 행렬은 어떤 행렬일까? 이것은 곧 $\mathbf{A}(i, j) = \mathbf{A}(j, i)$가 성립한다는 말이고, 그러려면 일단은 행과 열의 개수부터 같아야 할 것이다. 이렇게 행과 열의 개수가 같은 행렬은 그 모양을 따서 **정사각행렬** 또

는 **정방행렬**(square matrix)이라고 부른다.[10]

이제 정방행렬 $\mathbf{A}$에 대해 $\mathbf{A} = \mathbf{A}^{\mathrm{T}}$라고 하자. 그러면 이 행렬은 $\mathbf{A}(i, j) = \mathbf{A}(j, i)$가 성립하고, 주대각선을 기준으로 양쪽의 원소가 대칭을 이루므로 **대칭행렬**(symmetric matrix)이라 불린다. 다음은 대칭행렬의 예다.

$$
\begin{bmatrix} 1 & 0 \\ 0 & 1 \end{bmatrix} \qquad \begin{bmatrix} 2 & 1 & 3 \\ 1 & 0 & 4 \\ 3 & 4 & -1 \end{bmatrix}
$$

대칭행렬은 아무 행렬을 가지고도 쉽게 만들어 낼 수 있다. $m \times n$ 크기의 행렬 $\mathbf{A}$가 있을 때, 그 전치행렬 $\mathbf{A}^{\mathrm{T}}$를 곱하여 만든 $\mathbf{A}\mathbf{A}^{\mathrm{T}}$ 및 $\mathbf{A}^{\mathrm{T}}\mathbf{A}$의 성질을 조사해 보자.

먼저 $\mathbf{A}\mathbf{A}^{\mathrm{T}}$이다. $\mathbf{A}^{\mathrm{T}}$의 크기가 $n \times m$이므로, 이 곱셈의 결과는 $m \times m$ 행렬이 된다. 행렬 곱셈의 정의에 따라 $\mathbf{A}\mathbf{A}^{\mathrm{T}}$의 (i, j)번째 원소를 계산하면 다음과 같다.

$$
\begin{aligned}
\left(\mathbf{A}\mathbf{A}^{\mathrm{T}}\right)(i, j) &= \sum_{k=1}^{n} \mathbf{A}(i, k)\,\mathbf{A}^{\mathrm{T}}(k, j) \\
&= \sum_{k=1}^{n} \mathbf{A}(i, k)\,\mathbf{A}(j, k) = \sum_{k=1}^{n} a_{ik}\,a_{jk}
\end{aligned}
$$

즉, 곱셈 결과의 (i, j)번째 원소는 $a_{ik}\,a_{jk}$의 합이라는 말인데, 숫자의 곱셈은 교환법칙이 성립하므로 i와 j가 $a_{jk}\,a_{ik}$처럼 바뀌어도 결과는 동일하다. 따라서 $\mathbf{A}\mathbf{A}^{\mathrm{T}}$는 대칭행렬이다.

$$
\left(\mathbf{A}\mathbf{A}^{\mathrm{T}}\right)(i, j) = \sum_{k=1}^{n} a_{ik}\,a_{jk} = \sum_{k=1}^{n} a_{jk}\,a_{ik} = \left(\mathbf{A}\mathbf{A}^{\mathrm{T}}\right)(j, i)
$$

$\mathbf{A}^{\mathrm{T}}\mathbf{A}$의 경우도 유사하다. 이 곱셈의 결과는 $n \times n$ 행렬이고, (i, j)번째 원소는 다음과 같다. Σ의 첨자 k의 범위가 앞서와 다름에 유의하자.

$$
\begin{aligned}
\left(\mathbf{A}^{\mathrm{T}}\mathbf{A}\right)(i, j) &= \sum_{k=1}^{m} \mathbf{A}^{\mathrm{T}}(i, k)\,\mathbf{A}(k, j) \\
&= \sum_{k=1}^{m} \mathbf{A}(k, i)\,\mathbf{A}(k, j) = \sum_{k=1}^{m} a_{ki}\,a_{kj}
\end{aligned}
$$

---

10 방($方$)에는 네모라는 뜻이 있다.

a_{ki}와 a_{kj}의 곱 역시 i와 j가 바뀌어도 결과가 동일하므로, $\mathbf{A}^{\mathrm{T}}\mathbf{A}$ 또한 대칭행렬이라는 것을 알 수 있다.

앞서 예로 들었던 2×3 행렬을 가지고 위의 성질을 확인해 보자.

$$\mathbf{A}\mathbf{A}^{\mathrm{T}} = \begin{bmatrix} 1 & 0 & -1 \\ 3 & 2 & 4 \end{bmatrix} \begin{bmatrix} 1 & 3 \\ 0 & 2 \\ -1 & 4 \end{bmatrix} = \begin{bmatrix} (1+0+1) & (3+0-4) \\ (3+0-4) & (9+4+16) \end{bmatrix} = \begin{bmatrix} 2 & -1 \\ -1 & 29 \end{bmatrix}$$

$$\mathbf{A}^{\mathrm{T}}\mathbf{A} = \begin{bmatrix} 1 & 3 \\ 0 & 2 \\ -1 & 4 \end{bmatrix} \begin{bmatrix} 1 & 0 & -1 \\ 3 & 2 & 4 \end{bmatrix} = \begin{bmatrix} (1+9) & (0+6) & (-1+12) \\ (0+6) & (0+4) & (0+8) \\ (-1+12) & (0+8) & (1+16) \end{bmatrix} = \begin{bmatrix} 10 & 6 & 11 \\ 6 & 4 & 8 \\ 11 & 8 & 17 \end{bmatrix}$$

행렬의 덧셈이나 곱셈에 전치를 적용하면 어떻게 되는지 살펴보는 것으로 이 절을 마무리한다. 우선 두 행렬의 덧셈 $\mathbf{A} + \mathbf{B}$에 전치를 적용한 결과는, 행렬 덧셈과 전치의 성질로부터 쉽게 유추가 가능하다. 크기가 같은 두 행렬 $\mathbf{A} = [a_{ij}]$, $\mathbf{B} = [b_{ij}]$가 있을 때 $\mathbf{A}^{\mathrm{T}} + \mathbf{B}^{\mathrm{T}}$는 다음과 같다.

$$\mathbf{A}^{\mathrm{T}} + \mathbf{B}^{\mathrm{T}} = [a_{ji}] + [b_{ji}] = [(a_{ji} + b_{ji})]$$

그런데 $(a_{ji} + b_{ji})$란 $(a_{ij} + b_{ij})$에서 열과 행이 뒤바뀐 것이므로 결과적으로 다음이 성립한다.

$$\mathbf{A}^{\mathrm{T}} + \mathbf{B}^{\mathrm{T}} = [(a_{ij} + b_{ij})]^{\mathrm{T}} = (\mathbf{A} + \mathbf{B})^{\mathrm{T}}$$

다음은 곱셈이다. 이미 알고 있듯이 $m \times r$ 크기의 행렬 $\mathbf{A}$와 $r \times n$ 크기의 행렬 $\mathbf{B}$의 곱 $\mathbf{A}\mathbf{B}$는 $m \times n$ 행렬이다. 그러므로 그 전치행렬 $(\mathbf{A}\mathbf{B})^{\mathrm{T}}$는 크기가 $n \times m$인 행렬이 된다. 이 $(\mathbf{A}\mathbf{B})^{\mathrm{T}}$의 원소는 전치행렬의 정의에 의해 $\mathbf{A}\mathbf{B}(i, j)$를 나타내는 식에서 첨자 i와 j의 순서를 바꾸어 얻을 수 있다.

$$(\mathbf{A}\mathbf{B})^{\mathrm{T}}(i, j) = \mathbf{A}\mathbf{B}(j, i) = \sum_{k=1}^{r} a_{jk} b_{ki} = \sum_{k=1}^{r} \mathbf{A}(j, k)\, \mathbf{B}(k, i)$$

숫자의 곱셈은 교환법칙이 성립하므로 곱셈의 순서를 바꾸면 전치행렬의 원소와 같아진다.

$$= \sum_{k=1}^{r} \mathbf{B}(k, i) \, \mathbf{A}(j, k)$$

$$= \sum_{k=1}^{r} \mathbf{B}^{\mathrm{T}}(i, k) \, \mathbf{A}^{\mathrm{T}}(k, j)$$

그로부터 다음의 결론을 얻는다.

$$(\mathbf{AB})^{\mathrm{T}} \;=\; \mathbf{B}^{\mathrm{T}} \mathbf{A}^{\mathrm{T}}$$

전치연산은 종종 행벡터나 열벡터의 연산에도 적용된다. 예컨대 두 열벡터에 대해,

$$\mathbf{u} = \begin{bmatrix} a_1 \\ a_2 \\ \vdots \\ a_n \end{bmatrix}, \quad \mathbf{v} = \begin{bmatrix} b_1 \\ b_2 \\ \vdots \\ b_n \end{bmatrix}$$

그 내적 $\mathbf{u} \cdot \mathbf{v}$는 전치연산과 행렬의 곱으로 쓸 수 있다.

$$\mathbf{u} \cdot \mathbf{v} = \begin{bmatrix} a_1 & a_2 & \cdots & a_n \end{bmatrix} \begin{bmatrix} b_1 \\ b_2 \\ \vdots \\ b_n \end{bmatrix} = \mathbf{u}^{\mathrm{T}} \mathbf{v}$$

연습문제

1. $\mathbf{A}, \mathbf{B}, \mathbf{u}, \mathbf{v}$가 다음과 같을 때, 주어진 식을 계산하여라.

$$\mathbf{A} = \begin{bmatrix} 2 & 1 & -1 \\ 1 & 0 & 2 \end{bmatrix}, \quad \mathbf{B} = \begin{bmatrix} 1 & 2 \\ 2 & 3 \\ 3 & 1 \end{bmatrix}, \quad \mathbf{u} = \begin{bmatrix} 10 \\ 20 \end{bmatrix}, \quad \mathbf{v} = \begin{bmatrix} 4 \\ 5 \end{bmatrix}$$

(1) $3\mathbf{A} - \mathbf{B}^{\mathrm{T}}$　　(2) $\mathbf{AB}$　　(3) $\mathbf{B}^{\mathrm{T}}\mathbf{A}^{\mathrm{T}}$　　(4) $\mathbf{A}\mathbf{A}^{\mathrm{T}}\mathbf{u}$　　(5) $\mathbf{u}^{\mathrm{T}}\mathbf{v}$

2. $\mathbf{A}$가 다음과 같을 때 $\mathbf{A}^4$를 구하여라.

$$\mathbf{A} = \begin{bmatrix} 1 & 1 \\ 1 & 1 \end{bmatrix}$$

3. 각 θ에 대응하는 어떤 행렬 $\mathbf{R}_\theta$가 다음과 같다. 이것을 거듭제곱한 $\mathbf{R}_\theta{}^2$은 각 2θ에 대응하는 행렬 $\mathbf{R}_{2\theta}$와 같음을 보여라.

$$\mathbf{R}_\theta = \begin{bmatrix} \cos\theta & -\sin\theta \\ \sin\theta & \cos\theta \end{bmatrix}$$

4. 정방행렬 $\mathbf{A}$에 대해 $\mathbf{A} + \mathbf{A}^\mathsf{T}$는 대칭행렬임을 보여라.

12.3 행렬 곱셈의 성질

12.3.1 작용으로서의 행렬

벡터란 개체가 n차원 공간의 원점으로부터 어느 한 점에 이르는 크기와 방향을 나타낸다면, 행렬이란 개체는 어떤 의미를 가질까? 임의의 행렬 $\mathbf{A}$와 벡터 $\mathbf{v}$의 곱을 조사해 보자. 곱셈이 가능하도록 $\mathbf{A}$의 크기를 $m \times n$, $\mathbf{v}$의 원소 개수를 n이라 두면, 그 곱은 다음과 같다.

$$\mathbf{Av} = \begin{bmatrix} a_{11} & a_{12} & \cdots & a_{1n} \\ a_{21} & a_{22} & \cdots & a_{2n} \\ \vdots & & \ddots & \vdots \\ a_{m1} & a_{m2} & \cdots & a_{mn} \end{bmatrix} \begin{bmatrix} v_1 \\ v_2 \\ \vdots \\ v_n \end{bmatrix} = \begin{bmatrix} a_{11}v_1 + a_{12}v_2 + \cdots + a_{1n}v_n \\ a_{21}v_1 + a_{22}v_2 + \cdots + a_{2n}v_n \\ \vdots \\ a_{m1}v_1 + a_{m2}v_2 + \cdots + a_{mn}v_n \end{bmatrix} = \mathbf{u}$$

행렬 $\mathbf{A}$와 벡터 $\mathbf{v}$를 곱하니 $m \times 1$ 크기의 새로운 열벡터 $\mathbf{u}$가 되었다. 이 과정은 마치 $m \times n$ 행렬 $\mathbf{A}$를 n차원 벡터 $\mathbf{v}$에 '작용시켜서' m차원의 또 다른 벡터 $\mathbf{u}$를 만드는 것과 같다.

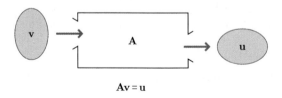

$\mathbf{Av} = \mathbf{u}$

우리는 입력값 하나에 출력값 하나를 대응시키는 수학적 개념인 '함수'를 이미 알고 있다. 위에서 본 것처럼 행렬도 함수와 유사한 성질을 가지며, 입력된 벡터에 다른 벡터를 대응시키는 역할을 한다.

이제 $m = n$인 경우, 즉 행렬 $\mathbf{A}$가 정방행렬인 경우를 좀 더 자세히 알아보자. 먼저, 임의의 2×2 행렬과 좌표평면 위의 한 점 (x, y)를 나타내는 열벡터의 곱이다.

$$\begin{bmatrix} a & b \\ c & d \end{bmatrix} \begin{bmatrix} x \\ y \end{bmatrix} = \begin{bmatrix} ax + by \\ cx + dy \end{bmatrix}$$

곱셈의 결과는 좌표평면에서 $(ax + by, cx + dy)$라는 새로운 점을 나타내고, 그 성분들은 모두 x와 y의 선형결합으로 만들어져 있다. 즉, 이 행렬은 원래 벡터의 각 성분에다 선형결합으로 만들어진 새 값을 대응시키는 역할을 하는 셈이다. 아래에서 기호 $\mapsto$는 대응관계를 나타낸다.

$$\begin{cases} x & \mapsto & ax + by \\ y & \mapsto & cx + dy \end{cases}$$

만약 행렬에 의해 변환된 새 벡터가 원래 벡터와 똑같다면 어떨까?

$$\begin{cases} x & \mapsto & x \\ y & \mapsto & y \end{cases}$$

이것은 다음과 같은 한 쌍의 등식이 성립한다는 말과 같다.

$$\begin{cases} x & = & ax + by \\ y & = & cx + dy \end{cases}$$

양변의 계수를 비교하면 $a = 1$, $b = 0$, $c = 0$, $d = 1$이라는 답을 얻는다. 즉, 임의의 점 (x, y)를 (x, y) 그대로 보존하는 행렬은 다음과 같아야 한다.

$$\begin{bmatrix} 1 & 0 \\ 0 & 1 \end{bmatrix} \begin{bmatrix} x \\ y \end{bmatrix} = \begin{bmatrix} x \\ y \end{bmatrix}$$

이 결과는 임의의 차원으로 쉽게 일반화시킬 수 있다. 어떤 행렬 $\mathbf{A}$와 n차원 벡터 $\mathbf{v}$를 곱한 결과가 여전히 $\mathbf{v}$라고 하자. 곱셈 이후에 열의 개수가 보존되어야 하므로 $\mathbf{A}$는 $n \times n$ 크기의 정방행렬이어야 한다.

$$\mathbf{Av} = \begin{bmatrix} a_{11} & a_{12} & \cdots & a_{1n} \\ a_{21} & a_{22} & \cdots & a_{2n} \\ \vdots & & \ddots & \vdots \\ a_{n1} & a_{n2} & \cdots & a_{nn} \end{bmatrix} \begin{bmatrix} v_1 \\ v_2 \\ \vdots \\ v_n \end{bmatrix}$$

이제 $\mathbf{Av} = \mathbf{v}$가 되려면 다음과 같은 n개의 등식이 성립해야 할 것이다.

$$\begin{cases} a_{11}v_1 + a_{12}v_2 + & \cdots & + a_{1n}v_n & = & v_1 \\ a_{21}v_1 + a_{22}v_2 + & \cdots & + a_{2n}v_n & = & v_2 \\ & & & & \vdots \\ a_{k1}v_1 + a_{k2}v_2 + \cdots + a_{kk}v_k + \cdots & & + a_{kn}v_n & = & v_k \\ & & & & \vdots \\ a_{n1}v_1 + a_{n2}v_2 + & \cdots & + a_{nn}v_n & = & v_n \end{cases}$$

이 중 대표격으로 첫 번째 등식을 보자. 덧셈의 결과가 v_1이 되려면 좌변의 계수 중 $a_{11} = 1$이고 나머지는 모두 $a_{12} = a_{13} = \cdots = a_{1n} = 0$이어야 할 것이다. 마찬가지로 k번째 등식이 성립하려면 좌변에서 유일하게 0이 아닌 계수는 a_{kk}뿐이다. 즉, $\mathbf{A}$는 주대각선에 위치한 a_{11}, a_{22}, $\cdots$, a_{nn}만 모두 1이고 나머지는 0인 대각행렬이 된다. 이런 행렬을 **항등행렬**(identity matrix) 또는 **단위행렬**이라 하며, 기호 $\mathbf{I}$로 나타낸다.

$$\mathbf{Iv} = \mathbf{v}$$

단위행렬은 종종 구분을 위해 행이나 열의 개수를 붙여서 $\mathbf{I}_n$ 형태로 쓰기도 한다. 다음은 $\mathbf{I}_2$, $\mathbf{I}_3$, $\mathbf{I}_4$의 단위행렬이다.

$$\begin{bmatrix} 1 & 0 \\ 0 & 1 \end{bmatrix} \quad \begin{bmatrix} 1 & 0 & 0 \\ 0 & 1 & 0 \\ 0 & 0 & 1 \end{bmatrix} \quad \begin{bmatrix} 1 & 0 & 0 & 0 \\ 0 & 1 & 0 & 0 \\ 0 & 0 & 1 & 0 \\ 0 & 0 & 0 & 1 \end{bmatrix}$$

단위행렬에 벡터가 아니라 다른 행렬을 곱하면 어떻게 될까? 앞서 공부했던 행렬 곱셈의 정의를 가지고 이것을 확인해 보자. 먼저, $m \times m$ 단위행렬 $\mathbf{I}$와 임의의 $m \times n$ 행렬 $\mathbf{A}$의 곱이다.

$$\mathbf{IA}(i, j) = i_{i1}\,a_{1j} + i_{i2}\,a_{2j} + \cdots + i_{im}\,a_{mj} = \sum_{k=1}^{m} i_{ik}\,a_{kj}$$

그런데 i_{ik}는 단위행렬의 원소이므로 $k = i$일 때만 1이고 그 외의 경우는 0이다. 따라서 앞의 식은 이렇게 된다.

$$\mathbf{IA}(i, j) \,=\, i_{ii}\, a_{ij} \,=\, a_{ij} \,=\, \mathbf{A}(i, j)$$

이에 따라 $\mathbf{IA} = \mathbf{A}$라는 결론을 내릴 수 있다. 곱셈의 순서를 바꿔서 $m \times n$ 행렬 $\mathbf{A}$와 $n \times n$ 단위행렬 $\mathbf{I}$의 곱인 $\mathbf{AI}$를 구해 보자.

$$\mathbf{AI}(i, j) \,=\, a_{i1}\, i_{1j} + a_{i2}\, i_{2j} + \cdots + a_{in}\, i_{nj} \,=\, \sum_{k=1}^{n} a_{ik}\, i_{kj}$$

역시 i_{kj}는 $k = j$일 때만 1이고 그 외에는 0이므로 다음 결과를 얻는다.

$$\mathbf{AI}(i, j) \,=\, a_{ij}\, i_{jj} \,=\, a_{ij} \,=\, \mathbf{A}(i, j)$$

즉, 단위행렬은 행렬 곱셈에서 항등원 역할을 한다.

$$\mathbf{IA} \,=\, \mathbf{AI} \,=\, \mathbf{A}$$

앞에서 행렬은 마치 함수처럼 벡터에 벡터를 대응시킨다고 하였다. 행렬 $\mathbf{A}$에 벡터 $\mathbf{v}$를 대응시켜 $\mathbf{Av} = \mathbf{u}$를 얻었는데, 이 결과에 다시 행렬 $\mathbf{B}$를 대응시켜 $\mathbf{Bu} = \mathbf{w}$를 얻었다면 이것은 처음의 벡터 $\mathbf{v}$와 무슨 관계가 있을까?

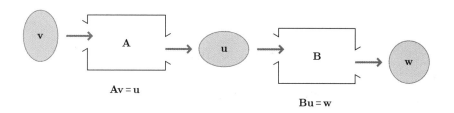

수식으로 생각하면 $\mathbf{Av} = \mathbf{u}$이므로 $\mathbf{Bu}$의 $\mathbf{u}$ 자리에 $\mathbf{Av}$를 대입하여 다음의 관계식을 얻는다.

$$\mathbf{Bu} \,=\, \mathbf{B}(\mathbf{Av}) \,=\, \mathbf{w}$$

그런데 행렬의 곱셈은 결합법칙이 성립하며 순서에 무관하다.

$$\mathbf{B}(\mathbf{Av}) \ = \ \mathbf{BAv} \ = \ (\mathbf{BA})\mathbf{v} \ = \ \mathbf{w}$$

즉, 벡터 **v**에 행렬 **A**와 **B**를 차례로 적용한 결과인 **B**(**Av**)라는 것은, 두 행렬의 곱 **BA**를 **v**에 적용한 (**BA**)**v**와 같은 것이다.

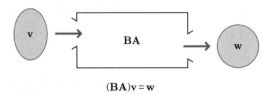

$$(\mathbf{BA})\mathbf{v} = \mathbf{w}$$

하지만 행렬의 곱셈은 교환법칙이 성립하지 않으므로 행렬 곱셈의 순서가 바뀌면 결과가 같으리라는 보장이 없다.

$$(\mathbf{AB})\mathbf{v} \ = \ \mathbf{A}(\mathbf{Bv}) \ \neq \ \mathbf{B}(\mathbf{Av}) \ = \ (\mathbf{BA})\mathbf{v}$$

여기서 우리는 함수의 합성과 행렬의 곱셈 사이의 유사성을 발견할 수 있다. 어떤 입력값 x에 함수 f와 g를 차례로 적용한 것은, 두 함수의 합성함수 $(g \circ f)$를 적용한 것과 동일하였다.

$$g(\,f(x)\,) \ = \ (g \circ f)(x)$$

마찬가지로 벡터 **v**에 행렬 **A**와 **B**를 차례로 적용한 것은, 두 행렬의 곱 **BA**를 적용한 것과 동일하다.

$$\mathbf{B}\,(\mathbf{Av}) \ = \ (\mathbf{BA})\,\mathbf{v}$$

이것은 세 개 이상의 행렬을 적용할 때도 마찬가지다.

$$\mathbf{C}\,(\,\mathbf{B}\,(\mathbf{Av})\,) \ = \ (\mathbf{CBA})\,\mathbf{v}$$

예제 12-5 $\mathbf{A}, \mathbf{B}, \mathbf{C}, \mathbf{v}$가 다음과 같을 때, 주어진 식을 계산하여라.

$$\mathbf{A} = \begin{bmatrix} 1 & 1 \\ 2 & 1 \end{bmatrix}, \quad \mathbf{B} = \begin{bmatrix} -1 & 1 \\ 2 & -1 \end{bmatrix}, \quad \mathbf{C} = \begin{bmatrix} 2 & 0 \\ 0 & 2 \end{bmatrix}, \quad \mathbf{v} = \begin{bmatrix} 3 \\ 4 \end{bmatrix}$$

(1) $\mathbf{ABv}$ (2) $\mathbf{BAv}$ (3) $\mathbf{ABCv}$ (4) $\mathbf{CBAv}$

풀이

(1) $\mathbf{ABv} = \begin{bmatrix} 1 & 1 \\ 2 & 1 \end{bmatrix} \begin{bmatrix} -1 & 1 \\ 2 & -1 \end{bmatrix} \begin{bmatrix} 3 \\ 4 \end{bmatrix} = \begin{bmatrix} 1 & 0 \\ 0 & 1 \end{bmatrix} \begin{bmatrix} 3 \\ 4 \end{bmatrix} = \begin{bmatrix} 3 \\ 4 \end{bmatrix}$

(2) $\mathbf{BAv} = \begin{bmatrix} -1 & 1 \\ 2 & -1 \end{bmatrix} \begin{bmatrix} 1 & 1 \\ 2 & 1 \end{bmatrix} \begin{bmatrix} 3 \\ 4 \end{bmatrix} = \begin{bmatrix} 1 & 0 \\ 0 & 1 \end{bmatrix} \begin{bmatrix} 3 \\ 4 \end{bmatrix} = \begin{bmatrix} 3 \\ 4 \end{bmatrix}$

　　(1)과 (2)의 결과로부터 $\mathbf{AB} = \mathbf{BA} = \mathbf{I}$임을 알 수 있다.

(3) $\mathbf{ABC} = \mathbf{IC} = \mathbf{C}$이므로 주어진 식은 $\mathbf{Cv}$가 된다.

$$\mathbf{Cv} = \begin{bmatrix} 2 & 0 \\ 0 & 2 \end{bmatrix} \begin{bmatrix} 3 \\ 4 \end{bmatrix} = \begin{bmatrix} 6 \\ 8 \end{bmatrix}$$

(4) $\mathbf{CBA} = \mathbf{CI} = \mathbf{C}$이므로 주어진 식은 $\mathbf{Cv}$와 같다. 따라서 답은 (3)과 동일하다.

12.3.2 가역행렬과 연립방정식

숫자의 곱셈에서는 곱하여 항등원 1이 되는 두 수를 서로 역수라고 한다. 이와 같은 개념이 행렬의 곱셈에도 존재하는지 알아보자. 어떤 두 행렬을 곱했더니 곱셈의 항등원인 단위행렬이 되는 경우를 가정할 수 있다. 숫자와 달리 행렬의 곱셈은 교환법칙이 성립하지 않으므로 이때는 다음과 같이 두 가지 경우를 고려해야 한다.

$$\mathbf{AB} \ = \ \mathbf{BA} \ = \ \mathbf{I}$$

위의 식이 성립한다면 행렬 곱셈의 정의로부터 $\mathbf{A}$와 $\mathbf{B}$는 모두 정방행렬이다. $\mathbf{A}$의 크기를 $m \times r$, $\mathbf{B}$의 크기를 $r \times n$이라 할 때, 위 등식이 성립한다면 $m = r = n$임을 직접 확인해 보자.

만약 두 정방행렬 **A**와 **B**에 대해서 **AB** = **I**가 성립한다면 **BA** = **I** 역시 자동으로 성립할까? 행렬 곱셈의 결합법칙을 써서 그 답을 찾을 수 있다.

$$\begin{aligned} \mathbf{AB} &= \mathbf{I} \\ \mathbf{B}(\mathbf{AB}) &= \mathbf{BI} \\ (\mathbf{BA})\mathbf{B} &= \mathbf{B} \\ \therefore (\mathbf{BA}) &= \mathbf{I} \end{aligned}$$

두 행렬 **A**와 **B** 사이에 이런 관계가 성립할 때, 각각을 상대방에 대한 **역행렬**(inverse matrix)이라고 부른다. 또, 어떤 행렬이 역행렬을 가질 경우 그 행렬은 **가역**(invertible, 可逆)이라 한다. **A**의 역행렬은 지수부에 −1을 붙여서 $\mathbf{A}^{-1}$로 표기한다.[11]

$$\mathbf{AA}^{-1} = \mathbf{A}^{-1}\mathbf{A} = \mathbf{I}$$

모든 행렬이 가역인 것은 아닌데, 예를 들어 영행렬 **O**는 어떤 행렬을 곱하더라도 단위행렬을 만들어 낼 수 없으므로 역행렬이 존재하지 않는다.

역행렬의 가장 기본적인 활용은 연립방정식의 풀이다. 별로 상관없어 보이는 두 개념이 어떻게 연관되어 있는지 알아보자. 앞서 나왔던 행렬과 벡터의 곱 **Av** = **u**에서, **v**와 **u**의 원소 개수가 n개로 같다고 가정한다. 그러면 행렬 **A**는 정방행렬이므로 그 크기가 $n \times n$이다. 문자를 바꿔서 **v**와 **u** 대신 **x**와 **b**로 쓰면 이 곱셈은 다음과 같다.

$$\mathbf{Ax} = \begin{bmatrix} a_{11} & a_{12} & \cdots & a_{1n} \\ a_{21} & a_{22} & \cdots & a_{2n} \\ \vdots & & \ddots & \vdots \\ a_{n1} & a_{n2} & \cdots & a_{nn} \end{bmatrix} \begin{bmatrix} x_1 \\ x_2 \\ \vdots \\ x_n \end{bmatrix} = \begin{bmatrix} b_1 \\ b_2 \\ \vdots \\ b_n \end{bmatrix} = \mathbf{b}$$

행렬 곱셈의 정의에 따라 전개하면, 위의 곱셈은 다음과 같은 n개의 등식으로 바뀐다.

---

11 이것을 분수 형태로 $\dfrac{\mathbf{I}}{\mathbf{A}}$처럼 써서는 안 된다. 행렬은 나눗셈이 정의되어 있지 않다.

$$\begin{cases} a_{11}x_1 + a_{12}x_2 + \cdots + a_{1n}x_n = b_1 \\ a_{21}x_1 + a_{22}x_2 + \cdots + a_{2n}x_n = b_2 \\ \qquad\qquad\qquad\qquad\qquad\vdots \\ a_{n1}x_1 + a_{n2}x_2 + \cdots + a_{nn}x_n = b_n \end{cases}$$

여기서 벡터 $\mathbf{x}$의 성분 $x_1, x_2, \cdots, x_n$이 각각 어떤 미지수를 나타낸다고 하자. 그러면 위의 식은 미지수가 n개인 일차 연립방정식이며, 이때 $\mathbf{A}$는 이 연립방정식에서 미지수의 계수들을 모아 만든 행렬에 해당한다.

예를 들어 $n = 2$일 때 $x_1 = x$, $x_2 = y$로 두면, 위의 식은 우리에게 익숙한 이원일차 연립방정식의 모습이 된다.

$$\begin{cases} a_{11}x + a_{12}y = b_1 \\ a_{21}x + a_{22}y = b_2 \end{cases}$$

이것은 행렬과 벡터의 곱으로 나타내면 다음과 같다.

$$\begin{bmatrix} a_{11} & a_{12} \\ a_{21} & a_{22} \end{bmatrix} \begin{bmatrix} x \\ y \end{bmatrix} = \begin{bmatrix} b_1 \\ b_2 \end{bmatrix}$$

이제 임의의 정방행렬 $\mathbf{A}$가 가역이라고 하자. 그러면 $\mathbf{Ax} = \mathbf{b}$ 꼴의 연립방정식 양변 왼쪽에 $\mathbf{A}^{-1}$을 곱함으로써 이 방정식을 $\mathbf{x}$에 대해 정리할 수 있다.

$$\mathbf{A}^{-1}\mathbf{Ax} = \mathbf{A}^{-1}\mathbf{b}$$
$$\therefore \ \mathbf{x} = \mathbf{A}^{-1}\mathbf{b}$$

이것은, 즉 $\mathbf{A}$의 역행렬을 구할 수 있다면 $\mathbf{A}$가 계수인 연립방정식의 해 또한 곧바로 구할 수 있다는 말이 된다.

예제 12-6 아래의 두 행렬 $\mathbf{A}$와 $\mathbf{B}$가 서로 역행렬임을 확인하고, 이를 이용해서 주어진 연립방정식의 해를 구하여라.

$$\mathbf{A} = \begin{bmatrix} 3 & 1 \\ 2 & 1 \end{bmatrix}, \quad \mathbf{B} = \begin{bmatrix} 1 & -1 \\ -2 & 3 \end{bmatrix}$$
$$\begin{cases} 3x + y = 2 \\ 2x + y = 1 \end{cases}$$

풀이

$\mathbf{AB}$와 $\mathbf{BA}$를 계산하면 다음과 같이 단위행렬이 되므로, 둘은 서로 역행렬이다.

$$\mathbf{AB} = \begin{bmatrix} 3 & 1 \\ 2 & 1 \end{bmatrix} \begin{bmatrix} 1 & -1 \\ -2 & 3 \end{bmatrix} = \begin{bmatrix} (3-2) & (-3+3) \\ (2-2) & (-2+3) \end{bmatrix} = \begin{bmatrix} 1 & 0 \\ 0 & 1 \end{bmatrix}$$

$$\mathbf{BA} = \begin{bmatrix} 1 & -1 \\ -2 & 3 \end{bmatrix} \begin{bmatrix} 3 & 1 \\ 2 & 1 \end{bmatrix} = \begin{bmatrix} (3-2) & (1-1) \\ (-6+6) & (-2+3) \end{bmatrix} = \begin{bmatrix} 1 & 0 \\ 0 & 1 \end{bmatrix}$$

또한 $\mathbf{x} = [x \ y]^{\mathrm{T}}$, $\mathbf{b} = [2 \ 1]^{\mathrm{T}}$라고 두면, 주어진 연립방정식은 $\mathbf{Ax} = \mathbf{b}$처럼 쓸 수 있다.

$$\mathbf{Ax} = \begin{bmatrix} 3 & 1 \\ 2 & 1 \end{bmatrix} \begin{bmatrix} x \\ y \end{bmatrix} = \begin{bmatrix} 2 \\ 1 \end{bmatrix} = \mathbf{b}$$

이제 $\mathbf{A}$의 역행렬 $\mathbf{A}^{-1} = \mathbf{B}$를 이용하면, $\mathbf{x}$의 값은 다음과 같이 계산된다.

$$\mathbf{Ax} = \mathbf{b}$$
$$\mathbf{A}^{-1}\mathbf{Ax} = \mathbf{A}^{-1}\mathbf{b}$$
$$\therefore \mathbf{x} = \mathbf{A}^{-1}\mathbf{b} = \begin{bmatrix} 1 & -1 \\ -2 & 3 \end{bmatrix} \begin{bmatrix} 2 \\ 1 \end{bmatrix} = \begin{bmatrix} 1 \\ -1 \end{bmatrix}$$

따라서 구하는 해는 $x = 1$, $y = -1$이다.

12.3.3 역행렬의 계산

이런 역행렬은 어떻게 알아낼 수 있을까? 가장 간단한 2×2 행렬의 경우를 조사해 보자. 다음과 같은 두 행렬이 서로 역행렬일 때 $\mathbf{B}$의 원소 x, y, z, w를 구하는 것이 목표다.

$$\mathbf{A} = \begin{bmatrix} a & b \\ c & d \end{bmatrix}, \quad \mathbf{B} = \begin{bmatrix} x & y \\ z & w \end{bmatrix}$$

역행렬의 정의인 $\mathbf{AB} = \mathbf{I}$로부터 시작한다.

$$\begin{bmatrix} a & b \\ c & d \end{bmatrix} \begin{bmatrix} x & y \\ z & w \end{bmatrix} = \begin{bmatrix} 1 & 0 \\ 0 & 1 \end{bmatrix}$$

행렬 곱셈의 정의에 따라 전개하면, 다음과 같은 네 개의 등식이 만들어진다.

$$\begin{cases} ax + bz = 1 & \cdots \text{(a)} \\ cx + dz = 0 & \cdots \text{(b)} \\ ay + bw = 0 & \cdots \text{(c)} \\ cy + dw = 1 & \cdots \text{(d)} \end{cases}$$

미지수가 네 개이긴 하지만, 위의 식을 잘 살펴보면 (a)와 (b)는 미지수 x와 z에 대한 식이고, (c)와 (d)는 미지수 y와 w에 대한 식이다. 따라서 이것은 이원 일차 연립방정식이 두 개씩 묶인 식임을 알 수 있다.

먼저 (a)와 (b)에서 x의 계수를 일치시킨 다음에 한쪽에서 다른 쪽을 빼자. $((\text{a}) \times c) - ((\text{b}) \times a)$와 같이 하면 x에 대한 항이 소거되면서 z에 대한 관계식을 얻는다.

$$\begin{cases} acx + bcz = c & \cdots \text{(a)} \times c \\ acx + adz = 0 & \cdots \text{(b)} \times a \end{cases}$$
$$\therefore (bc - ad)z = c$$

같은 방법으로 $((\text{a}) \times d) - ((\text{b}) \times b)$하여 z가 포함된 항을 소거하면, x에 대한 관계식을 얻는다.

$$\begin{cases} adx + bdz = d & \cdots \text{(a)} \times d \\ bcx + bdz = 0 & \cdots \text{(b)} \times b \end{cases}$$
$$\therefore (ad - bc)x = d$$

(c)과 (d)로도 동일하게 하여 다음 두 개의 관계식을 더 얻을 수 있다. 직접 한번 계산해 보자.

$$(bc - ad)w = -a$$
$$(ad - bc)y = -b$$

이 네 개의 식에는 공통적으로 $(ad - bc)$ 또는 $(bc - ad)$가 포함되어 있다. 두 식은 부호만 반대이므로 한쪽으로 통일하여 정리하면 다음과 같이 된다.

$$
\begin{cases}
(ad - bc)\,x = d \\
(ad - bc)\,y = -b \\
(ad - bc)\,z = -c \\
(ad - bc)\,w = a
\end{cases}
$$

여기서 양변을 $(ad - bc)$로 나누면 미지수 x, y, z, w의 값을 바로 구하겠지만, 그러려면 일단 $(ad - bc) \neq 0$이어야 한다. 만약 $(ad - bc) = 0$이라면 어떻게 될까? 위의 식에서 $(ad - bc)$ 자리에 0을 대입하면 $a = b = c = d = 0$을 얻는다. 그런데 이 결과는 애초의 연립방정식인 $ax + bz = 1$ 및 $cy + dw = 1$과 모순된다. 따라서 이 경우 연립방정식의 해는 존재하지 않으며, $\mathbf{A}$의 역행렬 역시 존재하지 않는다.

반면에, $(ad - bc) \neq 0$이라면 네 미지수의 값이 곧바로 구해진다.

$$
x = \frac{d}{ad-bc}, \quad y = \frac{-b}{ad-bc}, \quad z = \frac{-c}{ad-bc}, \quad w = \frac{a}{ad-bc}
$$

따라서 구하는 행렬 $\mathbf{B}$는 다음과 같다.

$$
\mathbf{B} = \frac{1}{ad-bc}
\begin{bmatrix}
d & -b \\
-c & a
\end{bmatrix}
$$

지금까지의 내용에서 보면 $(ad - bc)$라는 특정한 식의 값이 역행렬의 존재 여부를 결정짓고 있다. 이 특정한 식을 2×2 행렬의 **행렬식**(determinant)이라고 하며, 기호로는 $\det(\mathbf{A})$처럼 나타낸다.

이제 우리는 2×2 행렬 $\mathbf{A}$의 역행렬에 대해서 다음과 같이 정리할 수 있다.

- $\det(\mathbf{A}) = 0$: $\mathbf{A}$는 가역행렬이 아님
- $\det(\mathbf{A}) \neq 0$: $\mathbf{A}^{-1} = \dfrac{1}{\det(\mathbf{A})} \begin{bmatrix} d & -b \\ -c & a \end{bmatrix}$

3×3 이상 행렬의 역행렬을 구하는 것은 이 책의 범위를 벗어나므로 다루지 않기로 한다.

예제 12-7 역행렬을 이용하여 다음 연립방정식을 풀어라.

$$(1) \begin{cases} 6x + 2y = 1 \\ -4x - 1y = 1 \end{cases} \quad (2) \begin{cases} 2x + 1y = 5 \\ 3x + 2y = 4 \end{cases} \quad (3) \begin{cases} 3x - 4y = 7 \\ -5x + 6y = 8 \end{cases}$$

풀이

계수행렬의 역행렬을 구한 다음, 상수항의 열벡터에 곱한다.

$$(1) \begin{bmatrix} x \\ y \end{bmatrix} = \begin{bmatrix} 6 & 2 \\ -4 & -1 \end{bmatrix}^{-1} \begin{bmatrix} 1 \\ 1 \end{bmatrix} = \frac{1}{2} \begin{bmatrix} -1 & -2 \\ 4 & 6 \end{bmatrix} \begin{bmatrix} 1 \\ 1 \end{bmatrix} = \begin{bmatrix} -\frac{3}{2} \\ 5 \end{bmatrix}$$

$$(2) \begin{bmatrix} x \\ y \end{bmatrix} = \begin{bmatrix} 2 & 1 \\ 3 & 2 \end{bmatrix}^{-1} \begin{bmatrix} 5 \\ 4 \end{bmatrix} = \begin{bmatrix} 2 & -1 \\ -3 & 2 \end{bmatrix} \begin{bmatrix} 5 \\ 4 \end{bmatrix} = \begin{bmatrix} 6 \\ -7 \end{bmatrix}$$

$$(3) \begin{bmatrix} x \\ y \end{bmatrix} = \begin{bmatrix} 3 & -4 \\ -5 & 6 \end{bmatrix}^{-1} \begin{bmatrix} 7 \\ 8 \end{bmatrix} = -\frac{1}{2} \begin{bmatrix} 6 & 4 \\ 5 & 3 \end{bmatrix} \begin{bmatrix} 7 \\ 8 \end{bmatrix} = \begin{bmatrix} -37 \\ -\frac{59}{2} \end{bmatrix}$$

가역행렬이 갖는 몇 가지 성질을 알아보는 것으로 이 절을 마무리하자. 우선, 전치행렬 때와 마찬가지로 역행렬의 역행렬은 자기 자신이 된다. 즉, 가역행렬 $\mathbf{A}$의 역행렬이 $\mathbf{A}^{-1}$이면 다음이 성립한다.

$$\left(\mathbf{A}^{-1} \right)^{-1} = \mathbf{A}$$

다음은 전치행렬을 함께 생각해 보자. $\mathbf{A}$가 가역이면 그 전치행렬 $\mathbf{A}^{\mathrm{T}}$도 가역일까? 이 질문은 역행렬과 전치행렬의 성질을 이용해서 쉽게 답을 얻을 수 있다.

$$\mathbf{A}^{-1}\mathbf{A} = \mathbf{I}$$
$$\left(\mathbf{A}^{-1}\mathbf{A} \right)^{\mathrm{T}} = \mathbf{I} \quad (\because \mathbf{I}^{\mathrm{T}} = \mathbf{I})$$
$$\mathbf{A}^{\mathrm{T}} \left(\mathbf{A}^{-1} \right)^{\mathrm{T}} = \mathbf{I}$$

$\mathbf{A}^{\mathrm{T}}$와 $\left(\mathbf{A}^{-1} \right)^{\mathrm{T}}$를 곱하여 단위행렬이 되었으므로 두 행렬은 서로 역행렬이다. 즉, 다음이 성립한다.

$$\left(\mathbf{A}^{\mathrm{T}} \right)^{-1} = \left(\mathbf{A}^{-1} \right)^{\mathrm{T}}$$

두 행렬 $\mathbf{A}$와 $\mathbf{B}$의 곱 $\mathbf{AB}$의 역행렬은 무엇일까? $\mathbf{AB}$의 역행렬을 $\mathbf{X}$라 두고 역행렬의 기본 성질을 이용하여 구해 보자. $\mathbf{X}$ 앞에 있는 $\mathbf{A}$와 $\mathbf{B}$에 역행렬을 각각 곱함으로써 제거하는 방법을 쓴다.

$$
\begin{aligned}
(\mathbf{AB})\mathbf{X} &= \mathbf{I} \\
\mathbf{A}^{-1}(\mathbf{AB})\mathbf{X} &= \mathbf{A}^{-1}\mathbf{I} \\
\mathbf{BX} &= \mathbf{A}^{-1} \\
\mathbf{B}^{-1}\mathbf{BX} &= \mathbf{B}^{-1}\mathbf{A}^{-1} \\
\mathbf{X} &= \mathbf{B}^{-1}\mathbf{A}^{-1}
\end{aligned}
$$

이로부터 다음의 결론을 얻는다.

$$(\mathbf{AB})^{-1} = \mathbf{B}^{-1}\mathbf{A}^{-1}$$

이것은 합성함수 $(g \circ f)$의 역함수가 $(f^{-1} \circ g^{-1})$라는 것을 떠올리게 한다. 행렬과 함수는 유사한 방식으로 작용하며, 함수의 합성에 상응하는 행렬의 곱셈 역시 역연산은 원래와 반대방향으로 이루어진다. 다음 그림은 $\mathbf{BA}$의 역행렬이 $\mathbf{A}^{-1}\mathbf{B}^{-1}$임을 보여준다.

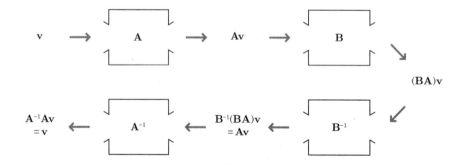

프로그래밍과 수학

선형대수 계산을 위한 라이브러리

벡터와 행렬을 다루는 선형대수는 과학·공학 분야에 필수적이므로 컴퓨터로 선형대수 분야의 계산을 하게 해 주는 라이브러리 역시 일찍부터 발전하여 왔다. 그중 가장 정통파라 할 만한 것은 역시 포트란 언어로 만들어진

LAPACK을 들 수 있는데, LAPACK은 그 후에 나온 여러 라이브러리들에 많은 영향을 끼쳤을 뿐만 아니라 지금까지도 현업에서 사용되고 있다.

포트란 시대 이후 현재처럼 데이터과학이 각광받기 이전에는, MATLAB 같은 수치계산용 언어가 아닌 범용 프로그래밍 언어에서 자체적으로 선형대수 계산을 지원하는 일은 드물었다. 예컨대 C++나 자바의 경우도 아직까지 표준 라이브러리보다는 Eigen, Apache Commons Math 등의 외부 라이브러리에 의지해야 한다. 그러나 비교적 새로운 언어들은 문법적·기능적 자유도가 높은 편이므로 벡터나 행렬을 기본 자료형처럼 다루도록 할 수 있었고, 선형대수와 관련된 기능들도 전문분야용 언어에 못지 않게 풍부해졌다.

현재 머신러닝 등 데이터과학 분야에서 널리 사용되고 있는 파이썬의 경우 NumPy라는 수치계산용 라이브러리가 표준에 가까운 위상을 점하고 있다. 성능 향상을 위해 내부적인 구현은 C나 포트란의 힘을 빌었지만, 쉽게 접근할 수 있는 파이썬 언어로 인터페이스를 만든 덕분에 사용자 저변이 상당하다.

다음 코드는 기본적인 행렬 연산의 예다.

```
import numpy as np
A = np.array([[1,2,3],[0,1,2]])
B = np.array([[1,0],[2,2],[-1,0]])
C = np.matmul(A,B)     # 두 행렬 A와 B의 곱
D = np.linalg.inv(C)   # C의 역행렬
E = np.transpose(C)    # C의 전치행렬
```

파이썬보다 더 최근에 만들어졌고 수학 분야에 특화된 기능을 다수 제공하는 줄리아 언어의 경우는, MATLAB과 유사한 문법으로 행렬 연산 시 좀 더 자연스러운 코드를 작성하게 해 준다. 다음은 앞서의 파이썬 코드와 동일한 일을 하는 줄리아 코드다.

```
A = [1 2 3; 0 1 2]
B = [1 0; 2 2; -1 0]
C = A * B     # 행렬 곱
D = inv(C)    # 역행렬
E = C'        # 전치행렬
```

이런 현대적인 범용 언어들을 사용하면 이전 세대의 언어들보다 훨씬 수월하게 선형대수의 계산을 처리할 수 있다.

연습문제

1. 다음 행렬이 가역인지 조사하고, 가역일 경우 역행렬을 구하여라.

$(1) \begin{bmatrix} 1 & 2 \\ 3 & 4 \end{bmatrix}$ $(2) \begin{bmatrix} 1 & 2 \\ 2 & 4 \end{bmatrix}$ $(3) \begin{bmatrix} 2 & 1 \\ 0 & 1 \end{bmatrix}$ $(4) \begin{bmatrix} 2 & 1 \\ 6 & 3 \end{bmatrix}$ $(5) \begin{bmatrix} a & b \\ ka & kb \end{bmatrix} (a, b, k \in \mathbb{R})$

2. 역행렬을 이용해서 다음 연립방정식을 풀어라.

$(1) \begin{cases} x + y = -2 \\ 2x + 3y = -2 \end{cases}$ $(2) \begin{cases} 4x - 3y = 5 \\ 3x + 4y = 10 \end{cases}$ $(3) \begin{cases} x + 2y = 10 \\ 3x + 4y = 12 \end{cases}$

3. 행렬 $\mathbf{A}$가 $\begin{bmatrix} 1 & 1 \\ 2 & 3 \end{bmatrix}$일 때, $\mathbf{AA}^\top$를 좌표평면의 한 점 $\begin{bmatrix} x \\ y \end{bmatrix}$에 곱했더니 $\begin{bmatrix} 1 \\ -2 \end{bmatrix}$가 되었다. 원래 점의 좌표를 구하여라.

12.4 벡터와 행렬의 활용 예

벡터와 행렬은 컴퓨터를 비롯한 과학·공학 분야에서 필수적으로 사용되고 있어서 따로 대표 사례를 정하기가 어려울 정도다. 이 절에서는 입문 수준의 텍스트에 빠짐없이 소개되는 평면도형의 변환과, 자연언어처리(NLP) 분야에서 사용되어 온 코사인 유사도에 대해 간단히 소개한다.

12.4.1 도형의 변환

좌표평면에서 도형은 흔히 여러 개의 점으로 표현되는데, 벡터와 행렬을 이용하면 정해진 규칙에 따르도록 도형의 모양을 변형시킬 수 있다. 좌표평면 위의 한 점 (x, y)를 나타내는 벡터에 임의의 2×2 행렬을 곱해 보자.

$$\begin{bmatrix} a & b \\ c & d \end{bmatrix} \begin{bmatrix} x \\ y \end{bmatrix} = \begin{bmatrix} x' \\ y' \end{bmatrix}$$

곱셈의 결과로 만들어진 새로운 좌표 (x', y')의 성분은 다음과 같다.

$$\begin{cases} x' = ax + by \\ y' = cx + dy \end{cases}$$

x'와 y'가 기존 좌표 x와 y의 선형결합이므로 이 과정은 흔히 도형의 **선형변환**이라

부른다. 선형변환은 곱해진 행렬의 특성에 따라서 다양한 결과를 가져 온다.

첫 번째로 원래의 성분들이 각각 상수배 되는 경우를 살펴보자. 만약 가로축 성분이 w배, 세로축 성분이 h배 되었다면, 이에 해당하는 변환행렬의 원소들은 $a = w,\ d = h$이고 나머지는 0이어야 한다.

$$\begin{cases} x' & = wx + 0y \\ y' & = 0x + hy \end{cases} \implies \begin{bmatrix} w & 0 \\ 0 & h \end{bmatrix}$$

특히 $w = h$라면 가로·세로의 비율이 같으므로 두 도형은 닮은꼴이 될 것이다. 예를 들어 세 점 $(1, 1)$, $(3, 1)$, $(1, 2)$로 이루어진 이등변삼각형의 각 꼭짓점에 $w = h = 2$인 위의 변환을 적용하면 다음과 같은 결과를 얻는다.

$$\begin{bmatrix} 2 & 0 \\ 0 & 2 \end{bmatrix}\begin{bmatrix} 1 \\ 1 \end{bmatrix} = \begin{bmatrix} 2 \\ 2 \end{bmatrix}, \quad \begin{bmatrix} 2 & 0 \\ 0 & 2 \end{bmatrix}\begin{bmatrix} 3 \\ 1 \end{bmatrix} = \begin{bmatrix} 6 \\ 2 \end{bmatrix}, \quad \begin{bmatrix} 2 & 0 \\ 0 & 2 \end{bmatrix}\begin{bmatrix} 1 \\ 2 \end{bmatrix} = \begin{bmatrix} 2 \\ 4 \end{bmatrix}$$

이 세 개의 점 $(2, 2), (6, 2), (2, 4)$는 원래 도형을 두 배로 확대한 도형의 세 꼭짓점이라는 것을 확인할 수 있다.

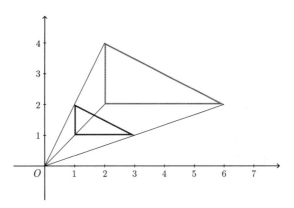

다음은 x나 y값의 부호가 바뀌는 경우를 알아보자. 새로운 점의 좌표가 x값의 부호만 반대이고 y값은 그대로라면, 원래 점을 y축에 대해 대칭이동한 위치와 같다. 즉, 이 변환은 좌우대칭에 해당한다.

$$\begin{cases} x' & = -x \\ y' & = y \end{cases} \implies \begin{bmatrix} -1 & 0 \\ 0 & 1 \end{bmatrix}$$

y값의 부호만 반대이면 x축에 대칭, 즉 상하대칭이다.

$$\begin{cases} x' = x \\ y' = -y \end{cases} \implies \begin{bmatrix} 1 & 0 \\ 0 & -1 \end{bmatrix}$$

x와 y값의 부호가 모두 반대라면 원점대칭이 된다.

$$\begin{cases} x' = -x \\ y' = -y \end{cases} \implies \begin{bmatrix} -1 & 0 \\ 0 & -1 \end{bmatrix}$$

앞서의 삼각형에 이러한 대칭변환을 적용한 결과를 다음 그림에 나타내었다.

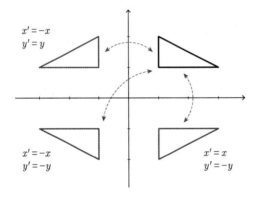

도형의 회전도 행렬에 의한 변환으로 나타낼 수 있을까? 삼각함수와 복소평면 단원에서 공부했던 것을 활용해서 이 질문에 대한 답을 찾아보자.

좌표평면상에 한 점 (x, y)가 있으면 이것을 극좌표로 (r, α)처럼 표시할 수 있고, 삼각함수의 정의에 따라 $x = r \cos \alpha$, $y = r \sin \alpha$이다. 이제 이 점을 θ만큼 더 회전한 위치를 (x', y')라 하자.

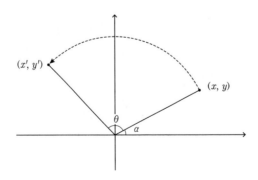

그러면 (x', y')는 원래 점에서 각도만 θ만큼 변하였으므로 극좌표로 $(r, \alpha + \theta)$가 된다. 이때 삼각함수의 정의에 의해 x'와 y'는 각각 다음과 같다.

$$\begin{cases} x' &= r \cos(\alpha + \theta) \\ y' &= r \sin(\alpha + \theta) \end{cases}$$

삼각함수의 덧셈정리를 쓰고,

$$\begin{cases} x' &= r \cos\alpha \cos\theta - r \sin\alpha \sin\theta \\ y' &= r \sin\alpha \cos\theta + r \cos\alpha \sin\theta \end{cases}$$

애초에 $x = r \cos\alpha$, $y = r \sin\alpha$였음을 이용해서 식을 간단히 하면 x와 y의 선형 결합 형태를 얻는다.

$$\begin{cases} x' &= x \cos\theta - y \sin\theta &= (\cos\theta)\,x - (\sin\theta)\,y \\ y' &= y \cos\theta + x \sin\theta &= (\sin\theta)\,x + (\cos\theta)\,y \end{cases}$$

따라서 이 등식은 다음과 같은 2×2 행렬로 나타낼 수 있다. 이것이 좌표평면상에서 θ만큼 회전시키는 변환행렬이다.

$$\begin{bmatrix} x' \\ y' \end{bmatrix} = \begin{bmatrix} \cos\theta & -\sin\theta \\ \sin\theta & \cos\theta \end{bmatrix} \begin{bmatrix} x \\ y \end{bmatrix}$$

어떤 점을 평행이동하는 것도 선형변환으로 나타낼 수 있을까? 점 (x, y)를 가로 세로 각각 X, Y만큼 평행이동해 보자.

$$\begin{cases} x' &= x + X \\ y' &= y + Y \end{cases}$$

그런데 이것은 X나 Y 같은 상수항이 하나씩 더 붙어 있어서 $ax + by$ 꼴에는 들어맞지 않는다. 그러므로 평행이동은 x와 y의 선형결합이 아니며, 기존의 2×2 행렬로는 이 변환을 나타낼 방법이 없다.

하지만 차원을 하나 높이면 선형변환이 아니던 것이 선형변환으로 바뀌기도 한다. 다음과 같이 좌표에 세 번째 성분을 추가해 보자.

$$(x, y) \implies (x, y, 1)$$

이 새로운 세 번째 성분은 다음 그림처럼 관측자와 좌표평면 사이의 거리라고 생각하면 이해하기 쉽다. 거리 $r = 1$일 때 관측자에게 (x, y)로 보이던 점은, $r = k$만큼 떨어진 좌표평면에서는 (kx, ky)가 되어야 처음과 같은 위치에 보일 것이다. 이제 이 거리 r을 세 번째 성분으로 삼으면 이 좌표들은 (rx, ry, r)의 꼴이 되고, 여기서 r의 값이 변하더라도 관측자에게는 모두 같은 위치로 보인다.[12]

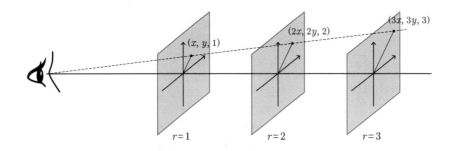

이렇게 성분이 세 개인 좌표를 다시 두 개의 성분으로 되돌릴 때는 세 번째 성분으로 나머지 두 성분을 나누면 된다. 이것은 위의 비유에서 거리 $r = 1$일 때에 해당한다.

$$(a, b, w) \implies \left(\frac{a}{w}, \frac{b}{w} \right)$$

예를 들어 성분 세 개로 표시한 다음의 점들은 모두 $(2, 3)$이라는 위치를 나타내고 있다.

$$\left(1, \frac{3}{2}, \frac{1}{2} \right) \quad (2, 3, 1) \quad (4, 6, 2) \quad (10, 15, 5)$$

이제 기존과 유사하게 3×3 행렬에 이 세 개의 성분으로 이루어진 좌표 $(x, y, 1)$을 곱하여 새로운 좌표를 생성해 보자. 이때 변환된 새 좌표는 원래 좌표를 평행이동한 점으로 둔다.

---

12 이런 좌표계를 동차 좌표(homogeneous coordinates)라고 한다. 성분은 3개지만 3차원 공간이 아니라 2차원 평면 위의 점을 나타내는 좌표임에 유의한다.

$$\begin{bmatrix} a & b & c \\ d & e & f \\ g & h & i \end{bmatrix} \begin{bmatrix} x \\ y \\ 1 \end{bmatrix} = \begin{bmatrix} x+X \\ y+Y \\ 1 \end{bmatrix}$$

그러면 행렬 곱셈의 정의에 따라 다음의 세 등식이 성립한다. 상수항에 해당하는 세 번째 성분이 추가됨으로써 $x + X$와 $y + Y$가 선형결합 꼴로 표현 가능해졌다는 점에 주목하자.

$$\begin{cases} ax + by + c & = x + X \\ dx + ey + f & = y + Y \\ gx + hy + i & = 1 \end{cases}$$

x와 y 값에 상관없이 등식이 성립하려면, 좌변의 계수들은 다음의 값을 가져야 한다.

$$\begin{cases} 1x + 0y + X & = x + X \\ 0x + 1y + Y & = y + Y \\ 0x + 0y + 1 & = 1 \end{cases}$$

그러므로 평행이동을 나타내는 선형변환의 행렬은, 성분이 세 개인 좌표체계에서 다음과 같음을 알 수 있다.

$$\begin{bmatrix} 1 & 0 & X \\ 0 & 1 & Y \\ 0 & 0 & 1 \end{bmatrix} \begin{bmatrix} x \\ y \\ 1 \end{bmatrix} = \begin{bmatrix} x+X \\ y+Y \\ 1 \end{bmatrix}$$

12.4.2 변환의 합성

둘 이상의 변환을 잇달아 적용하는 것은 행렬의 곱셈으로 나타나며, 이것을 **변환의 합성**이라고 한다. 예를 들어 $\frac{\pi}{4}$만큼 회전시키는 변환행렬을 $\mathbf{R}$, 좌우대칭 변환행렬을 $\mathbf{S}$라 하자. 그러면 점 $\mathbf{v} = (1, 0)$을 $\frac{\pi}{4}$만큼 회전한 후에 좌우대칭시키는 합성변환은 $(\mathbf{SR})\mathbf{v}$로 얻을 수 있다. 먼저 적용되는 회전변환 $\mathbf{R}$이 $\mathbf{v}$와 먼저 곱해져야 하므로 행렬 곱셈의 우측에 위치함을 유의하자.

$$\mathbf{SRv} = \begin{bmatrix} -1 & 0 \\ 0 & 1 \end{bmatrix} \begin{bmatrix} \cos\frac{\pi}{4} & -\sin\frac{\pi}{4} \\ \sin\frac{\pi}{4} & \cos\frac{\pi}{4} \end{bmatrix} \begin{bmatrix} 1 \\ 0 \end{bmatrix} = \begin{bmatrix} -1 & 0 \\ 0 & 1 \end{bmatrix} \begin{bmatrix} \frac{\sqrt{2}}{2} & -\frac{\sqrt{2}}{2} \\ \frac{\sqrt{2}}{2} & \frac{\sqrt{2}}{2} \end{bmatrix} \begin{bmatrix} 1 \\ 0 \end{bmatrix}$$

$$= \begin{bmatrix} -\frac{\sqrt{2}}{2} & \frac{\sqrt{2}}{2} \\ \frac{\sqrt{2}}{2} & \frac{\sqrt{2}}{2} \end{bmatrix} \begin{bmatrix} 1 \\ 0 \end{bmatrix} = \begin{bmatrix} -\frac{\sqrt{2}}{2} \\ \frac{\sqrt{2}}{2} \end{bmatrix}$$

행렬의 곱셈에서는 교환법칙이 성립하지 않으므로 어떤 쪽을 먼저 적용하느냐에 따라 변환의 결과가 달라질 수 있다. 위의 예에서 순서를 바꾸어 좌우대칭 후에 회전시킨 결과를 확인해 보자.

$$\mathbf{RSv} = \begin{bmatrix} \frac{\sqrt{2}}{2} & -\frac{\sqrt{2}}{2} \\ \frac{\sqrt{2}}{2} & \frac{\sqrt{2}}{2} \end{bmatrix} \begin{bmatrix} -1 & 0 \\ 0 & 1 \end{bmatrix} \begin{bmatrix} 1 \\ 0 \end{bmatrix} = \begin{bmatrix} -\frac{\sqrt{2}}{2} & -\frac{\sqrt{2}}{2} \\ -\frac{\sqrt{2}}{2} & \frac{\sqrt{2}}{2} \end{bmatrix} \begin{bmatrix} 1 \\ 0 \end{bmatrix} = \begin{bmatrix} -\frac{\sqrt{2}}{2} \\ -\frac{\sqrt{2}}{2} \end{bmatrix}$$

이 두 가지 변환을 좌표평면에 각각 나타내면 다음과 같다.

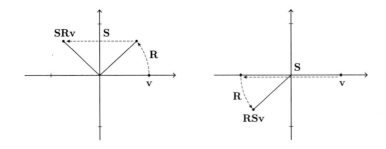

임의의 선형변환을 나타내는 행렬의 역행렬은, 원래 변환의 역변환에 대응하게 된다. 방금 예로 든 행렬 $\mathbf{R}, \mathbf{S}$에 대해서는 다음과 같이 말할 수 있을 것이다. 위의 그림을 보면서 내용을 확인해 보자.

역행렬	역변환의 내용
$\mathbf{R}^{-1}$	$-\frac{\pi}{4}$만큼 회전
$\mathbf{S}^{-1}$	좌우대칭의 역변환이므로 그대로 좌우대칭
$(\mathbf{SR})^{-1} = \mathbf{R}^{-1}\mathbf{S}^{-1}$	좌우대칭 후에 $-\frac{\pi}{4}$만큼 회전
$(\mathbf{RS})^{-1} = \mathbf{S}^{-1}\mathbf{R}^{-1}$	$-\frac{\pi}{4}$ 회전 후에 좌우대칭

한편, 3×3 행렬로만 표현할 수 있는 평행이동과 2×2 행렬로 표현되는 다른 변환을 합성할 때는, 2×2 행렬을 확장하여 주대각선의 원소만 1로 두고 나머지는 0으로 채운 3×3 행렬을 사용하면 된다.

확대·축소	좌우 대칭	상하 대칭	원점 대칭	회전
$\begin{bmatrix} w & 0 & 0 \\ 0 & h & 0 \\ 0 & 0 & 1 \end{bmatrix}$	$\begin{bmatrix} -1 & 0 & 0 \\ 0 & 1 & 0 \\ 0 & 0 & 1 \end{bmatrix}$	$\begin{bmatrix} 1 & 0 & 0 \\ 0 & -1 & 0 \\ 0 & 0 & 1 \end{bmatrix}$	$\begin{bmatrix} -1 & 0 & 0 \\ 0 & -1 & 0 \\ 0 & 0 & 1 \end{bmatrix}$	$\begin{bmatrix} \cos\theta & -\sin\theta & 0 \\ \sin\theta & \cos\theta & 0 \\ 0 & 0 & 1 \end{bmatrix}$

예제 12-8 좌표평면상의 한 점을 $(2, 3)$만큼 평행이동 후에 $\frac{\pi}{4}$만큼 회전시키는 변환행렬과, $\frac{\pi}{4}$만큼 회전 후에 $(2, 3)$만큼 평행이동하는 변환행렬을 각각 구하여라. 점 $(1, 1)$은 두 변환에 의해 어디로 이동되는가?

풀이

평행이동이 먼저, 회전이 나중인 변환행렬은 다음과 같다.

$$\begin{bmatrix} \cos\frac{\pi}{4} & -\sin\frac{\pi}{4} & 0 \\ \sin\frac{\pi}{4} & \cos\frac{\pi}{4} & 0 \\ 0 & 0 & 1 \end{bmatrix} \begin{bmatrix} 1 & 0 & 2 \\ 0 & 1 & 3 \\ 0 & 0 & 1 \end{bmatrix} = \begin{bmatrix} \frac{\sqrt{2}}{2} & -\frac{\sqrt{2}}{2} & 0 \\ \frac{\sqrt{2}}{2} & \frac{\sqrt{2}}{2} & 0 \\ 0 & 0 & 1 \end{bmatrix} \begin{bmatrix} 1 & 0 & 2 \\ 0 & 1 & 3 \\ 0 & 0 & 1 \end{bmatrix}$$

$$= \begin{bmatrix} \frac{\sqrt{2}}{2} & -\frac{\sqrt{2}}{2} & -\frac{\sqrt{2}}{2} \\ \frac{\sqrt{2}}{2} & \frac{\sqrt{2}}{2} & \frac{5\sqrt{2}}{2} \\ 0 & 0 & 1 \end{bmatrix}$$

여기에 이동시키려는 점의 열벡터 $[1 \ 1 \ 1]^\mathrm{T}$을 곱하면

$$\begin{bmatrix} \frac{\sqrt{2}}{2} & -\frac{\sqrt{2}}{2} & -\frac{\sqrt{2}}{2} \\ \frac{\sqrt{2}}{2} & \frac{\sqrt{2}}{2} & \frac{5\sqrt{2}}{2} \\ 0 & 0 & 1 \end{bmatrix} \begin{bmatrix} 1 \\ 1 \\ 1 \end{bmatrix} = \begin{bmatrix} -\frac{\sqrt{2}}{2} \\ \frac{7\sqrt{2}}{2} \\ 1 \end{bmatrix}$$

따라서 이 변환에 의해 점 $(1, 1)$은 $\left(-\frac{\sqrt{2}}{2}, \frac{7\sqrt{2}}{2}\right)$로 이동된다.

회전을 먼저 한 후에 평행이동하는 경우는 다음과 같다.

$$\begin{bmatrix} 1 & 0 & 2 \\ 0 & 1 & 3 \\ 0 & 0 & 1 \end{bmatrix} \begin{bmatrix} \dfrac{\sqrt{2}}{2} & -\dfrac{\sqrt{2}}{2} & 0 \\ \dfrac{\sqrt{2}}{2} & \dfrac{\sqrt{2}}{2} & 0 \\ 0 & 0 & 1 \end{bmatrix} = \begin{bmatrix} \dfrac{\sqrt{2}}{2} & -\dfrac{\sqrt{2}}{2} & 2 \\ \dfrac{\sqrt{2}}{2} & \dfrac{\sqrt{2}}{2} & 3 \\ 0 & 0 & 1 \end{bmatrix}$$

여기에 점 $(1, 1)$의 열벡터를 곱하면

$$\begin{bmatrix} \dfrac{\sqrt{2}}{2} & -\dfrac{\sqrt{2}}{2} & 2 \\ \dfrac{\sqrt{2}}{2} & \dfrac{\sqrt{2}}{2} & 3 \\ 0 & 0 & 1 \end{bmatrix} \begin{bmatrix} 1 \\ 1 \\ 1 \end{bmatrix} = \begin{bmatrix} 2 \\ 3+\sqrt{2} \\ 1 \end{bmatrix}$$

따라서 이 변환에 의해 점 $(1, 1)$은 $(2, 3 + \sqrt{2})$로 이동된다.

12.4.3 코사인 유사도

인터넷에 올라와 있는 뉴스 기사를 분석하던 중, '수학'과 '프로그래머'라는 두 단어를 기준으로 기사들을 분류해 보기로 했다 하자. 가장 단순하게는 각 단어가 출현한 횟수를 세어서 해당 기사의 특성값으로 삼는 방법이 있을 것이다. 그러면 개별 기사들은 성분이 두 개인 벡터로 표현할 수 있으며, 좌표평면에서 하나의 점에 대응된다. 이제 시험 삼아 기사번호 A~F의 여섯 개 기사에 대해서 해당 단어들의 출현 빈도를 세어 보았더니 다음과 같았다.

기사	'프로그래머'의 빈도	'수학'의 빈도
A	2	12
B	12	11
C	5	5
D	6	4
E	12	4
F	15	1

각 단어의 출현 빈도를 성분으로 한 벡터를 좌표평면에 나타내면 다음과 같이 될 것이다.

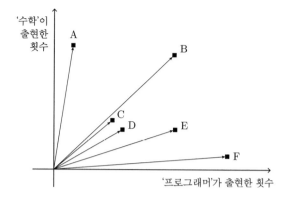

그러면 '수학'과 '프로그래머'라는 단어의 관점에서 기사 C와 가장 유사한 특징을 가지는 기사는 어느 것일까? 벡터 사이의 거리로 보면 D가 가장 가깝고, 벡터의 방향으로 본다면 B가 가장 비슷해 보인다. 말하자면 단어의 빈도 자체가 가장 비슷한 것은 D, 두 단어의 분포 비율이 가장 비슷한 것은 B라고 할 수 있다.

이제 기사의 길이가 서로 다르더라도 단어의 분포가 비슷한 쪽, 다시 말해 두 벡터 사이의 각의 크기가 작은 쪽을 더 유사하다고 판정하기로 한다. 그런 기준으로 보면, C와 가장 유사한 기사는 두 벡터 간의 각이 가장 작은 B가 될 것이다.

실제로 B와 C, 그리고 C와 D 사이의 각 중 어느 쪽이 더 작은지 계산해 보자. 두 벡터 $\mathbf{v}$와 $\mathbf{u}$ 사이의 각을 θ라 하면, θ는 다음과 같이 구할 수 있다.

$$\theta = \arccos \frac{\mathbf{v} \cdot \mathbf{u}}{\|\mathbf{v}\| \|\mathbf{u}\|}$$

하지만 arccos 함숫값은 컴퓨터의 도움 없이는 계산하기가 쉽지 않다. 그와 대비하여 $\cos \theta$는 아래에서 보듯이 두 벡터의 크기와 내적만으로 셈이 가능하며, 컴퓨터를 쓰더라도 덧셈·곱셈·제곱근 연산만 사용하므로 계산복잡도가 더 낮다.

$$\cos \theta = \frac{\mathbf{v} \cdot \mathbf{u}}{\|\mathbf{v}\| \|\mathbf{u}\|}$$

코사인함수의 그래프로도 확인할 수 있지만, 두 벡터 사이의 각이 0부터 π까지 증가할 동안 코사인 함숫값은 1부터 −1까지 지속적으로 감소한다. 따라서 각 θ를 직접 구하는 대신 상대적으로 계산이 간단한 $\cos \theta$ 값으로 두 벡터의 벌어진 정도를 판단하는 편이 훨씬 실용적이다.

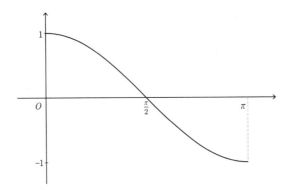

기사 B, C, D를 나타내는 벡터는 각각 $\mathbf{b} = (12, 11)$, $\mathbf{c} = (5, 5)$, $\mathbf{d} = (6, 4)$이다. 먼저 $\mathbf{b}$와 $\mathbf{c}$ 사이의 각 θ_{BC}에 대한 코사인 함숫값을 구해 보자.

$$\cos\theta_{\mathrm{BC}} = \frac{\mathbf{b} \cdot \mathbf{c}}{\|\mathbf{b}\|\|\mathbf{c}\|} = \frac{12 \cdot 5 + 11 \cdot 5}{\sqrt{12^2 + 11^2}\sqrt{5^2 + 5^2}} = \frac{115}{\sqrt{265 \cdot 50}} \approx 0.999056$$

다음은 $\mathbf{c}$와 $\mathbf{d}$ 사이의 각 θ_{CD} 차례다.

$$\cos\theta_{\mathrm{CD}} = \frac{\mathbf{c} \cdot \mathbf{d}}{\|\mathbf{c}\|\|\mathbf{d}\|} = \frac{5 \cdot 6 + 5 \cdot 4}{\sqrt{5^2 + 5^2}\sqrt{6^2 + 4^2}} = \frac{50}{\sqrt{50 \cdot 52}} \approx 0.980580$$

$\cos\theta_{\mathrm{BC}} > \cos\theta_{\mathrm{CD}}$이므로 결국 $\theta_{\mathrm{BC}} < \theta_{\mathrm{CD}}$가 된다. 따라서 기사 C를 기준으로 할 때 D보다는 사잇각이 더 작은 B가 더 유사하다고 판정할 수 있다. 참고로 arccos 함수를 써서 실제 두 각의 크기를 계산하면 $\theta_{\mathrm{BC}} \approx 2.5°$이고 $\theta_{\mathrm{CD}} \approx 11.3°$이다.

이처럼 어떤 대상의 특징을 벡터로 나타낸 다음 벡터 간의 각도, 정확히는 코사인 값으로 유사도를 측정하는 방법을 코사인 유사도(cosine similarity)라 부른다.

코사인 유사도는 정보검색 등 자연언어처리 분야에서 흔히 사용되어 왔는데, 이때는 대상 문서 세트에 출현하는 모든 주요 단어에 대해 빈도를 계산해야 하므로 성분의 개수가 엄청나게 많아진다.[13] 이처럼 특성 벡터의 차원이 커지면 계산의 복잡도도 크게 증가하지만,[14] 코사인 유사도는 이런 상황에서도 벡터의 크기와 내적

---

13 인공신경망 등을 써서 압축된 의미를 가진 더 낮은 차원의 벡터를 만들 수도 있다. 더 자세한 것은 워드 임베딩(word embedding) 같은 주제를 검색해 보자.
14 머신러닝 분야에서 흔히 차원의 저주(curse of dimensionality)라 부른다.

만으로 비교적 간단하게 계산이 가능하다는 장점을 가지고 있다.

연습문제

1. 좌표평면 위의 세 점 $(x_1, y_1), (x_2, y_2), (x_3, y_3)$로 이루어진 삼각형의 무게중심의 좌표는 다음과 같다고 한다.

$$\left(\frac{1}{3}(x_1 + x_2 + x_3), \ \frac{1}{3}(y_1 + y_2 + y_3)\right)$$

이제 세 점 $A(1, 1), B(4, 1), C(4, 3)$이 만드는 삼각형의 무게중심을 G라고 하자. G를 중심으로 세 점을 45° 회전시킨 후의 좌표 A', B', C'를 구하여라. (힌트: 원점을 무게중심으로 옮겨서 회전시키고 다시 이동)

2. 임의의 점 (X, Y)를 중심으로 하여 θ만큼 회전시키는 3×3 변환행렬을 구하여라.

3. 몇 건의 블로그 문서에 대해 주요 단어의 출현 빈도를 세어보았더니 다음과 같았다.

블로그 #	"수학"	"코딩"	"인공지능"	"머신러닝"	"딥러닝"	"미분"	"확률"
1	0	0	5	3	7	0	2
2	2	3	3	1	4	4	0
3	5	8	4	0	2	0	3
4	1	5	3	2	5	0	1
5	4	0	2	1	5	3	2

이제 각 문서별로 이러한 빈도수를 성분으로 하는 벡터를 만들어서 해당 글의 특징으로 삼는다고 하자. 예를 들어 1번 문서를 특징짓는 벡터는 $(0, 0, 5, 3, 7, 0, 2)$이다. 그렇다면 코사인 유사도 방식으로 문서 간의 유사도를 계산했을 때 1번 문서와 가장 유사한 문서는 몇 번 문서인가?

13장

미분법

많은 사람에게 미분법은 적분법과 함께 어려운 수학의 대명사로 인식되어 있다. 하지만 사실 미분법이란 것은 그리 낯설지 않은 개념인 '변화율'에 대한 이야기이며, 핵심적인 내용을 수식 하나로 나타낼 수 있을 만큼 단순명료한 면도 있다.

미분법이 사용되는 곳은 따로 꼽을 수 없을 정도로 다양하다. 물리학이나 여러 공학 계열은 물론이고 경제학 분야의 개념을 이해하기 위해서도 미분을 반드시 알아야 한다. 컴퓨터 쪽에서는 그런 분야에 대한 응용을 제외하면 미분법이 활용되는 사례가 많지 않은 편이었는데, 최근 인공지능과 머신러닝에 대한 관심이 높아지면서 다시 프로그래머들의 주목을 받고 있다.

머신러닝에 활용될 때도 대체로 그렇지만, 미분법은 변화율의 다른 말인 '기울기'를 써서 목적하는 어떤 값을 최소 또는 최대로 만드는 최적화(optimization) 문제를 해결하는 데 많이 사용된다. 딥러닝에 사용되는 인공신경망의 학습 메커니즘 역시 대략적으로 말하자면 신경망의 출력과 주어진 정답을 비교해서 가장 빠르게 정답에 가까워지도록 (미분해서 기울기가 가파른 쪽으로) 파라미터를 조정해 가는 과정이라 할 수 있다.

이번 장에서는 이와 같은 미분의 기본 개념과 다양한 유형의 함수를 미분하는 방법을 알아보고, 초보적인 최적화 문제를 통해 미분의 응용 과정에 익숙해지도록 한다.

13.1 순간변화율과 미분

13.1.1 평균변화율

야구공을 머리 위로 힘껏 던져 올렸을 때, 시간 x에 따른 공의 높이 y가 다음과 같은 이차함수로 나타났다고 하자.[1]

$$y = f(x) = 20x - 5x^2 \, (\text{m})$$

$20x - 5x^2$을 인수분해하면 $5x(4-x)$이므로 높이가 0이 되는 시점은 $x = 0$ 또는 $x = 4$일 때다. 따라서 공을 던지고 4초 뒤에는 다시 땅으로 떨어질 것임을 알 수 있다.

이제 이 함수의 그래프를 그리기 위해 일단 완전제곱 꼴로 고쳐보자.

$$\begin{aligned} y &= -5(x^2 - 4x) = -5(x^2 - 4x + 4 - 4) \\ &= -5(x-2)^2 + 20 \end{aligned}$$

x^2의 계수가 음수이므로 이 이차함수의 그래프는 위로 볼록하며, 대칭축은 $x = 2$이고 이때 꼭짓점 $(2, 20)$을 지난다. 또한 $y = 0$인 점은 $x = 0$, $x = 4$이다.

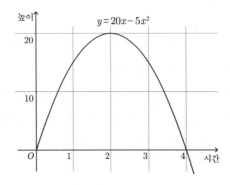

그래프를 보면, 던진 공은 올라가다가 $x = 2$일 때 정점을 찍고 다시 아래로 떨어진다. 그러므로 공은 던지고 난 2초 후에 순간적으로 멈춰 있을 것이다. 그렇다면 $x = 2$가 아닌 다른 특정한 시점, 예를 들어 공을 던진 1초 후나 땅에 떨어질 때 공

---

1 중력가속도가 g인 행성에서 초기 속도 v_0로 물체를 위로 던졌을 때, 시간에 따른 높이는 $h(t) = v_0 t - \frac{1}{2}gt^2$이다(지구의 경우 $g \approx 9.8\text{m/sec}^2$).

이 얼마나 빨리 움직이고 있었는지 알 방법이 있을까?

빠르기, 즉 속도는 '정해진 시간 동안에 물체가 움직인 거리'로 정의된다. 시작 시간과 끝 시간을 각각 x_1과 x_2, 그때 공의 높이를 y_1과 y_2라 하면, 주어진 시간 동안의 공의 속도 v는 다음과 같은 식으로 얻어진다.

$$v = \frac{y_2 - y_1}{x_2 - x_1} = \frac{\Delta y}{\Delta x} = \frac{f(x_2) - f(x_1)}{x_2 - x_1}$$

이 속도의 식은 높이 y의 변화량과 시간 x의 변화량의 비로 나타나 있는데, 이런 변화량 사이의 비를 **변화율**이라고 부른다. 변화량은 흔히 Δ 기호[2]를 써서 Δx, Δy 등으로 나타낸다. 이 변화율은 좌표평면에서 두 점 $(x_1,\ y_1)$과 $(x_2,\ y_2)$를 잇는 직선, 즉 Δx와 Δy가 직교하여 만드는 직각삼각형의 빗변의 기울기이기도 하다. 다음 그림을 보자.

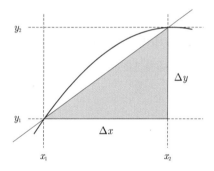

시작 시점 x_1을 기준으로 경과된 시간을 $\Delta x = t$라 하면, $x_2 = x_1 + t$이므로 앞의 속도에 관한 식은 다음과 같이 쓸 수도 있다. 물론 두 식의 의미는 동일하다.

$$v = \frac{f(x_1 + t) - f(x_1)}{(x_1 + t) - x_1} = \frac{f(x_1 + t) - f(x_1)}{t}$$

이런 수식을 가지고 어떤 특정 시점의 순간적인 속도를 구할 수는 없지만, '공을 던진 후 1초에서 2초 사이의 평균속도' 같은 수치는 얻을 수 있다. 예를 들어 지금처럼 1초 후의 높이가 15m, 2초 후의 높이가 20m라면, 1초~2초 사이에 공이 움직

---

2 Δ는 그리스어 알파벳 델타(delta)의 대문자다.

인 빠르기 $v_{1,2}$는 다음과 같이 간단하게 계산된다.

$$v_{1,2} = \frac{f(2) - f(1)}{2 - 1} = \frac{20 - 15}{1} = 5 \ (\text{m/sec})$$

다시 말해 1초~2초 사이의 구간에서 공은 평균적으로 초당 5m씩 올라갔다는 것이다. 이것은 주어진 시간 사이에 높이가 평균적으로 변한 비율이므로, 시간에 대한 높이의 **평균변화율**로 부를 수 있다.

이번에는 3초에서 4초 사이를 보자. 이 결과는 몇 가지 생각할 거리를 던져 준다.

$$v_{3,4} = \frac{f(4) - f(3)}{4 - 3} = \frac{0 - 15}{1} = -15 \ (\text{m/sec})$$

우선, 앞서와 시간이 흐른 방향은 같지만 속도의 부호는 반대가 되었다. 이런 결과는 해당 구간에서 공이 1초~2초 때와 반대 방향, 즉 아래쪽으로 움직였기 때문이라고 해석하는 것이 합리적이다.[3] 또한 이 구간에서 속도의 절댓값이 1초~2초 때보다 더 크므로, 땅에 떨어지기 직전에는 공이 더 빠르게 움직였을 거라는 추정도 가능하다. 이는 다음 그래프에서 1초~2초 사이와 3초~4초 사이를 잇는 직선의 기울기로도 확인할 수 있다.

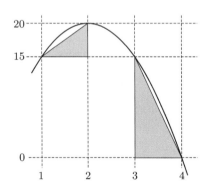

13.1.2 순간변화율과 도함수

이제 평균변화율을 이용해서 공을 던진 1초 후의 순간적인 속도를 구해 보자. 기본적인 아이디어는, 일단 $x = 1$부터 $x = (1 + t)$까지의 구간을 잡은 다음, 1초 이후

---

3 방향이 있는 빠르기는 '속도', 빠르기의 크기만을 따질 때는 '속력'이라는 용어를 흔히 사용한다.

로 경과된 시간 간격 t를 점차 줄여가는 것이다. 이때 이 구간의 평균속도는 다음과
같다.

$$v_{1,\,(1+t)} \;=\; \frac{f(1+t) - f(1)}{t}$$

$t = 1$, 즉 2초부터 시작하여 간격 t를 점점 줄여 가면서 몇몇 구간의 평균속도를 계
산한 결과가 아래 표에 있다.

시간 간격 t	$(1+t)$초 때의 높이	t초 동안의 평균속도
1	20	$\dfrac{20 - 15}{1} = 5$
0.5	18.75	$\dfrac{18.75 - 15}{0.5} = 7.5$
0.2	16.8	$\dfrac{16.8 - 15}{0.2} = 9$
0.1	15.95	$\dfrac{15.95 - 15}{0.1} = 9.5$
0.05	15.4875	$\dfrac{15.4875 - 15}{0.05} = 9.75$
0.01	15.0995	$\dfrac{15.0995 - 15}{0.01} = 9.95$

위의 결과를 보면 경과된 시간 t가 줄어듦에 따라 그 구간의 평균속도가 어떤 값에
근접해 가는 것처럼 보인다. 아래 왼쪽 그림에서 시간 간격이 줄어듦에 따른 평균
속도, 즉 빗변의 기울기의 변화를 관찰해 보자. 시간 간격이 아주 짧아진다면 이 기
울기는 어떻게 될까?

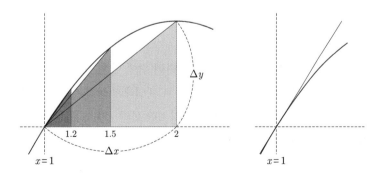

삼각형의 밑변에 해당하는 t, 즉 Δx가 작아짐에 따라 삼각형도 함께 작아지고, 그에 따라 삼각형의 빗변은 오른쪽 그림처럼 $x = 1$일 때 이차함수의 그래프에 접하는 '접선'에 아주 가까워질 것이다. 이때 이 접선의 기울기를 재면, 이것이 곧 $x = 1$일 때 공의 순간적인 속도가 된다. 이런 상황을 극한 기호를 사용하여 다음과 같이 나타낼 수 있다.

$$\lim_{t \to 0} \frac{f(1+t) - f(1)}{t} = \lim_{\Delta x \to 0} \frac{\Delta y}{\Delta x}$$

이 식은 $1 \sim (1+t)$ 구간의 평균변화율 식에서 x의 변화량인 $t = \Delta x$가 한없이 작아지는 극한의 꼴이다. 이것을 $x = 1$일 때의 **순간변화율**이라고 부르며, 그 값은 $x = 1$일 때 $f(x)$의 그래프에 접하는 접선의 기울기와 같다.

이제 위의 식에 포함된 1이란 숫자를 일반적인 숫자, 예를 들어 a로 바꾸어 보자. 그러면 이 식은 1초 후가 아닌 임의의 시점 $x = a$에서 공의 순간속도가 얼마나 되는지, 즉 순간변화율이 얼마인지를 알려 줄 것이다.

$$\lim_{t \to 0} \frac{f(a+t) - f(a)}{t}$$

이 순간변화율 식을 지금까지 보았던 공 던지기에 적용해 보자. $f(x) = 20x - 5x^2$임을 반영하면 다음과 같은 결과를 얻는다.

$$\begin{aligned}
\lim_{t \to 0} \frac{f(a+t) - f(a)}{t} &= \lim_{t \to 0} \frac{\left[20(a+t) - 5(a+t)^2 \right] - \left[20a - 5a^2 \right]}{t} \\
&= \lim_{t \to 0} \frac{(20a + 20t - 5a^2 - 10at - 5t^2) - (20a - 5a^2)}{t} \\
&= \lim_{t \to 0} \frac{20t - 10at - 5t^2}{t}
\end{aligned}$$

우리가 찾는 $x = a$ 시점의 순간속도를 얻으려면 위에 나온 유리함수의 극한을 구해야 한다. 지금의 경우 위의 식에 $t = 0$을 바로 대입해서 극한값을 구할 수는 없는데, 0을 0으로 나누는 꼴이 되기 때문이다. 하지만 만약 t가 아주 작더라도 0이 아니라고 하면, 분모와 분자를 t로 함께 나눌 수 있다.

$$\frac{20t - 10at - 5t^2}{t} = 20 - 10a - 5t \quad (t \neq 0)$$

이제 t가 0에 한없이 가까워지면 위 식의 값, 즉 공의 순간속도는 $20 - 10a$에 한없이 가까워질 것이다. 그렇다고 여기서 $t = 0$이라 둘 수는 없는데, t가 '아주 작기는 해도 0이 아니다'라고 전제한 것과 모순되기 때문이다.[4] 함수의 극한을 이러한 논리적 모순 없이 구하는 방법에 대해서는 다음 절에서 좀 더 자세히 알아보기로 한다. 일단은 우리의 직관에 따라, 위에서 구한 변화율을 나타내는 유리함수의 극한이 다음과 같다고 하자.[5]

$$\lim_{t \to 0} \frac{20t - 10at - 5t^2}{t} = 20 - 10a$$

그러면 이것이 곧 우리가 구하려던 $x = a$ 시점에서 공의 순간속도를 나타내는 식이 된다. 이 식의 a 자리에 원하는 값을 대입하면, 그때의 순간속도를 바로 얻는다. 공을 던진 2초 후 정점에 도달했을 때나, 4초 후 땅에 떨어질 때 등의 경우를 가지고 한번 확인해 보자.

- 1초 후의 속도: $20 - (10 \times 1) = 10\text{m/sec}$
- 2초 후의 속도: $20 - (10 \times 2) = 0\text{m/sec}$
- 떨어질 때의 속도: $20 - (10 \times 4) = -20\text{m/sec}$

이때 a는 사실상 독립변수의 역할을 하므로, 이 식은 a에 대한 함수라 할 수 있다. 식에서 독립변수의 기호만 a에서 x로 바꾸게 되면, 익숙한 일차함수의 꼴이 된다.

$$20 - 10x$$

이것은 원래 함수 $f(x) = 20x - 5x^2$에서 비롯된 또 하나의 함수이며, 어떤 x값에 대해 원래 함숫값 $f(x)$의 순간적인 변화율이 어떤지 나타내는 역할을 한다. 이 순간변화율을 나타내는 함수를 '원래 함수로부터 유도되었다'는 뜻에서 $f(x)$의 **도함수**(derivative)[6]라고 하며, 기호로 $f'(x)$처럼 쓴다.[7]

---

4 어떠한 양수보다도 작지만 0보다는 큰 상태를 나타내는 이 수학적 개념은 무한대와 대비하여 무한소 (infinitesimal)라 부르는데, 모순적인 성질로 인해 현재는 미분 개념에 사용되는 일이 드물다.
5 이것은 실제로 올바른 결과이기도 하다.
6 '인도(引導)할 도(導)'자를 쓴다.
7 $'$은 프라임(prime)으로 읽는다.

$$f(x) = 20x - 5x^2$$
$$f'(x) = 20 - 10x$$

일단 도함수를 구했으므로 순간변화율은 여기에 단순히 값을 대입하는 것으로 계산된다. 예를 들어 공을 던진 1초 후의 순간속도는 $f'(1) = 10$이고, 2초 후의 순간속도는 $f'(2) = 0$ 등과 같다.

다음 그림은 원래 함수 $f(x)$에서 $x = a$일 때 접선의 기울기가 곧 도함수 $f'(x)$의 함숫값 $f'(a)$라는 것을 보여 준다.

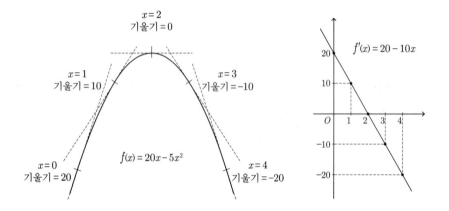

만약 시간에 따른 높이의 함수가 $20x - 5x^2$이 아닌 다른 식으로 나타났다고 해도, 그 함수의 도함수만 구한다면 원하는 시점에서 공이 가지는 순간속도를 바로 계산할 수 있다.

이제 지금까지의 예를 일반화시켜 보자. 임의의 함수 $y = f(x)$가 있을 때 그 순간변화율을 나타내는 도함수 $f'(x)$는 다음과 같이 평균변화율에 극한을 취한 형태로 나타난다.

$$f'(x) = \lim_{\Delta x \to 0} \frac{\Delta y}{\Delta x} = \lim_{\Delta x \to 0} \frac{f(x + \Delta x) - f(x)}{\Delta x}$$

여기서 $x + \Delta x = z$라 두면, 위의 극한은 $z \to x$인 형태로도 나타낼 수 있다.[8]

---

8 이 식에서 Δx라든지 z 같은 기호는 형식적인 것이므로 의미의 변화 없이 h나 t 같은 다른 기호로 얼마든지 대체할 수 있다.

$$f'(x) = \lim_{z \to x} \frac{f(z) - f(x)}{z - x}$$

그러므로 이제 $x \to a$일 때의 순간변화율은 이 도함수의 함숫값 $f'(a)$와 같다.

$$f'(a) = \lim_{\Delta x \to 0} \frac{f(a + \Delta x) - f(a)}{\Delta x} = \lim_{z \to a} \frac{f(z) - f(a)}{z - a}$$

예제 13-1 어떤 행성에서 물체를 초기속도 v_0(m/sec)로 던져 올렸을 때 경과시간 x(sec)에 따른 높이(m)는 다음과 같다고 한다.

$$f(x) = v_0\, x - 4x^2$$

30m/sec로 쏘아올린 물체가 더 이상 올라가지 못하고 아래로 떨어지기 시작하는 순간은 몇 초 후인지 구하여라. (유리함수의 극한은 본문과 같은 방법으로 구할 수 있다고 가정한다.)

풀이

$v_0 = 30$일 때 함수 $f(x)$에 대한 순간변화율을 나타내는 도함수 $f'(x)$는 다음과 같다.

$$
\begin{aligned}
f'(x) &= \lim_{h \to 0} \frac{f(x+h) - f(x)}{h} \\
&= \lim_{h \to 0} \frac{\left[30(x+h) - 4(x+h)^2\right] - \left[30x - 4x^2\right]}{h} \\
&= \lim_{h \to 0} \frac{\left[30x + 30h - 4x^2 - 8xh - 4h^2\right] - \left[30x - 4x^2\right]}{h} \\
&= \lim_{h \to 0} \frac{30h - 8xh - 4h^2}{h} \\
&= \lim_{h \to 0} (30 - 8x - 4h) \\
&= 30 - 8x
\end{aligned}
$$

구하는 시점은 순간속도 $f'(x) = 30 - 8x = 0$일 때이므로 다음의 답을 얻는다.

$$x = \frac{30}{8} = 3.75 \text{ (sec)}$$

이처럼 어떤 함수에 대한 도함수를 구하는 것을 **미분**[9]이라고 한다. 다른 말로 하면, 미분이란 어떤 함수의 함숫값이 어떻게 변화하는지 표현하는 또 다른 함수(도함수)를 얻는 과정이다. 이 장에서는 여러 가지 함수의 도함수를 구하는 방법, 즉 미분법(differential calculus)의 기본적인 내용에 대해 알아보기로 한다.

연습문제

1. 주어진 구간에서 함수 $y = x^2 - 4x + 2$의 평균변화율을 구하여라.

(1) $[1, 3]$ (2) $[1, 2]$ (3) $[1, 1.1]$ (4) $[1, 1.01]$

2. 1번 문제에 나온 함수의 평균변화율에 극한을 취하여 $x = 1$에서의 순간변화율을 구하여라. 이때 유리함수의 극한은 본문에서와 같이 계산할 수 있다고 가정한다.

3. 탐사용으로 개발된 어떤 실험체는 전방으로 발사된 직후 자체 무게로 인해 고도가 약간 낮아졌다가 곧바로 추진력을 얻어서 상승한다고 한다. 시간 x에 따른 실험체의 고도가 다음 그래프처럼 $f(x) = x^3 - x^2 + 1$로 나타난다면, 발사 후에 고도가 낮아지다가 상승세로 돌아서는 시점은 언제인가?

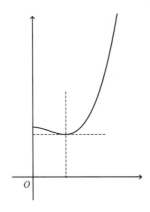

9　잘게(微) 쪼갠다(分)는 뜻을 가지고 있다. Δx를 아주 작게 하여 함수의 순간변화율을 구한다는 의미로 보면 된다.

13.2 함수의 극한

앞 절에서 도함수란 것은 어떤 함수의 평균변화율에 극한을 취한 형태임을 보았다. 다양한 함수를 미분하여 도함수를 얻기 위해서는, 역시 다양한 형태로 나타나는 함수의 극한을 계산할 필요가 있다.

극한을 처음 소개했던 10장에서는 수열 $\{a_n\}$이 극한값 c에 수렴한다는 것을 기호로 다음과 같이 표시하였다.

$$\lim_{n \to \infty} a_n = c$$

함수에 대해서도 이와 유사한 극한 개념을 적용할 수 있다. x가 한없이 커지거나 $(x \to \infty)$ 어떤 a에 한없이 가까워질 때$(x \to a)$ 함숫값이 극한값 c에 수렴한다는 것은 lim 기호로 다음과 같이 나타낸다. 물론 '한없이 가까워진다'는 등의 표현은 그리 명확하지 않으므로 수열 때와 마찬가지로 좀 더 엄밀한 정의가 필요하다.

$$\lim_{x \to \infty} f(x) = c$$
$$\lim_{x \to a} f(x) = c$$

이런 극한을 구하기 위해 흔히 생각할 수 있는 방법은 그래프를 그려서 함숫값이 어떤 점에 가까워지는지 살펴보는 것이다. 이 방법은 많은 경우 그런대로 납득이 가는 결과를 가져 온다. 다음 그림에 예를 든 함수들은 $x \to 1$일 때의 극한을 짐작하기가 전혀 어렵지 않아 보이는 것들이다.

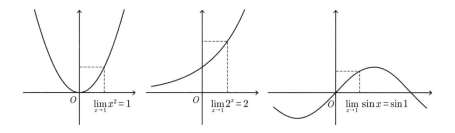

한편, 다음 함수들은 x가 음이나 양의 방향으로 한없이 커질 때 함숫값이 특정한 값에 수렴하는 경우다.

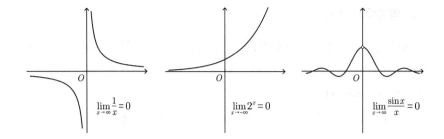

$$\lim_{x\to\infty}\frac{1}{x}=0 \qquad \lim_{x\to-\infty}2^x=0 \qquad \lim_{x\to\infty}\frac{\sin x}{x}=0$$

위에서 세 번째 $\dfrac{\sin x}{x}$ 같은 경우, $x=0$일 때는 함숫값이 정의되지 않지만 $x\to\infty$ 일 때의 극한을 짐작하는 데는 지장이 없다. 그러나 $\lim\limits_{x\to 0}\dfrac{\sin x}{x}$처럼 함숫값이 정의되지 않는 지점에 대해 극한을 구해야 한다면, 다른 적당한 방법을 찾아야 할 것이다.

예컨대 다음과 같이 다항식의 분수 형태로 된 유리함수의 극한을 생각해 보자. 이 함수는 $x=1$일 때 분모가 0이어서 정의되지 않는다.

$$\lim_{x\to 1}\frac{x^2-1}{x-1}$$

하지만 $x\neq 1$일 때는 다음과 같이 인수분해를 통해 일차함수 꼴로 바꿀 수 있다.

$$\frac{x^2-1}{x-1}=\frac{(x+1)(x-1)}{x-1}=x+1 \quad (x\neq 1)$$

이 유리함수의 그래프는 $x\neq 1$일 때 $y=x+1$이라는 직선으로 나타나지만, 직선 상에는 함숫값이 정의되지 않는 $x=1$ 지점에 구멍이 생긴다. 그래프가 중간에 끊기기는 해도 그래프 모양으로 보아 $x\to 1$일 때의 함숫값이 2에 한없이 가까워질 것이라는 추측은 가능하다. 과연 실제로 그런지는, 극한 개념을 엄밀히 정의한 다음에 다시 알아보기로 한다.

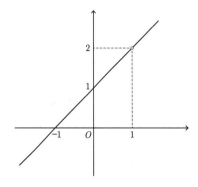

때로는 $x = a$가 점근선이어서 $x \to a$일 때의 함숫값이 양이나 음의 무한대로 발산하는 경우도 있다. 예를 들어 다음과 같은 그래프를 보면 극한값이 존재하지 않을 것임을 짐작할 수 있다.

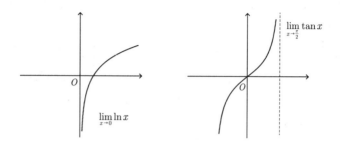

이럴 때는 ∞ 기호를 써서 다음과 같이 표기하지만, ∞는 숫자가 아니기 때문에 극한은 '없다'는 점에 유의하여야 한다.

$$\lim_{x \to 0} \ln x = -\infty$$
$$\lim_{x \to \frac{\pi}{2}} \tan x = \infty \quad \left(-\frac{\pi}{2} < x < \frac{\pi}{2} \right)$$

함수의 극한을 이렇게 그래프를 통해 추정하기 어려운 경우도 종종 있다. 널리 알려진 사례는 $x \to 0$일 때 $f(x) = \sin \frac{1}{x}$의 극한이다. $\sin \frac{1}{x}$ 그래프의 모양을 추정하기 위해서 우선 그래프가 x축과 만나는 곳, 즉 $\sin \theta = 0$이 되는 일반각을 찾아보자.

$$\sin \theta = 0 \quad \Longrightarrow \quad \theta = k\pi \ (k \in \mathbb{Z})$$

이 θ는 곧 $\frac{1}{x}$과 같으므로 위의 식을 x에 대해 다시 쓴다. 단, 이때는 $\theta \neq 0$이어야 한다.

$$\theta = \frac{1}{x} = k\pi$$
$$\therefore \ x = \frac{1}{k\pi} \quad (k \in \mathbb{Z}, \ k \neq 0)$$

따라서 이 함수는 x가 다음과 같을 때 $f(x) = 0$이다.

$$\cdots, -\frac{1}{3\pi}, -\frac{1}{2\pi}, -\frac{1}{\pi}, \frac{1}{\pi}, \frac{1}{2\pi}, \frac{1}{3\pi}, \frac{1}{4\pi}, \frac{1}{5\pi}, \frac{1}{6\pi}, \frac{1}{7\pi}, \cdots$$

k가 증가함에 따라 x의 값은 $\frac{1}{5\pi}$, $\frac{1}{6\pi}$, $\frac{1}{7\pi}$, $\cdots$처럼 점점 작아져서 0에 가까워지는 데, 그때마다 $f(x)$의 값은 0이 된다. 이것만으로 $x \to 0$일 때 $f(x)$가 0에 아주 가까워진다고 말할 수 있을까?

$f(x) = 0$인 점들을 수직선 위에 나타내어 보면 k의 절댓값이 커짐에 따라 $x = \frac{1}{3\pi} \to \frac{1}{4\pi} \to \frac{1}{5\pi}$처럼 변하고, 이때 점 사이의 간격은 갈수록 좁아진다. 다시 말해 x가 0에 다가감에 따라 $f(x)$는 특정한 값에 가까워진다기보다는 점점 더 자주 1과 -1 사이를 오가며 진동하는 모양이 된다.

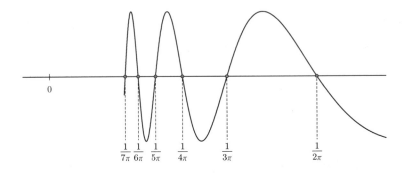

실제로 컴퓨터의 도움을 받아 이 함수의 그래프를 그려 보면 대략 다음과 같다. 이 함수는 $x = 0$일 때의 극한을 정할 수가 없는 경우에 속한다.

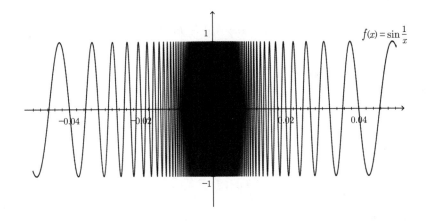

13.2.1 $x \to \pm\infty$일 때의 극한

이처럼 함수의 극한이라는 것은 그래프로 짐작하거나 '아주 가깝다'는 비논리적인 표현에 의존하지 않도록 수학적으로 엄밀하게 정의할 필요가 있다. 마침 우리는 앞서 수열 단원에서 이와 유사한 상황을 다루었다.

수열 $\{a_n\}$이 극한값 c에 수렴한다는 것은,

어떠한 양수 e에 대해서도 그에 상응하는 자연수 N이 존재하여

$k \geq N$인 모든 k에 대해서 $|a_k - c| < e$인 것이다.

이것은 다른 말로, e을 아무리 작게 잡더라도 어떤 항 이후부터는 수열의 값과 극한값 사이의 차가 e 미만이 된다는 것이었다. 다음 그림을 보며 기억을 되살려 보자.

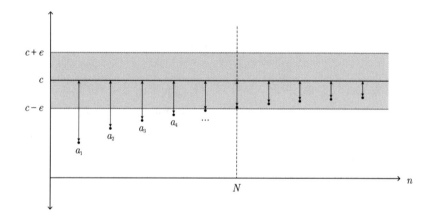

이제 이와 동일한 방법으로 $x \to \infty$일 때 함수 $f(x)$의 극한을 정의할 수 있다.

$\displaystyle\lim_{x \to \infty} f(x) = c$라는 것은,

어떠한 양수 e에 대해서도 그에 상응하는 실수 N이 존재하여

$x > N$인 모든 x에 대해서 $|f(x) - c| < e$인 것이다.

위의 정의는 수열의 극한과 거의 같다는 것을 알 수 있다. 내용을 그림으로 그려 보면 역시 다음처럼 수열의 극한 때와 유사한 모양이 된다.

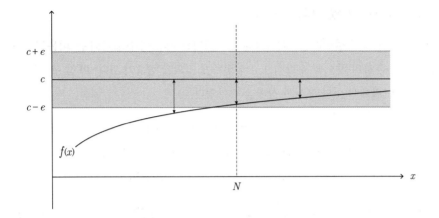

그러면 이제 이런 극한의 존재를 증명하는 것은, 어떠한 양수 e에 대해서도 그에 상응하여 다음과 같은 실수 N을 제시할 수 있음을 보이는 것과 같다.

$$N < x \quad \Longrightarrow \quad |f(x) - c| < \epsilon$$

이때 e이 아무리 작은 값이어도 그보다 더 작은 양수가 항상 존재하므로, 가능한 e의 값을 일일이 들어서 증명할 수는 없다. 따라서 어떤 극한이 존재함을 보이려면, 모든 e 값을 포괄하는 수식의 형태로 증명할 필요가 있다. 수열 때와 같은 방법으로 이와 같은 함수의 극한이 존재함을 증명해 보자.

예제 13-2 다음 함수의 극한이 존재함을 증명하여라.

$$\lim_{x \to \infty} \frac{1}{x} = 0$$

풀이

이 극한이 존재하려면, 어떠한 양수 e에 대해서도 다음이 성립하게 만드는 적당한 실수 N을 제시할 수 있어야 한다.

$$N < x \quad \Longrightarrow \quad \left| \frac{1}{x} - 0 \right| < \epsilon$$

여기서 x는 양수라 가정해도 무방하므로 절댓값 기호를 풀고 식을 정리한다.

$$N < x \implies \frac{1}{x} < \epsilon$$

$$\therefore \ N < x \implies \frac{1}{\epsilon} < x$$

즉, ϵ이 어떤 값이더라도 $N = \frac{1}{\epsilon}$으로 둔다면 위의 식이 항상 성립할 것임을 알 수 있다. 따라서 주어진 극한은 존재한다.

$x \to -\infty$인 경우는 앞의 정의에서 '$x > N$' 부분을 '$x < N$'으로 바꾸는 것으로 충분한데, 실제로 그렇게 되는지는 각자 직접 확인해 보자.

13.2.2 $x \to a$일 때의 극한

비슷한 방법으로 $x \to a$일 때 함수 $f(x)$의 극한도 정의할 수 있다. 다만 이때는 x가 $\pm\infty$로 멀어지는 대신 특정한 값 a로 다가간다는 것을 표현할 수 있어야 한다. 이 정의를 먼저 다소 일상적인 표현으로 써 보면 다음과 같다.

$$\lim_{x \to a} f(x) = c \text{라는 것은,}$$

어떠한 양수 ϵ에 대해서도 $x = a$ 근처의 어떤 범위 내에서

함숫값 $f(x)$와 극한값 c 사이의 차가 항상 ϵ 이내로 되게 할 수 있다는 것이다.

그런데 여기서 '∼ 근처의 어떤 범위'라는 표현은 그다지 엄밀하지 못하다. 주어진 ϵ에 상응하여 함숫값이 $c \pm \epsilon$ 이내가 되는 '$x = a$ 근처의 범위'라는 것을 조금 더 구체적으로 '$(a - \delta) \sim (a + \delta)$ 사이의 구간'이라 하자.[10] 이때 δ는 a의 '근처'를 나타내기 위해 도입된 어떤 양수다. 그러면 이런 상황을 다음과 같은 그림으로 나타낼 수 있다. 이 그림은 $x = a$의 좌우로 $\pm\delta$만큼의 구간에서는 함숫값 $f(x)$와 극한값 c의 차이가 기껏해야 $\pm\epsilon$ 이내임을 보여 준다.

---

10 δ는 그리스어 알파벳 델타(delta)의 소문자다. 여기서는 x와 a 간의 차이(difference)를 나타내고 있다.

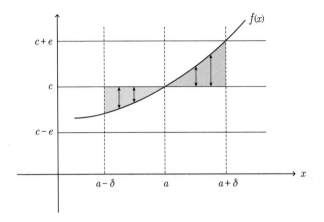

지금껏 $x = a$일 때의 함숫값은 언급된 적 없이 단지 a 근처의 어떤 범위만이 논의되었음을 기억해 두자. 이렇게 함으로써 $x = a$에서 함숫값이 정의되지 않아도 $x \rightarrow a$일 때의 극한이 정의된다.

이제 a 근처의 어떤 범위를 나타내는 이 δ를 도입하여, 다음과 같이 더욱 엄밀하게 함수의 극한을 정의할 수 있다.

$$\lim_{x \to a} f(x) = c$$라는 것은,

어떠한 양수 e에 대해서도 그에 상응하는 양수 δ가 존재하여

$0 < |x - a| < \delta$인 구간에서 $|f(x) - c| < e$인 것이다.

셋째 행의 $0 < |x - a| < \delta$ 부분은, 다른 말로 하면 $|x - a| < \delta$이되 $x \neq a$라는 뜻이다. 이것을 수직선상에 나타내면 다음과 같다.

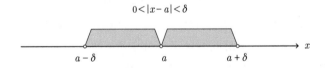

따라서 셋째 행은 다음에 쓴 내용을 수식으로 표현한 것에 해당한다.

$x = a$ 좌우로 $\pm \delta$ 이내의 구간에서(단, $x \neq a$)

함숫값 $f(x)$와 극한값 c의 차이는 기껏해야 $\pm e$ 이내이다.

그러면 어떤 극한의 존재를 증명하는 것은, 어떠한 양수 e에 대해서도 그에 상응하

는 다음과 같은 양수 δ를 제시할 수 있음을 보이는 것과 같다.

$$0 < |x-a| < \delta \quad \Longrightarrow \quad |f(x)-c| < \epsilon$$

이것은 다시 말해, 아무리 작은 양수 ϵ이 제시되더라도, 함숫값과 극한값 c의 차이가 그 ϵ보다 작아지는 a 근처의 적당한 범위 δ를 맞제시할 수 있다는 것이다.

이러한 $x \to a$일 때의 극한에서 $x = a$인 지점을 고려할 필요는 없음에 주목하자. 그에 따라 $\Delta x \to 0$ 꼴의 유리함수로 나타나는 도함수의 정의에서도, 분모와 분자를 Δx로 나누어 극한을 구할 수 있게 된다. 예를 들어 앞 절에 나왔던 순간속도에 관련된 극한은 다음과 같이 계산되는데, 이것은 극한의 정의로부터 $t \to 0$이더라도 $t \neq 0$이기 때문이다.

$$\lim_{t \to 0} \frac{20t - 10at - 5t^2}{t} = \lim_{t \to 0} (20 - 10a - 5t) = 20 - 10a$$

이 같은 극한의 정의 방식은 흔히 **엡실론–델타**$(\epsilon\text{–}\delta)$ **논법**이라고 불린다.

예제 13-3 다음을 엡실론–델타 논법에 의거하여 증명하여라.

$$\lim_{x \to 2} (3x - 1) = 5$$

풀이

함수 $f(x) = 3x - 1$의 극한 $\lim\limits_{x \to 2} f(x)$가 존재해서 그 값이 5라면, 어떠한 양수 ϵ에 대해서도 다음 식이 성립하게 만드는 적당한 양수 δ를 제시할 수 있어야 한다.

$$0 < |x-2| < \delta \quad \Longrightarrow \quad |f(x)-5| < \epsilon$$

여기서 오른쪽 부분을 $f(x)$의 실제 정의에 따라 펼쳐서 정리하면 다음과 같다.

$$|(3x-1) - 5| < \epsilon$$
$$|3x - 6| < \epsilon$$
$$3|x - 2| < \epsilon$$
$$\therefore |x - 2| < \frac{\epsilon}{3}$$

그러므로 앞의 식은 이렇게 바꿔 쓸 수 있다.

$$0 < |x-2| < \delta \quad \Longrightarrow \quad |x-2| < \frac{\epsilon}{3}$$

양쪽에 $|x-2|$가 공통으로 나타나고 있다. 따라서 이 식이 항상 성립하려면 양수 δ는 $\frac{\epsilon}{3}$ 이하의 값이기만 하면 될 것이고, $\delta = \frac{\epsilon}{3}$으로 놓는 것으로 충분하다.

$$0 < |x-2| < \delta = \frac{\epsilon}{3}$$

즉, e이 어떤 값으로 주어진다고 해도 δ를 $\frac{\epsilon}{3}$이 되도록 잡는다면, $x = 2$ 근처의 $\pm\delta$ 이내에서는 $f(x)$와 극한값 5 사이의 차가 항상 e 이내로 된다. 따라서 $\lim\limits_{x \to 2}(3x-1) = 5$이다.

예제의 결과에서 e에 구체적인 숫자를 대입하여 실제로 그런지 확인해 보자. 만약 $e = 0.03$으로 주어졌다면, 그에 상응하는 δ의 값은 $\frac{\epsilon}{3} = 0.01$ 이하이면 될 것이다. 이제 δ를 가능한 최대치인 0.01로 두면, $x = 2$의 근처에서 δ에 따른 x의 범위 $0 < |x-2| < \delta$는 다음과 같다.

$$1.99 < x < 2.01 \quad (x \neq 2)$$

이 범위 내에서 함숫값 $f(x)$를 조사해 보자.

$$f(1.99) = 3 \times 1.99 - 1 = 4.97$$
$$f(2.01) = 3 \times 2.01 - 1 = 5.03$$
$$\therefore \quad (5 - 0.03) < f(x) < (5 + 0.03)$$

즉, $e = 0.03$으로 주어졌을 때 $\delta = \frac{\epsilon}{3} = 0.01$로 잡으면, $x = 2$ 근처의 $\pm\delta$ 구간에서는 $f(x)$와 극한값 5의 차이가 e보다 항상 작게 된다. 다음 그림을 보면, 회색으로 칠해진 부분이 $|f(x) - 5|$를 나타내고 있다.

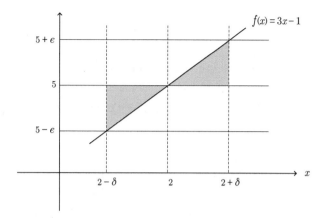

앞 예제의 증명이 말하고자 하는 바는, e을 아무리 작은 값으로 잡더라도 거기에 맞춰 $\delta = \frac{e}{3}$으로 두기만 하면 $0 < |x-2| < \delta$인 구간에서 $|f(x)-5| < e$가 되고, 따라서 극한의 정의에 의해 $\lim_{x \to 2} f(x) = 5$가 성립한다는 것이다. 이처럼 어떤 e 값이 주어지더라도 그에 상응하는 δ 값을 항상 제시할 수 있다는 것을 보이면, 정의에 의하여 해당 함수의 극한이 존재한다는 것이 증명된다.

이런 증명법에 익숙해지는 데는 약간의 연습이 필요하다. 앞서 나왔던 유리함수의 극한을 이 방법으로 증명해 보자.

예제 13-4 다음을 엡실론–델타 논법에 의거하여 증명하여라.

$$\lim_{x \to 1} \frac{x^2 - 1}{x - 1} = 2$$

풀이

이 극한이 존재하고 그 값이 2라면, 어떠한 양수 e에 대해서도 다음이 성립하게 만드는 적당한 양수 δ를 제시할 수 있어야 한다.

$$0 < |x-1| < \delta \quad \Longrightarrow \quad \left| \left(\frac{x^2 - 1}{x - 1} \right) - 2 \right| < \epsilon$$

이때 극한의 정의로부터 $x \neq 1$이므로 유리함수의 분모와 분자를 $(x-1)$로 나눌 수 있다.

$$0 < |x-1| < \delta \quad \Longrightarrow \quad |(x+1) - 2| < \epsilon$$

여기서 오른쪽 부분을 정리하면 $|x-1| < \epsilon$이므로 위의 식은 다음과 같이 바
뀐다.

$$0 < |x-1| < \delta \quad \Longrightarrow \quad |x-1| < \epsilon$$

여기서 $\delta = \epsilon$이면 이 식이 항상 성립할 것임을 알 수 있다. 즉, 어떤 ϵ이 주어
지더라도 $\delta = \epsilon$으로 두기만 하면, 극한의 정의에 따라 $x = 1$ 근처의 $\pm\delta$ 이
내에서 함숫값과 극한값 2 사이의 차는 언제나 ϵ보다 작게 된다. 따라서 위의
극한이 존재한다.

13.2.3 좌극한과 우극한

극한을 정의할 때 $x = a$ 근처라고 했던 것에는 사실 두 가지 경우가 있다. $x \to a$
라고 할 때 수직선상에서는 a의 왼쪽 또는 오른쪽으로부터 가까워지는 두 개의 방
향이 있기 때문이다. 둘 중에서 왼쪽의 것을 **좌극한**, 오른쪽의 것을 **우극한**이라 하
고, 기호로는 각각 $\lim\limits_{x \to a^-}$ 와 $\lim\limits_{x \to a^+}$ 처럼 쓴다.[11]

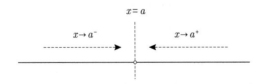

좌극한과 우극한은 어떻게 정의하면 될까? 엡실론-델타 논법에서 $x = a$ 근처를 나
타내는 수식은 $0 < |x - a| < \delta$였는데, 절댓값 기호로써 $x = a$의 왼쪽과 오른쪽을
한꺼번에 다루고 있다. 따라서 절댓값 기호를 빼고 a보다 작거나 큰 구간으로 x를
한정하면, 좌극한과 우극한 역시 동일한 방법으로 정의할 수 있다.

---

[11] 좌극한을 $\lim\limits_{x \to a - 0}$, 우극한을 $\lim\limits_{x \to a + 0}$ 처럼 쓰기도 한다.

좌극한의 경우 $x < a$이므로 절댓값 부분은 $|x - a| = (a - x)$가 된다. 따라서 원래 부등식은 다음과 같이 쓸 수 있다.

$$0 < (a - x) < \delta$$
$$0 > (x - a) > -\delta$$
$$\therefore \ a > x > (a - \delta)$$

마찬가지로 우극한 역시 $|x - a| = (x - a)$로 두어 다음을 얻는다.

$$a < x < (a + \delta)$$

좌극한의 경우   우극한의 경우

$(a - \delta) < x < a$ $a < x < (a + \delta)$

예제 13-5 다음을 엡실론–델타 논법에 의거하여 증명하여라. (단, $x \in \mathbb{R}$, $x \geq 0$)

$$\lim_{x \to 0^+} \sqrt{x} = 0$$

풀이

존재를 증명하려는 대상이 우극한이므로 $x = a$ 근처를 나타내는 범위는 $a < x < (a + \delta)$ 형태가 된다. 이제 문제에 주어진 극한이 존재하려면, 어떠한 양수 ϵ에 대해서도 다음이 성립하게 만드는 적당한 양수 δ를 찾을 수 있어야 한다.

$$0 < x < (0 + \delta) \quad \Longrightarrow \quad |\sqrt{x} - 0| < \epsilon$$

$\sqrt{x} \geq 0$이므로 식은 다음과 같이 정리된다.

$$0 < x < \delta \quad \Longrightarrow \quad \sqrt{x} < \epsilon$$

$\sqrt{x} < \epsilon$는 양변 모두 음수가 아니므로 제곱하여 $x < \epsilon^2$을 얻는다.

$$0 < x < \delta \implies x < \epsilon^2$$

여기서 $\delta = \epsilon^2$로 둔다면, ϵ이 어떤 값이라도 위의 식이 항상 성립할 것임을 알 수 있다. 따라서 주어진 극한은 존재한다.

그런데 $x = a$ 근처에서 좌극한과 우극한이 서로 다르다면 어떻게 될까? 다음처럼 계단 모양의 그래프를 가진 함수를 생각해 보자.[12]

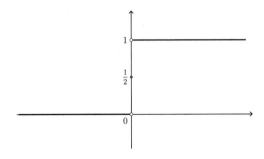

이 함수는 x가 음수일 때 0, 양수일 때 1, $x = 0$에서는 $\frac{1}{2}$이라는 함숫값을 가진다. 따라서 만약 x 값이 음수 쪽에서 0으로 가까워진다면 좌극한은 0, 양수 쪽에서 0으로 가까워지면 우극한은 1이 될 것임을 알 수 있다. 즉, 다음과 같은 상황인 것이다.

$$\lim_{x \to 0^-} f(x) \neq \lim_{x \to 0^+} f(x)$$

이와 같은 상황에서는 $x \to 0$일 때의 극한을 둘 중 어느 하나로 정할 수가 없다. 즉, $x \to a$일 때의 극한이 존재한다면 좌·우극한이 하나로 같아야 하며, 그 역 또한 마찬가지다.

$$\left(\lim_{x \to a^-} f(x) = \lim_{x \to a^+} f(x) = c \right) \iff \left(\lim_{x \to a} f(x) = c \right)$$

---

12 단위 계단함수(unit step function)라고도 하며, 인공신경망에서 활성화 함수로 사용되기도 한다.

따라서 앞의 계단 모양 그래프를 가진 함수는 $x \to 0$일 때 극한이 존재하지 않는다.

13.2.4 극한의 기본 성질

앞서 수열 단원에서는 다음과 같은 극한값의 연산에 관련된 성질을 소개했는데, 이는 해당 수열들이 모두 수렴할 때에 한해 성립하였다.

$$\lim_{n\to\infty} k\,a_n = k \cdot \lim_{n\to\infty} a_n$$

$$\lim_{n\to\infty} (a_n \pm b_n) = \lim_{n\to\infty} a_n \pm \lim_{n\to\infty} b_n$$

$$\lim_{n\to\infty} a_n b_n = \lim_{n\to\infty} a_n \cdot \lim_{n\to\infty} b_n$$

$$\lim_{n\to\infty} \frac{a_n}{b_n} = \frac{\lim\limits_{n\to\infty} a_n}{\lim\limits_{n\to\infty} b_n}$$

함수의 극한에서도 $\lim\limits_{x\to a} f(x)$ 및 $\lim\limits_{x\to a} g(x)$라는 두 극한이 존재할 때 다음과 같은 법칙이 성립한다. 이 법칙들은 엡실론–델타 논법을 써서 엄밀하게 증명할 수 있지만, 내용이 직관적이므로 수열 때처럼 일단 결과만 알아 두고 이용하도록 하자.

$$\lim_{x\to a} k\,f(x) = k \cdot \lim_{x\to a} f(x)$$

$$\lim_{x\to a} \{f(x) \pm g(x)\} = \lim_{x\to a} f(x) \pm \lim_{x\to a} g(x)$$

$$\lim_{x\to a} f(x)\,g(x) = \lim_{x\to a} f(x) \cdot \lim_{x\to a} g(x)$$

$$\lim_{x\to a} \frac{f(x)}{g(x)} = \frac{\lim\limits_{x\to a} f(x)}{\lim\limits_{x\to a} g(x)}$$

여기에 더하여, 어쩐지 당연해 보이는 다음 법칙들도 성립한다.

$$\lim_{x\to a} k = k$$

$$\lim_{x\to a} x = a$$

또, 위의 $\lim\limits_{x\to a} f(x)\,g(x)$에서 $f(x)$와 $g(x)$를 같은 함수로 두면 다음과 같고,

$$\lim_{x\to a} f(x)\,f(x) = \lim_{x\to a} f(x) \cdot \lim_{x\to a} f(x)$$

$$\therefore \lim_{x\to a} \{f(x)\}^2 = \left\{ \lim_{x\to a} f(x) \right\}^2$$

이것은 자연스럽게 양의 정수 n에 대해서 성립하도록 확장된다.

$$\lim_{x \to a} \left\{ f(x) \right\}^n = \left\{ \lim_{x \to a} f(x) \right\}^n \quad (n \in \mathbb{N})$$

이때 $f(x) = x$라 두면, x의 거듭제곱 꼴에 대한 극한도 얻는다.

$$\lim_{x \to a} x^n = \left\{ \lim_{x \to a} x \right\}^n = a^n$$

지금까지 살펴본 극한의 성질들은 상수배·사칙연산·거듭제곱에 관련된 것들이었는데, 이는 해당 극한들이 존재할 때로 한정된다는 점을 유의해 두자. 이 성질들을 이용하면 상수배·사칙연산·거듭제곱으로 이루어진 함수, 즉 다항함수나 유리함수의 극한을 바로 구할 수 있다.

예제 13-6 다음 극한을 구하여라.

(1) $\displaystyle\lim_{x \to 1} (3x^2 - 2x + 1)$ (2) $\displaystyle\lim_{x \to 1} \frac{1}{x+1}$ (3) $\displaystyle\lim_{x \to 1} \frac{x^2+1}{x+1}$

풀이

(1)

$$\lim_{x \to 1} (3x^2 - 2x + 1) = 3\lim_{x \to 1} x^2 - 2\lim_{x \to 1} x + \lim_{x \to 1} 1 = 3 - 2 + 1 = 2$$

(2)

$$\lim_{x \to 1} \frac{1}{x+1} = \frac{\displaystyle\lim_{x \to 1} 1}{\displaystyle\lim_{x \to 1}(x+1)} = \frac{\displaystyle\lim_{x \to 1} 1}{\displaystyle\lim_{x \to 1} x + \lim_{x \to 1} 1} = \frac{1}{2}$$

(3)

$$\lim_{x \to 1} \frac{x^2+1}{x+1} = \frac{\displaystyle\lim_{x \to 1} x^2 + \lim_{x \to 1} 1}{\displaystyle\lim_{x \to 1} x + \lim_{x \to 1} 1} = \frac{1+1}{1+1} = 1$$

13.2.5 함수의 연속

앞서 공부했던 엡실론–델타 논법은 특정한 극한이 존재한다는 것을 증명할 수 있지만, 해당 극한값이 어떤 과정을 통해 계산되었는지는 알려 주지 않는다. 이럴 때 극한의 성질을 이용하면 그런 극한값을 실제로 계산할 수 있다. 예를 들어 $\lim_{x \to 2}(3x - 1) = 5$라는 극한이 존재한다는 증명은 예제에서처럼 엡실론–델타 논법을 이용하고, $\lim_{x \to 2}(3x - 1)$의 극한값 자체는 극한의 성질을 써서 $3\lim_{x \to 2} x - \lim_{x \to 2} 1 = 3 \cdot 2 - 1 = 5$처럼 계산하는 식이다.

이처럼 다항함수나 유리함수의 경우에 $\lim_{x \to a} f(x)$를 구하는 것은 곧 $f(x)$에서 $x = a$로 두어 $f(a)$를 구하는 것과 결과적으로 같게 된다. 극한의 엄밀한 정의에서는 $x \neq a$였으므로 $f(a)$가 정의되는지 알 필요도 없었지만, 지금은 $f(a)$가 존재함은 물론이며 $x \to a$일 때의 극한값과 같기도 하다. 함수의 그래프로 보면, $x = a$ 근처에서 $(a, f(a))$를 포함한 그 앞뒤로 그래프가 끊김 없이 쭉 이어지는 경우에 해당할 것이다.

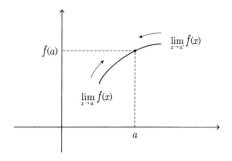

이럴 때 함수 $f(x)$는 $x = a$에서 **연속**이라고 부른다. 위에서 본 것처럼, 연속함수가 되려면 다음과 같은 다소 당연해 보이는 조건을 갖추어야 한다.

* $x = a$일 때의 함숫값, 즉 $f(a)$가 정의되어 있다.
* $\lim_{x \to a} f(x)$가 존재한다.
* $\lim_{x \to a} f(x) = f(a)$이다.

다항함수와 유리함수는 극한의 성질에 의해 위의 조건을 만족하므로 함수가 정의된 전구간에서 연속임을 알 수 있고, 따라서 $x \to a$일 때의 극한을 구하려면 $f(a)$를 계산하면 된다. 거기에 더하여, 앞에 소개된 극한의 성질로 증명하기는 어렵지만 삼각함수나 무리함수 역시 전체 정의역에서 연속임이 알려져 있다. 아래에 이런 연속함수의 극한을 구하는 몇 가지 예를 들었다.

$$\lim_{x \to 1} (x^3 - x + 1) = (1 - 1 + 1) = 1$$

$$\lim_{x \to 1} \frac{x^2 + 1}{2x^2 - 1} = \frac{1 + 1}{2 - 1} = 2$$

$$\lim_{x \to \pi} (\sin x + \cos x) = (\sin \pi + \cos \pi) = 0 - 1 = -1$$

$$\lim_{x \to 1} \sqrt{x + 1} = \sqrt{1 + 1} = \sqrt{2}$$

연속인 함수의 성질을 x나 y의 증분(Δ) 입장에서 나타내어 보자. 그림과 같이 x가 a로부터 떨어진 정도를 Δx, $f(x)$가 $f(a)$로부터 떨어진 정도를 Δy라고 두었다.

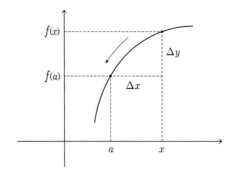

그러면 Δx와 Δy는 각각 다음과 같다.[13]

$$\Delta x = x - a$$
$$\Delta y = f(x) - f(a)$$

한편, 이 함수는 $x = a$에서 연속이므로 $\lim\limits_{x \to a} f(x) = f(a)$이고, 이 식은 극한의 성질에 따라 아래처럼 쓸 수 있다.

$$\lim_{x \to a} f(x) = \lim_{x \to a} f(a)$$
$$\therefore \lim_{x \to a} \{f(x) - f(a)\} = 0$$

---

13 연속함수는 좌극한과 우극한이 동일하므로 뺄셈의 순서를 바꾸어도 차이는 없다.

여기서 $x \to a$는 곧 $\Delta x \to 0$이라는 말과 같고, $f(x) - f(a)$란 곧 Δy이므로, 앞의 식은 다음과 같이 된다.

$$\lim_{\Delta x \to 0} \Delta y = 0$$

원래와 모양은 좀 다르지만, 이 식 역시 연속함수의 성질을 약간 다른 관점으로 표현한 결과다.

13.2.6 샌드위치 정리

함수의 극한에 관련된 정리 하나를 더 알아보며 이 절을 마무리하기로 한다. 두 함수 $f(x)$와 $g(x)$가 있는데, $x = a$ 근처의 어떤 구간에서는 $f(x) \leq g(x)$이다. 그런데 둘 사이에 또 다른 함수 $h(x)$가 끼어들어, 그 구간에서 $f(x) \leq h(x) \leq g(x)$가 되었다고 하자.

이제 $x \to a$일 때 $f(x)$와 $g(x)$ 모두 극한값이 c로 같아진다면, 그 사이에 끼어 있는 $h(x)$의 극한은 어떻게 될까? 이런 상황에서는 다음과 같은 정리가 성립한다.

$$x = a \text{ 근처에서 } f(x) \leq h(x) \leq g(x) \text{일 때,}$$
$$\left(\lim_{x \to a} f(x) = \lim_{x \to a} g(x) = c \right) \implies \left(\lim_{x \to a} h(x) = c \right)$$

이 정리를 그림으로는 다음과 같이 나타낼 수 있다. 보는 것처럼 두 함수 사이에 $h(x)$가 끼어서 저절로 동일한 극한값을 가지게 되는데, 이것을 흔히 **샌드위치 정리**[14] 라고 부른다.

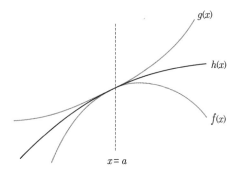

---

14 영어로는 '눌러 짠다'는 뜻에서 the squeeze theorem이라고도 한다.

샌드위치 정리는 직관적으로도 당연해 보이지만, 함수의 극한과 관련이 있으므로
역시 엡실론–델타 논법을 써서 증명 가능하다. 여기서는 결과만 기억해 두고 이용
하는 것으로 하자. 샌드위치 정리를 이용하면 삼각함수의 미분에 중요한 역할을 하
는 다음 극한의 존재를 증명할 수 있다.[15]

$$\lim_{\theta \to 0} \frac{\sin \theta}{\theta} = 1$$

이 절의 앞부분에도 소개되었던 이 함수는 $\theta = 0$에서 정의되지 않으며, 그 그래프
의 모양은 다음과 같다. $\theta \to 0$일 때 위의 극한은 $\frac{0}{0}$ 꼴이지만, 그래프로 짐작할 때
극한값이 1이 될 것이라는 예상은 가능하다. 실제로도 그런지 삼각함수의 성질을
써서 증명해 보자.

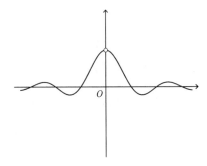

우선 반지름이 1인 단위원을 그리고 다음 그림과 같이 1사분면에 있는 각 θ를 중심
각으로 하는 부채꼴 OAP를 만든다. 여기서 $\overline{OP}$를 연장한 반직선과 점 A로부터
올린 수선이 만나는 점을 Q라 둔다.

---

15 이때 당연히 θ의 단위는 라디안이다.

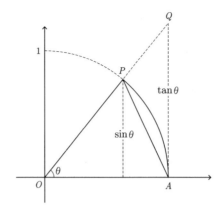

그러면 이 부채꼴 OAP의 넓이는, 부채꼴 안쪽의 삼각형보다 크고 바깥쪽의 삼각형보다는 작을 것이다. 즉, 다음 부등식이 성립한다.

$$\triangle OAP \;<\; \triangledown OAP \;<\; \triangle OAQ$$

두 삼각형은 밑변이 모두 1이고 높이는 각각 $\sin\theta$와 $\tan\theta$이다. 부채꼴의 넓이는 $\frac{1}{2}r^2\theta = \frac{1}{2}\theta$이므로 위의 부등식은 다음과 같이 쓸 수 있다.

$$\frac{1}{2}\sin\theta \;<\; \frac{1}{2}\theta \;<\; \frac{1}{2}\tan\theta$$

공통으로 나타난 $\frac{1}{2}$을 소거하고 각 항을 $\sin\theta$로 나누자. 이때 $\tan\theta = \frac{\sin\theta}{\cos\theta}$임을 이용한다.

$$1 \;<\; \frac{\theta}{\sin\theta} \;<\; \frac{1}{\cos\theta}$$

필요한 것은 $\frac{\sin\theta}{\theta}$ 꼴이므로 위의 항을 모두 뒤집어 역수로 만든다. 그에 따라 부등호의 대소관계는 반대가 된다.

$$1 \;>\; \frac{\sin\theta}{\theta} \;>\; \cos\theta$$

이제 $\theta \to 0$일 때의 극한을 구하자. 우리는 지금 1사분면에서 각 θ가 작아지는 경우를 다루고 있으므로 이것은 $\theta \to 0^+$일 때의 우극한에 해당한다. 이때 1의 극한은

$\lim\limits_{\theta \to 0^+} 1 = 1$, $\cos \theta$의 극한도 $\lim\limits_{\theta \to 0^+} \cos \theta = 1$이므로 그 사이에 낀 $\dfrac{\sin \theta}{\theta}$의 극한 역시 샌드위치 정리에 의해 동일한 값을 가지게 된다.

$$\lim_{\theta \to 0^+} \frac{\sin \theta}{\theta} = 1$$

한편, $\sin \theta$는 기함수이고 θ 또한 기함수이므로,[16] 두 함수의 나눗셈으로 이루어진 $\dfrac{\sin \theta}{\theta}$는 우함수가 된다. 우함수는 y축에 대칭이며 $f(-\theta) = f(\theta)$가 성립하므로 $\theta \to 0^-$일 때의 좌극한은 우극한과 동일한 값을 갖는다. 이처럼 좌우의 극한이 같으므로 이 극한의 값은 최종적으로 1임을 알 수 있다.

$$\lim_{\theta \to 0^-} \frac{\sin \theta}{\theta} = \lim_{\theta \to 0^+} \frac{\sin \theta}{\theta} = 1$$

연습문제

1. 함수 $f(x) = \dfrac{x}{x+1}$ $(x > 0)$에 대하여 다음 물음에 답하여라.

   (1) $|f(x) - 1|$의 값이 0.001보다 작도록 하려면, x가 어떤 값보다 커야 하는가?

   (2) 양수 e의 값이 무엇이든 간에 $|f(x) - 1| < e$이 성립하도록 하려면, x는 어떤 값보다 커야 하는가?

2. 다음 함수의 극한이 존재함을 엡실론–델타 논법으로 증명하고, $e = 0.1$에 상응하는 δ 값 하나를 제시하여 결과를 확인하여라.

   (1) $\lim\limits_{x \to 2} \dfrac{x^2 - 4}{x - 2} = 4$ (2) $\lim\limits_{x \to 0^-} \sqrt{-x} = 0$ $(x \leq 0)$

3. 다음 극한을 구하여라.

   (1) $\lim\limits_{x \to 3} (x^2 - 2x + 1)$ (2) $\lim\limits_{x \to 2} \dfrac{x^2 + 1}{x^2 - 1}$

   (3) $\lim\limits_{\theta \to 0} \dfrac{\sin 3\theta}{2\theta}$ (4) $\lim\limits_{\theta \to 0} \dfrac{\cos \theta - 1}{\theta}$ (힌트: 반각공식)

---

16 기함수(홀함수)는 $f(-x) = -f(x)$, 우함수(짝함수)는 $f(-x) = f(x)$가 성립한다.

13.3 도함수의 계산(1)

13.3.1 함수의 미분 가능성

13.1절에서 도함수란 어떤 함수의 순간변화율을 나타내는 또 다른 함수라는 것을 공부하였다. $x = a$일 때 함수 $f(x)$의 순간변화율을 구하려면, 도함수 $f'(x)$를 구한 다음 $f'(a)$가 얼마인지 보면 된다. 또한 이 $f'(a)$는 좌표평면상의 점 $(a, f(a))$에서 함수 $f(x)$의 그래프에 접하는 접선의 기울기이기도 하였다.

이처럼 $x = a$일 때의 '순간변화율이자 접선의 기울기이자 도함수의 함숫값'인 $f'(a)$는, $x = a$일 때의 **미분계수**라고도 부른다. 어떤 점에서 이 값이 존재한다면, 그 함수는 거기서 **미분 가능**하다고 말한다.

그러면 어떤 함수가 미분 가능하지 않은 경우, 즉 순간변화율을 정할 수 없는 상황도 존재할까? 다음과 같은 그래프를 생각해 보자.

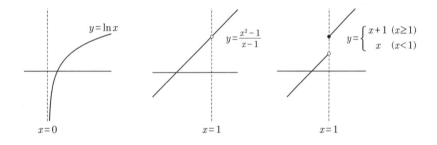

미분계수, 즉 순간변화율은 다음의 식으로 구한다는 것을 우리는 알고 있다. 이 식을 기준으로 삼아, 위에 제시된 각 그래프가 점선으로 나타낸 곳에서 미분이 가능한지를 한번 따져 보자. 여기서 h는 x의 증분 Δx와 같은 의미로 쓰였다.

$$f'(a) \ = \ \lim_{h \to 0} \frac{f(a + h) \ - \ f(a)}{h}$$

먼저 맨 왼쪽 로그함수의 경우는, 함수가 $x = 0$에서 정의되지 않아서 $f(0)$을 정할 수 없다. 순간변화율의 식 중 $f(a)$에 해당하는 부분이 미정이므로 결과적으로 $f'(0)$ 또한 정할 수 없게 된다.

가운데의 유리함수도 로그함수와 마찬가지인데, $f(1)$이 정의되지 않기에 $f'(1)$ 또한 정할 수 없다. 그런데 이 유리함수는 앞의 절에서 본 것처럼 $x \to 1$일 때 극한이 존재하였다.[17] 즉, $x \to a$일 때의 극한이 존재하더라도 정작 $x = a$에서 함숫값이 정의되지 않는다면 그 점에서 미분은 불가능하다. 이로부터 우리는 이렇게 추론할 수 있다.

추론 ①: "$f(a)$가 정의되지 않는다면, $f(x)$는 $x = a$에서 미분 가능하지 않다."

맨 오른쪽 함수의 경우는 조금 달라서, 그래프가 끊기기는 하지만 $x = 1$일 때의 함숫값이 정의되어 있다. 이번 경우에는 $f'(1)$을 구할 수 있을까? 순간변화율의 정의에 따라 계산을 시도해 보자.

$$f'(1) \;=\; \lim_{h \to 0} \frac{f(1+h) - f(1)}{h}$$

그런데 이 함수는 그래프에서 짐작할 수 있듯이 $x \to 1$에 대한 좌극한과 우극한이 달라서 극한이 존재하지 않는다. 이럴 경우 순간변화율에는 어떤 영향이 있을까? 먼저, 오른쪽의 미분계수는 $x \geq 1$일 때에 해당하므로 $f(x) = x + 1$로 계산한다.

$$\begin{aligned}
\lim_{h \to 0^+} \frac{f(1+h) - f(1)}{h} &= \lim_{h \to 0^+} \frac{(1 + h + 1) - 2}{h} \\
&= \lim_{h \to 0^+} \frac{h}{h} \;=\; 1
\end{aligned}$$

1이라는 결과가 나왔고, 이는 그래프의 기울기와도 일치한다. 다음은 왼쪽 미분계수를 계산해 보자. 이때는 $x < 1$이므로 $f(x) = x$이다.

$$\begin{aligned}
\lim_{h \to 0^-} \frac{f(1+h) - f(1)}{h} &= \lim_{h \to 0^-} \frac{(1 + h) - 2}{h} \\
&= \lim_{h \to 0^-} \frac{h - 1}{h} \\
&= \lim_{h \to 0^-} \left(1 - \frac{1}{h} \right)
\end{aligned}$$

결과가 ∞의 꼴이 되어 이 극한은 존재하지 않는다. 이처럼 $x \to 1$일 때 양쪽 미분계수가 일치하지 않으므로 $f'(1)$의 값을 정할 수 없고, 따라서 이 함수는 $x = 1$에서

---

17 엡실론–델타 논법에 의한 극한의 정의에서는 해당 함수가 $x = a$에서 정의되지 않아도 상관이 없다.

미분 불가능이다. 이로부터 다음과 같이 추론할 수 있다.

추론 ②: "$x \to a$일 때의 극한이 존재하지 않는다면, $f(x)$는 $x = a$에서 미분 가능하지 않다."

그러면 좌우 극한이 존재하여 두 값이 일치하더라도 그 점의 함숫값과 다른 경우는 어떨까? 다음과 같은 그래프가 한 예다.

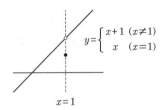

$$y = \begin{cases} x+1 & (x \neq 1) \\ x & (x = 1) \end{cases}$$

$x = 1$

이 경우 극한값은 좌우 구분 없이 2로 일치하고, 함숫값은 1이 된다. 순간변화율의 정의에 따라 계산을 시도해 보자. 이때 $h \neq 0$이므로 $(1+h) \neq 1$이고, 따라서 $f(1+h)$에는 $x \neq 1$ 쪽의 함수 정의가 적용됨에 유의한다.

$$\begin{aligned} \lim_{h \to 0} \frac{f(1+h) - f(1)}{h} &= \lim_{h \to 0} \frac{(1+h+1) - 1}{h} \\ &= \lim_{h \to 0} \frac{h+1}{h} \\ &= \lim_{h \to 0} \left(1 + \frac{1}{h}\right) \end{aligned}$$

역시 ∞의 꼴이 되어 극한이 존재하지 않으므로 순간변화율을 계산할 수 없다. 이로부터 우리는 이렇게 추론할 수 있다.

추론 ③: "$x \to a$일 때의 극한이 존재해도 $f(a)$와 다르면, $f(x)$는 $x = a$에서 미분 가능하지 않다."

그런데 우리는 앞 절에서 다음과 같은 함수의 어떤 성질을 공부한 바 있다.

- $f(a)$가 정의되어 있다.
- $\lim\limits_{x \to a} f(x)$가 존재한다.
- $\lim\limits_{x \to a} f(x) = f(a)$이다.

이것은 바로 '함수의 연속'에 대한 정의였다. 이로부터 ①②③에서 추론했던 내용이 한 마디로 요약된다.

"$f(x)$가 $x = a$에서 연속이 아니라면, 그 점에서 미분 가능하지 않다."

대우명제는 다음과 같다.

"$f(x)$가 $x = a$에서 미분 가능하면, 그 점에서 연속이다."

이제 이 대우명제가 사실인지를 간단히 확인해 보자. '$f(x)$가 $x = a$에서 미분 가능하다'는 것은, 다음과 같은 극한이 존재한다는 뜻이다.[18]

$$f'(a) \;=\; \lim_{z \to a} \frac{f(z) - f(a)}{z - a}$$

이것으로부터 우리는 $f(x)$가 $x = a$에서 연속, 즉 $\lim_{x \to a} f(x) = f(a)$임을 보여야 한다. 일단 $f(a)$는 극한의 성질에 따라 $\lim_{x \to a} f(x)$처럼 쓸 수 있으므로 증명 대상은 다음과 같은 등식이 된다.

$$\lim_{x \to a} f(x) \;=\; \lim_{x \to a} f(a)$$
$$\lim_{x \to a} \{f(x) - f(a)\} \;=\; 0$$

이제 등식의 좌변을 순간변화율의 형태로 만들기 위해 극한기호 안쪽에다 $(x - a)$를 곱하고 동시에 나눈다.[19] 이때 곱셈의 왼쪽에 있는 분수식은 그 자체가 순간변화율인데, 이것은 대우명제의 가정으로부터 $f'(a)$이므로 해당 극한의 존재가 보장된다. 따라서 곱셈에 관한 극한의 성질 $\lim(f \cdot g) = \lim f \cdot \lim g$를 적용할 수 있다.

$$\lim_{x \to a} \{f(x) - f(a)\} \;=\; \lim_{x \to a} \left[\frac{f(x) - f(a)}{x - a} \cdot (x - a) \right]$$
$$=\; \left[\lim_{x \to a} \frac{f(x) - f(a)}{x - a} \right] \cdot \left[\lim_{x \to a} (x - a) \right]$$
$$=\; f'(a) \cdot 0 \;=\; 0$$

18 순간변화율의 정의는 두 가지 형태를 흔히 쓰는데, 여기서는 둘 중에서 함수의 연속과 관계 있는 모양을 택하였다.
19 이것은 $x \neq a$라서 가능하다.

이 식의 값은 0으로서 증명 대상 등식의 우변과 같다. 따라서 앞의 등식은 성립한다.

등식이 성립한다는 것은 다른 말로 $\lim_{x \to a} f(x) = f(a)$라는 것이므로 결과적으로 함수 $f(x)$가 $x = a$에서 미분 가능하면 그 점에서 연속임이 증명되었다.

미분 가능하다는 명제를 d, 연속이라는 명제를 c, 각 명제의 진리집합을 D와 C라고 하면, 지금까지 증명한 것으로부터 다음이 성립한다.

$$d \to c$$
$$\therefore D \subset C$$

이것은 미분 가능한 함수의 집합 D를 연속인 집합 C가 포함한다는 뜻이다. 그렇다면 C에 속하지만 D의 원소는 아닌 경우, 즉 연속이지만 미분 가능하지 않은 함수에는 어떤 것이 있을까?

접선의 기울기라는 측면에서 순간변화율을 생각해 보면, 그래프가 이어지더라도 뾰족한 곳이 있을 경우에 그 점에서는 미분이 불가능할 것임을 예상할 수 있다. 그 점의 앞과 뒤로는 접선의 기울기가 서로 다른 추세를 가질 것이고, 그러한 두 추세가 마주치는 뾰족점에서는 접선의 기울기를 하나로 정하기가 곤란하기 때문이다. 이런 경우의 대표적 사례로는 절댓값 함수 $y = |x|$가 있다.

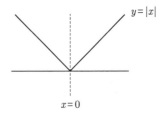

이 함수는 좌극한과 우극한이 0으로 같고, $f(0)$ 역시 0이므로 $x = 0$에서 연속이다. 이제 미분 가능 여부를 알기 위해 순간변화율 $f'(0)$를 계산해 보자.

$$f'(0) \;=\; \lim_{h \to 0} \frac{f(0+h) - f(0)}{h} \;=\; \lim_{h \to 0} \frac{f(h)}{h} \;=\; \lim_{h \to 0} \frac{|h|}{h}$$

절댓값 기호를 풀려면 안에 있는 식의 부호에 따라 계산을 두 가지로 나누어서 해야 한다. h가 음수일 때 $|x| = -x$이므로 좌극한은 다음과 같다. 이것은 그래프에서

대칭축의 왼쪽 부분을 이루는 직선 $y = -x$의 기울기에 해당한다.

$$\lim_{h \to 0^-} \frac{|h|}{h} = \lim_{h \to 0^-} \frac{-h}{h} = -1$$

h가 양수일 때는 $|x| = x$이므로 우극한은 다음과 같다. 이것은 대칭축의 오른쪽을 이루는 직선 $y = x$의 기울기에 해당한다.

$$\lim_{h \to 0^+} \frac{|h|}{h} = \lim_{h \to 0^+} \frac{h}{h} = 1$$

두 값이 일치하지 않으므로 $h \to 0$일 때의 극한을 정할 수 없고, 따라서 $y = |x|$는 $x = 0$에서 연속이지만 미분 가능하지 않다.

우리가 공부한 함수 중에서는 $y = |x|$ 같은 것이 다소 특이한 경우인데, 일반적으로 다항함수·유리함수·삼각함수·지수함수·로그함수 등은 그래프상에 이런 뾰족한 부분이 없으므로 '함수가 정의된' 모든 곳에서[20] 연속임과 동시에 미분 가능하다.

예제 13-7 함수 $y = x^n$이 $x = 0$에서 미분 가능함을 보여라(단, $n \in \mathbb{N}$).

풀이

순간변화율의 정의에 따라 $f'(0)$을 계산하면 다음과 같다.

$$f'(0) = \lim_{h \to 0} \frac{(0 + h)^n - 0^n}{h} = \lim_{h \to 0} \frac{h^n}{h} = \lim_{h \to 0} h^{n-1} = 0$$

$f'(0)$이 존재하므로 이 함수는 $x = 0$에서 미분 가능하다.

13.3.2 다항함수의 미분법

이제 비교적 단순한 함수들부터 그 도함수를 하나씩 구해 보자. 가장 단순한 것으

---

20 $y = \frac{1}{x}$에서 $x = 0$인 점이라든지, $y = \tan x$에서 $x = \frac{\pi}{2}$인 점 등은 그 곳에서 함수가 아예 정의되지 않기 때문에 연속도 아니고 미분도 가능하지 않다.

로는 역시 $f(x) = c$ 꼴의 상수함수가 있다. 도함수의 정의에 따라 상수함수를 미분하면 다음과 같은 결과를 얻는다.

$$f'(x) \;=\; \lim_{h \to 0} \frac{f(x+h) - f(x)}{h} \;=\; \lim_{h \to 0} \frac{c - c}{h} \;=\; 0$$

즉, 상수함수의 도함수는 언제나 0이다. 상수함수는 좌표평면에서 $y = c$ 형태의 수평선으로 나타나므로 그 기울기가 항상 0인 것과도 일치하는 결과다.

여기서 도함수를 나타내는 표기법을 하나 더 알아보자. x에 관한 함수 $y = f(x)$를 미분한 결과인 도함수는 y'나 $f'(x)$로도 쓰지만, x에 대해 미분했다는 뜻의 **미분연산자** $\frac{d}{dx}$를 쓰기도 한다.[21] 아래에 나열된 표기법은 모두 같은 의미를 가진다.

$$y' \;=\; f'(x) \;=\; \frac{dy}{dx} \;=\; \frac{d}{dx} f(x)$$

미분연산자를 도함수의 정의와 나란히 두어 보면 '한 변수에 대한 다른 변수의 순간변화율'이라는 의미가 좀 더 명확해진다.

$$\frac{dy}{dx} \;=\; \lim_{\Delta x \to 0} \frac{\Delta y}{\Delta x}$$

하지만 미분연산자는 분수라기보다 하나의 기호라는 점에 유의하자. 또한 변수가 x나 y가 아닌 다른 문자라면 미분연산자에 나오는 문자도 함께 바꾸어야 한다. 예를 들어 $s = g(t)$ 꼴의 함수를 t에 대해 미분한 결과는 $\frac{ds}{dt}$ 또는 $\frac{d}{dt} g(t)$로 써야 한다.

미분연산자는 어떤 함수를 무엇에 대해 미분하고 있는지 나타낼 수 있어서 표기가 명확해지는 점이 있다. 상수함수의 경우를 예로 들면 다음과 같다.

$$\frac{d}{dx} c \;=\; 0$$

다음은 x의 거듭제곱, 즉 $x^n (n \in \mathbb{N})$ 형태의 함수를 미분해 보자.

---

21 미분연산자에 쓰인 d는 미분(differential)에서 따왔다.

$$\frac{d}{dx}\,x^n \;=\; \lim_{h\to 0}\frac{f(x+h)-f(x)}{h} \;=\; \lim_{h\to 0}\frac{(x+h)^n-x^n}{h}$$

$(x+h)^n$ 꼴의 거듭제곱이 나타났는데, 이것은 이항정리를 이용해서 전개할 수 있다.

$$(x+h)^n \;=\; \binom{n}{0}x^n h^0 + \binom{n}{1}x^{n-1}h^1 + \binom{n}{2}x^{n-2}h^2 + \cdots + \binom{n}{n}x^0 h^n$$
$$= x^n + nx^{n-1}h + \cdots + h^n$$

분수의 분자 부분은 여기서 x^n을 뺀 것이므로 다음과 같이 최고차항 x^n이 소거된 상태이다.

$$(x+h)^n - x^n \;=\; nx^{n-1}h + \cdots + h^n$$

우리가 구하는 극한은 이것을 다시 분모 h로 나눈 것이다. 따라서 x^n의 도함수는 다음과 같다.

$$\frac{d}{dx}\,x^n \;=\; \lim_{h\to 0}\left(nx^{n-1} + \cdots + h^{n-1}\right)$$
$$= nx^{n-1}$$

몇 개의 n 값에 대한 결과를 아래에 나열하였다.

$$\frac{d}{dx}\,x = x^{1-1} = 1$$
$$\frac{d}{dx}\,x^2 = 2x^{2-1} = 2x$$
$$\frac{d}{dx}\,x^3 = 3x^{3-1} = 3x^2$$

이런 거듭제곱의 항들이 덧셈이나 뺄셈으로 이어진 다항함수의 도함수는 어떻게 구할 수 있을까? 우선 시험 삼아 임의의 이차함수 $ax^2 + bx + c$를 도함수의 정의에 따라 미분해 보자.

$$\frac{d}{dx}\,(ax^2+bx+c) = \lim_{h\to 0}\frac{\left[a(x+h)^2+b(x+h)+c\right]-(ax^2+bx+c)}{h}$$
$$= \lim_{h\to 0}\frac{\left[(ax^2+2ahx+ah^2)+(bx+bh)+c\right]-(ax^2+bx+c)}{h}$$

$$\begin{aligned}
&= \lim_{h \to 0} \frac{2ahx + ah^2 + bh}{h} \\
&= \lim_{h \to 0} (2ax + ah + b) \\
&= 2ax + b
\end{aligned}$$

하지만 이런 식으로 수많은 형태의 다항함수를 하나씩 미분할 수는 없는 일이다. 앞서 함수의 극한에서 상수배·사칙연산 등에 대한 성질을 이용하여 다항함수나 유리함수의 극한을 쉽게 구할 수 있었듯이, 도함수에 대해서도 이런 종류의 성질이 성립한다면 계산이 편리할 것이다.

다항함수는 x^n 꼴의 상수배와 덧셈으로 이루어져 있으므로 우선은 미분 가능한 어떤 함수 $f(x)$를 상수배한 $cf(x)$의 도함수가 어떻게 되는지 살펴보자.

$$\begin{aligned}
\frac{d}{dx}\big[\,cf(x)\,\big] &= \lim_{h \to 0} \frac{cf(x+h) - cf(x)}{h} \\
&= c\left[\lim_{h \to 0} \frac{f(x+h) - f(x)}{h}\right] \\
&= cf'(x)
\end{aligned}$$

예상대로의 결과를 얻었다. 같은 식으로 해서 미분 가능한 두 함수의 합으로 이루어진 $f(x) + g(x)$의 도함수도 구해 보자.

$$\begin{aligned}
\frac{d}{dx}\big[\,f(x) + g(x)\,\big] &= \lim_{h \to 0} \frac{\big[f(x+h) + g(x+h)\big] - \big[f(x) + g(x)\big]}{h} \\
&= \lim_{h \to 0} \frac{\big[f(x+h) - f(x)\big] + \big[g(x+h) - g(x)\big]}{h} \\
&= \left[\lim_{h \to 0} \frac{f(x+h) - f(x)}{h}\right] + \left[\lim_{h \to 0} \frac{g(x+h) - g(x)}{h}\right] \\
&= f'(x) + g'(x)
\end{aligned}$$

$f(x) - g(x)$의 도함수는 상수배와 덧셈에 대한 성질로부터 바로 구할 수 있다. 물론 그렇게 하지 않고 도함수의 정의에 따라 계산해도 결과는 같다.

$$\frac{d}{dx}\big[\,f(x) - g(x)\,\big] = \frac{d}{dx}\big[\,f(x) + (-1)\,g(x)\,\big] = f'(x) - g'(x)$$

이제 이와 같은 도함수의 성질을 이용하면, 임의의 다항함수를 손쉽게 미분할 수 있다. 예를 들어 앞에서 도함수의 정의에 따라 계산했던 이차함수의 경우를 보면 다음과 같다.

$$\begin{aligned} \frac{d}{dx}(ax^2 + bx + c) &= \frac{d}{dx}(ax^2) + \frac{d}{dx}(bx) + \frac{d}{dx}c \\ &= a\frac{d}{dx}x^2 + b\frac{d}{dx}x + \frac{d}{dx}c \\ &= 2ax + b \end{aligned}$$

13.3.3 삼각함수의 미분법

다항함수에 이어서 삼각함수의 도함수를 계산해 보자. 먼저 $\sin x$의 차례다. $\sin(x+h)$를 삼각함수의 덧셈정리로 전개한 다음, 적절히 항을 재배치하여 극한을 구하기 쉬운 꼴로 만든다.

$$\begin{aligned} \frac{d}{dx}\sin x &= \lim_{h\to 0}\frac{\sin(x+h) - \sin x}{h} \\ &= \lim_{h\to 0}\frac{(\sin x \cos h + \cos x \sin h) - \sin x}{h} \\ &= \lim_{h\to 0}\frac{(\sin x \cos h - \sin x) + (\cos x \sin h)}{h} \\ &= \lim_{h\to 0}\left[\sin x \cdot \frac{\cos h - 1}{h} + \cos x \cdot \frac{\sin h}{h}\right] \end{aligned}$$

여기서 h와 무관한 $\sin x$나 $\cos x$는 상수나 마찬가지고, $\frac{\sin h}{h}$의 극한은 앞서 샌드위치 정리를 이용해서 구했다.

$$\lim_{h\to 0}\frac{\sin h}{h} = 1$$

남은 하나, $\cos h$가 관련된 극한은 앞 절의 연습문제에서도 다룬 바 있으며, 삼각함수의 반각공식 $\sin^2\frac{\theta}{2} = \frac{1}{2}(1 - \cos\theta)$를 이용하여 얻는다.

$$\begin{aligned} \lim_{h\to 0}\frac{\cos h - 1}{h} &= \lim_{h\to 0}\frac{-2\sin^2\frac{h}{2}}{h} = \lim_{h\to 0}\frac{-2\sin^2\frac{h}{2}}{2\cdot\frac{h}{2}} \\ &= -\lim_{h\to 0}\frac{\sin\frac{h}{2}}{\frac{h}{2}}\cdot\sin\frac{h}{2} = -1\cdot 0 = 0 \end{aligned}$$

이제 모든 항에 대해 극한이 존재하므로 계속해서 $\sin x$의 도함수를 계산할 수 있다.

$$
\begin{aligned}
\frac{d}{dx}\sin x &= \lim_{h\to 0}\left[\sin x \cdot \frac{\cos h - 1}{h} + \cos x \cdot \frac{\sin h}{h}\right] \\
&= \left[\lim_{h\to 0}\sin x\right]\cdot\left[\lim_{h\to 0}\frac{\cos h - 1}{h}\right] + \left[\lim_{h\to 0}\cos x\right]\cdot\left[\lim_{h\to 0}\frac{\sin h}{h}\right] \\
&= \sin x \cdot 0 + \cos x \cdot 1 \\
&= \cos x
\end{aligned}
$$

이렇게 해서 $\sin x$의 도함수는 $\cos x$라는 결과를 얻는다. $\cos x$의 도함수 역시 같은 방법으로 구할 수 있다. 삼각함수의 덧셈정리로부터 $\cos(x + h)$를 전개하여 계산해 보자.

$$
\begin{aligned}
\frac{d}{dx}\cos x &= \lim_{h\to 0}\frac{\cos(x+h) - \cos x}{h} \\
&= \lim_{h\to 0}\frac{(\cos x \cos h - \sin x \sin h) - \cos x}{h} \\
&= \lim_{h\to 0}\frac{(\cos x \cos h - \cos x) - (\sin x \sin h)}{h} \\
&= \lim_{h\to 0}\left[\cos x \cdot \frac{\cos h - 1}{h} - \sin x \cdot \frac{\sin h}{h}\right] \\
&= \left[\lim_{h\to 0}\cos x\right]\cdot\left[\lim_{h\to 0}\frac{\cos h - 1}{h}\right] - \left[\lim_{h\to 0}\sin x\right]\cdot\left[\lim_{h\to 0}\frac{\sin h}{h}\right] \\
&= \cos x \cdot 0 - \sin x \cdot 1 \\
&= -\sin x
\end{aligned}
$$

즉, $\sin x$의 도함수는 $\cos x$이고, $\cos x$의 도함수는 $-\sin x$다. 이 결론은 어떤 의미를 가질까? 두 함수의 그래프를 그려 보자.

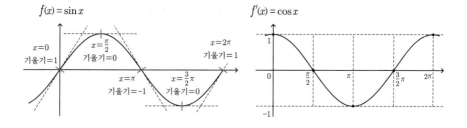

$\sin x$의 그래프에 접하는 접선의 기울기는 x가 $0 \sim 2\pi$에 이르는 동안 $1, 0, -1, 0$을 거쳐 다시 1이 되는데, 이 기울기의 변화 양상이 바로 $\cos x$와 같은 곡선을 그린다는 것이다. 그런데 사실 $\cos x$란 $\frac{\pi}{2}$만큼 어긋나 있는 $\sin x$이므로,[22] 이 두 함수들은 자기의 순간변화율을 나타내는 도함수를 구했더니 또 다른 자신이 나왔다는 꼴이된다.

$\tan x$의 도함수는 어떨까? $\tan x = \frac{\sin x}{\cos x}$이므로 두 함수 f와 g의 나눗셈 꼴로 된 $\frac{f}{g}$의 미분법을 알고 있다면 $\sin x$와 $\cos x$의 도함수로부터 $\tan x$의 도함수도 쉽게 구할 수 있을 것이다.

13.3.4 함수의 곱의 미분법

일단은 $\frac{f}{g}$를 구하기에 앞서서, 두 함수의 곱 $f \cdot g$의 미분법부터 알아보자. 도함수의 정의대로 하면 다음과 같다.

$$\frac{d}{dx}\big[\, f(x)\, g(x)\,\big] \;=\; \lim_{h \to 0} \frac{f(x+h)\, g(x+h) - f(x)\, g(x)}{h}$$

f나 g의 도함수를 이용해서 식을 간단히 하려면 $f(x+h) - f(x)$ 또는 $g(x+h) - g(x)$ 꼴이 나타나야 하는데, 지금의 형태로는 쉽지 않다. 약간의 트릭을 써서, 분자의 $f(x+h)g(x+h)$ 부분에 $-f(x)g(x+h)$ 항을 추가해 보자. 그러면 $g(x+h)$로 묶어서 다음과 같은 모양이 나타나도록 할 수 있다.

$$f(x+h)\, g(x+h) \;-\; f(x)\, g(x+h)$$
$$= \; g(x+h)\big[\, f(x+h) - f(x)\,\big]$$

다음은 임의로 추가했던 $-f(x)g(x+h)$ 부분을 상쇄하기 위해, 해당 항의 부호를 바꾸어 뒤쪽의 $-f(x)g(x)$에 더해 준다. 그러면 역시 다음과 같이 $f(x)$로 묶어서 원하는 모양이 나타나게 된다.

$$-\, f(x)\, g(x) \;+\; f(x)\, g(x+h)$$
$$= \; f(x)\big[\, g(x+h) - g(x)\,\big]$$

---

22 삼각함수의 성질에서 $\cos \theta = \sin(\theta + \frac{\pi}{2})$이다.

지금까지의 내용을 반영하여 원래의 식을 다시 전개하자.

$$\begin{aligned}\frac{d}{dx}\big[\,f(x)\,g(x)\,\big] &= \lim_{h\to0}\frac{f(x{+}h)\,g(x{+}h)\,-\,f(x)\,g(x)}{h}\\[2mm] &= \lim_{h\to0}\frac{\big[\,f(x{+}h)\,g(x{+}h)-f(x)\,g(x{+}h)\,\big]+\big[\,f(x)\,g(x{+}h)-f(x)\,g(x)\,\big]}{h}\\[2mm] &= \lim_{h\to0}\left[\,g(x{+}h)\cdot\frac{f(x{+}h)-f(x)}{h}\,+\,f(x)\cdot\frac{g(x{+}h)-g(x)}{h}\,\right]\end{aligned}$$

첫 번째 항에 나오는 $g(x+h)$의 극한은 어떻게 계산해야 할까? $g(x)$는 미분 가능한 함수이므로 연속이고, 따라서 $\lim_{x\to a}g(x)=g(a)$가 성립한다. 이때 $x=a+h$라 두면 $x\to a$일 때 $h\to 0$이므로, 이 극한은 의미가 동일한 다음 식으로도 나타낼 수 있다.

$$\lim_{h\to0}g(a+h)\;=\;g(a)$$

여기서 형식적으로 쓰인 문자 a를 x로 바꾸면, 위의 식에 나온 $g(x+h)$의 극한이 된다. 사실 이것은 직관적으로 보아 다소 당연한 결과이기도 하다.

$$\lim_{h\to0}g(x+h)\;=\;g(x)$$

이제 극한기호 안에 있는 네 개의 항 모두 극한이 존재하므로, 덧셈과 곱셈에 관련된 극한의 성질을 적용할 수 있다. 그에 따라 위의 식은 다음과 같이 정리된다.

$$\begin{aligned}&= \left[\lim_{h\to0}g(x{+}h)\right]\cdot\left[\lim_{h\to0}\frac{f(x{+}h)-f(x)}{h}\right]+\left[\lim_{h\to0}f(x)\right]\cdot\left[\lim_{h\to0}\frac{g(x{+}h)-g(x)}{h}\right]\\[2mm] &= g(x)\,f'(x)+f(x)\,g'(x)\end{aligned}$$

보기 쉽게 곱셈의 순서를 바꾸면 최종적으로 다음 식을 얻는다.

$$\frac{d}{dx}\big[\,f(x)\,g(x)\,\big]\;=\;f'(x)\,g(x)+f(x)\,g'(x)$$

좀 더 기억하기 쉬운 형태로 쓰면, 다음과 같다.

$$\big(fg\big)'\;=\;f'g\,+\,fg'$$

예제 13-8 $y = x^2 \cos x$의 도함수를 구하여라.

풀이

$y = fg$일 때 $y' = f'g + fg'$이므로

$$
\begin{aligned}
(x^2 \cos x)' &= (x^2)' \cos x + x^2 (\cos x)' \\
&= 2x \cos x - x^2 \sin x
\end{aligned}
$$

13.3.5 함수의 몫의 미분법

다음으로 두 함수의 나눗셈 꼴인 $\frac{f}{g}$의 미분법을 알아보자. 도함수의 정의대로 식을 구성한 다음, 복잡한 분수를 통분하여 간단히 한다.

$$
\begin{aligned}
\frac{d}{dx}\left[\frac{f(x)}{g(x)}\right] &= \lim_{h\to0} \frac{\left[\frac{f(x+h)}{g(x+h)}\right] - \left[\frac{f(x)}{g(x)}\right]}{h} \\
&= \lim_{h\to0} \frac{\left[\frac{f(x+h)\,g(x) - f(x)\,g(x+h)}{g(x+h)\,g(x)}\right]}{h} \\
&= \lim_{h\to0} \frac{f(x+h)\,g(x) - f(x)\,g(x+h)}{g(x+h)\,g(x)\,h}
\end{aligned}
$$

여기서 f나 g의 도함수 꼴을 만들기 위해 $f \cdot g$의 미분 때와 유사하게 분자 쪽에 $-f(x)g(x)$ 및 $+f(x)g(x)$를 해 준다. 분수 꼴이라서 복잡해 보이지만, 내용을 보면 $f \cdot g$의 경우와 별 차이가 없다.

$$
\begin{aligned}
&= \lim_{h\to0} \frac{f(x+h)\,g(x) - f(x)g(x) + f(x)g(x) - f(x)\,g(x+h)}{g(x+h)\,g(x)\,h} \\
&= \lim_{h\to0} \left[\frac{g(x)\left[f(x+h)-f(x)\right] - f(x)\left[g(x+h)-g(x)\right]}{h} \cdot \frac{1}{g(x+h)\,g(x)}\right] \\
&= \lim_{h\to0} \left[\frac{g(x)\cdot\dfrac{f(x+h)-f(x)}{h} - f(x)\cdot\dfrac{g(x+h)-g(x)}{h}}{g(x+h)\,g(x)}\right]
\end{aligned}
$$

극한기호 안의 모든 항에 대해 극한이 존재하므로 극한의 성질을 이용하여 다음 결과를 얻는다.

$$= \frac{\left[\lim_{h \to 0} g(x)\right] \cdot \left[\lim_{h \to 0} \frac{f(x+h) - f(x)}{h}\right] - \left[\lim_{h \to 0} f(x)\right] \cdot \left[\lim_{h \to 0} \frac{g(x+h) - g(x)}{h}\right]}{\left[\lim_{h \to 0} g(x+h)\,g(x)\right]}$$

$$= \frac{f'(x)\,g(x) - f(x)\,g'(x)}{\left[g(x)\right]^2}$$

역시 좀 더 기억하기 쉬운 형태로 쓰면 다음과 같다.

$$\left(\frac{f}{g}\right)' = \frac{f'g - fg'}{g^2}$$

$\frac{f}{g}$ 꼴의 미분법을 알게 되었으므로 이제 $\tan x$의 도함수를 계산할 수 있다.

$$\begin{aligned}
(\tan x)' = \left(\frac{\sin x}{\cos x}\right)' &= \frac{(\sin x)' \cdot \cos x - \sin x \cdot (\cos x)'}{\cos^2 x} \\
&= \frac{\cos x \cdot \cos x - \sin x \cdot (-\sin x)}{\cos^2 x} \\
&= \frac{\cos^2 x + \sin^2 x}{\cos^2 x} \\
&= \frac{1}{\cos^2 x} = \sec^2 x
\end{aligned}$$

분수 형태의 다른 예로는 유리함수가 있다. 먼저 $\frac{1}{x^n}\,(n \in \mathbb{N})$을 미분해 보자.

$$\begin{aligned}
\left(\frac{1}{x^n}\right)' &= \frac{(1)' \cdot x^n - 1 \cdot \left(x^n\right)'}{\left(x^n\right)^2} \\
&= \frac{0 \cdot x^n - n x^{n-1}}{x^{2n}} \\
&= -n \cdot \frac{x^{n-1}}{x^{2n}} = -n \cdot x^{n-1-2n} = -n \cdot x^{-n-1}
\end{aligned}$$

그런데 원래 함수를 음수 지수로 x^{-n}처럼 나타내면, 위의 결과는 이렇게도 쓸 수 있다.

$$\left(x^{-n}\right)' \;=\; -n \cdot x^{-n-1}$$

$-n = m$이라 두어 보자. 그러면 m은 음의 정수다.

$$\left(x^{m}\right)' \;=\; m \cdot x^{m-1}$$

자연수 지수일 때 $\left(x^{n}\right)' = nx^{n-1}$이 성립했는데, 지수가 음수일 때도 이것이 똑같이 성립한다는 것을 알 수 있다. 지수가 0일 때는 물론 $\left(x^{0}\right)' = (1)' = 0$이므로 이 결과가 모든 정수 지수에 대해 성립한다는 결론을 얻는다.

$$\left(x^{n}\right)' \;=\; nx^{n-1} \quad (n \in \mathbb{Z})$$

음수 지수일 때의 사례를 보자.

$$\left(\frac{1}{x}\right)' \;=\; \left(x^{-1}\right)' \;=\; -x^{-2} \;=\; -\frac{1}{x^2}$$
$$\left(\frac{1}{x^2}\right)' \;=\; \left(x^{-2}\right)' \;=\; -2x^{-3} \;=\; -\frac{2}{x^3}$$

위의 결과가 유리수나 실수 지수, 즉 $y = x^{\frac{2}{3}} = \sqrt[3]{x^2}$ 또는 $y = x^{\sqrt{2}}$ 같은 경우에도 성립할까? 이것을 알아보는 일은 지금까지의 방법으로는 쉽지 않으므로 잠시 미루어 두기로 한다.

$\frac{f}{g}$의 미분법으로 좀 더 일반적인 모양의 유리함수를 미분해 보자.

예제 13-9 다음 함수를 미분하여라.

$$y = \frac{x^2 + 1}{x^2 - 1}$$

풀이

$$\left(\frac{x^2 + 1}{x^2 - 1}\right)' \;=\; \frac{\left(x^2 + 1\right)'\left(x^2 - 1\right) - \left(x^2 + 1\right)\left(x^2 - 1\right)'}{\left(x^2 - 1\right)^2}$$

$$= \frac{2x \cdot (x^2 - 1) - (x^2 + 1) \cdot 2x}{(x^2 - 1)^2}$$

$$= \frac{2x \cdot (x^2 - 1 - x^2 - 1)}{(x^2 - 1)^2}$$

$$= \frac{-4x}{(x^2 - 1)^2}$$

13.3.6 선형근사와 오차

어떤 함수 $f(x)$의 도함수 $f'(x)$를 알면 특정한 지점 $x = a$에서 그 함수의 그래프에 접하는 접선의 기울기를 알 수 있고, 이것은 물론 $f'(a)$와 같다. 만약 $x = a$에 가까운 곳이라면 이 함수의 그래프와 접선은 상당히 근접해 있을 것이다. 다음 그림은 어떤 이차함수와 $x = 1$에 그은 접선을 함께 나타낸 그래프인데, 오른쪽으로 갈수록 확대된 상태이다. 그림에서 보는 것처럼, 어느 정도 확대하게 되면 $x = 1$에 가까운 곳에서는 사람의 눈으로 구별하기 쉽지 않을 만큼 이차함수와 그에 접하는 직선이 비슷해짐을 알 수 있다.

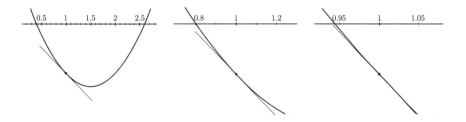

이런 점을 이용하면, 약간의 오차는 있겠지만 어떤 점 $x = a$ 근처에서 원래 함수로 해야 할 계산을 접선으로 대신할 수도 있다. 원래 함수의 계산이 복잡하더라도 접선의 경우는 늘 일차함수이므로 계산이 아주 간단해진다.

우선 이 접선에 해당하는 일차함수를 구해 보자. 우리가 가지고 있는 정보는 접선의 기울기에 해당하는 순간변화율 $f'(a)$와, 접선이 지나는 접점의 좌표 $(a, f(a))$가 있다. 그러면 이 접선은 원점을 지나는 직선 $y = f'(a) \cdot x$를 $(a, f(a))$만큼 평행이동한 것과 같다.

$$(y - f(a)) = f'(a)(x - a)$$
$$\therefore \ y = f(a) + f'(a)(x - a)$$

이제 x가 a에 충분히 가깝다면, 이 직선으로 원래 함수 $f(x)$를 근사시킬 수 있을 것이다.

$$f(x) \approx f(a) + f'(a)(x - a)$$

원래 함수를 일차(선형)함수로 근사시킨다는 뜻에서, 이것을 '$x = a$에서 f의 **선형근사**(linear approximation)'라고 부른다. 함수의 선형근사가 어떤 유용함을 제공하는지 예제를 통해 알아보자.

예제 13-10 선형근사를 이용하여 $\sin 0.01$의 근삿값을 구하여라.

풀이

$x = 0$에서 $f(x) = \sin x$의 선형근사를 구하면 다음과 같다.

$$f(x) \approx f(a) + f'(a)(x - a)$$
$$\sin x \approx \sin 0 + \cos 0 \cdot (x - 0)$$
$$\therefore \ \sin x \approx x$$

따라서 구하는 근삿값은 $\sin 0.01 \approx 0.01$이다.

$\sin x$의 그래프는 $(0, 0)$을 지나고, 이때 접선의 기울기는 $(\sin)' \, 0 = \cos 0 = 1$이다. 즉, $x = 0$에서 $\sin x$에 접하는 직선은 $y = x$이다. 위 예제의 결과를 그래프로 그려 보면, $x = 0$ 근처로 다가갈수록 $\sin x$ 그래프가 직선 $y = x$와 가까워짐을 알 수 있다.

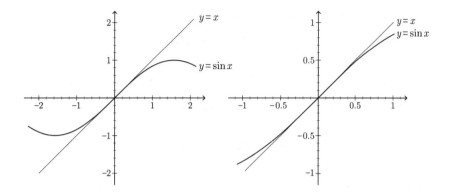

계산기 등을 통해 sin 0.01의 값을 구하면 대략 0.00999983이므로 0.01이라는 결과는 실용적인 면에서 그런대로 쓸모가 있다. 그러면 이런 근삿값과 실제 함숫값 사이의 오차는 일반적으로 어느 정도나 될까?

다음 그림에 나타낸 것처럼 $x = a$에서 $f(x)$에 대한 선형근사를 $L(x)$라 하자. a 주변의 근사하고자 하는 점이 $a + \Delta x$라면(앞의 예제로 말하자면 $a = 0$, $\Delta x = 0.01$), x가 Δx만큼 변화했을 때 실제 함숫값이 변화한 양은 Δy, 선형근사에 따라 변화한 양은 ΔL이라고 할 수 있다. 우리가 알아보려는 오차는 참값과 근삿값의 차, 즉 $\Delta y - \Delta L$이 된다.

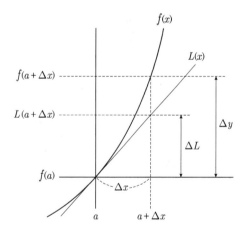

참값 Δy는 그림에서 보듯이 $f(a + \Delta x) - f(a)$임이 명확하다. 남은 근삿값 ΔL을 마저 구해 보자. x가 Δx만큼 변화했을 때 선형근사에 의한 f의 근삿값 $L(a + \Delta x)$은 다음과 같은데, 접선의 식에서 x 자리에 $a + \Delta x$를 대입하면 바로 계산된다.

$$L(a+\Delta x) \;=\; f(a) \,+\, f'(a) \cdot \big[\,(a+\Delta x) - a\,\big]$$
$$=\; f(a) \,+\, f'(a) \cdot \Delta x$$

그러므로 선형근사함수 $L(x)$가 변한 양 ΔL은 $L(a + \Delta x) - f(a) = f'(a) \cdot \Delta x$이다. 이제 참값 Δy와의 오차를 E라 하면, E는 다음과 같다.

$$E \;=\; \Delta y - f'(a)\Delta x$$

함수 f는 a에서 연속이므로 연속함수의 성질에 따라 $\Delta x \to 0$일 때 $\Delta y \to 0$이다. 그에 따라, 다소 당연한 얘기지만 다음의 결과가 성립함을 알 수 있다. 이 식은 Δx가 작아질수록 오차 E도 작아진다는 것을 보여 준다.

$$\lim_{\Delta x \to 0} E \;=\; \lim_{\Delta x \to 0} \big(\Delta y - f'(a)\Delta x \big)$$
$$=\; \Big[\, \lim_{\Delta x \to 0} \Delta y \,\Big] - \Big[\, \lim_{\Delta x \to 0} f'(a)\Delta x \,\Big]$$
$$=\; 0 - 0 \;=\; 0$$

그런데 E의 식을 살펴보면 Δx, Δy, $f'(a)$로 이루어져 있다. 이 점에 착안하여 E를 다음과 같은 변화율 형태로 바꿔 보자.

$$E \;=\; \Delta y \left(\frac{\Delta x}{\Delta x} \right) \,-\, f'(a)\Delta x$$
$$=\; \left[\frac{\Delta y}{\Delta x} - f'(a) \right] \cdot \Delta x$$

$\frac{\Delta y}{\Delta x}$는 Δx에 대한 함수 f의 실제 변화율이고, $f'(a)$는 선형근사한 접선의 기울기이므로, 위 식의 대괄호 부분은 실제 함수와 선형근사의 변화율(기울기) 차이에 해당한다. 이 차이를 ϵ으로 나타내기로 하면, 오차 E는 다음과 같은 모양으로도 쓸 수 있다.

$$E \;=\; \epsilon \, \Delta x$$

ϵ 또한 아래에서 보듯이 $\Delta x \to 0$일 때 $\epsilon \to 0$이 된다.

$$\lim_{\Delta x \to 0} \epsilon = \lim_{\Delta x \to 0} \left[\frac{\Delta y}{\Delta x} - f'(a) \right]$$
$$= f'(a) - f'(a) = 0$$

선형근사의 오차는 다음 절에서 합성함수의 도함수를 계산할 때 도움을 준다.

연습문제

1. 다음 함수의 도함수를 구하여라.

  (1) $y = 2x^2 + 3x + 4$ (2) $y = (x-1)^3$ (3) $y = x^2 - 2\cos x + 1$

2. 다음 함수의 도함수를 구하여라.

  (1) $y = (x^2 + x + 1)(x^2 - 2x - 2)$ (2) $y = \sin x \cos x$

  (3) $y = \dfrac{\sin x}{x}$ (4) $y = \dfrac{3x^3 - 1}{2x^2 + 1}$

3. $f(x)$가 다음과 같을 때, 선형근사를 이용하여 $f(0.001)$의 근삿값을 구하여라.

$$f(x) = \frac{1}{(x+1)^2}$$

13.4 도함수의 계산(2)

13.4.1 합성함수의 미분법

함수에 대한 사칙연산 외에도 합성이라는 과정을 통하면 더 복잡한 함수들을 만들 수 있다. 예를 들어 $f(x) = \sin x$의 함숫값을 다시 $g(x) = x^2$이라는 함수의 입력으로 삼으면, 그 결과로 새로운 합성함수 $(g \circ f)(x) = g(f(x)) = \sin^2 x$를 얻는다. 앞 절에서는 $f \pm g$, $f \cdot g$, $\frac{f}{g}$를 미분하는 방법을 알아보았는데, 합성으로 만들어진 함수를 미분하려면 어떻게 해야 할까?

  이해를 돕기 위해서 $(g \circ f)$의 입력과 출력을 평소대로 x와 y라 두고, 그 중간을 잇는 변수를 t라고 해 보자. 즉, f는 독립변수 x를 받아서 t를 내놓는 함수, g는 다시 그 t를 받아서 y를 내놓는 함수다. 물론 이때 f와 g는 미분 가능하다고 가정한다. 그러면 f의 도함수는 $\frac{dt}{dx}$, g의 도함수는 $\frac{dy}{dt}$가 될 것이다. 이 상황을 그림으로 나타내면 다음과 같다.

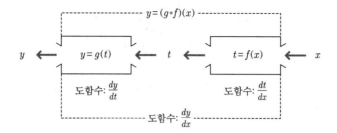

우리가 궁금한 것은 이때 합성함수 $y = (g \circ f)(x)$의 도함수, 즉 $\dfrac{dy}{dx}$를 어떻게 구하느냐지만, 지금 당장 알 수 있는 것은 f와 g의 도함수뿐이다.

$$f'(x) = \frac{dt}{dx} = \lim_{\Delta x \to 0} \frac{\Delta t}{\Delta x}$$

$$g'(t) = \frac{dy}{dt} = \lim_{\Delta t \to 0} \frac{\Delta y}{\Delta t}$$

여기서 Δt가 두 식에 공통으로 나타나고 있음에 주목하여, 다음과 같은 시도를 해 볼 수 있다.

$$(g \circ f)'(x) = \frac{dy}{dx} = \lim_{\Delta x \to 0} \frac{\Delta y}{\Delta x}$$
$$= \lim_{\Delta x \to 0} \left[\frac{\Delta y}{\Delta t} \cdot \frac{\Delta t}{\Delta x} \right]$$

이때 분모가 0이면 안 되므로 이것은 Δt가 0이 아니라는 보장이 있을 때만 가능하다. 일단은 그렇다고 가정하고, 어떤 결과가 나오는지 계속해서 계산해 보자.

$$\frac{dy}{dx} = \left[\lim_{\Delta x \to 0} \frac{\Delta y}{\Delta t} \right] \cdot \left[\lim_{\Delta x \to 0} \frac{\Delta t}{\Delta x} \right]$$

오른쪽 대괄호 안은 $\dfrac{dt}{dx}$이므로 $f'(x)$에 해당하지만, 왼쪽 괄호 안은 명확하지 않다. $\Delta x \to 0$이라고 할 때 Δt나 Δy는 어떻게 되는 것일까? 여기서 앞의 절에서 공부했던 연속함수의 성질을 떠올려 보자.

$$y = f(x)\text{가 연속이면, } \lim_{\Delta x \to 0} \Delta y = 0\text{이다.}$$

지금 다루고 있는 $t = f(x)$는 미분 가능하므로 연속이고, 연속함수의 성질에 의해

$\lim\limits_{\Delta x \to 0} \Delta t = 0$이 성립한다. 즉, $\Delta x \to 0$일 때 $\Delta t \to 0$임을 이용하여 왼쪽 대괄호 안 $\lim$의 첨자를 Δt로 바꾸면 다음과 같은 식이 된다.

$$\frac{dy}{dx} = \left[\lim_{\Delta t \to 0} \frac{\Delta y}{\Delta t}\right] \cdot \left[\lim_{\Delta x \to 0} \frac{\Delta t}{\Delta x}\right] = \frac{dy}{dt} \cdot \frac{dt}{dx}$$

$\Delta t \neq 0$이라는 조건이 붙기는 하지만, 일단 합성함수 $(g \circ f)$의 도함수란 우리가 이미 알고 있는 두 도함수의 곱과 같다는 결과를 얻는다.

$$\frac{dy}{dx} = \frac{dy}{dt} \cdot \frac{dt}{dx}$$
$$\therefore \ (g \circ f)'(x) = g'(t) \cdot f'(x)$$

여기서 g'은 중간 변수인 t의 함수로 되어 있으므로 원래 입력인 x에 대해 정리 하자.

$$(g \circ f)'(x) = g'(f(x)) \cdot f'(x)$$

이 결과는 합성함수의 도함수가 어떤 모양일지를 보여 준다. 하지만 함수에 따라서 는 $\Delta x \to 0$일 때 $\Delta t = 0$이 될 수도 있으므로 이것만으로는 완전하지 않다. 예컨대 $t = f(x)$가 상수함수일 경우를 생각해 보자.

보다 완전한 형태로 합성함수의 도함수를 구하는 데에는, 다소 의외지만 선형근 사의 오차에 관한 식이 도움이 된다. 미분 가능한 어떤 함수 $y = f(x)$를 a 근처에 서 선형근사시킬 때의 오차는 $E = e \cdot \Delta x$의 꼴로 나타낼 수 있고, $\Delta x \to 0$이면 $e \to 0$이라는 것도 앞 절에서 알아보았다. 이때 e은 변화율의 차이로 다음과 같다.

$$\epsilon = \frac{\Delta y}{\Delta x} - f'(a)$$

이 식을 Δy에 대해서 정리하면, 입력값의 변화량(Δx)과 출력값의 변화량(Δy) 간의 관계를 나타내는 모양이 된다.

$$\Delta y = \left[f'(a) + \epsilon\right] \cdot \Delta x$$

이제 함수 $t = f(x)$와 $y = g(t)$, 그리고 그 둘의 합성인 $y = (g \circ f)(x)$가 있다고 하자. $f(x)$가 $x = a$에서 미분 가능하고 그때의 함숫값이 $f(a) = b$라면, $g(t)$는 f의 함숫값을 입력으로 하므로 $t = b$에서 미분 가능하다.

먼저 $t = f(x)$에 대한 함숫값의 변화량 Δt를 $x = a$에서의 선형근사 꼴로 나타낸다. 이때 변화율의 차이 e은 f와 g의 경우를 구분하기 위해 각각 e_1과 e_2로 쓰자.

$$\Delta t = [f'(a) + \epsilon_1] \cdot \Delta x$$

$y = g(t)$는 다음과 같이 될 것이다.

$$\Delta y = [g'(b) + \epsilon_2] \cdot \Delta t$$

여기서 Δt 자리에 바로 앞에서 구한 결과를 대입하면, 합성함수의 출력 Δy를 중간 입력 Δt가 아닌 최초의 입력 Δx와 연관지을 실마리가 생긴다.

$$\Delta y = [g'(b) + \epsilon_2] \cdot [f'(a) + \epsilon_1] \cdot \Delta x$$

양변을 Δx로 나누면 위의 식은 드디어 합성함수 $y = (g \circ f)(x)$의 변화율 모양으로 바뀐다.

$$\frac{\Delta y}{\Delta x} = [g'(b) + \epsilon_2] \cdot [f'(a) + \epsilon_1]$$

여기에 $\Delta x \to 0$일 때의 극한을 취하면 곧 순간변화율이 될 것이다. 이때 연속함수의 성질에 의해 $\Delta x \to 0$이면 $\Delta t \to 0$이고, 그에 따라 $e_1 \to 0$ 및 $e_2 \to 0$이 성립함을 이용하자.

$$\begin{aligned}
\lim_{\Delta x \to 0} \frac{\Delta y}{\Delta x} &= \lim_{\Delta x \to 0} \left[[g'(b) + \epsilon_2] \cdot [f'(a) + \epsilon_1] \right] \\
&= [g'(b) + 0] \cdot [f'(a) + 0] \\
&= g'(b) \cdot f'(a) \\
&= g'(f(a)) \cdot f'(a)
\end{aligned}$$

따라서 합성함수 $y = (g \circ f)(x)$의 도함수는 다음과 같다. 이것은 앞서 $\frac{\Delta y}{\Delta x} =$

$\dfrac{\Delta y}{\Delta t} \cdot \dfrac{\Delta t}{\Delta x}$ 로 두고 구했던 결과와 일치한다.

$$\frac{dy}{dx} = g'(t) \cdot f'(x)$$
$$= g'(f(x)) \cdot f'(x) = \frac{dy}{dt} \cdot \frac{dt}{dx}$$

지금까지 살펴본 합성함수 $g(f(x))$의 미분법은 일상적인 말로는 아래처럼 쓸 수 있다.

- 우선 바깥쪽 함수인 g를 일반적인 함수인 것처럼(x가 아니라) t에 대하여 미분한다.
- 그 다음은 g가 감싸고 있던 안쪽 함수 f를 미분하고, 앞의 결과에 곱해 준다.
- 앞서 t로 나타나 있던 g의 도함수를 x에 관한 식, 즉 $t = f(x)$로 교체한다.

예제를 풀면서 이런 과정을 실제로 익혀 보자.

예제 13-11 다음 함수의 도함수를 구하여라.

(1) $y = \sin^2 x$ (2) $y = \sin x^2$ (3) $y = (x^2 + 1)^3$ (4) $y = \dfrac{1}{(x^2 + 1)^3}$

풀이

(1) $\sin^2 x = (\sin x)^2$이므로 바깥쪽 함수 $y = g(t) = t^2$, 안쪽 함수 $t = f(x) = \sin x$로 볼 수 있다. 이때 합성함수 $g(f(x))$의 도함수는 다음과 같다.

$$\left[(\sin x)^2 \right]' = (t^2)' \cdot (\sin x)' = 2t \cdot \cos x = 2 \sin x \cos x$$

(2) $\sin^2 = \sin(x^2)$이므로 바깥쪽 함수 $g(t) = \sin t$, 안쪽 함수 $f(x) = x^2$이다.

$$\left[\sin(x^2) \right]' = (\sin t)' \cdot (x^2)' = \cos t \cdot 2x = \cos x^2 \cdot 2x$$

(3) $g(t) = t^3, f(x) = x^2 + 1$로 놓는다.

$$[(x^2+1)^3]' = (t^3)' \cdot (x^2+1)' = 3t^2 \cdot 2x = 6x \cdot (x^2+1)^2$$

(4) $g(t) = t^{-3}, f(x) = x^2 + 1$로 놓으면 된다.

$$\left[\frac{1}{(x^2+1)^3}\right]' = (t^{-3})' \cdot (x^2+1)' = -3t^{-4} \cdot 2x = \frac{-6x}{(x^2+1)^4}$$

함수가 세 개 이상 합성되었을 때의 도함수는 어떻게 구할까? 다음 그림처럼 세 함수가 합성된 $(h \circ g \circ f)(x) = h(g(f(x)))$가 있다고 하자.

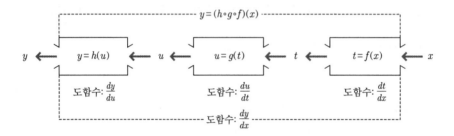

지금 미분법을 아는 것은 함수 두 개가 합성된 경우이므로 $u = (g \circ f)(x)$를 묶어서[23] 하나인 것처럼 계산한 다음, 다시 그것을 풀어서 마저 계산하자. 즉, $(h \circ g \circ f)$ $(x) = (h \circ u)(x)$로 보는 것이다.

$$\begin{aligned}
\frac{dy}{dx} &= h'\big(u(x)\big) \cdot u'(x) \\
&= h'\big((g \circ f)(x)\big) \cdot (g \circ f)'(x) \\
&= h'\big((g \circ f)(x)\big) \cdot g'(f(x)) \cdot f'(x)
\end{aligned}$$

여기서 괄호 안에 있는 것들은 $(g \circ f)(x) = u$이고 $f(x) = t$이다. 따라서 위의 식은 다음과 같이 우리가 알고 있는 세 가지 도함수의 곱으로 나타난다.

---

23 함수의 합성은 결합법칙이 성립하므로, $(h \circ g) \circ f$로 묶어도 마찬가지 결과를 얻는다.

$$\frac{dy}{dx} \;=\; h'(u) \cdot g'(t) \cdot f'(x) \;=\; \frac{dy}{du} \cdot \frac{du}{dt} \cdot \frac{dt}{dx}$$

다소 복잡해 보이는 결과지만, 모양을 잘 보면 가장 바깥쪽의 h를 먼저 u에 대해서 미분하고, 다시 그 안에 있던 $u = g(t)$를 꺼내어 t에 대해 미분하고, 마지막으로 가장 안에 있던 $t = f(x)$를 꺼내어 x에 대해 미분하는 모양이 된다.

이러한 과정은 세 개보다 더 많은 함수가 합성되어도 마찬가지일 것이라 충분히 예상할 수 있다. 이처럼 바깥쪽 함수부터 시작하여 마치 양파를 까듯이 안쪽을 향해 미분하면서 연쇄적으로 계속 도함수를 곱해 가므로, 합성함수의 미분법을 **연쇄법칙**(chain rule)이라 부르기도 한다.

예제 13-12 $y = \dfrac{1}{\cos x^2}$의 도함수를 구하여라.

풀이

이것은 세 함수의 합성으로 볼 수 있으며, 바깥쪽부터 차례로 나열하면 다음과 같다.

$$y = h(u) = u^{-1}$$
$$u = g(t) = \cos t$$
$$t = f(x) = x^2$$

연쇄법칙에 의해 구하는 도함수는 $h'(u) \cdot g'(t) \cdot f'(x)$이다.

$$
\begin{aligned}
y' &= \left(u^{-1}\right)' \cdot (\cos t)' \cdot \left(x^2\right)' = (-u^{-2}) \cdot (-\sin t) \cdot 2x \\
&= \left[-(\cos x^2)^{-2}\right] \cdot (-\sin x^2) \cdot 2x \\
&= \frac{\sin x^2 \cdot 2x}{\left(\cos x^2\right)^2} = 2x \cdot \tan x^2 \cdot \sec x^2
\end{aligned}
$$

13.4.2 음함수의 미분법

지금까지 함수의 사칙연산이나 합성으로 이루어진 함수의 미분법을 알아보았다. 그러나 기초 수학에서 중요하게 다루는 함수의 종류 중에는 이런 방법으로 미분하기 어려운 함수들도 많이 있다. 이제 그런 함수들을 미분하기 위한 방법 중 하나를 알아보자.

우리가 '함수'라고 부르는 것은 입력인 독립변수와 출력인 종속변수가 명확히 정해져 있는 관계다. 그런 면에서 보면, 다음과 같은 식은 이러한 함수의 정의에 들어맞지 않는다.

$$x^2 + y^2 = 1$$

그렇다면 위의 식은 무엇을 나타내고 있을까? 마침 양변이 모두 음수가 아니므로 근호를 씌우고, x^2과 y^2을 약간 변형하면 다음과 같은 모양이 된다.

$$\sqrt{(x-0)^2 + (y-0)^2} = 1$$

좌변이 좌표평면에서 두 점 (x, y)와 $(0, 0)$ 사이의 거리를 나타내고 있음에 주목하자. 그 결과가 우변에 있는 1이므로, 이 식은 원점에서 거리 1만큼 떨어진 점 (x, y)의 집합, 즉 단위원을 나타낸다.[24] 하지만 이 식은 $y = f(x)$의 형태가 아니어서 함수라 볼 수 없는데, 굳이 함수로 만들려면 다음과 같이 두 개로 나누어야 할 것이다.

$$y^2 = 1 - x^2$$
$$\therefore y = \pm\sqrt{1 - x^2}$$

즉, 단위원은 $x^2 + y^2 = 1$이라는 한 개의 수식으로 표현이 가능하지만, 이것을 함수의 형태로 나타내고자 한다면 x축 기준으로 위쪽의 반원을 나타내는 $y = \sqrt{1 - x^2}$, 아래쪽 반원을 나타내는 $y = -\sqrt{1 - x^2}$라는 두 개의 함수가 필요하다.

---

24 이것을 일반화해서 생각해 보면, 원점을 중심으로 하고 반지름이 r인 원의 방정식은 $x^2 + y^2 = r^2$임을 알 수 있다.

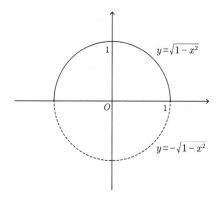

이처럼 독립변수와 종속변수가 명확하지 않고 $f(x, y) = 0$ 꼴로 되어 있는 식은, 함수에 해당하는 관계가 그 안에 숨어 있다는 뜻에서 **음함수**[25]라고 부른다. 그와 대비하여 통상적인 의미의 함수를 **양함수**[26]라 부르기도 한다. 원의 경우는 간단한 편이지만, $x^2 + xy + y^2 = 1$ 등과 같이 변수들이 좀 더 복잡하게 얽히게 되면 $y = f(x)$ 형태로 바꾸는 일이 쉽지 않다. 그러므로 이러한 음함수를 미분하려면(즉, 기울기를 얻으려면) 따로 양함수 형태로 바꾸지 않고서도 계산할 수 있어야 한다.

음함수를 한쪽의 변수, 예를 들어 x에 대해 미분하는 일은 사실 복잡하지 않다.

- 미분 대상이 아닌 다른 변수 y를 x에 대한 어떤 함수 $f(x)$로 간주하고, 연쇄법칙 등을 이용하여 음함수 식의 양변을 미분한다.
- 구하려는 도함수 y', 즉 $\frac{dy}{dx}$에 대해 그 결과를 정리한다.

이런 방법대로 단위원의 방정식을 x에 대해 미분해 보자.

$$\frac{d}{dx}x^2 + \frac{d}{dx}y^2 = \frac{d}{dx}1$$

x^2과 상수항 1의 미분은 익숙해도 $\frac{d}{dx}y^2$은 조금 낯설어 보인다. 하지만 y를 x에 대한 어떤 함수 $f(x)$라고 한다면, y^2은 연쇄법칙에 따라 다음과 같이 x에 대해 미분할 수 있다.

25 영어로는 '묵시적인 함수'라는 뜻의 implicit function이다.
26 영어로는 '명시적인 함수'라는 뜻의 explicit function이다.

$$\frac{d}{dx}y^2 = \frac{d}{dy}y^2 \cdot \frac{d}{dx}f(x)$$
$$= 2y \cdot \frac{dy}{dx}$$

따라서 앞의 식은 다음과 같이 된다.

$$\frac{d}{dx}x^2 + \frac{d}{dx}y^2 = \frac{d}{dx}1$$
$$2x + 2y \cdot \frac{dy}{dx} = 0$$
$$2x + 2y \cdot y' = 0$$

이제 y'에 대해 정리한다.

$$y' = -\frac{x}{y}$$

y를 x에 대한 하나의 식으로 풀어 쓸 수는 없으므로 위에서 식이 더 이상 간단해지지는 않는다. 이것이 단위원을 나타내는 음함수를 x에 대해 미분한 결과다. 이 도함수는 단위원 위에 있는 한 점 $(x,\,y)$에 접하는 접선의 기울기를 나타내며, 이때 물론 분모 $y = 0$인 점에서는 기울기가 정의되지 않는다. 원 위의 점 몇 개를 골라서 접선의 기울기가 $-\frac{x}{y}$인지 확인해 보자.

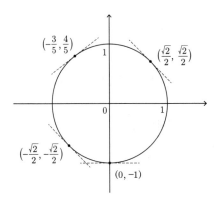

음함수의 미분법을 이용하면 $y = \sqrt{x}$의 도함수를 쉽게 구할 수 있다. 일단 양변을 제곱하여 음함수 꼴로 만든다.

$$y^2 = x$$
$$\frac{d}{dx}y^2 = \frac{d}{dx}x$$
$$2y \cdot y' = 1$$
$$y' = \frac{1}{2y}$$

도함수의 식에 y가 들어 있지만, 원의 경우와는 달리 이번에는 y를 $\sqrt{x}$로 나타낼 수 있다. x에 대한 식으로 풀어 쓰면 다음과 같은 결과를 얻는다.

$$\therefore \ y' = \frac{1}{2\sqrt{x}}$$

$\sqrt{x} = x^{\frac{1}{2}}$이므로 위의 경우를 조금 더 일반화하면 x^n에서 n이 유리수일 때의 도함수를 구할 수 있다. 물론 이때 지수법칙에서 공부한 대로 밑인 x는 양수로 한정한다. 이제 x^n에서 유리수 지수 $n = \frac{p}{q}$이고, p와 q는 서로소인 정수라고 하자. $y = x^n$의 양변을 q제곱하면 음함수 꼴로 만들 수 있다.

$$y = x^n = x^{\frac{p}{q}} \quad (x > 0)$$
$$y^q = x^p$$

다음은 음함수의 미분법에 따라 이 식을 x에 대해 미분한다. p, q는 정수이므로 정수 지수일 때의 미분법을 적용하면 된다.

$$\frac{d}{dx}y^q = \frac{d}{dx}x^p$$
$$qy^{q-1} \cdot y' = px^{p-1}$$
$$y' = \frac{px^{p-1}}{qy^{q-1}} = n \cdot \frac{x^{p-1}}{y^{q-1}}$$

여기서 $y = x^{\frac{p}{q}}$이었으므로 분모의 $y^{q-1} = x^{\frac{p}{q}(q-1)}$이다.

$$y' = n \cdot \frac{x^{p-1}}{y^{q-1}} = n \cdot \frac{x^{p-1}}{x^{\frac{p}{q}(q-1)}}$$

지수법칙에 따라 우변 x의 지수부를 정리하면 다음과 같다.

$$(p-1) - \left[\frac{p}{q} \cdot (q-1) \right] = (p-1) - \left(p - \frac{p}{q} \right)$$
$$= \frac{p}{q} - 1$$
$$= n - 1$$

따라서 앞의 도함수 식은 다음과 같이 쓸 수 있다.

$$y' = n \cdot x^{n-1}$$

이렇게 해서 n이 유리수일 때도 거듭제곱의 미분법이 성립한다는 것을 알 수 있다.

$$\therefore \frac{d}{dx} x^n = n x^{n-1} \quad (x > 0,\ n \in \mathbb{Q})$$

아래는 이러한 유리수 지수의 사례다.

$$\left(\sqrt{x} \right)' = \left(x^{\frac{1}{2}} \right)' = \frac{1}{2} \cdot x^{-\frac{1}{2}} = \frac{1}{2} \cdot \frac{1}{x^{\frac{1}{2}}} = \frac{1}{2\sqrt{x}}$$

$$\left(\sqrt[3]{x} \right)' = \left(x^{\frac{1}{3}} \right)' = \frac{1}{3} \cdot x^{-\frac{2}{3}} = \frac{1}{3} \cdot \frac{1}{x^{\frac{2}{3}}} = \frac{1}{3\sqrt[3]{x^2}}$$

$$\left(\sqrt[3]{x^2} \right)' = \left(x^{\frac{2}{3}} \right)' = \frac{2}{3} \cdot x^{-\frac{1}{3}} = \frac{2}{3} \cdot \frac{1}{x^{\frac{1}{3}}} = \frac{2}{3\sqrt[3]{x}}$$

13.4.3 지수함수와 로그함수의 미분법

다음으로는 지금까지 다루었던 함수 중 아직 미분법이 소개되지 않은 두 가지, 지수함수와 로그함수의 도함수를 알아본다. 이를 위해서 먼저 무리수 e와 관련된 내용을 복습해 보자. 자연로그의 밑 e는 다음과 같은 극한으로 정의할 수 있다.

$$\lim_{n \to \infty} \left(1 + \frac{1}{n} \right)^n = e$$

위의 식에서 $t = \frac{1}{n}$로 놓으면 다음의 모양이 된다. 도함수는 $\Delta x \to 0$일 때의 극한이므로 이 형태가 좀 더 유용하다.

$$\lim_{t \to 0} (1 + t)^{\frac{1}{t}} = e$$

이 극한을 기억해 두고 먼저 로그함수의 도함수를 구해 보자. 1이 아닌 임의의 양수 a를 밑으로 하는 $\log_a x$에 대해 도함수의 정의를 따라 식을 구성한다.

$$\frac{d}{dx} \log_a x = \lim_{h \to 0} \frac{\log_a (x+h) - \log_a x}{h}$$

우변은 로그의 기본적인 성질을 이용하여 정리할 수 있다.

$$= \lim_{h \to 0} \frac{1}{h} \cdot \log_a \left(\frac{x+h}{x} \right)$$
$$= \lim_{h \to 0} \log_a \left(1 + \frac{h}{x} \right)^{\frac{1}{h}}$$

e의 극한과 유사한 모양이 되었다. 괄호 안에 있는 $\frac{h}{x}$의 역수가 지수부에 나타나도록 조정한다.

$$= \lim_{h \to 0} \log_a \left(1 + \frac{h}{x} \right)^{\frac{x}{h} \cdot \frac{1}{x}}$$
$$= \lim_{h \to 0} \frac{1}{x} \cdot \log_a \left(1 + \frac{h}{x} \right)^{\frac{x}{h}}$$

$t = \frac{h}{x}$라 두면, 위의 식은 우리가 알고 있는 극한의 모양이 된다. 이때 $h \to 0$이므로 $t \to 0$이다.

$$= \frac{1}{x} \cdot \left[\lim_{t \to 0} \log_a (1+t)^{\frac{1}{t}} \right]$$
$$= \frac{1}{x} \cdot \log_a e = \frac{1}{x} \cdot \frac{\ln e}{\ln a} = \frac{1}{\ln a} \cdot \frac{1}{x}$$

즉, 로그함수의 도함수는 $\frac{1}{x}$에 상수를 곱한 형태다.

$$\therefore \frac{d}{dx} \log_a x = \frac{1}{\ln a} \cdot \frac{1}{x}$$

여기서 로그의 밑 $a = e$로 두면 자연로그의 도함수도 바로 얻는다. e가 '자연스러운' 상수로 불리는 이유의 일면을 엿볼 수 있다.

$$\frac{d}{dx} \ln x = \frac{1}{\ln e} \cdot \frac{1}{x} = \frac{1}{x}$$

이어서 지수함수의 도함수를 구해 보자. 1이 아닌 임의의 양수 a를 밑으로 하는 지수함수 a^x의 도함수를 정의에 의해 계산하면 다음과 같다.

$$\begin{aligned} \frac{d}{dx} a^x &= \lim_{h \to 0} \frac{a^{x+h} - a^x}{h} \\ &= \lim_{h \to 0} \frac{a^x(a^h - 1)}{h} \\ &= a^x \cdot \lim_{h \to 0} \frac{a^h - 1}{h} \end{aligned}$$

저 극한을 계산하기 위해 일단 $a^h - 1 = t$로 둔다. 그러면 $h \to 0$일 때 $t \to 0$이다. $a^h = t + 1$이므로 로그의 정의와 밑의 변환공식을 이용해서 h를 t의 자연로그로 바꾼 다음,

$$h = \log_a (t+1) = \frac{\ln(t+1)}{\ln a} = \frac{1}{\ln a} \cdot \ln(t+1)$$

앞서의 도함수를 t에 관한 식으로 다시 쓰자.

$$a^x \cdot \lim_{h \to 0} \frac{a^h - 1}{h} = a^x \cdot \lim_{t \to 0} \frac{t}{\left[\dfrac{1}{\ln a} \cdot \ln(t+1)\right]} = a^x \cdot \ln a \cdot \left[\lim_{t \to 0} \frac{t}{\ln(t+1)}\right]$$

대괄호 안의 극한은 사실 익숙한 유형이 역수 형태로 나타난 것이다.

$$\begin{aligned} &= \frac{a^x \cdot \ln a}{\left[\lim\limits_{t \to 0} \dfrac{\ln(t+1)}{t}\right]} = \frac{a^x \cdot \ln a}{\left[\lim\limits_{t \to 0} \ln(t+1)^{\frac{1}{t}}\right]} = \frac{a^x \cdot \ln a}{\ln\left[\lim\limits_{t \to 0} (t+1)^{\frac{1}{t}}\right]} \\ &= a^x \cdot \frac{\ln a}{\ln e} = a^x \cdot \ln a \end{aligned}$$

따라서 a를 밑으로 하는 지수함수의 도함수는 다음과 같다.

$$\therefore \ \frac{d}{dx} a^x = a^x \cdot \ln a$$

밑이 e라면 더욱 자연스러운 결과를 얻는다.

$$\frac{d}{dx}\,e^x \;=\; e^x \cdot \ln e \;=\; e^x$$

즉, e^x을 미분하면 다시 자기 자신이 된다.[27] 따라서 지수함수 $y = e^x$의 그래프는 그 접선의 기울기도 지수함수 e^x의 추세로 증가한다.

x^n 꼴의 함수에 대한 도함수 관계를 살펴보면 흥미로운 점을 발견할 수 있다. 거듭제곱 꼴을 계속 미분하면 결국 0이라는 종착점에 도달하여 더 이상 변화가 없지만, 그 즈음에 로그함수가 나타나서 x^{-n} 꼴의 거듭제곱에 대한 계보를 이어 간다. 일차함수보다는 더디게 증가하고 상수함수는 아닌, 그런 로그함수의 특징을 여기서도 엿볼 수 있다.

$$\cdots \;\to\; x^3 \;\to\; x^2 \;\to\; x \;\nearrow\; \genfrac{}{}{0pt}{}{\text{constant}}{\ln x} \;\nearrow\; \frac{1}{x} \;\to\; \frac{1}{x^2} \;\to\; \cdots$$

예제 13-13 다음 함수의 도함수를 구하여라.

(1) $y = e^{\sin x}$　　(2) $y = \sqrt{x}\,e^x$　　(3) $y = \ln\left(x + \sqrt{x^2 + 1}\,\right)$

풀이

(1) 연쇄법칙에 의해 $\left(e^{g(x)}\right)' = e^{g(x)} \cdot g'(x)$이므로 구하는 도함수는 다음과 같다.

$$y' \;=\; e^{\sin x} \cdot (\sin x)' \;=\; e^{\sin x} \cos x$$

(2) $(fg)' = f'g + fg'$임을 이용한다.

$$y' \;=\; \frac{1}{2\sqrt{x}}\,e^x + \sqrt{x}\,e^x \;=\; \left(\frac{1}{2\sqrt{x}} + \sqrt{x}\right)e^x$$

(3) $\left[\ln g(x)\right]' = \dfrac{1}{g(x)}\,g'(x)$이고 $\left[\sqrt{g(x)}\,\right]' = \dfrac{1}{2\sqrt{g(x)}}\,g'(x)$임을 이용한다.

---

27 이런 성질은 오직 $y = ke^x$ 꼴의 함수만이 갖고 있다.

$$y' = \frac{\left(x + \sqrt{x^2+1}\right)'}{x + \sqrt{x^2+1}} = \frac{\left[1 + \dfrac{2x}{2\sqrt{x^2+1}}\right]}{x + \sqrt{x^2+1}} = \frac{\left[\dfrac{\sqrt{x^2+1} + x}{\sqrt{x^2+1}}\right]}{x + \sqrt{x^2+1}}$$

$$= \frac{\sqrt{x^2+1} + x}{\left(\sqrt{x^2+1}\right)\left(x + \sqrt{x^2+1}\right)} = \frac{1}{\sqrt{x^2+1}}$$

13.4.4 로그를 이용한 미분법

지수를 곱셈으로, 곱셈을 덧셈으로 바꿔 주는 로그의 성질을 이용하면, 복잡한 함수의 미분이 수월해지는 경우가 흔히 있다. 특히 지수부가 복잡한 형태일 때는 기존의 방법으로 미분이 어려운데, 이때 양변에 로그를 취하여 좀 더 간단해진 상태에서 도함수를 구하는 것이다. 예를 들어 다음과 같은 함수를 생각해 보자.

$$y = x^{\sin x} \quad (x > 0)$$

이 함수는 항상 양의 함숫값을 가지므로 다음과 같이 양변에 자연로그를 취할 수 있다.

$$\begin{aligned}
\ln y &= \ln x^{\sin x} \\
&= \sin x \cdot \ln x
\end{aligned}$$

이제 양변을 x에 대해 미분한다. 좌변의 로그 안에 y가 있으므로 음함수의 미분법을 쓴다.

$$\begin{aligned}
\frac{d}{dx}\ln y &= \frac{d}{dx}\left(\sin x \cdot \ln x\right) \\
\frac{1}{y} \cdot \frac{dy}{dx} &= \frac{d}{dx}\sin x \cdot \ln x + \sin x \cdot \frac{d}{dx}\ln x \\
\frac{1}{y} \cdot y' &= \cos x \cdot \ln x + \frac{\sin x}{x}
\end{aligned}$$

이제 위의 식을 y'에 대해 정리하면 y의 도함수를 얻는다.

$$\therefore\ y' = y\left(\cos x \cdot \ln x + \frac{\sin x}{x}\right)$$
$$= x^{\sin x}\left(\cos x \cdot \ln x + \frac{\sin x}{x}\right)$$

이런 방법으로 도함수를 구하는 것을 **로그미분법**이라 부르기도 한다. 그런데 로그의 진수는 양수여야 하므로, $f(x)$가 음수일 가능성이 있을 때는 바로 로그를 취할 수가 없다. 이때는 $y = f(x)$의 양변에 절댓값 기호를 씌워서 양수로 만든 다음에 로그를 취하면 될 것이다.

그러면 로그 안에 절댓값이 들어간 $\ln|x|$ 꼴은 어떻게 미분할까? 이 함수는 절댓값의 정의에 따라 다음과 같이 쓸 수 있다.

$$f(x) = \begin{cases} \ln x & (x > 0) \\ \ln(-x) & (x < 0) \end{cases}$$

$x > 0$일 때의 도함수는 $\frac{1}{x}$이고, $x < 0$일 때의 도함수는 합성함수의 미분법으로 구한다.

$$\frac{d}{dx}\ln(-x) = \frac{1}{-x} \cdot \frac{d}{dx}(-x) = \frac{1}{x}$$

두 경우의 도함수가 같으므로 다음과 같은 결론을 얻는다. 이 결과를 이용하면 식의 부호에 상관없이 절댓값을 취하여 로그미분법을 쓸 수 있다.

$$\frac{d}{dx}\ln|x| = \frac{1}{x}$$

예제 13-14 다음 함수의 도함수를 로그미분법으로 구하여라.

$$y = \frac{x+1}{x(x+2)}$$

풀이

양변의 절댓값에 자연로그를 취한다.

$$\ln|y| = \ln\left|\frac{x+1}{x(x+2)}\right|$$
$$= \ln|(x+1)| - \ln|x| - \ln|(x+2)|$$

양변을 x에 대해 미분한다.

$$\frac{d}{dx}\ln|y| = \frac{d}{dx}\Big[\ln|(x+1)| - \ln|x| - \ln|(x+2)|\Big]$$
$$\frac{1}{y}\cdot y' = \frac{1}{x+1} - \frac{1}{x} - \frac{1}{x+2}$$
$$= \frac{x(x+2) - (x+1)(x+2) - x(x+1)}{x(x+1)(x+2)} = \frac{-x^2-2x-2}{x(x+1)(x+2)}$$

따라서 구하는 도함수는 다음과 같다.

$$\therefore\ y' = \frac{-x^2-2x-2}{x(x+1)(x+2)}\cdot y = \frac{-x^2-2x-2}{x(x+1)(x+2)}\cdot\frac{x+1}{x(x+2)} = \frac{-x^2-2x-2}{x^2(x+2)^2}$$

로그미분법을 이용하면 x^n에서 n이 실수일 때의 도함수를 구하는 것도 가능하다.

$$y = x^n \quad (x>0, n\in\mathbb{R})$$
$$\ln y = \ln x^n$$
$$= n\ln x$$

양변을 x에 대해 미분한다.

$$\frac{d}{dx}\ln y = \frac{d}{dx}(n\ln x)$$
$$\frac{1}{y}\cdot y' = \frac{n}{x}$$
$$\therefore\ y' = \frac{n}{x}\cdot y = \frac{n}{x}\cdot x^n = nx^{n-1}$$

이로부터 n이 정수이거나 유리수이거나 실수이거나 상관없이 다음이 성립한다는 결론을 얻는다.

$$\frac{d}{dx}x^n \;=\; nx^{n-1}$$

이처럼 로그미분법은 지수부를 가진 함수를 미분할 때 상당히 유용한데, 지수함수 $y = a^x$의 예를 보면 앞에서 구했을 때에 비하여 계산이 훨씬 간단하다는 것을 알 수 있다.

$$\ln y \;=\; x \ln a$$
$$\frac{1}{y}\cdot y' \;=\; \ln a$$
$$\therefore \; y' \;=\; a^x \cdot \ln a$$

함수 $y = f(x)$의 도함수는 여전히 x에 대한 함수이므로, 이것이 미분 가능하다면 다시 그 도함수를 구할 수 있을 것이다. 이런 도함수의 도함수를 $f(x)$의 **이계도함수**라 하며, 기호로 다음과 같이 나타낸다.

$$y'' \;=\; f''(x) \;=\; \frac{d^2 y}{dx^2} \;=\; \frac{d^2}{dx^2}f(x)$$

이계도함수를 미분연산자로 나타낼 때도 역시 $\frac{d^2}{dx^2}$가 하나의 기호처럼 취급된다는 점에 유의하자. 몇 가지 함수의 이계도함수를 예로 들면 다음과 같다.

$$(x^2 + x + 1)'' \;=\; (2x+1)' \;=\; 2$$
$$(\sin x)'' \;=\; (\cos x)' \;=\; -\sin x$$
$$(a^x)'' \;=\; (a^x \cdot \ln a)' \;=\; a^x \cdot (\ln a)^2$$

도함수는 접선의 기울기를 나타내었는데, 이계도함수 역시 그래프상에서 유의미한 지표가 된다. 그에 대해서는 다음 절에서 자세히 알아보기로 한다.

연습문제

1. 합성함수의 미분법으로 다음을 미분하여라.

    (1) $y = \dfrac{1}{(x+1)^2}$　(2) $y = (x-1)^5$　(3) $y = x\cos 3x$　(4) $y = \sin\dfrac{1}{\sqrt{x^2+1}}$

2. $\dfrac{dy}{dx}$를 구하여라.

(1) $x^3 + y^3 = 1$ (2) $x^2 + xy + y^2 = 1$ (3) $\sin x \cos y = \dfrac{1}{2}$

3. 다음의 도함수를 구하여라.

(1) $y = \ln \dfrac{1}{x}$ (2) $y = x \ln x - x$ (3) $y = \dfrac{x}{e^x}$ (4) $y = 2^{\sqrt{x}}$ (5) $y = x^x$

4. $\dfrac{d^2 y}{dx^2}$ 를 구하여라.

(1) $y = e^{-x^2}$ (2) $y = \ln(\ln x)$ (3) $x^3 + y^3 = 1$

13.5 미분의 활용 예

13.5.1 함수의 극대와 극소

도함수는 함수의 순간변화율, 그래프로 말하면 접선의 기울기를 나타내므로, 함숫값의 변화 추세에 대해 여러 가지 정보를 제공해 준다. 이런 정보에는 어떤 것이 있을까? $y = \sin x$를 예로 들어서 x 값을 0부터 양의 방향으로 증가시키며 접선의 기울기를 살펴보자.

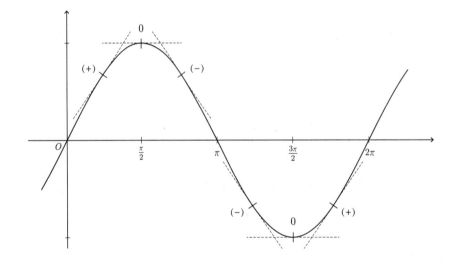

$x = 0$에서 처음 출발했을 때 접선의 기울기는 $\cos 0 = 1$이고 양의 부호를 가진다. 이 기울기는 점점 완만해지다가 $x = \dfrac{\pi}{2}$에서 0이 된다. 이때 그래프를 보면, 접선의 기울기가 양수일 동안 함숫값이 증가 상태인 것을 볼 수 있다.

이제 $x = \dfrac{\pi}{2}$에서 더 나아가면 접선의 기울기는 음수로 바뀌고, 이때 함숫값은 감소하는 추세가 된다. 그러다가 $x = \frac{3\pi}{2}$에 이르러 접선의 기울기는 다시 0이 된 다음에 양수로 돌아선다.

앞의 관찰로부터 우리는 다음과 같은 사실을 유추할 수 있다.

- 그래프에 접하는 접선의 기울기, 즉 순간변화율이 양수이면 함수는 증가 상태이다.
- 순간변화율이 음수이면 함수는 감소 상태이다.
- 순간변화율이 0일 때는 증가하지도 감소하지도 않는다.

순간변화율이 0일 때의 상태는 흥미로운 측면이 있다. 앞의 그림에서 이런 곳은 두 군데가 있는데, $x = \frac{\pi}{2}$일 때를 먼저 조사해 보자. 이곳에서 $\sin x$의 함숫값은 증가하다가 감소세로 돌아서고, 그래프는 마치 봉우리와 같은 모양을 하고 있다. 이런 지점을 함수의 **극대점**이라고 하며, 이때의 함숫값을 **극댓값**(local maximum)이라고 한다. 함수의 극대는 다음과 같이 정의할 수 있다.

> "$x = a$를 포함한 어떤 구간에서 모든 x 값에 대해 $f(a) \geq f(x)$이면, $f(a)$는 극댓값이다."

'어떤 구간'이라는 표현이 다소 모호하지만, 위 내용을 뒤집은 대우명제는 이해하기 더 쉽다.

> "$f(a)$가 극댓값이 아니면, $x = a$를 포함하는 구간을 어떻게 잡더라도 그 구간에서 $f(a) \geq f(x)$ 를 만들 수 없다."

예를 들어 $f(x) = \sin x$에서 $x = 0$일 때를 보자. 0을 포함하는 구간을 앞뒤로 잡아 보면, 그 구간에서는 어떻게 해도 $f(0) = 0$보다 큰 함숫값이 포함되므로 구간 전체에서 $f(0) \geq f(x)$가 되도록 할 수는 없다. 따라서 이 점은 극대가 아니다. 반면, $x = \frac{\pi}{2}$인 점은 앞뒤로 적당한 구간을 잡고 그 구간에서 $f(\frac{\pi}{2})$가 다른 모든 함숫값보다 크도록 할 수 있으므로 극대가 된다.

앞의 $\sin x$ 그래프에서 순간변화율이 0인 또 하나의 점은 $x = \frac{3\pi}{2}$일 때다. 이 점에서는 $\sin x$의 함숫값이 감소하다가 증가세로 돌아서고, 그래프는 마치 골짜기와 같은 모양이 된다. 이와 같은 지점을 함수의 **극소점**이라고 하며, 이때의 함숫값을 **극솟값**(local minimum)이라고 부른다. 함수의 극소 역시 극대와 유사하게 정의된다.

> "$x = a$를 포함한 어떤 구간에서 모든 x 값에 대해 $f(a) \leq f(x)$이면, $f(a)$는 극솟값이다."

함수의 극대점과 극소점을 통틀어 **극점**, 극댓값과 극솟값은 통틀어 **극값**이라고 부른다. 극대점과 극소점은 모두 순간변화율이 0인 지점이지만, 둘은 $f'(a) = 0$인 극점을 전후한 함숫값의 추세가 정반대다.

- 극대점: 전후로 $f(x)$가 증가 → 감소 상태
- 극소점: 전후로 $f(x)$가 감소 → 증가 상태

함수의 증가·감소는 곧 도함수의 부호와도 상관이 있으므로, 위의 문장은 이렇게 바꿔 쓸 수 있다.

- 극대점: 전후로 $f'(x)$의 부호가 양 → 음
- 극소점: 전후로 $f'(x)$의 부호가 음 → 양

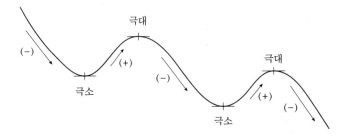

극대일 때 접선의 기울기, 즉 도함수의 값을 생각해 보면 양수였다가 극대점에서 0이 된 다음 음수로 변한다. 이 말은 곧 도함수의 함숫값 자체가 극점 $x = a$를 지나면서 감소하는 상태라는 뜻이 된다. 마찬가지로 극소점에서 도함수는 음수였다가 0이 된 다음 양수가 되므로, 도함수의 함숫값은 증가하는 상태이다.

- 극대점: 전후로 $f'(x)$가 감소 상태
- 극소점: 전후로 $f'(x)$가 증가 상태

그런데 어떤 함수가 증가하는 구간에서는 양의 순간변화율, 감소한다면 음의 순간변화율을 가진다. 그러므로 도함수의 증가·감소를 나타내는 '도함수의 순간변화율', 즉 이계도함수를 이용하면 극대와 극소를 좀 더 간단하게 구별할 수 있다.

- 극대점: $f''(a) < 0$
- 극소점: $f''(a) > 0$

이러한 것들은 극점이라는 한 가지 현상을 함숫값의 증감과 부호라는, 서로 연관되어 있지만 약간은 다른 기준을 통해 바라본 결과라 하겠다. 극점에 관한 지금까지의 내용을 그림으로 정리해 보자.

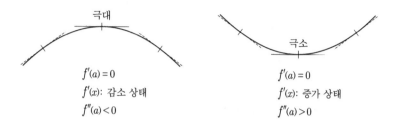

13.5.2 이계도함수와 그래프의 모양

바로 앞의 그림을 보면 극대점 근처에서 그래프가 위로 볼록하고, 극소점 근처에서는 아래로 볼록하다는 것이 눈에 띈다. 함수의 그래프가 어떤 구간에서 위나 아래로 '볼록'하다는 것은 몇 가지 방법으로 정의할 수 있는데, 그중 하나를 들면 다음과 같다.

- 구간의 두 끝점을 선분으로 잇는다.
- 그 구간에서 모든 함숫값이 선분 위에 있을 때, 그래프는 위로 볼록하다.
- 그 구간에서 모든 함숫값이 선분 아래에 있을 때, 그래프는 아래로 볼록하다.

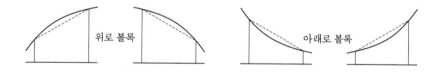

이것을 접선의 기울기와 연관지어 생각해 보자. 극대점 근처와 같이 어떤 구간에서 그래프의 모양이 위로 볼록하다면, 접선의 기울기는 계속 감소하는 상태일 것이다. 그에 따라 도함수의 도함수, 즉 이계도함수의 부호는 음이다. 마찬가지로 극소점 근처와 같이 아래로 볼록하다면 접선의 기울기는 계속 증가하는 상태이고, 이계도함수의 부호는 양이다.

- $f''(x) < 0$인 구간에서 $f(x)$의 그래프는 위로 볼록
- $f''(x) > 0$인 구간에서 $f(x)$의 그래프는 아래로 볼록

이런 볼록함의 판정은 그 구간에 극점이 포함되었는지 여부와는 무관하며, 단지 도함수가 감소하느냐 증가하느냐에 달려 있다.

도함수 및 이계도함수의 부호와 관련하여 지금까지 살펴본 내용은 다음과 같다.

- $y' > 0$인 구간에서 함수는 증가 상태
- $y' < 0$인 구간에서 함수는 감소 상태
- $y' = 0$이고 도함수의 부호가 음 → 양으로 바뀌는 증가 상태, 즉 $y'' > 0$이면 극소점
- $y' = 0$이고 도함수의 부호가 양 → 음으로 바뀌는 감소 상태, 즉 $y'' < 0$이면 극대점
- $y'' > 0$인 구간에서 함수의 그래프는 아래로 볼록
- $y'' < 0$인 구간에서 함수의 그래프는 위로 볼록

한 예를 들어, $y = \ln x$의 그래프가 어떤 모양일지를 (이미 알고 있기는 하지만) 도함수와 이계도함수를 통해 유추해 보자. 우선 이 함수의 정의역인 $x > 0$ 구간에서 도함수 $y' = \frac{1}{x}$의 값은 항상 양수이므로 함숫값은 전 구간에서 증가할 것이다.

① $y = \ln x$는 전체 정의역에서 증가한다.

함숫값이 증가하기는 하지만, 접선의 기울기 $\frac{1}{x}$은 x가 커짐에 따라 점점 줄어들기 때문에 도함수의 함숫값은 전구간에서 감소하는 상태이다. 이것은 이계도함수의 값을 조사해 보면 확실해진다.

$$y'' = -\frac{1}{x^2} < 0 \quad (x > 0)$$

따라서 다음과 같은 추정이 가능하다.

② $y = \ln x$는 전체 정의역에서 위로 볼록하다.

또한 도함수의 값 $y' = \frac{1}{x} = 0$이 되는 점은 존재하지 않으므로 이 함수는 극대나 극소점을 가지지 않는다.

③ $y = \ln x$는 극점이 존재하지 않는다.

이러한 결과는, 우리가 알고 있는 로그함수 그래프의 성질과 일치한다.

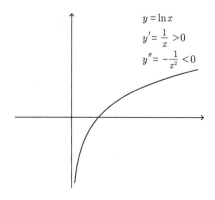

$y = \ln x$
$y' = \frac{1}{x} > 0$
$y'' = -\frac{1}{x^2} < 0$

다른 예로 $y = e^x$를 보자. 이 함수는 몇 번을 미분하여도 자기 자신이 된다. 따라서 $y' = e^x = 0$인 극점은 존재하지 않는다. 또한 도함수 $y' = e^x$는 전 구간에서 증가상태이므로 그에 따라 이계도함수도 항상 $y'' = e^x > 0$이고, $y = e^x$는 정의역의 모든 구간에서 아래로 볼록하다.

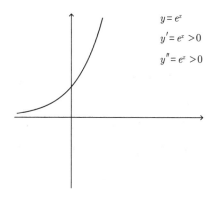

$y = e^x$
$y' = e^x > 0$
$y'' = e^x > 0$

앞에서 순간변화율이 0인 곳의 성질을 조사할 때 고려 대상에 넣지 않았던 경우가 사실은 한 가지 남아 있다. 그것은 곧 $f'(a) = 0$이지만 극대나 극소가 아닌 경우다.

예를 들어 $y = x^3$의 그래프에서 $x = 0$인 점을 살펴보자. 분명 이 점에서 $y' = 3x^2 = 0$이므로 접선의 기울기는 0이다. 하지만 도함수 $3x^2$의 값은 정의역의 모든 곳에서 $y' \geq 0$이므로, $x = 0$을 지날 때도 도함수의 부호가 반대로 바뀌지는 않는다. 이계도함수 $y'' = 6x$를 보아도 역시 $x = 0$에서 $y'' = 0$이다. 따라서 이 점은 극대나 극소의 조건을 만족하지 않는다.

"$f'(a) = 0$이더라도 $f''(a) = 0$이면, $f(x)$는 $x = a$에서 극값을 가지지 않는다."

$y = x^3$의 이계도함수 $y'' = 6x = 0$이 되는 점 $x = 0$을 조사해 보면, 그 전후로 이계도함수 y''의 부호가 바뀌는 것을 알 수 있다. 즉, $x < 0$인 구간에서는 $y'' < 0$이므로 위로 볼록하지만, $x > 0$인 구간에서는 $y'' > 0$이므로 아래로 볼록한 것이다. 이처럼 이계도함수의 부호가 반대로 되면서 볼록함의 방향이 바뀌는 점을 함수의 **변곡점**이라고 부른다.

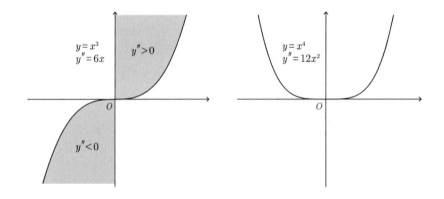

변곡점에서는 이계도함수의 부호가 바뀌므로 $y'' = 0$임이 분명하지만, $y'' = 0$인 점이라도 그 곳을 전후해서 이계도함수의 부호가 바뀌지 않는다면 변곡점이 아니다. 예를 들어 위의 오른쪽 그림에 그래프로 나타낸 $y = x^4$ 같은 경우에는 $x = 0$일 때 $y'' = 12x^2 = 0$이지만, 그 점을 전후해서 이계도함수의 부호가 변하지는 않는다. 따라서 이 경우 $x = 0$은 변곡점이 아니며 볼록함의 방향도 그대로 유지된다.

예제 13-15 다음 함수의 극점이 존재할 경우, 극값을 구하여라.

(1) $f(x) = x^3 - 3x^2$ (2) $f(x) = x + \dfrac{1}{x}$ $(x > 0)$ (3) $f(x) = xe^x$

풀이

(1) 도함수 $f'(x) = 3x^2 - 6x = 3x(x-2)$이므로 $x = 0$과 $x = 2$에서 $f'(x) = 0$이다. 그러나 이 두 곳이 극점인지 확인하려면 이계도함수 $f''(x) = 6x - 6$의 값이 0이 아닌지도 조사할 필요가 있다.

   $x = 0$에서 $f''(0) = -6 < 0$이므로 $f(x)$는 극대이고, 이때 극댓값 $f(0) = 0$이다. 마찬가지로 $x = 2$에서 $f''(2) = 6 > 0$이므로 $f(x)$는 극소이고, 이때 극솟값은 $f(2) = -4$이다.

(2) 도함수 $f'(x) = 1 - \dfrac{1}{x^2}$이므로 $f'(1) = 0$이다. $x = 1$일 때 이계도함수 $f''(x) = \dfrac{2}{x^3} > 0$이므로 $f(x)$는 $x = 1$에서 극솟값 $f(1) = 2$를 가진다.

(3) $f(x) = xe^x$의 도함수와 이계도함수는 다음과 같다.

$$f'(x) = (x)' \cdot e^x + x \cdot (e^x)' = e^x + xe^x = e^x(x+1)$$
$$f''(x) = e^x + (xe^x)' = 2e^x + xe^x = e^x(x+2)$$

$f'(x) = e^x(x+1) = 0$이 되는 곳은 $x = -1$이고, 이때 $f''(-1) = e^{-1} > 0$이므로 $f(x)$는 $x = -1$에서 극솟값 $f(-1) = -e^{-1}$을 가진다.

이 함수들의 그래프 모양은 다음과 같다. 풀이에서 얻은 결과와 한번 비교해 보자.

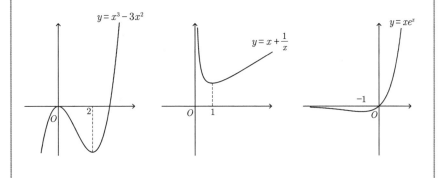

13.5.3 함수의 최대·최소

극대와 극소를 이용하면 어떤 구간에서 함수가 가질 수 있는 최댓값과 최솟값을 알아내는 일이 손쉽다. 먼저, 주어진 구간의 양끝점들은 그 앞뒤로 함수가 증가하거나 감소하다가도 중단되는 곳이므로, 최댓값이나 최솟값일 가능성이 있다. 또한 구간 내에 극점이 있다면, 극점의 정의상 그 주변의 값보다 크거나 작으므로 역시 최댓값이나 최솟값일 가능성이 있다. 극점이 아닌 다른 곳은 함숫값이 그 점을 지나면서 그냥 증가하거나 감소하는 상태일 뿐이므로 최대나 최소가 될 수는 없을 것이다. 그러므로 구간 내의 최댓값이나 최솟값을 정하려면 양끝점과 극점을 비교하면 된다. 다음 그림에 몇 가지 유형이 있다.

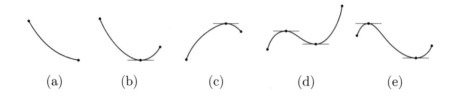

$$(a) \qquad (b) \qquad (c) \qquad (d) \qquad (e)$$

그림 (a)는 구간 내에 극점이 없는 경우다. 이때 최댓값과 최솟값은 양끝점만으로 정하면 된다. (b)와 (c)는 구간 내에 극점이 하나씩 포함된 경우인데, 그로 인해 최대나 최소 중 하나는 극점이 될 것임을 알 수 있다.

그림 (d)는 구간 내에 극점이 두 곳 존재하지만, 극댓값은 구간의 오른쪽 끝점보다 작고 극솟값은 왼쪽 끝점보다 큰 탓에 최댓값이나 최솟값은 될 수 없다. 반대로 그림 (e)에서는 두 극점이 최대와 최소에 해당하는 위치에 있다.

실제 예를 하나 들어, 구간 $[-0.1, 0.3]$에서 함수 $f(x) = 2x^3 - x^2$의 최댓값과 최솟값을 구해 보자. 우선 양끝점의 함숫값은 다음과 같다.

$$f(-0.1) \;=\; -0.002 - 0.01 \;=\; -0.012$$
$$f(0.3) \;=\; 0.054 - 0.09 \;=\; -0.036$$

$f(x)$의 도함수를 계산하면 $f'(x) = 6x^2 - 2x$이고, 이것을 인수분해하여 다음과 같은 두 개의 극점을 얻는다.

$$f'(x) = 2x(3x - 1) = 0$$
$$\therefore \ x = 0 \ \ \text{또는} \ \ x = \frac{1}{3}$$

둘 중 $x = \frac{1}{3}$은 구간 밖에 있으므로 비교 대상에서 제외한다. 남은 $x = 0$이 극대인지 극소인지 알아보기 위해 이계도함수를 구하면 $f''(x) = 12x - 2$이고, $f''(0) = -2 < 0$이므로 $f(x)$는 $x = 0$에서 극댓값 $f(0) = 0$을 가진다. 이제 양끝점의 함숫값과 이 극댓값을 비교한다.

$$f(0.3) \ < \ f(-0.1) \ < \ f(0)$$

따라서 함수 $f(x)$는 구간 $[-0.1, 0.3]$에서 $x = 0$일 때 최댓값 0, $x = 0.3$일 때 최솟값 -0.036을 가진다. 참고 삼아 $f(x)$의 그래프를 그려 보면 다음과 같다.

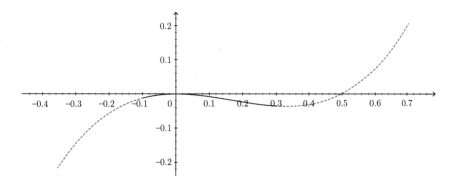

예제 **13-16** 주어진 구간에서 다음 함수의 최댓값과 최솟값을 구하여라.

(1) $[-1, 1]$, $f(x) = x^3 - x + 1$

(2) $[0, 2]$, $f(x) = xe^{-x}$

(3) $[\frac{1}{2}, 2]$, $f(x) = x - \ln x$

풀이

(1) $f'(x) = 3x^2 - 1$, $f''(x) = 6x$이다. 도함수는 $x = \pm\frac{\sqrt{3}}{3}$에서 0이고, 이때 이계도함수가 0이 아니므로 두 점 다 극값을 가진다. 이제 구간의 양끝점과 극점의 함숫값을 비교하면 다음과 같다.

x	-1	$-\frac{\sqrt{3}}{3}$	$\frac{\sqrt{3}}{3}$	1
$f(x)$	1	$1+\frac{2\sqrt{3}}{9}\approx 1.385$	$1-\frac{2\sqrt{3}}{9}\approx 0.615$	1

따라서 이 구간의 최댓값은 $f\left(-\frac{\sqrt{3}}{3}\right)=1+\frac{2\sqrt{3}}{9}$, 최솟값은 $f\left(\frac{\sqrt{3}}{3}\right)=1-\frac{2\sqrt{3}}{9}$이다.

(2) $f'(x)=(1-x)e^{-x}$, $f''(x)=(x-2)e^{-x}$이다. 도함수는 $x=1$에서 0이고, 이때 $f''(1)<0$이므로 극대점에 해당한다. 양끝점과 극점에서 함숫값을 비교하면 다음과 같으므로 이 구간의 최댓값은 $f(1)=e^{-1}$, 최솟값은 $f(0)=0$이다.

x	0	1	2
$f(x)$	0	$e^{-1}\approx 0.368$	$2e^{-2}\approx 0.271$

(3) $f'(x)=1-\frac{1}{x}$, $f''(x)=\frac{1}{x^2}$이다. 도함수는 $x=1$에서 0이고 이때 $f''(1)>0$이므로 극소점이다. 세 점의 함숫값을 비교하면, 이 구간의 최댓값은 $f(2)=2-\ln 2$, 최솟값은 $f(1)=1$이다.

x	$\frac{1}{2}$	1	2
$f(x)$	$\frac{1}{2}-\ln\frac{1}{2}\approx 1.193$	1	$2-\ln 2\approx 1.307$

세 함수의 그래프를 그려 보면 다음과 같다.

(1)

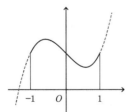

(2)

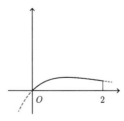

(3)

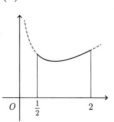

함수의 최대·최소는 실생활에서 어떤 수량을 최적화하는 데도 여러 가지로 활용할 수 있다. 다음과 같이 가로와 세로가 각각 a인 재료의 귀퉁이를 x만큼 잘라서 상자 모양을 만든다고 하자. 상자의 부피를 최대로 하려면 귀퉁이는 얼마나 잘라내야 할까? (상자의 부피는 밑면 × 높이로 계산한다.)

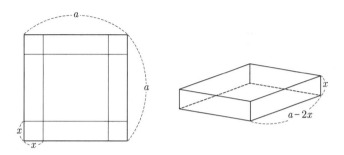

문제의 뜻으로부터 x는 0보다 크고 $\frac{a}{2}$보다 작은 값이 된다. 귀퉁이를 x만큼 잘라냈을 때 상자 밑면을 이루는 한 변의 길이는 $(a-2x)$이므로 부피 V는 다음과 같은 x의 함수로 쓸 수 있다.

$$V(x) \;=\; x\,(a-2x)^2 \;=\; x\,(4x^2 - 4ax + a^2)$$
$$= \; 4x^3 - 4ax^2 + a^2 x$$

그러므로 주어진 문제는 구간 $\left(0, \frac{a}{2}\right)$에서 $V(x)$가 언제 최댓값을 가지느냐 하는 것이 된다. 해당 구간에 극점이 존재하는지 보기 위해 도함수가 0인 점을 찾자.

$$V'(x) \;=\; 12x^2 - 8ax + a^2 \;=\; 0$$
$$(2x-a)(6x-a) \;=\; 0$$
$$\therefore \; x = \frac{a}{2} \;\text{ or }\; x = \frac{a}{6}$$

두 개의 해 중 $\frac{a}{2}$는 범위 밖이므로 우리가 찾는 극점은 $x = \frac{a}{6}$이고, 이때 이계도함수 $V''(x) = 24x - 8a = -4a < 0$이므로 극대점이다. 따라서 상자의 부피는 귀퉁이를 $\frac{a}{6}$만큼 잘라냈을 때 최대이며, 그 값은 다음과 같다.

$$V\left(\frac{a}{6}\right) \;=\; \frac{a}{6}\left(a - 2\cdot\frac{a}{6}\right)^2 \;=\; \frac{a}{6}\left(\frac{2a}{3}\right)^2 \;=\; \frac{2a^3}{27}$$

다음 그림은 $a = 6$일 경우인 $V(x) = 4x^3 - 24x^2 + 36x$의 그래프이며, 유효한 구간 $(0, 3)$ 내에서는 $x = \frac{a}{6} = 1$일 때 극대이자 최대라는 것을 확인할 수 있다.

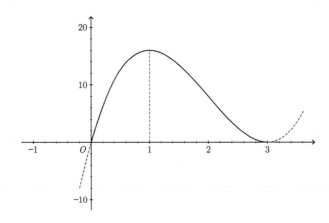

13.5.4 뉴턴법

도함수가 접선의 기울기라는 것을 잘 이용하면, 복잡한 방정식의 해를 구할 때 실용적인 수준의 근삿값을 빠르게 얻을 수도 있다. 방정식이라는 것은 $f(x) = 0$ 꼴의 수식이고, 이 식을 만족하는 해라는 것은 곧 함수 $y = f(x)$의 그래프가 x축과 만나는 곳의 x좌표에 해당한다. 이때 $f(x)$에 접하는 접선을 이용하여 해의 근삿값을 얻는 방법은 다음과 같다.

- 먼저 x축 위의 적당한 점 x_1을 고른다. 이 점은 실제 해와 가까울 것이라 추정되는 곳이면 좋다.
- x_1에 대응하는 $y = f(x)$ 위의 점, 즉 $(x_1, f(x_1))$에서 이 그래프에 접하는 접선을 긋는다.
- 그 접선이 x축과 만나는 점인 x절편을 다음번 값 x_2라 둔다. 이 방법의 핵심은, 다음 그림에서 보듯이 이때 x_2가 x_1보다는 실제의 해에 조금 더 가까워졌을 것이라 기대하는 것이다.
- 다시 x_2에 대응하는 $y = f(x)$ 위의 점 $(x_2, f(x_2))$에 접하는 접선을 긋는다.
- 그 접선의 x절편을 구하여 x_3이라 둔다. 원하는 수준의 근삿값을 얻을 때까지 이것을 반복한다.

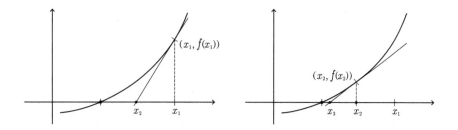

앞서 '선형근사'에서 다루었듯이 $(a, f(a))$에 접하는 접선의 방정식은 $y = f(a) + f'(a)(x - a)$이므로, 최초 선택된 점 $(x_1, f(x_1))$에 접하는 접선의 방정식은 다음과 같다.

$$y = f(x_1) + f'(x_1)(x - x_1)$$

이 접선이 x축과 만나는 곳의 x좌표는 $y = 0$으로 놓음으로써 구할 수 있다.

$$0 = f(x_1) + f'(x_1)(x - x_1)$$
$$(x - x_1) = \frac{-f(x_1)}{f'(x_1)}$$
$$\therefore x = x_1 - \frac{f(x_1)}{f'(x_1)}$$

이렇게 구한 x값은 그 다음 단계의 x_2가 되고, 다시 그 접선의 x절편의 x좌표가 $x_3\cdots$으로 되는 과정이 반복된다. 즉, n번째 x값인 x_n으로부터 그다음번 x_{n+1}을 얻는 과정은 다음과 같은 점화식으로 쓸 수 있다.

$$x_{n+1} = x_n - \frac{f(x_n)}{f'(x_n)}$$

이것을 **뉴턴법** 또는 뉴턴–랩슨법(Newton-Raphson method)이라 부른다. 방정식 하나를 예로 들어 그 해를 계산하면서 뉴턴법의 작동 과정을 구체적으로 살펴보자. 해는 소수점 이하 여섯 자리까지 구하는 것으로 한다.

$$f(x) = x^5 - 2 = 0$$

뉴턴법을 쓰기 위해서 먼저 $f(x)$의 도함수를 구한다.

$$f'(x) = 5x^4$$

다음은 초깃값 x_1을 정할 차례다. 이 방정식의 해는 1과 2 사이에 있지만, 2보다는 1 쪽이 실제 해에 더 가까울 것이므로 $x_1 = 1$이라 둔다. 그러면 이제 x_2는 뉴턴법에 따라 다음과 같이 정해진다.

$$x_2 = x_1 - \frac{f(x_1)}{f'(x_1)} = 1 - \frac{f(1)}{f'(1)} = \left(1 - \frac{-1}{5}\right) = \frac{6}{5} = 1.2$$

x_3 이하의 계산도 동일하다. 계산한 x_n 값이 소수점 이하 여섯 자리까지 변동이 없으면 멈추도록 한다.

n	x_n	$f(x_n)$	$f'(x_n)$	x_{n+1}
2	1.2	0.48832	10.368	1.152901
3	1.152901	0.036856	8.833614	1.148728
4	1.148728	0.000265	8.706431	1.148698
5	1.148698	1.413×10^{-8}	8.705505	1.148698

표에서 보듯이 다섯 번만에 x_n과 x_{n+1}의 값이 소수점 이하 여섯 자리에서 같아졌으므로, $x_5 = 1.148698$은 방정식 $f(x) = x^5 - 2 = 0$에 대한 소수점 이하 여섯 자리까지의 근사해라 할 수 있다. 이때 실제 함숫값 $f(x_5)$도 0에 상당히 근접하여 위의 계산 결과를 뒷받침해 준다.

또한 방정식 $x^5 - 2 = 0$은 이항하면 $x^5 = 2$이므로 우리는 방금 $\sqrt[5]{2}$의 근삿값을 구한 셈이기도 하다. 이처럼 실수인 거듭제곱근의 대략적인 값 역시 뉴턴법으로 계산할 수 있다.

그러나 해의 근삿값을 항상 이런 식으로 구할 수 있는 것은 아니다. 초깃값에 따라서는 엉뚱한 해를 근사하거나 아예 해로부터 멀어져 버리기도 하므로, 뉴턴법을 사용할 때는 이 점에 주의를 기울여야 한다. 다음 예제에서 이와 같은 사례를 찾아볼 수 있다.

예제 13-17 다음에 각각 주어진 초깃값을 이용하여 뉴턴법으로 $xe^x = 0$의 해를 구하여라. 근삿값은 소수점 아래 여섯 자리까지로 한다.

(1) $x_1 = 2$ (2) $x_1 = -2$

풀이

$(xe^x)' = (x+1)e^x$이므로 x_{n+1}의 계산식은 다음과 같다.

$$x_{n+1} = x_n - \frac{x_n e^{x_n}}{(x_n + 1)e^{x_n}} = x_n - \frac{x_n}{x_n + 1}$$

각 초깃값에 따른 계산 결과를 다음 표로 나타내었다. 왼쪽 표가 초깃값 2, 오른쪽 표가 초깃값 −2일 때다.

n	x_n	$f(x_n)$
1	2	14.778112
2	1.333333	5.058224
3	0.761905	1.632269
4	0.329472	0.458044
5	0.081650	0.088597
6	0.006164	0.006202
7	0.000038	0.000038
8	0.000000	0.000000
9	0.000000	0.000000

n	x_n	$f(x_n)$
1	−2	−0.270671
2	−4	−0.073263
3	−5.333333	−0.025749
4	−6.564103	−0.009256
5	−7.743826	−0.003356
6	−8.892110	−0.001222
7	−10.018819	−0.000446
8	−11.129698	−0.000163
9	−12.228418	−0.000022

초깃값이 2일 때는 x_n이 0에 가까워지고 이때 함숫값 $f(x_n)$도 0에 가까우므로, 그 결과는 주어진 방정식의 해를 근사한 것이라 볼 수 있다. 그러나 초깃값이 −2일 때는 아무리 반복해도 x_n의 변동폭이 줄어들지 않으므로 근삿값을 구할 수 없다.

$y = xe^x$는 앞서 예제 13-15에도 나왔었는데, 원점을 지나며 $x = -1$에서 극소이고 $x \to -\infty$일 때 0에 수렴하는 성질을 가진다. 위의 예제에서 $x_1 = 2$일 때는 $x = 0$이

라는 해에 제대로 근접해 가지만, $x_1 = -2$일 때는 그렇지 못하다는 것을 볼 수 있다. 비록 계산 과정에서 함숫값이 0에 가까워지는 듯해도, 이것은 다음 그래프로 확인할 수 있듯이 x_n이 음의 무한대 방향으로 계속 뻗어가기 때문에 생기는 일일 뿐이다. 이처럼 뉴턴법을 사용할 때는 적절한 초깃값을 정하는 것이 중요하다.

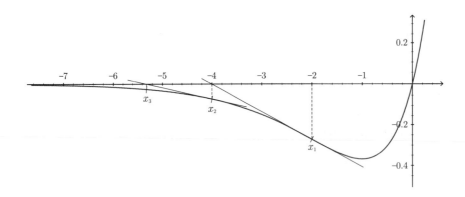

뉴턴법은 $f(x) = 0$이 되는 점을 찾음으로써 방정식의 근사해를 구한다. 만약 $f(x)$가 아니라 그 도함수 $f'(x) = 0$이 되는 점을 찾게 한다면 어떨까? 도함수가 0이면 극대나 극소일 가능성이 있으므로, 극점 근처의 적당한 구간을 설정한다면 뉴턴법으로 함숫값이 최소 또는 최대가 되는 지점을 찾을 수도 있다. 이 경우의 점화식은 다음과 같다.

$$x_{n+1} \;=\; x_n \;-\; \frac{f'(x_n)}{f''(x_n)}$$

좀 더 자세한 것은 앞서 예제 등에 소개된 사례를 가지고 직접 한번 탐구해 보자.

프로그래밍과 수학

경사하강법으로 최적화하기

머신러닝은 미분법을 직접적으로 응용할 수 있는 분야 중 하나다. 머신러닝이 다루는 과제는 많은 경우 어떤 함수의 값이 최소 또는 최대로 되는 지점을 찾는 최적화(optimization) 문제에 속한다. 미분법은 순간변화율, 즉 기울기에 대한 정보를 제공하므로 이러한 최적화 부류의 문제와 상당히 궁합이 잘 맞는다.

아래와 같은 그래프를 가진 함수가 있다고 하자. 그리고 우리 목표는 함숫값이 최소로 되는 지점, 즉 ★로 표시된 점의 x값을 알아내는 것이라고 하자. 이제 적당한 점 x_0를 고르고, 그 점에서 그래프에 접하는 접선의 기울기를 계산했더니 양(+)의 값이 나왔다. 기울기가 (+)이므로 이 곳에서 함숫값은 증가하는 추세다. 따라서 함숫값은 x_0의 왼쪽에서 $f(x_0)$보다 작고, 오른쪽에서는 $f(x_0)$보다 크다.

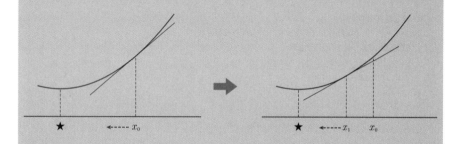

최소 지점에 도달하려면 함숫값을 계속 줄여가야 하므로, 현재의 x_0에서 왼쪽으로 조금 이동한 곳을 택해 다음번 x_1로 삼는다. 그런 다음 다시 x_1에서의 기울기를 계산하여 함숫값이 감소하는 방향으로 계속 움직여 가면, 언젠가는 ★로 표시된 목표 지점에 도달할 수 있을 것이다(물론 운이 나쁘면 도달한 곳이 극솟값일 뿐 최솟값은 아닐 때도 있다). 이와 같은 식으로 최적화 문제를 푸는 것을 경사(기울기)를 따라 내려간다는 뜻에서 경사하강법(gradient descent)이라고 한다.

경사하강법에서는 현재 기울기, 즉 $f'(x)$ 값의 부호와 반대방향이 되도록 다음번 x값을 설정해야 하므로 일단 $f'(x)$의 부호를 바꾼다. 다만 이 값을 그대로 쓰면 너무 성큼성큼 값이 변하여 원하는 지점에 도달하기 어려우므로 조금씩 이동하기 위한 상수(α)를 아래처럼 기울기 값에 곱하여 사용한다.

$$x_{n+1} = x_n - \alpha \cdot f'(x_n)$$

다음의 파이썬 코드는 예제 13-16에 나왔던 함수 $f(x) = x^3 - x + 1$을 최소로 하는 x값을 경사하강법을 이용해 찾는다. 도함수 $f'(x) = 3x^2 - 1$의 값은 fprime 함수로 계산하고, 시작점은 $x_0 = 1$로 두었다. x_k의 변동폭이 기준 (EPSILON)보다 작아지면 근삿값을 찾은 것으로 간주하며, 최대 반복 횟수는 1000번이다.

```
def fprime(x): return 3*x*x - 1.

M = 1000          # 최대 반복 횟수
ALPHA = 0.02      # 이동할 폭을 조정하는 상수
EPSILON = 1e-06   # x의 변동폭이 이 값보다 작아지면 목표 지점에 도달한 것으로 간주
x = 1             # x의 초깃값

for i in range(M):
    nx = x - ALPHA * fprime(x)   # 경사하강법
    if abs(nx-x) < EPSILON:
        print('step', i, 'found:', nx)
        break
    x = nx
```

프로그램을 실행시키면 다음 결과를 얻는다.

```
step 139 found: 0.5773632981040518
```

수학적으로 계산하면 $x = \dfrac{\sqrt{3}}{3} \approx 0.577350$에서 최소이므로 상당히 근사한 답을 얻은 셈이다.

연습문제

1. 다음 함수의 극점이 존재할 경우, 극값을 구하여라.

    (1) $f(x) = x^4 - 2x^3 - 2x^2 + 1$ (2) $f(x) = x + \dfrac{1}{x^2}$ (3) $f(x) = \dfrac{e^x}{x}$

2. 주어진 구간에서 다음 함수의 최댓값과 최솟값을 구하여라. (필요 시 계산기 사용)

    (1) $[-1, 2], f(x) = (x^2 - 1)^2$

    (2) $[0, \pi], f(x) = \sin x + \cos^2 x$

    (3) $[0, 2], f(x) = \ln (x^2 - 3x + e)$

3. 길이가 L인 노끈이 있다. 이것을 다음 그림처럼 직사각형 모양의 (1) 네 면을

둘렀을 때와 (2) 세 면을 둘렀을 때, 둘러싼 넓이가 최대가 되는 가로의 길이 x 를 각각 구하여라.

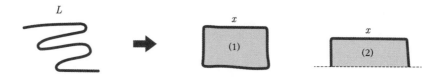

4. 뉴턴법으로 $\sqrt[3]{3}$ 의 값을 소수점 이하 여섯 자리까지 구하여라. 이때 초깃값은 $x_1 = 1$로 두며, 수식의 계산에는 계산기나 컴퓨터를 사용한다.

14장

M a t h e m a t i c s   R e b o o t

적분법

미분(微分)이 입력의 변화를 아주 작게(微) 했을 때 함숫값이 어떻게 변하느냐에 대한 이야기였다면, 적분(積分)은 아주 잘게 나눈 것을(分) 쌓아서(積) 넓이나 부피를 계산하는 방법을 다룬다. 둘 다 잘게 나누는 것이므로 물론 극한 개념이 동원된다.

미분과 적분은 흔히 하나로 묶여서 '미적분(calculus)'이라는 이름으로 불리는데, 그로부터 두 개념 사이에 어떤 밀접한 연관성이 있으리란 것을 짐작할 수 있다. 적분은 통계학, 물리학, 다양한 공학 분야에서 필수 도구로 여겨지며, 이런 쪽에 관련된 프로그래밍 업무라면 내용 파악을 위해서라도 적분에 익숙해져야 한다. 그 밖에 영상 처리나 음성 처리, 게임 프로그래밍 등의 분야에도 적분이 사용된다.

이번 장에서는 넓이를 구하는 것에서 출발하여 적분을 소개하고, 미분과 적분 사이의 상관관계를 알아본 다음, 다양한 함수의 적분 방법에 대해 공부한다. 마지막 장이기도 한 적분법은 수열, 극한, 지수·로그, 삼각함수, 미분 등에 대한 이해를 필요로 하므로 지금까지의 성취도를 스스로 확인하는 계기로 삼아도 좋겠다. 그러면 이제, 연필 한 자루로 공의 부피를 계산할 수 있게 해 주는 흥미로운 적분의 세계로 발을 디뎌 보자.

14.1 영역의 넓이와 정적분

14.1.1 구분구적법

I부에서 공부한 다각형·원·부채꼴 같은 기본적인 도형들은 간단한 계산으로 넓이

를 구할 수 있었다. 그렇다면 좀 더 복잡한 대상, 예컨대 다양한 함수의 그래프가 만들어 내는 영역이나 불규칙한 형태를 가진 도형의 넓이 같은 것을 구하려면 어떻게 해야 할까?

넓이를 계산하는 일은 일상생활과 밀접한 연관이 있기에, 인류는 고대로부터 더 나은 방법을 찾기 위해 애써 왔다. 그중에서도 널리 시도된 방법은 단순한 도형들로 영역을 잘게 나눈 다음에 그것을 모두 더함으로써 원래 넓이의 근삿값을 구하는 것이다.

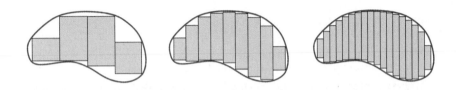

위의 그림은 모양이 일정하지 않은 영역에 직사각형들을 채워서 원래 넓이를 근사하는 과정을 보여 준다. 그림의 왼쪽에서 오른쪽으로 갈수록 직사각형들은 너비가 점차 좁아지고, 그에 따라 영역 안을 더욱 촘촘히 메우게 된다. 이 방법의 핵심은, 직사각형들의 너비를 아주 작게 만들어서 그 넓이의 총합이 원래 영역의 넓이에 아주 가까워지도록 하는 것이다.

이런 방법에는 꼭 직사각형이 아니어도 넓이 계산이 간단한 도형이라면 쓸모가 있다. I부에서 원에 내접하는 정다각형을 만들어 원의 넓이를 구했던 것이 예가 될 수 있는데, 지금은 그때보다 더욱 다양한 수학적 언어를 구사할 수 있게 되었으므로 조금 더 엄밀한 방법으로 원의 넓이를 계산해 보자.

먼저 도형 단원 때와 마찬가지로 원에 내접하는 정n각형을 그린다. 그러면 이 다각형은 아래 왼쪽 그림처럼 원의 중심을 공통 꼭짓점으로 하는 n개의 이등변삼각형으로 나눌 수 있다.

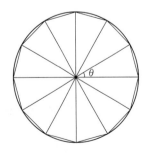
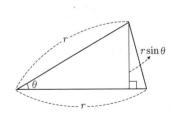

각 삼각형에서 중심각 쪽의 각을 θ라 하면 이런 삼각형의 개수는 모두 $n = \frac{360°}{\theta}$개, 라디안 단위로 $\frac{2\pi}{\theta}$개가 된다. 또한 삼각형 하나의 넓이는 $\frac{1}{2} \times$ 밑변 $\times$ 높이 $= \frac{1}{2}r^2 \sin\theta$이므로 전체 정다각형의 넓이 S는 다음과 같다.

$$S = n \times \frac{1}{2}r^2 \sin\theta = \frac{2\pi}{\theta} \times \frac{1}{2}r^2 \sin\theta = \frac{\pi r^2 \sin\theta}{\theta}$$

여기서 n이 무한히 커질 때, 즉 $\theta \to 0$일 때 이 식의 극한을 구하면 우리가 알고 있는 원의 넓이를 얻는다. 계산 과정에는 미분법에서 공부했던 삼각함수의 극한이 이용되었다.

$$\lim_{\theta \to 0} S = \lim_{\theta \to 0} \frac{\pi r^2 \sin\theta}{\theta} = \pi r^2 \cdot \left[\lim_{\theta \to 0} \frac{\sin\theta}{\theta} \right] = \pi r^2$$

이처럼 주어진 영역을 작게 나누어서 넓이나 부피를 계산하는 방법을 **구분구적법**[1] 이라고 부른다. 원래 영역의 모양이 수식으로 표현 가능한 경우라면 이 방법으로 넓이를 구하기가 수월한데, 특히 함수의 그래프가 만들어 내는 영역은 구분구적법을 적용하기에 좋은 대상이다.

실제 예를 들어 포물선 $y = x^2$의 그래프가 $[0, 1]$ 구간에서 x축과 이루는 영역의 넓이를 계산해 보자. 이것은 다음 그림의 회색 영역에 해당한다.

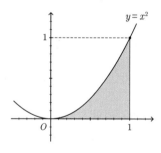

영역 내에 직사각형을 채운다고 해도 실제로는 다양한 접근법이 있을 것이다. 각 직사각형의 너비는 어떻게 하고, 높이는 그래프상의 어디를 기준으로 삼느냐 같은 것을 정해야 하기 때문이다. 일단은 계산을 간단히 하기 위해 너비가 모두 같다고

---

1 區分求積法, 여러 부분으로 나누어서 넓이(면적), 부피(체적) 등을 구한다는 뜻이다.

하자. 그러면 높이의 기준점을 어디로 잡느냐에 따라서 다시 몇 가지 선택의 여지
가 생긴다. 다음 그림은 [0, 1] 구간을 셋으로 똑같이 나누었을 때 각 직사각형의 높
이를 정하는 세 가지 방법을 보여 준다.

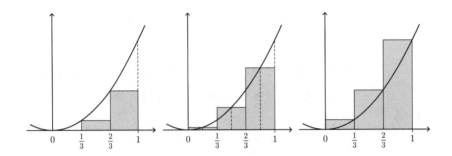

맨 왼쪽은 각 하위구간의 시작점, 즉 $x = 0, \frac{1}{3}, \frac{2}{3}$에 해당하는 함숫값을 취해서 직사
각형의 높이로 삼은 경우다. 그와 반대로 맨 오른쪽은 끝점인 $x = \frac{1}{3}, \frac{2}{3}, 1$에 해당하
는 함숫값을 취하였고, 가운데는 구간의 중간점을 택한 경우다. 이때 우리가 구하
려는 영역의 실제 넓이는 맨 왼쪽의 경우보다 크고 맨 오른쪽의 경우보다 작은, 그
둘 사이의 어딘가에 놓이게 될 것이다.

일단 임의로 가장 오른쪽 방식을 택하자. 그러면 각 직사각형의 너비는 $\frac{1}{3}$, 높이
는 각각 $\left(\frac{1}{3}\right)^2, \left(\frac{2}{3}\right)^2, 1^2$이 되므로 세 직사각형의 넓이를 모두 더한 값 S는 다음과
같다.

$$
\begin{aligned}
S &= \left[\frac{1}{3} \cdot \left(\frac{1}{3}\right)^2\right] + \left[\frac{1}{3} \cdot \left(\frac{2}{3}\right)^2\right] + \left[\frac{1}{3} \cdot 1^2\right] \\
&= \left[\frac{1}{3} \cdot \frac{1}{9}\right] + \left[\frac{1}{3} \cdot \frac{4}{9}\right] + \frac{1}{3} = \frac{14}{27}
\end{aligned}
$$

하지만 원래 영역의 넓이를 계산하려면 훨씬 더 잘게 쪼개어야 할 것이다. 위의 결
과를 일반화시키기 위해 주어진 구간을 n등분하도록 하자. 그러면 개별 직사각형
의 너비는 $\frac{1}{n}$, 높이는 각각 $\left(\frac{1}{n}\right)^2, \left(\frac{2}{n}\right)^2, \cdots, \left(\frac{n}{n}\right)^2$이 된다. 이때 직사각형 넓이의 총합
은 Σ 기호를 써서 간략하게 나타낼 수 있다.

$$
S = \left[\frac{1}{n} \cdot \left(\frac{1}{n}\right)^2\right] + \left[\frac{1}{n} \cdot \left(\frac{2}{n}\right)^2\right] + \cdots + \left[\frac{1}{n} \cdot \left(\frac{n}{n}\right)^2\right] = \sum_{k=1}^{n}\left[\frac{1}{n} \cdot \left(\frac{k}{n}\right)^2\right] = \frac{1}{n^3}\sum_{k=1}^{n}k^2
$$

$\sum k^2$의 값은 앞서 수열 단원에서 공부하였다.

$$\sum_{k=1}^{n} k^2 = \frac{n(n+1)(2n+1)}{6}$$

이 값을 반영하여 S를 정리하자.

$$S = \frac{1}{n^3} \cdot \frac{n(n+1)(2n+1)}{6} = \frac{(n+1)(2n+1)}{6n^2} = \frac{2n^2+3n+1}{6n^2}$$

이제 직사각형의 너비 $\frac{1}{n} \to 0$, 다른 말로 직사각형의 개수 $n \to \infty$라고 하면, 넓이의 총합 S는 다음과 같은 극한값을 가지게 된다.

$$\lim_{n\to\infty} S = \lim_{n\to\infty} \frac{2n^2+3n+1}{6n^2} = \frac{1}{3}$$

즉, $y = x^2$ 그래프가 $[0, 1]$ 구간에서 x축과 이루는 영역의 넓이는 $\frac{1}{3}$이라는 답을 얻는다.

그렇다면 직사각형의 높이를 정할 때 맨 오른쪽 방식이 아닌 다른 쪽을 택했다면 결과가 달랐을까? 비교 삼아서 맨 왼쪽, 그러니까 각 하위구간의 시작점에 해당하는 함숫값으로 직사각형의 높이를 삼는 경우에 대해 계산해 보자. 이 경우 각 직사각형의 높이는 $0^2, \left(\frac{1}{n}\right)^2, \left(\frac{2}{n}\right)^2, \cdots, \left(\frac{n-1}{n}\right)^2$이므로 직사각형 넓이의 총합은 다음과 같다.

$$S = \left[\frac{1}{n} \cdot \left(\frac{0}{n}\right)^2\right] + \left[\frac{1}{n} \cdot \left(\frac{1}{n}\right)^2\right] + \cdots + \left[\frac{1}{n} \cdot \left(\frac{n-1}{n}\right)^2\right] = \sum_{k=1}^{n} \left[\frac{1}{n} \cdot \left(\frac{k-1}{n}\right)^2\right]$$

$$= \frac{1}{n^3} \sum_{k=1}^{n} (k-1)^2 = \frac{1}{n^3}\left[\sum_{k=1}^{n} k^2 - 2\sum_{k=1}^{n} k + \sum_{k=1}^{n} 1\right]$$

$\sum k^2$ 및 $\sum k$의 값을 이용해서 계속 정리하자.

$$S = \frac{1}{n^3}\left[\frac{n(n+1)(2n+1)}{6} - 2 \cdot \frac{n(n+1)}{2} + n\right]$$

$$= \frac{1}{n^3}\left[\frac{2n^3+3n^2+n}{6} - (n^2+n) + n\right] = \frac{1}{n^3} \cdot \frac{2n^3-3n^2+n}{6}$$

여기에 극한을 취하면 앞서와 동일한 값을 얻는다.

$$\lim_{n \to \infty} S = \lim_{n \to \infty} \frac{2n^2 - 3n + 1}{6n^2} = \frac{1}{3}$$

14.1.2 리만 합과 정적분

직사각형을 가지고 함수의 그래프가 만드는 영역의 넓이를 근사할 때는 이처럼 하위구간의 간격이나 함숫값을 취하는 지점에 있어서 이런저런 선택의 여지가 생기는데, 이 선택지들을 좀 더 체계적으로 정리해 보자.

어떤 함수 $y = f(x)$의 그래프가 구간 $[a, b]$에서 x축과 이루는 영역의 넓이를 구한다고 하자. 주어진 구간을 n개의 하위구간으로 분할하되, 선택을 일반화시키기 위해 크기가 같아야 한다는 등의 제약은 두지 않는다. 이런 하위구간들을 이루는 경계점을 $x_1, x_2, \cdots, x_{n-1}$이라 하고, 표기의 일관성을 위해 원래 구간의 양끝점 또한 $a = x_0, b = x_n$으로 둔다.

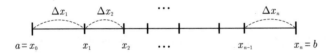

그러면 각 하위구간의 크기는 $\Delta x_1, \Delta x_2, \cdots, \Delta x_n$처럼 쓸 수 있다. 이는 곧 영역의 넓이를 계산할 직사각형 n개의 너비에 해당한다.

다음은 직사각형의 높이에 대한 선택지를 일반화시킬 차례다. 앞에서는 이 높이에 대응하는 함숫값을 정할 때 구간의 시작점·한가운데·끝점 중에서 택했지만, 지금은 하위구간 내라면 어디라도 가능하다고 하자. 이렇게 선택된 점들을 $m_1, m_2, \cdots, m_n$이라 하면, 직사각형의 높이가 될 함숫값은 $f(m_1), f(m_2), \cdots, f(m_n)$이 된다.

각 직사각형의 너비 Δx_k와 높이 $f(m_k)$가 모두 정해졌으므로 그 넓이의 총합 S는 다음과 같이 쓸 수 있다.

$$\begin{aligned} S &= \Delta x_1 \cdot f(m_1) + \Delta x_2 \cdot f(m_2) + \cdots + \Delta x_n \cdot f(m_n) \\ &= \sum_{k=1}^{n} \Delta x_k \cdot f(m_k) \end{aligned}$$

이렇게 일반화시킨 직사각형 넓이의 총합을 **리만 합**(Riemann sum)[2]이라고 부른다. 다음 그림은 $[a, b]$를 여섯 개의 하위구간으로 나눈 리만 합을 보여 주고 있다. 각 하위구간 내에서 m_k를 어떻게 선택하느냐에 따라 함숫값 $f(m_k)$는 양이나 음, 때로 0의 값을 가질 수 있고, 그에 상응하여 각 직사각형은 x축의 위쪽이나 아래쪽에 위치하며 때로 넓이가 0이 되기도 할 것이다.

만약 k번째 직사각형이 x축의 위쪽에 있다면 이것은 $f(m_k) > 0$이라는 뜻이므로 해당 직사각형의 넓이 $\Delta x_k \cdot f(m_k)$는 전체 합에 대해서 (+)에 해당하는 기여를 할 것이다. 반대로 어떤 직사각형이 x축의 아래쪽에 있으면 $f(m_k) < 0$인 경우이며, 그 넓이는 전체 합에 대해서 (−)에 해당하는 기여를 할 것이다. 그림에서는 이런 구분을 단색(+)과 빗금(−)으로 각각 나타내었다.

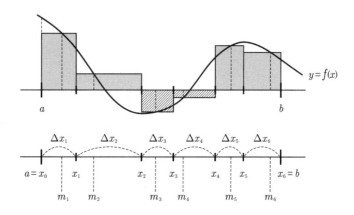

직사각형들의 너비 Δx_k를 점점 줄여 간다면 리만 합 역시 원래 영역의 넓이에 가까워질 것이다. 그러나 앞의 예와 다르게 리만 합에서는 Δx_k가 균등하지 않다는 문제가 있다. 이제 그중 가장 큰 것을 골라 $\max \Delta x$라고 쓰자. 그러면 $\max \Delta x \to 0$일 때 모든 $\Delta x_k \to 0$이 될 것이므로 리만 합의 극한을 다음과 같은 수식으로 나타낼 수 있다.

$$\lim_{\max \Delta x \to 0} \sum_{k=1}^{n} \Delta x_k \cdot f(m_k)$$

---

2 '리만 가설'로 잘 알려진 수학자 리만의 이름에서 따왔다.

주어진 함수와 구간에 대해서 이와 같은 리만 합의 극한이 존재하면, 그 값을 함수 $f(x)$에 대한 a에서 b까지의 **정적분**(definite integral)[3]이라고 부른다. 정적분은 지금까지 본 바와 같이 $f(x)$의 그래프가 구간 $[a, b]$에서 x축과 이루는 영역의 넓이를 나타내며, 이때 x축 위쪽의 영역은 $(+)$, x축 아래쪽의 영역은 $(-)$의 부호를 가진다.

정적분을 매번 $\lim \Sigma$라는 극한 형태로 쓸 수는 없으므로, 수학에서는 적분 기호 ($\int$)를 도입해서 다음과 같이 표기한다.[4] 여기서 x는 형식적인 변수이며 다른 문자로 바꾸어도 식의 의미는 변하지 않는다.

$$\int_a^b f(x)\, dx \;=\; \lim_{\max \Delta x \to 0} \sum_{k=1}^{n} \Delta x_k \cdot f(m_k)$$

리만 합은 구간을 나누는 간격이나 함숫값을 취하는 지점에 별다른 제약이 없기 때문에, 앞에서처럼 구간을 균등하게 나누고 각 하위구간의 시작점이나 끝점 등에서 일괄적으로 함숫값을 취한다 해도 그 정의에서 벗어나지 않는다. 이러한 선택지로 리만 합을 구성할 경우에 정적분의 계산식이 어떻게 되는지 살펴보자.

구간 $[a, b]$를 균등하게 n개로 나눌 때 각 직사각형의 너비에 해당하는 Δx는 다음과 같다.

$$\Delta x \;=\; \frac{b-a}{n}$$

Δx가 정해졌으므로 그에 따라 각 하위구간을 구성하는 경계점 x_k도 정해진다.

$$
\begin{aligned}
x_0 &= a \\
x_1 &= a + \Delta x &&= a + \frac{b-a}{n} \\
x_2 &= a + 2\Delta x &&= a + 2\cdot\frac{b-a}{n} \\
&\quad\vdots \\
x_n &= a + n\Delta x &&= a + n\cdot\frac{b-a}{n} = b
\end{aligned}
$$

---

3 값이 정해진 적분이라는 뜻이다.

4 $\int$은 대문자 S를 길게 늘어뜨린 기호로 '합'이라는 뜻의 라틴어에서 비롯되었으며, 영어로 "integral"이라 읽는다. 그 뒤의 $f(x)\, dx$는 리만 합에서 각 직사각형의 높이 $f(m_k)$와 너비 Δx_k를 곱한 것에 대응된다고 보면 이해하기 쉽다.

만약 각 하위구간의 끝점을 택해 함숫값을 취한다고 하면, k번째 끝점의 위치 $m_k = (a + k\Delta x)$에 따른 함숫값 $f(m_k)$는 다음과 같다.

$$f(m_k) = f\left(a + k \cdot \frac{b - a}{n}\right)$$

또한 $\max \Delta x \to 0$은 구체적으로 $\frac{b-a}{n} \to 0$이고, 이것은 다시 $n \to \infty$과 같다. 이렇게 설정했을 때, 정적분을 구하는 리만 합의 극한은 다음과 같이 좀 더 구체적인 모습이 된다.

$$\int_a^b f(x)\,dx = \lim_{n \to \infty} \sum_{k=1}^{n} \left[\left(\frac{b-a}{n}\right) \cdot f\left(a + k \cdot \frac{b-a}{n}\right)\right]$$

이 식은 우리의 선택지가 반영된 결과임에 유의하자. 직사각형의 너비와 높이에 대한 설정을 바꾼다면 정적분의 식 또한 달라질 것이다.

예제 14-1 정적분의 정의에 따라 다음 값을 구하여라.

$$\int_{-1}^{2} (-x^2 + 2)\,dx$$

풀이

주어진 구간 $[-1, 2]$를 균등하게 n개로 나누고, 함숫값은 각 하위구간의 끝점에서 취하기로 한다. 그랬을 때 리만 합을 구성하는 직사각형의 너비 Δx_k와 높이 $f(m_k)$는 각각 다음과 같다.

$$\begin{aligned}
\Delta x_k &= \frac{2 - (-1)}{n} = \frac{3}{n} \\
m_k &= -1 + k \cdot \frac{3}{n} \\
f(m_k) &= f\left(-1 + k \cdot \frac{3}{n}\right) = -\left(\frac{3k}{n} - 1\right)^2 + 2 = -\frac{9k^2}{n^2} + \frac{6k}{n} + 1
\end{aligned}$$

이 너비와 높이를 곱하여 리만 합 S를 계산한다.

$$S = \sum_{k=1}^{n}\left[\frac{3}{n}\cdot\left(-\frac{9k^2}{n^2}+\frac{6k}{n}+1\right)\right] = \sum_{k=1}^{n}\left(-\frac{27k^2}{n^3}+\frac{18k}{n^2}+\frac{3}{n}\right)$$

$$= -\frac{27}{n^3}\sum_{k=1}^{n}k^2 + \frac{18}{n^2}\sum_{k=1}^{n}k + \frac{3}{n}\sum_{k=1}^{n}1$$

$$= -\frac{27}{n^3}\cdot\frac{n(n+1)(2n+1)}{6} + \frac{18}{n^2}\cdot\frac{n(n+1)}{2} + \frac{3}{n}\cdot n$$

$$= -\frac{9}{2}\cdot\frac{2n^2+3n+1}{n^2} + 9\cdot\frac{n+1}{n} + 3$$

여기에 극한을 취하여 정적분의 값을 얻는다.

$$\int_{-1}^{2}(-x^2+2)\,dx = \lim_{n\to\infty}S = \lim_{n\to\infty}\left[-\frac{9}{2}\cdot\frac{2n^2+3n+1}{n^2} + 9\cdot\frac{n+1}{n} + 3\right]$$
$$= -9+9+3 = 3$$

참고 삼아 이 영역을 그려 보면 다음 그림과 같다. 이때 정적분은 $[-1,\sqrt{2}]$ 구간에서 $(+)$, $[\sqrt{2},2]$ 구간에서는 $(-)$의 값을 가진다.

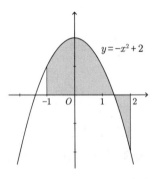

14.1.3 함숫값의 평균

정적분의 정의를 이용하면 함수가 어떤 구간에서 가지는 '함숫값의 평균'도 계산할 수 있다. 평균이란 개념은 대상이 각각 구별되는 이산적(discrete) 상황에서 쓰였는데, 함수와 같이 평균을 낼 대상이 무한히 많을 수도 있는 연속적(continuous)인 경우와는 맞지 않아 보인다. 하지만 일단 구간 내의 함숫값을 몇 개 선택해서 평균을 내고, 극한 개념으로 대상의 개수를 무한히 늘려간다면 어떨까? 예상할 수 있듯이 이런 과정은 리만 합의 극한을 구하는 것과 상당히 유사한 면이 있다.

구간 $[a, b]$에서 연속인 함수 $y = f(x)$가 있고, 해당 구간의 함숫값 n개를 택하여 평균을 낸다고 하자. 먼저 이 구간을 n개의 균등한 하위구간으로 나누면 그 간격 Δx는 $\frac{b-a}{n}$가 될 것이다. 그에 따라 각 하위구간의 경계를 이루는 점들은 $x_0 = a$, $x_1 = a + \Delta x$, $x_2 = a + 2\Delta x$, $\cdots$, $x_n = b$가 된다. 또, 평균을 낼 함숫값은 각 하위구간의 끝점, 즉 $x_1, x_2, \cdots, x_n$에서 택하는 것으로 정한다. 그러면 이 n개 함숫값의 평균 M_n은 다음과 같다.

$$M_n = \frac{f(x_1) + f(x_2) + \cdots + f(x_n)}{n}$$

그런데 평균을 낼 함숫값의 개수 n은, 구간 $[a, b]$ 안에 너비 Δx인 하위구간이 얼마나 들어있느냐와 같다. 이것은 물론 $\Delta x = \frac{b-a}{n}$로부터 바로 계산할 수도 있다.

$$n = \frac{b-a}{\Delta x}$$
$$\therefore \ \frac{1}{n} = \frac{\Delta x}{b-a}$$

따라서 앞의 식은 다음과 같이 쓸 수 있다.

$$
\begin{aligned}
M_n &= \frac{\Delta x}{b-a} \cdot \left[f(x_1) + f(x_2) + \cdots + f(x_n) \right] \\
&= \frac{\Delta x}{b-a} \sum_{k=1}^{n} f(x_k) \\
&= \frac{1}{b-a} \sum_{k=1}^{n} \Delta x \cdot f(x_k)
\end{aligned}
$$

Σ 기호 안에 리만 합의 모양이 나타났음에 주목하자. 이제 이렇게 선택되는 함숫값들의 개수를 무한히 늘려간다면, 달리 말하여 Δx를 무한히 작게 만든다면, 이 평균값은 이산적인 값들의 평균이 아니라 연속적인 함수 $f(x)$가 가지는 함숫값의 평균이라고 말할 수 있을 것이다. 이것을 M_∞라고 했을 때, 그 값은 정적분의 정의에 따라 다음과 같다.

$$M_\infty = \lim_{n\to\infty}\left[\frac{1}{b-a}\sum_{k=1}^{n}\Delta x\cdot f(x_k)\right] = \frac{1}{b-a}\left[\lim_{n\to\infty}\sum_{k=1}^{n}\Delta x\cdot f(x_k)\right]$$

$$= \frac{1}{b-a}\int_a^b f(x)\,dx$$

이처럼 정적분을 통해 연속적인 함수의 평균값도 구할 수 있다. 예컨대 앞의 예제에 나왔던 함수 $y=-x^2+2$가 구간 $[-1, 2]$에서 가지는 함숫값의 평균은 다음과 같다.

$$\frac{1}{2-(-1)}\cdot\int_{-1}^{2}(-x^2+2)\,dx = \frac{1}{3}\cdot 3 = 1$$

그러나 정적분을 리만 합의 극한으로 계산하는 일은 상당히 번거롭다. 게다가 도중에 Σk^2이나 Σk처럼 값을 아는 식 외의 것이라도 나오면 사실상 계산을 더 진행할 수 없다. 예컨대 $y=\sqrt{x}$ 같이 비교적 간단한 함수의 정적분을 구하는 일도, 아래에서 보듯이 금방 난관에 부딪히게 된다.

$$\int_0^1 \sqrt{x}\,dx = \lim_{n\to\infty}\sum_{k=1}^{n}\left(\frac{1}{n}\cdot\sqrt{\frac{k}{n}}\right) = \lim_{n\to\infty}\left[\frac{1}{n\sqrt{n}}\sum_{k=1}^{n}\sqrt{k}\right] = \cdots$$

그러므로 정적분의 계산에는 뭔가 다른 방법이 필요해 보인다. 다음 절에서 전혀 새로운 관점으로 정적분을 계산하게 해 주는 수학적 원리를 소개하기로 하고, 이번 절은 정적분이 가진 성질 몇 가지를 알아보며 마무리하자.

14.1.4 정적분의 성질

먼저 가장 간단한 것으로, 정적분을 구하는 구간의 시작점과 끝점이 같을 때를 보자. 이것은 말하자면 구간 $[a, a]$에 대한 리만 합을 구하는 경우다. 이때는 리만 합을 구성하는 모든 직사각형의 너비 $\Delta x_k = 0$이므로 정적분의 결과 역시 0이 될 것임을 알 수 있다.

$$\int_a^a f(x)\,dx = \lim_{\max\Delta x\to 0}\sum_{k=1}^{n}\Delta x_k\cdot f(m_k) = \lim_{\max\Delta x\to 0}\sum_{k=1}^{n}0 = 0$$

다음은 구간의 시작점과 끝점이 뒤바뀐 경우다. 이것은, 즉 $a < b$일 때 $[a, b]$가 아닌 $[b, a]$ 구간의 정적분을 말하는데, 그래프의 오른쪽에서 왼쪽으로 가면서 영역의 넓이를 구하는 것과 같다. 리만 합에서 각 하위구간의 너비 Δx_k는 (끝점 – 시작점)으로 계산되므로 이렇게 반대 방향으로 갈 때는 시작점과 끝점이 뒤집힌 탓에 모든 너비 Δx_k의 부호가 바뀔 것이다. 따라서 $\Delta x_k \cdot f(m_k)$의 합에 대한 극한으로 정의되는 정적분 역시 $[a, b]$ 때와는 부호가 반대이다.

$$\int_b^a f(x)\, dx \;=\; -\int_a^b f(x)\, dx$$

또한 Σ와 $\lim$의 상수배·덧셈·뺄셈에 관한 성질 탓에, 그 두 개념으로 정의되는 정적분도 같은 영향을 받는다.

$$\int_a^b c \cdot f(x)\, dx \;=\; c\int_a^b f(x)\, dx$$

$$\int_a^b \big[f(x) \pm g(x)\big]\, dx \;=\; \int_a^b f(x)\, dx \;\pm\; \int_a^b g(x)\, dx$$

이 중 $f(x) + g(x)$의 경우를 살펴보자. 이것은 정적분의 정의와 $\lim$, Σ의 성질을 써서 다음과 같이 쉽게 증명된다. 상수배나 뺄셈도 이와 유사하게 증명할 수 있다.

$$
\begin{aligned}
\int_a^b \big[f(x) + g(x)\big]\, dx &= \lim_{\max \Delta x \to 0} \sum_{k=1}^n \Delta x_k \cdot \big[f(m_k) + g(m_k)\big] \\
&= \lim_{\max \Delta x \to 0} \left[\sum_{k=1}^n \Delta x_k \cdot f(m_k) \;+\; \sum_{k=1}^n \Delta x_k \cdot g(m_k) \right] \\
&= \left[\lim_{\max \Delta x \to 0} \sum_{k=1}^n \Delta x_k \cdot f(m_k) \right] + \left[\lim_{\max \Delta x \to 0} \sum_{k=1}^n \Delta x_k \cdot g(m_k) \right] \\
&= \int_a^b f(x)\, dx \;+\; \int_a^b g(x)\, dx
\end{aligned}
$$

다음으로 알아볼 성질은 상당히 자명해 보이지만, 실제 증명은 다음 절로 미루고 일단 소개만 해 둔다.

$$\int_a^b f(x)\, dx \;+\; \int_b^c f(x)\, dx \;=\; \int_a^c f(x)\, dx$$

이 식의 의미를 예컨대 $a < b < c$인 경우에 대해 그래프로 그려 보면 다음과 같다. $f(x)$의 그래프가 $[a, b]$ 구간에서 만드는 영역과 $[b, c]$ 구간에서 만드는 영역의 넓이를 더하면 $[a, c]$ 구간에 해당하는 영역의 넓이가 된다는 내용이다.

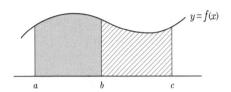

마지막으로 소개할 성질 역시 그림으로 볼 때 더 이해하기 쉽다. 함수 $f(x)$가 구간 $[a, b]$에서 가지는 최솟값을 L, 최댓값을 U라 하자. 그러면 최소와 최대의 뜻으로부터 다음 관계가 성립한다.

$$ L \cdot (b-a) \ \leq \ \int_a^b f(x)\,dx \ \leq \ U \cdot (b-a) $$

이 역시 증명은 간단하다. 주어진 구간을 n개의 하위구간으로 나누어 리만 합 $\Sigma \Delta x_k \cdot f(m_k)$를 구성한다. 그러면 모든 Δx_k를 더한 합은 구간의 너비이므로 $\Sigma \Delta x_k = (b - a)$가 된다. 이로부터 위의 식에 나온 $(b - a)$를 다음과 같이 $\Sigma \Delta x_k$로 바꿔 쓸 수 있다.

$$ L \cdot (b-a) \ = \ L \cdot \left(\sum_{k=1}^n \Delta x_k \right) \ = \ \sum_{k=1}^n L \cdot \Delta x_k $$

$$ U \cdot (b-a) \ = \ U \cdot \left(\sum_{k=1}^n \Delta x_k \right) \ = \ \sum_{k=1}^n U \cdot \Delta x_k $$

또한 최소·최대의 뜻에 따라 주어진 구간에서 $L \leq f(m_k) \leq U$이므로 다음이 성립한다.

$$ \sum_{k=1}^n L \cdot \Delta x_k \ \leq \ \sum_{k=1}^n \Delta x_k \cdot f(m_k) \ \leq \ \sum_{k=1}^n U \cdot \Delta x_k $$

이제 여기에 $n \to \infty$의 극한을 취하면 가운데 있는 식은 정적분과 같아지고, 따라서 앞에 기술한 성질이 증명된다. 이 관계를 그림으로는 다음과 같이 나타낼 수 있다.

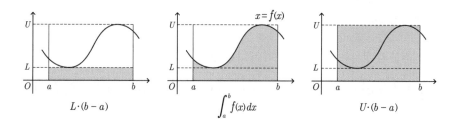

$$L \cdot (b-a) \qquad \int_a^b f(x)\,dx \qquad U \cdot (b-a)$$

연습문제

1. 아래 함수의 그래프가 $[0, 1]$에서 x축과 이루는 영역의 넓이를 각각 구하려고 한다.

$$\text{가. } y = \frac{1}{2}x + 1 \qquad \text{나. } y = -2x^2 + 3$$

(1) 주어진 구간을 4등분한 다음, 각 하위구간의 크기를 너비로 하고 하위구간 시작점의 함숫값을 높이로 하는 직사각형을 만들어 해당 영역의 넓이를 근사하여라.

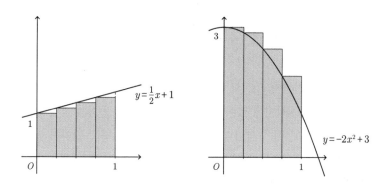

(2) 주어진 구간을 아주 잘게 나누었을 때의 극한으로 해당 영역의 실제 넓이를 구하여라.

2. 구간 $[0, 1]$에서 어떤 함수 $f(x)$에 대한 리만 합 S를 다음과 같이 계산하려고 한다.

- 하위구간의 너비 Δx: 균등 분할
- 함숫값을 취할 위치 m_k: 각 하위구간의 중간 지점

이때 S에 관한 구체적인 식을 제시하고, S의 극한으로 $\int_0^1 (-2x^2 + 3)\, dx$의 값을 구하여라.

3. 정적분의 정의와 성질을 이용하여 다음 값을 구하여라.

$$(1)\ \int_a^b c\, dx\ (c \in \mathbb{R}) \quad (2)\ \int_a^b x\, dx \quad (3)\ \int_1^2 (ax+b)\, dx\ (a, b \in \mathbb{R},\, a \neq 0)$$

14.2 미적분의 기본 정리

14.2.1 미적분의 제1 기본 정리

앞 절의 끝부분에서 소개했던 정적분의 성질, 즉 구간 $[a, b]$에서 함수의 최솟값과 최댓값에 관련된 다음의 부등식을 생각해 보자.

$$L \cdot (b-a)\ \leq\ \int_a^b f(x)\, dx\ \leq\ U \cdot (b-a)$$

양변을 $(b-a)$로 나누면 위의 식은 다음의 모양이 된다.

$$L\ \leq\ \frac{1}{b-a} \int_a^b f(x)\, dx\ \leq\ U$$

L과 U는 주어진 구간에서 $f(x)$의 최솟값 및 최댓값이므로 이 구간 내에 존재하는 모든 함숫값은 L과 U 사이에 있어야 한다. 이것은 위 부등식의 가운데에 끼어 있는 수식도 마찬가지다. 이 수식이 함수의 평균값 모양을 하고 있다는 것에 주목하자. 즉, 주어진 구간 $[a, b]$ 사이에는 어떤 점 $x = c$가 반드시 존재해서 그 함숫값이 구간의 평균값과 같아야 한다.

$$f(c)\ =\ \frac{1}{b-a} \int_a^b f(x)\, dx \quad (c \in [a, b])$$

그런 뜻에서 위의 식을 **적분의 평균값 정리**[5]라고 부른다. 양변에 $(b-a)$를 곱하면

---

[5] 미적분학에서 여러 정리의 증명에 사용되는 미분 쪽의 평균값 정리도 있으나, 이 책에서는 다루지 않는다.

이 식은 다음 꼴로도 쓸 수 있다.

$$(b-a) \cdot f(c) \, = \, \int_a^b f(x)\,dx \quad (c \in [a,\, b])$$

식의 의미를 그림으로 확인해 보자.

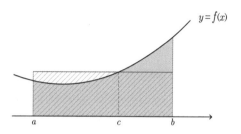

단색으로 표시된 부분이 $f(x)$의 그래프가 구간 $[a,\, b]$에서 x축과 이루는 영역이고, 빗금으로 표시된 부분은 밑변이 $(b - a)$, 높이가 $f(c)$인 직사각형이다. 앞의 정리는 이 두 영역의 넓이가 같아지는 어떤 c가 $[a,\, b]$ 사이에 반드시 존재한다는 것을 나타내고 있다.

이제 어떤 구간 $[a,\, b]$에서 연속인 함수 $f(x)$의 정적분으로 이루어진 또 다른 함수 $F(t)$가 있다고 하자. 이때 t는 구간 $[a,\, b]$ 내의 한 점을 나타내는 변수다.

$$F(t) \, = \, \int_a^t f(x)\,dx$$

그래프로 보면, 이 함수 $F(t)$는 정적분의 뜻으로부터 $f(x)$가 구간 $[a,\, t]$에서 x축과 이루는 영역의 넓이를 나타낸다.

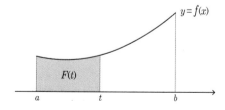

그러면 t가 h만큼 증가하여 $(t + h)$까지 변하는 동안 영역의 넓이 $F(t)$가 변하는

변화량을 생각할 수 있는데, 이것은 아래 왼쪽 그림의 빗금 친 영역과 같다. 만약 h 가 아주 작아진다면, 이 빗금 친 영역은 오른쪽 그림처럼 밑변이 h 이고 높이가 $f(t)$ 인 직사각형의 넓이에 아주 가까워질 것이다. 즉,

$$F(t+h) - F(t) \;\approx\; h \cdot f(t)$$

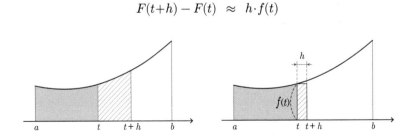

위 식의 양변을 h 로 나누면 어딘지 낯익은 모양이 된다.

$$\frac{F(t+h) - F(t)}{h} \;\approx\; f(t)$$

이 결과는 "h 가 아주 작아지면 넓이 $F(t)$ 의 평균변화율이 함숫값 $f(t)$ 에 가까워진 다"는 것으로 해석할 수 있다. 그런데 h 가 아주 작을 때의 평균변화율이란 곧 순간 변화율을 나타내는 표현이다. 따라서 앞의 결과는 $f(x)$ 의 그래프가 만들어 낸 영역 의 넓이 $F(t)$ 의 순간변화율이 함숫값 $f(t)$ 와 같다는 말이 된다. 정말로 이런 관계 가 성립하는지, 그렇다면 대체 그것이 뜻하는 바는 무엇인지 알아보자.

순간변화율의 정의에 따라 $F'(t)$ 는 다음과 같다.

$$F'(t) \;=\; \lim_{h \to 0} \frac{F(t+h) - F(t)}{h}$$

함수 $F(t)$ 는 앞에서 정적분으로 정의했으므로 그것을 그대로 옮겨 쓰자.

$$F'(t) \;=\; \lim_{h \to 0} \frac{1}{h} \left[\int_a^{t+h} f(x)\,dx \;-\; \int_a^t f(x)\,dx \right]$$

이때 정적분의 성질에 의해 오른쪽 a 에서 t 까지의 정적분은 다음과 같다.

$$\int_a^t f(x)\,dx \;=\; -\int_t^a f(x)\,dx$$

$F'(t)$에 이것을 반영하고 덧셈의 순서를 바꿔서 정리하면, 구간 시작점인 a와는 무관한 모양이 된다.

$$F'(t) = \lim_{h \to 0} \frac{1}{h} \left[\int_a^{t+h} f(x)\,dx + \int_t^a f(x)\,dx \right]$$

$$= \lim_{h \to 0} \frac{1}{h} \left[\int_t^a f(x)\,dx + \int_a^{t+h} f(x)\,dx \right]$$

$$= \lim_{h \to 0} \frac{1}{h} \int_t^{t+h} f(x)\,dx$$

마지막 식의 정적분은 그래프상에서 $[t, t+h]$에 해당하는 영역의 넓이이므로 순간 변화율 식에서 분자에 위치한 $F(t+h) - F(t)$ 부분과도 의미가 통한다는 것을 재차 확인할 수 있다.

그런데 적분의 평균값 정리에 의하면, 이 구간 사이에는 다음과 같은 함숫값을 가지는 어떤 c가 존재해야 한다.

$$f(c) = \frac{1}{h} \int_t^{t+h} f(x)\,dx \quad (c \in [t, t+h])$$

이러한 c가 반드시 존재하므로, $F'(t)$에 나온 정적분 부분을 $f(c)$로 바꿔서 간단히 쓸 수 있다.

$$F'(t) = \lim_{h \to 0} \frac{1}{h} \int_t^{t+h} f(x)\,dx = \lim_{h \to 0} f(c)$$

이제 $h \to 0$이면 자연히 $(t+h) \to t$가 되고, 그에 따라 $[t, t+h]$ 구간의 어떤 값인 c는 결국 t가 될 수밖에 없다는 점에 주목하자. 즉, $h \to 0$이면 그 결과로 $c \to t$라는 것이다.

$$F'(t) = \lim_{c \to t} f(c)$$

이때 $f(x)$는 연속이므로 연속함수의 성질에 의해 이 극한은 $f(t)$와 같아진다.

$$\therefore \ F'(t) = f(t)$$

말하자면 F라는 함수를 미분했더니 f가 되더라는 것이다. $F(t)$는 원래 $f(t)$의 정적분 형태로 정의되었으므로 그것까지 포함하여 써 보자.

$$F'(t) = \frac{d}{dt} \int_a^t f(x)\,dx = f(t)$$

이것은 **미적분의 제1 기본 정리**라는 이름을 가지고 있으며, 말로는 아래처럼 풀어 쓸 수 있다.

"어떤 함수 f의 정적분으로 정의된 함수 F를 미분하면 원래 함수 f로 돌아온다."

14.2.2 원시함수

앞의 제1 기본 정리에서 사용된 형식적 변수 t를 통상적인 x로 바꾸면 좀 더 익숙한 모양이 된다.

$$F'(x) = f(x)$$

즉, $F(x)$는 $f(x)$의 정적분으로 정의된 함수임과 동시에, 미분했을 때 $f(x)$가 되는 함수이기도 하다. 이 함수의 정체는 대체 무엇일까?

가장 간단한 경우부터 생각해 보자. 미분했더니 상수함수 $f(x) = k$가 되는 함수 $F(x)$는 어떤 것일까? $F(x)$의 도함수가 상수라는 것은 곧 정의역 전체에서 $F(x)$에 접하는 접선의 기울기가 일정하다는 뜻이다. 따라서 $F(x)$는 직선을 나타내는 일차함수이며 $y = ax + b$의 모양을 가진다. 이 일차함수를 미분하면 $F'(x) = a$로 상수가 되는데, 이것이 이미 알고 있는 도함수 $f(x) = k$와 일치해야 하므로 $F(x)$는 $kx + b$ 꼴이어야 한다.

하지만 미분할 때 원래의 상수항 b는 사라지므로 사실 어떤 값이어도 무방하다. 예컨대 kx를 미분해도 k이고, $kx + 42$를 미분해도 똑같이 k가 된다. 이처럼 어떤 값을 가져도 무방한 상수항을 **적분상수**라고 하며,[6] 문자 C로 나타낸다. 그러면 이제 미분해서 상수함수 $f(x) = k$가 되는 모든 함수를 통틀어서 다음과 같이 쓸 수 있다.

---

6 왜 '적분'상수라는 이름이 붙었는지는 조금 뒤의 부정적분에 가면 명확해진다.

$$F(x) = kx + C$$

이처럼 미분해서 $f(x)$가 되는 함수 $F(x)$를, $f(x)$의 **원시함수**(antiderivative)[7]라고 한다.

　다음은 약간 난이도를 높여서 x^2의 원시함수를 찾아보자. 이 원시함수 역시 x의 거듭제곱 꼴일 것이므로 $F(x) = ax^b$라 둔 다음에 그 도함수를 x^2과 같게 맞추면 될 것이다.

$$F'(x) = ab \cdot x^{b-1} = x^2$$

지수부와 계수를 비교하면 $b = 3$, $a = \frac{1}{3}$이므로 구하는 함수는 $F(x) = \frac{1}{3}x^3$이다. 이것을 미분하면 x^2이 됨을 확인해 보자. 하지만 역시 미분할 때 상수항이 사라지는 것을 감안할 필요가 있으므로 x^2의 원시함수는 다음과 같이 쓸 수 있다.

$$F(x) = \frac{1}{3}x^3 + C$$

내친 김에 미분해서 kx^n이 되는 함수를 같은 방법으로 찾아보면 다음의 답을 손쉽게 얻는다(단, $n \neq -1$).

$$F(x) = \frac{k}{n+1} x^{n+1} + C$$

그러나 이런 원시함수들은 애초에 $f(x)$의 정적분으로 정의되기도 했었다. 그런 측면을 감안하면 미적분의 제1 기본 정리를 이렇게 표현할 수도 있다.

$$\text{``}F(x) = \int_a^x f(t)\,dt\text{는 }f(x)\text{의 원시함수 중 하나다.''}$$

이처럼 별로 관계없을 듯한 원시함수와 정적분이 함께 등장하였으니 어쩌면 리만 합 대신에 원시함수를 이용해서 정적분을 계산할 수 있겠다는 기대를 품어 봄직 하다.

7　도함수(derivative)의 반대(anti-)라는 뜻을 가지고 있다.

14.2.3 미적분의 제2 기본 정리

이제 앞 절의 예제에 나왔던 정적분을 다시 꺼내 보자. 구간 $[-1, x]$에서 함수 $f(t) = -t^2 + 2$가 만드는 영역의 넓이는 다음과 같은 함수로 정의할 수 있다.

$$F(x) = \int_{-1}^{x} (-t^2 + 2)\, dt$$

이때 $F(x)$의 도함수는 제1 기본 정리에 의해 $F'(x) = f(x) = -x^2 + 2$이다.

다음은 상수함수와 x^n의 사례를 참고하여 $f(x)$의 원시함수 중 하나를 구한다. 미분해서 x^2이 되는 것은 $\frac{1}{3}x^3$, 미분해서 2가 되는 것은 $2x$다. 이것을 $G(x)$라 두자. 그러면 $G'(x) = -x^2 + 2 = f(x)$임을 확인할 수 있다.

$$G(x) = -\frac{1}{3}x^3 + 2x$$

지금부터 알아보려는 아이디어는, 제1 기본 정리에 의해 이 $F(x)$와 $G(x)$는 상수만큼 차이가 있을 뿐 모두 $f(x)$의 원시함수라는 것에서 출발한다. 즉, $F(x)$와 $G(x)$는 다음과 같은 관계식으로 쓸 수 있다.

$$F(x) = G(x) + C$$

그러므로 $F(x)$는 다음과 같은 두 가지 형태로 표현된다.

$$\begin{cases} F(x) = \displaystyle\int_{-1}^{x} (-t^2 + 2)\, dt \\ F(x) = G(x) + C = -\dfrac{1}{3}x^3 + 2x + C \end{cases}$$

예제에서 물었던 것은 $[-1, 2]$ 구간 영역의 넓이이므로 $F(2)$에 해당된다. 하지만 $F(2)$의 두 가지 형태 중에서 정적분 쪽은 지금 구하는 중이니 아직 알지 못하고, 원시함수 쪽은 $G(2)$와 C를 통해 구할 수 있다. 우리의 목표는 이 정적분의 값 $F(2)$를 리만 합에 의지하지 않고 계산하는 것이다.

$$\begin{cases} F(2) = \displaystyle\int_{-1}^{2} f(t)\, dt = ? \\ F(2) = G(2) + C \end{cases}$$

$G(2)$의 값은 삼차함수 $G(x)$에 $x = 2$를 대입해서 그냥 계산하면 되지만, 상수 C 는 여전히 미지수다. 여기서 정적분에 관련된 다음 성질의 도움을 받자.

$$\int_a^a f(t)\, dt \;=\; 0$$

이 성질에 의해 -1에서 -1까지의 정적분은 $F(-1) = 0$이 되므로 그 결과를 아래쪽 $G(x)$가 포함된 식에도 동일하게 적용한다.

$$\left\{ \begin{aligned} F(-1) &= \int_{-1}^{-1} (-t^2 + 2)\, dt = 0 \\ F(-1) &= G(-1) + C = 0 \end{aligned} \right.$$
$$\therefore \; C = -G(-1)$$

이렇게 해서 C의 값을 알아내었다. 이 값은 $F(x)$가 -1부터 x까지의 정적분으로 정의되었기 때문에 나온 결과이며, 정적분의 시작 지점이 -1과 다르면 결과도 달 라지게 된다.

이제 이 C를 원시함수 $G(x)$의 값을 사용한 쪽의 $F(2)$에 대입하자. 그러면 $G(x)$ 의 함숫값만으로 $F(2)$를 계산할 수 있게 된다.

$$\begin{aligned} F(2) &= G(2) + C \\ &= G(2) - G(-1) \\ &= \left(-\frac{1}{3} \cdot 2^3 + 2 \cdot 2 \right) - \left(-\frac{1}{3} \cdot (-1)^3 + 2 \cdot (-1) \right) \\ &= \left(\frac{4}{3} \right) - \left(-\frac{5}{3} \right) \\ &= 3 \end{aligned}$$

우리는 방금 정적분을 리만 합 없이 원시함수의 함숫값으로 구한 것이다.

$$F(2) = \int_{-1}^{2} f(t)\, dt \;=\; G(2) - G(-1) \;=\; 3$$

지금까지의 과정을 돌이켜 보면, 원시함수가 알려진 함수일 경우 모두 이런 방법으로 정적분을 계산할 수 있을 듯하다. 앞의 계산 과정을 일반화하면서 이 추정이 유효한지 검토해 보자.

일단 지금까지와 동일하게 함수 $F(x)$를 $f(x)$의 정적분으로 정의하고, $f(x)$의 원시함수 중 하나를 $G(x)$라고 한다. 그러면 $F(x)$와 $G(x)$는 상수만큼의 차이만 있을 뿐이므로 $F(x)$를 두 가지 꼴로 나타낼 수 있다.

$$\begin{cases} F(x) = \displaystyle\int_a^x f(t)\,dt \\ F(x) = G(x) + C \end{cases}$$

우리가 구하려는 정적분은 a에서 b까지로, 이는 $F(b)$라는 함숫값에 해당된다.

$$\begin{cases} F(b) = \displaystyle\int_a^b f(t)\,dt \\ F(b) = G(b) + C \end{cases}$$

상수 C를 계산에서 제외하기 위해 정적분의 성질을 이용하여 $F(a)=0$으로 두자.

$$\begin{cases} F(a) = \displaystyle\int_a^a f(t)\,dt = 0 \\ F(a) = G(a) + C = 0 \\ \therefore\ C = -G(a) \end{cases}$$

이제 정적분을 계산할 수 있다.

$$F(b) = \int_a^b f(t)\,dt = G(b) + C = G(b) - G(a)$$

이 내용을 정돈하면 다음과 같다. 이것을 **미적분의 제2 기본 정리**라고 부른다.

$$\int_a^b f(x)\,dx = G(b) - G(a)$$

위의 정리는 우리 예상과 같이 원시함수의 함숫값으로 정적분을 구할 수 있다는 것을 말해 준다. 정적분의 계산 과정은 기호 [ ]를 써서 나타내기도 하는데, 이렇게 하면 원시함수 $G(x)$가 어떤 형태인지 명확해지는 장점이 있다.

$$\int_a^b f(x)\,dx \;=\; \Big[\,G(x)\,\Big]_a^b \;=\; G(b) - G(a)$$

예를 들어 이런 식이다.

$$\int_{-1}^2 (-x^2 + 2)\,dx \;=\; \left[-\frac{1}{3}x^3 + 2x\right]_{-1}^2 \;=\; \left(-\frac{8}{3} + 4\right) - \left(\frac{1}{3} - 2\right) \;=\; 3$$

이 정리 덕분에 리만 합을 일일이 구하지 않고도 정적분을 계산할 수 있다. 그러므로 정적분을 구하는 일은 이제 원시함수를 구하는 일과 같아진 셈이다.

14.2.4 부정적분

지금까지는 원시함수를 나타내는 표기법을 따로 쓰지 않고 말로 설명했지만, 수식의 명확성을 위해서는 원시함수를 나타낼 별도의 표기법이 필요하다. $f(x)$의 원시함수 중 하나를 $G(x)$라 하면, $f(x)$의 '모든 원시함수'는 첨자 없는 적분 기호 $\int$를 써서 다음과 같이 나타낸다. 이 기호가 등장할 때는 항상 그 안에 적분상수가 포함되어 있다고 생각해야 한다.

$$\int f(x)\,dx \;=\; G(x) + C$$

앞의 예제에 대해서는 다음과 같다.

$$\int (-x^2 + 2)\,dx \;=\; -\frac{1}{3}x^3 + 2x + C$$

제2 기본 정리에서 본 것처럼, 정적분의 값은 원시함수의 입력 값만 정해지면 곧바로 계산할 수 있다. 이런 이유로, 어떤 함수의 '모든 원시함수'를 전부 통틀어서 **부정적분**(indefinite integral)[8]이라 부르기도 한다. 정적분은 어떤 특정한 값을 나타내는 반면, 부정적분은 값이 아니라 여러 함수들을 나타낸다는 점에 유의해 두자.

　이러한 부정적분의 표기법을 이용하면 미적분의 제2 기본 정리를 좀 더 명확한 형태로 쓸 수 있다. 즉, "정적분의 값은 부정적분의 함숫값으로 계산된다".

8　값이 정해지지 않은 적분이라는 뜻이다.

$$\int_a^b f(x)\, dt = \left[\int f(x)\, dx \right]_a^b$$

이때 $f(x)$의 부정적분을 $G(x) + C$라 두면 앞서와 동일한 결과에 이른다.

$$\begin{aligned}
\int_a^b f(x)\, dt &= \Big[G(x) + C \Big]_a^b \\
&= \Big[G(b) + C \Big] - \Big[G(a) + C \Big] \\
&= G(b) - G(a)
\end{aligned}$$

제2 기본 정리를 사용하면 앞 절에서 증명을 미루었던 정적분의 성질 중 하나가 간단히 증명된다. 여기서 $G(x)$는 $f(x)$의 한 원시함수다.

$$\begin{aligned}
\int_a^b f(x)\, dx + \int_b^c f(x)\, dx &= \Big[G(b) - G(a) \Big] + \Big[G(c) - G(b) \Big] \\
&= G(c) - G(a) \\
&= \int_a^c f(x)\, dx
\end{aligned}$$

부정적분은 지금까지 본 것처럼 미분 연산을 거꾸로 적용함으로써 얻을 수 있다. 가장 기본이라 할 수 있는 거듭제곱 꼴의 부정적분은 앞에서 구했던 적이 있다.

$$\int kx^n\, dx = \frac{k}{n+1}\, x^{n+1} + C \quad (n \neq -1)$$

$f(x) = k$ 꼴의 상수함수는 여기서 지수 $n = 0$인 경우로 생각하면 된다.

부정적분에 대해서는 다음과 같이 상수배와 덧셈·뺄셈 연산이 보존된다. 이것은 아래 등식에서 오른편의 원시함수를 미분하여 바로 확인할 수 있다.

$$\int kf(x)\, dx = k\left[\int f(x)\, dx \right] = kF(x) + C$$
$$\int \Big[f(x) \pm g(x) \Big] dx = \left[\int f(x)\, dx \right] \pm \left[\int g(x)\, dx \right] = F(x) \pm G(x) + C$$

이런 성질을 이용하면, 거듭제곱·상수배·덧셈으로 이루어진 n차 다항함수의 부정적분을 손쉽게 얻는다. 그 결과는 $n + 1$차의 다항함수가 된다.

$$\int (a_n x^n + a_{n-1} x^{n-1} + \cdots + a_1 x + a_0)\, dx$$

$$= \left[a_n \int x^n\, dx \right] + \left[a_{n-1} \int x^{n-1}\, dx \right] + \cdots + \left[a_1 \int x\, dx \right] + \left[\int a_0\, dx \right]$$

$$= \frac{a_n}{n+1} x^{n+1} + \frac{a_{n-1}}{n} x^n + \cdots + \frac{a_1}{2} x^2 + a_0 x + C$$

그러므로 다항함수의 정적분은 아주 간단히 계산할 수 있다. 예를 들어 $y = 3x^2 + 2x + 1$의 그래프와 x축이 구간 $[0, 1]$에서 이루는 영역의 넓이를 구해 보자. 이때 적분상수는 뺄셈 과정에서 사라지므로 쓰지 않아도 무방하다.

$$\begin{aligned}
\int_0^1 (3x^2 + 2x + 1)\, dx &= \left[\int (3x^2 + 2x + 1)\, dx \right]_0^1 \\
&= \left[x^3 + x^2 + x \right]_0^1 \\
&= \left[1^3 + 1^2 + 1 \right] - \left[0 + 0 + 0 \right] = 3
\end{aligned}$$

예제 14-2 다음 정적분을 계산하여라.

(1) $\displaystyle\int_0^1 x^2\, dx$ (2) $\displaystyle\int_{-1}^1 x^2\, dx$ (3) $\displaystyle\int_0^3 (x^3 - 3x^2)\, dx$

풀이

(1) 앞 절에서 구분구적법으로 계산했던 영역의 넓이다.

$$\int_0^1 x^2\, dx = \left[\frac{1}{3} x^3 \right]_0^1 = \left(\frac{1}{3} \right) - (0) = \frac{1}{3}$$

(2) 그래프를 그려 보면 (1)의 결과가 좌우대칭된 모양이며 넓이도 (1)의 두 배다.

$$\int_{-1}^1 x^2\, dx = \left[\frac{1}{3} x^3 \right]_{-1}^1 = \left(\frac{1}{3} \right) - \left(-\frac{1}{3} \right) = \frac{2}{3}$$

(3) $\displaystyle\int_0^3 (x^3 - 3x^2)\, dx = \left[\frac{1}{4} x^4 - x^3 \right]_0^3 = \left(\frac{81}{4} - 27 \right) - (0) = -\frac{27}{4}$

연습문제

1. $y = 3x^2$의 그래프가 구간 $[0, 2]$에서 x축과 이루는 영역의 넓이는 8이라고 한다. 이 구간에서 적분의 평균값 정리를 만족하는 c의 값은 얼마인가?

2. 미분했을 때 다음의 $f(x)$가 되는 함수를 하나씩 제시하여라.

    (1) $f(x) = -2$　　(2) $f(x) = 4x - 1$　　(3) $f(x) = 6x^2 - 2x + 5$

3. 다음 정적분을 계산하여라.

    (1) $\displaystyle\int_0^2 (-x-1)\, dx$　　(2) $\displaystyle\int_{-1}^1 (x^2 + x + 1)\, dx$

    (3) $\displaystyle\int_{-1}^1 x^3\, dx$　　(4) $\displaystyle\int_{-1}^1 x^4\, dx$

14.3 적분의 계산

정적분을 계산하려면 부정적분을 알아야 하고, 부정적분은 개념적으로 미분을 거꾸로 하여 구한다. 하지만 도함수와 달리 부정적분을 구하는 과정은 그리 수월하지만은 않다. 도함수는 그 정의가 명확하여 순간변화율이라는 단 하나의 식으로 표현이 가능하지만, 부정적분의 경우에는 일반적인 식이 존재하지 않는다. 이 절에서는 여러 가지 함수의 부정적분과 정적분을 구하는 방법을 하나씩 알아보기로 한다.

14.3.1 기본적인 함수의 부정적분

먼저 도함수로부터 쉽게 알 수 있는 기본 유형부터 살펴보자. 미분법에서는 다음 표와 같은 함수–도함수 관계를 공부했었다. 표에서 왼쪽 → 오른쪽 방향이 도함수이므로 그 반대인 오른쪽 → 왼쪽은 원시함수를 구하는 것이 된다.

원시함수 ⇐	⇒ 도함수
$x^n \, (n \in \mathbb{R})$	nx^{n-1}
$\sin x$	$\cos x$
$\cos x$	$-\sin x$
$\tan x$	$\sec^2 x$
$a^x \, (a > 0, \, a \neq 1)$	$a^x \cdot \ln a$
e^x	e^x

$\log_a x \ (a > 0, a \neq 1)$	$\dfrac{1}{x \cdot \ln a}$
$\ln x, \ln|x|$	$\dfrac{1}{x}$
$f(x)g(x)$	$f'(x)g(x) + f(x)g'(x)$
$\dfrac{f(x)}{g(x)}$	$\dfrac{f'(x)\,g(x) - f(x)\,g'(x)}{\{g(x)\}^2}$
$g(f(x))$	$g'(f(x)) \cdot f'(x)$

표의 첫 행에 나와 있는 거듭제곱 꼴부터 보자. 이것은 지수가 실수일 뿐 앞 절에서 본 다항함수와 마찬가지인데, 다음과 같이 x^{n+1}을 미분한 식의 양변에 부정적분을 취하여 바로 구할 수 있다.

$$\frac{d}{dx}\,x^{n+1} \;=\; (n+1)\,x^n$$

$$\int \left(\frac{d}{dx}\,x^{n+1} \right) dx \;=\; \int (n+1)\,x^n\,dx$$

$$x^{n+1} + C_1 \;=\; (n+1)\int x^n\,dx$$

$$\therefore \int x^n\,dx \;=\; \frac{x^{n+1}}{n+1} + C \quad (n \neq -1)$$

x^{n+1}을 미분한 좌변에 부정적분을 취하면 다시 x^{n+1}이 되지만, 이때 부정적분의 정의에 따라 적분상수가 붙는다는 점에 유의한다. 적분상수들은 구체적인 값이 필요하지 않으므로 기호로만 나타내었고, 여기서 $\dfrac{C_1}{n+1} = C$이다.

아래에 거듭제곱 꼴의 부정적분에 대한 예를 몇 개 들었다.

$$\int \frac{1}{x^2}\,dx \;=\; \int x^{-2}\,dx \;=\; -x^{-1} + C \;=\; -\frac{1}{x} + C$$

$$\int \frac{1}{x^3}\,dx \;=\; \int x^{-3}\,dx \;=\; -\frac{1}{2}\,x^{-2} + C \;=\; -\frac{1}{2x^2} + C$$

$$\int x\sqrt{x}\,dx \;=\; \int x^{\frac{3}{2}}\,dx \;=\; \frac{2}{5}x^{\frac{5}{2}} + C \;=\; \frac{2}{5}x^2\sqrt{x} + C$$

위에서 예외로 하고 있는 $n = -1$, 즉 $f(x) = \frac{1}{x}$의 경우를 보자. 지수부가 -1이면 앞의 부정적분 식에서 분모가 0이 되므로 해당 식을 사용하지 못한다. 그러나 우리는 로그함수를 미분할 때 $\frac{1}{x}$이 된다는 것을 알고 있다.

$$\int x^{-1}\, dx \;=\; \int \frac{1}{x}\, dx \;=\; \ln |x| + C$$

$\ln x$와 $\ln |x|$ 둘 다 미분하여 $\frac{1}{x}$이지만, $\ln x$는 정의역이 양수여야 한다는 제한이 있으므로 더 포괄적인 $\ln |x|$를 $\frac{1}{x}$의 부정적분으로 택한다.

앞서 10장에서는 $y = \frac{1}{x}\ (x > 0)$의 그래프와 x축이 이루는 영역의 넓이로 자연로그 $\ln x$를 정의한 적이 있다. 이 영역의 넓이를 정적분으로 다음과 같이 정의해 보면, 그 내용이 좀 더 명확해진다.

$$\int_1^x \frac{1}{t}\, dt \;=\; \Big[\, \ln t \,\Big]_1^x \;=\; \ln x - \ln 1 \;=\; \ln x$$

삼각함수의 경우는, 표에 나온 미분을 거꾸로 하여 다음의 부정적분을 얻는다.

$$\int \sin x\, dx \;=\; -\cos x + C$$

$$\int \cos x\, dx \;=\; \sin x + C$$

$$\int \sec^2 x\, dx \;=\; \tan x + C$$

그런데 세 번째 줄의 $\tan$는 다른 두 함수와는 다르게 $\tan x$의 부정적분, 즉 '미분해서 $\tan x$가 되는' 원시함수가 아니라 '적분해서[9] $\tan x$가 되는' 도함수를 말하고 있다. 그렇다면 $\tan x$의 부정적분은 무엇일까? 지금까지 미분해서 $\tan x$가 되는 함수를 다룬 적은 없었으므로, 그 답을 찾으려면 단순한 미분의 역연산 외에 다른 방법이 필요할 것이다. 여기에 대해서는 조금 뒤에 알아보기로 하자.

다음은 지수함수다. 지수함수 중 e^x는 미분해도 다시 자기 자신이므로 그 역연산인 부정적분도 마찬가지다. 다만 이때는 적분상수가 포함된다.

$$\int e^x\, dx \;=\; e^x + C$$

1이 아닌 양수 a를 밑으로 하는 지수함수 a^x에 대해서도, 다음과 같이 도함수 관계

---

9 '적분'이라는 표현은 문맥에 따라서 미분의 역연산(부정적분)을 뜻하기도 하고 넓이나 부피를 구하는 일 (정적분)을 뜻하기도 한다.

를 식으로 나타낸 다음 양변에 부정적분을 취하면 간단히 계산할 수 있다.

$$\frac{d}{dx}\, a^x \;=\; a^x \cdot \ln a$$

$$\int \left(\frac{d}{dx}\, a^x \right) dx \;=\; \int (a^x \cdot \ln a)\, dx$$

$$a^x + C_1 \;=\; (\ln a) \int a^x\, dx$$

$$\therefore \int a^x\, dx \;=\; \frac{a^x}{\ln a} + C$$

다음은 로그함수인데, $\tan x$ 때와 마찬가지로 앞의 도함수 표에 '미분해서 로그함수가 되는' 함수는 나와 있지 않고 '적분해서 로그함수가 되는' 경우만 있다. 여기에 대해서도 역시 조금 뒤에서 알아보자.[10]

　적분해서 자연로그가 되는 함수가 $\frac{1}{x}$이라는 것은 이미 보았고, 적분해서 $\log_a x$ 가 되는 함수는 사실 $\frac{1}{x}$에 상수를 곱한 형태다.

$$\int \frac{1}{x \cdot \ln a}\, dx \;=\; \frac{1}{\ln a} \int \frac{1}{x}\, dx \;=\; \frac{\ln |x|}{\ln a} + C \;=\; \frac{\log_e |x|}{\log_e a} + C \;=\; \log_a |x| + C$$

이로써 도함수 표에 나왔던 기본적인 함수 유형은 대체로 다루었지만, $\tan x$나 $\ln x$의 부정적분이라든지 함수의 곱셈 $f \cdot g$, 함수의 나눗셈 $\frac{f}{g}$, 합성함수 $g \circ f$ 꼴에 대한 도함수의 역연산은 아직 남아 있다. 이 중에서 나눗셈 꼴은 미분의 역으로 뭔가를 구하기에는 도함수의 식이 너무 번잡하므로 제외하고, 함수의 곱셈과 합성함수의 도함수를 이용하여 부정적분을 얻는 방법을 알아보자.

14.3.2 부분적분법

먼저, 함수의 곱셈에 대한 도함수다. 표에 나왔던 도함수 관계의 양변에 부정적분을 취하면 다음처럼 된다.

$$\frac{d}{dx}\left\{ f(x)\, g(x) \right\} \;=\; f'(x)\, g(x) + f(x)\, g'(x)$$

$$\int \left[\frac{d}{dx}\left\{ f(x)\, g(x) \right\} \right] dx \;=\; \int f'(x)\, g(x)\, dx + \int f(x)\, g'(x)\, dx$$

$$f(x)\, g(x) + C \;=\; \int f'(x)\, g(x)\, dx + \int f(x)\, g'(x)\, dx$$

[10] 13.4절의 연습문제에서 이 경우를 다룬 적이 있다.

세 번째 식의 우변을 가만히 들여다 보면, 한쪽은 f만 미분되었고 다른 쪽은 g만 미분된 상태이다. 즉, 다음 그림처럼 f와 g 중 하나가 미분되면 다른 하나는 적분되는 관계인 것이다.

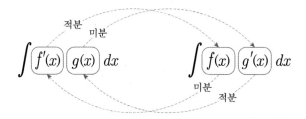

이제 우변에 있는 항 중에서 한쪽을 이항해 보자. 이때 두 항은 대칭적이어서 어느 쪽을 이항하더라도 상관없으며, 원래의 적분상수 C는 우변의 남은 부정적분을 계산하면 어차피 다시 나오므로 생략해도 무방하다.

$$\int f(x)\,g'(x)\,dx \;=\; f(x)\,g(x)\;-\;\int f'(x)\,g(x)\,dx$$

수식의 모양으로 볼 때 좌변의 $f(x)$는 우변으로 가서 $f'(x)$가 되므로 미분 후에 단순해지는 편이 낫고, $g'(x)$는 우변으로 가서 $g(x)$가 되므로 적분 후에 단순해지는 편이 나을 것이다.

이런 점을 이용하면, 다음 조건을 갖춘 함수의 부정적분을 구하는 기법을 얻는다.

- 두 함수의 곱으로 이루어져 있다.
- 한쪽은 미분할 때, 다른 쪽은 적분할 때 간단해진다(최소한 더 복잡해지지는 않는다).

이렇게 하면 부정적분 결과에 또다시 부정적분이 포함되더라도 조금이나마 더 간단해질 것이므로 언젠가는 우리가 알고 있는 유형의 부정적분에 도달하여 계산을 완료할 수 있을 것이다.

예를 들어 $x \cos x$의 부정적분을 구해 보자. 일단 이 함수는 x와 $\cos x$의 곱으로 이루어져 있다. 둘 중에서 x는 미분했을 때 간단해지고, $\cos x$는 적분해도 최소한 더 복잡해지지는 않는다. 따라서 $f(x) = x$, $g'(x) = \cos x$로 놓고 위의 식대로 써 보자.

$$\int x \cos x \, dx = x \sin x - \int 1 \cdot \sin x \, dx$$
$$= x \sin x - (-\cos x) + C$$
$$= x \sin x + \cos x + C$$

아래는 계산과정에서 $f(x)$와 $g'(x)$가 미분·적분을 통해 변하는 모양이다. 한 단계만에 두 함수의 곱이 $1 \cdot \sin x$로 간단해졌음을 볼 수 있다.

$$\frac{d}{dx} f(x) : \quad x \quad \Rightarrow \quad 1$$
$$\int g'(x) \, dx : \quad \cos x \quad \Rightarrow \quad \sin x$$

이처럼 곱을 이루는 두 부분에 대해 각각 미분·적분함으로써 부정적분을 구하는 것을 **부분적분법**이라고 부른다. 부분적분법을 쓸 때는 미분하기 좋은 함수와 적분하기 좋은 함수가 어느 쪽인지 분별하는 것이 중요하다. 미분할 함수로는 로그함수나 거듭제곱 꼴을 들 수 있겠다. 거듭제곱은 계속 미분하면 언젠가는 상수가 될 것이고, 로그함수는 그 부정적분을 아직 알지 못하지만 뒤에서 보듯이 더 간단해지지는 않으므로 미분 쪽이 낫다.

$$\frac{d}{dx} : \quad \ln x \quad \Rightarrow \quad \frac{1}{x} \quad \Rightarrow \quad -\frac{1}{x^2} \quad \cdots$$
$$\frac{d}{dx} : \quad x^n \quad \Rightarrow \quad nx^{n-1} \quad \Rightarrow \quad n(n-1)\,x^{n-2} \quad \cdots$$

삼각함수 중 $\sin x$나 $\cos x$의 경우는 미분이나 적분을 아무리 해도 상대방이 되었다가 다시 자신으로 돌아오기를 반복하며, 지수함수 e^x는 미적분에 영향을 받지 않고 항상 자기 자신이 된다. 따라서 이 두 부류의 함수는 곱해진 다른 함수가 무엇인지를 보고 미분할지 적분할지 선택하도록 한다.

$$\frac{d}{dx} \;:\; \sin x \;\Rightarrow\; \cos x \;\Rightarrow\; -\sin x \;\Rightarrow\; -\cos x \;\Rightarrow\; \sin x \;\cdots$$
$$\int dx \;:\; \sin x \;\Rightarrow\; -\cos x \;\Rightarrow\; -\sin x \;\Rightarrow\; \cos x \;\Rightarrow\; \sin x \;\cdots$$

때로는 부분적분법을 두 번 이상 써야 하는 경우도 있다. 예를 들어 $x^2 \cos x$의 부정적분을 구해 보자. 둘 중 x^2은 미분에, $\cos x$는 적분에 더 적합할 것이다.

$$\int x^2 \cos x \, dx = x^2 \sin x - \int 2x \cdot \sin x \, dx$$
$$= x^2 \sin x - 2 \int x \sin x \, dx$$

결과에 여전히 $\int x \sin x$가 남아 있으므로 부분적분법을 한 번 더 사용한다. 물론 이때 x는 미분, $\sin x$는 적분하는 쪽이다.

$$\int x \sin x \, dx = x \cdot (-\cos x) - \int 1 \cdot (-\cos x) \, dx$$
$$= -x \cos x - (-\sin x) + C$$
$$= -x \cos x + \sin x + C$$

그러므로 원래 구하려는 부정적분은 다음과 같다.

$$\int x^2 \cos x \, dx = x^2 \sin x - 2 \int x \sin x \, dx$$
$$= x^2 \sin x - 2(-x \cos x + \sin x + C_1)$$
$$= x^2 \sin x + 2x \cos x - 2 \sin x + C$$
$$= (x^2 - 2) \sin x + 2x \cos x + C$$

여기서 두 함수가 변한 과정을 써 보면, 두 단계를 지나 곱이 간단해졌음을 알 수 있다.

$$\frac{d}{dx} f(x) \;:\; x^2 \;\Rightarrow\; (2)x \;\Rightarrow\; 1$$
$$\int g'(x) \, dx \;:\; \cos x \;\Rightarrow\; \sin x \;\Rightarrow\; -\cos x$$

때로는 여러 단계를 거쳐도 곱이 간단해지지 않을 수 있다. 예컨대 다음과 같은 경우다.

$$\int e^x \cos x \, dx$$

e^x와 $\cos x$는 둘 다 미분이나 적분을 통해 형태가 간단해지지 않는 함수들이다. 그렇지만 이때는 cos의 성질에 의해 여러 번 부분적분법을 쓰면 한 바퀴 돌아 다시 원래 형태가 된다는 점을 이용할 수 있다. e^x는 미분하고 $\cos x$는 적분하는 쪽을 택해 보자.

$$\frac{d}{dx} f(x) \ : \quad e^x \quad \Rightarrow \quad e^x \quad \Rightarrow \quad e^x$$
$$\int g'(x) \, dx \ : \quad \cos x \quad \Rightarrow \quad \sin x \quad \Rightarrow \quad -\cos x$$

위에서 보듯이 두 단계를 지나면 원래와 같고 부호만 반대인 형태가 나타나므로 사실상 답을 구한 거나 마찬가지가 된다. 부분적분법을 연이어 두 번 적용해 보자.

$$\begin{aligned}
\int e^x \cos x \, dx &= e^x \sin x - \int e^x \sin x \, dx \\
&= e^x \sin x - \left[-e^x \cos x - \int (-e^x \cos x) \, dx \right] \\
&= e^x \sin x + e^x \cos x - \int e^x \cos x \, dx
\end{aligned}$$

양변에 동일한 항이 생겼으므로 이항하여 한쪽으로 모으면 다음과 같은 결과를 얻는다.

$$2 \int e^x \cos x \, dx = e^x \sin x + e^x \cos x + C_1$$
$$\therefore \int e^x \cos x \, dx = \frac{1}{2} (e^x \sin x + e^x \cos x) + C$$

부분적분법에서는 숨어 있는 상수함수를 활용해야 할 때도 있는데, 대표적인 예가 $\ln x$의 부정적분이다. 이 함수는 표면적으로는 곱셈 형태가 아니지만, 상수함수와 곱해져 있다고 가정하면 $\ln x = (\ln x) \cdot 1$로 쓸 수 있다. 둘 중 $\ln x$는 바로 적분할 수 없으므로 미분하고, 상수함수 1을 적분하는 쪽으로 두어 부분적분법을 사용하

자. 그러면 $\ln x$의 도함수 $\dfrac{1}{x}$과, 1의 원시함수 x가 곱셈으로 상쇄되어 계산이 간단해진다.

$$\int \ln x \, dx = \int (\ln x) \cdot 1 \, dx = (\ln x) \cdot x - \int \frac{1}{x} \cdot x \, dx$$
$$= x \ln x - \int 1 \, dx$$
$$= x \ln x - x + C$$

예제 14-3 다음 부정적분을 구하여라.

(1) $\displaystyle\int x^2 e^x \, dx$ (2) $\displaystyle\int \cos^3 x \, dx$ (3) $\displaystyle\int x \ln x \, dx$

풀이

(1) x^2은 미분하고 e^x는 적분하여 부분적분법을 두 번 사용한다.

$$\int x^2 e^x \, dx = x^2 e^x - \int 2x e^x \, dx$$
$$= x^2 e^x - 2\left[xe^x - \int 1 \cdot e^x \, dx \right]$$
$$= x^2 e^x - 2\left(xe^x - e^x + C_1 \right)$$
$$= (x^2 - 2x + 2)\, e^x + C$$

(2) $\cos^3 x = \cos^2 x \cdot \cos x$로 둔 다음, $\cos^2 x$는 미분, $\cos x$는 적분한다. 이때 $\cos^2 x$의 도함수는 연쇄법칙에 의해 $2\cos x \cdot (-\sin x) = -2\cos x \sin x$이다.

$$\int \cos^3 x \, dx = \int \cos^2 x \cdot \cos x \, dx = \cos^2 x \cdot \sin x + 2\int (\cos x \sin x) \cdot \sin x \, dx$$
$$= \cos^2 x \cdot \sin x + 2\int \cos x \,(1 - \cos^2 x) \, dx$$
$$= \cos^2 x \cdot \sin x + 2\int \cos x \, dx - 2\int \cos^3 x \, dx$$
$$= \cos^2 x \cdot \sin x + 2\sin x - 2\int \cos^3 x \, dx$$

양변에 $\int \cos^3 x \, dx$의 같은 꼴이 나타났으므로 한쪽으로 모으고 정리한다.

$$3\int \cos^3 x \, dx = \cos^2 x \cdot \sin x + 2\sin x + C_1$$
$$= (1 - \sin^2 x) \cdot \sin x + 2\sin x + C_1$$
$$= -\sin^3 x + 3\sin x + C_1$$
$$\therefore \int \cos^3 x \, dx = -\frac{1}{3}\sin^3 x + \sin x + C$$

(3) $\ln x$는 미분, x는 적분한다. $\ln x$의 도함수가 x의 차수를 낮추는 효과를 발휘한다.

$$\int \ln x \cdot x \, dx = \ln x \cdot \frac{x^2}{2} - \int \frac{1}{x} \cdot \frac{x^2}{2} \, dx$$
$$= \frac{x^2 \ln x}{2} - \frac{1}{2}\int x \, dx$$
$$= \frac{x^2 \ln x}{2} - \frac{x^2}{4} + C$$

14.3.3 치환적분법

다음은 합성함수의 도함수를 이용해서 부정적분을 구하는 방법을 알아보자. 두 함수 f와 g의 합성 $(g \circ f)(x) = g(f(x))$의 도함수는 다음과 같았다.

$$\frac{d}{dx} g(f(x)) = g'(f(x)) \cdot f'(x)$$

설명의 편의를 위해, 식에서 '바깥쪽' 함수 g와 그 도함수 g'의 문자를 좀 바꿔서 G와 g라고 각각 쓰기로 한다. 그러면 위의 식은 의미의 변화 없이 다음처럼 쓸 수 있다.

$$\frac{d}{dx} G(f(x)) = g(f(x)) \cdot f'(x)$$

좌우변의 위치를 바꾼 다음 양변을 적분하면, 다소 당연해 보이는 결과를 얻는다.

$$\int g(f(x)) \cdot f'(x) \, dx = \int \left[\frac{d}{dx} G(f(x)) \right] dx$$
$$= G(f(x)) + C$$

여기서 합성함수의 미분 때처럼 '안쪽' 함수를 $t = f(x)$라고 두자.

$$\int g(t) \cdot t' \, dx \;=\; G(t) + C$$

그러면 $G(t)$는 미적분의 기본 원리에 의해 $g(t)$의 한 원시함수이므로 위의 식은 다음처럼 쓸 수 있다.

$$\int g(t) \cdot t' \, dx \;=\; \int g(t) \, dt$$

좌변을 보면, $g(t)$가 합성함수이면서 안쪽 함수인 $t = f(x)$의 도함수 t'이 거기에 곱해진 형태다. 이것은 합성함수의 도함수 형태일 뿐이므로 사실 새로울 것은 없다.

$$\int g(\boxed{t}) \cdot t' \ dx \quad = \quad \int g(t) \ dt$$

x에 대한 적분 $\qquad\qquad$ t에 대한 적분

그러나 우변에서는 x에 대한 적분이던 것이 t에 대한 적분으로 바뀌었다. 어떤 함수가 이런 $g(t) \cdot t'$의 형태라면, 그 부정적분은 x 아닌 t에 대해 적분하여 구할 수 있다는 말이 된다. 변수를 바꿔 친다는 뜻에서 이런 적분법을 **치환적분법**이라고 한다. 기호의 측면에서만 보면, $t' \, dx$로 되어 있던 부분이 dt로 바뀌는 거라고도 할 수 있다.[11]

실제 예를 들어서 $2\sin(2x+1)$의 부정적분을 구해 보자. 이 함수에서 $\sin$의 입력을 이루는 $2x+1$을 t라고 두면 그 도함수는 마침 $t' = 2$이므로 그림에서 보듯이 $g(t)$와 t'이 곱해진 형태가 되어 치환적분법을 사용할 수 있다.

---

11 $t' = f'(x) = \frac{dt}{dx}$이므로 $t' \, dx = \frac{dt}{dx} \cdot dx = dt$와 같이 약분되는 걸로 생각하면 기억하기는 쉽다. 이때 dx나 dt는 미분(differential)이라는 개념을 나타내며 마치 변수처럼 취급하는데, 해당 내용은 책의 범위를 벗어나므로 참고만 해 두자.

$$2 \cdot \sin(2x+1)$$

미분

$$t' \quad \cdot \quad g(t)$$

$t = 2x + 1$로 놓고 부정적분을 계산하자. 이때 x에 대한 적분이 t에 대한 적분으로 바뀌는 (a) → (b)의 과정에 주목한다. 또한 부정적분을 구한 다음에는 치환된 t를 다시 x에 관한 식으로 되돌려 놓는다.

$$\begin{aligned} \int \sin(2x+1) \cdot 2 \, dx &= \int (\sin t) \cdot t' \, dx & \cdots \text{(a)} \\ &= \int \sin t \, dt & \cdots \text{(b)} \\ &= -\cos t + C \\ &= -\cos(2x+1) + C \end{aligned}$$

만약 $\sin(2x + 1)$에 곱해진 것이 $2x + 1$의 도함수 2와 다른 숫자라면 어떨까? 이럴 때는 도함수에 해당하는 2를 일단 만들고, 그것을 상쇄할 $\frac{1}{2}$을 다시 곱해 줌으로써 치환적분법을 사용할 수 있다.

$$\begin{aligned} \int 3\sin(2x+1) \, dx &= 3 \int \sin(2x+1) \cdot 2 \cdot \frac{1}{2} \, dx \\ &= \frac{3}{2} \int \sin(2x+1) \cdot 2 \, dx \\ &= -\frac{3}{2} \cos(2x+1) + C \end{aligned}$$

예제 14-4 다음 부정적분을 구하여라.

(1) $\int x^2 \cos x^3 \, dx$ (2) $\int \sqrt{2x + 1} \, dx$ (3) $\int \frac{\ln x}{x} \, dx$

풀이

(1) $t = x^3$으로 두면 $t' = 3x^2$이므로 계수를 맞추기 위해 $3 \cdot \frac{1}{3}$을 곱해 준다.

$$\int \cos x^3 \cdot x^2 \, dx \;=\; \frac{1}{3}\int \cos x^3 \cdot 3x^2 \, dx \;=\; \frac{1}{3}\int \cos t \cdot t' \, dx$$

$$=\; \frac{1}{3}\int \cos t \, dt \;=\; \frac{1}{3}\sin t + C \;=\; \frac{1}{3}\sin x^3 + C$$

(2) $t = 2x + 1$로 두고 t^n 꼴의 부정적분을 구한다.

$$\int \sqrt{2x+1} \, dx \;=\; \frac{1}{2}\int \sqrt{2x+1} \cdot 2 \, dx \;=\; \frac{1}{2}\int \sqrt{t} \cdot t' \, dx$$

$$=\; \frac{1}{2}\int \sqrt{t} \, dt \;=\; \frac{1}{2}\cdot \frac{t^{\frac{3}{2}}}{\left(\frac{3}{2}\right)} + C \;=\; \frac{1}{3}(2x+1)^{\frac{3}{2}} + C$$

(3) $t = \ln x$로 두면 $t' = \frac{1}{x}$임을 이용한다.

$$\int \frac{\ln x}{x} \, dx \;=\; \int (\ln x)\cdot\left(\frac{1}{x}\right) dx \;=\; \int t \cdot t' \, dx$$

$$=\; \int t \, dt \;=\; \frac{1}{2}t^2 + C \;=\; \frac{1}{2}(\ln x)^2 + C$$

위의 예제 중 (3)과 같은 유형은 눈여겨 둘 만하다. 어떤 함수와 그 도함수가 직접 곱해진 $t \cdot t'$ 꼴의 부정적분은 아주 간단한 형태로 치환된다는 말이기 때문이다.

$$\int t \cdot t' \, dx \;=\; \int t \, dt \;=\; \frac{1}{2}t^2 + C$$

한 예로 $\sin x \cos x$를 들 수 있다. 이때 $t = \sin x$로 둔다.

$$\int \sin x \cos x \, dx \;=\; \int (\sin x)\cdot(\sin x)' \, dx \;=\; \int t \, dt \;=\; \frac{1}{2}\sin^2 x + C$$

$\frac{t'}{t}$인 경우도 상당히 유용하다. 이것은 분모의 도함수가 분자에 있는 꼴이다.

$$\int \frac{1}{t}\cdot t' \, dx = \int \frac{1}{t} \, dt \;=\; \ln|t| + C$$

이 유형의 치환적분을 쓰면 앞서 미뤄두었던 $\tan x$의 부정적분을 비로소 구할 수 있다. 이때 $t = \cos x$로 두고, 로그의 성질과 삼각함수 사이의 관계를 이용한다.

$$\int \tan x \, dx \;=\; \int \frac{\sin x}{\cos x} \, dx \;=\; \int \frac{(-1) \cdot (\cos x)'}{\cos x} \, dx \;=\; -\int \frac{t'}{t} \, dx$$

$$= -\int \frac{1}{t} \, dt \;=\; -\ln|t| + C$$

$$= -\ln|\cos x| + C$$

$$= \ln|\cos x|^{-1} + C$$

$$= \ln|\sec x| + C$$

지금까지는 $g(t) \cdot t'$의 꼴에서 도함수인 t'쪽이 정확히 일치하거나 상수배 정도의 차이만 나는 경우를 다루었다. 만약 그렇지 않다면 어떻게 해야 할까? $\int x\sqrt{1-x} \, dx$ 같은 경우를 예로 들어 보자. 지금까지처럼 $t = 1 - x$로 두면 $t' = -1$이므로, 단순히 숫자를 곱해서는 어떻게 할 수 없는 x라는 부분이 남게 된다. 하지만 이렇게 남은 x 역시 $x = 1 - t$임을 이용하여 t로 바꾸면, 원래의 함수 전체를 t에 대한 함수로 쓸 수 있다.

$$x\sqrt{1-x} \;\Longrightarrow\; (1-t)\sqrt{t}$$

즉, $g(t) = (1-t)\sqrt{t}$로 두는 것이다. 그러면 이제 $t' = -1$로 두어 치환적분법을 사용할 수 있다.

$$\int x\sqrt{1-x} \, dx \;\; = -\int (1-t)\sqrt{t} \cdot (-1) \, dx$$

$$= \int (t-1)\sqrt{t} \, dt \;\; = \int \left(t^{\frac{3}{2}} - t^{\frac{1}{2}} \right) dt$$

$$= \frac{2}{5} t^{\frac{5}{2}} - \frac{2}{3} t^{\frac{3}{2}} + C$$

$$= \frac{2}{5} (1-x)^{\frac{5}{2}} - \frac{2}{3} (1-x)^{\frac{3}{2}} + C$$

지금처럼 t의 도함수가 늘 상수일 수는 없는데, 때로는 도함수의 항을 상쇄할 역수를 곱하면 식이 간단해지기도 한다. 다음 예에서는 $t = x^2 - 1$로 두었을 때 $t' = 2x$이므로 그를 상쇄할 $\frac{1}{2x}$을 같이 곱해 준다.

$$\int \frac{x^3}{\sqrt{x^2-1}}\,dx \;=\; \int \frac{x^3}{\sqrt{x^2-1}}\cdot\left(2x\cdot\frac{1}{2x}\right)dx$$

$$=\; \int \frac{x^3}{2x\cdot\sqrt{x^2-1}}\cdot 2x\,dx$$

그러면 분자의 x^3이 x^2으로 한 차수 낮아지고, 이때 $x^2 = t+1$임을 이용한다.

$$=\; \int \frac{x^2}{2\sqrt{x^2-1}}\cdot 2x\,dx$$

$$=\; \int \frac{t+1}{2\sqrt{t}}\cdot t'\,dx$$

전체 식이 $g(t)\cdot t'\,dx$ 꼴이므로 치환적분법을 써서 $g(t)\,dt$ 꼴로 바꿔 계산한다.

$$=\; \int \frac{t+1}{2\sqrt{t}}\,dt \;=\; \frac{1}{2}\int\left(t^{\frac{1}{2}}+t^{-\frac{1}{2}}\right)dt$$

$$=\; \frac{1}{2}\left(\frac{2}{3}\,t^{\frac{3}{2}}+2\,t^{\frac{1}{2}}\right)+C$$

$$=\; \frac{1}{3}\left(x^2-1\right)^{\frac{3}{2}}+\sqrt{x^2-1}+C$$

예제를 통해 이런 기법에 좀 더 익숙해지자.

예제 14-5 다음 부정적분을 구하여라.

(1) $\displaystyle\int \frac{x+1}{\sqrt{x-1}}\,dx$ (2) $\displaystyle\int \frac{x^3}{x^2-1}\,dx$

풀이

(1) $t = x-1$이고 $x = t+1$이라 두어 치환한다.

$$\int \frac{x+1}{\sqrt{x-1}}\,dx \;=\; \int \frac{t+2}{\sqrt{t}}\cdot 1\,dx$$

$$=\; \int \frac{t+2}{\sqrt{t}}\,dt \;=\; \int t^{\frac{1}{2}}+2t^{-\frac{1}{2}}\,dt$$

$$=\; \frac{2}{3}\,t^{\frac{3}{2}}+4\,t^{\frac{1}{2}}+C$$

$$=\; \frac{2}{3}\left(x-1\right)^{\frac{3}{2}}+4\sqrt{x-1}+C$$

(2) $t = x^2 - 1$로 두면 $x^2 = t + 1$임을 이용한다.

$$\begin{aligned}
\int \frac{x^3}{x^2 - 1}\, dx &= \int \frac{x^3}{x^2 - 1} \cdot \left(2x \cdot \frac{1}{2x} \right) dx \\
&= \frac{1}{2} \int \frac{x^2}{x^2 - 1} \cdot 2x\, dx = \frac{1}{2} \int \frac{t+1}{t} \cdot t'\, dx \\
&= \frac{1}{2} \int \frac{t+1}{t}\, dt = \frac{1}{2} \int \left(1 + \frac{1}{t} \right) dt \\
&= \frac{1}{2} \left(t + \ln |t| \right) + C \\
&= \frac{1}{2} \left(x^2 - 1 + \ln |x^2 - 1| \right) + C
\end{aligned}$$

어떨 때는 치환적분법과 부분적분법을 함께 적용해야 할 수도 있다. 예를 들어 $\sin \sqrt{x}$ 의 부정적분을 구해 보자. 일단 눈에 띄는 치환 대상은 $t = \sqrt{x}$ 이고, 그러면 $t' = \dfrac{1}{2\sqrt{x}}$ 이다.

$$\begin{aligned}
\int \sin \sqrt{x}\, dx &= \int \sin \sqrt{x} \cdot \left(\frac{1}{2\sqrt{x}} \cdot 2\sqrt{x} \right) dx \\
&= \int \sin t \cdot t' \cdot 2t\, dx \\
&= 2 \int t \sin t\, dt
\end{aligned}$$

이 $t \sin t$의 적분은 앞서 부분적분법에서 다루었다.

$$\begin{aligned}
\int t \sin t\, dt &= t \cdot (-\cos t) - \int 1 \cdot (-\cos t)\, dt \\
&= -t \cos t + \sin t + C
\end{aligned}$$

그러므로 원래 구하려는 부정적분은 다음과 같다.

$$\begin{aligned}
\int \sin \sqrt{x}\, dx &= -2t \cos t + 2 \sin t + C \\
&= -2\sqrt{x} \cos \sqrt{x} + 2 \sin \sqrt{x} + C
\end{aligned}$$

지금까지 부정적분을 구하기 위한 몇 가지 방법을 알아보았다. 여기서는 더 다루지 않지만 그 밖에도 삼각함수의 성질을 이용한 치환이나 부분분수로 나누어 적분하는 등의 부정적분 기법들이 있다.

미분의 경우는 함수 간 사칙연산이나 합성에 대해서도 도함수의 정의만 따르면 그에 해당하는 미분 공식을 얻을 수 있었지만, 부정적분은 함수의 곱셈·나눗셈·합성에 대해 보편적으로 적용할 만한 공식이 존재하지 않아서 계산이 더 어렵다. 게다가 어떤 함수들은 일견 간단해 보여도 지금까지 다루었던 종류의 함수[12]들로 그 부정적분을 표현하지 못하는 경우도 있다.[13]

이 절에서 알아보았던 부분적분법이나 치환적분법은 그런 중에 정해진 조건을 만족할 때 비로소 적용할 수 있는 제한적인 기법이다. 그러므로 부정적분을 계산할 때는 적분할 함수의 특징을 잘 파악하여 그에 맞는 적분 기법을 택하는 것이 중요하다.

연습문제

1. 다음 함수의 부정적분을 구하여라.

$\quad$ (1) $x + \dfrac{1}{x} + \dfrac{1}{x^2}$ $\quad$ (2) $e^x + 2\sin x$ $\quad$ (3) $2^x - \dfrac{1}{\cos^2 x}$

2. 다음 함수의 부정적분을 구하여라.

$\quad$ (1) xe^x $\quad$ (2) $x^2 \sin x$ $\quad$ (3) $x^2 \ln x$

3. 다음 함수의 부정적분을 구하여라.

$\quad$ (1) $3(3x-1)^4$ $\quad$ (2) $\dfrac{3x}{(x^2-1)^2}$ $\quad$ (3) $\dfrac{1}{\sqrt{3x-1}}$ $\quad$ (4) $e^{2x} + e^{-2x}$ $\quad$ (5) $\cos 3x$

$\quad$ (6) $\cos^2 x$(반각·배각공식 이용) $\quad$ (7) $\sec x \tan x$ $\quad$ (8) $\dfrac{(\ln x)^2}{x}$

4. 다음 정적분의 값을 구하여라.

$\quad$ (1) $\displaystyle\int_0^1 \dfrac{x^2}{x^3+1}\, dx$ $\quad$ (2) $\displaystyle\int_{\frac{\pi}{6}}^{\frac{\pi}{3}} \cot x\, dx$ $\quad$ (3) $\displaystyle\int_2^4 \ln(x^2 - x)\, dx$ $\quad$ (4) $\displaystyle\int_0^1 e^{\sqrt{x}}\, dx$

---

12 다항함수·유리함수·무리함수·지수함수·로그함수·(역)삼각함수의 사칙연산과 합성으로 만들 수 있는 함수를 말하며, 이런 함수를 초등함수(elementary function)라고 한다.

13 $\dfrac{e^x}{x}, \dfrac{1}{\ln x}$, 통계학에서 흔히 쓰이는 e^{-x^2} 등의 적분이 이에 속한다.

14.4 적분의 활용 예

14.4.1 영역의 넓이

이 절에서는 적분의 수많은 활용 분야 중 가장 기본이라 할 수 있는 넓이와 부피 계산을 알아보기로 한다. 앞서 14.1절에서 함수의 그래프가 x축과 이루는 영역의 넓이를 구하기 위한 방법으로 구분구적법, 리만 합, 그리고 리만 합의 극한으로 정의되는 정적분을 소개하였다. 좌표평면에서 넓이를 구하려는 대상이 x축과 그래프 사이의 영역에만 한정되지는 않으므로 그 밖에 있을 수 있는 다른 경우들을 살펴보자. 우선 알아볼 내용은 함수의 그래프가 y축과 이루는 넓이의 계산이다. 다음 그림과 같은 영역의 넓이를 구하려면 어떻게 하는 것이 좋을까?

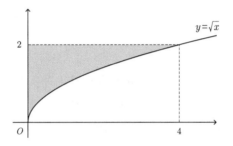

구하려는 넓이를 S라고 하자. 먼저 생각할 수 있는 방법은, 직사각형 안에서 색칠되지 않은 영역의 넓이를 계산한 다음에 직사각형의 넓이에서 그만큼을 빼는 것이다.

$$S = 8 - \int_0^4 \sqrt{x}\,dx = 8 - \left[\frac{2}{3}x\sqrt{x}\right]_0^4 = 8 - \frac{16}{3} = \frac{8}{3}$$

하지만 함수를 y에 대해 나타내어 정적분을 바로 구하는 편이 더 간단할 수 있다. $y = \sqrt{x}$를 y에 대한 식으로 쓰면 $x = y^2(y \geq 0)$이므로 구하는 넓이는 다음과 같다.

$$S = \int_0^2 y^2\,dy = \left[\frac{1}{3}y^3\right]_0^2 = \frac{8}{3}$$

이때 대상 함수가 y에 대한 것이므로 앞의 식도 y에 대한 적분이 된다는 점에 유의한다. 이 방법은 주어진 함수가 y에 대해서 더 간단해지는 경우에 유용하다.

다음은 두 함수 $f(x)$와 $g(x)$의 그래프가 어떤 구간에서 만드는 영역의 넓이다. 이때의 넓이란 도형 단원에서 말하는 넓이와 같은 뜻으로, 영역의 부호와 무관하게 항상 양의 값이 되는 수량이다. 이런 넓이 역시, 구간을 여러 개로 나눈 다음에 각 하위구간에 대응하는 직사각형들을 만들어서 근사시키는 것으로 구할 수 있을 것이다.

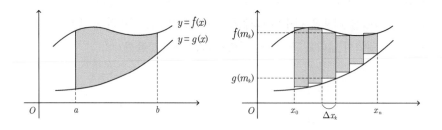

위의 그림처럼 넓이를 구하려는 구간 $[a, b]$를 너비가 각각 Δx_k인 n개의 하위구간으로 나눈 다음, 각 하위구간 내에서 한 점 m_k를 택하고 그 점에서의 함숫값 $f(m_k)$와 $g(m_k)$ 사이의 거리[14]에 의해 높이가 정해지는 직사각형을 만들자. 이 거리는 위의 그림으로 볼 때 $f(m_k) - g(m_k)$이지만 가능한 모든 경우를 따지려면 두 함숫값의 부호에 따라 하나씩 살펴볼 필요가 있다.

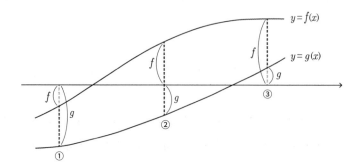

①과 같은 경우는 $f(x) < 0$이고 $g(x) < 0$이다. 절댓값의 성질에 의해 두 함숫값 사이의 거리 d_1은 다음과 같다.

---

14 거리(distance)는 그 정의상 언제나 0 이상의 값을 가진다. 따라서 이 직사각형의 '높이'도 항상 0 이상이다.

$$d_1 = |g(x)| - |f(x)| = (-g(x)) - (-f(x))$$
$$= f(x) - g(x)$$

②의 경우 $f(x) > 0$이고 $g(x) < 0$이다.

$$d_2 = |f(x)| + |g(x)| = f(x) + (-g(x))$$
$$= f(x) - g(x)$$

③의 경우는 $f(x) > 0$, $g(x) > 0$이다.

$$d_3 = |f(x)| - |g(x)|$$
$$= f(x) - g(x)$$

세 결과가 모두 동일하므로 두 함숫값 사이의 거리는 항상 $f(x) - g(x)$로 쓸 수 있다. 따라서 각 하위구간에 대응하는 직사각형의 넓이는 여기에 너비 Δx_k를 곱한 것이 된다.

$$\Delta x_k \times \{ f(m_k) - g(m_k) \}$$

이렇게 만들어진 직사각형의 넓이를 모두 더하자. 이 결과는 물론 리만 합의 모양이다.

$$\sum_{k=1}^{n} \Delta x_k \cdot \{ f(m_k) - g(m_k) \}$$

원래 구하려던 영역의 넓이 S는 이런 직사각형들의 너비 Δx_k를 한없이 작게 만듦으로써, 다시 말해 Δx_k 중 가장 큰 값에 대해 $\max \Delta x \to 0$의 극한을 취함으로써 얻을 수 있다.

$$S = \lim_{\max \Delta x \to 0} \sum_{k=1}^{n} \Delta x_k \cdot \{ f(m_k) - g(m_k) \}$$

이것은 곧 정적분의 정의와 일치하며, 구하는 영역의 넓이는 다음과 같다.

$$S = \int_a^b \{ f(x) - g(x) \} \, dx$$

예제 14-6 다음 영역의 넓이를 구하여라.

(1) 구간 $[0, 1]$에서 $y = e^x$와 $y = x^2$ 사이에 낀 영역

(2) $y = -x^2 + 2$ 및 $y = x$ 사이에 낀 영역

풀이

(1) 함숫값을 조사하면 해당 구간에서 $e^x > x^2$이므로 구하는 넓이는 $e^x - x^2$ 을 적분하여 얻는다.

$$\int_0^1 (e^x - x^2)\, dx = \left[e^x - \frac{1}{3}x^3 \right]_0^1 = \left(e - \frac{1}{3} \right) - (1 - 0) = e - \frac{4}{3}$$

(2) 영역이 만들어지는 구간을 알아내기 위해 두 그래프가 만나는 점을 먼저 구한다.

$$-x^2 + 2 = x$$
$$x^2 + x - 2 = 0$$
$$\therefore\ x = 1,\ x = -2$$

함숫값을 조사하면 $[-2, 1]$에서 $y = -x^2 + 2$의 그래프가 위에 있다. 따라서 구하는 넓이는 다음과 같다.

$$\int_{-2}^1 \left\{ (-x^2 + 2) - x \right\} dx = \left[-\frac{1}{3}x^3 - \frac{1}{2}x^2 + 2x \right]_{-2}^1$$
$$= \left(-\frac{1}{3} - \frac{1}{2} + 2 \right) - \left(\frac{8}{3} - 2 - 4 \right) = \frac{9}{2}$$

다음 그림은 좌표평면에 각 영역을 그린 것이다.

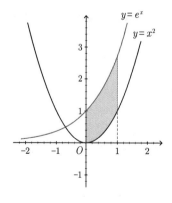
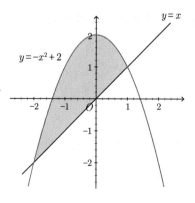

14.4.2 기둥의 부피

다음은 도형의 부피 계산에 적분을 활용해 보자. I부의 도형 단원에서는 입체도형을 다루지 않았으므로 기초적인 입체도형의 부피부터 짚고 넘어가기로 한다.

가로·세로·높이가 각각 1인 정육면체가 있다. 이 입체의 부피를 1이라고 정한다. 만약 가로 길이를 a배 한다면 입체의 부피는 a가 될 것이다. 여기서 다시 세로의 길이를 b배 하면 부피는 $a \times b$, 마지막으로 높이를 h배 하게 되면 부피는 $a \times b \times h$가 된다. 즉, 가로·세로·높이가 각각 a, b, h인 직육면체의 부피는 abh이다. 이때 밑면의 넓이를 S라 하면, $S = ab$이므로 부피는 $V = Sh$처럼 나타낼 수 있다.

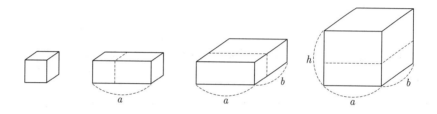

직육면체는 다른 말로 사각기둥이라고도 하는데, 이것은 밑면의 모양이 사각형이기 때문이다. '기둥'[15]이라는 종류의 입체는, 어떤 평면도형과 합동인 도형을 만들어 수직방향으로 이동시킨 다음 원래의 평면과 이은 것이다. 이때 밑면이 삼각형이면 삼각기둥, 원이면 원기둥 등으로 부른다. 이러한 기둥의 부피는 어떻게 구할 수 있을까? 여기서는 '카발리에리의 원리(Cavalieri's principle)'라고 하는 도형의 성질로부터 도움을 받기로 한다.[16]

"밑면에 평행한 평면으로 자른 단면의 넓이가 항상 같다면, 두 입체의 부피는 같다."

이제 사각기둥을 포함해서 밑면 모양은 달라도 넓이가 모두 같고 높이도 같은 여러 종류의 기둥이 있다고 하자. 이 기둥들을 밑면에 평행한 평면으로 자른다면, 기둥의 정의상 어느 곳을 자르더라도 그 단면의 넓이는 언제나 같을 것이다.

---

15 밑면이 다각형인 각기둥은 영어로 prism, 원기둥은 cylinder라고 한다.
16 원래 내용은 단면의 비율에 대한 것으로 입체도형뿐 아니라 평면도형에도 적용된다. 엄밀한 증명은 책의 범위를 벗어나므로 생략한다.

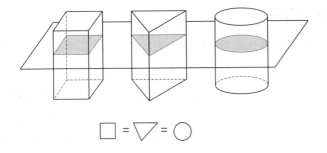

그렇다면 카발리에리의 원리에 의해 이 입체들의 부피는 모두 동일해야 한다. 즉, 밑면의 넓이가 S이고 높이가 h인 모든 기둥은, 밑면의 모양에 상관없이 그 부피가 사각기둥과 동일하게 $S \times h$가 된다.

$$V = Sh$$

예를 들어 반지름 r인 원을 밑면으로 하는 원기둥은 밑면의 넓이 $S = \pi r^2$이므로 부피는 $V = \pi r^2 h$가 될 것이다. 또한 한 변의 길이가 a인 정삼각형을 밑면으로 가지는 삼각기둥은 $S = \frac{\sqrt{3}}{4} a^2$이므로 $V = \frac{\sqrt{3}}{4} a^2 h$가 된다. 어떤 기둥의 밑면이 임의의 모양이라 해도, 밑면의 넓이만 알려져 있다면 그 부피는 항상 밑면에 높이를 곱하여 얻을 수 있다.

14.4.3 기둥에 의한 부피의 근사

위의 결과를 바탕으로 해서 더 다양한 입체도형의 부피를 구해 보자. 앞으로 다룰 입체도형들은 공통적으로 다음과 같은 성질을 지닌다.

> "입체를 좌표축과 평행하게 놓았을 때, 축에 수직인 단면의 넓이가
> 축상의 위치에 관한 함수로 나타난다."

이것은 그림과 함께 보면 좀 더 이해하기 쉽다. 다음과 같은 모양의 입체를 x축에 평행하도록 놓았다고 하자. 그러면 입체가 위치한 구간 $[a, b]$ 안의 점 x를 택했을 때, 그 점에서 축에 수직인 단면의 넓이가 x의 어떤 함수 $A(x)$로 나타난다는 것이다.

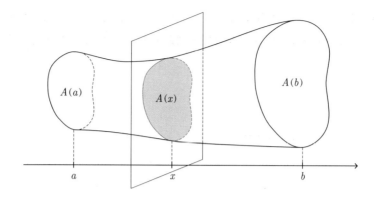

이런 성질은 많은 입체도형에서 찾아볼 수 있다. 예컨대 밑면이 $a \times a$인 사각기둥을 x축에 평행하도록 눕히면, 축에 수직인 단면은 언제나 그 넓이가 a^2이므로 $A(x) = a^2$이라는 상수함수가 된다. 사실 모든 기둥 종류의 입체는 이렇게 놓았을 때 그 단면의 넓이가 x값과 무관하게 밑면의 넓이 S로 동일하므로 $A(x) = S$라 쓸 수 있다. 또한 원뿔이나 구 같은 경우도 당장 정확하게 알 수는 없지만 단면의 넓이가 일정하게 변하는 것처럼 보이므로 x의 어떤 함수로 나타날 것이라는 추정이 가능하다.

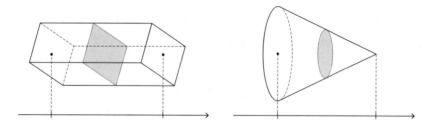

앞서 리만 합의 극한으로 넓이를 구할 때, 하위구간 내의 한 점 m_k에 대해 함숫값 $f(m_k)$가 대응되었음을 상기하자. 지금 우리가 다루는 입체도형 역시 구간 내의 한 점에 대해 $A(x)$의 함숫값이 대응되므로 넓이와 같은 방법을 써서 부피도 구할 수 있다.

이제 입체가 놓인 구간 $[a, b]$를 n개의 하위구간으로 나눈 다음, 각 하위구간 내의 한 점 m_k에 대응하는 단면을 밑면으로 하고, 그 구간의 너비 Δx_k를 높이로 하는 기둥 n개를 만들자.[17] 그러면 이 기둥들을 모아서 원래 입체의 부피를 근사시킬

---

17 당근이나 무를 눕혀놓고 칼로 얇게 써는 것을 연상하면 된다.

수 있을 것이다. 이것은 영역의 넓이를 구할 때 각 하위구간의 너비 Δx_k를 밑변으로 하고 $f(m_k)$를 높이로 하는 직사각형 n개를 만들어 근사시킨 것과 동일한 과정이다.

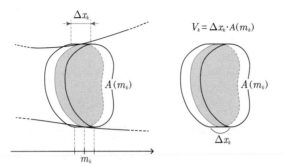

이때 기둥 조각 하나의 부피 V_k는 밑면 $A(m_k) \times$ 높이 Δx_k이다. 그러면 입체의 실제 부피는 기둥 조각을 무한히 얇게 했을 때 기둥들의 부피를 모두 더한 것과 같다.

$$V = \lim_{\max \Delta x \to 0} \sum_{k=1}^{n} \Delta x_k \cdot A(m_k)$$

이것은 리만 합의 극한이며 정적분의 정의와 일치한다. 따라서 단면 $A(x)$를 a부터 b까지 적분한 결과가 곧 입체의 부피다.

$$V = \int_a^b A(x)\,dx$$

즉, 어떤 입체도형이라도 단면의 넓이를 함수 형태로 알고 있다면 그것을 적분하여 부피를 얻을 수 있다.

14.4.4 뿔의 부피

이 결과를 가지고 이번에는 '뿔' 종류에 속하는 입체도형의 부피를 구해 보자. 뿔이란, 어떤 평면도형을 밑면으로 하고 밑면 밖의 한 점을 꼭짓점으로 삼아 밑면과 이어 놓은 입체를 말한다. 이때 밑면이 다각형이면 각뿔, 밑면이 원이면 원뿔이라고 한다.[18]

---

[18] 각뿔은 영어로 pyramid, 원뿔은 cone이다.

예제 14-7 다음 입체도형의 부피를 구하여라. (단, 각 도형의 꼭짓점은 밑면의 중심과 직교하는 직선 위에 있다.)

(1) 한 변의 길이 a인 정사각형을 밑면으로 하고 높이가 h인 정사각뿔

(2) 반지름 r인 원을 밑면으로 하고 높이가 h인 원뿔

풀이

(1) 정사각뿔의 꼭짓점을 원점에 두고 x축에 평행하게 놓는다. 그러면 옆에서 볼 때 닮은꼴인 두 삼각형이 만들어지므로 닮음비에 의한 비례식을 세울 수 있다. 이로부터 단면 $A(x)$에 대한 식을 얻는다.

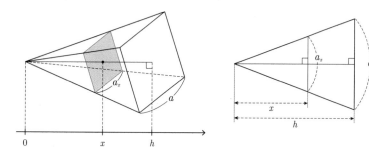

꼭짓점에서 떨어진 거리(x)와 그때의 한 변 길이(a_x) 사이의 관계를 구한다.

$$x \,:\, a_x \,=\, h \,:\, a$$
$$\therefore\ a_x \,=\, \frac{a}{h}\,x$$

밑면에 평행한 단면의 넓이 $A(x)$는 한 변 길이 a_x의 제곱이고,

$$A(x) \,=\, \frac{a^2}{h^2}\,x^2$$

그로부터 정사각뿔의 부피는 다음과 같이 구간 $[0,\,h]$에서 $A(x)$를 적분한 것이다.

$$\int_0^h A(x)\,dx \;=\; \int_0^h \frac{a^2}{h^2}\,x^2\,dx \;=\; \left[\,\frac{a^2}{3h^2}\,x^3\,\right]_0^h \;=\; \frac{1}{3}\,a^2 h$$

(2) (1)번과 같은 방법으로 푼다. 다만 원뿔의 단면은 원이므로 변의 길이가 아닌 반지름의 관계식이 필요하다. 우선 원뿔의 꼭짓점을 원점에 두고 x 축에 평행하게 놓는다.

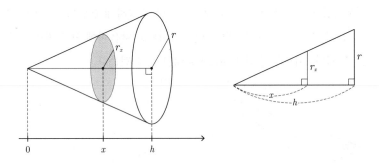

닮음비를 이용해 꼭짓점에서 떨어진 거리(x)와 그때의 반지름(r_x) 사이의 관계를 구한다.

$$x \,:\, r_x \;=\; h \,:\, r$$
$$\therefore\; r_x \;=\; \frac{r}{h}\,x$$

이 반지름 r_x으로부터 단면의 넓이 $A(x)$를 얻는다.

$$A(x) \;=\; \pi(r_x)^2 \;=\; \frac{\pi r^2}{h^2}\,x^2$$

따라서 원뿔의 부피는 다음과 같다.

$$\int_0^h A(x)\,dx \;=\; \int_0^h \frac{\pi r^2}{h^2}\,x^2\,dx \;=\; \left[\,\frac{\pi r^2}{3h^2}\,x^3\,\right]_0^h \;=\; \frac{1}{3}\,\pi r^2 h$$

위 예제의 결과를 보면 $\frac{1}{3}$이라는 숫자가 공통적으로 들어 있다. 두 도형의 밑면 넓이를 S라 하고 부피의 식을 다시 써 보자.

$$(1) \; : \; V = \frac{1}{3}\,a^2 h = \frac{1}{3}\,Sh$$

$$(2) \; : \; V = \frac{1}{3}\,\pi r^2 h = \frac{1}{3}\,Sh$$

둘 다 부피가 $\frac{1}{3} \times$(밑면)$\times$(높이)라는 것을 알 수 있다. 이런 결과는 우연일까, 아니면 밑면 모양과 상관없이 항상 성립하는 것일까? 그 점을 확인하기 위해 밑면이 임의의 모양이고 넓이가 S인 뿔에 대해서 예제와 같은 방법으로 부피를 구해 보자.

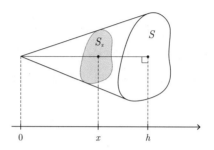

측면에서 이 도형을 보면 삼각형의 성질에 의해 단면과 밑면을 이루는 선의 비가 항상 일정하므로 두 면이 서로 닮은꼴이라는 것을 알 수 있다. 그러면 밑면과 단면의 넓이는 어떤 비를 이룰까? 도형 단원에서 공부한 것은 변의 길이에 대한 닮음비지만, 지금 알아야 할 것은 변의 길이가 아닌 면의 넓이에 대한 비율이다.

여기 가로와 세로가 각각 1인 정사각형이 있다고 하자. 만약 이 정사각형의 모든 변이 동시에 k배로 된다면, 그 넓이는 원래의 $k \times k = k^2$배가 될 것이다. 즉, 변의 길이의 닮음비가 $1 : k$인 두 정사각형은 넓이에서는 $1 : k^2$의 닮음비를 갖는다. 그렇다면 정사각형 외의 평면도형에도 이런 결과가 유효할까?

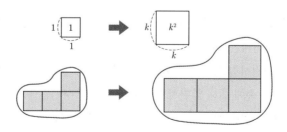

임의의 모양을 가진 평면도형이 있을 때, 그 내부를 작은 정사각형으로 채워서 넓

이를 근사시킨다고 하자. 정사각형의 크기를 아주 작게 줄인다면 그 넓이의 총합은 원래 도형의 넓이에 아주 가까워질 것이다. 그렇다면 이때 도형의 내부를 채우고 있는 모든 정사각형의 변을 k배 해서 만들어진 새 도형의 넓이는 얼마나 될까? 내부를 이루는 정사각형들의 넓이가 모두 k^2배 되었으므로 그에 의해 근사된 평면도형의 넓이도 원래와 비교할 때 k^2배가 될 것이다. 이로부터 다음과 같은 결론을 내릴 수 있다.[19]

"변의 길이에 대한 닮음비가 $1 : k$이면, 넓이의 비는 $1 : k^2$이다."

예를 들면 반지름의 비가 $1 : 2$인 두 원, 한 변의 길이의 비가 $1 : 2$인 두 정삼각형 등이 있을 때, 그 넓이의 비는 $1 : 4$가 된다는 것이다. 이와 같은 결론을 앞의 뿔 형태 도형에 적용하면, 거리의 비 $x : h$로부터 단면 넓이의 비 $S_x : S$를 얻을 수 있다.

$$x^2 \,:\, h^2 \;=\; S_x \,:\, S$$
$$\therefore \; S_x \;=\; \frac{S}{h^2}\, x^2$$

이 S_x는 곧 거리에 따른 단면의 넓이를 나타내는 함수 $A(x)$이므로 임의의 모양을 밑면으로 하는 뿔의 부피는 다음과 같다.

$$\int_0^h A(x)\,dx \;=\; \int_0^h \frac{S}{h^2}\, x^2 \, dx \;=\; \left[\, \frac{S}{3h^2}\, x^3 \,\right]_0^h \;=\; \frac{1}{3}\, Sh$$

즉, 모든 뿔 형태의 도형은 부피가 $\frac{1}{3} \times (\text{밑면}) \times (\text{높이})$이다.

14.4.5 회전체의 부피

원뿔처럼 단면의 모양이 원인 입체도형에 대해 좀 더 알아보자. 원은 중심점으로부터 같은 거리에 위치한 점들로 이루어진 도형이므로, 단면의 모양이 원이란 것은 어떤 점 하나를 회전시킴으로써 그런 단면을 만들 수 있다는 말이 된다. 예컨대 그림처럼 선분 $\overline{AB}$를 축에 대해 회전시키면 원뿔 모양이 생기는데, 이때 선분이 회전한 자취는 원뿔의 측면을 이루는 겉껍질이 되고, 선분 위의 한 점 P의 자취는 밑면과 평행한 단면을 만든다.

---

[19] 같은 방법으로 정육면체를 생각해 보면, 닮은 입체도형의 부피의 비는 $1 : k^3$이 된다.

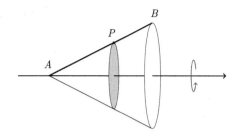

같은 식으로, 직선이 아니라 어떤 함수의 그래프를 축에 대해 회전시키면 해당 그래프의 자취를 측면의 겉껍질로 하는 입체도형이 만들어질 것이다. 물론 이때 단면의 모양은 항상 원이 된다. 이제 다음 그림처럼 구간 $[a, b]$에서 연속인 어떤 함수 $y = f(x)$의 그래프를 x축에 대해 회전시켜서 입체도형을 만든다고 하자. 이런 도형은 통칭하여 **회전체**(solid of revolution)[20]라고 한다.

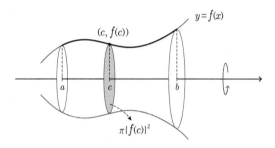

여기서 구간 내의 한 점 c에 대응하는 그래프 위의 좌표는 $(c, f(c))$이므로 $x = c$일 때 이 입체도형의 단면은 반지름이 $f(c)$인 원이다. 따라서 그 단면의 넓이는 $\pi \times \{f(c)\}^2$이 된다.

이러한 회전체의 부피를 구하려면 어떻게 해야 할까? 원뿔 등과 비교할 때 회전체라고 해서 별로 다른 점은 없으므로, 단면의 넓이 $A(x)$만 알고 있다면 부피가 바로 나온다. $y = f(x)$의 그래프로 만들어지는 회전체의 단면은 그 점에서의 함숫값 y를 반지름으로 하는 원이고, 따라서 단면의 넓이는 $A(x) = \pi y^2 = \pi \{f(c)\}^2$으로 나타난다. 그러므로 회전체의 부피 V_r은 다음과 같다.

$$V_r = \int_a^b \pi y^2 \, dx = \int_a^b \pi \{f(x)\}^2 \, dx$$

20 여기서 revolution은 revolve(회전하다)의 명사형이다.

이 결과를 이용하면 구(球)를 비롯하여 회전으로 만들어지는 여러 가지 입체도형의 부피를 얻을 수 있다.

예제 14-8 다음 입체도형의 부피를 구하여라.

(1) 구간 $[0, 3]$에서 함수 $y = \sqrt{x}$의 그래프를 x축에 대해 회전시켜 얻는 회전체

(2) 반지름이 r인 구

풀이

(1) 이 회전체의 모양을 그림으로 나타내면 다음과 같다.

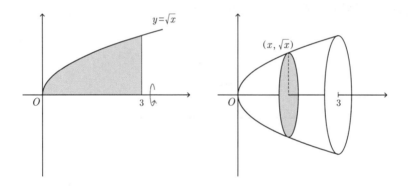

이때 단면의 넓이는 $A(x) = \pi(\sqrt{x})^2 = \pi x$이다. 따라서 부피는 다음과 같다.

$$\int_0^3 \pi x \, dx = \pi \left[\frac{1}{2} x^2 \right]_0^3 = \frac{9}{2} \pi$$

(2) 구는 원이나 반원을 회전시켜 얻을 수 있다. 앞서 13.4.2절에서 본 것처럼 반지름 r인 원은 피타고라스 정리에 의해 $x^2 + y^2 = r^2$이라는 음함수 형태로 나타나고, x에 대한 함수로 쓰면 다음과 같다.

$$\begin{cases} y = \sqrt{r^2 - x^2} \\ y = -\sqrt{r^2 - x^2} \end{cases}$$

앞의 식은 x축 위쪽과 아래쪽의 반원을 각각 나타낸다. 구를 만들기 위해 위쪽의 반원을 택해서 x축에 대해 회전시킨다.

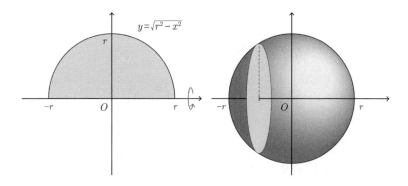

이때 구간 내의 한 점 x에 해당하는 단면은 반지름 $\sqrt{r^2-x^2}$인 원이고, 그 넓이는 $A(x) = \pi(r^2 - x^2)$이다. 이것을 적분하여 구의 부피를 얻는다.

$$\int_{-r}^{r} \pi(r^2 - x^2)\, dx = \pi\left[r^2 x - \frac{1}{3}x^3 \right]_{-r}^{r} = \pi\left[\left(\frac{2}{3}r^3\right) - \left(-\frac{2}{3}r^3\right) \right] = \frac{4}{3}\pi r^3$$

함수의 그래프 하나를 회전시켜서 회전체를 만들었다면, 그래프 두 개로 둘러싸인 영역을 회전시켜도 입체도형이 만들어질 것이다. 예컨대 구간 $[1, 3]$에서 $y = \sqrt{x}$의 그래프와 $y = 1$이라는 직선으로 둘러싸인 영역을 회전시켜 보자. 이때 $y = 1$과 x축 사이의 네모난 영역은 입체를 만드는 데 참여하지 않으므로, 만들어진 입체도형에는 그림에서 보듯이 중심부에 원기둥 모양의 빈 공간이 생긴다. 따라서 이 입체의 단면은 원의 중심부에 구멍이 난 와셔(washer) 꼴이 된다.

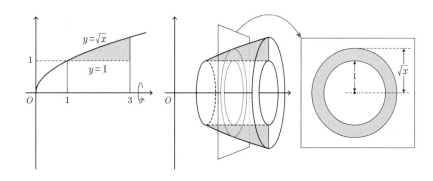

이런 모양의 넓이는 바깥쪽 원으로부터 안쪽 원의 넓이를 빼서 얻을 수 있다. 바깥쪽 원의 반지름은 $\sqrt{x}$, 안쪽 원의 반지름은 1이므로,

$$A(x) \;=\; \pi(\sqrt{x})^2 - \pi(1)^2 \;=\; \pi\,(x-1)$$

이 입체도형의 부피는 다음과 같다.

$$\int_1^3 \pi\,(x-1)\,dx \;=\; \pi\left[\frac{1}{2}x^2 - x\right]_1^3 \;=\; \pi\left[\left(\frac{9}{2}-3\right)-\left(\frac{1}{2}-1\right)\right] \;=\; 2\pi$$

이제 이것을 일반화시켜서 바깥쪽 껍질을 만드는 함수를 $f(x)$, 안쪽 구멍을 만드는 함수를 $g(x)$라 하자. 이때 두 함수의 그래프로 둘러싸인 영역을 회전시킨 입체의 단면은 바깥쪽 원에서 안쪽 원을 뺀 와셔 모양이다. 즉,

$$A(x) \;=\; \pi\left[\,\{f(x)\}^2 - \{g(x)\}^2\,\right]$$

그러므로 구간 $[a,\,b]$에서 $f(x)$와 $g(x)$ 사이의 영역을 회전시킨 입체도형의 부피 V_w는 다음과 같다.

$$V_w \;=\; \int_a^b \pi\left[\,\{f(x)\}^2 - \{g(x)\}^2\,\right]dx$$

구멍이 뚫린 입체도형의 대표격인 토러스(torus)[21]의 부피를 계산하는 것으로 이 절을 마무리하자. 토러스란 어떤 직선을 축으로 하여 같은 평면상에 놓인 원을 3차원 공간에서 회전시킨 입체도형을 말한다. 이렇게 회전된 원은 튜브 모양을 만드는데, 토러스의 형태는 튜브의 반지름 r, 그리고 토러스 중심에서 튜브 중심까지의 거리 R이라는 두 개의 숫자로 결정된다.

---

21 '도넛' 모양의 입체를 말한다.

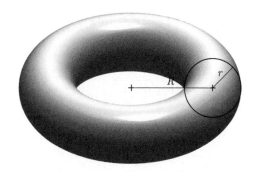

이제 x축을 토러스의 회전축으로 하여 회전 대상인 원을 좌표평면에 그려 보자. 그림에서 볼 수 있듯이, 원점에서 R만큼 떨어진 곳에 반지름이 r인 원을 놓고 x축에 대해 회전시키면 토러스가 만들어진다.

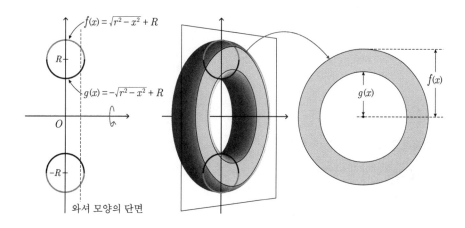

이 입체도형 역시 단면이 '와셔' 형태이므로 바깥쪽 원과 안쪽 원의 반지름에 대한 식만 구하면 단면의 넓이를 알 수 있다. 회전시킬 원을 위쪽과 아래쪽의 반원으로 나누고 각 반원에 해당하는 함수 f와 g를 구하자. 이것은 반지름 r인 원을 y축 방향으로 R만큼 평행이동한 것에 해당한다.

$$\begin{cases} f(x) = \sqrt{r^2 - x^2} + R \\ g(x) = -\sqrt{r^2 - x^2} + R \end{cases}$$

그러면 토러스의 와셔 모양 단면은 각 함숫값을 반지름으로 하는 원의 넓이의 차로 계산할 수 있다.

$$
\begin{aligned}
A(x) &= \pi \left[\{f(x)\}^2 - \{g(x)\}^2 \right] \\
&= \pi \left[f(x) + g(x) \right] \left[f(x) - g(x) \right] \\
&= \pi \cdot 2R \cdot 2 \sqrt{r^2 - x^2} \\
&= 4\pi R \sqrt{r^2 - x^2}
\end{aligned}
$$

이 단면의 넓이로부터 부피 V의 식을 세우자.

$$
V = \int_{-r}^{r} A(x)\,dx = 4\pi R \int_{-r}^{r} \sqrt{r^2 - x^2}\,dx
$$

위의 식을 계산하는 데는 한 가지 문제가 있다. $\sqrt{r^2 - x^2}$ 꼴의 부정적분을 알지 못한다는 것이다. 하지만 이 정적분을 유심히 보면 결국 반지름 r인 반원의 넓이를 말하는 것이므로 그 값은 $\frac{1}{2}\pi r^2$이다. 따라서 토러스의 부피는 다음과 같다.

$$
V = 4\pi R \cdot \frac{1}{2}\pi r^2 = 2\pi^2 r^2 R
$$

프로그래밍과 수학

컴퓨터를 이용한 정적분의 계산

앞서 14.3절의 말미에서 주석으로도 잠깐 언급했지만, 함수 중에는 미분 때와 달리 그 부정적분을 적당한 수식으로 나타내기 어려운 것들이 제법 있다. 그로 인해 몇몇 경우는 아예 전용 기호를 만들어 쓰기도 한다. 다음 예를 보자.

$$
\int \frac{\sin x}{x}\,dx = \mathrm{Si}(x) + C
$$

$$
\int \frac{\cos x}{x}\,dx = \mathrm{Ci}(x) + C
$$

$$
\int \frac{e^x}{x}\,dx = \mathrm{Ei}(x) + C
$$

$$
\int \frac{1}{\ln x}\,dx = \mathrm{li}(x) + C
$$

$$
\int e^{-x^2}\,dx = \frac{\sqrt{\pi}}{2}\,\mathrm{erf}(x) + C
$$

만약 이런 함수의 그래프가 만드는 영역의 넓이를 구해야 한다면 어떻게 해야 할까? 부정적분이 저런 모양이므로 정적분을 계산하기 위해서는 함숫값을 기록해 둔 별도의 표 같은 것이 있어야 할 것이다. 하지만 정적분이란 것이 원래 리만 합의 극한으로 정의되었음을 상기한다면, 주어진 구간을 작게 나누고 직사각형을 만들어서 정적분을 근사할 수도 있다.

그런 방법으로 $y = \dfrac{1}{\ln x}$의 그래프가 $[2, 3]$ 구간에서 x축과 이루는 넓이를 한번 구해 보자. 이 함수의 그래프는 다음과 같은 모양을 가진다.

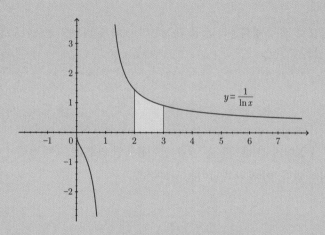

이제 $[2, 3]$ 구간을 n개로 균등하게 나눈 하위구간의 너비를 Δx라 두고, 각 하위구간의 가운데 지점에서 함숫값을 택하도록 하자. 그러면 함숫값을 택할 지점 m_k는 $2 + \dfrac{1}{2}\Delta x, 2 + \dfrac{3}{2}\Delta x, 2 + \dfrac{5}{2}\Delta x \cdots$와 같고, 각 m_k에 해당하는 $f(x) = \dfrac{1}{\ln x}$의 함숫값과 Δx를 곱하면 그 지점의 직사각형 넓이가 된다.

다음의 파이썬 함수 numint()는 이런 방법으로 위 그림에 나타낸 영역의 넓이에 대한 근삿값을 계산한다. 여기서 f(x)의 정의를 바꾸면 $\dfrac{1}{\ln x}$이 아닌 다른 함수에 대해서도 계산이 가능하다.

```
def numint(f, a, b, n):
    dx = (b-a)/n       # Delta x ; 직사각형의 너비
    x = a + dx/2       # x의 초깃값 ; 즉, 첫 번째 하위구간의 가운데 지점
    s = 0              # 직사각형 넓이의 총합
    while x < b:
        s += f(x) * dx  # 현재 직사각형의 넓이 = f(x)*dx
        x += dx
```

```
    return s

import math
def f(x): return 1/math.log(x)    # 직사각형의 높이에 해당하는 함숫값

ans = numint(f, 2, 3, 100)
print(ans)
```

이 프로그램을 실행한 결과는 다음과 같다.

1.1184216291765436

CAS 등으로 실제 정적분의 값을 계산하면 대략 1.11842 정도이므로 썩 괜찮은 결과라 하겠다.

연습문제

1. 원점이 중심이며 긴 반지름 a, 짧은 반지름 b인 타원과 그 방정식이 다음 그림에 주어져 있다. 이 타원의 넓이를 구하여라.

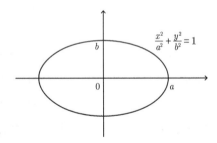

2. 두 함수의 그래프 사이에 낀 영역의 넓이를 구하여라.
   (1) $f(y) = 3y^2 - y^3, g(y) = 0$
   (2) $f(x) = x^2 - 1, g(x) = (x-1)^3$
   (3) 구간 $[1, e]$에서 $f(x) = x, g(x) = x \ln x$

3. 다음 입체의 부피를 구하여라.
   (1) 단면의 반지름이 4cm이고 높이 10cm인 원기둥 모양의 통조림

(2) 단면의 한 변이 0.4cm이고 높이 18cm인 정육각기둥 모양의 연필

(3) 밑면의 한 변이 230m이고 높이 147m인 정사각뿔 모양의 대피라미드

4. 다음 회전체의 부피를 구하여라.

(1) 문제 1에 제시된 타원을 x축에 대해 회전시킨 입체

(2) 반지름 r인 구에서 높이 h만큼만 위쪽을 잘라낸 조각(단, $0 < h < r$)

(3) $y = x^2$과 $y = \sqrt{x}$의 그래프 사이에 낀 영역을 x축에 대해 회전시킨 입체

연습문제 해답

1.1절

1. ①, ③

2.

p	q	$(p \wedge q) \vee q$	$\neg p \vee q$	$\neg(p \wedge \neg q)$
T	T	T	T	T
T	F	F	F	F
F	T	T	T	T
F	F	F	T	T

3. ①, ④

1.2절

1. (1) $\{x \mid x$는 자연수인 5의 배수$\}$
   (2) $\{3, 6, 9\}$
   (3) $\{3, 6, 12, 15\}$

2.

(1)	(2)	(3)
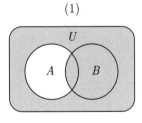	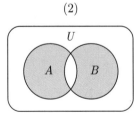	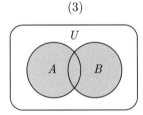

3. (1) 5 (2) 3 (3) 1 (4) 7 (5) 7

2.1절

1. $B = \{11, 31, 41, 61, 71\}$

2. 12의 약수: $1, 2, 3, 4, 6, 12$

48의 약수: $1, 2, 3, 4, 6, 8, 12, 16, 24, 48$

60의 약수: $1, 2, 3, 4, 5, 6, 10, 12, 15, 20, 30, 60$

3. (1) $16, 96$ (2) $12, 240$ (3) $3, 357$ (4) $10, 20$

4. 10과 12의 최소공배수가 60이므로

2.2절

1. (1) $15_{(10)}, F_{(16)}$ (2) $16_{(10)}, 10_{(16)}$ (3) $128_{(10)}, 80_{(16)}$

2. (1) $20_{(10)}$ (2) $10000_{(2)}$ (3) $100_{(16)}$ (4) $10110_{(2)}$ (5) $176_{(16)}$

3. (1) $28_{(16)}$ (2) $D8_{(16)}$ (3) $10111_{(2)}$ (4) $101000_{(2)}$

4. A: $2^{24} = 16,777,216$가지, B: $2^{30} = 1,073,741,824$가지

2.3절

1. (1) $\dfrac{43}{120}$ (2) $\dfrac{1}{60}$ (3) $\dfrac{1}{5}$ (4) -1

2. 가로 $\dfrac{12}{5}$배, 세로 $\dfrac{9}{5}$배 늘려야 하므로 가로는 세로에 비해 $\dfrac{12-9}{9} \approx 33.3\%$ 더 늘려야 한다.

3. ①, ②

4. (1) $\dfrac{5}{3}$ (2) $\dfrac{1}{300}$ (3) 10 (4) $\dfrac{611}{4950}$

2.4절

1. (1) $>$ (2) $<$

2. (1) $6\sqrt{5}$ (2) $2\sqrt{3} + 3\sqrt{2}$ (3) $7\sqrt{6}$

3. (1) $\dfrac{\sqrt{15}}{10}$ (2) $2\sqrt{5} + \sqrt{10}$ (3) -1

3.1절

1. (1) $2bc$ (2) $-5k$ (3) $\dfrac{3ab}{2c}$

2. ②, ③

3. (1) $a=5, b=-3$ (2) $a=5, b=-3$ (3) $a=5, b=7$ (4) $a=5, b=-3$

4. $2x+7=3x-2$이므로 $x=9$이다.

5. $10000x > 9000x + 2600$으로부터 $x > \dfrac{26}{10} = 2.6$이므로 세 꾸러미 이상 살 때 이득이다.

3.2절

1. (1) $x=-1, y=2$ (2) $x=6, y=-4$ (3) 해가 없음

2. (1) $2 < x < 3$ (2) 해가 없음 (3) $-5 < x \leq -\dfrac{3}{2}$

3. 차량과 회원의 수를 각각 x, y로 두고 $\begin{cases} y = 4(x-1) \\ y = 3x + 2 \end{cases}$ 를 풀면 $x=6$이고 $y=20$이다.

4. 수현이와 성규가 이긴 횟수를 각각 x, y로 두고 $\begin{cases} 2x - y = 20 \\ -x + 2y = 11 \end{cases}$ 을 풀면 $x=17$이고 $y=14$이다.

5. 레드와인의 수가 x이면 화이트와인의 수는 $20 - x$이므로 $\begin{cases} 2x + 1.5 \times (20-x) \leq 36 \\ x > 20 - x \end{cases}$ 를 풀면 $10 < x \leq 12$이다. 따라서 레드는 최소 11병, 최대 12병까지 살 수 있다.

3.3절

1. (1) $a^2 - 4ab + 4b^2$
(2) $x^2 - y^2 + z^2 + 2xz$ (참고: $x + z$를 하나로 묶는다.)
(3) $k^2 + 7k + 12$

2. (1) $\sqrt{21}$
(2) 23
(3) $5\sqrt{21}$ (참고: $a^2 - b^2 = (a+b)(a-b)$를 이용)

3. (1) $a^2(b+c)(b-c)$
(2) $(3p + 2q)^2$
(3) $(t-2)(t-5)$
(4) $(x-1)(x^2 + x + 1)$

4. (1) $(1000 + 4)^2 = 1000^2 + 8000 + 16 = 1008016$
(2) $(1000 - 10)(1000 + 10) = 1000^2 - 10^2 = 999900$
(3) $(300 + 10)(300 - 5) = 300^2 + 1500 - 50 = 91450$
(4) $(28 + 12)(28 - 12) = 40 \times 16 = 640$

5. 몫은 $x^2 + 2x + 1$이고, 나머지는 0이다.

3.4절

1. (1) $2x + 1 = \pm 2$로부터 $x = \frac{1}{2}$ 또는 $x = -\frac{3}{2}$이다.

   (2) $(x-4)^2 = 0$으로부터 $x = 4$(중근)이다.

   (3) $(x+3)(x-2) = 0$으로부터 $x = -3$ 또는 $x = 2$이다.

2. 판별식 $D = 1 - 4k$로부터 (1) $k < \frac{1}{4}$ (2) $k = \frac{1}{4}$ (3) $k > \frac{1}{4}$이다.

3. 비례식 $1 : x = \frac{1}{2}x : 1$로부터 $x^2 = 2$이므로 $x = \sqrt{2}$ 이다.

4. 덧댄 직사각형의 짧은 변을 x라 두면 비례식 $1 : x = (x+1) : 1$이 성립하며, 그로부터 이차방정식 $x^2 + x - 1 = 0$을 얻는다. 이것을 풀면 $x = \frac{-1+\sqrt{5}}{2}$이고, 구하는 황금비는 $(x+1) : 1$이므로 그 값은 $x + 1 = \frac{1+\sqrt{5}}{2}$이다.

4.1절

1. (1) ○ (2) ○ (3) × (4) ×

2. (1) 함수 아님 (2) 함수이나 단사함수는 아님 (3) 단사함수

4.2절

1. (1) $y = 2x$ (2) $y = -\frac{2}{3}x + \frac{7}{3}$ 또는 $2x + 3y - 7 = 0$ (3) $y = 3x + 4$

2. (1) $y = x + 1$ (2) $y = 2x - 1$ (3) $y = -2x - 9$

3. $y = \frac{4}{5}x + 2200$, 18,200원

4.3절

1. (1) $\left(-\frac{1}{2}, \frac{3}{4}\right)$, 2사분면 (2) $\left(\frac{1}{2}, -\frac{5}{4}\right)$, 4사분면 (3) $\left(-\frac{1}{2}, -\frac{3}{4}\right)$, 3사분면

2. (1) $a > 0,\ b < 0,\ c < 0$ (2) $a < 0,\ b < 0,\ c < 0$ (3) $a > 0,\ b < 0,\ c < 0$

3. (1) $y = x^2 + 2x - 4$ (2) $y = \frac{1}{2}(x+1)^2 + \frac{1}{2}$

   (3) $y = -(x-1)(x+3) = -x^2 - 2x + 3$

4. (1) $S = a(10 - a) = -a^2 + 10a$ (2) $(5, 25)$ (3) $a = 5$

4.4절

1. (1) $y = \frac{2}{x-1} + 1$, 점근선 $x = 1$, $y = 1$

    (2) $y = \dfrac{1}{x - \frac{1}{2}} + 1$, 점근선 $x = \dfrac{1}{2}$, $y = 1$

    (3) $y = \dfrac{3}{x - 1} + 2$, 점근선 $x = 1$, $y = 2$

2. (1) 정의역 $x \leq 0$, 치역 $y \geq 0$

    (2) 정의역 $x \geq 0$, 치역 $y \leq 0$

    (3) 정의역 $x \leq 0$, 치역 $y \leq 0$

    (4) 정의역 $x \leq 1$, 치역 $y \geq 1$

3. $y = \dfrac{5x}{x + 5}$, 점근선을 구하면 $y = 5$이므로 전체 저항값은 $0 \leq y < 5$ 범위의 값을 가진다.

4.5절

1. (1) $-x - \dfrac{3}{2}$ (2) $-x - 1$ (3) $x^2 + 1$ (4) $\sqrt{x}$

2. (1) $\sqrt{x}$ (2) $x + 1$ (3) $\sqrt{x} + 1$

    (4) $(x - 1)^2 = x^2 - 2x + 1$ $(x \geq 1)$ (5) $x = (y - 1)^2$으로 두면 $y = \sqrt{x} + 1$

3. 기기 B1~B3에서 A로 보내는 통신은 공유기 B의 IP 주소에 대하여 컴퓨터 A의 IP 주소 하나가 대응되므로 함수이지만, 그 역방향은 컴퓨터 A의 IP 주소에 대하여 B1~B3 모두 동일한 하나의 IP 주소가 대응되므로 함수가 아니다.

5.1절

1. (1) $2^5 = 32$ (2) $9 \times 9 \times 8 = 648$ (3) $(4 \times 3 \times 2) \times (3 \times 2) = 144$

    (4) $9 \times 8 \times 7 = 504$ (5) $(9 \times 8 \times 7) \div (3 \times 2) = 84$ (6) $(3 \times 2 \times 1) \times 2 = 12$

2. (1) $2^4 = 16$ (2) 6 (3) 4 (4) 2

5.2절

1. (1) $\dfrac{10 + 5 + 1}{32} = \dfrac{1}{2}$

    (2) $\dfrac{8}{5 \times 4} = \dfrac{2}{5}$

    (3) 내가 포함되지 않으면 8명 중 3명을 선출하는 것과 같으므로 $\left(\dfrac{8 \times 7 \times 6}{3 \times 2} \right) \div \left(\dfrac{9 \times 8 \times 7}{3 \times 2} \right) = \dfrac{2}{3}$이다.

    (4) 한 주의 추첨 결과는 다른 주에 영향을 미치지 않으므로 여전히 15%이다.

    (5) $\dfrac{3}{9} \times \dfrac{3}{8} = \dfrac{1}{8}$

2. 다음 표 참고.

도	개	걸	윷	모	합계
$\frac{4}{16}$	$\frac{6}{16}$	$\frac{4}{16}$	$\frac{1}{16}$	$\frac{1}{16}$	$\frac{16}{16}=1$

3. (1) $\dfrac{8\times7\times6\times5\times6}{10^5}=10.08\%$

(2) $\dfrac{8\times7\times6\times5\times4}{10^5}=6.72\%$

(3) 6번째와 7번째에 파괴되는 확률을 더하면 $\dfrac{8\times7\times6\times5\times4}{10^5}\times\left(\dfrac{7}{10}+\dfrac{3\times8}{10^2}\right)=$
6.3168%이다.

(4) $\dfrac{8\times7\times6\times5\times4\times3\times2}{10^7}=0.4032\%$

5.3절

1. (1) 평균: 70, 중앙값: 69.5   (2) 평균: 4.34, 중앙값: 3.7

(3) 평균: 3783.33, 중앙값: 3800

2. (1) 분산: 195.67, 표준편차: 13.99   (2) 분산: 1.94, 표준편차: 1.39

(3) 분산: 348055.56, 표준편차: 589.96

3. (1) $-1.28, -0.85, -0.57, 0.50, 0.57, 1.64$

(2) $-0.88, -0.60, -0.45, 0.04, 1.90$

(3) $-1.49, -0.81, -0.48, 0.53, 1.04, 1.21$

6.1절

1. $a=d=w=z,\ b=c=x=y,\ e=h,\ f=g$

2. (1) 75°   (2) 130°

6.2절

1. $3x=108°$이므로 $x=36°$이다.

2. 다음과 같이 꼭짓점 B에서 변 $\overline{AC}$에 수선 $\overline{BD}$를 그으면 삼각형 내각의 합으로부터 $\angle ABD=\angle CBD$이다. 선분 $\overline{BD}$를 공통으로 하는 두 삼각형은 ASA 합동조건에 의해 $\triangle ABD\equiv\triangle CBD$이고, 대응되는 두 변 $\overline{AB}=\overline{CB}$이다. 따라서 $\triangle ABC$는 이등변삼각형이다.

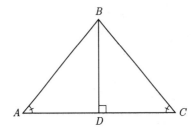

3. 접은 각의 크기는 같으므로 아래처럼 ∠DBC = ∠ABC이고, 평행선에서 엇각의 성질에 의해 ∠DBC = ∠ACB이다. 따라서 △ABC는 이등변삼각형이다.

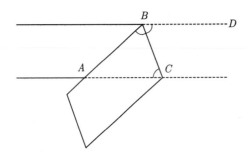

6.3절

1. 다음 그림에서 삼각형 외각의 성질에 의해 ∠BAC는 ★로 표시된 두 각의 합, ∠BCA는 ◇로 표시된 두 각의 합과 각각 같다. 거기에 ∠B를 더하면 삼각형 내각의 합이므로 180°가 된다.

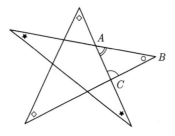

2. 20개, 135°

3. (1) 100° (2) 130°

4. 등변사다리꼴의 성질로부터 $\overline{AC} = \overline{BD}$, 정의로부터 ∠C = ∠D이므로 변 $\overline{CD}$를 공통으로 하는 두 삼각형 △ACD ≡ △BDC이다. 따라서 $\overline{AD} = \overline{BC}$이다.

6.4절

1. 호의 길이 $2\pi \times \dfrac{60}{360} = \dfrac{\pi}{3}$, 부채꼴의 넓이 $\dfrac{\pi}{6}$이다.

2. (1) $\dfrac{10}{9}\pi \times \dfrac{40}{100} = \dfrac{4}{9}\pi$　(2) $(16\pi - 9\pi) \times \dfrac{30}{360} = \dfrac{7}{12}\pi$

   (3) 칠해진 영역의 절반은 아래 왼쪽 그림처럼 사분원에서 삼각형을 뺀 것으로 $\dfrac{a^2}{4}\pi -$ $\dfrac{1}{2}a^2$이다. 구하는 넓이는 그 두 배이므로, 답은 $\dfrac{a^2}{2}(\pi - 2)$이다.

   (4) 아래 가운데 그림처럼 선을 그어 보면, 반지름 $2a$인 큰 사분원에서 (반지름 a인 작은 사분원 2개 + 한 변 a인 정사각형)을 뺀 다음 A에 해당하는 넓이를 더하면 된다. A 영역의 넓이는 바로 앞 (3)번 문제의 답을 이용한다.

$$\left(\dfrac{1}{4} \cdot \pi \cdot 4a^2\right) - \left(\dfrac{1}{2} \cdot \pi \cdot a^2\right) - \left(a^2\right) + \left(\dfrac{a^2}{2}(\pi - 2)\right) = a^2(\pi - 2)$$

   또는, A 영역을 절반으로 나누어서 작은 사분원쪽으로 올려 붙이면 아래 오른쪽 그림처럼 간단해지므로, 큰 사분원의 넓이 $a^2\pi$에서 큰 삼각형의 넓이 $2a^2$을 빼는 것으로 계산해도 된다.

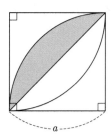 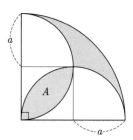 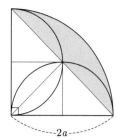

3. (1) $\angle AOB = 180° - 60° = 120°$이므로 $x = 240°$이다.

   (2) $\angle AOB = 130°$이고, 삼각형 내각의 합에 의해 $\angle OAB = 25°$이다. $\angle OAP$는 직각이므로 $x = 90° - 25° = 65°$이다.

   (3) $\overline{PA} = \overline{PB}$로부터 $9 + x = 8 + y$이다. 또한 아래처럼 접점 C를 지나는 접선과 다른 두 접선이 만나는 점을 각각 X와 Y로 두면 $\overline{XA} = \overline{XC}$ 및 $\overline{YB} = \overline{YC}$이므로 $x + y = 5$이다. 두 식을 연립시켜 풀면 $x = 2$, $y = 3$을 얻는다.

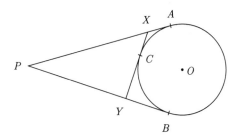

— **Mathematics**

6.5절

1. (1) $\triangle ABC \sim \triangle HAC$이므로 $3 : x = x : 1$로부터 $x = \sqrt{3}$ 이다.

   (2) $\triangle ABC \sim \triangle HBA$이므로 $3 : x = x : 2$로부터 $x = \sqrt{6}$ 이다.

2. (1) $\angle ABN = \angle PDN$(엇각), $\angle ANB = \angle PND$(맞꼭지각), $\overline{BN} = \overline{DN}$이므로 $\triangle ABN \equiv \triangle PDN$(ASA 합동)이다.

   (2) 앞의 결과에 따라 $\overline{AN} = \overline{NP}$이고, $\triangle ACP$에서 중점연결정리에 의해 $\overline{MN} = \frac{1}{2}\overline{CP}$이다. 그런데 $\overline{CP} = \overline{CD} + \overline{DP} = \overline{CD} + \overline{AB}$이므로, 결과적으로 $\overline{MN} = \frac{1}{2}(\overline{AB} + \overline{CD})$이다.

3. $\overline{AG} : \overline{GD} = 2 : 1$이고 $\overline{G'G} : \overline{G'D} = 2 : 1$이므로 $\overline{AG} : \overline{GG'} = 3 : 1$이다.

6.6절

1. 대각선 길이가 8인 정육각형은 한 변의 길이가 4인 정삼각형 6개로 나눌 수 있다. 이때 정삼각형 하나의 넓이가 $\frac{\sqrt{3}}{4} \cdot 4^2 = 4\sqrt{3}$이므로 정육각형 전체 넓이는 $24\sqrt{3}$이다.

2. $\frac{15\sqrt{7}}{4}$

3. $\overline{AB} = \sqrt{26}, \overline{BC} = \sqrt{5}, \overline{AC} = 5$이므로 $\overline{AB}$가 가장 길며, $26 < 5 + 25$이므로 이 삼각형은 예각삼각형이다.

4. 가장 작은 변이 최대로 커지는 것은 직각 이등변삼각형일 때다. 이때 빗변의 길이를 c, 다른 두 변의 길이를 각각 a라 두면 피타고라스 정리에 의해 $c = \sqrt{2}a$이므로 둘레는 $p = 2a + \sqrt{2}a$이다. 따라서 $a = \frac{p}{2 + \sqrt{2}}$이다.

6.7절

1. (1) $\sin A = \frac{3}{5}, \cos A = \frac{4}{5}, \tan A = \frac{3}{4}, \sin B = \frac{4}{5}, \cos B = \frac{3}{5}, \tan B = \frac{4}{3}$
   (2) $\sin A = \frac{5}{13}, \cos A = \frac{12}{13}, \tan A = \frac{5}{12}, \sin B = \frac{12}{13}, \cos B = \frac{5}{13}, \tan B = \frac{12}{5}$

2. (1) $x = 2\sqrt{3}, y = 2$ (2) $x = 2, y = 2\sqrt{2}$

3. (1) $\frac{\sqrt{3}}{4}$ (2) $\frac{1 + 3\sqrt{3}}{2}$ (3) $\frac{\sqrt{2}}{2}$

4. (1) $\sqrt{6}$ (2) $\sqrt{7}$

5. (1) $6\sqrt{2}$ (2) $\frac{9\sqrt{3}}{2}$ (3) $2\sqrt{3}$

7.1절

1. (1) ± 2 (2) -1 (3) 2 (4) ± 3

2. (1) 3 (2) -3 (3) $\frac{1}{4}$ (4) $-\frac{1}{4}$ (5) 2 (6) 2

3. (1) $\frac{1}{9}$ (2) 125 (3) 8 (4) $\frac{63}{8}$

7.2절

1. (1) 0.5cm (2) 5g (3) 10cm

2. (1) 4.70×10^5 (2) 1.2566×10^{-6} (3) 3.14×10^1 (4) 1.414×10^{-2}

3. 25

7.3절

1. (1) 2 (2) $\frac{1}{2}$ (3) 1 (4) 0 (5) 10

2. $11 < \log_2 2350 < 12$이므로 12비트다.

3. (1) $\log_{10}(2 \times 3^2) \approx 0.3010 + 2 \times 0.4771 = 1.2552$

(2) $\log_{10}(3 \times \frac{10}{2}) \approx 0.4771 + (1 - 0.3010) = 1.1761$

(3) $\log_{10} 2^{10} \approx 10 \times 0.3010 = 3.01$

(4) $\dfrac{\log_{10} 2^{\frac{1}{2}}}{\log_{10} 3} \approx \frac{1}{2} \times 0.3010 \div 0.4771 = 0.3154$

(5) $\dfrac{1}{\log_{10}(2^2 \times 3)} \approx \dfrac{1}{2 \times 0.3010 + 0.4771} = 0.9266\cdots$

(6) $\dfrac{\log_{10} 10^6}{\log_{10} 3} \approx \dfrac{6}{0.4771} = 12.5759\cdots$

(7) $10 \log_{10}(2 \times 3) \approx 7.781$이므로 여덟 자리다.

(8) $-10 \log_{10} 3^2 \approx -9.542$이므로 9개다.

4. $\log_{10} 11172 = 4 + \log_{10} 1.1172$이고, 상용로그표에서 $\log_{10} 1.11 \approx 0.0453$ 및 $\log_{10} 1.12 \approx 0.0492$이다. 비례식 $0.01 : 0.0039 = 0.0072 : (x - 0.0453)$을 풀면 $x = 0.048108$이므로 구하는 근삿값은 4.048108이다.

7.4절

1. (1) $y = 2 \cdot 4^x$ (2) $y = 2 \cdot (\frac{1}{2})^x$ (3) $y = -(\frac{1}{2})^x$

(1)　　　　　　　　(2)　　　　　　　　(3)

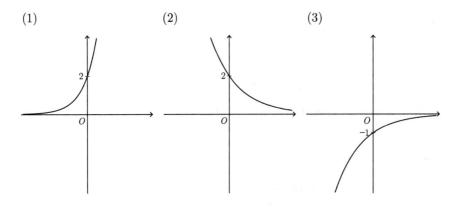

2. $3^{2x-1} = 3^{\frac{1}{2}}$이므로 지수부 $2x - 1 = \frac{1}{2}$로부터 $x = \frac{3}{4}$이며, 따라서 좌표는 $(\frac{3}{4}, \sqrt{3})$이다.

3. (1) $y = 2\log_2 x$　(2) $y = -2\log_2 x$　(3) $y = -\frac{1}{2}\log_{\frac{1}{2}} x$

(1)　　　　　　　　(2)　　　　　　　　(3)

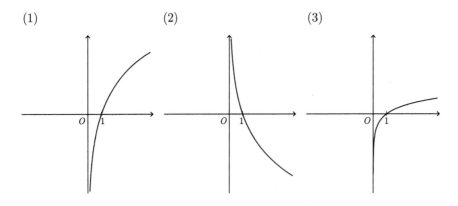

4. x년 후에 남아 있는 방사능 y를 식으로 쓰면 $y = (\frac{1}{2})^x$인데, 이것이 $\frac{1}{100}$보다 작아야 한다. 미지수 x가 지수부에 있으므로 부등식을 세운 다음 양변에 로그를 취하여 푼다.

$$\left(\frac{1}{2}\right)^x < \frac{1}{100}$$
$$x \cdot \log_{10} \frac{1}{2} < \log_{10} \frac{1}{100}$$
$$-0.3010\,x < -2$$
$$\therefore x > \frac{2}{0.3010} = 6.6445\cdots$$

즉, 최소 7년이 지나야 방사능은 원래의 1% 미만이 된다.

8.1절

1. ②, ③, ④

2. (1) 거짓; $\exists x \in \mathbb{N}, n^2 \le n$
   (2) 거짓; $\forall x \in \mathbb{R}, x^2 \ge 0$
   (3) 참; $\forall x \in \mathbb{R}, x \le x^2$

3. p, q, r이 모두 참이거나 모두 거짓일 때

8.2절

1. $\{\{a, b, c\}, \{d\}\}, \{\{a, b, d\}, \{c\}\}, \{\{a, c, d\}, \{b\}\}, \{\{b, c, d\}, \{a\}\},$
   $\{\{a, b\}, \{c, d\}\}, \{\{a, c\}, \{b, d\}\}, \{\{a, d\}, \{b, c\}\}$

2. $(x, \alpha), (x, \beta), (y, \alpha), (y, \beta), (z, \alpha), (z, \beta)$

3. $(2, 3), (2, 5), (3, 2), (3, 4), (3, 5), (4, 3), (4, 5), (5, 2), (5, 3), (5, 4)$

4. 대칭성

5. ②: $a \le b$라고 해서 꼭 $b \le a$인 것은 아니므로 대칭성을 만족하지 않음
   ③: 반사성, 대칭성, 추이성을 모두 만족하지 않음
   ④: 반사성, 추이성을 만족하지 않음

6. 약분해서 같은 기약분수가 되는 것들을 모은다.
   $[(2, 2)] = \{(2, 2), (3, 3), (4, 4), (6, 6)\}$
   $[(2, 3)] = \{(2, 3), (4, 6)\}$
   $[(2, 4)] = \{(2, 4), (3, 6)\}$
   $[(3, 2)] = \{(3, 2), (6, 4)\}$
   $[(4, 2)] = \{(4, 2), (6, 3)\}$
   $[(2, 6)] = \{(2, 6)\}$
   $[(3, 4)] = \{(3, 4)\}$
   $[(4, 3)] = \{(4, 3)\}$
   $[(6, 2)] = \{(6, 2)\}$

8.3절

1. ①, ③

2. (증명 예)

직각삼각형의 빗변 길이를 c, 다른 두 변 길이를 각각 a와 b라 할 때 증명하려는 명제는 $c < a + b$로 쓸 수 있다. 이제 이것이 거짓이라고 가정하면 $c \geq a + b$가 성립하고, 양변을 제곱하여 전개하면 다음과 같다.

$$c^2 \geq a^2 + 2ab + b^2$$

이때 $ab > 0$으로부터 다음 부등식이 참이어야 한다.

$$c^2 > a^2 + b^2$$

그러나 피타고라스 정리에 의해 직각삼각형에서는 $c^2 = a^2 + b^2$이므로 이는 모순이다. 따라서 처음의 가정은 잘못되었으며 결과적으로 $c < a + b$이다.

3. (증명 예)
   주어진 등식을 $p(n)$이라는 조건명제로 둔 다음 $p(0)$이 성립함을 보인다.

   $$p(0) : 2^0 = 2^1 - 1 = 1$$

   $p(k)$가 성립한다고 가정한다.

   $$p(k) : 1 + 2 + 4 + \cdots + 2^k = 2^{k+1} - 1$$

   양변에 2^{k+1}을 더한다.

   $$
   \begin{aligned}
   (1 + 2 + 4 + \cdots + 2^k) + 2^{k+1} &= (2^{k+1} - 1) + 2^{k+1} \\
   &= 2 \times 2^{k+1} - 1 \\
   &= 2^{k+2} - 1
   \end{aligned}
   $$

   이것은 $p(k+1)$과 동일하므로 귀납 원리에 의해 $p(n)$은 모든 자연수 n에 대해 성립한다.

9.1절

1. 숫자 0으로 시작하는 경우는 제외해야 하므로 $10! - 9! = 3265920$개이다.

2. $\dfrac{8!}{2! \times 2!} = \dfrac{40320}{4} = 10080$가지이다.

3. 지나갈 수 없는 부분의 시작과 끝을 X와 Y라고 할 때, 구하는 답은 모든 최단 경로 중에서 X–Y를 지나는 경우를 제외한 가짓수이다. X–Y를 지나는 경로의 가짓수는, A에서 X까지 가는 모든 경로의 수와 Y에서 B까지 가는 모든 경로의 수를 곱한 것과 같다.

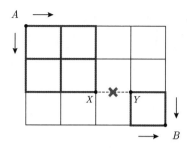

그러므로 답은 다음과 같다.

$$\binom{7}{3} - \binom{4}{2} \times \binom{2}{1} = 35 - 12 = 23$$

4. $\left(\!\!\binom{30}{3}\!\!\right) = \binom{32}{3} = 4960$

5. x, y, z가 모두 자연수이므로 각각 최소 1은 되어야 한다. 이것은 아래 그림에서 ■로 표시된 것을 고정시켜 두고 나머지 ○ 두 개를 배치하는 것과 같다.

x	y	z
■	■	■○○

$=$

x	y	z
		○○

그 경우의 수는 세 종류의 대상으로부터 $5 - 3 = 2$개를 고르는 중복조합의 수와 같으므로

$$\left(\!\!\binom{3}{2}\!\!\right) = \binom{4}{2} = 6$$

실제로 답을 나열해 보면 다음과 같이 6개임을 확인할 수 있다.

$$(1, 1, 3), (1, 2, 2), (1, 3, 1), (2, 1, 2), (2, 2, 1), (3, 1, 1)$$

9.2절

1. $(a+b)^4 = \binom{4}{0} a^4 b^0 + \binom{4}{1} a^3 b^1 + \binom{4}{2} a^2 b^2 + \binom{4}{3} a^1 b^3 + \binom{4}{4} a^0 b^4$

$= a^4 + 4a^3 b + 6a^2 b^2 + 4ab^3 + b^4$

2. (1) k번째 항 $\binom{10}{k}(1)^{10-k}(-x)^k$에서 7번째 항 $\binom{10}{7}(-x)^7 = -120x^7$이므로 계수는 -120이다.

(2) $\binom{11}{6}(2x)^5 y^6 = 462 \times 32x^5 y^6 = 14784x^5 y^6$이므로 계수는 14784이다.

(3) k번째 항의 모양은 $\binom{12}{k}x^{12-k}\left(\frac{1}{x}\right)^k = \binom{12}{k}x^{12-2k}$이다. 이것이 상수항이려면 x의 지수부가 0이어야 하고, 지수부 $12 - 2k = 0$이 되는 것은 $k = 6$일 때이므로 구하는 값은 $\binom{12}{6} = 924$이다.

3.

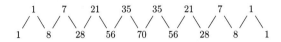

9.3절

1. (1) 표본공간의 크기 $|S| = \binom{40}{6} = 3838380$이고, 숫자를 0개·1개·2개 맞히는 경우의 수는 각각 $E_0 = \binom{6}{0}\cdot\binom{34}{6}$, $E_1 = \binom{6}{1}\cdot\binom{34}{5}$, $E_2 = \binom{6}{2}\cdot\binom{34}{4}$이므로 구하는 확률은 다음과 같다.

$$
\begin{aligned}
P(E_0) + P(E_1) + P(E_2) &= \frac{|E_0| + |E_1| + |E_2|}{|S|} \\
&= \frac{\binom{6}{0}\cdot\binom{34}{6} + \binom{6}{1}\cdot\binom{34}{5} + \binom{6}{2}\cdot\binom{34}{4}}{\binom{40}{6}} \\
&= \frac{1344904 + 1669536 + 695640}{3838380} = \frac{3710080}{3838380} \approx 96.7\,(\%)
\end{aligned}
$$

(2) 모든 경우의 수는 $\left(\binom{7}{3}\right)$이고, 선택한 3개가 모두 같은 맛일 경우는 7가지이므로 구하는 확률은 다음과 같다.

$$
\frac{7}{\left(\binom{7}{3}\right)} = \frac{7}{\binom{9}{3}} = \frac{7}{84} = \frac{1}{12}
$$

(3) 매번 주사위를 던지는 것은 각기 독립적인 사건이므로 과거에 10번 던진 결과가 11번째 던지는 데에 영향을 미치지는 않는다. 따라서 답은 $\frac{1}{6}$이다.

(4) 이것은 확률 $p = \frac{1}{3}$인 사건이 10번의 독립시행에서 3번 일어날 확률이다.

$$
\binom{10}{3} \times \left(\frac{1}{3}\right)^3 \times \left(\frac{2}{3}\right)^7 = 120 \times \frac{1}{27} \times \frac{128}{2187} \approx 26.01\,(\%)
$$

2. 어떤 직원이 대리급인 사건을 A, 파이썬 언어를 사용하지 않는 사건을 B라 두면, 각 사건의 확률은 $P(A) = \frac{60}{180} = \frac{1}{3}$, $P(B) = \frac{100}{180} = \frac{5}{9}$이다. 한편, 문제에서 구하는 확률은 $P(A|B)$에 해당하며, 이것은 조건부확률의 정의로부터 $\frac{P(A \cap B)}{P(B)}$와 같다. $P(A \cap B)$

를 구하면 $\dfrac{25}{180} = \dfrac{5}{36}$ 이므로 답은 다음과 같다.

$$P(A|B) = \frac{P(A \cap B)}{P(B)} = \frac{\frac{5}{36}}{\frac{5}{9}} = \frac{1}{4}$$

3. A사 제품과 B사 제품을 동시에 쓰지는 않으므로 두 사건은 전체 표본공간을 분할하는 배반사건들이다. 이제 A사 제품을 쓰는 사건을 A, B사 제품을 쓰는 사건을 B라 하고, 제조사에 무관하게 2년 넘은 모델을 사용하는 사건을 O라 하자. 그러면 문제의 뜻으로부터 $P(A) = 0.55$, $P(B) = 0.45$, $P(O|A) = 0.8$, $P(O|B) = 0.6$이다. 이 상황을 그림으로는 다음과 같이 표현할 수 있다.

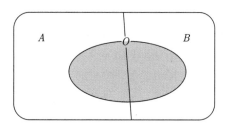

구하는 확률은 $P(O) = P(O \cap A) + P(O \cap B)$에 해당하며, 이것은 전확률의 정리로 계산할 수 있다.

$$\begin{aligned} P(O) &= P(O \cap A) + P(O \cap B) \\ &= P(O|A) \cdot P(A) + P(O|B) \cdot P(B) \\ &= 0.8 \times 0.55 + 0.6 \times 0.45 = 0.71 \end{aligned}$$

4. 이 희귀병에 걸리는 사건을 A, 시약에서 양성이 나오는 사건을 O라 하면, 시약의 정확도는 $P(O|A)$이며 잘못 진단할 확률은 $P(O|A^c)$이다. 이때 문제에서 구하는 확률은 $P(A|O)$로서 베이즈 정리에 의해 다음과 같이 구할 수 있다.

$$P(A|O) = \frac{P(O|A) \cdot P(A)}{P(O)}$$

문제의 뜻으로부터 $P(A) = 0.001$, $P(O|A) = 0.99$, $P(O|A^c) = 0.01$이고, 시약이 일반적으로 양성 반응을 보일 확률 $P(O)$는 전확률의 정리로부터 다음과 같다.

$$\begin{aligned} P(O) &= P(O|A) \cdot P(A) + P(O|A^c) \cdot P(A^c) \\ &= 0.99 \times 0.001 + 0.01 \times 0.999 = 0.01098 \end{aligned}$$

그러므로 구하는 확률은 다음과 같다.

$$P(A|O) = \frac{0.99 \times 0.001}{0.01098} \approx 9.02\,(\%)$$

5. 그릇과 견과류 개수의 관계를 표로 나타내면 다음과 같다. 여기서 1번 그릇을 선택하는 사건을 A, 마카다미아넛을 꺼내는 사건을 M이라고 두었다.

	마카다미아넛(M)	호두(M^c)	계
1번 그릇(A)	8	12	20
2번 그릇(A^c)	10	6	16
계	18	18	36

그러면 마카다미아넛을 하나 꺼냈을 때 이것이 첫 번째 그릇에서 나온 것일 확률은 $P(A|M)$에 해당하며, 그 값은 다음과 같다. 이 확률은 마카다미아넛 총 18개 중 첫 번째 그릇의 8개가 차지하는 비율과도 동일하다.

$$P(A|M) = \frac{P(A \cap M)}{P(M)} = \frac{P(A \cap M)}{P(M \cap A) + P(M \cap A^C)} = \frac{\frac{8}{36}}{\frac{8}{36} + \frac{10}{36}} = \frac{4}{9}$$

10.1절

1. (1) 125 (2) $\frac{1}{3}$ (3) $\frac{3}{7}$ (4) $4n^3 + 6n^2 + 4n + 1$ (5) 41

2. 감염된 기기는 2대, 4대, 8대, $\cdots$와 같이 늘어난다. n시간 후의 기기 대수는 초항 4, 공비 2인 등비수열로 나타낼 수 있고, 이때 일반항은 $a^n = 4 \cdot 2^{n-1} = 2^{n+1}$이다. $2^{n+1} > 10^6$의 양변에 상용로그를 취하면 $(n+1) \cdot \log_{10} 2 > 6$이고, 그로부터 $n > \frac{6}{\log_{10} 2} - 1 \approx 18.93$이므로 답은 19시간 뒤다.

3. 이 값은 R_1과 R_2의 조화평균과 일치한다.

$$r = 2R = \frac{2R_1 R_2}{R_1 + R_2}$$

10.2절

1. (1) $\sum_{k=1}^{n}(3k+1) = 3\sum_{k=1}^{n}k + \sum_{k=1}^{n}1 = \frac{n(3n+5)}{2}$이므로 답은 $\frac{10 \times 35}{2} = 175$이다.
   (2) 초항 1, 공비 3인 등비수열의 합이므로 답은 $\frac{3^{10}-1}{3-1} = 29524$이다.
   (3) 초항 1, 공비 $\frac{1}{3}$인 등비수열의 합이므로 답은 $\frac{1-(\frac{1}{3})^{10}}{1-\frac{1}{3}} = \frac{29524}{19683}$이다.

2. $\dfrac{1000000 \times 1.04 \times 1.19}{0.04} = 30940000$ (원)

3. (1) $\dfrac{n(3n-1)}{2}$ (2) $2^{n+1} + \dfrac{1}{2^n} - 3$ (3) 2^n

4. (1) $\dfrac{1}{2}(n-1)(3n-4)$ (2) $3 \cdot (2^{n-1} - 1)$

5. 계차수열 $b_n = (n+1)^4 - n^4 = 4n^3 + 6n^2 + 4n + 1$이다. 이때 b_n의 부분합은 다음과 같은 두 가지 방법으로 구할 수 있다.

$$\begin{aligned}
\sum_{k=1}^{n} b_k &= 4\sum_{k=1}^{n} k^3 + 6\sum_{k=1}^{n} k^2 + 4\sum_{k=1}^{n} k + \sum_{k=1}^{n} 1 \\
&= 4\sum_{k=1}^{n} k^3 + \{n(n+1)(2n+1)\} + \{2n(n+1)\} + n \\
&= 4\sum_{k=1}^{n} k^3 + 2n^3 + 5n^2 + 4n \\
\sum_{k=1}^{n} b_k &= a_{n+1} - a_1 = (n+1)^4 - 1 \\
&= n^4 + 4n^3 + 6n^2 + 4n
\end{aligned}$$

이 두 개의 식을 같게 놓고 $\displaystyle\sum_{k=1}^{n} k^3$에 대해 정리하면 다음 결과를 얻는다.

$$\sum_{k=1}^{n} k^3 = \frac{n^2(n+1)^2}{4}$$

10.3절

1. 이 수열의 일반항과 주어진 극한값과의 차가 어떤 양수 e보다 작다는 것은 다음과 같다.

$$\left| \frac{4n}{3n-2} - \frac{4}{3} \right| = \left| \frac{12n - 4(3n-2)}{3(3n-2)} \right| = \frac{8}{9n-6} < \epsilon$$

이것을 n에 대해 정리한다.

$$\frac{8}{\epsilon} < 9n - 6$$
$$\therefore \ \frac{8}{9\epsilon} + \frac{2}{3} < n$$

어떤 e에 대해서도 위의 부등식이 성립하는 자연수를 찾을 수 있으므로 이 수열은 $\dfrac{4}{3}$에 수렴한다.

2. (1) 발산(진동)   (2) $\dfrac{2}{3}$로 수렴   (3) 1로 수렴

(4) $\left(\displaystyle\lim_{n\to\infty} \frac{2n^2+1}{3n^2-1} \right) \cdot \left(\displaystyle\lim_{n\to\infty} \frac{3^n + 2^n}{3^n - 1} \right) = \frac{2}{3} \cdot 1 = \frac{2}{3}$

3. (1) $\lim\limits_{n\to\infty} (n - \sqrt{n^2 - n}) = \lim\limits_{n\to\infty} \dfrac{n}{n + \sqrt{n^2 - n}} = \lim\limits_{n\to\infty} \dfrac{1}{1 + \sqrt{1 - \frac{1}{n}}} = \dfrac{1}{2}$

(2) $\lim\limits_{n\to\infty} \dfrac{a^n}{a^n - a^{-n}} = \lim\limits_{n\to\infty} \dfrac{1}{1 - a^{-2n}} = 1$

10.4절

1. (1) $\sum\limits_{k=1}^{\infty} \dfrac{2}{k(k+1)} = 2\sum\limits_{k=1}^{\infty} \left(\dfrac{1}{k} - \dfrac{1}{k+1}\right) = 2$

(2) 초항과 공비 모두 $\dfrac{2}{3}$ 인 등비수열의 합이므로 $\dfrac{\frac{2}{3}}{1 - \frac{2}{3}} = 2$ 로 수렴한다.

(3) 부분합을 S_n 이라 두면, $S_n = (\sqrt{1} - \sqrt{2}) + (\sqrt{2} - \sqrt{3}) + (\sqrt{3} - \sqrt{4}) + \cdots + (\sqrt{n} - \sqrt{n+1})$ 이고 $\lim\limits_{n\to\infty} S_n = -\infty$ 이므로 발산한다.

(4) 초항 $\dfrac{3}{10}$, 공비 $\dfrac{1}{10}$ 인 등비수열의 합이므로 $\dfrac{\frac{3}{10}}{1 - \frac{1}{10}} = \dfrac{3}{10} \cdot \dfrac{10}{9} = \dfrac{1}{3}$ 로 수렴한다.

2. 처음 제외된 가운데 토막의 길이는 $\dfrac{1}{3}$, 두 번째 제외된 토막들의 길이는 $2 \times \dfrac{1}{3^2} = \dfrac{2}{9}$, 세 번째는 $4 \times \dfrac{1}{3^3} = \dfrac{4}{27} \cdots$ 처럼 된다. 이것은 초항 $\dfrac{1}{3}$, 공비 $\dfrac{2}{3}$ 인 등비수열에 해당하며, 그 부분합은 다음과 같다.

$$\dfrac{1}{3} + \dfrac{2}{3^2} + \dfrac{2^2}{3^3} + \cdots + \dfrac{2^{n-1}}{3^n} = \sum\limits_{k=1}^{n} \dfrac{1}{3} \cdot \left(\dfrac{2}{3}\right)^{k-1}$$

무한등비급수의 합을 구하면 다음과 같은 답을 얻는다.

$$\sum\limits_{k=1}^{\infty} \dfrac{1}{3} \cdot \left(\dfrac{2}{3}\right)^{k-1} = \dfrac{\frac{1}{3}}{1 - \frac{2}{3}} = 1$$

10.5절

1. (1) $\lim\limits_{n\to\infty} \left(1 + \dfrac{1}{2n}\right)^{2n \cdot \frac{1}{2}} = \sqrt{e}$

(2) $\lim\limits_{n\to\infty} \left(1 + \dfrac{3}{n}\right)^{\frac{n}{3} \cdot 6} = e^6$

(3) $\dfrac{1}{e}$ 의 극한 꼴을 이용한다.

$$\lim\limits_{n\to\infty} \left(1 - \dfrac{3}{n}\right)^{\frac{n}{3} \cdot 6} = e^{-6}$$

2. (1) -2 (2) e (3) e^{-1} (4) $e^2 + 1$ (5) $\dfrac{\ln 3}{2}$

3. 복리예금의 원금을 a, 연이율을 r 이라 두면 n 년 후의 원리합계는 $a(1+r)^n$ 이고, 이것이 원금의 2배이므로 $a(1+r)^n = 2a$ 이다. 따라서 다음이 성립한다.

$$(1+r)^n = 2$$

n에 대해 풀기 위해 양변에 자연로그를 취한다.

$$n\ln(1+r) = \ln 2$$
$$\therefore n = \frac{\ln 2}{\ln(1+r)}$$

한편, r이 0과 가까울 때는 $\ln(r+1) \approx r$이다.

$$n \approx \frac{\ln 2}{r}$$

$\ln 2$의 값이 대략 0.693이므로 연이율을 퍼센트 단위로 R이라 할 때(즉, $R = 100r$) 다음과 같은 근사식을 세울 수 있다. 이때 대략의 n 값을 얻기 위해서라면 분자의 $100 \times \ln 2$ 자리에 72를 사용해도 큰 문제는 없다.

$$n \approx \frac{69.3}{R} \approx \frac{72}{R}$$

몇 가지 r의 값에 대해 72 법칙에 의한 근삿값과 실제 값을 함께 구해 보면 다음과 같다. (실제 값은 소수점 첫째 자리에서 반올림)

연이율	1%	2%	3%	4%	5%	6%	10%
$n \approx \dfrac{72}{R}$	72	36	24	18	14.4	12	7.2
$n = \dfrac{\ln 2}{r}$	69.3	34.7	23.1	17.3	13.9	11.6	6.9

11.1절

1. (1) $2n\pi + \dfrac{\pi}{4}$, 1사분면   (2) $2n\pi + \dfrac{2}{3}\pi$, 2사분면
   (3) $2n\pi + \dfrac{5}{3}\pi$, 4사분면   (4) $2n\pi + \dfrac{5}{6}\pi$, 2사분면

2. (1) $\dfrac{7}{12}\pi$ (2) $\dfrac{3}{4}\pi$ (3) $\dfrac{4}{3}\pi$ (4) $540°$ (5) $315°$

3. (1) $l = \dfrac{5}{3}\pi$, $S = \dfrac{25}{3}\pi$ (2) $l = \dfrac{10}{3}\pi$, $S = \dfrac{50}{3}\pi$
   (3) $l = \dfrac{5}{2}\pi$, $S = \dfrac{25}{2}\pi$ (4) $l = 15\pi$, $S = 75\pi$

4. (1) $\cos\theta = -\dfrac{\sqrt{3}}{2}$, $\sin\theta = \dfrac{1}{2}$, $\tan\theta = -\dfrac{\sqrt{3}}{3}$
   (2) $\cos\theta = \dfrac{\sqrt{2}}{2}$, $\sin\theta = -\dfrac{\sqrt{2}}{2}$, $\tan\theta = -1$

(3) $\cos \theta = -1, \sin \theta = 0, \tan \theta = 0$

(4) $\cos \theta = 0, \sin \theta = -1, \tan \theta$는 정의되지 않음

(5) $\cos \theta = 1, \sin \theta = 0, \tan \theta = 0$

11.2절

1. (1) $\cos^2 \theta = 1 - \sin^2 \theta = 1 - \dfrac{9}{25} = \dfrac{16}{25}$

   (2) $\tan^2 \theta = \sec^2 \theta - 1 = \dfrac{25}{16} - 1 = \dfrac{9}{16}$

   (3) θ가 3사분면의 각일 때 $\cos \theta < 0$이므로 $\cos \theta = -\dfrac{4}{5}$이다.

   따라서 $\sin \theta - \cos \theta = -\dfrac{3}{5} + \dfrac{4}{5} = \dfrac{1}{5}$이다.

2. 답은 ④이다.

   ① $\sin(-7°) = -\sin 7°$

   ② $\sin 187° = \sin(180° + 7°) = -\sin 7°$

   ③ $\cos 97° = \cos(90° + 7°) = -\sin 7°$

   ④ $\cos 83° = \cos(90° - 7°) = \sin 7°$

3. (1) 변의 길이를 x라 두고 코사인법칙을 적용한다. $\cos 75°$의 값은 예제에서 구하였다.

$$x^2 = 13 - 12\cos 75° = 13 - 3(\sqrt{6} - \sqrt{2})$$
$$\therefore x = \sqrt{13 - 3(\sqrt{6} - \sqrt{2})} \approx 3.14$$

   (2) 코사인법칙을 적용한다.

$$3^2 = 2^2 + 4^2 - 2 \cdot 2 \cdot 4 \cdot \cos A$$
$$9 = 4 + 16 - 16\cos A$$
$$\therefore \cos A = \dfrac{11}{16}$$

4. 덧셈정리를 적용한다.

   (1) $\cos(\alpha + \beta) = \cos\alpha\cos\beta - \sin\alpha\sin\beta = \dfrac{3}{5} \cdot \dfrac{4}{5} - \dfrac{4}{5} \cdot \dfrac{3}{5} = 0$

   삼각형 내각의 합으로부터 $\alpha + \beta = 90°$이므로 계산 없이 바로 구할 수도 있다.

   (2) $\sin(\alpha - \beta) = \sin\alpha\cos\beta - \cos\alpha\sin\beta = \dfrac{4}{5} \cdot \dfrac{4}{5} - \dfrac{3}{5} \cdot \dfrac{3}{5} = \dfrac{7}{25}$

   (3) $\tan(\alpha - \beta) = \dfrac{\tan\alpha - \tan\beta}{1 + \tan\alpha\tan\beta} = \dfrac{\frac{4}{3} - \frac{3}{4}}{1 + 1} = \dfrac{7}{24}$

5. 주어진 등식을 제곱하면 $1 - 2\sin\theta\cos\theta = \dfrac{1}{4}$이므로 $2\sin\theta\cos\theta = \dfrac{3}{4}$이다.
   따라서 $\sin 2\theta = 2\sin\theta\cos\theta = \dfrac{3}{4}$이다.

6. 반각공식을 이용한다. $\cos\theta$와 $\sin\theta$ 모두 양수다.

$$\cos^2 22.5° = \frac{1}{2}(1 + \cos 45°) = \frac{1}{2}\left(1 + \frac{\sqrt{2}}{2}\right) = \frac{2 + \sqrt{2}}{4}$$

$$\sin^2 22.5° = 1 - \cos^2 22.5° = \frac{2 - \sqrt{2}}{4}$$

$$\therefore \cos 22.5° = \frac{\sqrt{2 + \sqrt{2}}}{2}, \quad \sin 22.5° = \frac{\sqrt{2 - \sqrt{2}}}{2}$$

7. 배각공식을 이용한다.

(1) $\sin 2\alpha = 2\sin\alpha\cos\alpha = 2\sin\alpha \cdot \dfrac{\cos^2\alpha}{\cos\alpha}$

$$= 2\tan\alpha \cdot \frac{1}{\sec^2\alpha} = \frac{2\tan\alpha}{1 + \tan^2\alpha}$$

(2) $\cos 2\alpha = \cos^2\alpha - \sin^2\alpha = \dfrac{\cos^2\alpha - \sin^2\alpha}{\cos^2\alpha} \cdot \cos^2\alpha$

$$= (1 - \tan^2\alpha) \cdot \frac{1}{\sec^2\alpha} = \frac{1 - \tan^2\alpha}{1 + \tan^2\alpha}$$

11.3절

1. (1) $2\pi \times \dfrac{1}{5} = \dfrac{2}{5}\pi$ (2) $2\pi \times \dfrac{3}{2} = 3\pi$ (3) $\pi \times \dfrac{1}{4} = \dfrac{\pi}{4}$

2. (1) 주기 6π이고, 함숫값은 $y = \cos x$ 때의 3배 되는 곳인 $x = \dfrac{3}{2}(2n+1)\pi$에서 0이다.

(2) $y = a\tan(k(x - p))$ 꼴로 고치면 $y = 2\tan\left(\dfrac{1}{2}\left(x - \dfrac{\pi}{3}\right)\right)$이므로, 주기는 2π이며 함숫값은 $x = 2n\pi + \dfrac{\pi}{3}$에서 0이다.

(3) $y = \sin\left(\dfrac{2}{3}\left(x + \dfrac{\pi}{4}\right)\right)$와 같으므로, 주기 3π이고 함숫값은 $x = \dfrac{3}{2}n\pi - \dfrac{\pi}{4}$에서 0이다.

(4) 주어진 함수는 배각공식에 의해 $y = \sin 2x$와 같으므로 주기 π이고 함숫값은 $x = \dfrac{1}{2}n\pi$에서 0이다.

3. (1) $y = -2\cos\left(\dfrac{1}{2}\left(x - \dfrac{\pi}{2}\right)\right) + 1$과 같으므로 $y = \cos x$의 그래프를 주기 2배, 위아래로 -2배 한 다음 $\left(\dfrac{\pi}{2}, 1\right)$만큼 평행이동한다.

(2) $\sin\left(x + \dfrac{\pi}{2}\right) = \cos x$이므로 주어진 함수는 $y = -\cos x + 1$과 같다.

(3) 배각공식에 의해 $1 - 2\sin^2 x = \cos 2x$이므로 주어진 함수는 $y = \cos 2x + 1$과 같다.

(1)

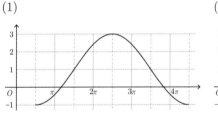

(2)

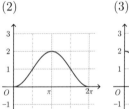

(3)

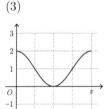

4. (1) $\dfrac{2}{3}\pi$ (2) $\dfrac{\pi}{6}$ (3) $\dfrac{\pi}{3}$

11.4절

1. (1) $2 \cdot (2+3i) + 3 \cdot (3-2i) = (4+6i) + (9-6i) = 13$

    (2) $(2+3i)(3-2i) = 6 + 5i - 6i^2 = 12 + 5i$

    (3) $\dfrac{2+3i}{3-2i} = \dfrac{(2+3i)(3+2i)}{(3-2i)(3+2i)} = \dfrac{13i}{13} = i$

    (4) $(2+3i)(2+3i) = 4 + 12i + 9i^2 = -5 + 12i$

2. (1) $2 \cdot (2-3i) + 3 \cdot (3+2i) = (4-6i) + (9+6i) = 13$

    (2) $(2+3i)(3-2i) = 12 - 5i$

    (3) $(2+3i)(2-3i) = 4 - 9i^2 = 13$

3. (1) $3\sqrt{2}\,i$ (2) $\sqrt{3}\,i \cdot \sqrt{6}\,i = -3\sqrt{2}$

    (3) $i^4 = (-1)^2 = 1$ (4) $i^{42} = (i^4)^{10} \cdot i^2 = -1$

4. (1) $\pm\sqrt{e}\,i$ (2) $\dfrac{1 \pm \sqrt{3}\,i}{2}$ (3) $\dfrac{-1 \pm \sqrt{7}\,i}{4}$

11.5절

1. (1) $(2, \dfrac{\pi}{6})$ (2) $(4\sqrt{2}, \dfrac{3}{4}\pi)$ (3) $(3, \pi)$ (4) $(2, \dfrac{3}{2}\pi)$

2. (1) $|\sqrt{3}+i| = |1+\sqrt{3}\,i| = 2$, $\arg(\sqrt{3}+i) = \dfrac{\pi}{6}$, $\arg(1+\sqrt{3}\,i) = \dfrac{\pi}{3}$ 이므로

$$(\sqrt{3}+i)(1+\sqrt{3}i) = 4\left(\cos\dfrac{\pi}{2} + i\sin\dfrac{\pi}{2}\right) = 4i$$

    (2) $|-2i| = |\sqrt{3}+i| = 2$, $\arg(-2i) = \dfrac{3}{2}\pi$ 이므로

$$\dfrac{-2i}{\sqrt{3}+i} = 1 \cdot \left(\cos\dfrac{4}{3}\pi + i\sin\dfrac{4}{3}\pi\right) = -\dfrac{1}{2} - \dfrac{\sqrt{3}}{2}i$$

    (3) $(-1+i) = \sqrt{2}\left(\cos\dfrac{3}{4}\pi + i\sin\dfrac{3}{4}\pi\right)$ 이므로

$$\begin{aligned}(-1+i)^5 &= (\sqrt{2})^5 \cdot \left(\cos\dfrac{15}{4}\pi + i\sin\dfrac{15}{4}\pi\right) \\ &= 4\sqrt{2}\left(\cos\dfrac{7}{4}\pi + i\sin\dfrac{7}{4}\pi\right) = 4 - 4i\end{aligned}$$

    (4) 위의 극형식 결과를 이용한다.

$$(-1+i)^{-5} = (\sqrt{2})^{-5} \cdot \left(\cos(-\frac{15}{4}\pi) + i\sin(-\frac{15}{4}\pi)\right)$$
$$= \frac{\sqrt{2}}{8}\left(\cos\frac{\pi}{4} + i\sin\frac{\pi}{4}\right) = \frac{1}{8} + \frac{1}{8}i$$

3. 먼저 $(\cos x + i\sin x)^3$을 이항정리에 따라 전개한다.

$$(\cos x + i\sin x)^3 = \cos^3 x + 3i\cos^2 x \sin x - 3\cos x \sin^2 x - i\sin^3 x$$
$$= (\cos^3 x - 3\cos x \sin^2 x) + (3\cos^2 x \sin x - \sin^3 x)i$$

그런데 이것은 드 무아브르 정리에 의해 다음과 동일해야 한다.

$$(\cos x + i\sin x)^3 = \cos 3x + i\sin 3x$$

실수부와 허수부를 각각 비교하면 다음의 결과를 얻는다.

$$\begin{cases} \cos 3x = \cos^3 x - 3\cos x(1 - \cos^2 x) = 4\cos^3 x - 3\cos x \\ \sin 3x = 3(1 - \sin^2 x) \cdot \sin x - \sin^3 x = 3\sin x - 4\sin^3 x \end{cases}$$

4. $z = r(\cos\theta + i\sin\theta)$로 두고 세제곱하여 -27과 같게 둔다. -27의 편각은 $(2k+1)\pi$이다(단, $k \in \mathbb{Z}$).

$$z^3 = -27 + 0i$$
$$r^3(\cos 3\theta + i\sin 3\theta) = 27(\cos(2k+1)\pi + i\sin(2k+1)\pi)$$

$r = \sqrt[3]{27} = 3$이고, θ는 다음과 같다.

$$3\theta = (2k+1)\pi$$
$$\therefore \theta = \frac{(2k+1)}{3}\pi$$

k를 3으로 나눈 나머지에 따라 다음 세 가지의 결과를 얻는다.

$$k \equiv 0 \pmod 3 : z = 3\left(\cos\frac{\pi}{3} + i\sin\frac{\pi}{3}\right) = 3\left(\frac{1}{2} + \frac{\sqrt{3}}{2}i\right) = \frac{3 + 3\sqrt{3}i}{2}$$
$$k \equiv 1 \pmod 3 : z = 3(\cos\pi + i\sin\pi) = 3(-1 + 0i) = -3$$
$$k \equiv 2 \pmod 3 : z = 3\left(\cos\frac{5}{3}\pi + i\sin\frac{5}{3}\pi\right) = 3\left(\frac{1}{2} - \frac{\sqrt{3}}{2}i\right) = \frac{3 - 3\sqrt{3}i}{2}$$

5. $\omega^3 = -1$, $\omega^6 = 1$, $\cdots$ 임을 이용해서 사차 이상의 항을 다시 쓴다. $0, 1, 2$제곱의 세 항과 그 다음 $3, 4, 5$제곱의 세 항이 반대 부호이므로 상쇄되고, 같은 식으로 하여 $60, 61, 62$제곱의 세 항과 $63, 64, 65$제곱의 세 항까지 모두 상쇄된다.

$$
\begin{aligned}
S &= (\omega^0 + \omega^1 + \omega^2) + (\omega^3 + \omega^4 + \omega^5) + \cdots + \omega^{66} \\
&= (1 + \omega + \omega^2) + (-1 - \omega - \omega^2) + \cdots + 1 \\
&= 1
\end{aligned}
$$

12.1절

1. (1) $(-8, -7)$ (2) 20 (3) $\sqrt{13}$ (4) $\left(\dfrac{\sqrt{2}}{2}, -\dfrac{\sqrt{2}}{2}\right)$

2. $\mathbf{w} = m\mathbf{x} + n\mathbf{y}$라 두면 $(1, 1) = m(1, 0) + n(-1, 1)$이고, 연립방정식 $1 = m - n$과 $1 = 0 + n$으로부터 $m = 2,\ n = 1$을 얻는다. 따라서 $\mathbf{w} = 2\mathbf{x} + \mathbf{y}$이다.

3. (1) $\sqrt{14}$ (2) $\sqrt{5}$ (3) -5 (4) $\theta = \arccos\left(\dfrac{-5}{\sqrt{14} \cdot \sqrt{5}}\right) \approx 126.7°$

12.2절

1. (1) $\begin{bmatrix} 5 & 1 & -6 \\ 1 & -3 & 5 \end{bmatrix}$

   (2) $\begin{bmatrix} 1 & 6 \\ 7 & 4 \end{bmatrix}$

   (3) $\begin{bmatrix} 1 & 7 \\ 6 & 4 \end{bmatrix}$

   (4) $\begin{bmatrix} 60 \\ 100 \end{bmatrix}$

   (5) 140

2. $\begin{bmatrix} 8 & 8 \\ 8 & 8 \end{bmatrix}$

3. $\mathbf{R}_\theta{}^2 = \begin{bmatrix} \cos^2\theta - \sin^2\theta & -2\cos\theta\sin\theta \\ 2\cos\theta\sin\theta & \cos^2\theta - \sin^2\theta \end{bmatrix} = \begin{bmatrix} \cos 2\theta & -\sin 2\theta \\ \sin 2\theta & \cos 2\theta \end{bmatrix}$

4. $(\mathbf{A} + \mathbf{A}^{\mathrm{T}})^{\mathrm{T}} = \mathbf{A}^{\mathrm{T}} + (\mathbf{A}^{\mathrm{T}})^{\mathrm{T}} = \mathbf{A}^{\mathrm{T}} + \mathbf{A} = \mathbf{A} + \mathbf{A}^{\mathrm{T}}$

12.3절

1. (1) 행렬식의 값이 $1 \cdot 4 - 2 \cdot 3 = -2$이므로 가역이며, 역행렬은 다음과 같다.

$$
-\frac{1}{2}\begin{bmatrix} 4 & -2 \\ -3 & 1 \end{bmatrix} = \begin{bmatrix} -2 & 1 \\ \frac{3}{2} & -\frac{1}{2} \end{bmatrix}
$$

   (2) 행렬식의 값이 0이므로 가역이 아니다.

(3) 가역이며, 역행렬은 다음과 같다.

$$\frac{1}{2}\begin{bmatrix} 1 & -1 \\ 0 & 2 \end{bmatrix} = \begin{bmatrix} \frac{1}{2} & -\frac{1}{2} \\ 0 & 1 \end{bmatrix}$$

(4) 가역이 아니다.

(5) 행렬식 $kab - kab = 0$이므로 가역이 아니다. 이것은 좌표평면에서 두 직선 $ax + by = c$ 및 $kax + kby = d$가 평행이고, 그 두 등식으로 이루어진 연립방정식 역시 부정($d = kc$일 때)이거나 불능($d \neq kc$)인 것과 같은 맥락이다.

2. (1) $\begin{bmatrix} x \\ y \end{bmatrix} = \begin{bmatrix} 1 & 1 \\ 2 & 3 \end{bmatrix}^{-1}\begin{bmatrix} -2 \\ -2 \end{bmatrix} = \begin{bmatrix} 3 & -1 \\ -2 & 1 \end{bmatrix}\begin{bmatrix} -2 \\ -2 \end{bmatrix} = \begin{bmatrix} -4 \\ 2 \end{bmatrix}$

   (2) $\begin{bmatrix} x \\ y \end{bmatrix} = \begin{bmatrix} 4 & -3 \\ 3 & 4 \end{bmatrix}^{-1}\begin{bmatrix} 5 \\ 10 \end{bmatrix} = \frac{1}{25}\begin{bmatrix} 4 & 3 \\ -3 & 4 \end{bmatrix}\begin{bmatrix} 5 \\ 10 \end{bmatrix} = \begin{bmatrix} 2 \\ 1 \end{bmatrix}$

   (3) $\begin{bmatrix} x \\ y \end{bmatrix} = \begin{bmatrix} 1 & 2 \\ 3 & 4 \end{bmatrix}^{-1}\begin{bmatrix} 10 \\ 12 \end{bmatrix} = -\frac{1}{2}\begin{bmatrix} 4 & -2 \\ -3 & 1 \end{bmatrix}\begin{bmatrix} 10 \\ 12 \end{bmatrix} = \begin{bmatrix} -8 \\ 9 \end{bmatrix}$

3. $\mathbf{v} = [x\ y]^{\mathrm{T}}$, $\mathbf{u} = [1\ -2]^{\mathrm{T}}$라 두면, 문제에 주어진 내용은 $\mathbf{A}\mathbf{A}^{\mathrm{T}}\mathbf{v} = \mathbf{u}$로 쓸 수 있다.

$$\begin{aligned} \mathbf{A}\mathbf{A}^{\mathrm{T}}\mathbf{v} &= \mathbf{u} \\ \mathbf{A}^{\mathrm{T}}\mathbf{v} &= \mathbf{A}^{-1}\mathbf{u} \\ \mathbf{v} &= \left(\mathbf{A}^{\mathrm{T}}\right)^{-1}\mathbf{A}^{-1}\mathbf{u} \end{aligned}$$

$\mathbf{A}^{-1} = \begin{bmatrix} 3 & -1 \\ -2 & 1 \end{bmatrix}$이고 $(\mathbf{A}^{\mathrm{T}})^{-1} = (\mathbf{A}^{-1})^{\mathrm{T}}$이므로 $\begin{bmatrix} 3 & -2 \\ -1 & 1 \end{bmatrix}$이다. 따라서 $\mathbf{v}$는 다음과 같다.

$$\mathbf{v} = \left(\mathbf{A}^{-1}\right)^{\mathrm{T}}\mathbf{A}^{-1}\mathbf{u} = \begin{bmatrix} 3 & -2 \\ -1 & 1 \end{bmatrix}\begin{bmatrix} 3 & -1 \\ -2 & 1 \end{bmatrix}\begin{bmatrix} 1 \\ -2 \end{bmatrix} = \begin{bmatrix} 23 \\ -9 \end{bmatrix}$$

12.4절

1. $\triangle ABC$의 무게중심 G의 좌표는 $(3, \frac{5}{3})$이다. G를 중심으로 세 꼭짓점을 회전시키기 위해서는 다음과 같은 일련의 변환이 필요하다.

$$(-3, -\tfrac{5}{3})만큼 평행이동 \rightarrow 45° 회전 \rightarrow (3, \tfrac{5}{3})만큼 평행이동$$

이에 상응하는 변환행렬은 다음과 같다.

$$\begin{bmatrix} 1 & 0 & 3 \\ 0 & 1 & \frac{5}{3} \\ 0 & 0 & 1 \end{bmatrix}\begin{bmatrix} \frac{\sqrt{2}}{2} & -\frac{\sqrt{2}}{2} & 0 \\ \frac{\sqrt{2}}{2} & \frac{\sqrt{2}}{2} & 0 \\ 0 & 0 & 1 \end{bmatrix}\begin{bmatrix} 1 & 0 & -3 \\ 0 & 1 & -\frac{5}{3} \\ 0 & 0 & 1 \end{bmatrix} = \begin{bmatrix} \frac{\sqrt{2}}{2} & -\frac{\sqrt{2}}{2} & \frac{9-2\sqrt{2}}{3} \\ \frac{\sqrt{2}}{2} & \frac{\sqrt{2}}{2} & \frac{5-7\sqrt{2}}{3} \\ 0 & 0 & 1 \end{bmatrix}$$

이 행렬에 원래 점의 좌표를 각각 곱하여 A', B', C'의 좌표를 구한다.

$$A'\left(\frac{9-2\sqrt{2}}{3},\ \frac{5-4\sqrt{2}}{3}\right),\quad B'\left(\frac{18+5\sqrt{2}}{6},\ \frac{10+\sqrt{2}}{6}\right),\quad C'\left(\frac{18-\sqrt{2}}{6},\ \frac{10+7\sqrt{2}}{6}\right)$$

참고 삼아 세 점의 원래 위치와 회전된 위치를 좌표평면에 나타내었다.

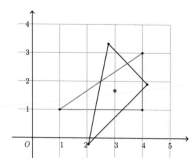

2. 앞의 1번 문제를 일반화한 것에 해당한다.

$$\begin{bmatrix} 1 & 0 & X \\ 0 & 1 & Y \\ 0 & 0 & 1 \end{bmatrix} \begin{bmatrix} \cos\theta & -\sin\theta & 0 \\ \sin\theta & \cos\theta & 0 \\ 0 & 0 & 1 \end{bmatrix} \begin{bmatrix} 1 & 0 & -X \\ 0 & 1 & -Y \\ 0 & 0 & 1 \end{bmatrix}$$

$$= \begin{bmatrix} \cos\theta & -\sin\theta & X(1-\cos\theta)+Y\sin\theta \\ \sin\theta & \cos\theta & Y(1-\cos\theta)-X\sin\theta \\ 0 & 0 & 1 \end{bmatrix}$$

3. k번째 문서를 특징짓는 벡터를 $\mathbf{d}_k$라 둔다.

$$\mathbf{d}_1 = (0,0,5,3,7,0,2),\quad \|\mathbf{d}_1\| = \sqrt{87}$$
$$\mathbf{d}_2 = (2,3,3,1,4,4,0),\quad \|\mathbf{d}_2\| = \sqrt{55}$$
$$\mathbf{d}_3 = (5,8,4,0,2,0,3),\quad \|\mathbf{d}_3\| = \sqrt{118}$$
$$\mathbf{d}_4 = (1,5,3,2,5,0,1),\quad \|\mathbf{d}_4\| = \sqrt{65}$$
$$\mathbf{d}_5 = (4,0,2,1,5,3,2),\quad \|\mathbf{d}_5\| = \sqrt{59}$$

$\mathbf{d}_1$과 나머지 4개 사이의 각도에 대한 코사인 값을 계산한다.

$$\cos\theta_{1,2} = \frac{\mathbf{d}_1\cdot\mathbf{d}_2}{\|\mathbf{d}_1\|\,\|\mathbf{d}_2\|} = \frac{46}{\sqrt{87}\sqrt{55}} \approx 0.665$$

$$\cos\theta_{1,3} = \frac{\mathbf{d}_1\cdot\mathbf{d}_3}{\|\mathbf{d}_1\|\,\|\mathbf{d}_3\|} = \frac{40}{\sqrt{87}\sqrt{118}} \approx 0.395$$

$$\cos\theta_{1,4} = \frac{\mathbf{d}_1\cdot\mathbf{d}_4}{\|\mathbf{d}_1\|\,\|\mathbf{d}_4\|} = \frac{58}{\sqrt{87}\sqrt{65}} \approx 0.771$$

$$\cos\theta_{1,5} = \frac{\mathbf{d}_1\cdot\mathbf{d}_5}{\|\mathbf{d}_1\|\,\|\mathbf{d}_5\|} = \frac{52}{\sqrt{87}\sqrt{59}} \approx 0.726$$

4번 문서와의 코사인 값이 가장 크므로 이것이 1번 문서와 가장 유사하다고 볼 수 있다.

13.1절

1. 평균변화율 $= \frac{\Delta y}{\Delta x}$ 로 구한다.

(1) $\frac{(-1)-(-1)}{2} = 0$

(2) $\frac{(-2)-(-1)}{1} = -1$

(3) $\frac{(-1.19)-(-1)}{0.1} = -1.9$

(4) $\frac{(-1.0199)-(-1)}{0.01} = -1.99$

참고로 이 함수의 그래프는 다음과 같은 모양이다.

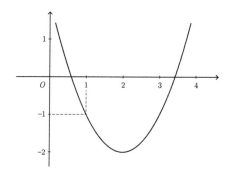

2. $f(x) = y = x^2 - 4x + 2$ 일 때 $x = 1$ 에서 순간변화율은 다음과 같다.

$$
\begin{aligned}
\lim_{t \to 0} \frac{f(1+t) - f(1)}{t} &= \lim_{t \to 0} \frac{\left[(1+t)^2 - 4(1+t) + 2 \right] - (-1)}{t} \\
&= \lim_{t \to 0} \frac{t^2 - 2t}{t} = \lim_{t \to 0} (t - 2) = -2
\end{aligned}
$$

3. 도함수의 정의에 따라서 $f(x)$의 도함수 $f'(x)$를 먼저 구한다.

$$
\begin{aligned}
f'(x) = \lim_{h \to 0} \frac{f(x+h) - f(x)}{h} &= \lim_{h \to 0} \frac{\left[(x+h)^3 - (x+h)^2 + 1 \right] - \left[x^3 - x^2 + 1 \right]}{h} \\
&= \lim_{h \to 0} \frac{3x^2 h + 3xh^2 - 2xh + h^3 - h^2}{h} \\
&= \lim_{h \to 0} (3x^2 + 3xh - 2x + h^2 - h) \\
&= 3x^2 - 2x
\end{aligned}
$$

발사체의 고도가 낮아지다가 다시 높아지는 것은 그래프에서 접선의 기울기가 0이 되는 때이므로 도함수의 값이 0인 시점을 찾으면 된다.

$$f'(x) = 3x^2 - 2x = 0$$
$$x(3x - 2) = 0$$
$$\therefore x = \frac{2}{3}$$

13.2절

1. (1) $|f(x) - 1|$의 값을 계산한 후에 절댓값 기호를 푼다.

$$\left| \frac{x}{x+1} - 1 \right| = \left| \frac{x - (x+1)}{x+1} \right| = \frac{1}{x+1} < 0.001$$

위의 식을 x에 대해 정리한다.

$$\frac{1}{0.001} < x + 1$$
$$\therefore 999 < x$$

즉, x가 999보다 크기만 하면 $|f(x) - 1| < 0.001$이 성립한다.

(2) 위의 풀이에서 0.001을 ϵ으로 대체하여 계산한다.

$$\frac{1}{\epsilon} < x + 1$$
$$\therefore \frac{1}{\epsilon} - 1 < x$$

복습을 위해 수열 단원의 예제 10-5를 참고하자.

2. (1) 이 극한이 존재한다면, 어떠한 양수 ϵ에 대해서도 다음이 성립하게 만드는 적당한 양수 δ를 제시할 수 있어야 한다.

$$0 < |x-2| < \delta \quad \Longrightarrow \quad \left| \left(\frac{x^2 - 4}{x - 2} \right) - 4 \right| < \epsilon$$

이때 극한의 정의로부터 $x \neq 2$이므로 유리함수의 분모와 분자를 $(x - 2)$로 나눌 수 있다.

$$0 < |x-2| < \delta \quad \Longrightarrow \quad |(x+2) - 4| < \epsilon$$

오른쪽 부분을 정리하면,

$$0 < |x-2| < \delta \quad \Longrightarrow \quad |x-2| < \epsilon$$

즉, 어떤 e에 대해서도 $\delta = e$으로 두면 $x = 2$ 근처의 $\pm\delta$ 이내에서 함숫값과 극한 값 4 사이의 차가 언제나 e보다 작으므로 앞의 극한이 존재한다.

$e = 0.1$이면 $\delta = 0.1$로 둘 수 있고, 이때 $0 < |x - 2| < 0.1$이므로 $1.9 < x < 2.1$ 이다. 이 범위에서 함숫값을 계산해 보면 $f(1.9) = 3.9$, $f(2.1) = 4.1$이므로 $|f(x) - 4| < 0.1$이 성립한다.

(2) 증명 대상이 좌극한이므로 $x = a$ 근처를 나타내는 범위는 $(a - \delta) < x < a$ 형태 가 된다. 이제 주어진 극한이 존재하려면, 어떠한 양수 e에 대해서도 다음이 성립 하게 만드는 적당한 양수 δ를 제시할 수 있어야 한다.

$$(0 - \delta) < x < 0 \quad \Longrightarrow \quad |\sqrt{-x} - 0| < \epsilon$$

근호 안은 양수이므로 절댓값 기호를 풀고 양변을 제곱한다.

$$-\delta < x < 0 \quad \Longrightarrow \quad -x < \epsilon^2$$
$$-\delta < x < 0 \quad \Longrightarrow \quad x > -\epsilon^2$$

여기서 $\delta = e^2$으로 둔다면, e이 어떤 값이라도 위의 식이 항상 성립할 것임을 알 수 있다. 따라서 주어진 극한은 존재한다.

$e = 0.1$이면 $\delta = 0.01$로 둘 수 있고, 이때 $-0.01 < x < 0$이다. 이 범위에서 함 숫값은 $0 < f(x) < 0.1$이므로 $|f(x) - 0| < 0.1$이 성립한다.

3. (1) $\displaystyle\lim_{x \to 3}(x^2 - 2x + 1) = \lim_{x \to 3} x^2 - 2\lim_{x \to 3} x + \lim_{x \to 3} 1 = 3^2 - 2 \cdot 3 + 1 = 4$

(2) $\displaystyle\lim_{x \to 2}\frac{x^2 + 1}{x^2 - 1} = \frac{\displaystyle\lim_{x \to 2} x^2 + \lim_{x \to 2} 1}{\displaystyle\lim_{x \to 2} x^2 - \lim_{x \to 2} 1} = \frac{4 + 1}{4 - 1} = \frac{5}{3}$

(3) $\dfrac{\sin\theta}{\theta}$ 꼴의 극한을 이용하기 위해 분모를 3θ로 맞춘다.

$$\lim_{\theta \to 0}\frac{\sin 3\theta}{2\theta} = \lim_{\theta \to 0}\frac{\sin 3\theta}{\frac{2}{3} \cdot 3\theta} = \frac{3}{2}\lim_{\theta \to 0}\frac{\sin 3\theta}{3\theta} = \frac{3}{2}$$

(4) $\sin^2\dfrac{\theta}{2} = \dfrac{1}{2}(1 - \cos\theta)$임을 이용한다.

$$\lim_{\theta \to 0}\frac{\cos\theta - 1}{\theta} = \lim_{\theta \to 0}\frac{-2\sin^2\dfrac{\theta}{2}}{\theta}$$

$\dfrac{\theta}{2} = \alpha$로 두고 $\dfrac{\sin\alpha}{\alpha}$ 꼴의 극한을 이용한다. 이때 $\theta \to 0$이므로 $\alpha \to 0$이다.

$$= \lim_{\alpha \to 0}\frac{-2\sin^2\alpha}{2\alpha} = -\lim_{\alpha \to 0}\frac{\sin\alpha}{\alpha} \cdot \sin\alpha = -1 \cdot 0 = 0$$

13.3절

1. (1) $y' = 4x + 3$ (2) $y' = 3x^2 - 6x + 3$ (3) $y' = 2x + 2\sin x$

2. (1) 곱셈 형태의 미분법을 이용하면 다음과 같다.

$$
\begin{aligned}
y' &= \left[(x^2+x+1)\right]'(x^2-2x-2) + (x^2+x+1)\left[(x^2-2x-2)\right]' \\
&= (2x+1)(x^2-2x-2) + (x^2+x+1)(2x-2) \\
&= (2x^3-3x^2-6x-2) + (2x^3-2) \\
&= 4x^3 - 3x^2 - 6x - 4
\end{aligned}
$$

(2) $(fg)'$ 유형이다.

$$
y' = (\sin x)' \cdot \cos x + \sin x \cdot (\cos x)' = \cos^2 x - \sin^2 x
$$

(3) 곱셈의 $\left(\dfrac{1}{x} \cdot \sin x\right)$ 유형 또는 다음과 같이 나눗셈 유형을 쓴다.

$$
y' = \frac{(\sin x)' \cdot x - \sin x \cdot (x)'}{x^2} = \frac{x\cos x - \sin x}{x^2}
$$

(4) 나눗셈 유형이다.

$$
\begin{aligned}
y' &= \frac{(3x^3-1)' \cdot (2x^2+1) - (3x^3-1)(2x^2+1)'}{(2x^2+1)^2} \\
&= \frac{9x^2(2x^2+1) - 4x(3x^3-1)}{(2x^2+1)^2} = \frac{x(6x^3+9x+4)}{(2x^2+1)^2}
\end{aligned}
$$

3. 우선 $f'(x)$를 나눗셈 유형으로 계산하여 구한다.

$$
f'(x) = \frac{-\left[(x+1)^2\right]'}{(x+1)^4} = \frac{-(x^2+2x+1)'}{(x+1)^4} = \frac{-(2x+2)}{(x+1)^4} = -\frac{2}{(x+1)^3}
$$

$x = 0$에서 f의 선형근사는 다음과 같다.

$$
\begin{aligned}
f(x) &\approx f(0) + f'(0)(x-0) \\
&\approx 1 - 2x
\end{aligned}
$$

그러므로 $f(0.001) \approx 1 - 0.002 = 0.998$이다. 실제 함숫값은 $f(0.001) = 0.998002996\cdots$으로 소수점 이하 다섯 자리까지 일치함을 알 수 있다.

13.4절

1. (1) 바깥쪽 함수 $y = g(t) = t^{-2}$, 안쪽 함수 $t = f(x) = x+1$로 둔다.

$$y' = (t^{-2})' \cdot (x+1)' = (-2t^{-3}) \cdot 1 = -\frac{2}{(x+1)^3}$$

(2) $y = g(t) = t^5$와 $t = f(x) = x-1$로 둔다.

$$y' = (t^5)' \cdot (x-1)' = 5t^4 = 5(x-1)^4$$

(3) $(\cos 3x)'$을 다음과 같이 합성함수 미분법으로 구한 다음,

$$(\cos 3x)' = (-\sin 3x) \cdot 3 = -3\sin 3x$$

fg 꼴의 미분법을 사용한다.

$$\begin{aligned} y' &= (x)' \cdot \cos 3x + x \cdot (\cos 3x)' \\ &= \cos 3x - 3x\sin 3x \end{aligned}$$

(4) 다음과 같은 세 함수의 합성으로 보고 푼다.

$$\begin{cases} y = h(u) = \sin u \\ u = g(t) = t^{-\frac{1}{2}} \\ t = f(x) = x^2 + 1 \end{cases}$$

$$\begin{aligned} y' &= (\sin u)' \cdot \left(t^{-\frac{1}{2}}\right)' \cdot (x^2+1)' = (\cos u) \cdot \left(-\frac{1}{2}t^{-\frac{3}{2}}\right) \cdot (2x) \\ &= \cos\frac{1}{\sqrt{x^2+1}} \cdot \frac{-1}{2(x^2+1)^{\frac{3}{2}}} \cdot 2x \\ &= -\frac{x}{(x^2+1)^{\frac{3}{2}}} \cdot \cos\frac{1}{\sqrt{x^2+1}} \end{aligned}$$

2. (1) 음함수의 미분이다.

$$3x^2 + 3y^2 \cdot y' = 0$$
$$\therefore \; y' = -\frac{x^2}{y^2}$$

(2) $\frac{d}{dx}(xy)$는 곱셈 형태의 미분법을 이용하여 $(x'y + xy')$로 계산한다.

$$\frac{d}{dx}x^2 + \frac{d}{dx}(xy) + \frac{d}{dx}y^2 = \frac{d}{dx}1$$
$$2x + (y + x \cdot y') + 2y \cdot y' = 0$$
$$(x + 2y)\,y' = -(2x + y)$$
$$\therefore\ y' = -\frac{2x + y}{x + 2y}$$

(3) 역시 곱셈 형태의 음함수이다.

$$(\sin x)' \cdot (\cos y) + (\sin x)(\cos y)' \cdot y' = 0$$
$$\cos x \cos y - \sin x \sin y \cdot y' = 0$$
$$\therefore\ y' = \frac{\cos x \cos y}{\sin x \sin y} = \cot x \cot y$$

3. (1) $\left[\ln f(x)\right]' = \dfrac{f'(x)}{f(x)}$ 이다.

$$y' = x \cdot \left(\frac{1}{x}\right)' = x \cdot \frac{-1}{x^2} = -\frac{1}{x}$$

(2) $y' = \left(1 \cdot \ln x + x \cdot \dfrac{1}{x}\right) - 1 = (\ln x + 1) - 1 = \ln x$

(3) $y' = \dfrac{e^x - xe^x}{e^{2x}} = \dfrac{1 - x}{e^x}$

(4) 로그미분법을 이용한다.

$$\ln y = \sqrt{x} \cdot \ln 2$$
$$\frac{y'}{y} = \frac{\ln 2}{2\sqrt{x}}$$
$$\therefore\ y' = 2^{\sqrt{x}-1} \cdot \frac{\ln 2}{\sqrt{x}}$$

(5) 역시 로그미분법을 이용한다.

$$\ln y = x \ln x$$
$$\frac{y'}{y} = \ln x + 1$$
$$\therefore\ y' = x^x(\ln x + 1)$$

4. (1) $y' = -2xe^{-x^2}$
$$y'' = (-2x)' \cdot (e^{-x^2}) + (-2x) \cdot (e^{-x^2})'$$
$$= -2e^{-x^2} + 4x^2 e^{-x^2}$$
$$= (4x^2 - 2)\,e^{-x^2}$$

(2) $y' = \dfrac{1}{t}$, $t = x \ln x$ 꼴로 보고 미분한다.

$$y' = \frac{(\ln x)'}{\ln x} = \frac{1}{x \ln x}$$
$$y'' = \left[-\frac{1}{(x \ln x)^2} \right] \cdot (\ln x + 1) = -\frac{\ln x + 1}{(x \ln x)^2}$$

(3) $\dfrac{f}{g}$ 꼴의 음함수로 미분한 후에 $x^3 + y^3 = 1$임로 이용한다.

$$y' = -\frac{x^2}{y^2}$$
$$y'' = \frac{-2x \cdot y^2 + x^2 \cdot 2y \cdot y'}{y^4} = \frac{-2xy^2 - 2x^2 y \cdot \frac{x^2}{y^2}}{y^4}$$
$$= \frac{-2xy^3 - 2x^4}{y^5} = \frac{-2x(y^3 + x^3)}{y^5} = -\frac{2x}{y^5}$$

13.5절

1. (1) 먼저 도함수와 이계도함수를 구한다.

$$f'(x) = 4x^3 - 6x^2 - 4x = 2x(2x^2 - 3x - 2) = 2x(x - 2)(2x + 1)$$
$$f''(x) = 12x^2 - 12x - 4$$

도함수가 0인 곳은 $x = 0, 2, -\dfrac{1}{2}$의 세 점이고, 이때 이계도함수의 값 $f''(0) < 0$, $f''(2) > 0$, $f''(-\dfrac{1}{2}) > 0$이다. 따라서 주어진 함수는 극댓값 $f(0) = 1$, 극솟값 $f(2) = -7$, $f(-\dfrac{1}{2}) = \dfrac{13}{16}$를 갖는다.

(2) $f'(x) = 1 - \dfrac{2}{x^3}$, $f''(x) = \dfrac{6}{x^4}$이다. 도함수는 $x = \sqrt[3]{2}$에서 0이고, 이때 $f''(x) > 0$이므로 극소이다. 따라서 이 함수는 극솟값 $f(\sqrt[3]{2}) = \sqrt[3]{2} + \dfrac{1}{\sqrt[3]{4}}$을 갖는다.

(3) 도함수와 이계도함수를 구한다.

$$f'(x) = \frac{e^x \cdot x - e^x}{x^2} = \frac{e^x (x-1)}{x^2}$$
$$f''(x) = \frac{\left[e^x (x-1) \right]' \cdot x^2 - e^x (x-1) \cdot 2x}{x^4} = \frac{e^x (x^2 - 2x + 2)}{x^3}$$

도함수는 $x = 1$에서 0이고, 이때 $f''(1) > 0$이므로 극소이다. 따라서 이 함수는 극솟값 $f(1) = e$를 갖는다.

2. (1) 도함수 $f'(x) = 4x(x^2 - 1)$이고 $x = 0, \pm 1$에서 0이다. 이때 이계도함수 $f''(x) =$

$12x^2 - 4$가 모두 0이 아니므로 극점이다. 세 곳과 끝점의 함숫값을 비교하면, 최솟값 $f(-1) = f(1) = 0$, 최댓값 $f(2) = 9$를 얻는다.

x	−1	0	1	2
$f(x)$	0	1	0	9

(2) 도함수 $f'(x) = \cos x(1 - 2\sin x) = 0$이려면 $\cos x = 0$이거나 $\sin x = \frac{1}{2}$이어야 하는데, 주어진 구간 $[0, \pi]$에서 이런 곳은 $x = \frac{\pi}{2}, \frac{\pi}{6}, \frac{5\pi}{6}$이다. 또한 이계도함수 $f''(x) = -\sin x + 2\sin^2 x - 2\cos^2 x = -\sin x - 2\sin 2x$는 세 점에서 모두 0이 아니므로 극점이다. 끝점의 함숫값을 함께 비교하면, 최솟값 $f(0) = f(\frac{\pi}{2}) = f(\pi) = 1$, 최댓값 $f(\frac{\pi}{6}) = f(\frac{5\pi}{6}) = \frac{5}{4}$이다.

x	0	$\frac{\pi}{6}$	$\frac{\pi}{2}$	$\frac{5\pi}{6}$	π
$f(x)$	1	$\frac{5}{4}$	1	$\frac{5}{4}$	1

(3) 도함수와 이계도함수는 다음과 같으며, 참고로 항상 $(x^2 - 3x + e) > 0$이다.

$$f'(x) = \frac{2x - 3}{x^2 - 3x + e}$$

$$f''(x) = \frac{2(x^2 - 3x + e) - (2x-3)(2x-3)}{(x^2 - 3x + e)^2} = \frac{-2x^2 + 6x + 2e - 9}{(x^2 - 3x + e)^2}$$

도함수는 $x = \frac{3}{2}$에서 0이고, 이때 $f''(x) \neq 0$이므로 극점이다. 극점과 양끝점에서 함숫값을 비교하면 $f(0) = \ln e = 1$, $f(\frac{3}{2}) = \ln(e - \frac{9}{4}) \approx -0.759$, $f(2) = \ln(e - 2) \approx -0.331$이므로 최솟값은 $f(\frac{3}{2})$, 최댓값은 $f(0)$이다.

3. (1) 네 면을 둘렀을 때 가로가 x이면 세로는 $\frac{L}{2} - x$가 된다$(0 < x < \frac{L}{2})$. 그에 따라 넓이는 $x(\frac{L}{2} - x)$, 그 도함수는 $-2x + \frac{L}{2}$이다. 도함수는 $x = \frac{L}{4}$일 때 0이고 이 점은 x의 범위 안에 있으므로 극점이며, 이계도함수 $-2 < 0$이므로 극대점이다. 그러므로 둘러싼 넓이는 이때 최대가 된다. 이것은 노끈이 정사각형을 이룰 때에 해당한다.

(2) 세 면을 둘렀을 때 가로 x이면 세로는 $\frac{1}{2}(L - x)$이다$(0 < x < L)$. 넓이는 $\frac{1}{2}x(L - x)$, 그 도함수는 $-x + \frac{L}{2}$이고 $x = \frac{L}{2}$일 때 극댓값을 갖는다. 넓이는 이때 최댓값을 가지며, 세로는 $\frac{L}{4}$로 가로 대 세로의 비가 $2 : 1$을 이룬다.

4. $\sqrt[3]{3}$은 방정식 $f(x) = x^3 - 3 = 0$의 해다. 도함수 $f'(x) = 3x^2$이므로 뉴턴법의 계산식은 다음과 같다.

$$x_{n+1} = x_n - \frac{x_n^3 - 3}{3x_n^2} = \frac{2x_n}{3} + \frac{1}{x_n^2}$$

$x_1 = 1$에서 출발하면 다음 결과를 얻는다.

n	x_n	$f(x_n)$	x_{n+1}
1	1	-2	1.666667
2	1.666667	1.629629	1.471111
3	1.471111	0.183731	1.442812
4	1.442812	0.003511	1.442249
5	1.442249	1.368×10^{-6}	1.442249

$n = 5$에서 소수점 이하 여섯 자리에 변동이 없으므로 구하는 근삿값은 $\sqrt[3]{3} \approx 1.442249$ 이다.

14.1절

1. (1) 직사각형의 너비는 공통적으로 $\frac{1}{4}$이고, 높이가 될 함숫값은 $x = 0, \frac{1}{4}, \frac{1}{2}, \frac{3}{4}$에서 취한다.

   가. $\frac{1}{4} \cdot \left(1 + \frac{9}{8} + \frac{5}{4} + \frac{11}{8}\right) = \frac{19}{16}$

   나. $\frac{1}{4} \cdot \left(3 + \frac{23}{8} + \frac{5}{2} + \frac{15}{8}\right) = \frac{41}{16}$

   (2) 직사각형의 너비를 $\frac{1}{n}$, 높이를 $f(0), f(\frac{1}{n}), \cdots, f(\frac{n-1}{n})$으로 두고 $n \to \infty$일 때의 극한을 구한다.

   가. $S = \frac{1}{n}\sum_{k=1}^{n}\left[\frac{1}{2} \cdot \frac{(k-1)}{n} + 1\right] = \frac{1}{n}\left[\frac{1}{2n}\sum_{k=1}^{n}k + \left(1 - \frac{1}{2n}\right)\sum_{k=1}^{n}1\right]$

   $= \frac{1}{n}\left[\frac{1}{2n} \cdot \frac{n(n+1)}{2} + n - \frac{1}{2}\right] = \frac{5n-1}{4n}$

   $\therefore \lim_{n \to \infty} S = \lim_{n \to \infty} \frac{5n-1}{4n} = \frac{5}{4}$

나. $S = \dfrac{1}{n} \displaystyle\sum_{k=1}^{n} \left[(-2) \cdot \left(\dfrac{k-1}{n} \right)^2 + 3 \right]$

$\qquad = \dfrac{1}{n} \left[-\dfrac{2}{n^2} \displaystyle\sum_{k=1}^{n} k^2 + \dfrac{4}{n^2} \displaystyle\sum_{k=1}^{n} k + \left(3 - \dfrac{2}{n^2} \right) \displaystyle\sum_{k=1}^{n} 1 \right]$

$\qquad = \dfrac{1}{n} \left[-\dfrac{2}{n^2} \cdot \dfrac{n(n+1)(2n+1)}{6} + \dfrac{4}{n^2} \cdot \dfrac{n(n+1)}{2} + \left(3 - \dfrac{2}{n^2} \right) \cdot n \right] = \dfrac{7n^2 + 3n - 1}{3n^2}$

$\qquad\qquad \therefore \displaystyle\lim_{n\to\infty} S = \lim_{n\to\infty} \dfrac{7n^2 + 3n - 1}{3n^2} = \dfrac{7}{3}$

2. n개의 하위구간으로 나눌 때 너비 $\Delta x = \dfrac{1}{n}$이고 하위구간 사이의 경계점 $x_k = \dfrac{k}{n}$이므로 함숫값을 취할 k번째 위치는 다음과 같다.

$$m_k = \dfrac{1}{2}(x_{k-1} + x_k) = \dfrac{1}{2} \left(\dfrac{k-1}{n} + \dfrac{k}{n} \right) = \dfrac{2k-1}{2n}$$

따라서 리만 합 S의 식은 다음과 같다.

$$S = \displaystyle\sum_{k=1}^{n} \left[\dfrac{1}{n} \cdot f\left(\dfrac{2k-1}{2n} \right) \right]$$

이제 문제의 정적분을 구한다.

$S = \dfrac{1}{n} \displaystyle\sum_{k=1}^{n} \left[-2\left(\dfrac{2k-1}{2n} \right)^2 + 3 \right]$

$\qquad = \dfrac{1}{n} \left[-\dfrac{2}{n^2} \displaystyle\sum_{k=1}^{n} k^2 + \dfrac{2}{n^2} \displaystyle\sum_{k=1}^{n} k + \left(3 - \dfrac{1}{2n^2} \right) \displaystyle\sum_{k=1}^{n} 1 \right]$

$\qquad = \dfrac{1}{n} \left[-\dfrac{2}{n^2} \cdot \dfrac{n(n+1)(2n+1)}{6} + \dfrac{2}{n^2} \cdot \dfrac{n(n+1)}{2} + \left(3 - \dfrac{1}{2n^2} \right) \cdot n \right] = \dfrac{14n^2 + 1}{6n^2}$

$\qquad\qquad \therefore \displaystyle\lim_{n\to\infty} S = \lim_{n\to\infty} \dfrac{14n^2 + 1}{6n^2} = \dfrac{7}{3}$

3. (1) $\Delta x = \dfrac{b-a}{n}$, $f(m_k) = c$이다. 이것은 밑변 $(b-a)$, 높이 c인 직사각형 모양 영역의 넓이와 같다.

$$\int_a^b c \, dx = \lim_{n\to\infty} \sum_{k=1}^{n} \left(\dfrac{b-a}{n} \right) \cdot c = c(b-a)$$

(2) 하위구간의 끝점을 택하면 $f(m_k) = m_k = a + k \cdot \dfrac{b-a}{n}$이다.

$$\int_a^b x\,dx = \lim_{n\to\infty} \sum_{k=1}^n \left(\frac{b-a}{n}\right)\cdot\left(a + k\cdot\frac{b-a}{n}\right)$$
$$= \lim_{n\to\infty}\left[\left(\frac{b-a}{n}\right)^2 \sum_{k=1}^n k + \frac{a(b-a)}{n}\sum_{k=1}^n 1\right]$$
$$= \lim_{n\to\infty}\left[\frac{(b-a)^2}{n^2}\cdot\frac{n(n+1)}{2} + a(b-a)\right]$$
$$= \lim_{n\to\infty}\left[\frac{(b^2-a^2)n + (b-a)^2}{2n}\right] = \frac{b^2-a^2}{2}$$

(3) 정적분의 성질과 (1)과 (2)의 결과에 의해 다음과 같다.

$$\int_1^2 (ax+b)\,dx = a\int_1^2 x\,dx + \int_1^2 b\,dx$$
$$= a\cdot\frac{2^2-1^2}{2} + b\cdot(2-1) = \frac{3}{2}a + b$$

14.2절

1. 해당 구간에서 함숫값의 평균은 $\frac{8}{2}=4$이다. $[0, 2]$에 속하는 어떤 c가 적분의 평균값 정리를 만족한다는 것은 $f(c)=4$라는 것이므로, $3c^2=4$로부터 $c=\frac{2\sqrt{3}}{3}$을 얻는다.

2. (1) $-2x + C$의 꼴 (2) $2x^2 - x + C$의 꼴 (3) $2x^3 - x^2 + 5x + C$의 꼴

3. (1) $\displaystyle\int_0^2 (-x-1)\,dx = \left[-\frac{1}{2}x^2 - x\right]_0^2 = (-2-2) - (0-0) = -4$

   (2) $\displaystyle\int_{-1}^1 (x^2 + x + 1)\,dx = \left[\frac{1}{3}x^3 + \frac{1}{2}x^2 + x\right]_{-1}^1$
   $$= \left(\frac{1}{3} + \frac{1}{2} + 1\right) - \left(-\frac{1}{3} + \frac{1}{2} - 1\right) = \frac{8}{3}$$

   (3) $\displaystyle\int_{-1}^1 x^3\,dx = \left[\frac{1}{4}x^4\right]_{-1}^1 = \frac{1}{4} - \frac{1}{4} = 0$

   (4) $\displaystyle\int_{-1}^1 x^4\,dx = \left[\frac{1}{5}x^5\right]_{-1}^1 = \frac{1}{5} + \frac{1}{5} = \frac{2}{5}$

14.3절

1. (1) $\frac{1}{2}x^2 + \ln|x| - \frac{1}{x} + C$

   (2) $e^x - 2\cos x + C$

   (3) $\frac{1}{\ln 2}2^x - \tan x + C$

2. (1) $(x-1)e^x + C$

(2) $2x \sin x + (2 - x^2) \cos x + C$

(3) $\frac{1}{3} x^3 \left(\ln x - \frac{1}{3} \right) + C$

3. (1) $\frac{1}{5} (3x-1)^5 + C$

(2) $\dfrac{3}{2 - 2x^2} + C$

(3) $\frac{2}{3} \sqrt{3x-1} + C$

(4) $\frac{1}{2} (e^{2x} - e^{-2x})$

(5) $\frac{1}{3} \sin 3x + C$

(6) $\displaystyle\int \cos^2 x \, dx = \frac{1}{2} \int (1 + \cos 2x) \, dx = \frac{1}{2} \left(x + \frac{1}{2} \sin 2x \right) + C$
$$= \frac{1}{2} (x + \sin x \cos x) + C$$

(7) $t = \cos x$로 치환한다.

$$\int \sec x \tan x \, dx = \int \frac{1}{\cos x} \cdot \frac{\sin x}{\cos x} \, dx = \int \frac{\sin x}{\cos^2 x} \, dx = \int \frac{-t'}{t^2} \, dx$$
$$= -\int \frac{1}{t^2} \, dt = \frac{1}{t} + C = \sec x + C$$

(8) $t = \ln x$로 치환한다.

$$\int \frac{(\ln x)^2}{x} \, dx = \int t^2 \cdot t' \, dx = \int t^2 dt = \frac{1}{3} t^3 + C = \frac{1}{3} (\ln x)^3 + C$$

4. 주어진 함수의 부정적분을 먼저 구한다.

(1) $t = x^3 + 1$로 치환하면 $t' = 3x^2$이다.

$$\int \frac{x^2}{x^3 + 1} \, dx = \frac{1}{3} \int \frac{t'}{t} \, dx = \frac{1}{3} \int \frac{1}{t} \, dt = \frac{1}{3} \ln |t| + C = \frac{1}{3} \ln |x^3 + 1| + C$$
$$\therefore \int_0^1 \frac{x^2}{x^3 + 1} \, dx = \left[\frac{1}{3} \ln |x^3 + 1| \right]_0^1 = \frac{\ln 2}{3}$$

(2) $t = \sin x$로 치환한다.

$$\int \cot x \, dx = \int \frac{\cos x}{\sin x} \, dx = \int \frac{t'}{t} \, dx$$
$$= \int \frac{1}{t} \, dt = \ln |t| + C = \ln |\sin x| + C$$

$$\therefore \int_{\frac{\pi}{6}}^{\frac{\pi}{3}} \cot x \, dx = \left[\ln|\sin x| \right]_{\frac{\pi}{6}}^{\frac{\pi}{3}} = \ln \frac{\sqrt{3}}{2} - \ln \frac{1}{2} = \ln \sqrt{3} = \frac{\ln 3}{2}$$

(3) 상수 1과 곱해진 형태로 부분적분법을 적용한다. 이때 $(\ln f(x))' = \dfrac{f'(x)}{f(x)}$ 이다.

$$\int \ln(x^2 - x) \cdot 1 \, dx = x \ln(x^2 - x) - \int x \cdot \frac{2x-1}{x^2 - x} \, dx$$
$$= x \ln(x^2 - x) - \int \frac{2x-1}{x-1} \, dx$$

이 유리함수의 부정적분은 $t = x - 1$로 치환해서 구한다.

$$\int \frac{2x-1}{x-1} \, dx = \int \frac{2t+1}{t} \, dt = 2t + \ln|t| + C = 2x + \ln|x-1| + C$$
$$\therefore \int_{2}^{4} \ln(x^2 - x) \, dx = \left[x \ln(x^2 - x) - 2x - \ln|x-1| \right]_{2}^{4} = 6\ln 2 + 3\ln 3 - 4$$

(4) $t = \sqrt{x}$로 치환하고 $t' = \dfrac{1}{2\sqrt{x}}$을 상쇄하려 곱해 주는 $2\sqrt{x}$ 역시 t로 나타남을 이용한다.

$$\int e^{\sqrt{x}} \, dx = \int e^{\sqrt{x}} \cdot \frac{1}{2\sqrt{x}} \cdot 2\sqrt{x} \, dx = \int e^t \cdot t' \cdot 2t \, dx = 2 \int t e^t \, dt$$

te^t꼴의 부정적분은 위의 문제 2번에서 부분적분법으로 구하였다.

$$\therefore \int_{0}^{1} e^{\sqrt{x}} \, dx = \left[2(\sqrt{x} - 1) e^{\sqrt{x}} \right]_{0}^{1} = 0 - (-2) = 2$$

14.4절

1. 주어진 방정식은 음함수의 형태이므로 넓이를 구하기 위해 위쪽 절반을 y에 대해 정리하면 다음과 같은 식이 된다.

$$y = b\sqrt{1 - \frac{x^2}{a^2}} = \frac{b}{a}\sqrt{a^2 - x^2}$$

타원의 넓이는 이 함수를 $-a$부터 a까지 적분하여 두 배 한 것과 같다. 이때 $\sqrt{a^2 - x^2}$의 정적분은 반지름 a인 반원과 같음을 이용한다.

$$2\int_{-a}^{a} \frac{b}{a}\sqrt{a^2 - x^2} = 2 \cdot \frac{b}{a} \int_{-a}^{a} \sqrt{a^2 - x^2} = \frac{b}{a} \cdot \pi a^2 = ab\pi$$

2. (1) y에 대해 적분한다. $3y^2 - y^3 = 0$이 되는 점을 찾으면 $y^2(3-y) = 0$으로부터 $y = 0, 3$이다.

$$\int_0^3 (3y^2 - y^3)\,dy = \left[y^3 - \frac{1}{4}y^4 \right]_0^3 = 27 - \frac{81}{4} = \frac{27}{4}$$

(2) 두 그래프가 만나는 점은 $x^2 - 1 = (x-1)^3$로부터 $x(x-1)(x-3) = 0$이므로 $x = 0, 1, 3$이다. 함숫값을 조사해 보면 두 그래프 사이에 끼인 영역이 만들어지는 곳은 $[0, 1]$과 $[1, 3]$으로 각각 $f(x) \leq g(x), f(x) \geq g(x)$이다. 두 영역의 넓이를 S_1, S_2로 두면 구하는 답 S는 둘을 합한 것과 같다.

$$S_1 = \int_0^1 \left[(x-1)^3\right] - \left[x^2-1\right] dx = \int_0^1 (x^3 - 4x^2 + 3x)\,dx$$
$$= \left[\frac{1}{4}x^4 - \frac{4}{3}x^3 + \frac{3}{2}x^2 \right]_0^1 = \frac{5}{12}$$
$$S_2 = \int_1^3 \left[x^2-1\right] - \left[(x-1)^3\right] dx = \int_1^3 (-x^3 + 4x^2 - 3x)\,dx$$
$$= \left[-\frac{1}{4}x^4 + \frac{4}{3}x^3 - \frac{3}{2}x^2 \right]_1^3 = \frac{8}{3}$$

$$\therefore\ S = S_1 + S_2 = \frac{5}{12} + \frac{8}{3} = \frac{37}{12}$$

(3) 구간 $[1, e]$에서 $f(x) \geq g(x)$이고, 또한 $f(e) = g(e)$이므로 $x = e$에서 두 그래프는 만난다. 영역의 넓이는 다음과 같다. $x \ln x$의 부정적분은 앞서 예제 14-3에서 부분적분법으로 구하였다.

$$\int_1^e (x - x \ln x)\,dx = \left[\frac{1}{2}x^2 - \left(\frac{1}{2}x^2 \ln x - \frac{1}{4}x^2 \right) \right]_1^e$$
$$= \left[\frac{1}{4}x^2 (3 - 2\ln x) \right]_1^e = \frac{e^2 - 3}{4}$$

문제의 각 영역을 그래프로 나타내면 다음과 같다.

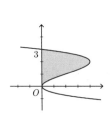 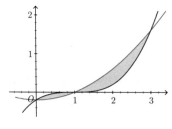 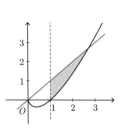

3. (1) 반지름 r, 높이 h인 원기둥의 부피는 $\pi r^2 h$이므로 답은 $\pi \times 4^2 \times 10 = 160\pi \approx 503\ (\text{cm}^3)$이다.

   (2) 한 변이 a인 정육각형은 넓이가 정삼각형의 6배로 $6 \times \dfrac{\sqrt{3}}{4}a^2 = \dfrac{3\sqrt{3}}{2}a^2$이다. 따라서 이 기둥의 부피는 다음과 같다.

   $$\frac{3\sqrt{3}}{2} \times (0.4)^2 \times 18 = \frac{108}{25}\sqrt{3} \approx 7.48\ (\text{cm}^3)$$

   (3) $\dfrac{1}{3} \times 230^2 \times 147 = 2592100\ (\text{m}^3)$

4. (1) 위쪽 절반을 회전시켜 구한다.

   $$\begin{aligned}
   \int_{-a}^{a} \pi \frac{b^2}{a^2}(a^2 - x^2)\, dx &= \frac{b^2 \pi}{a^2}\left[a^2 x - \frac{1}{3}x^3 \right]_{-a}^{a} \\
   &= \frac{b^2 \pi}{a^2}\left[\left(\frac{2}{3}a^3 \right) - \left(-\frac{2}{3}a^3 \right) \right] = \frac{4}{3}ab^2 \pi
   \end{aligned}$$

   (2) 원점을 중심으로 하는 반원을 회전시키고 $r - h$에서 r까지 적분하여 구한다.

   $$\begin{aligned}
   \int_{r-h}^{r} \pi(r^2 - x^2)\, dx &= \pi\left[r^2 x - \frac{1}{3}x^3 \right]_{r-h}^{r} \\
   &= \pi\left[\left(\frac{2}{3}r^3 \right) - \left(\frac{2}{3}r^3 - rh^2 + \frac{1}{3}h^3 \right) \right] = \pi h^2 \left(r - \frac{1}{3}h \right)
   \end{aligned}$$

   (3) 두 그래프가 만나는 점은 $x^2 = \sqrt{x}$로부터 $x(x^3 - 1) = 0$이므로 $x = 0, 1$이다. 해당 구간에서 $\sqrt{x} > x^2$이므로 회전체 단면의 식은 와셔 형태로 $\pi\left[\left(\sqrt{x} \right)^2 - \left(x^2 \right)^2 \right] = \pi(x - x^4)$이다.

   $$\pi \int_{0}^{1} (x - x^4)\, dx = \pi\left[\frac{1}{2}x^2 - \frac{1}{5}x^5 \right]_{0}^{1} = \frac{3}{10}\pi$$

찾아보기